U0386542

中国地质调查"DD20160261""DD20189220""DD20190294"项目资助

关中平原城市地质

张茂省 董 英 刘 江等 著

科学出版社

北 京

内 容 简 介

本书以地球系统科学理论为指导，基于多年城市地质调查成果，对关中平原城市地质进行了系统总结。本书共九章。第一至第四章介绍了关中平原自然地理与社会经济现状及面临的主要资源环境问题，并详细阐述了关中平原地质环境条件、自然资源禀赋和主要的环境地质问题。第五章论述了对关中平原中心城市大西安市的城市地质调查工作的主要认识。第六章介绍了对宝鸡市、渭南市、铜川市及杨凌区等重要城市的地质工作认识。第七章提出了基于木桶-边际-风险理论的资源环境承载能力评价方法，研究了关中平原国土空间规划优化问题。第八章叙述了关中平原三维地质结构模型的建模方法与过程。

本书图文并茂，理论与实践相结合，创新性强，可供城市地质、城市规划、水工环地质、岩土工程、国土空间规划与用途管制等领域的工程技术人员、教学与科研人员、政府管理人员参考，也可供以上领域的研究生和大中专院校学生参考。

图书在版编目（CIP）数据

关中平原城市地质／张茂省等著 . —北京：科学出版社，2021.7
ISBN 978-7-03-065225-6

Ⅰ. ①关…　Ⅱ. ①张…　Ⅲ. ①渭河平原–城市地质环境–研究
Ⅳ. ①X321.241

中国版本图书馆 CIP 数据核字（2020）第 088244 号

责任编辑：王　运　张梦雪／责任校对：张小霞
责任印制：吴兆东／封面设计：图阅盛世

科学出版社 出版
北京东黄城根北街 16 号
邮政编码：100717
http://www.sciencep.com

北京建宏印刷有限公司 印刷
科学出版社发行　各地新华书店经销
*

2021 年 7 月第 一 版　开本：787×1092　1/16
2021 年 7 月第一次印刷　印张：33 1/4
字数：788 000
定价：458.00 元
（如有印装质量问题，我社负责调换）

序

关中平原南依巍峨的秦岭，北靠厚重的黄土高原，西起延绵的陇山，东至黄河。关中平原的人类活动可以追溯到远古蓝田人时期，陕西公王岭蓝田猿人化石、伴随出土的旧石器生产工具以及 40 余种动物化石，说明蓝田猿人当时所生活的秦岭北麓，气候温润，植被繁茂，资源丰富，很适合原始人类繁衍生息。关中平原是最早被称为"天府之国"的地方，从黄帝时代到今天，生生不息，绵延近 5000 年，优越的自然环境和资源禀赋造就了强大的周、秦、汉、唐，成为我国当时的政治、经济和文化中心。关中平原位于我国版图的地理坐标中心和胡焕庸线附近，是承东启西、连接南北的战略要地，是我国西部地区经济基础好、地理条件优越、自然资源丰富、人文历史深厚、发展潜力较大的地区，在西部大开发、黄河流域生态保护和高质量发展等国家战略中占据重要地位。

无论是关中平原国家重要城市群建设，抑或西安国家中心城市建设，都对地质工作提出了新的迫切需求。张茂省研究员带领团队，围绕新型城镇化和生态文明建设的重大需求，聚焦关键地质问题，在关中平原开展了持续十年的城市地质调查与研究工作，取得了一系列原创性成果。一是通过系统的综合地质调查获取了丰富的野外调查资料与实验测试数据：查明了关中平原地质环境条件；为城市绿色高质量发展探明了地下水、富硒土地、地质遗迹、天然建筑材料等一批自然资源；揭示了地质灾害和环境地质问题发育分布规律；建立了城市地质数据库和三维信息系统；提出了国土空间规划优化建议，及时向政府部门提供了精准服务。二是破解了制约城市发展的关键地质问题：从 5 个关键因素入手，揭示了地面沉降地裂缝形成与演化机理，构建了基于地下水位管理的风险防控技术；提出了活动断层的国土空间开发差异性安全避让距离；预测评价了区域地下水位上升带来的黄土湿陷、砂土液化、地下空间浸水与浮力等环境地质问题风险；重新厘定了关中平原第四系下限，推断了千年、百年一遇的历史洪水水位和最大年降水量；揭示了关中平原地质灾害成灾模式和典型重大地质灾害形成机理。三是建立了城市地质调查评价技术方法体系：构建了城市强干扰区地下空间精准探测和三维建模技术；创建了基于限制因素、约束因素和影响因素的城市地下空间负面清单评价方法；建立了基于木桶-边际-风险理论的资源环境承载能力评价技术方法，实现了关中平原国土空间"三区三线"的科学划定；建立了复杂断陷盆地基于块体的三维地质结构建模技术，实现了关中平原地上地下一体化飞行控制和三维分析功能。《关中平原城市地质》是关中平原截至目前覆盖内容较为全面的综合地质调查与研究成果，代表了关中平原城市地质工作的最新认识。我相信该书的出版，不仅对关心和研究关中平原的广大科技工作者大有裨益，也可对探索我国西北地区和其他地区城市群综合地质调查工作方法起到显著的推进作用。

中国工程院院士

王双明

2021 年 3 月 26 日

前　言

关中平原，俗称八百里秦川，是中华文明的重要发祥地，也是最早被称为"天府之国"的地方，曾经是我国政治、经济和文化的中心。关中平原地处亚欧大陆桥中心，是承东启西、连接南北的战略要地，是我国西部地区经济基础好、地理条件优越、自然资源丰富、人文历史深厚、发展潜力较大的地区，在国家西部大开发和"一带一路"倡议中占据桥头堡地位，是黄河流域重要的人口密集区和经济发达地区之一。关中平原城市群是国家重要城市群，战略定位是建设成为全国内陆型经济开发开放战略高地，打造成为全国先进制造业重要基地、全国现代农业高技术产业基地和彰显华夏文明的历史文化基地。西安市建设国家中心城市，强化面向西北地区的综合服务和对外交往门户功能，提升维护西北繁荣稳定的战略功能，打造西部地区重要的经济中心、对外交往中心、丝路科创中心、丝路文化高地、内陆开放高地、国家综合交通枢纽。保护好古都风貌，统筹老城、新区发展，加快大西安都市圈立体交通体系建设，形成多轴线、多组团、多中心格局，将西安市建成亚欧合作交流的国际化大都市。

关中平原城市群和生态文明建设也面临诸多环境地质问题。例如，关中平原发育 25 条活动断裂，历史上多次发生 8 级以上大地震，仅华县（现华州区）大地震死亡人数就超过 80 万人，区域地壳稳定性问题需要警钟长鸣；关中平原存在多个地面沉降中心，发育 10 余条地裂缝，建设工程受到地面沉降地裂缝的威胁；引汉济渭水利工程、八水润西安、田园化大都市的建设，将使大量地表水入渗补给地下水，造成区域地下水位升高，引起区域性黄土湿陷灾害，扩大砂土振动液化范围，给地下空间带来浮力和浸水的风险，引水工程将为关中-天水经济区带来不确定的地质环境问题；关中平原位于我国半干旱地区，水资源相对短缺，通过引水工程基本解决了水资源供需矛盾，但缺少应急后备水源地支撑，极端条件下水荒风险不容小觑。深入系统地开展城市地质调查与重大地质问题研究是促进城市绿色高质量发展和保障城市地质生态安全的迫切需求。

为实现关中平原城市群绿色高质量发展，中国地质调查局西安地质调查中心于 2009年组织召开了"关中盆地城市群城市地质调查研讨会"，以支撑服务经济区与城市群生态保护与高质量发展为核心，以实现人与自然和谐共处为宗旨，聚焦关键自然资源与环境地质问题，编制了《关中盆地城市群城市地质调查总体工作方案》。2010 年起中国地质调查局启动并相继实施了关中盆地城市群城市地质调查（2010～2012）、关中-天水经济区城市地质调查（2013～2015）、关中-天水经济区综合地质调查（2016～2018）、大西安多要素城市地质调查（2018～2020）以及关中平原城市群综合地质调查（2019～2021）项目。通过持续十年的关中平原城市地质调查与研究工作，取得了一批珍贵的科学数据和一系列创新性成果。

本书就是在这些以往关中平原相关城市地质调查成果的基础上，依托关中-天水经济区综合地质调查项目（2016～2018）的集成成果，在介绍关中平原自然地理与社会经济和地质环境条件的基础上，着重论述关中平原赋存的自然资源和城市群建设中面临的地质环境问题，西安国家中心城市以及宝鸡市、渭南市、铜川市等重要节点城市建设中面临的地质环境问题，并从国土空间规划与用途管制的角度提出了绿色高质量发展的对策建议。其中正文的第一章简要介绍了关中平原自然地理与社会经济现状、发展规划以及面临的主要资源环境问题；第二章系统阐述了关中平原地质环境条件，探讨了关中盆地形成演化、地下水系统和工程地质结构划分方案与特征；第三章按水资源、地热资源、土地资源、消耗性资源、地质旅游资源、森林草地及湿地资源详细介绍了关中平原自然资源禀赋；第四章系统论述了活动断层、地面沉降、地裂缝、崩滑流灾害、地下水污染等环境地质问题的现状、成因机制和发展趋势；第五章和第六章分别论述了西安市、宝鸡市、渭南市、铜川市及杨凌区等城市地质；第七章提出了基于木桶-边际-风险理论的资源环境承载能力评价方法，研究了关中平原国土空间规划优化；第八章叙述了关中平原基底、新生界、水文地质和工程地质等三维地质结构模型的建模方法与过程。

本书由张茂省组织，董英、刘江、张戈、李林协助组织完成，全书由张茂省统稿，刘文辉、刘洁完成了后期图表清绘、编排和校对工作。绪论和结束语由张茂省执笔，第一章由孟晓捷、刘江、张茂省、董英执笔；第二章由孟晓捷、董英、张茂省、张戈、宋友桂、冯希杰、董强强执笔；第三章由张戈、孟晓捷、刘江、董英、张茂省、刘文辉、田中英等执笔；第四章由董英、孟晓捷、张新社、张茂省、许领、姚莹莹、刘蒙蒙、卢全中、陈明义等执笔；第五章由董英、张茂省、张新社、曾磊、卢全中、刘洁执笔；第六章由刘江、张茂省、张戈、董英、杨可乐、范文、张锦、曾庆铭、孟晓捷、齐琦、王冬、牛千执笔；第七章由刘江、张茂省、董英、张戈、张新社、许领执笔；第八章由李林、刘蒙蒙、刘洁、李清、李魁星执笔。

张茂省、董英、孙萍萍、刘江、张戈、李林、张新社、孟晓捷、王涛、曾庆铭、刘洁、李清、李政国、姜军、伍跃中、田中英、牛千、刘蒙蒙、王冬、齐琦、卢娜、董强强、王嘉炜、郭广成、陈明义、李辉、吴亚峰、任亚龙、杨鑫、张珊珊、王帅、宁璠飞、宋宁、陈秉浩等参与了专著有关的野外调查和科学研究工作。

委托的专项调查与专题研究项目、承担单位及负责人主要有：关中盆地渭南地区地裂缝地质灾害调查二级项目由长安大学承担，项目负责人卢全中；关中盆地第四系形成演化由中国科学院地球环境研究所承担，项目负责人宋友桂；关中盆地活动断裂调查由陕西省地震局承担，项目负责人冯希杰；关中盆地地质环境监测网建设由陕西省地质调查院承担，项目负责人陶虹；西咸新区土地质量调查由西安西北有色物化探总队有限公司承担，项目负责人武春林；工程地质钻探及原位试验由陕西工程勘察研究院承担，项目负责人周小燕；关中盆地地质环境监测网建设由西安市勘察测绘院承担，项目负责人张周平；关中盆地第四系形成演化调查由中国科学院地球环境研究所承担，项目负责人宋友桂；关中盆地及银川盆地地热分布规律研究由西北大学承担，项目负责人任战利；大西安地下遗址探测及景观虚拟再现科普示范由陕西地矿物化探队有限公司承担，项目负责人赵炳坤；基于块体的大西安三维地质结构模型建设由北京超维创想信息技术有限公司承担，项目负责人李魁星；大西安已有城市地质资料收集及非结构化资料整理由西安市勘察测绘院承担，项目负责人张周平；黄土高原重要城镇基于 P-InSAR 的地质灾害动态调查由兰州大学承担，项目负责人孟兴民；西安环境水文地质问题调查评价由长安大学承担，项目负责人钱会；关中盆地地质资源环境承载力调查评价由陕西省地质调查院承担，项目负责人洪增林；铜川市综合地质补充调查与评价由长安大学承担，项目负责人苑伟娜；渭南市综合地质补充调查与评价由陕西省地质矿产勘查开发局综合地质大队承担，项目负责人杨可乐；宝鸡市综合地质调查由陕西工程勘察研究院承担，项目负责人李稳哲；宝鸡县幅 1∶5 万环境地质调查由中陕核工业集团地质调查院有限公司承担，项目负责人刘遵斌、常园；宝鸡市幅 1∶5 万环境地质调查由陕西工程勘察研究院承担，项目负责人张锦；武功幅 1∶5 万环境地质调查由陕西省地质矿产勘查开发局综合地质大队承担，项目负责人韩军；渭南市固市幅综合地质调查由陕西省地质矿产勘查开发局综合地质大队承担，项目负责人杨可乐；渭南市高塘镇幅 1∶5 万综合地质调查由中陕核工业集团地质调查院有限公司承担，项目负责人丁党鹏；铜川市耀县幅、铜川市幅 1∶5 万综合地质调查由长安大学承担，项目负责人范文。

　　从 2009 年的项目策划、立项论证到实施的整个过程，得到了中国地质调查局汪民、钟自然、王学龙、李金发、严光生、王昆、李海青等局领导的关心与支持；得到了中国地质调查局水文地质环境部殷跃平、武选民、文冬光、张作辰、邢丽霞、姜义、林良俊、胡秋韵等领导的大力支持与指导；得到了计划协调人郝爱兵教授、首席科学家石建省研究员的具体指导；还得到了中国地质学会城市地质专业委员会李烈荣司长、王秉忱参事、原陕西省国土资源厅副厅长雷明雄、李强、董普选、汤鹏超以及魏雄斌、孙新文、周新民、王雁林、赵雪红等处长的支持和协助。在此对各位领导的支持与帮助表示衷心的感谢！

　　长安大学李佩成院士、彭建兵院士、张勤、范文、黄强兵、卢全中等教授，中国地质科学院地质力学研究所吴树仁、张永双、谭成轩、张春山等研究员，陕西省地质调查院王双明院士、苟润祥院长、洪增林院长和黄建军、宁奎斌、范立民等教授，西安市勘察测绘院甘平、张周平、张春奎等高级工程师在共同承担项目过程中给予了大力支持与帮助，西安市、宝鸡市、渭南市、铜川市及杨凌区等地方政府国土资源与规划部门为项目的实施提供了优质的保障条件，在此对各位专家、教授和领导的辛勤付出表示衷心的感谢！

　　中国地质调查局西安地质调查中心历任领导李向主任、樊钧主任、李文渊主任、杜玉良书记、李志忠主任、徐学义总工程师、郭兴华副主任、王香萍副主任、侯光才副总工程师以及王涛副主任、丰成友副主任、刘新海副主任、唐金荣副主任、蔺志勇副主任、水文环境处朱桦处长、徐友宁处长等给予了鼎力支持与指导，综合管理员梁冬萍、何伟宁、侯妙娟做了大量的协调管理工作。本书的出版凝聚着各位领导和同事的心血，在此对各位领导和同事的支持与协作表示衷心的感谢！

目　　录

绪　　论

中国正处于快速城市化与新型城镇化发展阶段，2013 年 12 月中共中央召开了城镇化会议，2014 年 3 月中共中央、国务院印发了《国家新型城镇化规划（2014—2020 年）》，2016 年 2 月国务院印发了《国务院关于深入推进新型城镇化建设的若干意见》，要求把生态文明理念和原则全面融入城镇化全过程，走集约、智能、绿色、低碳的新型城镇化道路。

改革开放以来，中国岩土工程技术得到了长足发展，在经济区和城市建设中发挥了重要的技术支撑作用。但是，这一阶段中国普遍淡化了从更高层次、更大区域、更广阔领域和视野开展的城市地质工作，遇到不少岩土工程难以解决的重大问题。新型基础设施建设、新型城镇化建设、交通水利等重大工程建设对经济区和城市地质工作提出了崭新的、更高的要求，亟待加强城市地质工作。地质调查工作是城市规划建设的重要基础，贯穿于城市运行管理的全过程。开展城市地质理论和技术方法研究，总结城市建设和工程实践中的成功经验和教训，统筹考虑中央与地方事权，协同做好经济区和城市地质工作，有利于缓解城市化进程中资源环境约束，对推进我国新型基础设施建设、新型城镇化建设、交通水利等重大工程建设和新时代生态文明建设具有非常重要的现实意义和战略意义。

第一节　　中国城镇化进程与城市地质工作

人类刚刚进入文明的时代是以小型群落为单元的，后来逐渐成为大型部落和原始村落，公元前 5000 年开始发展为小型城镇。18 世纪机械化的普及造成城市化进程的加快，第二次世界大战后发达国家城镇化快速发展，20 世纪 80 年代后发展中国家城市化进程加快。

尽管我国汉、唐、元、明历代都城辉煌，无论是都城选址，还是在建设中都能顺应自然并或多或少地运用地质学原理，但都谈不上真正的城市地质工作。1912～1949 年中国的地质工作主要是针对基础地质和矿产地质展开，真正的城市地质工作始于新中国成立。

新中国成立以来，我国城镇化治理政策经历了从重视工业建设忽视城镇化建设，到明确提出城镇化战略的转变。大多数城市发展经历了或将经历起步阶段（1950～1978 年）、扩容阶段（1979～1999 年）、快速发展阶段（2000～2017 年）、提质阶段（2018～2050 年）等 4 个阶段，见图 0-1-1。由于各阶段城市发展对地质工作的需求不同以及受国家宏观政策的影响，对应的城市地质工作也不尽相同。依据城市发展阶段可将城市地质调查划分为相应的专项调查阶段（1950～1978 年）、水工环调查阶段（1979～1999 年）、综合地质调查阶段（2000～2017 年）和多要素城市地质调查阶段（2018 年以后）4 个阶段。

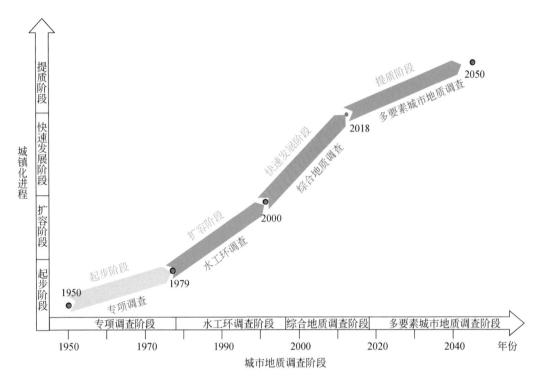

图 0-1-1　中国城市化进程与城市地质调查阶段

一、城市起步与专项调查阶段（1950～1978 年）

1950～1978 年是我国经济建设全面开展时期，城市建设处于起步阶段，城市地质工作是以解决制约城市发展的水资源问题为主，兼顾地基稳定性、地质灾害及环境地质问题而开展的零星的专项调查工作。1952 年，第一次全国城市建设座谈会讨论了"城市建设管理机构的建立健全""城市规划的开展"等议题，对北方部分缺水城市（如北京、西安、包头等）开展了以寻找地下水资源为目的的水文地质勘查（张秀芳，2004）、重点工程的工程地质勘查以及环境地质和地质灾害调查。20 世纪 50 年代是区域水文地质的开创时期，在基本完成我国区域水文地质普查之后，工作逐渐转入重点经济发展区，开展了重要城市地下水资源与环境水文地质评价。

在城市地质研究方面，尽管尚未形成城市地质学，但苏联地质、水文地质、工程地质等理论与技术方法不断输入中国，为解决城市发展遇到的地质问题提供了理论与技术支撑，对我国城市地质科学的发展产生了深远的影响。

在城市地质队伍建设方面，20 世纪 50 年代地质部成立以后，各省先后建立了水文地质工程地质专业队伍、有关的研究机构以及地质院校等，为开展城市地质相关工作储备了必要的技术人才与专业化队伍。

二、城市扩容与水工环调查阶段（1979～1999 年）

1979～1999 年，国家把工作重心重新转移到经济建设上来，城市建设进入扩容阶段，现在的许多特大城市、大城市都是在这个时期奠定坚实的基础。该阶段城市规划对地质工作提出了新的要求，不再是单一的水资源问题或重点工程的工程地质问题，也非零星的专项调查所能解决，以城市为中心的水工环地质调查全面展开，掀起了中国城市地质调查的高潮，完成了 60 多个城市供水水文地质勘查，以 14 个沿海城市为重点开展了水文地质工程地质综合勘查。这一阶段开展的水文地质、工程地质、环境地质调查比较全面系统，从以解决资源问题为主到资源与环境问题并重，并解决了重点城市典型环境地质问题，上海、天津、西安、苏州等城市的地面沉降研究取得重要进展，部分城市还开展了区域地壳（或工程地质）稳定性评价工作，服务城市意识逐渐增强。不足之处：一是调查范围偏小，勘查深度不足；二是进入 20 世纪 90 年代，国家层面的城市地质工作处于低迷时期，岩土工程得到快速发展并在城市建设中发挥了重要的作用。

工业化的兴起兴盛和经济逐渐繁荣带动城市建设进入扩容阶段，城市扩容对城市地质学科发展提出了要求。这一时期，众多学者注重基础研究，在工程地质、岩土工程、水文地质、环境地质、矿山地质环境等方面，出版了一系列的专著。虽然还没有形成城市地质学，但这个时期可以被认为是我国城市地质学的早期发展阶段或是萌芽时期。

在城市地质队伍建设方面，20 世纪 80 年代随着水文地质普查的结束，各省水文地质工程地质专业队伍大都投入到服务于城市的水工环地质调查工作，有关的研究机构以及地质院校等也参与了相关的调查和研究工作，但尚未形成专门的研究体系。20 世纪 90 年代随着国家地质勘查经费投入的锐减，城市地质工作者相当一部分转为岩土工程工作者。

三、城市快速发展与综合地质调查阶段（2000～2017 年）

2000～2017 年是我国经济发展和城市建设最快的时期，城市建设进入快速发展阶段，各级城市在这个时期都得到大规模发展。城市在快速发展过程中暴露出一系列并非岩土工程所关注和所能解决的重大地质问题，20 世纪 80 年代完成的较为系统的水工环地质调查成果，无论是从城市范围、勘查深度，还是关注的问题及其对地质问题的认识上，都不能满足城市快速发展阶段城市规划、建设、运行、管理对地质工作的需求，服务城市发展的多学科、多门类联合的综合地质调查应运而生。

1999 年中国地质调查局成立后，城市地质工作逐渐被重视，城市地质调查项目的数量和经费逐渐增大，调查的内容越来越广泛并趋于综合，服务城市和解决问题的意识愈来愈强。主要开展了四方面工作：①2004～2012 年，开展了全国 306 个地级以上城市地质环境资源摸底调查，初步查明了城市环境地质问题及地质资源状况；②2004～2009 年，完成了上海、北京、天津、广州、南京、杭州 6 个城市的三维地质调查试点；③自 2009 年，采用部、省、市多方合作的模式，完成了福州、厦门、泉州、苏州、镇江、嘉兴、合肥、石家庄、唐山、秦皇岛、济南等 28 个城市地质调查工作；④2010 年以来，以城市群为单元，相继开展了京津冀、长三角、珠三角、海峡西岸、北部湾、长江中游、关中平原、中原、成渝等重点城市群综合地质调查工作。2016 年中国地质调查局设立了重要经济区和城市群综合地质调查计划，下设京津冀一体化协同发展区地质保障工程、长江经济带地质环境综合调查工程、海岸带综合地质调查工程、泛珠三角地区地质环境综合地质调查工程和丝绸之路境内段综合地质调查工程，部署了 44 个综合地质调查二级项目，是当代综合地质调查的代表。

2017 年是城市地质工作承上启下，实现重大转折的一年，城市地质工作从此进入新时代辉煌时期。城市地质工作第一次被写进国务院工作报告，国土资源部出台了《关于加强城市地质工作的指导意见》，召开了全国城市地质工作会议，发布了《城市地质调查总体方案（2017—2025 年)》，部署了雄安新区、西安、成都等城市的空间、资源、环境、灾害等多要素城市地质调查示范项目，提出了未完成城市地质调查不批准城市规划的要求。同时，打破专业界限、创新成果表达内容和方式，编制了北京城市副中心、雄安新区、京津冀、粤港澳大湾区等一系列国土资源与环境地质图集、对策建议报告，服务成效尤为明显。科技部设立了城市地下空间精细探测与安全利用技术重大科技研发项目。

四、城市提质与多要素城市地质调查阶段（2018～2025 年）

2018～2025 年是我国经济发展和城市建设的提质阶段，对应的城市地质工作主体为多要素城市地质调查阶段，同时完成全国地级以上城市 1:5 万基础性综合地质调查。

多要素城市地质调查就是以空间、资源、环境、灾害等要素为调查内容，以城市群、大中城市及小城镇多层次需求和问题为导向，服务规划、建设和运行、管理全过程的新型城市地质调查。《城市地质调查总体方案（2017—2025 年)》提出该阶段的目标任务是，要聚焦城市规划、建设、运行、管理的重大问题，大力推进"空间、资源、环境、灾害"多要素的城市地质调查，开展重大科技问题攻关，搭建三维城市地质模型，构建地质资源环境监测预警体系，建立城市地质信息服务与决策支持系统。到 2025 年，着重推进 140 个中等以上城市的多要素地质调查，倾力打造 25～30 个城市地质调查示范样板，创建多要素城市地质调查工作体系和技术标准体系。

多要素城市地质调查采取中央引导，地方和城市人民政府主导，多方联动，协同推进的工作模式。自然资源部代表中央主要负责制定推进城市地质工作的相关政策措施，统筹部署全国城市地质工作。中国地质调查局按照全国城市地质工作部署，主要开展城市行政辖区 1:25 万和规划建设区 1:5 万综合地质调查评价、重点城市多要素城市地质调查示范、编制城市地质调查技术规程规范，为全国城市地质调查工作提供技术指导。各省（自治区、直辖市）自然资源厅及省政府相关部门主要负责组织开展辖区内公益性综合地质调查评价、制定省级地质资料汇交管理办法、统筹推进辖区内城市地质工作。各城市人民政府主要负责建立城市地质工作协调机制、推进城市地质资料汇交及共享与服务、制定城市地质成果服务政府管理的相关制度、建立城市地质三维结构模型、建立资源环境监测预警网络、建立城市地质可视化信息服务决策支持平台。相关建设单位主要开展商业性城市地质调查工作、汇交相关地质资料、承担相应监测防治责任。

城市总体规划、详细规划、建设、管理的不同阶段对空间、资源、环境和灾害等多要素城市地质调查的需求不同，对应的调查内容和精度要求也随之不同。

在总体规划阶段，面向空间：一是开展城市行政辖区 1∶25 万自然资源综合地质调查，初步掌握区域自然资源状况、地质环境条件和资源环境问题，评价资源环境承载能力和国土空间开发适宜性，划定三条"红线"，提出国土空间规划优化与用途管制建议；二是开展城市规划区 1∶5 万综合地质调查，基本查明土地利用类型和三维地质结构条件。面向资源：一是在有供水前景的地区圈定水源地范围并设定保护区，地下水允许开采量应满足 C 级精度；二是在地热富集区圈定地热田范围，地热水可采资源量评价精度达到控制级；三是进行浅层地热能开发利用适宜性分区，评价浅层地热能资源量；四是在建筑石材等矿产资源分布区开展矿产资源储量评价。面向环境：开展城市规划建设区 1∶5 万生态地质与水土质量调查，分区评价生态地质与土壤质量等级、地下水质量等级、湿地功能等级、地质遗迹等级。面向灾害：开展城市规划建设区 1∶5 万地质灾害易发程度区划，划定基于地质灾害的城镇与重大工程禁建区。

在详细规划阶段，面向空间：主要开展 1∶1 万综合地质调查，查明各建筑区块土地利用条件、地质条件和地下空间利用条件。面向资源：主要开展各建筑区块浅层地热能评价，统筹考虑地下空间开发利用，提出浅层地热能开发利用方案。面向环境：主要开展建筑区块 1∶1 万生态地质与水土质量调查评价，确定生态保护对象与污染场地风险。面向灾害：主要开展规划建设区块 1∶1 万地质灾害调查，评价地质灾害风险。

在建设阶段，面向空间：一是提供拟出让地块的地表与地下空间利用状况、地质背景条件、建设控制指标等；二是按照有关工程勘察规范，建设单位在工程建设区内组织开展土地测量和工程勘察；三是竣工验收时，提交建设项目的工程勘察资料、工程设计及建设相关资料。面向资源：一是提供拟出让地块的地下水、地热水、浅层地热能、矿产资源状况与开发利用要求；二是按照有关技术规范，建设单位根据资源开发和保护的需求，开展地下水水源地、地热资源、矿产资源的勘查评价；三是竣工验收时，提交地下水、地热水、浅层地热能、矿产资源工程勘察资料、开发利用方案等相关资料。面向环境：一是提供拟出让地块的土壤、地下水、地质遗迹开发利用与保护要求；二是按照有关技术规范，建设单位开展建设项目的生态地质环境影响评价；三是竣工验收时，提交工程设施对土壤、地下水、地质遗迹的保护措施和监测承诺书。面向灾害：一是提供拟出让地块的地质灾害分布情况和地质灾害防治要求；二是按照有关技术规范，建设单位开展建设项目的地质灾害危险性评估；三是竣工验收时，提交地质灾害勘查、设计、施工和监理等资料以及地质灾害监测承诺书。

在管理阶段，面向空间：要通过监测，实时掌握城市"三区四线"的控制情况，有效控制地下空间开发秩序。面向资源：一是通过监测，掌握地下水资源均衡状况、地热水开采情况和回灌效果、矿产资源开采情况；二是根据极端干旱气候发生概率，制定地下水应急供水方案。面向环境：一是监测生态地质、土壤质量、地下水质量、地质遗迹状况的变化；二是开展生态地质、土壤和地下水突发污染事件风险点评估，制定应急调查和处置方案。面向灾害：一是通过群专结合、空天地一体化的监测预警网络建设，掌握地质灾害的实时变化；二是提供编制城市规划区及相邻影响区地质灾害应急预案，建立地质灾害应急响应平台。

五、当代城市地质调查进展、存在问题与发展趋势

（一）当代城市地质调查进展

1. 在理念上从被动型转变为主动服务型

城市地质工作由解决城市发展现实地质问题的被动型城市地质工作模式，逐渐转变成为保障城市可持续发展和城市生态系统动态平衡而开展的前瞻性、基础性、综合性主动服务型城市地质工作模式。上海等城市构建了地质工作服务城市规划管理的常态机制，实现了地质调查成果服务融入政府管理主流程。

2. 在工作机制上从地矿独揽型转变为多方联动型

基本形成了中央引导、地方主导、多部门联合的城市地质调查模式并取得明显成效。雄安新区形成了中央公益先行、地方政府跟进、市场主体参与的城市地质实施模式。中国地质调查局西安地质调查中心与西安市自然资源和规划局、西安市城乡建设委员会、西安市国土资源局签订城市地质调查四方合作协议，联合陕西省地质调查院和西安市勘察测绘院，共同编制《大西安城市地质调查与地下空间应用实施方案》，打破了多年来的技术壁垒和行业壁垒，实现了大西安地区地质调查工作的统筹部署、资料与成果共享，打通了地质调查成果广泛应用和服务于城市规划、建设、运行和管理的通道。

3. 在调查内容上从单一要素调查向多要素综合性调查转变

由资源向空间、资源、环境、灾害等多要素转变，由粗放型向精准型转变，由注重资源环境数量向注重数量、质量、生态综合评价转变，由地下水监测与动态评价向资源环境承载能力监测和综合评价转变。

4. 把科技创新提到了空前的高度

智慧城市、文明城市、宜居城市建设离不开科技创新，解决地下空间精细化探测与安全利用、资源环境承载能力评价等关键科技问题需要科技创新。

5. 从业人员数量和所涉及的专业大幅增多

城市地质已成为地质行业转型发展的重要方向，从业人数大幅增多，新时期城市发展对地质工作提出了更新更高的要求，所涉及的专业领域明显增加。

6. 地下空间探测评价理论初现

李晓昭等开展了城市地质环境及地下空间的协同发展利用研究，评价了苏州等城市地下空间的适宜性。张茂省等提出了基于负面因素的城市地下空间资源潜力评价原理与方法，从限制因素、约束因素和影响因素的空间分布、现状、发展趋势、危害方面对西安市地下空间资源潜力进行评价并提出对策建议。倪化勇等梳理了影响成都市地下空间综合利

用的资源环境要素，提出了横向分区、竖向分层的开发利用建议，编制了服务地下空间利用的城市地质图集。

7. 大数据共享、云技术及人工智能应用条件基本具备

上海市通过资源环境信息采集与共享机制，建立了上海城市资源环境综合信息系统，实现了地上地籍、地下地籍、地质图"三位一体"管理，并将其接入了上海市的共享服务平台，实现了多部门地质资料的统一整理和共享。中国地质调查局发布了国家地质大数据共享服务平台"地质云"，提供地质信息一站式云端共享服务，城市地质也是其中的一部分。人工智能技术快速发展，在城市地质调查评价、监测预警和运行管理等方面应用的条件基本成熟。

（二）存在的主要问题

近几十年来，中国城市地质工作取得了丰富的成果，但与新时代城市发展对地质工作的要求相比，还存在先进理念落实不够、体制机制不够完善、尚未形成独立的学科、工作内容不完全适合、精细化探测及三维建模技术不成熟等主要问题。

1. 先进理念落实不够

五大发展理念（创新发展、协调发展、绿色发展、开放发展、共享发展）以及以人民为中心、人地和谐共生、主动超前服务城市发展等理念在城市地质工作中体现不够。

2. 体制机制不够完善

除上海等极少数城市外，规划、建设、国土等部门分设，尚未建立与新时代城市地质工作相适应的城市地质工作体制，导致城市地质调查与城市规划结合不紧密；缺乏城市地质工作的规范性文件，尚未将城市地质工作纳入城市管理主流程，城市地质工作经费没有纳入城市财政预算；城市地质工作缺乏统筹部署，缺乏城市地质信息资料汇交共享机制和持续动态更新机制。

3. 尚未形成独立的学科

目前还停留在运用基础地质、水文地质、工程地质、岩土工程、环境地质、地球化学以及地球信息科学等理论和技术方法来解决城市发展中的地质问题，尚未形成独立的地学与城市学交叉的城市地质综合性学科，没有建立完整的城市地质理论与技术方法体系。

4. 工作内容不完全适合

未形成地学与城市学交叉的城市地质学，导致城市地质工作侧重地质思维，不能很好地站在城市规划、建设、运行、管理的角度全面地策划和实施城市地质工作，导致城市地质调查内容与城市发展需求不尽一致，调查评价结果实用性较差。

5. 精细化探测技术不成熟

常规的地球物理勘探方法，在城市多场干扰环境下，难以精细化精准地探测地质结构

和地下空间。

6. 三维建模技术不成熟

各行业及行业内部都在各自为政,低层次重复开发,尚未研发出行业公认的,可在全国推广应用的,功能强大的城市三维地质建模技术和平台。

7. 评价理论与计算方法不够完善

针对地下空间、资源环境承载能力、国土空间适宜性、区域地壳稳定性、地质灾害风险等评价的理论与技术方法尚不够完善,缺乏科学统一定量化的评价方法和评价阈值。

(三) 未来发展趋势

当前全球性的城镇化具有两个不同的发展趋势,一种是随着交通和信息网络的不断扩大和便捷,城市居民不必仅仅生活在城市的核心区,而是向城市周边进行扩展,带来人口的迁移和产业的疏散;另一种趋势则是随着经济全球化程度的不断加深,大城市拥有更多的发展机会,从而出现城市聚集的现象,表现为更多的人和良好的资源都聚集在大城市,使大城市,甚至超大城市数量进一步增多。

到2050年,全世界城市人口总数将相当于一个世纪前的全世界人口,整个世界将成为一个城市化的世界。届时中国城市数量将到800个,中小城市发展最为迅速,很多农村将转型为城市,或者成了附近城市的一部分,大量人口进入城市生活。在城市规模不断扩大和大城市数量不断增多的过程中,若不处理好人地和谐共生问题,就会出现过度城市化问题,或城市病,并面临城市环境风险和自然灾害。面向2050年的城市地质工作充满了前所未有的机遇和挑战,创新驱动是解决未来城市地质面临的各类问题的唯一途径。

(1) 从哲学和中华理性思维的角度创新思考城市高质量发展与地质生态安全问题。树立创新发展、协调发展、绿色发展、开放发展、共享发展五大发展理念,以及以人为中心、人地和谐共生、城乡融合、主动超前服务等新理念,并落实到城市地质工作的方方面面和各个环节,促进安全、绿色、文明、宜居、智慧城市建设。

(2) 创新与城市发展要求相适应的城市地质管理体制和工作机制。改革和捋顺城市地质管理体制,出台相关规范性文件,将城市地质工作纳入城市规划建设管理的主流程,实现城市地质工作的统筹部署和经费保障。聚焦城市规划、建设、运行、管理过程中的重大问题,构建中央引导、地方主导的多方联动机制,分类推进城市地质调查评价工作。在"数字地球"、"智慧城市"、移动互联网以及人工智能的日益发展背景下,构建城市地质信息资料汇交共享机制和持续动态更新机制,提升城市地质工作服务新时代城镇化建设的能力和水平。

(3) 创建城市地质学科和城市地质专业队伍。构建地质学与城市学交叉的独立的城市地质二级学科,形成完整的城市地质理论与技术方法体系。在大学设立城市地质专业,培养城市地质专业人才。在国家和地方相关机构分别设立城市地质调查和研究部门,建立城市地质专业队伍,创建城市地质科技创新平台。

(4) 拓展城市地质调查评价内容,全方位精准支撑服务国土空间规划与用途管制。指导理论从地球科学转变为地球系统科学;工作区范围从城市规划建设区拓展到整个城市群，甚至其所在的自然单元；服务对象从服务城市规划建设转变为服务城乡融合，城乡一体化的国土空间规划与用途管制，涵盖服务小城镇建设和乡村振兴战略，构建以城市群为主体、大中小城市和小城镇协调发展的城镇格局；调查内容从综合地质调查转变为地下与地上空间协调利用条件调查、多门类自然资源综合调查、生态环境问题调查及地质灾害调查；评价内容从综合地质评价转变为自然资源及其开发利用程度、地质环境安全条件、资源环境承载能力评价、国土空间适宜性评价，更加注重资源环境问题的快速识别与资源环境承载能力的智能评价，及时调整和优化国土空间规划，推动资源协同利用和城市绿色发展。

（5）创新城市干扰环境下精细化探测与监测技术，破解大城市面临的环境风险和自然灾害。创新地球物理、钻探、遥感、监测等精细化探测与监测技术方法，在城市多场干扰环境下，精准获取地质结构和地下缺陷信息，支撑服务城市地下空间开发和安全利用。密切关注新构造运动活跃、地震发育的城市群和大中城市，加强地质环境综合监测和预警研究，加强区域工程地质或地壳稳定性研究，规避在发生突发地质灾害时造成的巨大人员伤亡和财产损失。

（6）打造全球通用的三维建模技术，支撑引领智慧城市建设。各国都在研发三维地质建模技术，但目前尚无国际公认的城市三维地质建模技术和平台。全球化需要领头羊和领导者，美国等西方国家城镇化业已完成，未来在城市地质方面不再扮演领导者，中国有动力，也有能力作为领导者研发全球通用的三维地质建模技术，为世界提供全球公共产品，支撑引领未来国际智慧城市建设。

第二节　关中平原以往地质调查工作

自 20 世纪 70 年代以来，关中平原水工环地质工作主要包括 4 个方面内容。

一、区域水文地质调查

20 世纪 70 年代至 80 年代初，陕西省地质矿产勘查开发局（简称陕西省地矿局）第一水文地质工程地质队和第二水文地质工程地质队，先后开展了 1∶50 万和 1∶20 万陕西省区域水文地质调查，完成了西安市、咸阳市、宝鸡市、渭南市、铜川市等地的农田供水水文地质勘查（1∶10 万），开展了关中地区地下水动态观测等工作。

二、城市地质调查

20 世纪 80 年代，陕西省地矿局成立了城市地质工作协调领导小组。陕西省地矿局第一水文地质工程地质队完成了西安地区地下水资源勘查和西安地区区域稳定性与地质灾害评价研究，陕西省地矿局第二水文地质工程地质队完成了西安市工程地质勘查，编制出版了《西安市城市地质图集》；围绕城市建设，陕西省地矿局第一、第二水文地质工程地质队还开展了 1∶2.5 万咸阳市、渭南市、宝鸡市水文地质工程地质综合勘查以及华阴—华县平原区 1∶2.5 万水文地质工程地质环境地质详查；与此同时，陕西省地矿局区域地质调查队完成了田市幅、固市幅、华县幅、渭南北半幅、崇凝镇北半幅等 5 幅国际标准分幅的区域地质调查。

三、地质灾害专项调查

主要开展了地面沉降地裂缝以及崩滑流灾害专项调查工作。20 世纪 80 年代，陕西省地矿局第一水文地质工程地质队出版了《西安地裂缝研究》代表性研究成果。进入 21 世纪，中国地质调查局相继部署了地面沉降地裂缝和地质灾害调查工作，其中，2004～2007年，由陕西省地质环境监测总站组织完成了西安地区地裂缝与地面沉降调查，2007～2010年，长安大学组织完成了汾渭盆地典型地区地裂缝地面沉降监测与防治研究，2017 年出版了《汾渭盆地地裂缝灾害》。2000 年开始逐县开展了地质灾害调查与区划工作（1∶10万），2006 年开始以县为单元开展了地质灾害详细调查（1∶5万），编制了地质灾害防治规划和防灾预案。

四、城市群综合地质调查

2010 年以来，中国地质调查局西安地质调查中心组织实施了关中平原城市群城市地质调查计划项目，相继实施了关中盆地城市群城市地质调查项目（2010～2012 年）、关中-天水经济区城市地质调查项目（2013～2015 年）、关中-天水经济区综合地质调查项目（2016～2018 年）、大西安多要素城市地质调查项目（2018～2020 年）以及关中平原城市群综合地质调查（2019～2021 年）工作项目。完成了关中盆地 1∶10 万水文地质工程地质调查，主要城市规划区（大西安、宝鸡市、渭南市、铜川市、杨凌示范区）1∶5 万和重大地质问题 1∶1 万调查，编制完成了 1∶5 万水文地质、工程地质、环境地质图 120张，编制了《丝绸之路经济带资源与环境图集》和《支撑服务西咸新区地质调查报告》，完成丝绸之路经济带、关中平原和西咸新区各类专题图件 100 余幅。提高了关中平原水工环地质调查程度，查明了关中平原地质环境条件、地质资源和地质环境问题，完善了地质环境监测网络，并形成了较完善的城市地质调查技术方法体系，为后续开展经济区与城市群综合地质调查奠定了良好基础。

五、多要素城市地质调查

2018 年中国地质调查局西安地质调查中心启动并组织实施西安多要素城市地质调查项目（2018～2020 年）。目标任务是遵循五大理念，围绕建设地下地上"两个西安"的重大需求和主要地质问题，构建多方联动机制，开展涵盖空间、资源、环境、灾害的多要素城市地质试点调查，构建数字大西安和资源环境承载力监测预警体系，服务大西安规划、建设和运营管理全过程，促使西安成为向深部要空间、综合利用国土空间的典范。

主要任务包括：

（1）创新工作机制，构建中央引导、地方主导、产学研政企多方联动的西安城市地质工作模式，推动西安市城市地质工作有序开展和有效支撑服务。

（2）开展大西安 1∶2.5 万～1∶1 万多要素城市地质调查，全面完成地下空间、水资源、环境地质问题和地质灾害调查，完善西安市环境预警监测网、构建西安市城市地质数据库与信息服务系统。

（3）通过多要素城市地质调查试点，探索并建立：①全过程宽领域多要素城市地质调查与评价技术方法；②黄土覆盖区地下空间探测地球物理组合技术；③基于负面清单的地下空间资源及潜力评价方法；④地热能无干扰清洁利用技术；⑤基于地下水位变动引发的环境地质问题及防控技术；⑥地面沉降地裂缝预警预报与风险控制技术；⑦资源环境承载力评价理论与方法；⑧地下多种资源协同开发与安全利用评价技术；⑨基于块体的三维模型建设与信息共享服务技术。

第三节　城市地质调查思路与技术路线

一、目标任务

总体目标是紧紧围绕经济区和城市生态保护与高质量发展对地质工作的重大需求，以科技创新为引领，以解决制约经济区和城市建设和发展的重大地质问题为出发点和立足点，采用地质调查与科学研究相结合，多学科联合的方式，开展综合地质调查与多要素城市地质调查，为经济区和城市规划、建设和运营管理提供依据，为科学研究和社会公众提供相关信息。

综合地质调查的主要任务包括 4 个方面：查明城市地质环境条件、评价自然资源及其承载能力、查明并解决地质灾害或环境地质问题、建立地质环境动态监测网络和信息化服务平台。每一项主要任务可以再细分为若干具体工作内容或研究内容。不同城市及其不同的发展阶段，城市地质工作的具体工作内容和研究内容或侧重点是不同的。以关中平原城市群为例，综合地质调查 4 个方面的主要任务及该阶段可以进一步分解为若干项工作内容，并对应相应的研究内容和主要成果与需求（表 0-3-1）。

表 0-3-1　关中城市群城市地质调查任务及分解情况表

主要任务	调查内容	研究内容	成果或需求
查明地质环境条件	地形地貌调查	关中盆地地貌形成演化过程，西安黄土梁洼成因，渭南汗马和临潼东坪平台成因等	地质地貌图
	地层岩性调查	关中盆地基底构造，新近系岩相古地理，三门组地层划分与第四系底界等	基底构造图，新近系岩相古地理图，第四系厚度图
	地质构造调查	关中盆地构造格架与活动断裂等	构造格架及活动断裂分布图
	水文地质条件调查	关中盆地地下水系统，河流与地下水补排关系，城镇化对下垫面改造及地下水效应等	综合水文地质图，地下水等水位线及埋深图，地下水同位素与水化学图等
	岩土体工程地质性质调查	岩土体类型及其工程地质性质，黄土分布及湿陷性等	岩土体类型划分图，综合工程地质图，地下空间三维地质结构等

续表

主要任务	调查内容	研究内容	成果或需求
查明地质环境条件	人类工程活动调查	城市建设对地下水循环演变等	地下水优化控制模型等
	不良地质现象调查	崩塌、滑坡、泥石流等环境地质问题影响因素	不良地质现象分布图等
	地质环境综合评价	区域工程地质稳定性评价技术方法，地质环境脆弱性或承载力评价技术方法等	区域工程地质稳定性分区评价图，地质环境脆弱性或承载力评价与区划图等
评价地质资源	地下水资源调查	地下水开发约束条件与可持续利用等	应急后备水源地等
	建筑材料调查	建筑材料类型、分布及质量等	天然建筑材料分布图等
	土地资源调查	农业土壤地球化学特征与区划等	现代农业规划图等
	地热资源调查	深部地热资源及浅层地温能评价等	地热开发规划图等
	地质遗迹景观调查	地质遗迹景观分布及其科学和旅游价值等	地质遗迹地质景观分布图
	地质资源综合评价	城市地质资源综合评价、承载力评价技术方法	地质资源分布与综合评价图
查明并解决地质灾害和环境地质问题	滑坡崩塌泥石流调查	崩塌、滑坡、泥石流孕灾环境与成灾机理，地质灾害风险评价与风险减级措施等	地质灾害分布图，地质灾害风险防控措施等
	黄土湿陷性调查	黄土湿陷的力学机制等	湿陷性黄土分布与评价图
	砂土液化调查与试验	砂土震动液化特性及判别指标等	砂土震动液化分区评价图
	黄土振陷试验	黄土振陷与液化机理及判别指标等	黄土振陷分区评价图等
	地面沉降调查	地面沉降形成机理及预测模型等	地面沉降分布及预测评价
	地裂缝调查	地裂缝成因类型及其力学机制等	地裂缝分布及预测评价图
	水土污染调查	包气带渗滤试验与抗污能力等	包气带防污性能分区评价图
	水资源开发利用调查与优化配置	地下水配置与环境地质问题耦合等	地下水优化开采方案流场预测图及相应的环境地质问题预测图等
建立地质环境监测网络和信息化服务平台	地质环境监测网建设	地下水监测网优化，崩滑流灾害和地面沉降地裂缝监测技术与监测网优化，土地利用动态监测域遥感快速解译技术等	综合监测网络
	城市地质信息系统建设	复杂构造地区三维地质建模技术等	基底构造模型，第四系结构模型，地下水模型，地下空间工程地质模型
	城市地质咨询服务	面向城市决策人员的城市规划、建设和运营管理中遇到的地质环境条件、地质资源、环境地质问题和地质灾害软科学，面向科技人员的勘查测试资料共享与技术服务，面向社会公众的城市地质知识宣传与普及	年度城市地质咨询报告，城市地质共享数据库，城市地质宣传普及材料

多要素城市地质调查的主要任务是聚焦城市规划、建设、运行、管理的重大问题，开展"空间、资源、环境、灾害"多要素的城市地质调查和重大科技问题攻关，搭建三维城市地质模型，构建地质资源环境监测预警体系，建立城市地质信息服务与决策支持系统。

二、总体思路

总体思路是聚焦需求，瞄准重大问题，部署开展区域地质与自然资源调查、综合地质调查和专项调查 3 个层次工作，并搭建持久服务平台，采用以问题为导向的"3+1"工作模式（表 0-3-2）评价资源环境承载能力和国土空间适宜性，支撑服务国土空间规划与用途管控、生态文明建设和城市有序高质量发展。

表 0-3-2 以问题为导向的城市地质工作模式

工作区域及工作内容	比例尺	工作方法	工作目的
经济区：综合地质修测	1:25 万	在收集已有资料的基础上，通过遥感解译和补充调查，编制城市地质系列图	进一步梳理存在的问题：认识或结论不清，发生明显变化和出现的新问题，控制精度不够等
中心城市：综合地质调查	1:5 万	以梳理出来的问题为导向，开展综合地质调查	查明地质环境条件和资源，解决存在的问题
环境地质问题与地质灾害：专项调查与解剖	1:1 万	以野外专项调查为主，并采用室内外实验、数值模拟等手段	解决发生明显变化和新出现的地质灾害和环境地质问题
地质环境监测网和信息化服务评价		地质环境综合监测网、城市地质空间信息系统	掌握地质环境要素动态变化，建立信息化服务平台

第 1 层次是 1:25 万 ~ 1:10 万区域地质与自然资源调查。调查区范围为整个关中平原，是一个完整的地质单元。工作方法是在充分收集和利用已有资料的基础上，采用遥感解译、野外核查和补充调查的方式。补充调查内容是在基础地质、水文地质、工程地质、环境地质及自然资源等方面，针对以往资料中存在疑义、控制精度不够、认识或结论不清、发生明显变化和新出现的地质灾害和环境地质问题等开展补充调查。调查成果以区域地质环境条件和区域地壳稳定性评价、资源环境承载能力评价与优化配置、宏观战略性咨询报告、区域性系列综合性和单因素图件及三维地质结构模型为主。

第 2 层次是 1:5 万城市地质调查。调查区范围为西安市、咸阳市、宝鸡市、渭南市、铜川市等城市的建成区和规划区以及未来将要形成的西咸新区。工作方法是在收集利用已有资料和遥感解译的基础上，采用以野外调查为主按 1:5 万图幅逐步实施的方式。调查内容包括基础地质、水文地质、工程地质和环境地质等，调查的重点是以往资料中存在疑义、控制精度低、认识或结论不清、发生明显变化和新出现的地质灾害与环境地质问题等。调查成果以城市地质环境条件和区域工程地质稳定性评价、资源环境承载能力评价与优化配置、城市发展咨询报告、城市系列综合性和单因素图件及三维地下水与地下空间地质结构模型为主。

第 3 层次是 1:10000 ~ 1:5000，甚至更大比例尺地质灾害和地质环境问题专项调查。调查范围为地质灾害和地质环境问题发生的区域或地段。工作方法以野外专项调查为主，并采用室内外实验、数值模拟等手段。调查内容包括地质灾害和地质环境问题形成条件、发育发布特征、成因机理、现状与发展趋势预测、防控措施等，调查的重点是发生明显变化和新出现的地质灾害和环境地质问题等。调查成果以地质灾害和地质环境问题专题研究报告和专题咨询报告为主。

三、技术路线

经济区和城市地质工作是一项复杂的系统工程，同时具有动态性。城市地质工作不仅要有系统的思想，还要有创新的思维方式。城市地质工作的技术路线是运用地球系统科学理论和现代探测技术方法，在查明城市地质环境条件的基础上，评价自然资源，研究并解决制约城市发展的地质灾害和环境地质问题，建立地质环境要素监测网和信息化服务平台（图0-3-1）。

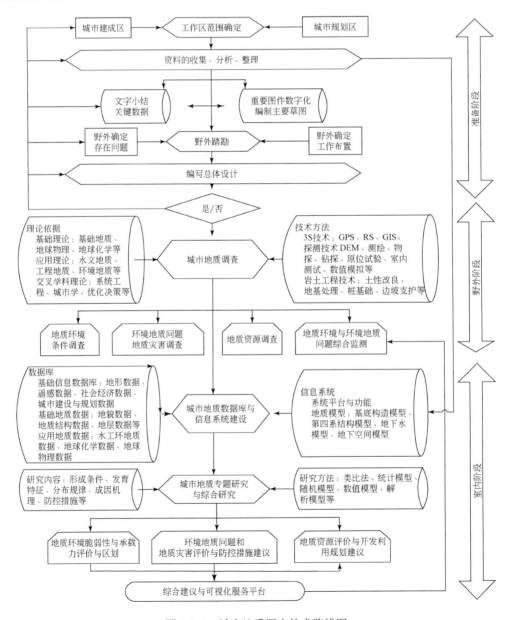

图 0-3-1　城市地质调查技术路线图

四、调查精度

（一）比例尺精度

经济区和城市地质工作的比例尺根据经济区和城市规划与发展对地质工作的需求及存在的地质问题来决定，即因地制宜，针对不同的调查对象、面临或存在的问题及其严重程度，采取不同的比例尺。关中城市群城市地质工作采取了 3 个层次的比例尺。其中，关中平原区域地质与自然资源调查采用 1∶250000 ~ 1∶100000 比例尺，西安市、咸阳市、宝鸡市、渭南市、铜川市等城市的建成区和规划区以及未来将要形成的西咸新区采用 1∶50000 比例尺综合地质调查，地质灾害和地质环境问题发生的区域或地段则采用 1∶10000 ~ 1∶5000 比例尺专项调查。

（二）探测深度

经济区和城市地质工作勘查深度根据经济区和城市的地质结构与需要解决的地质问题来决定。关中城市群城市地质工作主要采取了 4 个层次的勘查深度。①平原基底构造探测深度为 4500 ~ 7000m，旨在评价关中平原区域地壳稳定性和地热资源，建立平原基底构造模型，工作手段以资料收集与综合研究为主，资料收集内容主要包括各类深大物探剖面、地震部门的活动断裂、石油能源部门的勘探钻孔及测井数据、地热资源开发施工的地热井及测井数据等资料。②第四系水文地质勘查深度为 350 ~ 500m，旨在建立平原地下水系统模型，研究地下水富集与循环规律，评价地下水资源。工作手段是在收集已有资料的基础上，采取调查、物探、钻探、原位试验、实验测试等综合手段。③城市地下空间工程地质勘查深度为 100 ~ 150m，旨在查明城市地下空间开发利用所涉及的岩土体类型、工程地质性质及其空间分布，建立工程地质结构模型。工作手段以地面调查、工程地质钻探、原位实验和室内测试为主。④包气带岩性结构勘查深度一般为 0 ~ 50m，旨在查明包气带岩性结构、表层土壤农业地球化学特征、包气带水分运移及土壤易污性能等。工作手段以地面调查、原位实验和室内测试为主。

五、组织实施

经济区和城市群地质工作包含了中央和地方两级事权，需要省部合作、多方联动、事权结合、共同开展。经济区和城市群地质工作范围应综合考虑地质单元的完整性与经济区和城市群范围等因素来确定，项目实行政府引导、统筹规划、统一设计、分工实施、资料共享、成果及时转化与服务的管理办法。项目成果既要有服务于国家的整个经济区和城市群的地质调查总体成果，还要有服务于地方政府的按省（区、市）、市行政区域的地质调查成果，以及服务于某一类地质灾害和环境地质问题的专项研究成果；既要有专业性强的调查报告及基础地质图系、综合水文地质图、综合工程地质图等图件，还要有容易被决策者理解和接受的咨询报告和应用性图件；既要有传统的纸介质图件，还要有现代三维可视化模型。关中平原城市地质调查项目推动了原国土资源部中国地质调查局与西安市人民政府签订合作协议，中国地质调查局西安地质调查中心、西安市规划局、西安市城乡建设委员会和原西安市国土资源局签订了四方协议，建立了"中央引导、地方主导、多方参与"的城市地质调查工作模式。

第四节　关中平原城市地质调查主要成果

2010 年以来，关中平原城市地质调查主要开展了三个方面工作：一是开展 1∶5 万综合地质调查，查明区域环境地质条件和地质资源；二是针对关中平原重大问题开展专题调查研究和综合研究；三是建设地质环境综合监测网络、信息系统和服务平台，取得了一批珍贵的科学数据和 5 项创新成果，积累了城市地质调查项目组织实施经验。

一、破解了 5 项制约城市发展的关键地质问题

（1）从引起地面沉降的区域地壳下降、水位变幅带地下水位下降由饱和状态转化为非饱和状态、饱和带地下水位下降将地下水浮力转化为土颗粒附加应力、建筑荷载、开采井三维流区渗透变形等 5 个因素入手，揭示了大西安地区地面沉降地裂缝形成与演化机理，构建了地面沉降地裂缝预警模型和基于地下水位管理的风险防控技术。

（2）在活动断层调查、物探与槽探的基础上，进一步查明了关中平原活动断裂发育分布特征及其活动性，揭示了活动断层上下盘空间破坏概率，提出了国土空间开发中不同活动断层的安全避让距离，实现了从规划源头防控地质灾害风险。

（3）揭示了西安地区地下水动力场演化规律及其环境效应，统筹地下水位下降引起的地面沉降地裂缝和地下水位上升引起的黄土湿陷、砂土液化、地下空间浮力等地质环境问题，构建了基于地下水监测与调控的环境灾害风险防控技术，促进人地和谐。

（4）破解了关中平原城市群发展中面临的几个关键基础地质问题，明确关中裂陷形成时代及演化过程，重新厘定了关中平原第四系下限，推断了千年、百年一遇的历史洪水水位和最大年降水量。

（5）揭示了关中平原地质灾害成灾模式和典型重大地质灾害形成机理，形成了面向关中平原城市群国土空间规划与用途管制的地质灾害风险评价与区划图。

二、建立了城市地质调查与评价技术方法体系

（1）建立了面向新型城镇化建设的城市地质调查技术方法。分析和明确了新时期城市地质工作的内涵与定位、基本思路、精度与深度等，提出了以需求为导向部署工作，以问题为导向选择工作手段与路径，采用地调与科研高度融合的城市地质调查技术方法。

（2）建立了城市地下空间精准探测–三维建模–资源评价一体化技术。建立了城市强干扰区地面物探、多参数测井、钻探及随钻监测组合的地下空间精细化探测技术；研发了多要素城市地质随机建模技术，建立了等效工程地质特性随机模型；提出了城市地下空间天然资源量、可利用资源量和可利用资源增量的概念，以及服务于总体规划阶段的基于负面因素的城市地下空间资源评价方法、服务于详细规划阶段的城市地下空间地质安全评价方法。

（3）提出了一套全新的"双评价"理论与技术方法。以人类活动带来的风险是否可接受及接受程度作为判别标准，提出资源环境容许承载能力和极限承载能力概念，从抓住关键因素、科学定量评价、阈值标准有据、结果可信适用的思路出发，构建了基于木桶-边际-风险的"双评价"和国土空间规划理论与技术方法。

（4）构建了1∶50000区域远程和链式地质灾害风险识别、1∶10000城区地质灾害风险识别、1∶5000~1∶500场地地质灾害风险识别等不同尺度地质灾害风险调查与评价技术方法。

（5）建立了复杂断陷盆地基于块体的三维地质结构建模技术。建立了关中平原基底构造模型、第四系结构模型、水文地质结构模型和工程地质结构模型，实现了地上地下一体化飞行控制和三维分析功能。

三、为城市绿色有序发展探明了一批自然资源

（1）为关中平原城市群评价地下水可采资源量为$3.6×10^8 m^3/a$，探明地下水水源地4处，玉蝉、东大、渭南麦王、渭河漫滩的赤水河口可采资源量为$8×10^4 m^3/d$。

（2）建立了陕西省地温梯度、热传导系数等参数查询表，以及地热运移数值模型和地热井取热解析解公式，提出"取热不取水"的地热资源评价方法并评价关中盆地该模式的供热资源量为$6.86×10^{15}$kcal（1kcal＝4.184kJ）。

（3）在关中平原圈定富硒土地30余处，总面积为872.96km²，完成土地质量地球化学分区，其中优质土地占33.5%，良好占34.75%，中等占26.00%，差等和劣等仅占5.75%。

（4）发现地质遗迹点共429处，其中具有价值的地质遗迹146处。将地质遗迹区域划分为3个地质遗迹景观带、10个地质遗迹景观亚带、22个地质遗迹景观区。对茂陵地区地下遗址及地下空间进行了无损探测，解析了汉武帝陵地宫的位置、规模及墓室等结构信息，摄制宣传片虚拟再现了汉武帝陵地宫，显著提升了旅游产品品质。

（5）查明了关中平原绿色天然建材场12处，其中石材$320×10^4 m^3$、石料$24.35×10^8 m^3$、制砖黏土$3×10^8 m^3$、砂石$7780×10^4 m^3$等。

四、建立了城市地质大数据库和三维地质结构模型

（1）系统收集、标准化和整合了以往钻孔和物探资料，构建了关中平原地质大数据库。收集了已有地质勘查资料2487卷，整理录入钻孔信息28083个，整理录入地层信息192510条。优化完善了关中平原地质环境监测网。

（2）主要依托基岩地质图和物探资料，建立了基于块体的关中平原基底结构模型。建模共考虑18条断层，其中控盆断层3条，控单元断层5条，一般断层10条。

（3）应用"分块镶嵌"方法建立的关中平原新界三维地质结构模型。模型直观表达了构造控制下新生代地层的沉积特点。

（4）建立了关中平原水文地质结构模型，模型涵盖了第四系松散岩类孔隙含水岩组、寒武—奥陶系碳酸盐岩岩溶含水岩组、基岩裂隙含水岩组三大类含水岩组。

（5）建立了西咸新区工程地质结构模型，根据区域内控制性断裂将研究区划分为Ⅰ、Ⅱ、Ⅲ、Ⅳ等四个建模单元区，利用工程地质钻孔资料分别进行地层插值，形成各个建模

单元内的工程地质层面模型。

五、成果得到及时转化与应用，支撑服务成效显著

（1）与陕西省、西安市和关中平原地级市主管部门保持持续需求对接，统筹部署，省、市（区）主管部门领导深入参与项目的设计评审、野外验收、成果交流，掌握工作进展和主要成果，随时提出需求，项目组及时提供资料和技术服务。

（2）在中国地质调查局与西安市政府签订合作协议的基础上，西安地质调查中心与西安市规划局、西安市城乡建设委员会、西安市原国土资源局签订四方协议，形成了规划部门牵头，西安地质调查中心技术支撑的城市地质工作多方联动机制。做到了中央—地方—城市地勘资金共同部署，资料共享，协同推进，项目组成果及时提交，有效支撑服务。

（3）编制并提交了《支撑服务西咸新区发展地质调查报告》，提出规划建设需要关注的 7 大有利资源环境条件和 7 个重大地质问题，据此优化了西咸新区主体功能规划。编制了《丝绸之路经济带资源与环境图集》，包括丝绸之路经济带 7 张，国家级经济区 42 张，主动服务丝绸之路经济带规划和建设。

（4）应地方政府邀请，解决重大地质问题。针对 2018 年底地面沉降回弹，危及地铁三号线运营安全问题，项目组及时跟进，科学地分析了地面回弹的原因，精准预测了发展趋势，为地方政府部门和地铁办提供了科学的咨询意见。

（5）实施的 8 眼水文地质探采结合井，及时移交地方政府和当地群众，探采结合井总出水量 $1.7 \times 10^4 \mathrm{m}^3/\mathrm{d}$，可灌溉耕地面积 2000 余亩（$1$ 亩 $\approx 666.67 \mathrm{km}^2$），解决供水人口约 5000 人，有效服务了当地群众和经济社会发展。

六、积累了城市地质调查项目组织实施经验

（1）梳理重大需求和关键地质问题，以需求和问题为导向做好顶层设计是项目高质量运行的前提条件。

（2）系统收集已有资料，编制水文地质、工程地质、环境地质等草图，发现存在问题，是提高填图针对性和效率的有效途径。

（3）建立健全严格的质量管理责任制和检查制，并将经常性检查贯穿于项目的整个实施过程是保障项目质量的基本措施。

（4）注重业务培训和人才培养，建立专业结构合理、凝聚力强、快速高效的城市地质创新团队是实现项目成果目标的根本保障。

（5）中央引导、地方主导、产学研政企协调参与等多方联动，形成合力是推进项目顺利实施，成果及时转化应用的主要抓手。

（6）地调与科研高度融合，围绕关键科技问题申报国家五大平台科技项目是深化地质调查认识、破解重大地质问题和建设创新团队的关键。

第一章 关中平原自然地理与社会经济

关中平原，大致与关中盆地和渭河平原所指的范围相当，俗称八百里秦川，地理条件优越，气候温润，风调雨顺，自然资源丰富，是中华民族的重要发祥地之一，从黄帝时代到今天，生生不息，绵延 5000 余年，造就了强大的周、秦、汉、唐，曾经是我国政治、经济和文化的中心。现今关中平原地处亚欧大陆桥的中心，具有承东启西、连接南北的战略作用，是我国西部地区经济基础好、自然条件优越、人文历史深厚、现代产业体系完备、创新综合实力雄厚、发展潜力较大的地区，是推动全国经济增长和市场空间由东向西、由南向北拓展，引领和支撑西北地区开发开放，推进西部大开发，纵深推进"一带一路"建设的重要发力点，在维护新时期国家整体安全中占据极为重要的地位。

关中平原城市群属国家 19 个重要城市群和经济区之一，以国家中心城市西安为中心，包括咸阳市、宝鸡市、渭南市、铜川市、杨凌示范区（杨凌区）。关中平原城市群的战略定位是建设成为全国内陆型经济开发开放战略高地，打造成为全国先进制造业重要基地、全国现代农业高技术产业基地和彰显华夏文明的历史文化基地。随着 2020 年 5 月 17 日中共中央、国务院《关于新时代推进西部大开发形成新格局的指导意见》的出台，无论是关中平原城市群的建设和发展，还是西安国家级城市或国际化大都市的建设都迎来了难得的机遇。

本章内容介绍了关中平原自然地理和社会经济概况，梳理了与关中平原相关的国家级、省级、市级发展规划，并在上述三方面的基础上，分析并提出了关中平原在新型城镇化和生态文明建设中主要面临的重大资源与环境问题，以及自然资源管理、国土空间规划优化与用途管制对地质工作的需求。

第一节 自然地理概况

一、地理位置

关中平原位于陕西省中部，西起宝鸡，东至潼关，南依秦岭，北抵北山（老龙山、嵯峨山、药王山、尧山等），地理坐标为东经 107°30′~110°30′，北纬 34°00′~35°40′，面积约为 20000km² （图 1-1-1）。关中平原地理位置优越，交通便利，是陕西省政治、经济、文化中心，被称为是陕西省的"白菜心"。

关中平原内最大的城市是西安市，为国家级中心城市，其他主要城市还包括宝鸡市、咸阳市、渭南市、铜川市和杨凌区。

二、气象特征

关中平原属暖温带半干旱半湿润气候区，区内气候的基本特征是四季分明：冬季寒

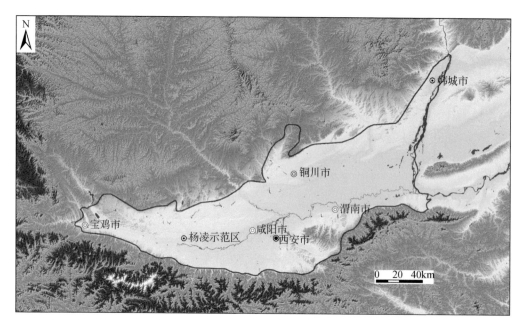

图 1-1-1　关中平原位置图

冷，夏季炎热，春季升温较快，秋季降温迅速，冷空气活动频繁，气温日较差大；干湿季节分明，秋末冬春少雨，夏季初秋多雨；降水变率大，常出现干旱；春季风大沙多。

（一）降水

关中平原多年平均降水量为 550～750mm，地域上分布不均，总体上平原南部大于北部，西部大于东部。南部秦岭山前地带降水量一般为 850～1000mm，北部蒲城、铜川降水量仅为 533～589mm。西部宝鸡、中部西安及东部渭南多年平均降水量分别为 670mm、572mm 和 545mm。

降水量年内分配不均，多集中在 7、8、9、10 月四个月，占全年总降水量的 60% 以上，最高达 77.1%。夏季多雷阵雨和暴雨天气，初秋多连续性降雨，武功、韩城两地曾出现日最大降水量为 113～157mm 的暴雨。

降水量年际变化较大，丰枯比近 2 倍。在 2000～2017 年 18 年间，关中平原出现两个丰水年，年降水量达 730～1000mm（图 1-1-2）。西安市、宝鸡市、渭南市保证率为 25% 时，年降水量分别为 813mm、720mm、590mm；保证率为 50% 时，年降水量分别为 738mm、664mm、540mm；保证率为 75% 时，年降水量分别为 658mm、562mm、487mm。

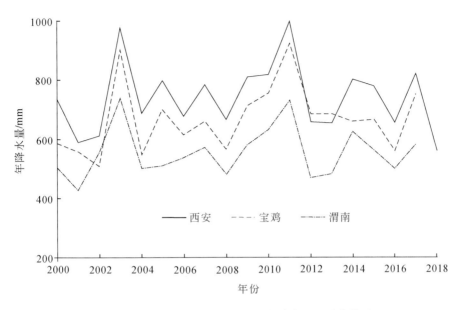

图 1-1-2　主要城市 2000～2018 年年降水量历时曲线图

（二）气温及蒸发

关中平原地处中纬度地区，多年平均气温为 12～13.6℃。气温随海拔的增加而降低，关中平原西部和北部气温略低于东部。北山地区年平均气温为 7～11℃，秦岭地区年平均气温低于 8℃。1 月关中平原平均气温为 –0.8～20℃，低山区为 –4～–3℃，秦岭中高山区 1 月气温在 –5℃ 以下。7 月关中平原和低山区平均气温为 22～27℃，秦岭中高山区气温仍在 20℃ 以下。

关中平原多年平均蒸发量为 1000～1200mm，平原内多年平均水面蒸发量为 660～1600mm（1956～2000 年），其中渭北地区一般为 1000～1600mm，西部为 660～900mm，东部为 1000～1200mm，南部为 700～900mm。年内最小蒸发量多发生在 12 月，最大蒸发量多发生在 6、7 月，7～10 月蒸发量占年蒸发量的 46%～58%。多年平均陆地蒸发量为 500mm 左右。

三、水文特征

关中平原河流众多（图 1-1-3，表 1-1-1），属黄河水系。渭河是关中平原主干河流，属黄河一级支流。渭河之北有千河、漆水河、泾河、石川河、洛河；南有石头河、黑河、沣河、灞河等，各支流由南北两山向渭河汇集，后向东注入黄河。

渭河两侧因地形差异明显，支流水系分布很不对称。南侧支流源自秦岭山系，水网密集，山区河谷呈"V"字形峡谷，当地称之为"峪"，秦岭北麓有"七十二峪"之说。峪道是通往川、鄂的主要交通通道。渭河北岸河流较少，包括发源于宁夏六盘山的泾河，发源于陇东和陕北黄土高原的洛河，以及源于北山的千河、漆水河、石川河等，多由西北流向东南注入渭河。

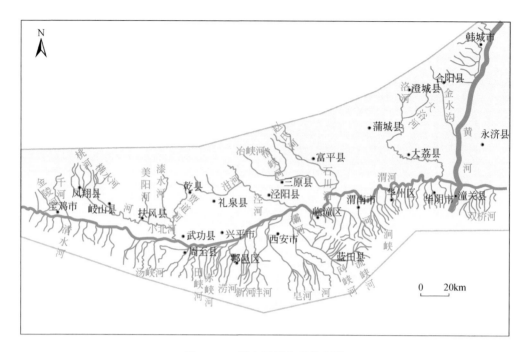

图 1-1-3　关中平原水系分布图

表 1-1-1　关中平原河流一览表

行政区	序号	河流名称	流域面积/km²	河流长度/km		流经市（县、区）	备注
				河流总长	径流本省长度		
省级	1	渭河	134766	818	502.4	定西、天水、宝鸡、杨凌、咸阳、西安、渭南	黄河一级支流
	2	泾河	45400	455.1	284.1	泾源、平凉、泾川、长武、彬县、泾阳、高陵	渭河一级支流
	3	北洛河	26905	680.3	680.3	志丹、甘泉、富县、洛川、黄陵、宜君、澄城、白水、蒲城、大荔	渭河一级支流
	4	千河	3493	152.6	129.6	华亭、陇县、千阳、凤翔、陈仓	渭河一级支流
	5	金陵河	427.1	55	55	陇县、宝鸡	渭河一级支流
	6	石川河	4478	137	137	耀州、富平、临潼	渭河一级支流
市级	7	漆水河	3824	151	151	麟游、永寿、乾县、扶风、武功	渭河一级支流
	8	灞河	2581	109	109	蓝田、灞桥、未央、高陵	渭河一级支流
	9	浐河	760	63.5	63.5	蓝田、长安、雁塔、灞桥、未央	渭河二级支流
	10	沣河	1460	81.9	81.9	长安、秦都	渭河一级支流
	11	石头河	686	77.5	77.5	太白、眉县、岐山	渭河一级支流
	12	潏河	687	64.2	64.2	长安、西安	渭河二级支流

续表

行政区	序号	河流名称	流域面积/km²	河流长度/km		流经市（县、区）	备注
				河流总长	径流本省长度		
县级	13	滈河	292	46	46	长安	渭河二级支流
	14	涝河	346	43.8	43.8	鄠邑（原户县）	渭河一级支流
	15	黑河	2258	125.8	125.8	周至	渭河一级支流
	16	沋河	233	42.3	42.3	华州	渭河一级支流
	17	赤水河	300	<50	<50	临渭、华州	渭河一级支流
	18	遇仙河	129.5	<50	<50	华州	渭河一级支流
	19	石堤河	111	<50	<50	华州	渭河一级支流
	20	罗纹河	92	<50	<50	华州	渭河一级支流
	21	构峪河	17.1	<50	<50	华州	渭河一级支流
	22	方山河	11.9	<50	<50	华州、华阴	渭河一级支流
	23	葱峪河	9.9	<50	<50	华阴	渭河一级支流
	24	罗夫河	145.4	<50	<50	华阴	渭河一级支流
	25	柳叶河	90.5	<50	<50	华阴	渭河一级支流
	26	长涧河	76.8	<50	<50	华阴	渭河一级支流
	27	白龙涧河	58.9	<50	<50	华阴	渭河一级支流
	28	清姜河	234.4	43	43	渭滨	渭河一级支流
	29	伐鱼河	155.1	26.3	26.3	渭滨	渭河一级支流

（一）渭河及其支流

渭河是黄河的最大支流，发源于甘肃省渭源县的鸟鼠山，自东沟进入陕西境内继续东流，在林家村出宝鸡峡进入关中平原，于潼关港口汇入黄河。全长818km，流域总面积134766km²。

渭河多年平均径流量为 $75.7×10^8 m^3$，陕西境内为 $53.8×10^8 m^3$。渭河为高泥沙河流，泥沙主要来自北岸的黄土区，以泾河及渭河上游最甚。泾河流域面积只占华州区站的40.6%，但平均每年向渭河输送泥沙 $3.09×10^8 t$（张家山站），占华州区站输沙总量的62.8%。咸阳以下，泾河带来了大量泥沙（张家山站含沙量高达148kg/m³），渭河含沙量又急剧增加，临潼站达55kg/m³，华州区站达49.3kg/m³。

渭河出宝鸡峡进入关中平原后河谷突然放开，两岸支流的含沙量均较小，水流挟沙能力减小，上游带来的泥沙沉积于河槽内，使河水含沙量自然减小。由于三门峡水库抬高了河流侵蚀基准面，渭河及各支流输入中下游河段的泥沙，远大于通过华州区站输送给黄河的泥沙，因此每年还有大量泥沙沉积在中下游河槽内。北洛河口以下，因受黄河顶托易生倒灌，三门峡水库建成后，渭河口以上河床淤积，抬高5m多，潼关卡口形成拦门沙，成为防汛心腹之患。渭河下游华阴市、华州区秦岭山前"二华夹槽"，不仅渭河，还包括南山支流，均已发展成为"地上悬河"，防汛形势严峻，环境地质问题（如盐渍化）突出。

（二）泾河

泾河是渭河左岸支流，发源于宁夏六盘山东麓，至张家山出峡谷入关中平原，于高陵区船张村注入渭河。全长 455.1km，流域面积为 45421km²。多年平均径流量为 $17.4 \times 10^8 m^3$。年输沙量为 $3.09 \times 10^8 t$，多年平均输沙模数为 7150t/(km²·a)。

泾河出张家山峡谷进入关中平原，向东南流，在高陵泾渭堡以下入渭，流程为 58.3km。河床比降为 1.15‰，地形平坦，河道开阔，水流平缓，为沙和沙砾质河床。泾河与渭河相会后，因两河泥沙含量不同，而水色各异，延续数里不相混淆，人称"泾渭分明"。

（三）北洛河

北洛河（相对于南洛河）发源于陕北白于山，流向东南，最后在大荔县东南部汇入渭水，全长 680.3km，总落差为 1180m，平均纵比降为 1.98‰。洛河穿越陕北黄土高原，自白水县沙家河进入平原黄土台塬区。沙家河以上河床深深切入中生代基岩中，形成宽百余米的曲流峡谷，洛河于蒲城以南进入渭河冲积平原。

洛河出铁镰山后，下游河道在渭南孝义镇和黄河之间大幅度摆动。桥店和马坊渡在历史上曾是洛河古渡口，可今天桥店距洛河河岸十余千米，马坊渡距洛河南岸 4km。1927年，黄河主流河槽西迁，洛河在赵渡镇直接入黄河，以后黄河东迁，洛河又流入渭河，后来随三门峡水库水位变化，洛河下游仍改道迁徙不定。

（四）黑河

黑河，古称芒水，渭河右岸支流。发源于秦岭芒谷，在尚村乡石马村注入渭河。全长 125.8km，流域面积为 2258km²。多年平均径流量为 $8.17 \times 10^8 m^3$。黑峪口最大洪水流量为 3040m³/s（1980 年）。

（五）灞河

灞河原名滋水，渭河右岸支流。发源于蓝田县灞源镇麻家坡以北，有清峪、流峪、同峪、倒沟峪四大源流，其于玉山镇汇流后始称灞河。全长 109km，流域面积为 2581km²，多年平均径流量为 $7.43 \times 10^8 m^3$。

灞河中段右岸有源于骊山和横岭塬支流汇入。由于受骊山断块剧烈抬升的影响，迫使灞河向左岸侧移，侵蚀白鹿塬边坡，形成高 200~300m 陡崖，右岸河漫滩和阶地发育，河谷很不对称。

浐河为灞河最大的支流。发源于汤峪乡秦岭主脊北侧，于西安城郊灞桥区注入灞河，全长 63.5km，流域面积为 760km²。多年平均径流量为 $1.75 \times 10^8 m^3$，最大洪峰流量为 632.5m³/s。20 世纪 70 年代以后，因上游截流，浐河变为季节性河流。

（六）沣河

沣河，渭河右岸支流。发源于西安市长安区喂子坪乡鸡窝子以南的秦岭北侧，北流在咸阳市秦都区渭河南的鱼王村注入渭河，全长为81.9km，流域面积为1460km²，多年平均径流量为4.8×10⁸m³。主要支流有高冠峪河、太平峪河和潏河。

四、植被生态环境

（一）植被类型

关中平原属暖温带半干旱半湿润气候区，地貌类型以黄土台塬、洪积平原、冲积平原为主。植被生态系统以陆生生态系统为主，夹含少量湿地生态系统，植被类型以栽培植被为主。在中国植被区划中，关中平原属中国暖温带落叶阔叶林区域—暖温带南部落叶阔叶林栎林地带—渭河平原栽培植被区。区内栽培植被为旱作和落叶果树园，植物有冬小麦、玉米、高粱、谷子、甘薯、水稻以及苹果、梨、山楂、柿、核桃、板栗、大枣、葡萄等。

（二）植被生态环境

关中平原土质以黄土和黄土状土为主，雨水较少，植被覆盖率低，自然生态环境脆弱。20世纪50年代以前，区内自然环境基本良好。50～90年代，人口增加、开发自然资源逐渐增多，导致山坡植被减少退化、部分土地沙化、水土流失、河流萎缩干涸、地下水位下降、水质恶化，生物多样性受到威胁。2000年以后，通过退耕还林、小流域治理、建立生态示范乡镇（村）等措施，生态环境得到一定改善，但人类活动集中的城区、县城植被退化严重（图1-1-4）。

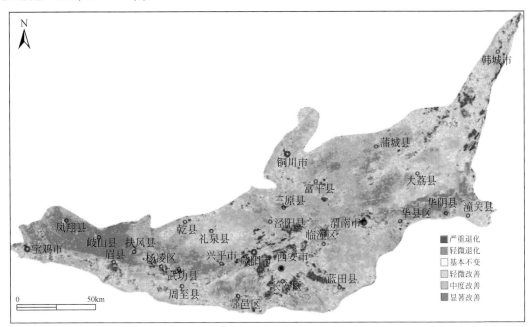

图1-1-4　2000～2017年关中平原植被变化趋势图

第二节　社会经济概况

一、关中平原人文地理

据中国科学院地球环境研究所刘禹研究员研究，从广义而言，关中平原及周边地区诞生和养育了我们中华民族。

周、秦、汉、唐都诞生在关中平原。周朝前后持续近 800 年，是我国延续时间最长、繁荣稳定的朝代。在东周中期到西汉中期（公元前 580 ~ 前 80）长达 500 多年中，几乎没有出现过干旱事件，是中国历史中最湿润的时期，这一时期中国古代文化空前繁荣，出现了一大批影响整个中国甚至世界的文学家、哲学家和教育家，灿若繁星，他们思想的光辉至今仍照耀着全人类。

2500 年前，诞生于渭河岸边甘肃礼县的秦国，战车隆隆，战马飞腾，尘土飞扬。威武的秦军，东出函谷，杀敌百万，横扫六国，一统华夏。从公元前 364 年的石门之战，秦国开始有预谋进行统一中国算起，到公元前 221 年秦朝建立，在这期间关中平原气候温润，风调雨顺，兵强国富。据司马迁记载，战国末期，肥沃的关中平原生产了比其他六国多出10 倍的粮食，为统一中国做好了充分物质准备。

到了汉朝，强大的汉朝使中华民族有了"汉人"的称谓。但汉朝末期出现了延续了60 年之久的干旱，并发生了大规模蝗灾。战争、干旱蝗灾等多重影响，导致中国人口锐减至 3000 万。

关于唐朝，史书上有"八水绕长安"的记载。著名的"安史之乱"时期天下大旱，这次暴乱直接导致了唐朝的衰败，使其逐渐走向灭亡。不得不承认，唐朝以后，再无长安，其中原因十分复杂，涵盖皇帝统治管理水平、政治官场风气、民赋税收等，但气候变差是一个无法绕开的原因。

关中平原是如何演化到今天的地步的？"八水绕长安"盛景不再，遮天蔽日的雾霾代替了"悠然见南山"的蓝天。现今关中平原面临着气候变化、大气和水土污染、活动断裂与地面沉降地裂缝发育、区域地下水位持续升高或下降、水资源短缺、崩滑流灾害频发等科学问题，亟待地学工作者解决好这些问题，为推动关中-天水经济区绿色安全发展，传承历史文化，建设生态文明、环境宜居、繁荣稳定的新时代，实现中华民族伟大复兴的中国梦提供科学依据。

二、人口概况

关中平原五市一区 2017 年总人口为 2419.64 万人。城镇人口为 1482.94 万人，其中：市区人口为 794.30 万人。农村人口为 936.70 万人（表 1-2-1）。平均城镇化率为 61%，其中西安市城镇化率为 77%；宝鸡市城镇化率为 52.1%；咸阳市城镇化率为 50.26%；渭南市城镇化率为 47.9%；铜川市城镇化率为 64.5%；杨凌区城镇化率为 64%。

表 1-2-1　关中平原城市人口统计表（据陕西省统计局）

城市	总人数/万人	城镇人口/万人	其中: 市区人口/万人	农村人口/万人
西安市	961.67	741.00	460.6	220.67
宝鸡市	378.10	197.00	101.00	181.10
咸阳市	437.60	219.94	91.50	217.66
渭南市	538.29	258.00	89.00	280.29
铜川市	83.34	53.80	39.00	29.54
杨凌区	20.64	13.20	13.20	7.44
合计	2419.64	1482.94	794.30	936.70

关中平原五市一区总面积为 55384km², 占全省的 26.9%, 而人口占全省的 63.1%。人口密度为 437 人/km², 其中西安市为 963 人/km², 宝鸡市为 208 人/km², 咸阳市为 432 人/km², 渭南市为 402 人/km², 铜川市为 215 人/km², 杨凌区为 1528 人/km²。

三、资源消费概况

改革开放的 40 多年, 与全国其他地区一样, 关中地区经济发展步入快车道, 资源承载力和环境容量压力加大, 水资源、能源、环境等约束日益显著, 迫切需要以生态文明建设和绿色发展为导向, 集约高效利用资源。

一是水资源短缺。关中地区水资源量仅占全省的 19%, 人均水资源拥有量仅为全国平均水平的 15.4%。同时, 水体污染问题没有得到彻底根除, 渭河干流仍有两个省控断面及皂河等支流入渭断面水质为劣 V 类。

二是能源利用率不高。关中地区能源利用效率与经济发达地区相比仍有较大差距, 个别市区能源消耗强度远高于全省平均水平。2016 年, 陕西省能源消费系数（=能源消费量平均增长速度/国民经济年平均增长速度）为 0.45, 高于全国平均水平 0.21。

三是清洁能源利用比例低, 空气质量堪忧。自 2005 年以来, 煤炭消费占陕西省能源消费的比重基本维持在 70% 以上, 2016 年甚至高达 78.2%, 关中地区主要城市春冬季空气质量经常处于全国空气质量较差行列, 中重度雾霾天气频繁出现, 且在治理过程中不断出现反复。

四、污染现状与环境质量

据《2018 年陕西省生态环境状况公报》, 关中地区近年来在经济、社会、工业、基建、生产等多方面迅速发展, 超大型城市和中等城市对各类资源的消耗量逐步增加, 废水废气的排放导致了严重的环境污染问题。

（一）城市空气环境质量

关中平原 2018 年各城市空气质量优良天数为 157～253 天, 优良天数比例为 43.0%～69.3%（表 1-2-2）, 较陕北和陕南地区差。2018 年, 关中平原可吸入颗粒物（PM_{10}）浓度超标, 细颗粒物（$PM_{2.5}$）浓度未达到年均值二级标准（>35μg/m³）。二氧化氮（NO_2）浓度杨凌、铜川和韩城达标, 西安、渭南、咸阳和宝鸡超标（>40μg/m³）; 臭氧浓度除宝鸡市达到日最大 8 小时平均值二级标准（≤16040μg/m³）之外，咸阳、西安、韩城、渭南、杨凌和铜川超标。

表 1-2-2　2018 年关中平原环境空气质量类别统计表　　（单位：天）

城市	优	良	轻度污染	中度污染	重度污染	严重污染	优良天数合计	优良天数比例
西安	21	167	115	33	24	5	188	51.5%
宝鸡	34	219	76	22	11	3	253	69.3%
咸阳	17	140	104	67	29	8	157	43.0%
铜川	24	211	101	25	4	0	235	64.4%
渭南	19	159	131	27	21	8	178	48.8%
杨凌	39	204	97	14	6	5	243	66.6%
西咸	18	157	127	36	19	8	175	47.9%
韩城	23	167	129	32	11	2	190	52.1%

（二）水环境质量

渭河干流 2017 年以前为轻度污染，化学需氧量从上游向下游污染程度加重，流经宝鸡市和西安市时，氨氮浓度显著升高。但在积极治理背景下污染程度逐渐减轻。2018 年以来渭河干流水质优。I～III 类水质断面占 100%。与 2017 年相比，I～III 类断面比例上升 57.9%，IV～V 类下降 52.6%，劣 V 类下降 5.3%，化学需氧量下降 16.5%，氨氮下降 36.9%。

金陵河、宝鸡峡总干渠、石头河、漆水河、黑河、田峪河、黑河（泾）、漆水河（石）、三水河水质优；清姜河、千河、泾河、沣河、涝河水质良好；灞河、北洛河、石川河、沋河、漕运明渠轻度污染；小韦河、皂河、太平河、幸福渠重度污染。

（三）城市饮用水水质状况

2016 年，28 个集中式饮用水源中，除西安沣河、皂河水源地水源 12 月超标外（锰超标 1.43 倍），其余 27 个水源均达标，水源达标率为 96.4%。2016 年 28 个集中式饮用水源共取水 $6.5×10^8$ t，12 月西安沣河、皂河水源取水量为 $125.29×10^4$ t，达标水量为 $6.49×10^8$ t，水量达标率为 99.8%。2016 年 5～9 月 11 个地表水源地和 17 个地下水源地全部达标。6 个湖库水源地营养状态等级均为中营养。据《陕西省区域环境地质调查报告》，关中地区部分重点城市地下水潜水与承压水污染现状见表 1-2-3 和表 1-2-4。

表 1-2-3　关中平原潜水污染现状表

城市	污染现状	分布范围	污染源	程度
西安	氟、矿化度、总硬度、氯化物、硝酸盐、硫酸盐中一到二项超标，氟最高检出值 2.14mg/L，矿化度最高检出值 1312mg/L	环状分布在草滩镇—后围寨—等驾坡—马旗寨一带，长安区至皇甫呈小片分布，面积约为 195.3km²	生活污水、工业废水、污水灌溉、垃圾	轻
	氟、矿化度、总硬度、氯化物、硝酸盐、硫酸盐、亚硝酸盐及六价铬中一般超标 2～3 项，最多可达 6 项。矿化度最高检出值 2372mg/L，氟最高检出值 1.23mg/L	西安旧城区，北郊污灌区，西郊工业区以及东部的席王等地小片分布，长安区也有，分布面积约为 172.05km²	生活污水、工业废水、污水灌溉	重

续表

城市	污染现状	分布范围	污染源	程度
咸阳	氟、矿化度、总硬度、氯化物、硝酸盐中一到二项超标，矿化度最高检出值1110mg/L，氟最高检出值1.10mg/L	咸阳马村—大泉—石桥—窑店—马湾村呈带状分布，面积约为176.2km²	工业三废、生活污水、垃圾、农药、化肥	轻
	氟、矿化度、总硬度、氟化物、硝酸根、硫酸盐、亚硝酸盐及六价铬中一般超标2~3项，最多可达6项，氟、六价铬、矿化度、硝酸根超标含量分别为：1.02~1.74mg/L、0.064~0.112mg/L、1032~2068mg/L、240~250mg/L	咸阳老城区及农业区老村庄，面积约为14.35km²	工业三废、生活污水、垃圾、农药、化肥	重
宝鸡	矿化度、总硬度、硝酸根、亚硝酸根、氟、六价铬均超标	姜程堡、体育场、上马营、十里铺及石坝河	工业三废、生活污水、垃圾、农药	重
	矿化度、总硬度、硝酸根、氟、六价铬中一到二项超标	广大河漫滩及一级阶地	工业废水、垃圾、农药、化肥	轻
渭南	酚最高检出值0.008mg/L，超标4倍	渭河低阶地（负张、麻李村）	工业废水	重

表 1-2-4　关中平原承压水污染现状表

城市	污染现状	分布范围	污染源	程度
西安	氟、六价铬、砷等指标中某一、二项轻微超标，氟最高检出值1.66mg/L	西安汉城乡大白扬—等驾坡一带，总面积为90.83km²	经污染的潜水经过越流或其他途径补给承压水，或构造带附近受深部高氟水的污染	轻
	氟、六价铬、砷严重超标，氟最高检出值2.82mg/L、砷0.061mg/L、六价铬0.084mg/L	西安城区西北部，面积仅为6.25km²		重
咸阳	氟、六价铬、砷等指标中某一、二项轻微超标，氟最高检出1.70mg/L	咸阳渭河北岸阶地地区的大泉—石桥—窑店—马神庙一带，面积约为118.67km²	经污染的潜水下渗或地层岩性、地质构造所致	轻
宝鸡	氨氮、硝酸盐氮、氟、酚、氰、铬、汞都有不同程度超标，其中氨氮、氰化物、汞、硝酸根、六价铬最高检出值分别为228mg/L、0.23mg/L、0.003mg/L、340mg/L、0.104mg/L	卧龙寺、十里铺、市区、石坝河、福临堡	经污染的潜水下渗	重

五、土地利用结构

(一) 土地利用类型及面积

关中平原拥有悠久的耕种历史，在距今7000~7500年之前，关中平原已经出现以种粟为代表的原始农业。4000 多年前,中国历史上最早的农官——后稷在此"教民稼穑,树艺五谷",杨凌成为中国农业发祥地之一。

据《陕西省"十二五"土地利用专项规划(2010—2015 年)》:截至 2013 年底,关中地区(地级市行政区为单元,范围大于地理意义上的关中平原)农用地为 3995537hm²,占本区土地总面积的 83.10%。其中,耕地 1648001hm²,园地 428141hm²,林地 1668139hm²,牧草地 115853hm² 及其他农用地 135403hm²,分别占本区土地总面积的比例为 34.28%、8.90%、34.69%、2.41%、2.82%。其中地级市耕地面积均有不同程度的减少(表 1-2-5)。建设用地面积为 461821hm²,占本区土地总面积的 9.61%,其中城乡建设用地为 399451hm²、交通水利用地为 47828hm²,分别占本区土地总面积的 8.31%、0.99%。

表 1-2-5 关中地区耕地面积统计表

地区	耕地面积/10³hm²		减少率/%
	2000 年	2014 年	
西安	295.58	244.15	17.4
咸阳	407.87	356.85	12.5
宝鸡	333.84	299.99	10.1
渭南	534.61	519.41	2.8
铜川	70.06	64.67	7.7
杨凌	5.04	5.56	-10.3

(二)土地利用特点

关中盆地分为渭北黄土台塬、关中平原和秦岭山地。包括渭北黄土台塬农、林、牧、工矿用地区,关中平原农业、工业、旅游、交通、水利、城镇用地区和秦岭北麓林、牧、旅游、生态保护用地区等土地利用亚区。

渭北黄土台塬海拔高,昼夜温差大,黄土层深厚,是苹果最佳优生区。同时,渭北台塬紧邻渭北黑腰带,后者是重要的煤炭产地。

关中平原地势平坦,气候温和,雨量适中,土壤肥沃,水利条件好。耕地面积比重大,占全省耕地面积的 41.23%,水浇地面积占全省的 50.90%,是全省重要的粮、棉、油、果生产基地。

秦岭山地中低山区是关中盆地的天然生态屏障,森林植被覆盖率高达 80% 以上,生态功能重要,是关中平原城市群的重要生态屏障。

(三)"三生"空间用地方向

据《陕西省"十三五"土地资源保护与开发利用规划》,关中平原"三生"空间用地布局:农业生产空间主要布局在渭河平原、黄土台塬区、千河及其支流两岸、铜川南部川塬等区域;生活空间及非农业生产空间主要布局在西安、宝鸡、咸阳等城市中心城区,陇海铁路、高速公路、省级公路等交通沿线城镇发展区及中心城镇、重点城镇等;生态空间布局在秦岭山地、山地丘陵区，黄河、渭河、洛河、泾河、汧河等主要河流及沿岸区域，薛峰水库、沈河水库等重要水源保护区及主要水源涵养林、水土保持林区。

六、区域地位及经济总量

关中平原城市群是陕西经济的核心区。关中地区经济综合实力稳步提升，结构不断优化，经济总量在全省"挑大梁"。从省内三大区域经济总量占比看，关中地区持续占据主导地位。2017年关中地区经济总量占全省经济总量的比重为64.6%。2017年关中地区农林牧渔业总产值占全省59.8%，工业增加值占全省54.4%，全社会固定资产投资占全省72.2%，社会消费品零售总额占全省79.5%。大西安及关中平原城市群经济实力在西北地区首屈一指，其对西部地区经济发展的带动作用意义重大。

七、产业结构

关中地区三大产业结构为7.3∶45.1∶47.6，第一产业占比较低，第二产业、第三产业占比相对较接近，整体呈现"一小两大"的结构（据陕西省统计局2019年资料）。从结构演变情况看，关中地区第一产业占比整体呈现平稳下降的态势，由2010年的9.4%下降为2017年的7.3%；第二产业在2012年达到峰值50.8%后逐步下降至2017年的45.1%；第三产业占比在2012年为39.8%，后逐步提高至2017年的47.6%。

关中地区优势产业快速增长。西安的交通运输设备、航空航天、电子；宝鸡的机械、电子、食品、饮料、烟草；咸阳的电子、纺织、医药；渭南的农副食品加工、钼、黄金等有色金属；铜川的煤、铝、水泥、陶瓷；杨凌区的环保农资、农牧良种、食品加工和生物制药等都具有明显优势。

第三节　社会经济发展规划

一、经济区及城市群发展规划

关中平原具有承东启西、连接南北的显著区位优势，历史文化底蕴深厚，现代产业体系完备，创新综合实力雄厚，城镇体系日趋健全，是推动全国经济增长和市场空间由东向西、由南向北拓展，引领和支撑西北地区开发开放，推进西部大开发，实施黄河流域生态保护与高质量发展战略，纵深推进"一带一路"建设的重要发力点。

（一）国家战略布局

1. 新时代推进西部大开发战略

2000年以来，党中央、国务院先后印发实施《国务院关于实施西部大开发若干政策措施的通知》（国发〔2000〕33号）、《国务院关于进一步推进西部大开发的若干意见》

（国发〔2004〕6号）、《中共中央国务院关于深入实施西部大开发战略的若干意见》（中发〔2010〕11号）等文件和一系列相关政策，为西部大开发提供了重要指导和支持。

2019年3月19日，中央全面深化改革委员会第七次会议审议通过了《关于新时代推进西部大开发形成新格局的指导意见》，2020年5月17日，《中共中央 国务院关于新时代推进西部大开发形成新格局的指导意见》（以下简称《指导意见》）印发。《指导意见》指出，强化举措推进西部大开发形成新格局，是党中央、国务院从全局出发，顺应中国特色社会主义进入新时代、区域协调发展进入新阶段的新要求，坚持统筹国内国际两个大局做出的重大决策部署。《指导意见》明确，强化举措抓重点、补短板、强弱项，形成大保护、大开放、高质量发展的新格局，推动经济发展质量变革、效率变革、动力变革，促进西部地区经济发展与人口、资源、环境相协调，实现更高质量、更有效率、更加公平、更可持续发展，确保到2020年西部地区生态环境、营商环境、开放环境、创新环境明显改善，与全国一道全面建成小康社会；到2035年，西部地区基本实现社会主义现代化，基本公共服务、基础设施通达程度、人民生活水平与东部地区大体相当，努力实现不同类型地区互补发展、东西双向开放协同并进、民族边疆地区繁荣安全稳固、人与自然和谐共生。

2. 黄河流域生态保护与高质量发展战略

2019年9月18日，在黄河流域生态保护和高质量发展座谈会上，习近平提出一个重大国家战略：黄河流域生态保护和高质量发展。保护黄河是事关中华民族伟大复兴和永续发展的千秋大计，黄河治理着眼五个方面：第一，加强生态环境保护；第二，保障黄河长治久安；第三，推进水资源节约集约利用；第四，推动黄河流域高质量发展；第五，保护、传承、弘扬黄河文化。渭河是黄河的最大支流，渭河东西横贯关中平原，西安坐落在关中平原中部，被确定为建设中的国家级中心城市，关中平原在黄河生态保护与高质量发展战略中具有重要的战略地位。

3. "一带一路" 倡议

丝绸之路经济带东接亚太经济圈、西系发达的欧洲经济圈，被认为是"世界上最长、最具有发展潜力的经济大走廊"。关中平原城市群位于古丝绸之路的起点，是丝绸之路经济带的东端，地理位置优越，发展基础较好，在丝绸之路经济带建设中发展潜力巨大。

4. 国家主体功能区规划

2010年12月21日国务院下发了《国务院关于印发全国主体功能区规划的通知》（国发〔2010〕46号），确立了未来国土空间开发的战略格局，即"两横三纵"为主体的城市化战略格局、"七区二十三带"为主体的农业战略格局和"两屏三带"为主体的生态安全战略格局。关中平原是城市化战略中的重要组成部分之一，是全国19个重要城市群和经济区之一。

（二）关中—天水经济区发展规划

国家发展改革委2009年6月10日下发的《国家发展改革委关于印发关中-天水经济区发展规划的通知》（发改西部〔2009〕1500号，规划期为2009~2020年）指出，关中—

天水经济区包括陕西省中部以西安为中心的部分地区和甘肃省天水的部分地区，处于承东启西、连接南北的战略要地，位于全国"两横三纵"城市化战略格局中陆桥通道横轴和包昆通道纵轴的交汇处，发展意义重大。

规划提出关中-天水经济区战略的定位为：全国内陆型经济开发开放战略高地，统筹科技资源改革示范基地，全国先进制造业重要基地，全国现代农业高技术产业基地，彰显华夏文明的历史文化基地。

（三）关中平原城市群发展规划

2018 年 2 月 7 日，国家发展改革委发布了《国家发展改革委 住房城乡建设部关于印发关中平原城市群发展规划的通知》（发改规划〔2018〕220 号）。城市群范围包括陕西省关中地区的西安、宝鸡、咸阳、铜川、渭南 5 个市、杨凌区及关中盆地外的商洛市的商州区、洛南县、丹凤县、柞水县，山西省的运城市（除平陆县、垣曲县）、临汾市的尧都区、侯马市、襄汾县、霍州市、曲沃县、翼城县、洪洞县、浮山县，甘肃省的天水市及平凉市的崆峒区、华亭县、泾川县、崇信县、灵台县和庆阳市区。该区域总国土面积为 $10.71 \times 10^4 km^2$，2016 年末常住人口为 3863 万人，地区生产总值为 1.59 万亿元，分别占全国的 1.12%、2.79% 和 2.14%。

规划对关中平原城市群的战略定位：围绕建设具有国际影响力的国家级城市群、内陆改革开放新高地，加快在向西开放的战略支点、引领西北地区发展的重要增长极、以军民融合为特色的国家创新高地、传承中华文化的世界级旅游目的地、内陆生态文明建设先行区的发展定位上实现突破。同时，明确提出建设西安国家中心城市。发展目标：到 2035年，西安国家中心城市和功能完备的城镇体系全面建成，创新型产业体系和基础设施支撑体系日趋健全，对内对外开放新格局有效构建，一体化发展体制机制不断完善，城市群质量得到实质性提升，建成经济充满活力、生活品质优良、生态环境优美、彰显中华文化、具有国际影响力的国家级城市群。

（四）陕西省及区域发展规划

除了针对关中平原城市群的国家级规划之外，一些省级及区域级规划相继出炉，为城市群发展提出新的要求。包括《陕西省"十三五"关中协同创新发展规划》、2009 年 6 月出台的《大西安国际化大都市城市发展战略规划》和《西咸一体化建设规划》、2017 年11 月出台的《关于支持富阎一体化发展的指导意见》，以及各地级市和城市发展规划。

二、自然资源利用规划

（一）国家总体规划

《全国国土规划纲要（2016—2030 年）》提出要加大关中-天水经济区建设力度，加强基础设施建设和环境保护，积极推进新型工业化，提高人口和产业集聚能力，建成具有重要影响力的区域性经济中心，带动周边地区加快发展。

《全国矿产资源规划（2016—2020 年）》强调要优化能源矿产开发利用布局结构，加快清洁、高效能源矿产勘查开发，控制煤炭资源开采总量，大力推进绿色开采和清洁利用。关中平原地热资源丰富，是我国地热资源开发潜力较大的地区之一，铜川和渭南地区又是煤炭资源和矿产资源重要开发区，清洁能源开发利用需求迫切。

关中平原内蕴藏着较丰富的水热型地热资源，是国家"十三五"期间地热资源勘探评价的重点区域。《地热能开发利用"十三五"规划》提出，陕西省要按照"集中式与分散式相结合"的方式推进水热型地热供暖，在"取热不取水"的指导原则下，进行传统供暖区域的清洁能源供暖替代，重点开发西安、咸阳、宝鸡、渭南、铜川等市（区）水热型地热资源。

地下空间是一种以往被忽视，但在城市建设中极其重要的地质资源。《城市地下空间开发利用"十三五"规划》提出"十三五"时期城市地下空间开发利用将有相当大的规模，要求科学和合理地推进城市地下空间开发利用。

（二）陕西省总体规划

《陕西省矿产资源总体规划（2016—2020年）》、《陕西省水利发展"十三五"规划》、《陕西省城市地下空间开发利用"十三五"规划》和《陕西省冬季清洁取暖实施方案（2017—2021年）》等规划对陕西省和关中平原地质资源利用提出具体的目标和重要任务。

三、安全规划

（一）水安全规划

《关中平原城市群发展规划》提出要从水资源保障能力和水资源管理体制两方面入手，强化水安全保障。

（1）提升水资源保障能力方面。加强饮用水水源地保护，加快推进骨干水源工程和水利枢纽工程，构建互联互通、多水源互济的供水保障体系。加快实施灌区节水改造，提高工业用水循环利用率，普遍推行生活节水，促进水资源可持续利用。以地级以上缺水城市为重点，加快推进节水型城市建设。系统整治河流湖泊，维护河道生态基流，修复湖泊、湿地生态环境，加强蓄洪利用，实现"水润关中、水美关中、水兴关中"。完善水资源管理体制。全面实施最严格的水资源管理制度，构建合理的水价形成机制，严控用水总量。

（2）完善共同保护和开发利用水资源的协调管理机制，加快区域水资源信息平台建设，实现区域水资源基础信息共享和监控联网，提高取用水计量监督、水文测报、水量水质监测、水资源调度的现代化管理水平。划定水功能区限制纳污红线，规范入河湖排污口监督管理，深入推进水生态文明建设，全面推行河长制，在湖泊实施湖长制，实现流域污染系统治理。

（二）生态环境规划

《关中平原城市群发展规划》提出，把生态环境保护作为城市群建设的硬任务和大前提，优化生态安全格局，强化生态保护与修复，推进气水土等污染防治，实现区域污染同治、生态同建，为城市群追赶超越增添绿色动力。构建"两屏、一带、多廊、多点"的生态安全格局，划定并严守生态保护红线，实施生态保护修复工程；实施环境共治，深化大气污染联防联控，加强流域水污染防治，推进土壤污染防治，强化环境风险防控，加强环境影响评价。

四、国土空间规划

中华人民共和国成立以来，不同时期的重要任务不同，决定了属于自然资源的土地、矿藏、水流、森林、山岭、草原、荒地、滩涂等自然资源分别由不同的行政机构管理，自然资源的开发利用和保护并未形成一个统一的整体。全民所有自然资源资产所有者职责并不明确，各自只管自己管辖的范围，造成监管乱、监管难、监管者缺位现象，国家保障自然资源的合理利用并未完全兑现。另外，我国国土空间用途管制处于多、散、乱状态，存在着空间规划的编制管理机构分散、编制标准不统一等问题，所以经常出现规划目标相矛盾、内容相矛盾等问题。

为了解决上述问题，国家近几年逐步开展"多规合一"试点的推广，随着 2018 年 3 月自然资源部的成立，今后会将自然资源开发利用和保护、空间规划体系、自然资源资产所有权等多方面内容进行统一规划、执行和监管。

《陕西省"十三五"土地资源保护与开发利用规划》提出，统筹关中协同创新发展，推动城乡一体化发展。加快推动空间规划编制，强化区域国土空间调控。

立足关中区域自然条件、经济社会发展状况及发展定位，以支撑农业发展、城市发展、产业发展及生态保护为目标，明确区域"三生"用地布局，制定土地利用调控措施，合理调整农业用地结构，优化城乡建设用地布局，强化生态用地保护，推动形成生产空间集约高效、生活空间宜居适度、生态空间山清水秀的国土空间开发格局。

构建以空间规划为基础、以用途管制为主要手段的国土空间开发保护制度，着力解决无序开发、过度开发、分散开发导致的优质耕地和生态空间占用过多、生态破坏、环境污染等问题。

健全国土空间用途管制制度。制定《陕西省自然生态空间用途管制实施办法》，推动国土空间用途管制由资源管护向生态空间保护拓展，实现国土空间全覆盖。借助国家国土空间监测系统对全省国土空间变化实施动态监测。

前人自从 20 世纪 50 年代起在关中平原进行了水工环多方面的地质调查，取得了丰硕的成果。但在新时代背景中，新的政府监管部门、新的工作任务对传统城市地质工作者提出了更高的要求和挑战。目前关中平原在建立与资源环境承载能力相适应的国土空间规划体系方面尚存在以下问题：

（1）在资源环境动态评价、国土空间用途管控、支撑和服务城市建设和规划方面，缺乏覆盖全平原的多学科、多领域的精细化、自动化资源环境承载能力监测网络；

（2）缺乏统一的资源环境数据库及城市资源环境地质信息服务和决策支持平台；

（3）尚未建立区域资源环境承载能力预警体系，在资源–环境–协调发展重大决策中缺乏科学支撑，在国民经济和社会发展规划及国土空间开发"三区三线"划定方面依据不足。

第四节　主要资源环境问题

关中平原是关中平原城市群的主体部分，也是陕西省重要的人口密集和经济发达的地区，城市群建设面临着一系列资源环境问题。

一、水土资源问题

关中平原人口密集，经济较发达，土地资源、水资源紧缺，区域环境容量处于超载状态。2017 年，关中平原"五市一区"常用耕地面积为 $1.42423 \times 10^6 hm^2$（陕西省统计局），农村人口人均占有耕地不超过 $0.15 hm^2$（表 1-4-1）。随着城市和经济发展，建设用地不断增加，废水、废渣排放造成局部土壤污染，耕地面积呈减少趋势。

表 1-4-1　关中平原常用耕地面积和农村人口人均耕地面积统计表

市（区）	常用耕地面积/$10^3 hm^2$	农村人口人均耕地面积/hm^2
西安市	249.63	0.06
铜川市	68.51	0.15
宝鸡市	294.49	0.11
咸阳市	318.62	0.10
渭南市	487.79	0.12
杨凌区	5.19	0.05

关中平原水资源总量为 $80.37 \times 10^8 m^3$，人均水资源量不足 $500 m^3$，缺水程度严重，水资源承载力严重不足。地表水资源量为 $73.3 \times 10^8 m^3$，利用率约为 30%。地下水可采资源量为 $34.9 \times 10^8 m^3$，平均开采程度为 $60\% \sim 80\%$，其中西安市、宝鸡市、咸阳市、高陵区、富平县地下水一度严重超采，开采程度超过 120%。随着社会经济发展，预计到 2030 年，区域水资源需求总量将达到 $150 \times 10^8 m^3$，供水缺口巨大。

关中平原渭河以北的富平—蒲城—大荔一带还分布有高氟水，地下水氟含量一般为 $1.0 \sim 3.5 mg/L$，最高达 $12 mg/L$；苦咸水分布在大荔县、渭南固市镇等地，地下水矿化度为 $1 \sim 3 g/L$。大荔县氟水区人数为 63.2 万人，其中饮用高氟水人数为 18.78 万人，饮用苦咸水人数为 3.35 万人，患有氟骨症人数约为 2 万人。

二、地质环境问题

关中平原城市群面临的主要地质环境问题有活动断裂、地面沉降地裂缝、地质灾害、黄土湿陷与砂土液化、水景工程引起的水位变化等。

（一）活动断裂发育，区域稳定性问题堪忧

关中平原发育 25 条活动断裂，历史上发生过 $8\frac{1}{4}$ 级大地震，仅 1556 年华县大地震

就造成了 83 万人死亡，区域工程地质稳定性问题堪忧。在城市建设中，活动断裂的安全距离、区域工程地质稳定性和工程建设适宜性都是必须明确的。

（二）地面沉降地裂缝世界罕见、危害严重

关中盆地是我国地面沉降地裂缝极度发育地区。西安市发育 14 条地裂缝，长度为 3～12km，分布面积为 155km²，几乎覆盖了整个西安城区。地面沉降地裂缝对城市建设和基础设施造成严重破坏，带来巨大的财产损失，城市建设仍然面临着地面沉降地裂缝的威胁，如何实现地面沉降地裂缝时空强预警预报，控制地裂缝风险，是城市建设面临的新的重大问题。

（三）地质灾害问题影响城镇化建设

滑坡、崩塌地质灾害主要分布在西安市、宝鸡市、铜川市规划建设区的黄土分布区，属于黄土滑坡、黄土崩塌，在宝鸡黄土台塬宝鸡—常兴段、泾阳黄土台塬蒋刘—太平段、白鹿塬边及横岭地区呈带状集中发育。如白鹿塬东侧沿灞河发育了长达约为 20km 的滑坡带，发育大中型滑坡 93 个。泥石流地质灾害主要发育在临潼、华州区—潼关段。地质灾害严重影响城镇化建设，应依据地质灾害危险区划定禁建区红线，从规划源头规避重大地质灾害风险。

（四）区域性黄土湿陷性与砂土液化问题不容忽视

黄土是具有湿陷性的特殊土，饱和砂土在地震时易发生砂土液化，工程建设前期的岩土工程或工程地质勘查一般会对其进行评价并按照相关规范进行处理。在城市地质调查中除了进行区域性现状调查和评价外，还应关注动态发展趋势。即在引水与水景工程建设中，如不采取防渗措施，将使大量地表水入渗补给地下水，可能造成区域地下水位持续上升。区域地下水位上升，一是导致区域性大面积的黄土湿陷，地基失效，建筑物受损或破坏；二是导致原处于非饱和状态的砂土逐渐饱和，液化势增高，由震时非液化砂土变为液化砂土，从而出现地震时地基失效，建筑物受损或破坏。应开展城市群区域地下水位上升、区域性黄土湿陷性与砂土液化问题统筹协调研究，规避区域性地基失效的重大风险。

（五）地下水过量开发、引水与水景工程将带来不确定的环境地质问题

关中平原区域地下水位普遍下降，有超采区 14 处，面积为 1220.4km²，集中开采区降落漏斗面积达几十至二百余平方千米。2016 年西安市城区严重超采区地下水位平均上升了0.85m，西安市郊区一般超采区、浐灞河间一般超采区和高陵一般超采区地下水位分别平均下降了 0.34m、0.08m 和 0.18m；宝鸡市凤翔、岐山一般超采区和扶风南阳一般超采区地下水位分别平均下降了 0.43m 和 0.50m；咸阳市城郊区一般超采区地下水位平均上升了0.47m，秦都区沣东一般超采区、泾阳云阳一般超采区和兴平兴化一般超采区地下水位分别平均下降了 0.96m、0.64m 和 0.67m；渭南市富平井灌区一般超采区地下水位平均上升了 0.68m，渭南市城区一般超采区和蒲城井灌区一般超采区地下水位分别平均下降了0.51m 和 0.14m。

引水与水景工程是城市建设和规划的重要组成。西安市将通过建设改造"八水九湖"，

实现"八水绕长安、九湖映古城"的盛景。"八水润西安"总体规划布局被称为"571028工程",即保护、改造、提升、新建"5引水、7湿地、10河系、28湖池",规划中不仅把环绕西安的八条水系全部引进城内,还要引进黑河水系和引汉济渭水系,实现十大水系"水润西安"的美丽图景。

这些引水与水景工程建设,若不采取防渗措施,将使大量地表水入渗补给地下水,可能造成区域地下水位持续上升,引起黄土湿陷和砂土液化等一系列的环境地质问题发生。

（六）工业污染和城市生活导致水污染问题

2016年,关中平原各市区工业废水、城市生活污水排放总量达$9.862×10^8$t,其中入河废污水量为$8.615×10^8$t（据2018年陕西省水资源公报）。区内地表水水质不同程度受到污染,主要污染项目为氨氮、化学需氧量,大部分河流水质达到Ⅲ～Ⅴ类。地下水污染主要分布在城市、工矿企业周围,地下水形成点状、线状污染,局部有由点向面发展的趋势。

第二章 关中平原地质环境

地质环境条件是经济区与城市群建设和发展的基础。关中平原处于中国大陆东西向与南北向两大构造带交汇区的华北-东北构造区块的西南缘，秦岭造山带与鄂尔多斯地块交接带上，主要受秦岭造山带陆内构造和鄂尔多斯地块旋转复合作用控制，跨越造山带与克拉通交接转换带，又处于青藏深部地幔运动动态的扩散区，受华北克拉通东部破坏的影响。关中平原是区域复合构造动力学背景下，秦岭北缘山前断陷带和汾渭地堑系西部的复合构造产物，属主造山后历经变动的洋陆、盆山交接区上的复合上叠构造，主体为新生代复合伸展性断陷平原，也可称非典型裂谷性平原。

关中平原位处中国第二阶梯中部。南部秦岭峰峦叠嶂，山势陡峻，走向为近东西向，海拔一般为1000~3500m，秦岭主峰太白山海拔为3771.2m。北部为陕北黄土高原南缘之低缓起伏的低山丘陵，习称北山，海拔为700~1250m。南北两侧山脉延伸至西端宝鸡峡闭合而成峡谷。关中平原夹持于秦岭与黄土高原之间，地势自山前向中心呈阶梯级降落，发育有冲积平原、洪积平原、黄土台塬、山地等地貌单元，主要地层为第四系，新近系、古近系、奥陶系、寒武系等局部出露。

关中平原内堆积了厚数百米的第四系松散沉积物，北部分布或下伏寒武系、奥陶系碳酸盐岩，为地下水储存和运移提供了良好的空间。关中平原是一个水文地质结构完整、含水系统与水流系统相对独立、水循环开放的地下水系统。依据地下水含水介质的结构组合与分布特征以及地下水循环特征的不同，关中平原地下水系统可进一步划分为3个含水亚系统和26个子系统，各子系统均又包括无压水和承压水两个更次一级的子系统。

关中平原岩土体类型按照成岩作用程度和岩、土颗粒被胶结程度，可以划分为岩体和土体两大类。按照建造类型和结构类型，结合强度等性质，岩体划分为较软-较坚硬层状碎屑岩、坚硬层状碳酸盐岩、坚硬层状变质岩及块状岩浆岩。根据岩土体类型和工程地质性质，划分工程地质层10层。根据工程地质层空间分布特征，按地貌类型+工程地质层（组合）的分类方法，划分工程地质结构19大类。

第一节 地 质 条 件

一、地形

关中平原位处中国第二阶梯中部，夹持于秦岭与陕北黄土高原之间。南部秦岭峰峦叠嶂，山势陡峻，走向近东西向，海拔一般为1000~3500m，秦岭主峰太白山海拔为3771.2m。北部为陕北黄土高原南缘之低缓起伏的低山丘陵，习称北山，由西向东有崛山、老龙山、嵯峨山、药王山、尧山等山系，呈雁行式排列，海拔为700~1250m。南北两侧山脉延伸至西端宝鸡峡闭合而成峡谷。秦岭与北山之间，地势自山前向中心呈阶梯级降落，海拔为 325～900m，总体为北、西、南三面高，中部低，并向东部黄河缓倾的西窄东宽的平原。关中平原东西长近 300km，武功以西南北宽 25～50km，以东南北宽 70～90km。渭河出宝鸡峡沿平原中部自西向东流经全区，至潼关汇入黄河。

二、地貌

关中平原为新生代断陷平原，断陷平原内北东东向、近东西向、北西向的各级断层将平原切割成断块状，平原整体南深北浅，东西两端浅，中部深，呈阶梯式不对称的块状断陷。基底构造轮廓和断块差异性升降产生的隆起与凹陷，控制着平原内的地貌、沉积环境及水文网的展布。第四纪以来，在新构造运动和气候变化影响下，辅以水文网发育，隆起区形成黄土塬，凹陷区则形成河谷平原或秦岭山前洪积平原。根据地貌成因和形态特征，区内可划分为冲积平原、冲洪积平原、洪积平原、黄土台塬、基岩山区等地貌单元（图 2-1-1）。其中冲积平原为 7895km²，占 38.9%；冲洪积平原为 1768km²，占 8.7%；洪积平原为 3029km²，占 14.9%；黄土台塬和黄土丘陵为 7334km²，占 36.1%；基岩山区为 278km²，占 1.4%。

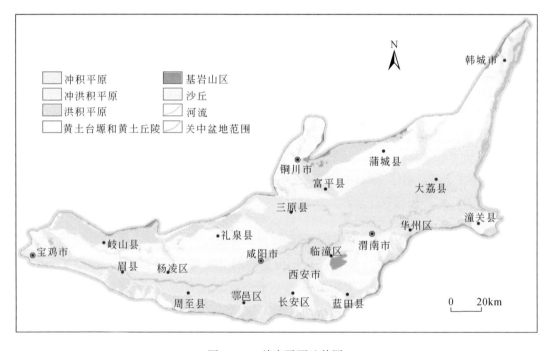

图 2-1-1　关中平原地貌图

（一）冲积平原

关中平原的渭河冲积平原的主河道一般发育三级阶地，但各地存在差异，其中西安凹陷中发育一级、二级阶地，临潼凸起发育狭窄的三级阶地，华州区、华阴市所处的固市凹陷只发育一级阶地。渭河上游及泾河、洛河及灞河、沭河等支流则甚至发育四级以上的阶地（图 2-1-2，图 2-1-3）。此外，在东南季风作用下，渭河、洛河河道就地起沙，并堆积于渭河、洛河之间的一级阶地之上形成沙地，俗称"大荔沙苑"，面积为 268.2km²。

　　河流漫滩一般宽0.5~4km，海拔为320~600m，高出河面0.5~7m，由全新统上部（Q_h^{2al}）粉土、砂卵石组成。

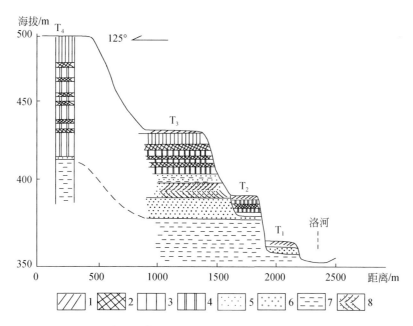

图 2-1-2　洛河大荔人遗址段阶地剖面图（于学峰等，2001）

1. 耕作层；2. 古土壤；3. 全新世黄土；4. 更新世黄土；5. 砂；6. 砾石；7. 泥岩；8. 斜层理

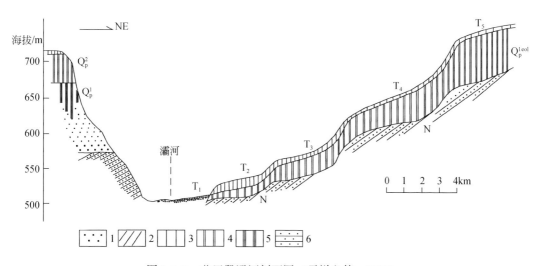

图 2-1-3　蓝田段灞河剖面图（雷祥义等，1992）

1. 砂；2. 全新世黄土；3. 晚更新世黄土；4. 中更新世黄土；5. 早更新世黄土；6. 砂岩

　　渭河一级阶地阶面平坦，分布连续，由西向东阶面逐渐变宽，宽度为0.5~24km，海拔为330~610m，高出河面5~20m，由全新统下部（Q_h^{1al}）粉质黏土、粉土和砂、卵石组成。

　　二级阶地分布于渭河两岸，阶面平坦，宽度为0.5~10km，海拔为345~629m，高出河面20~30m，高出一级阶地2~15m，下部由上更新统冲积（Q_p^{3al}）粉质黏土和砂卵石构成，上覆上更新统风积黄土（Q_p^{3eol}）。

三级阶地分布在宝鸡、西安、渭南一带较大的渭河支流河谷，阶面微有起伏，宽度为 0.5~6km，海拔为 370~700m，高出河面 30~90m，前缘高出二级阶地 10~45m，下部为中更新统冲积（Q_p^{2al}）粉质黏土及砂卵石层，上覆中更新统黄土（Q_p^{2eol}）和上更新统黄土（Q_p^{3eol}）。

四级阶地主要分布在西安以西的渭河两岸，灞河、洛河、清峪河、千河亦有分布，阶面狭长带状，微向河床倾斜，宽度为 0.5~2km，海拔为 620~780m，高出河面 100~180m。下部由中更新统冲积（Q_p^{2al}）粉质黏土及砂卵石层构成，上覆中更新统黄土（Q_p^{2eol}）和上更新统黄土（Q_p^{3eol}）。

五级阶地分布于渭河宝鸡市、灞河河谷等地，阶面起伏不平，宽 0.4~1.2km，海拔为 650~820m，高出河水面 150~200m，组成物质为下更新统冲积（Q_p^{1al}）粉质黏土、砂卵石层及更新统黄土（Q_p^{eol}）。

（二）冲洪积平原

冲洪积平原分布于泾河以东的泾阳—三原、渭河南岸鄠邑—灞桥等地。泾阳—三原一带仅发育一级冲洪积平原，为清河、浊峪河等河流泛滥堆积形成的。鄠邑—灞桥一带，发育一至三级冲洪积平原，二级、三级冲洪积平原是秦岭山前洪积相与渭河河流相交互沉积形成的，一级冲洪积平原则是涝河、沣河等河流泛滥堆积于老冲积平原之上而形成的。

一级冲洪积平原由全新统冲洪积层（Q_h^{1al+pl}）组成，与河流一级阶地相当。泾阳—三原地带，地形平坦开阔，利于农事，是关中平原著名的泾惠灌区。鄠邑—灞桥一带，呈片状或条带状镶嵌于老冲洪积平原之中。

二级冲洪积平原呈条带状展布于渭河南岸，地势微向北倾。由上更新统冲洪积层（Q_p^{3al+pl}）、风积黄土（Q_p^{3eol}）组成，与河流二级阶地相当。

三级冲洪积平原主要分布于长安—洪庆一带，呈舌状、条带状展布，由中更新统冲洪积层（Q_p^{2al+pl}）、风积黄土（Q_p^{2eol}）及上更新统风积黄土（Q_p^{3eol}）组成，与河流三级阶地相当。

（三）洪积平原

洪积平原分布于秦岭北侧、北山南侧的山前一带。单个洪积扇互相连接成裙，形成带状分布的洪积扇裙或洪积倾斜平原，宽 3~12km。秦岭山前洪积扇具有时代较新、洪积物颗粒粗、厚度大的特点；北山山前洪积扇粗粒物质少，大部分都是砾石、砂与粉质黏土交互的堆积，上部被黄土及黄土状粉土覆盖。根据地表形态、组成物质和结构特征，洪积扇类型可划分为埋藏型洪积扇和内叠或上叠型洪积扇两大类。洪积扇具多级性，按形成时代大致划出早更新世、中更新世、晚更新世、全新世四期。

埋藏型洪积扇主要分布于秦岭山前和北山山前，与山地相比为相对沉降地区。由于构造运动长期下降，新洪积扇超覆在老洪积扇之上，形成埋藏型洪积扇。组成物质自下而上为下更新统到全新统洪积的含泥砂卵石、砂、粉质黏土叠置而成。

1）秦岭山前埋藏型洪积扇，分布在周至到长安和华州、华阴地区，扇面呈东西波状起伏，向北倾斜，前缘为 1°~3°，与一、二级阶地呈缓坡接触，后缘起伏较大，3°~7°，发育有四期洪积扇。新、老洪积扇面有相似性。均向平原中心缓倾斜。据华阴、华州、长安等处洪积扇上的钻孔资料 200m 尚未揭穿洪积的砂卵石层，秦岭山前地带第四系洪积物厚度在 300~500m 以上。

2）北山山前埋藏型洪积扇，分布在富平县曹村镇至蒲城县美原镇及乾县、礼泉一带，扇面向南倾斜，坡度缓为1°~2.5°，后缘为2°~5°。垂直方向上的特点同前述。组成物质为含泥的砂砾卵石及含砂砾的粉质黏土、黄土状土互层。

内叠型洪积扇分布于平原西部眉县槐芽及岐山、扶风一带，由于新构造运动上升强烈，洪积扇被水流侵蚀切割，扇面成阶状地形，时代越老的洪积扇分布在较高部位，新洪积扇位于低处，组成内叠式洪积扇。二、三、四级洪积扇（洪积阶地）均为黄土覆盖，称为黄土覆盖的洪积扇。

（四）黄土台塬与黄土丘陵

关中平原黄土台塬分布面积广大，约占平原总面积的36%。根据塬面高程、形态、组成物质及下伏基底构造，划分出两级黄土台塬。一级黄土台塬塬面较低，地质结构为上部黄土、下部下更新统洪积、冲积、湖积层；二级黄土台塬塬面较高，地质结构为上部黄土、下部基岩。黄土台塬塬边多为高陡边坡，是黄土滑坡、崩塌灾害高易发区，形成诸如宝鸡渭河北岸、泾河南岸、白鹿塬、少陵塬、神禾塬、渭南塬等塬边滑坡带。

1. 一级黄土台塬

一级黄土台塬分布较连续、面积广，如扶风塬、礼泉塬、富平—蒲城塬、渭南塬、少陵塬、神禾塬等。塬面多呈阶状地形，分布有许多大小不等、大致定向展布的侵蚀洼地和构造洼地，海拔为430~880m，与河谷平原为陡坎接触，高差为40~170m。上部黄土层厚80~120m，夹9~20层古土壤，下部为下更新统冲积、洪积和湖积沉积。

2. 二级黄土台塬

自西而东有陵塬、贾村塬、白鹿塬、合阳—澄城塬，塬面上有洼地、丘岗，冲沟发育，海拔为600~950m，与一级黄土台塬或高阶地陡坎接触，高差为50~150m。组成物质上部为黄土，西部和中部厚为100~120m，夹21~33层古土壤，东部合阳一带厚60~80m，夹8~13层古土壤；下部为新近系基岩，多已出露。

关中平原黄土丘陵分布范围较小，主要分布在铜川市孙塬一带、蓝田以北至骊山之间（铜人塬）等地段，沟谷发育，地形破碎，侵蚀强烈，水土流失严重。

（五）基岩山区

山地分布于关中平原外侧，主要为秦岭、北山。

秦岭呈东西向横亘于关中平原南部，是我国重要的地理分界线。秦岭山脉海拔一般为1000~3500m，山势巍峨壮丽，北陡南缓，谷地源远流长。山区河谷多呈V字形峡谷，是关中通往汉中的南北交通通道。海拔2000m以上的山峰有玉皇山（2819m）、终南山（2604m）、华山（2154.9m）等12处，地处周至、眉县和太白县接壤地带的太白山主峰拔仙台海拔为3771.2m，是秦岭群峰之冠。秦岭山区降水丰富，是关中平原水资源的主要补给区。临潼骊山是秦岭山脉的一个支脉，海拔为1302m，是秦岭晚期上升形成的突兀在平原内的一个孤立的地垒式断块山。

北山山地位于关中平原北部，系黄土高原南缘一些孤立、突起的呈北东向雁行排列的断块山的统称，南陡北缓，海拔一般为 1000～1600m，自西向东主要有瓦罐岭（1614m）、嵯峨山（1423m）、尧山（1092m）等。由下古生界石灰岩及中生界砂页岩组成。

三、地层岩性

关中平原地处鄂尔多斯地块与秦岭造山带之间，地层由新及老主要有第四系、新近系、古近系、奥陶系、寒武系，是区内地下水、地热、地下空间等重要资源的赋存层位。关中平原新生代时期广泛接受巨厚沉积，地表被第四系覆盖；仅平原南缘出露太古宇花岗片麻岩类及震旦系浅变质岩系，受燕山期花岗岩及各种岩脉侵位；平原北缘出露古生界；平原西端局部亦见有太古宇和震旦系出露。前新生界及花岗岩构成了平原基底并出露于平原边缘，其他地层分布面积小，予以从略。

（一）第四系

关中平原第四系发育齐全，从下更新统到全新统均有出露。成因类型以风积、冲积、洪积、湖积为主，另有冰水沉积、坡积、崩积等堆积。根据《中国区域地质志·陕西志》（2017），结合第四纪年代地层，区内第四系划分见表 2-1-1。

表 2-1-1　关中平原第四系划分表

年代地层				岩石地层		黄土-古土壤序列	极性带
系	统		底界年龄/Ma	组			
第四系	全新统 Q_h		0.0025	现代沉积 Q_h^2		L_0	布容正极性带
			0.0117	半坡组 $Q_h^1 b$		S_0	
	上更新统 Q_p^3		0.126	乾县组 $Q_p^3 q$	马兰组 $Q_p^3 m$	L_1	
						S_1	
	中更新统 Q_p^2	上段 Q_p^{2-2}	0.55	泄湖组 $Q_p^2 x$		$L_2—L_5$	
						S_5（红三条）	
		下段 Q_p^{2-1}	0.781			$L_6—S_7$	
				离石组 $Q_p^{1-2} l$		L_8（上部）	松山负极性带
	下更新统 Q_p^1	上段 Q_p^{1-2}	1.15	阳郭组 $Q_p^1 y$		L_8（中下部）	
						S_8	
						L_9（上粉砂层）	
						$S_9—S_{14}$	
						L_{15}（下粉砂层）	
		下段 Q_p^{1-1}	2.588	黄三门组 $Q_p^1 s$	午城组 $Q_p^1 w$	S_{15} 及以下黄土-古土壤	
新近系	上新统 N_2	N_2^2	3.60	沈河组	绿三门组		高斯正极性带
							吉尔伯特负极性带

第四系下限为高斯正极性带与松山负极性带的分界（M/G界线）处，其年龄为2.588Ma B. P.。下、中更新统的界线为 L_8 中下部，和松山负极性带与布容正极性带的界限（B/M界线）相近，年龄约为0.781Ma B. P.。中、上更新统的界线为 L_1 的底界，年龄为0.126Ma B. P.。下更新统上、下段的界线划在下粉砂层（ L_{15} ）的底界，年龄约为1.15Ma B. P.。中更新统上、下段的界线以 S_5 底界划分，年龄约为0.55Ma B. P.。

1. 全新统（ Q_h ）

半坡组（ $Q_h^1 b$ ）：分布于河流一级阶地及山前一级洪积扇，岩性为冲积、洪积的砂质黏土、粉土、砂及砂砾石。灞河东岸厚10~83m，山前地带厚30~70m。

黄土堆积（ Q_h^{eol} ）：零星分布于黄土台塬顶部。西安刘家坡全新世黄土厚约1.2m，宝鸡长寿沟全新世黄土厚3.2m，发育黑垆土（ S_0 ）及其上的黄土层（ L_0 ）。

现代沉积（ Q_h^2 ）：冲积层（ Q_h^{2al} ）为粉土、粉质黏土及砂砾石，厚2~49m，构成河漫滩；洪积层（ Q_h^{2pl} ）为砂、砂砾石、碎石、砂质黏土，厚5~22m，构成现代洪积锥；风积层（ Q_h^{2eol} ）为淡黄色细砂，厚10~30m，构成风成沙丘，即"大荔沙苑"；滑坡堆积（ Q_h^{2del} ）分布于黄土塬边，厚10~50m。

2. 上更新统（ Q_p^3 ）

乾县组（ $Q_p^3 q$ ）：分布于全平原，为冲积、洪积的黏质砂土、砂质黏土、砂及砂砾石，厚度一般为10~30m，最厚达60m。组成河流二级阶地、二级洪积扇。

马兰组（ $Q_p^3 m$ ）：披覆于黄土台塬、河流二级以上阶地及二级以上洪积扇的顶部，为风成灰黄色黄土层，夹1~2层棕褐色古土壤层，含少量钙质结核，疏松多孔。厚度为5~20m。

3. 中更新统（ Q_p^2 ）

泄湖组（ $Q_p^2 x$ ）：分布于全平原，岩性、厚度变化较大。洪积、冰碛层分布于周至槐芽、哑柏、岐山益店、礼泉至华州区的南北山前地带，组成洪积扇及冰碛垄，厚12~30m；冲积、湖沼沉积的砂砾石、砂、砂质黏土，分布于平原中部，厚度一般为30~50m。

离石组（ $Q_p^2 l$ ）：分布于黄土台塬的中部，出露于塬边沟谷两侧。为风积堆积。以古土壤"红三条"为界，分上下两段。岩性为淡灰黄色、灰黄色黄土夹3~7层棕红色、褐红色古土壤，富含钙质结核。西安刘家坡离石组厚31m，宝鸡长寿沟离石组厚48m。

4. 下更新统（ Q_p^1 ）

三门组（ $Q_p^1 s$ ）：分布于全平原，出露于沋河、赤水河、桥峪河河谷两侧。为河流相、湖泊相沉积。岩性为棕黄、灰褐色含砾黏土、黏质砂土及黏土互层，砂及砂砾石等。宝鸡长寿沟该组为河流相黄土状土、粉土、粉质黏土、砾卵石、砂卵石层，构成渭河五级阶地。华州区武家堡该组以棕黄色、深黄色泥岩、砂泥岩为主，夹少量砂层，局部含砾石。瓜坡该组以灰白色砂层、砂砾层、棕红色泥岩为主。自平原边缘向平原中心沉积物颗粒变细，具水平或交错层理。

阳郭组（Q_p^1y）：出露于渭南阳郭镇附近及蓝田县以南的秦岭山前地带。阳郭镇该组岩性为风成或成因不明的棕红、橘红色石质黄土或黄土状砂质土、黄土状黏土，夹浅褐色古土壤层及灰白色钙质结核层。秦岭山前地带为冰碛泥砾石层及冰川漂砾堆积。厚 4 ~ 25m，最厚为 86m。

午城组（Q_p^1w）：分布于黄土台塬下部，为风积堆积。岩性为肉红色、淡红色富含钙质的石质黄土，棕褐色、褐红色古土壤，古土壤层底部常形成钙质结核或钙板层。西安刘家坡剖面午城组为黄土夹 25 层古土壤，厚约 71m。宝鸡长寿沟午城组为黄土夹 8 层古土壤，厚 28.8m。

（二）新近系

古近系和新近系大面积深埋于平原之下，出露于千河、洛河、灞河、沈河等河谷，以及骊山南部，为关中平原地热井的主要开采层段。据《中国区域地质志·陕西志》（2017），地层划分见表 2-1-2。

表 2-1-2　古近系、新近系地层划分表

系	统	组
新近系 N	上新统 N_2	沈河组 N_2y 与绿三门组
		蓝田组 N_2l
	中新统 N_1	灞河组 N_1bh
		寇家村组 N_1k
		冷水沟组 N_1ls
古近系 E	渐新统 E_3	甘河组 E_3g
		白鹿塬组 E_3b
	始新统 E_2	红河组 E_2h
	古新统 E_1	（缺失）

1. 上新统（N_2）

蓝田组（N_2l）：出露于蓝田、渭南等地，宝鸡、蒲城、大荔零星出露。岩性为紫红色、棕红色富含钙质结核的黏土岩、砂质黏土岩，下部夹棕红色砂砾岩或砾岩。与下伏灞河组呈不整合接触。蓝田至渭南厚 15 ~ 25m，蓝田至西安厚 36 ~ 62m。

沈河组（N_2y）与绿三门组：出露于渭南沈河、赤水河，华州区瓜坡、故城等地，洛河下游、合阳东雷、徐水河等地零星出露。岩性主要为灰绿色泥岩、含砂泥岩夹疏松的砂泥岩，赤水河底部出现红色、花斑泥岩。与下伏地层呈不整合接触。渭南厚 221m，洛河厚 61m，合阳东雷村厚 30 ~ 40m，骊山地区缺失。平原内厚度为 849.25 ~ 1128m，最厚可达 1300m。

上新统顶板埋深整体为南部深，北部、西部浅，南部西安凹陷和固市凹陷埋深一般为 600 ~ 1200m（图 2-1-4），最深可达 1241m；北部、西部埋深为 200 ~ 600m。地层沉积厚度北部、西部薄，中东部厚，西部宝鸡地区及平原北部地层厚度小于 500m，中东部厚度一

般为 700~1000m，西安凹陷中鄠邑区一带可达 1300m 以上；固市凹陷中故市镇一带厚度
超过 1100m（图 2-1-5）。

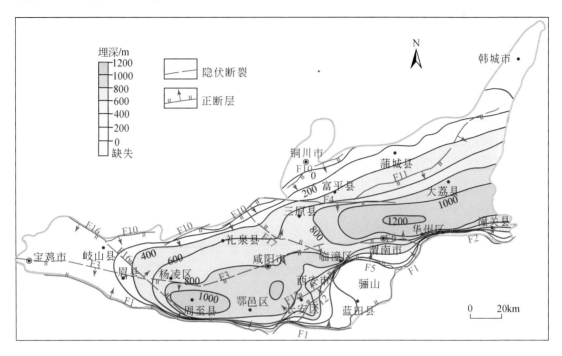

图 2-1-4　关中平原上新统顶板埋深图

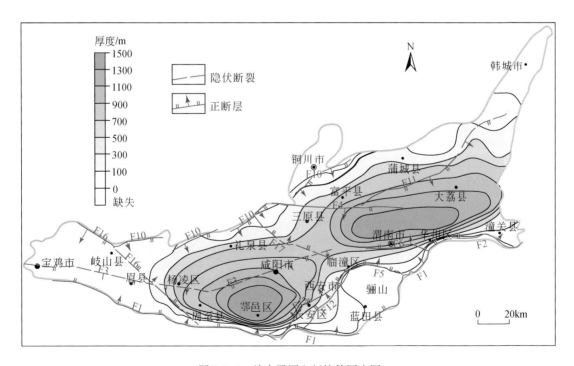

图 2-1-5　关中平原上新统等厚度图

2. 中新统（N_1）

冷水沟组（$N_1 ls$）：出露于骊山西侧冷水沟、横岭塬两侧及灞河左岸的白鹿塬东缘，平原内深埋，以河湖相沉积为主。岩性为棕红色泥岩、砂质泥岩及灰黄色、灰绿色砂岩互层。与下伏地层呈不整合接触。蓝田地区厚20m，临潼地区厚59m，渭南地区厚82m，平原内钻孔揭露厚度1342m。平原内地层埋深为670～1200m，平原东西两端埋深较小，西安凹陷中心埋深最大。

寇家村组（$N_1 k$）：出露于西安东郊毛东村、横岭塬两侧、白鹿塬边等地，平原内深埋，为河湖相向沉积，以湖相为主。岩性以棕红、橘黄色泥岩、砂质泥岩为主，夹灰白色、棕黄色砂岩，底部发育砾岩、砂砾岩。与下伏冷水沟组层平行不整合或不整合接触。蓝田灞河厚28～79m，渭南沈河厚102m，临潼及平原钻孔中厚103～142m。

灞河组（$N_1 bh$）：出露于蓝田灞河南岸、周至、渭南等地，以河流相沉积为主。岩性为棕红、橘黄色泥岩、砂质泥岩与砂岩、砂砾岩互层。与下伏寇家村组呈不整合接触。骊山西侧自北而南厚度由薄变厚，厚度为10～362m，蓝田县城至华胥红河厚度小于40m，渭南—蓝田一带厚150～170m，华州区瓜坡厚度小于30m。平原内埋深为900～1800m。

在平原北部的宝鸡—富平—合阳一带，中新统顶板埋深为300～900m；南部西安凹陷和固市凹陷区，顶板埋深一般为1200～2000m（图2-1-6），最深可达2380m。沉积中心主要在鄂邑—长安一带和三原—交口—大荔一线，鄂邑—长安一带沉积厚度一般为2000～2500m；三原—交口—大荔一线沉积厚度一般为1500～2000m。沉积中心外围地层厚度一般为500～1000m（图2-1-7）。

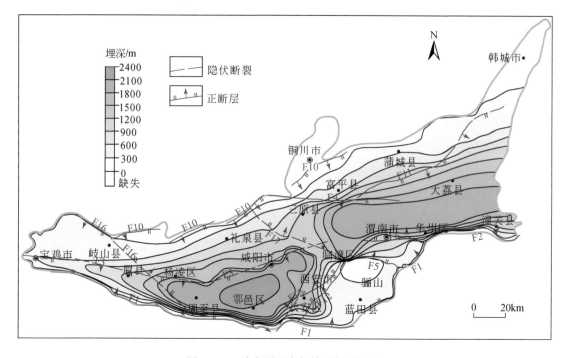

图2-1-6　关中平原中新统顶板埋深图

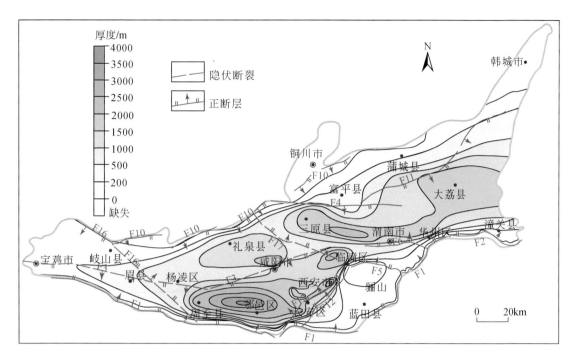

图 2-1-7 关中平原中新统等厚度图

（三）古近系

1. 渐新统（E₃）

白鹿塬组（E_3b）：分布范围与红河组相同。以河湖相沉积为主，岩性以灰白色块状砂岩为主，夹（或互）紫红色泥岩，底部发育砂砾岩夹含砾粗砂岩。与下伏红河组呈平行不整合接触。洪庆沟厚 96m，支家沟厚 508m，戏水河厚 785m。平原内地层埋深为 859~2182m。

甘河组（E_3g）：地表未见出露，命名于鄠邑区甘河井下。岩性为河湖相灰白色含砾中–粗砂岩、砂砾岩与褐灰色含砾泥质岩互层，夹细砂岩，顶部泥质岩夹碳质页岩及煤线。厚 401.21m。

2. 始新统（E₂）

红河组（E_2h）：出露在骊山南麓沟谷，深埋于平原之下。为湖泊、河流相沉积，岩性以紫红色泥岩、砂质泥岩为主，夹灰黄色和灰绿色砂岩、粉砂岩，底部发育砾岩或砂砾岩。与下伏太华群为不整合接触。地层厚度变化较大，蓝田华胥支家沟剖面厚度为 166.1m，渭南—临潼一带厚 195~260m，蓝田至西安洪庆沟厚 73~200m，骊山东段戏水河、沋河一带厚 820m，平原内钻孔揭露厚度约 500m，未揭穿。

古近系分布于岐山–哑柏断裂以东、口镇–关山断裂以南地区。顶板埋深一般大于 4000m（图 2-1-8）。沉积厚度一般为 200~1500m（图 2-1-9）。

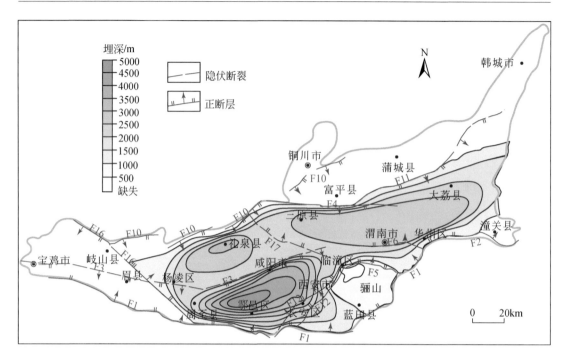

图 2-1-8　关中平原古近系顶板埋深图

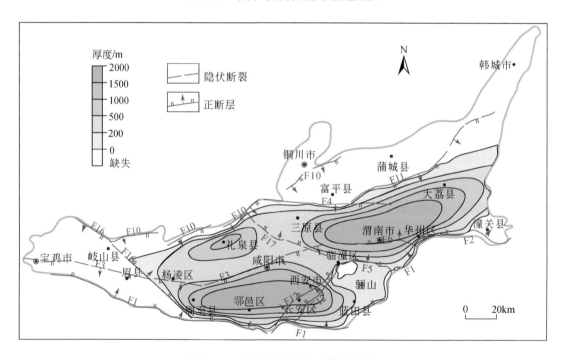

图 2-1-9　关中平原古近系等厚度图

（四）古生界

古生界分布于平原北部乾县—礼泉—富平—蒲城—韩城一带，深埋于新生界之下，出露于北山山区，构成渭北岩溶含水系统。寒武系（Є）岩性为浅海相的油页岩、泥灰岩、鲕状灰岩、灰岩及白云岩，总厚度约为470m。与下伏元古宇平行不整合接触。奥陶系（O）岩性为海相沉积的灰岩、泥灰岩、燧石灰岩、含砾页岩、钙质砾岩等，总厚度约为1500m，与下伏寒武系平行不整合接触。

四、地质构造及其活动性

（一）地质构造

就大地构造格局而言，现今中国横跨三大全球性的构造体系域，即中亚构造域、特提斯构造域和太平洋构造域。就对我国经济社会发展的影响而言，南北走向的贺兰–川滇南北构造带和东西走向的秦岭–昆仑中央构造带在地质构造中最为重要。渭河盆地处于中国大陆东西向与南北向两大构造带交汇区的华北–东北构造区块的西南缘，秦岭造山带与鄂尔多斯地块的交接带上，即"跨伏在活动造山带和稳定地块两构造单元之上"（张国伟，2019；"渭河盆地科学钻探计划"研讨会，西安）。

1. 盆地基底

以渭河断层为界，以南属于秦岭造山带变质岩系，部分原是秦岭活动陆缘弧后平原后缘区，也是原华北克拉通地块陆缘在不同造山演化阶段以不同形式卷入造山作用而转换成为秦岭造山带的北缘复合构造带。以北属于华北地块鄂尔多斯平原南缘沉积岩系，是华北鄂尔多斯平原西南海陆边缘沉积带历经多期构造改造的现平原边缘带（图2-1-10）。陕西省地震局冯希杰研究员等在《关中地区大震危险性评价》报告中提到在渭河盆地北缘岐山西崛山出露浅变质的鄂尔多斯地块基底。

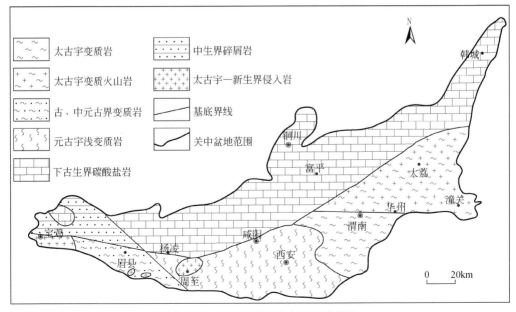

图2-1-10　关中平原基底结构示意图

2. 盆地构造单元

综合基底、盖层、沉积相、沉积厚度、沉降速率和构造特征等，平原可以划分为包括宝鸡凸起、咸阳–礼泉凸起（咸礼凸起）、西安凹陷、临潼–蓝田凸起（临蓝凸起）、固市凹陷、蒲城凸起在内的六个构造单元（图2-1-11，表2-1-3）。陕西地震局2020年完成的《关中地区大震危险性评价》报告中还将关中盆地分为西北断凸区（宝鸡断凸亚区和千阳断凸亚区），中部断陷区（骊山断凸亚区、西安–周至深断陷亚区和礼泉浅断陷亚区）和东部断陷区（固市深断陷亚区、阳郭前断陷亚区、合阳–蒲城浅断陷亚区和潼关浅断陷亚区）。

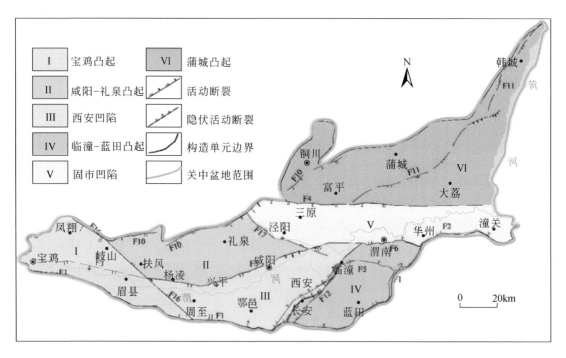

图2-1-11 关中平原构造单元分区图

表2-1-3 关中平原构造单元基本情况表

序号	单元名称	新生界特征	次级单元
I	宝鸡凸起	区内仅有新近系上新统沉积，厚度总体不大，新生界厚度小于500m，第四系沉积物环境不同，岩性变化大	次一级构造单元自西向东包括固关断凹、千河断凸、凤翔断凹、宝鸡断凸、眉县浅凹
II	咸阳–礼泉凸起	新近系厚度分布具有由北而南逐渐增厚的特点，新生界厚度小于3000m，最北端厚度仅为100～200m	次一级构造单元自北向南依次为扶风–礼泉断阶、杨陵–咸阳断阶
III	西安凹陷	古近系、新近系均有沉积，鄠邑—兴平一带为沉积中心，新生界最厚达6000m，一般厚大于3000m，向南部过铁炉子断层仅有新近系分布，新生界厚度小于3000m	次一级构造单元自北而南依次为西安断凹、余下断阶

续表

序号	单元名称	新生界特征	次级单元
IV	临潼–蓝田凸起	古近系、新近系均有沉积，在骊山–渭南沟谷有出露，沉积厚度变化较大。在骊山一带没有沉积，厚度浅部为500m，最厚达2500m	次一级构造单元自北而南依次为渭南断阶、骊山凸起、白鹿塬断块、焦岱断阶
V	固市凹陷	自古近纪以来均有沉积，在固市一带为沉降中心，厚度大于6000m，向西北部逐渐变浅，但其厚度仍在2000m以上	次一级构造单元由西向东依次为三原断阶、固市断凹、二华断阶
VI	蒲城凸起	仅有新近系沉积，新生界厚度一般小于1000m，向北渐薄，南部较厚处约为3000m	次一级构造单元分别为富平–蒲城断阶、大荔断阶、东王凸起

3. 主要断层及活动性

关中平原断层体系复杂（图2-1-12），多个方向交错，且大多数为活动断层，目前探测到的活动断层有25条（表2-1-4），详细情况见第四章第一节，这里只简述主要断层的特征。

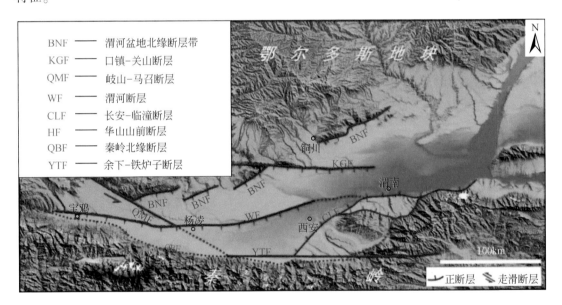

图2-1-12　关中平原主要断层

表2-1-4　关中平原活动断裂基本情况表

断层方向	断层编号	断层名称	断层级别	断层性质	长度/km	走向	倾向	倾角/(°)	活动期
东西向断层系	F1	秦岭北缘断层带	一级断层	正断层	210	NWW–EW–NW	N	60~80	全新世
	F2	华山山前断层	一级断层	正断层	104	近EW	N	65~80	全新世

续表

断层方向	断层编号	断层名称	断层级别	断层性质	长度/km	走向	倾向	倾角/(°)	活动期
东西向断层系	F3	渭河断层	一级断层	正断层（隐伏断层）	170	NWW-NEE	S	65～70	全新世
	F4	口镇-关山断层	二级断层	正断层	60	近EW	S	55～70	全新世
	F5	骊山山前断层	二级断层	正断层	41	近EW	N	45～80	全新世
	F6	渭南塬前断层	二级断层	正断层	40	近EW	NE	60～70	全新世
	F7	泾阳-渭南断层	三级断层	正断层（隐伏断层）	61	EW	N	68	全新世
	F8	余下-铁炉子断层	三级断层	正断层（隐伏断层）	200	近EW	N	60～80	中-晚更新世
	F9	凤州-桃川断层	三级断层	正断层（隐伏断层）	140	近EW	N	不明	早-中更新世
	F10	渭河盆地北缘断层带	一级断层	正断层	240	NE	SE	60～80	晚更新世
北东向断层系	F11	韩城断层	二级断层	正断层（多为隐伏）	145	NWW-NE	S	55～70	全新世
	F12	临潼-长安断层	二级断层	正断层	47	NE	NW	70	晚更新世
	F13	三原-富平-蒲城断层束	三级断层	正断层（多为隐伏）	200	NEE	NW	60～80	晚更新世
	F14	双泉-临猗断层	三级断层	正断层（隐伏断层）	170	主断层为NEE	SE	60	晚更新世
	F15	大荔北东向断层束	三级断层	正断层	8～25	NE	不明	不明	活动不明
北西向断层系	F16	岐山-马召断层	二级断层	正断层	138	NW	NE	50～80	全新世/晚更新世
	F17	泾河断层	二级断层	正断层（隐伏断层）	60	NW	NE	65～75	晚更新世
	F18	桃园-龟川寺断层	三级断层	正断层	48	NW	NE	55	早-中更新世
	F19	金陵河断层	三级断层	正断层	40	NW	SE	60～85	全新世

续表

断层方向	断层编号	断层名称	断层级别	断层性质	长度/km	走向	倾向	倾角/(°)	活动期
北西向断层系	F20	固关-虢镇断层千河段	三级断层	正断层（隐伏断层）	98	NW	NE	70~80	晚更新世
	F21	千阳-彪角断层	三级断层	正断层（隐伏断层）	57	NW	不明	不明	活动不明
	F22	沣河断层	三级断层	正断层（隐伏断层）	25	NNW	NEE	不明	活动不明
	F23	浐河断层	三级断层	正断层（多为隐伏）	50	NW	SW	65~75	晚更新世
	F24	浐河断层	三级断层	正断层（多为隐伏）	55	NW	SWNE	65~75	晚更新世
	F25	灞河断层	三级断层	正断层（隐伏断层）	40	NW	SW	不明	活动不明

主要活动断层：

1）秦岭北缘断裂

秦岭北缘断裂是关中盆地南缘的主控断层，为正断层，东起蓝田，西经长安、周至、宝鸡等地，长约210km。该断层总体走向呈 EW-NWW，倾向为 N，倾角为50°~70°。断层活动具明显不均匀性和分段性，根据断层的几何形态、滑动速率、陡坎、古地震等特征，该断层可分为东、中、西三段。东段晚更新世及全新世早期平均滑动速率为0.46~0.49mm/a，全新世晚期为0.6~0.64mm/a；中段晚更新世末期及全新世早期平均滑动速率为0.64~0.73mm/a，全新世晚期为0.8~1.1mm/a；西段晚更新世末期就全新世早期平均滑动速率为0.23~0.38mm/a，全新世晚期为0.4~0.5mm/a，总体来说，该断层为具有强烈活动性质的全新世活动断层。

2）渭河盆地北缘断层带

渭河盆地北缘断层带是关中平原北缘的主控断层，为正断层，总体走向 NE，西起岐山，东抵合阳，全长240余千米，倾向为 SE，倾角60°~80°，正断性质。以口镇-关山断层为界，渭河北缘断层带可分为西段和东段部分。

3）渭河断裂

渭河断裂横贯平原中部，西起宝鸡，沿渭河北岸向东经武功、兴平、至咸阳东。总体走向 NEE，倾向为 S，倾角65°~70°，总长约为170km，为高角度正断层。该断层在地貌上北侧为黄土台塬，南侧为渭河阶地，地形高差达数十米至百余米，多为隐伏状。综合认为，断层在咸阳兴平杨家村以西为晚更新世活动断层，以东为全新世活动断层，有学者通过微地貌测量及取样测年（Lin et al., 2015），估算出该断层的垂直滑动速率为1.5mm/a，为活动性较强的断层。陕西省地震局2020年完成的《关中地区大地震危险性评价》报告中认为渭河断裂并未延伸到渭南地区，而是终止在泾阳-渭南断裂之上。泾阳-渭南断裂则被认为是一条区域性的断裂，且是全新世活动断裂，最新活动时间距今大约1600年。

4）华山山前断裂

华山山前断裂为新生代关中平原与太古宇基岩山区分界断层。东起灵宝，经潼关，止于华州区石堤峪口，全长约为130km。按形态几何展布和断层活动性强弱，华山山前断层分为东、西两段。东段在晚更新世有明显的活动，而全新世活动不明显。西段沿山前断续分布的断层三角面、断层崖清晰可见，断层露头也较多。断层面倾向为N，倾角为62°～80°，断层下盘为太古宇混合岩和中生代的花岗岩，上盘为第四系，断层带内角砾岩、糜棱岩、碎裂岩发育，该段也是华山山前断层活动最为强烈的地段。

5）口镇-关山断裂

口镇-关山断裂西起口镇西，向东经鲁桥、阎良到关山，再向东呈隐伏状，全长约为63km。以泾阳口镇为界，分为东西两段。西段断层走向近EW，倾向S，南侧奥陶系逆冲在北侧二叠系和三叠系之上，但第四纪以来基本不活动，无明显地表活动标志。东段断层卫星线性影像十分突出，在东部关山一带，断层地面标志为一呈EW向延伸，坎高8～14m的地形陡坎。通过微地貌测量及测年（Lin et al.，2015），估算出该断层全新世垂直滑动速率为0.6～1.1mm/a，为活动性较强的断层。

（二）新构造运动

关中平原新构造运动强烈，是构造不稳定区。古近纪以来，平原不断裂陷伸展，以秦岭山前断裂、渭河盆地北缘断裂、渭河断裂等断裂为控制形成了盆-山系统，而平原内断裂发育，构成凹陷、凸起并存的断块。第四纪以来，平原内断层以继承性伸展为主持续活动，在地貌上表现为陡坎、陡坡等形式。新构造运动形式主要为垂直差异运动和断块掀斜运动。

1. 新构造运动形式

垂直差异运动是关中平原新构造运动的重要形式，且主要反映在两个方面。

1）垂直差异运动

关中平原南缘的边界断层——秦岭北缘断层带和华山山前断层带两侧地貌反差显著，即断层处于险峻巍峨的秦岭和华山山地与关中断陷平原。太古宇深度变质岩系和燕山期花岗岩被抬升至地表，秦岭、华山北坡发育谷中谷和"V"形谷地貌，如桐峪、石砭峪、涝峪、黑河和华山北坡的华山峪、大夫峪等沟峪中，第四纪砾石层高悬河床两岸的谷坡上，一般可高出河床20～30m，最高可达300～500m。渭南沈河水库附近的"三门统"底层标高为400m，而平原中心地带的"三门统"底层标高为-1000m，二者高差达1400m。

2）断块掀斜运动

受近EW向、NE向及NW向正倾滑断层控制，关中平原为总体向南倾斜的不对称新生代断块。铲式正断层或张扭性正断层将断层两侧的块体发生相对扭转运动，形成了宝鸡凸起、咸礼凸起、蒲城凸起、临潼-蓝田凸起、西安凹陷和固市凹陷等次级单元。

2. 新构造运动特征

1）活动方式

关中平原断层以差异升降运动为主，兼具扭性，存在三种不同类型：①反差式运动，即下盘上升，上盘下降，为关中平原断层活动的最普遍形式，如口镇-关山断层、骊山北缘断层、长安-临潼断层等；②两盘整体抬升，但一盘相对另一盘上升速度更快，如千河断层，断层两盘阶地级数相同，但高度不等；③差异式沉降运动，断层两盘整体下降，但下降速率有差异，如渭河断层的华州—华阴段。

2）活动强度

关中平原断层活动强度是不均衡的，其变化具有四个特点：一是分区性，平原南部比北部活动强度高、速率快，平原东部比西部活动强、活动晚；二是分级性，规模越大，活动性越强，规模宏大的近东西向断层活动性强于其他断层系，并具有近 EW、NNE、NE 和 NW 断层活动强度依次降低的特点；三是不同断层活动强度不同，由第四系厚度的变化及底面标高的变化，可以确定不同活断层的活动强度；四是分段性，同一条活断层不同地段其活动强度不同，如秦岭北缘断层和渭河断层在周至-西安间活动幅度大，骊山北缘断层西段活动幅度高于东段，临潼-长安断层北段活动强于南段等。

（三）地震

关中平原有史以来发生了多次强烈地震，特别是 1556 年华县 $8\frac{1}{4}$ 级大震，震中烈度达XI度。据《中国地震目录》记载，"川源坼裂，郊墟迁移，道路改观，树木倒置，阡陌更反，屋舍倾颓摧圮，一望丘墟，人烟几绝千里"，"或壅为岗阜，或陷作沟渠，水涌砂溢"，"山移河徙四五里，渭河涨壅数日"，地面破坏延及千里，总受灾面积为 $28×10^4 km^2$，波及 11 个省 130 多个县，死亡 83 万多人，"其奏报者 83 万有奇，不知名者复不可数"，堪称史载中震害最重者。

1. 关中平原孕震条件

关中平原处于两种不同类型构造单元的交界处，是构造上的不稳定区，北有鄂尔多斯块体弱隆起区，中有秦岭整体隆起区，西为青藏高原东北缘强烈隆起区，它们之间以断层带相结合。这些断层带是地震活动的主体。

2. 关中平原地震灾害空间分布特征

1）关中平原地震平面分区

关中平原地震分区明显，主要可分为四个地震区（图 2-1-13）。

Ⅰ——西部弱震区：分布于岐山-马召断层以西的地区，历史地震较弱，中强震少。

Ⅱ——中、西部少震区：分布于岐山-马召断层以东，咸阳以西地区，本区地震活动极少，危害较低。在扶风县北的山前，历史上（公元前 780 年）曾发生过一次 7 级以上的强震。在乾县、礼泉县历史上（16~17 世纪）曾各自发生过一次 4~5 级地震。在周至县曾发生过三次地震，分别为 1161~1189 年的 5 级地震、1988 年的 4.3 级地震、1993 年的 3.6 级地震。

Ⅲ——中、南部多震大震区：西安北部—临潼一带及三原—富平等地区，历史地震频繁，中强地震发育，多为 4.75~6.25 级。地震活动主要受泾河断层、渭河断层、泾阳-渭南断层、口镇-关山断层及三原-富平-蒲城断层束等多条活动断层控制。另外华山山前断层北部也为历史强震多发区，除了 1556 年的华县大地震外，另外还发生两次 5~6 级的

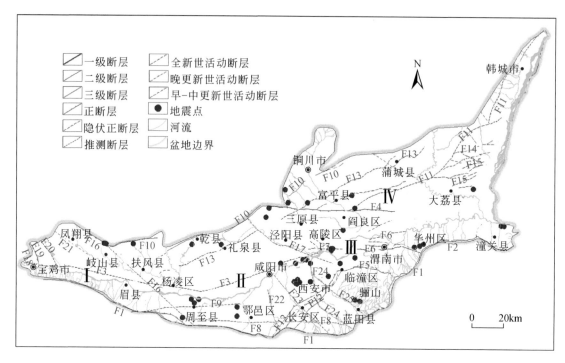

图 2-1-13　关中平原活动断层及历史地震分布图

地震。

　　Ⅳ——东北部弱震区：即口镇–关山断层以北直至韩城的地区，历史地震较弱，中强震少。

　　2）关中平原地震震源深度分布

　　研究区范围内 1970～2014 年有深度资料的地震总计 292 次（M_L 1.0 级以上，不包括 2009 年 11 月 5 日陕西高陵 M_L 4.8 级地震余震），其中 M_L 1.0～1.9 级 189 次，M_L 2.0～2.9 级 89 次，M_L 3.0～3.9 级 12 次，M_L 4.0～4.9 级 2 次。震源深度基本在 20km 以内，大多为 5～15km，为壳内浅源地震，深度分布变化不大（图 2-1-14）。

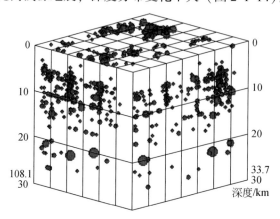

图 2-1-14　关中平原地震震源深度分布图

五、关中盆地形成演化

关中盆地形成演化经历了两大演化时期（四个阶段）。两大演化时期分为盆地先期基底演化时期和盆地形成演化时期。盆地先期基底演化时期主要包括活动大陆边缘构造演化阶段、秦岭印支碰撞造山弧后隆起带变形构造演化阶段。盆地形成演化时期包括陆内造山作用晚期造山作用后垮塌伸展断陷构造阶段和新生代以来断陷—拗陷盆地演化阶段。这里仅阐述关中盆地形成演化的第四阶段，即新生代以来的断陷—拗陷盆地演化阶段。

（一）古近纪时期

自始新世起，由于区域应力场的变化，在鄂尔多斯地块与秦岭的结合部位沿原挤压断裂带做反向张性正断裂活动，沉陷形成了狭窄的关中-灵宝半地堑并积水成湖。关中盆地的范围也大致体现了盆地受东西向构造的控制，其范围大体在渭河断层以南，余下-铁炉子断层及华山山前断层以北，周至以东，向东可与灵宝盆地相连。盆地中的沉积物以泥质、细砂质为主，持续至渐新世晚期。

（二）新近纪时期

渐新世晚期—中新世早期，关中盆地由断陷沉降转为隆起，未接受沉积，造成古近系、新近系普遍存在不整合接触关系。从中新世中期开始，随着边界断裂的滑落，断陷带下陷的范围、幅度向外迅速扩大，其西界达岐山-马召断层，北边的扶风、乾县、三原、富平一带也开始沉降并接受沉积，其北界直抵口镇-关山断层。

在中新世的中、晚期，祁吕弧显示活动性，关中盆地的断陷幅度为1450m左右，盆地的南界断裂仍为余下-铁炉子断裂和华山山前断裂，该时期地层主要由浅棕红色砂岩、褐色泥岩夹灰白色细砂岩及粗砂岩组成。在骊山南麓和灞河两岸该期地层发育较好，发育为一套砂岩与页岩互层。其总的沉积厚度特点为南深北浅。

上新世时期是关中断陷带发展演化的一个重要阶段，该时期祁吕弧的活动显著增强，并逐渐起主导作用，使得断陷带裂陷作用加剧，盆地范围向四周大幅度扩张。关中盆地向南扩展至秦岭山前断裂，向北越过乾县—富平一线抵达北山山前，西部岐山-马召断裂以西的宝鸡—眉县地区，也开始断陷并接受沉积，其在始新世以前一直相对隆起。关中盆地中的西安凹陷与固市凹陷和咸礼凸起、临田凸起形成。骊山凸起继续上升，活动性进一步加强，使该地区缺失了上新世晚期的沉积。盆地西部的宝鸡—眉县一带，只有上新世早、中期沉积，厚300~540m；至上新世晚期该地区又再次隆起，缺失该期地层。

（三）第四纪时期

早更新世时期，关中盆地的演化基本继承了上新世的构造格局。在这一时期，由于关中盆地下陷的速度超过了沉积的速度以及盆地的扩张，形成了广阔的山间湖盆"三门湖"。"三门湖"西抵岐山-马召断裂，东达灵宝-三门峡，包括现今汾渭盆地内的洛河流域、黄河两岸和中条山南北两侧等地区，东西长约为300km，南北宽数十千米。该时期相应的河湖沉积为三门组。据钻孔资料，靠近华山山前断裂带的固市凹陷南部三门组沉积最大，渭深12井可达994.5m，而西安凹陷渭参8井处则为370m。沉积物岩性主要为浅绿、灰黄、棕黄色泥岩和粉砂岩夹砾中粗砂。在盆地边缘出现风成黄土堆积，岩性为暗棕色石质亚黏土，赋存褐色埋藏土和钙质结核层。

中更新世时期或中更新世的晚期，"三门湖"逐渐萎缩消亡。由于整个盆地的间歇性裂陷作用，其冲积物组成了渭河及其支流河流阶地，并于晚期开始，因断块差异运动，那些相对隆起的断块则被黄土覆盖成为黄土台塬或黄土台地。

晚更新世，关中盆地仍继续沉降，主要以广泛发育的河流为特征。在晚更新世秦岭、北山的许多山前峪口形成了多洪积扇裙，沿着山前串珠状分布。阶地继续向多级发育。秦岭以北的气候干燥凉爽，风积黄土甚为发育，披盖在塬、台地及各大河流的高阶地上，在塬区堆积的最大厚度可达30余米。

全新世以来，盆地内的凹陷区仍在沉降，凸起区则继承性上升。受多条活断层的控制，一系列次一级断块的差异运动继续发展。自中更新世以来由于盆地经历了多次的沉陷与堆积的轮回，从而形成了多级河流冲积阶地。

六、关中平原关键地质问题

（一）第四纪下限问题

近三十年来随着磁性地层学和同位素年龄地层学的兴起，第四纪地层的划分和对比取得了重大进展。对中国第四纪下限的年代，历史上主要存在三种看法：①1.8Ma；②以黄土地区第四纪地层为代表的2.48Ma（现在的2.58Ma）；③以河北平原和盆地划分的地层为代表的3.0~3.15Ma（邓成龙等，2018）。在总结中国代表性第四纪地层单元年代学进展的基础上建立中国第四纪综合年代地层框架和中国各大区第四系对比格架，建议将河北泥河湾盆地东部边缘的下沙沟剖面作为下更新统中国层型剖面称泥河湾阶，其底界年龄为2.588Ma，与松山/高斯（M/G）界线基本一致。关中盆地第四纪下限问题也一直存在争论，争论的焦点是三门系和黄土沉积的归属问题。若将黄土沉积底界作为第四纪底界，则第四纪底界的年龄为2.58Ma。如果把盆地内三门组湖相地层作为下限，需要对三门组的年代进行限定。

1. 蓝田地区风成黄土-红黏土记录指示的第四纪的下限问题

蓝田地区因蓝田猿人的发现和广泛发育的新生代地层以及丰富的哺乳动物化石而闻名（刘东生等，1960；An and Ho，1989；Zhu et al.，2018）。刘东生等（1960）和贾兰坡等（1966）将本区新生代地层从始新世到更新世依次划分为始新统红河组、渐新统白鹿塬组、中新统冷水沟组、寇家村组、灞河组、上中新统—上新统蓝田组（红黏土）和第四系黄土-古土壤。目前国际地层委员会给第四纪的下限定在2.58Ma，即松山/高斯的界线，但这个界线究竟位于黄土还是红黏土目前还有争论。但是，区分新近纪地层和第四纪地层的重要标志之一，就是古气候具有显著差异，这种差异从沉积物的岩性、颜色、矿物成分以至动植物化石均可得到证明。黄土与红黏土反映了明显不同的气候与沉积环境。红黏土颜色整体呈棕红或紫红色，沉积代表着当时形成的气候条件以湿热为主，地层内普遍含有钙质结核和铁锰质，表明当时氧化环境较为明显，孢粉组合资料证实当时属温带森林草原气候。进入第四纪时期，气候在全球变冷的趋势下出现明显的冷干—暖湿的冰期—间冰期周期性变化。第四纪大冰期的来临以及冰期、间冰期气候的交替变化已被公认是第四纪以来所发生的重大事件标志，因此，黄土与红黏土的界线也就是 M/G 即第四纪的下限。

2. 三门系的归属与第四系下限问题

丁文江于 1918 年提出"三门系"一词，三门系（或组）是在三趾马红土（或静乐期其他沉积物）之上，离石黄土及其以下阶地冲积物下伏的一套含有泥河湾动物群化石（如裴氏板齿犀、步氏大角鹿、原鼢鼠），以湖相为主的地层（孙建中，1986），广泛分布于晋、陕、豫之间的黄河和渭河谷地及其支流谷地，东起三门峡，西至宝鸡，南到秦岭北坡，北到渭河北山和龙门山，其标准地点位于三门峡张峪后沟剖面。近百年来，学术界对三门系的划分和时代归属进行了众多研究和讨论（表 2-1-5），但对其时代归属问题至今尚未取得统一的认识，致使我国北方这一著名的晚新生代地层的划分仍比较混乱。

表 2-1-5　三门系归属划分方案（王书兵等，2004，有修改）

	贾福海 1959年	裴文中 1959年	刘东生 1959年	张伯声 1959年	刘国昌 1959年	胡惠民 1959年	宋春青 1959年	黄万波 1984年	曹照垣 1985年	王书兵 2004年	本书 2018年
第五层	三门组 Q1	Q2	陕西系 Q1		黄土 Q2	Q1或Q2	Q2	Q2	窑头村组 Q3	上段	泄湖组 Q2
第四层	三门组 Q1	Q1	三门系 N2	三门系 Q1	三门系 Q1	三门系 Q1	上三门系 Q1	三门系 Q1	东坡村组 Q2	三门组 中段	三门组 Q1
第三层	三门组 Q1	N2	三门系 N2	三门系 Q1	三门系 Q1	三门系 Q1	上三门系 Q1	三门系 Q1	东坡村组 Q2	三门组 中段	三门组 Q1
第二层	三门组 Q1	三门系 N1	三门系 N2	N	N	Q1	下三门系 N2	N2	棉凹村组 Q1	三门组 下段	张家坡组 N2
第一层	三门组 Q1	三门系 N1	三门系 N2	N	N	Q1	下三门系 N2	N2	棉凹村组 Q1	三门组 下段	张家坡组 N2

关中盆地和三门峡的第四纪底界至今存在两种意见，主要争论在于绿三门的年代与归属问题。一种认为第四系界线在黄三门与绿三门之间，即 M/G 交界处，最新的古地磁年龄为 2.588Ma，绿三门属上新世沉积。另一种认为绿三门或绿三门的一部分仍为第四纪，底界位于高斯正极性时中某一时段或高斯/吉尔伯特的界线处，年龄为 3.0Ma 左右，即认为整个三门系都是早更新世的沉积，但从目前的国际年代地层表来看 3.0Ma 应该是早上新世晚期相当于皮亚琴察阶（Piacenzian Stage）的沉积（Cohen et al.，2013）。

渭南西塬北缘的阳郭镇阎村 W7 孔岩心由三部分组成，即黄土段（0~120m）、黄三门段（128~255m）和绿三门段（255~432m），古地磁研究表明黄三门大致为 2.4~1.2Ma，而绿三门为 3.0~2.4Ma（王永焱，1982；孙建中，1986）。张宗祜（1991）将其与沈河下游地表露头对比，认为含沈河动物群的沈河组相当于渭河谷地钻孔中的绿三门段，并认为这个动物群缺乏真牛和真马化石，应划归上新世。黄三门与绿三门的界线大致与M/G 界线相合，童国榜等（1989）依据孢粉样品分析，结合岩性和古地磁资料认为第四纪下限位于距今 2.51 ~ 2.44Ma 的松-桦-蒿孢粉亚带，也支持第四系下界在黄三门与绿三门的界线附近。山西平陆黄底沟剖面厚度约为 280m，其中第四系部分厚约 188m。三门组的上部、下部亦分别被称为黄三门、绿三门，三门组年代为 5.0 ~ 0.15Ma（王书兵等，2004）。薛祥煦（1981）在绿三门上部发现沈河动物群，并建立了沈河组，其时代为上新世晚期（袁复礼，1984）。因此，黄三门和绿三门大致分别归属于更新统和上新统。

通过对比发现渭南地区和三门峡地区的古三门湖湖相沉积大约都始于 5 ~ 3Ma，在渭南为 3.4 ~ 3Ma（可能为更早），三门峡为 5Ma，三门组沉积结束在渭南武家堡剖面约1.85Ma，在阎村 W7 井约 1.5Ma，宋家北沟剖面约 1.2Ma，而在三门峡黄底沟剖面约15Ma。可见三门组的上界是穿时的，古三门湖的消失西部开始较早，东部较晚，湖盆沉积中心自西向东迁移。古三门湖沉积下部与三趾马红黏土同时异相，中部与午城黄土同时异相，上部与离石黄土为同时异相的沉积。

关于三门组与午城黄土之间的关系，众多的野外观察表明凡有三门系出露的地方，其上均无午城黄土覆盖，说明它们之间没有上下直接接触关系，为同时异相沉积。根据新的钻孔古地磁结果，如果将 M/G 作为关中盆地第四系下限界线，那么三门组上部属于第四纪，下部绿三门属于上新世。基于上述情况，建议原先定义的三门组拆分，上新世的沉积归属于张家坡组/沈河组，与午城黄土同时代的河湖相沉积称为三门组（狭义），中和晚更新世的河湖相沉积在渭南地区可以用泄湖组和乾县组替代。

综上所述，虽然对关中盆地第四系下限尚有不同的看法，但大多数人支持其下界的位置处于黄土与下伏红黏土的接界线，黄三门组应该为第四纪的沉积物，绿三门应该为上新统张家坡组或沈河组，也就是说黄三门与绿三门的界线也就是第四纪的底界，其地质年代相当于 M/G 分界线。从岩性地层、磁性地层、生物地层以及气候环境转变等证据都支持将第四系下限划在黄三门与绿三门的界线或黄土与红黏土的界线之处（表 2-1-6），即 M/G 时代 2.588Ma。

表 2-1-6 关中盆地第四系下限划分依据

年代地层		岩石地层		磁性地层	生物地层	
系	统	河湖相	风成相		动物群	孢粉
第四系	下更新统	灰黄、棕黄色的沙黏土（三门组）	黄土-古土壤（午城组）	松山负极性	阳郭动物群	针叶林树为主、局部地区有针阔混交林
新近系	上新统	灰绿色泥岩、砂泥岩（张家坡组）	红黏土（蓝田组）	高斯正极性	沈河动物群	落叶阔叶林和针叶林交替

（二）古洪水事件

关中盆地历史上水涝灾害频发，历史文献中多有记载。根据《陕西省自然灾害史料》、

《中国西部农业气象灾害》及当地县志等资料，关中盆地公元前350年至公元2000年共2350年共发生323次洪灾（殷淑燕和黄春长，2006，图2-1-15），平均每7年发生1次。在隋朝以前，关中盆地水涝灾害发生频率少且稳定，而隋唐以后渭河水灾频率呈波动式上升，唐、元、清为洪灾频发期，到民国时达到顶峰。

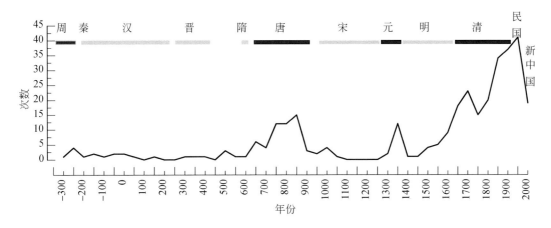

图2-1-15　关中盆地历史水涝灾害统计图（殷淑燕和黄春长，2006）

　　渭河及支流河漫滩古洪水沉积剖面研究表明，最近1200年发生了90次左右洪水事件。西安北郊六村堡和相家巷洪水剖面粒度研究表明，在距今1200~660年间（唐开元年间—明永乐年间）发生了28次大小不一的洪水，漫滩上的洪水沉积可达3~5m；西安北郊草店村沉积剖面研究表明，距今900~660年（宋元期间）至少发生了26个洪水事件，洪水事件发生时河漫滩上的洪水深度均大于2.2m，最深可达4~7m；360~120年间（清顺治—光绪年间）至少发生了45次大洪水或特大洪水，洪水深度可达5~8m；渭河高陵和咸阳段近120年以来（清光绪年间以来）至少发生了16次大洪水，多次洪水深度>2.2m，而周至仅发生了14次洪水（赵景波等，2017）；渭河渭南段沙王渡桥和上涨渡桥高漫滩渭河沉积指示近120年以来至少发生了19次较大规模的洪水，与历史文献记录的渭河公元1881年以来发生过18次大洪水基本一致（赵景波等，2009）。对比研究表明，近1200年来年降水量增加到900mm有可能造成洪水超过渭河河漫滩8m以上，而最近120年的洪水超过河漫滩2.2m。因此海绵城市建设和城市防洪千年一遇的标准是至少高出河漫滩8m，而百年一遇的标准是至少高于河漫滩2.2m。关中盆地现代黍δ^{13}C与降水量之间转换函数关系研究结果表明关中盆地全新世大暖期期间距今7700~3400年降水量范围介于619~906mm（杨青和李小强，2015），与沉积剖面古洪水的研究结果（赵景波等，2009，2017）一致，最近60年的西安年平均降水量为570mm，因此千年一遇的洪水年降水量比现在要高330mm。

　　近几十年来，关中地区特大洪水灾害频繁。1954年的洪灾，其主要原因是渭河上游和渭北降水增加所致。1957年自三门峡水库修建运行之后，渭河下游的水沙条件与河床演变发生了重大的变化，渭河流域淤积了大量泥沙，河床抬高，大片良田浸没，土地迅速盐碱化，危险直逼古都西安。泥沙不断淤积，致使同流量水位不断抬升，防洪断面不断减小，堤防工程需要不断加高，容易促发洪涝灾害。2003年夏秋之交连续50天的降雨，陕西渭河流域形成前后长达 40 天的连续洪水，有 5 次洪峰，渭河秦岭北麓支流有 3 条河 5 处决口，造成了巨大的经济损失（邢大韦等，2004）。除自然原因外，三门峡水库长时期高水位运行，渭河下游三门峡库区严重淤积，潼关高程居高不下，洪水顶托倒灌秦岭北麓渭河支流，以致有 8 条支流倒灌，3 条支流决口，造成了严重的灾害。2003 年洪水以后，国家投入巨资对渭河下游进行了灾后重建，加固和修复堤防工程，清淤疏浚，提高抗洪强度。2011 年 9 月渭河下游发生了 30 年来的最大洪水，但造成的洪灾较小（梁林江等，2012）。与 2003 年的洪水相比，2011 年 9 月洪水未出现干支流堤防溃决险情，保护区未遭受洪涝灾害，实现了大水小灾，其根本原因是在于渭河下沈河道主槽明显扩大，过洪能力增大；潼关高程降低，渭河下游洪水下泄顺畅。

历史时期洪水灾害的发生一方面与关中平原气候变化、中心城市的建设发展与衰落有密切联系，另一方面也与人口数量的增长密切相关。在气候变化方面洪灾的发生主要是由当年夏季风活动加强带来的降水量的明显增加引起的，但明清小冰期期间降水量并不是很多，更多的与人类活动有关。气候变化是诱因，人类活动加剧灾害的程度。如唐长安城屡受水患，除了气候原因外，还与在城市规划上的失误有关：排水系统的规划设计不够完备；未针对地形特点（城市中心为洼地，四周高，不易排洪）采取相应的防洪对策；城市水系缺乏足够的调蓄能力。水灾频发也是汉至隋唐以后城市选址由靠近渭河至远离渭河并向更南发展的原因之一。而隋后期至唐后期和明后期以来，两段时间水旱灾害的根本原因在于城市建设和人口增加，人类活动加剧，对自然资源的开发利用和消耗大幅度增长，对城市周边山地和丘陵地区环境的压力剧增，造成环境的迅速退化，导致平原地区洪涝灾害频繁发生。

（三）盆地演化及沉积响应

关中盆地处于中国大陆东西向与南北向两大构造带交汇区，上叠于秦岭造山带与鄂尔多斯地块交接带之上。关中盆地始于中生代晚期陆内造山作用后垮塌伸展断陷，新生代新近纪以来演化为断-拗陷性盆地。关中盆地起始是在中生代秦岭陆内造山带北缘巨型逆冲推覆构造的隆起带基础上，遭受长期剥蚀夷平后，中晚白垩世开始垮塌形成的断陷盆地。自始新世起，由于区域应力场的变化，在鄂尔多斯地块与秦岭的结合部位，沉陷形成了狭窄的关中-灵宝半地堑并积水成湖，湖泊水体面积不大，位于盆地中部，呈 EW 走向（图 2-1-16）。根据钻孔和地球物理资料分析，盆地范围大体在宝鸡-咸阳断层及鲁桥断层以南，余下断层及华山山前断层以北，周至以东，向东可与灵宝盆地相连，盆地沉积一套陆相紫红色泥岩、砂质泥岩及细砂岩互层的河湖相沉积红河组。到渐新世受构造影响，西安凹陷与固市凹陷和咸渭凸起形成，早期的沉积中心分裂为两个沉降中心，沉积以灰白色块状砂岩为主的河湖相白鹿塬组，在南北山麓地区为一套灰白色厚层砂岩夹紫红色泥岩的冲积扇沉积（图 2-1-17）。

渐新世晚期至中新世早期关中盆地由断陷沉降转为隆起，未接受沉积，造成古近系、新近系普遍存在不整合接触关系。从中新世早期末开始，随着边界断层的滑落，断陷带下陷的范围、幅度向外迅速扩大，整个盆地底部沉积一套较粗粒的物质，北边的扶风、乾县、三原、富平一带也开始沉降并接受冷水沟组沉积（图 2-1-18），盆地进入稳定沉降过程，湖泊范围逐渐扩展，而东部则变化较大，沉积了棕黄色泥岩、砂质泥岩与砂岩互层的

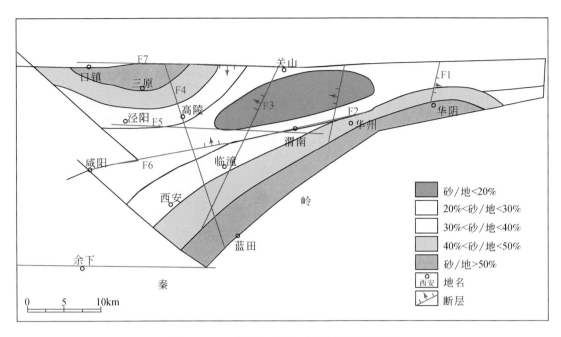

图 2-1-16　关中盆地始新世红河组沉积相图

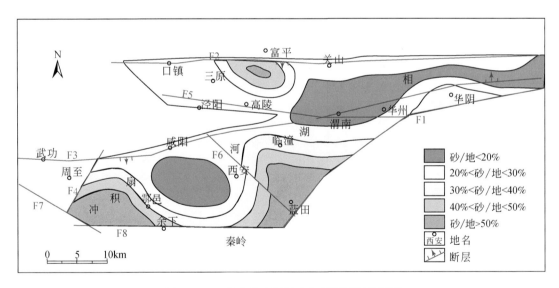

图 2-1-17　关中盆地渐新世白鹿塬组沉积相图

寇家村组。在中新世的中、晚期，受青藏高原和秦岭构造隆升的影响，关中盆地发生大幅度的断陷，沉积了主要由浅棕红色砂岩、褐色泥岩夹灰白色细砂岩及粗砂岩组成的灞河组，湖泊范围有所减小，但河流相、冲积扇相和三角洲相范围扩大（图 2-1-19）。

上新世时期是关中断陷带发展演化的一个重要阶段，断陷带的裂陷作用加剧，盆地的范围向四周大幅度扩张，向西至宝鸡地区均有沉积，沉积以泥岩、砂质泥岩与砂岩互层为主的河湖相张家坡组，是关中盆地生物气的重要源岩。传统意义上的三门古湖形成，东部

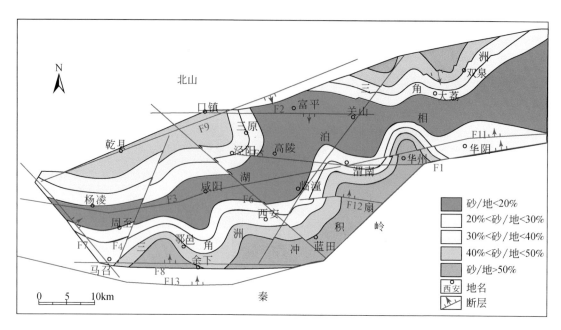

图 2-1-18　关中盆地新近系冷水沟组沉积相图

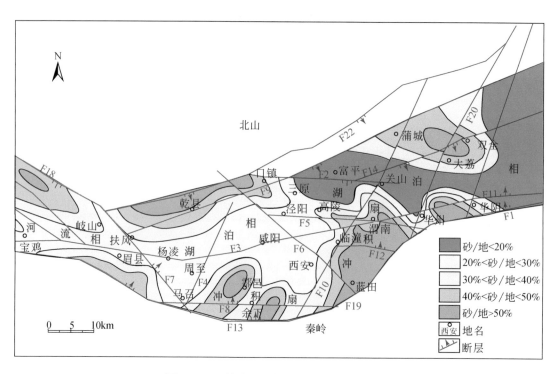

图 2-1-19　关中盆地中新统灞河组沉积相图

为一套厚度大、岩性变化快的砂砾岩与泥岩互层沉积,由东向西,冲积扇快速相变为湖相沉积,盆地南部三角洲、河流相发育。

　　第四纪以来关中盆地基本继承了上新世的构造沉积格局，盆地仍处于持续、缓慢的下降接受沉积过程，受秦岭处持续的隆升的影响，沉积中心由南向北迁移，沉积范围向北扩大。早更新世早期由于盆地持续的断陷作用，新近系上新统张家坡组湖泊不仅延续下来，三门古湖进一步扩大，古三门湖范围达到鼎盛时期，整个盆地以河湖相沉积为主，在湖泊边缘及隆升处有少量午城组黄土分布［图2-1-20（a）］。

　　进入早更新世晚期约1.2Ma，黄河切穿三门峡，三门古湖泊外泄，湖泊面积大大萎缩，渭河现代水系格局形成，沿渭河及支流，如灞河、泾河开始形成河流阶地。中更新世时期沉积相以风成黄土沉积和河湖相为主，早更新世形成的湖盆进一步缩小，固市凹陷的沉降中心向东、向北迁移，在凸起处，除了发育河流相外，还堆积风成沉积［图2-1-20（b）］。

　　晚更新世关中盆地的地貌与水系格局与现在无明显区别，以冲洪积、河流相和风成黄土沉积为主，沉积厚度变化趋势为西北向东南增厚，上更新统乾县组分布于渭河谷地及其支流的二级阶地下部及西安和固市凹陷中，为河流冲积、洪积的黏质砂土、砂黏土、砂及砾石层，整合于泄湖组之上，0.15Ma前后河南三门峡湖相沉积彻底结束［图2-1-20（c）］。全新世时期受人类活动影响较大，沉积相类型复杂多样，以冲积、洪积和风积为主［图2-1-20（d）］，地貌的变化主要是以渭河的迁移为特征，在河流两岸形成一系列的低阶地和河漫滩。

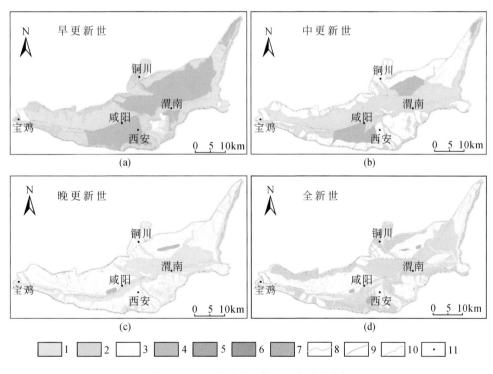

图2-1-20　关中盆地第四纪沉积相图
1. 冲积层；2. 洪积层；3. 风积层；4. 冲积-湖积层；5. 冰水沉积层；6. 滑坡-重力堆积（未分层）；
7. 沼泽-化学沉积（未分层）；8. 区域范围；9. 断层；10. 河流；11. 城市

（四）古三门湖演化

三门峡古湖盆位于中国大陆地势第二阶梯向第三阶梯过渡的边缘，只有湖盆的切穿才可能使得流经黄土高原、关中盆地的河流汇集于三门峡并东流入海，因此，三门峡贯通是现代意义上黄河形成的重要标志。三门峡古湖盆位于晋豫陕之间的黄河和关中盆地，呈东西向展布，东起三门峡，西部边缘远至宝鸡。对三门峡古湖盆地层的研究始自1918年丁文江先生创立三门系。

对于古三门湖的沉积，有两个比较关键的问题：一是其开始接受沉积的时间；二是其结束沉积的时间。只有晋豫间的三门峡基岩河谷被贯通，才称得上黄河干流形成和东流入海。而三门峡基岩河谷贯通，又意味着古三门湖的消亡。前人对三门系亦曾做过较多的磁性地层研究，认为三门组湖相沉积始于3.2～3.0Ma以前，三门组的上界在三门峡地区距今约1.2Ma。例如，何培元等（1984）、曹照垣等（1985）先后对三门峡东坡沟剖面进行了古地磁测年，认为东坡沟第四纪河湖相地层始于3.2Ma。

始新世红河时期，古湖的范围主要在东到渭南、西到鄠邑、北到咸阳一带。渐新世白鹿塬时期，由于构造运动造成西安凸起，而鄠邑和渭南固市凹陷继续下沉，古湖分裂为两个，湖泊范围缩小（图2-1-21）。到中新世时，湖泊范围向北扩大，尤其是到中新世中晚期寇家村时期，湖泊范围进一步扩大（图2-1-22），到上新世时尤其是中期达到最大范围（图2-1-23）。

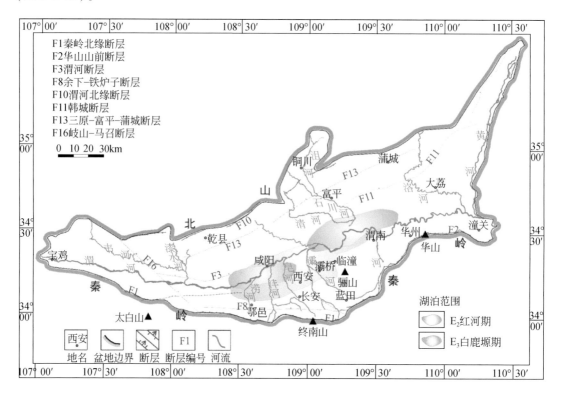

图 2-1-21　关中盆地始新世—渐新世湖泊分布示意图

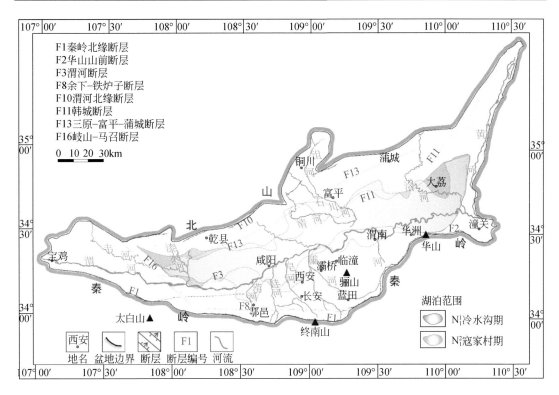

图 2-1-22 关中盆地中新世湖泊分布示意图

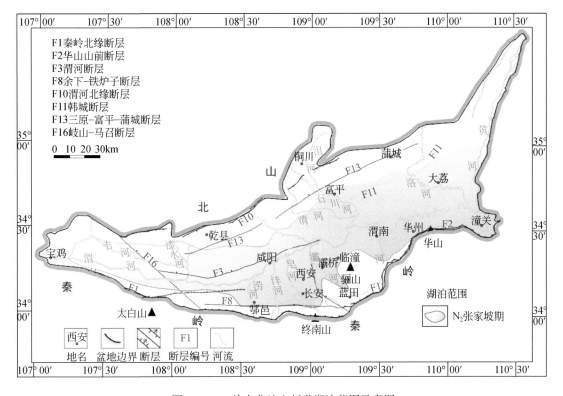

图 2-1-23 关中盆地上新世湖泊范围示意图

　　孙建中等（1988）、岳乐平（1996）讨论了中国黄土高原地区黄土、红色黏土与古三门湖堆积物之间关系。认为早更新世初期，全球气候变冷，现代东亚季风格局形成。长期广泛的红色黏土形成条件已经失去，由季风携来的粉尘物质在北方广泛沉积。哺乳动物化石组合，黄河中下游介形虫地层对比，阶地对比以及黄河三角洲地层等研究认为黄河在早更新世末就东流入海。

　　古三门湖在第四纪时期主要存在于早更新世早期，即 2.6～1.2Ma（对应着三门组沉积），但其彻底消亡有一个过程，具有穿时性。主要有两个方面的证据：①渭河流域在宝鸡和支流灞河、泾河、渭南沋河以及黄河中下游三门峡和扣马等地最高级阶地的年代都是1.2Ma，如此大范围内的阶地存在，说明此时古三门湖已经瓦解或者现代渭河水系已经形成，此后在这些地区发育了一系列的河流阶地；②多个钻孔和剖面表明在 1.2Ma 前后沉积相发生了明显的变化，由河湖相转变成风成相。古三门湖消失是一个逐渐的过程，可能在1.2Ma 以后古三门湖以渭河流域的湖泊存在，由封闭的内陆湖转为外流湖，在渭河南边西安凹陷和北边固始凹陷存在古三门湖（图2-1-24），即类似现代长江干流上的洞庭湖和鄱阳湖。

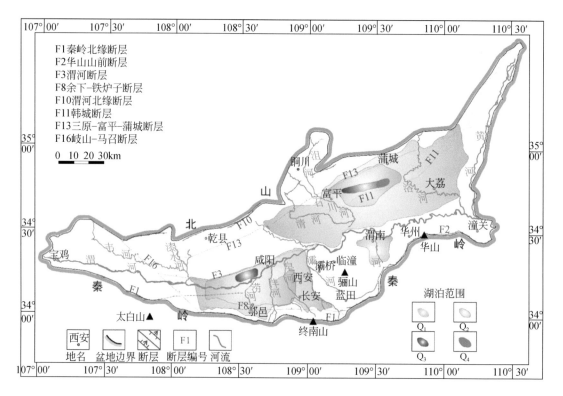

图 2-1-24　关中盆地第四纪湖泊分布与演化示意图

　　根据钻孔资料（图2-1-25），早更新世期间（2.58～1.95Ma），渭南地区以浅湖相到河流相沉积交替为主，河流相沉积范围在南北两侧分布有扩大趋势，岩性为含砾中粗砂岩、灰白色中粗砂岩，早更新世晚期湖泊沉积范围逐渐缩小，岩性以黏土质泥岩与砂质泥岩互层为主。长安和鄠邑两个钻孔岩性反映该时期分别为河湖相交替沉积与湖相沉积，表明该时期三门古湖在西安地区处于较稳定状态。受西部逐渐隆升的影响，宝鸡地区湖泊消失，两个钻孔反映该地区为河流相沉积。东部的三门峡地区曹村剖面所处位置为山地地貌，海拔较高，未发育湖泊，为风成黄土堆积物，黄底沟剖面位于黄河北岸，岩性显示为稳定的湖相沉积，指示该地区此时湖泊水位较深。早更新世晚期（1.95～1.07Ma），渭南地区南边的 GT3 钻孔和刘家沟剖面开始沉积黄土，西安地区的鄠邑和长安钻孔该时期基本为稳定的湖相沉积，其余地区岩性显示较上一阶段未发生太大改变，整体表现为渭南地区由南到北湖泊进一步萎缩，三门峡地区该时期湖泊继续保持稳定状态。1.07～0.78Ma 渭南地区黄土沉积范围逐渐扩大，湖泊范围从南到北继续呈缩小趋势，长安地区沉积物反映为河湖交替沉积，指示该地区湖泊有萎缩趋势，鄠邑凹陷继续保持浅水湖泊分布状态，宝鸡地区进一步受西部抬升影响，河流下切加剧，钻孔所处地区开始接受黄土沉积，三门峡地区该时期未发生较大改变，该地区湖泊处于较稳定状态。自中更新世 0.78Ma 以来，受干旱化和盆地整体逐步抬升影响，三门古湖在关中盆地大部分地区消失，除长安地区和渭南渭河南岸固市地区还分布有小型洼地外，其余地区基本都接受稳定的风成黄土堆积。

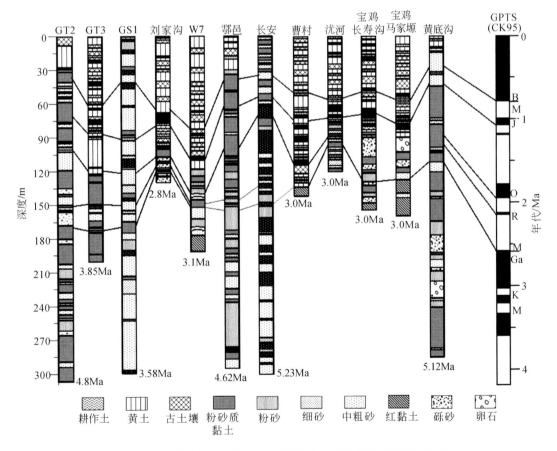

图 2-1-25　关中盆地钻孔/剖面地层磁性年代及沉积相对比柱状图

综合关中盆地地层、阶地、孢粉、气候代用指标、构造运动、动物化石、人类活动遗迹以及历史文化资料，构建了关中盆地上新世以来环境变化框架，并与中国、国际地层年表、深海氧同位素进行了比对（图 2-1-26）。第四纪以来，三门古湖整体上是从西到东，由南到北逐渐萎缩的变化过程，西部宝鸡地区湖泊最先消失，东部三门峡地区湖泊相对保持较稳定状态，反映三门湖沉积中心可能长期位于该地区。

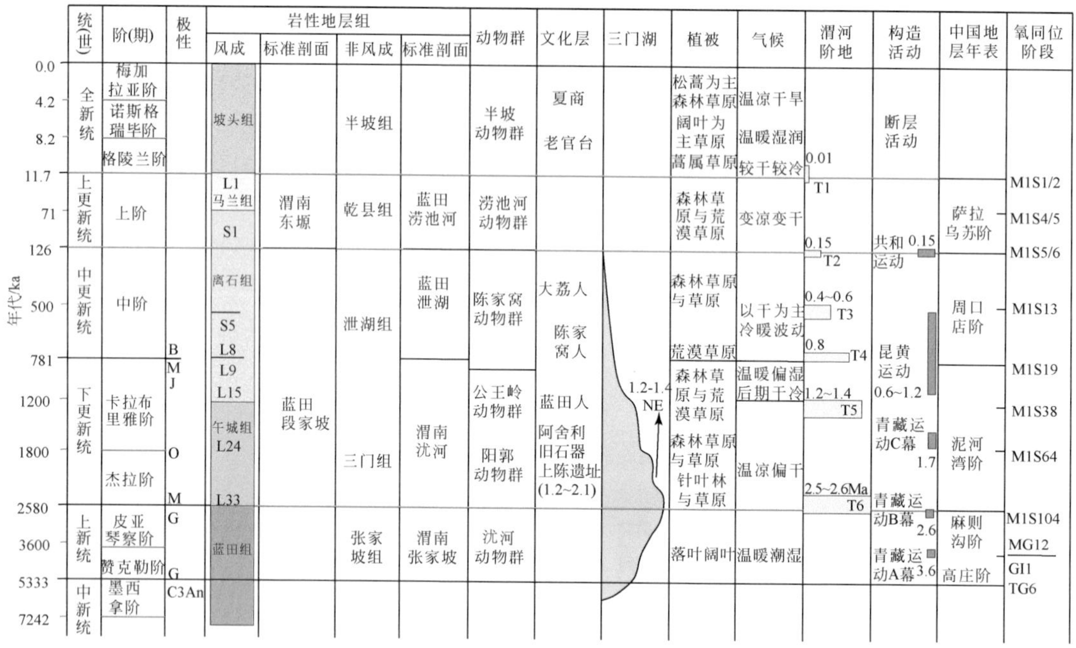

图 2-1-26　关中盆地第四纪地层综合对比与环境演化

第二节　水文地质条件

一、地下水系统

关中盆地为新生代断陷盆地，围限于秦岭、北山、黄河之间，面积为 20304km²。盆地内数百米厚的第四系松散沉积物，逾数千米厚的新近系、古近系砂岩泥岩，盆地边缘分布的寒武系、奥陶系碳酸盐岩等，为地下水的存储和运移提供了良好的空间，发育第四系松散岩类孔隙含水岩组、寒武—奥陶系碳酸盐岩岩溶含水岩组、基岩裂隙含水岩组三大类含水岩组。因此，地下水类型包括第四系松散岩类孔隙水、碳酸盐岩岩溶水、基岩裂隙水三大类。

依据地下水含水介质的结构组合与分布特征以及水循环特征，关中盆地地下水系统分为 3 个含水亚系统和 26 个含水子系统，以及相应的 3 个水流亚系统和 26 个水流子系统（图 2-2-1，表 2-2-1），各子系统又包括潜水和承压水子系统。

图 2-2-1　关中平原地下水系统划分图（张茂省等，2005）

1. 第四系松散岩类孔隙含水亚系统；2. 冲积平原孔隙含水子系统；3. 秦岭山前洪积平原孔隙含水子系统；
4. 黄土台塬孔隙-裂隙含水子系统；5. 渭北岩溶含水亚系统；6. 基岩裂隙含水亚系统；7. 隔水边界；8. 具微弱径
流的流量边界；9. 流量边界；10. 岩溶地下水流向；11. 第四系地下水流向；12. 岩溶泉

表 2-2-1　关中平原地下水系统划分表

含水系统			水流系统	
含水亚系统	含水子系统		水流子系统	水流亚系统
第四系松散岩类孔隙含水亚系统 I	冲积平原孔隙含水子系统 I₁	渭河北岸含水子系统 I_{1-1}	冲积平原水流亚系统 I₁	第四系地下水流亚系统 I
		渭河南岸含水子系统 I_{1-2}		
	秦岭山前洪积平原孔隙含水子系统 I₂	周至-鄠邑含水子系统 I_{2-1}	秦岭山前洪积平原水流亚系统 I₂	
		华州-华阴含水子系统 I_{2-2}		
	黄土台塬孔隙-裂隙含水子系统 I₃	陵塬-贾村塬含水子系统 I_{3-1}	黄土台塬水流子系统 I₃	
		扶风塬含水子系统 I_{3-2}		
		礼泉塬含水子系统 I_{3-3}		
		马额塬含水子系统 I_{3-4}		
		富平-蒲城含水子系统 I_{3-5}		
		合阳塬含水子系统 I_{3-6}		
		红崖-曹村塬含水子系统 I_{3-7}		

含水系统			水流系统	
第四系松散岩类孔隙含水亚系统 I	黄土台塬孔隙-裂隙含水子系统 I_3	神禾塬含水子系统 I_{3-8}	黄土台塬水流子系统 I_3	第四系地下水流亚系统 I
		少陵塬含水子系统 I_{3-9}		
		白鹿塬含水子系统 I_{3-10}		
		铜人塬含水子系统 I_{3-11}		
		临潼-渭南塬含水子系统 I_{3-12}		
		潼关塬含水子系统 I_{3-13}		
渭北岩溶含水亚系统 II		周公庙泉域含水子系统 II_1	渭北岩溶水流子系统	渭北岩溶水流亚系统 II
		龙岩寺泉域含水子系统 II_2		
		烟霞洞泉域含水子系统 II_3		
		筛珠洞泉域含水子系统 II_4		
		铜蒲合含水子系统 II_5		
		韩城含水子系统 II_6		
基岩裂隙含水亚系统 III		古近系—新近系碎屑岩孔隙含水子系统 III_1	基岩水流子系统	基岩水流亚系统 III
		北山石炭系—二叠系碎屑岩裂隙含水子系统 III_2		
		秦岭北坡变质岩岩浆岩裂隙含水子系统 III_3		

（一）第四系松散岩类孔隙含水亚系统（I）

第四系松散岩类含水亚系统分布于全盆地，是区内重要供水目的层。其南北两侧与山区基岩含水系统以正断层或超覆形式相接，除接受少量地下侧向径流补给外，边界性质视为隔水边界；东部与邻区第四系松散岩类含水系统呈侧向连接关系，以黄河排泄边界为界，边界性质为排泄边界；底部下伏古近系—新近系基岩孔隙含水系统或碳酸盐岩岩溶含水系统，二者呈上下叠置关系，山前地带第四系地下水越流补给下伏基岩水或岩溶水，盆地内以新近系顶部泥岩或非岩溶层为隔水层。大气降水、河流渗流是地下水主要补给来源，地下水整体由南北边缘向盆地中心径流，渭河及其支流为集中排泄通道，黄河为地下水最低排泄基准面。根据含水介质不同，划分为冲积平原孔隙含水子系统（I_1）、秦岭山前洪积平原孔隙含水子系统（I_2）、黄土台塬孔隙-裂隙含水子系统（I_3）。

1. 冲积平原孔隙含水子系统（I_1）

I_1分布于渭河及其支流的冲积平原，含水介质由第四系砂、砂砾石组成。以渭河集中排泄边界划分为南岸、北岸两个冲积相孔隙含水子系统（I_{1-1}和I_{1-2}）。南岸子系统地下水总体上由南西向北东径流，北岸子系统地下水总体上由西北向东南径流。按水力性质，可分为上部潜水和下部承压水两个更次一级的子系统（I_{1-1-1}、I_{1-1-2}和I_{1-2-1}、I_{1-2-2}）。

2. 秦岭山前洪积平原孔隙含水子系统（I₂）

I₂分布于秦岭山前，含水介质由洪积相砂砾石、卵砾石组成。与冲积平原孔隙含水子系统呈犬牙交错接触，水力联系密切，地下水径流方向总体上由南西流向北北东。可划分为西部的周至-鄠邑含水子系统（I₂₋₁）和东部的华州-华阴含水子系统（I₂₋₂），为两个相互独立的水流子系统。

3. 黄土台塬孔隙-裂隙含水子系统（I₃）

I₃分布于山前黄土台塬区，一级黄土台塬含水介质上部由黄土组成，下部由冲积、洪积、湖积砂层组成，构成双重介质的单一潜水含水结构；二级黄土台塬（白鹿塬、铜人塬等）含水介质由黄土组成，为单一潜水含水结构。与冲积平原含水子系统和洪积平原含水系统呈侧向连接关系，水力联系密切。受千河、漆水河、泾河、石川河、洛河、浐河、灞河等河谷切割控制，各水流子系统具有河间地块的水径流特征。可划分为13个含水子系统（I₃₋₁～I₃₋₁₃）。

（二）渭北岩溶含水亚系统（II）

II分布于渭河以北的北山山区及隐伏于平原北部的黄土台塬区，含水介质为中元古界、寒武系、奥陶系灰岩、白云岩、白云质灰岩、灰质白云岩及泥灰岩等，是区内重要供水目的层。受梯级断裂的影响，碳酸盐岩顶面高程由北向南总体上呈梯级降低，局部出现地堑。主要接受降水补给和河流渗漏补给，并以泉的形式向河流排泄。大致以嵯峨山西侧断裂为界，东、西部含水介质的岩溶发育特征与水循环差异大，可划分为西部岐山-泾阳岩溶含水系统和东部富平-万荣含水系统，进一步划分为6个含水子系统（图2-2-2）。系统北部含水层裸露，为浅循环系统；南部深埋于第四系或新近系之下，为深循环系统。

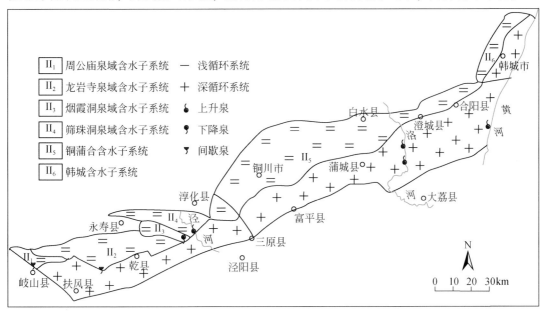

图2-2-2 渭北岩溶含水亚系统划分图

岐山-泾阳岩溶含水系统东部以口镇-关山断裂为界，北部是碳酸盐岩与碎屑岩的接触带，构成隔水边界，西部由哑柏断裂构成系统弱透水边界；南边界是礼泉-双泉断裂。地下水受构造及非可溶性岩类的分割，形成周公庙、龙岩寺、烟霞洞和筛珠洞等4个相互独立的泉域（Ⅱ$_1$~Ⅱ$_4$），各泉域水力联系微弱，未形成统一的地下水位。

东部富平-万荣含水系统西部以元龙口-旧堡子断层为界，为阻水边界；北部大致以淳化固贤—铜川石柱—白水大扬—合阳杨家庄一线的奥陶系碳酸盐岩埋深千米为界，为滞流性隔水边界；南界为老龙山-口镇-鲁桥断裂、淡村洼地，施家断裂、龙阳断裂、双泉-临猗断裂；东段以黄河为界。可划分为铜蒲合含水子系统（Ⅱ$_5$）和韩城含水子系统（Ⅱ$_6$）。铜蒲合含水子系统（Ⅱ$_5$）水头由西北向东南渐低，一般介于370~395m，多在380m左右，俗称"380"岩溶水，于洛河和黄河谷地排泄。韩城含水子系统（Ⅱ$_6$）以峨眉台地北侧紫荆山断裂为隔水边界，与铜蒲合含水子系统相隔，水头由北到南渐低，于黄河谷地排泄。

（三）基岩裂隙含亚水系统（Ⅲ）

按含水介质和水循环特征，可划分为古近系—新近系碎屑岩孔隙含水子系统（Ⅲ$_1$）、北山石炭系—二叠系碎屑岩裂隙含水子系统（Ⅲ$_2$）和秦岭北坡变质岩岩浆岩裂隙含水子系统（Ⅲ$_3$）。

古近系—新近系碎屑岩孔隙含水子系统（Ⅲ$_1$）除骊山南坡等地零星出露外，大部分隐伏于平原内第四系含水系统之下，地下水补给来源为山前断裂破碎带或山前第四系地下水越流补给和裸露区少量的降水入渗补给，平原内地下水呈滞流状态，形成平原内主要热储层。

北山石炭系—二叠系碎屑岩裂隙含水子系统（Ⅲ$_2$）和秦岭北坡变质岩岩浆岩裂隙含水子系统（Ⅲ$_3$）以基岩裂隙含水为主，主要接受大气降水补给，顺地势向沟谷排泄，多属就地补给，就地排泄。因裂隙不发育，连通性差，属极弱富水区，不具集中供水意义。

二、第四系松散岩类孔隙水系统

（一）含水系统特征

第四系潜水分布于全平原，承压水分布于岐山-哑柏断裂以东的渭河低阶地及秦岭山前冲洪积平原。含水岩组具有多层结构（图2-2-3，图2-2-4），富水性受含水层岩性、厚度、补给条件等因素控制，渭河漫滩与一级阶地富水性强，秦岭山前冲洪积平原区富水性较强，其他地段富水性一般较弱（图2-2-5，图2-2-6）。

（1）冲积平原孔隙含水系统（Ⅰ$_1$）。Ⅰ$_1$分布于渭河及其支流的漫滩和阶地。含水层主要为砂、砂砾石层，岩性较均一，颗粒粗，透水性较好，厚5~70m。一、二级阶地地下水埋深浅，小于20m，三、四级阶地水位埋深为30~100m。二级以上的各阶地上有不同厚度的黄土状土覆盖。渭河中、上游的漫滩和一级阶地为强富水区，单井涌水量为3000~5000m³/d；二、三级阶地为富水、中等富水区，单井涌水量为500~3000m³/d；四、五级阶地为弱富水区，单井涌水量为100~500m³/d。泾河以西、渭河南岸，地下水矿化度一般小于1g/L，水化学类型以HCO$_3$型为主；泾河以东、渭河北岸，TDS一般为1~3g/L，固市一带可达3~10g/L，水化学类型多为SO$_4$·Cl型。

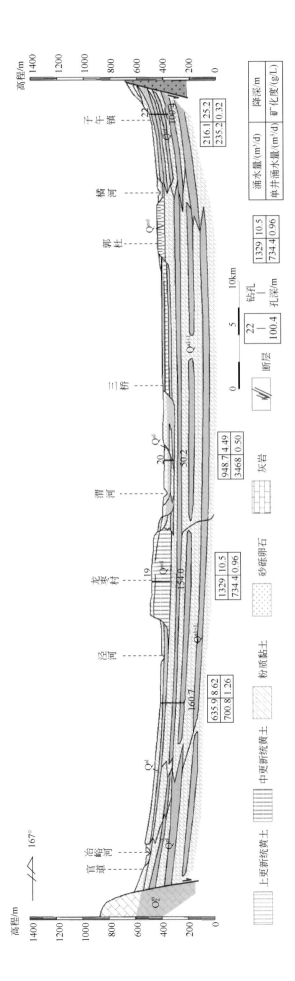

图2-2-3 关中平原中部水文地质剖面图

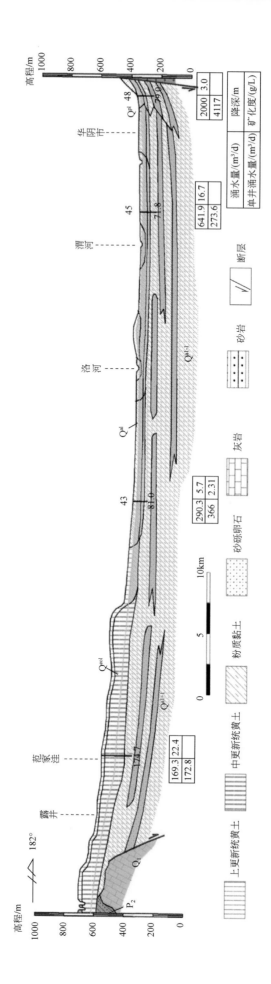

图2-2-4 关中平原东部水文地质剖面图

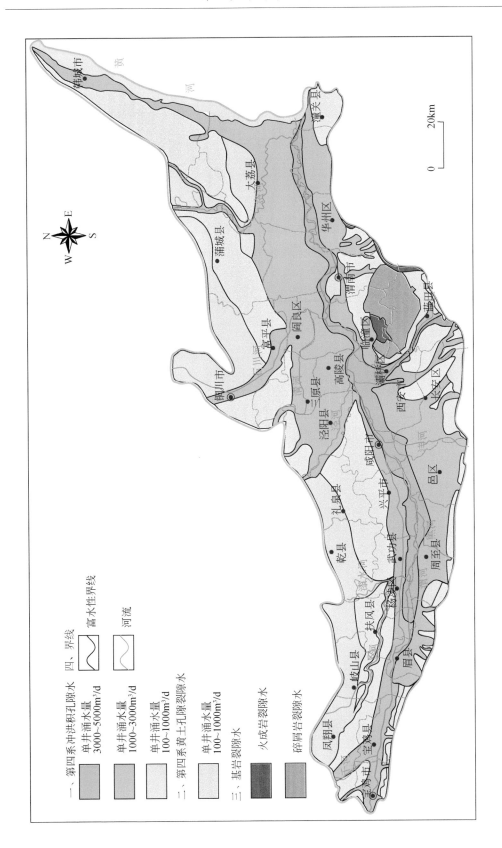

图2-2-5　关中平原第四系潜水富水性分区图

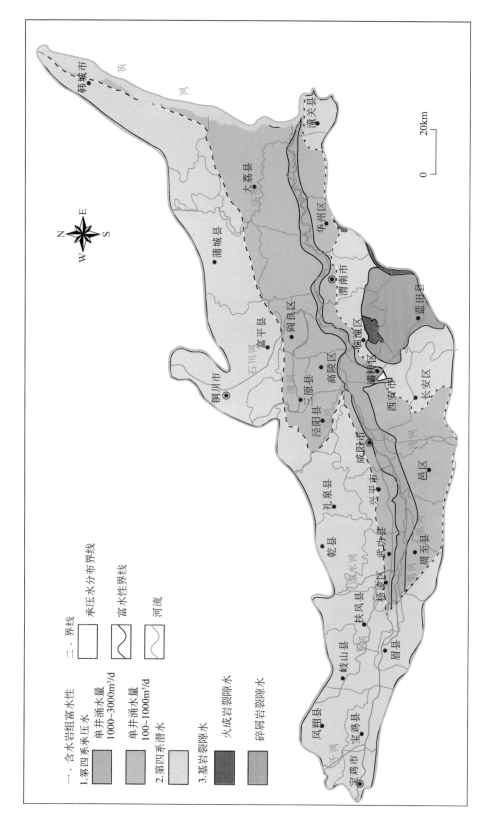

图2-2-6　关中平原第四系承压水水文地质图

（2）洪积平原孔隙含水层（I_2）。I_2主要分布在秦岭和北山山前。含水层为中更新统—全新统，含泥砂、砂卵砾石层。秦岭山前的洪积含水层颗粒粗，厚度大，厚 10～50m，含泥量多，水位埋深为 5～40m，富水性强，单井涌水量为 1000～3000m³/d，靠前缘富水性变弱；北山山前洪积含水层以泥砂、砂砾石夹砂质黏土，岩性颗粒较细，含泥量大，含水层薄，水位埋深为 20～50m，富水性较弱，单井涌水量为 100～500m³/d。地下水矿化度一般小于 1g/L，水化学类型以 HCO_3 型为主。

（3）黄土台塬孔隙–裂隙含水层（I_3）。I_3 含水层为中更新统黄土、古土壤。地下水赋存于黄土及古土壤的大孔隙及裂隙中，厚 50～80m。塬面平坦地段或开阔的洼地，水位埋深为 10～50m，富水性弱，单井涌水量为 100～500m³/d；塬面破碎的黄土台塬，地下水储存和补给条件差，水位埋深为 50～80m，富水性极弱，单井涌水量小于 100m³/d。地下水矿化度一般小于 1g/L，水化学类型以 HCO_3 型为主，仅在富平、蒲城一带洼地矿化度为 1～3g/L 或大于 3g/L，水化学类型为 $HCO_3 \cdot Cl$、$SO_4 \cdot Cl$ 型。

1. 潜水

潜水分布于岐山–哑柏断裂以东的渭河漫滩、一级阶地、二级阶地及秦岭洪积平原下部。含水层为中、下更新统冲湖积、洪积砂、砂砾石，具有多层性。受沉积环境控制，眉县以西承压含水层顶板埋深为 200m 左右，眉县—西安一带顶板埋深一般为 70～90m，渭南以东顶板埋深一般为 30m 左右。含水层厚度一般为 40～120m，承压水位埋深一般为 5～20m。渭河漫滩区、一级阶地较强富水，单井涌水量为 1000～3000m³/d，二级阶地、秦岭山前冲洪积平原中等富水，单井涌水量为 500～1000m³/d。泾河—渭南以西，地下水矿化度一般小于 1g/L，水化学类型以 HCO_3 型为主；泾河—渭南以东，矿化度一般 1～3g/L，水化学类型为 $HCO_3 \cdot Cl$、$HCO_3 \cdot SO_4$、$SO_4 \cdot Cl$ 型。

2. 承压水

承压水分布于岐山–哑柏断裂以东的渭河漫滩、一级阶地、二级阶地及秦岭洪积平原下部。含水层为中下更新统冲湖积、洪积砂、砂砾石，具有多层性。受沉积环境控制，眉县以西承压含水层顶板埋深为 200m 左右，眉县—西安一带顶板埋深一般为 70～90m，渭南以东顶板埋深一般为 30m 左右。含水层厚度一般为 40～120m，承压水位埋深一般为 5～20m。渭河漫滩区、一级阶地较强富水，单井涌水量为 1000～3000m³/d；二级阶地、秦岭山前冲洪积平原中等富水，单井涌水量为 500～1000m³/d。泾河—渭南以西，地下水矿化度一般小于 1g/L，水化学类型以 HCO_3 型为主。泾河—渭南以东，矿化度一般为 1～3g/L，水化学类型为 $HCO_3 \cdot Cl$、$HCO_3 \cdot SO_4$、$SO_4 \cdot Cl$ 型。

（二）水流系统特征

区域上，潜水含水系统与承压含水系统之间无稳定隔水层存在，二者水力联系密切。对于第四系地下水流系统而言，潜水水流系统属局部水流系统，承压水水流系统属区域水流系统。

1. 潜水水流系统特征

1）地下水补给

关中平原内第四系潜水的补给来源主要有大气降水、河水渗漏、田间灌溉入渗；其次为水库渗漏、渠系渗漏、承压水顶托补给及基岩裂隙水补给等。

大气降水入渗补给：平原内降水较充沛，地势低平，有利于降水渗入。因包气带岩性结构的不同，降水入渗补给能力有一定差异。渭河及其支流漫滩、一级阶地，以及山前洪积扇后部，包气带岩性以砂砾石、砂、粉土为主，降水入渗系数为 0.3 ~ 0.5；河流高阶地、黄土台塬区，包气带岩性为黄土，地形平缓，降水入渗系数为 0.1 ~ 0.2；黄土梁峁区包气带岩性为黄土，地形破碎，降水入渗系数一般为 0.05 ~ 0.08。

河水渗漏入渗补给：源于秦岭的河流出山后，在山前地带河水大量渗漏补给地下水，河水渗漏系数一般为 0.2 ~ 0.65，高者达 0.8 ~ 1（表 2-2-2）。渭河及南岸各支流中游段在丰水期河水补给潜水，渭河补给宽度达 1 ~ 3km；华州—华阴的河流下游呈地上河，河水常年补给地下水。

表 2-2-2　秦岭山前部分河流渗漏状况统计表

河流名称	渗漏系数/%	渗漏补给量/($10^4 m^3/a$)
涝河（鄠邑区）	100	
太平峪河（鄠邑区）	100	
赤峪河（周至县）	100	
田峪河（周至县）	100	
剪子峪（长安区）	100	
沣河—湘子河 32 条峪（长安区）		沣河：5953，其余：1100
黑河、汤峪河（周至县、眉县）	34 ~ 65	
沈河、浊水（渭南市）	20	58
涧峪（渭南市）	62	555
宝鸡市—石头河 25 条河流	20 ~ 25	2492

田间灌溉入渗补给：关中平原是陕西省重要农业经济区，建有大、中、小相结合，蓄、引、提相配套的诸多灌溉区，灌溉面积大于 30 万亩的大型灌区 10 个，灌溉面积 1 万亩 ~ 30 万亩的中型灌区 100 处，有效灌溉面积 1158.15 万亩（表 2-2-3）。长期大量引水灌溉导致灌区地下水位上升，如泾惠渠灌区自开灌后，潜水位逐年上升，部分地段已造成盐渍化；渭北西部灌区在 1981 ~ 1986 年曾出现诸多渍水区。

表 2-2-3　关中平原灌区一览表

	序号	灌区名称	水源	灌溉面积/万亩	
				设施	有效
大型灌区	1	宝鸡峡	渭河	291.21	282.48
	2	泾惠渠	泾河	134.04	125.99
	3	交口抽渭	渭河	119.57	112.96
	4	桃曲坡水库	沮水	31.83	23.50
	5	石头河水库	石头河	37.00	22.00

续表

序号		灌区名称	水源	灌溉面积/万亩	
				设施	有效
大型灌区	6	冯家山水库	千河	136.37	126.61
	7	羊毛湾水库	漆水河	32.54	23.93
	8	洛惠渠	洛河	74.32	73.9
	9	东雷抽黄	黄河	97.11	64.00
	10	石堡川水库	石堡川河	31.00	19.43
	小计			984.99	874.8
中型灌区	1. 西安市	沣惠渠等37处		119.80	104.03
	2. 宝鸡市	横水河等20处		61.03	52.65
	3. 咸阳市	清惠渠等12处		40.76	33.32
	4. 渭南市	港口抽黄等31处		107.30	93.35
	小计			328.89	283.35
合计				1313.88	1158.15

2）地下水径流

地下水径流总体受排泄基准渭河控制。渭河以北，地下水由西北向东南径流；渭河以南，地下水由西南向东北径流。从山前向盆地中部，潜水水力坡度由 $6‰→3‰→1.2‰$，水动力条件由强烈交替循环带→中等交替循环带→缓慢交替循环带。泾河以东、渭河以北的泾阳—固市—大荔冲积平原，地形平缓，潜水径流滞缓，水循环交替缓慢。

渭河各支流则控制着各水流子系统的局部地下水径流方向。各水流子系统具有河间地块的地下水径流特征，地下水由中心向两侧沟谷呈放射状径流，被沟谷深切的白鹿塬、少陵塬、渭南塬等黄土台塬水流子系统最为典型。

3）地下水排泄

关中平原内地下水排泄方式主要有向河流排泄、人工开采、蒸发和泉水排泄等。

向河流排泄是区内地下水最主要的排泄方式。渭河由西向东横贯关中平原中部，构成区内地下水的主要集中排泄通道。泾河、灞河以西，地下水径流途程较短，地形相对高差较大，地下水排泄畅通。泾河、灞河以东，渭河、洛河两岸滩地和低阶地，地形平缓，由于受三门峡水库回水影响，潼关"卡口"抬升5m左右，渭河、洛河淤积，河床抬高，两岸地下水、地表水排泄受阻，形成大面积渍涝和盐碱灾害，以"二华夹槽"和黄河滩区最为严重。

地下水是生活及农业用水的重要水源之一，现状利用量为 $24.84×10^8 m^3/a$，大量的人工开采，导致区域地下水位普遍下降，关中平原已有主要超采区14处，面积为 $1220.4 km^2$。泉水排泄主要发生在洪积扇前缘、阶地前缘陡坎及沟谷边坡等有利地段，20世纪50年代以前，秦岭山前洪积扇前缘水位埋藏浅，地下水溢出地表以泉水方式排泄，或以面状溢出形成湿地，如鄠邑区丈八寺泉、长安区东湖、西湖村一带湿地、富平温泉河源头等，随着地下水大量开采，区域地下水位普遍下降，洪积扇前缘的泉水和湿地现已消失。此外，在渭河漫滩、低阶地潜水位埋深小于3m的地区，地下水通过蒸发方式排泄。

2. 承压水水流系统特征

承压水主要来源于山前地带的潜水垂直入渗。承压水径流特征与潜水相似，即由南北两侧向平原中部的渭河径流，秦岭山前洪积平原区，含水层渗透性较好，径流途程较短，承压水径流通畅，水交替循环较积极，水力坡度一般为 1‰~5‰；泾河以东、渭河以北的泾阳—固市—大荔冲积平原区，地势低平，含水层为湖沼相粉砂、细砂，多呈透镜体状，隔水层厚而致密，含水层间水力联系微弱，水力坡度小于 1‰，水循环条件差。承压水排泄方式主要为人工开采和越流排泄于潜水。

(三) 地下水动态特征

1. 地下水动态类型

由于灌溉、引水、开采等人为因素干扰，局部地下水补径排条件发生改变，如山区河流引水，河水渗漏补给量减少，区域地下水位下降；引水灌溉增加补给量，产生水位上升；开采地下水，排泄量增加，形成降落漏斗，局部流场发生改变；傍河开采导致河水补给地下水（激发补给）；平原内河道建库蓄水，如太川河水库，局部排泄基准抬升，地下水向河水排泄关系转换为河水补给地下水，局部流场改变，补给量增加，地下水位上升；河水拦截与地下水开采双重因素影响，区域地下水位大幅下降，石川河、温泉河断流，原有的地下水向石川河、温泉河排泄不复存在，相反地，在洪水季节，河水渗漏补给地下水；开采井关闭，水位恢复上升；水景工程建设，可产生局部水位上升等。各种影响因素的叠加，地下水位年内年际变化复杂，形成降水型、水文型、开采型、灌溉型等多种水动态类型。

总体上，地下水位变化具有两个明显特征，一是丰水年地下水补给量增加，人工开采量减少，地下水位回升，反之，枯水年地下水位下降；二是持续开采地段，如集中供水水源地，地下水位呈持续下降趋势。

2. 典型地段地下水动态特征

1) 富平县开采型地下水动态特征

富平县位处北山山前，地貌类型主要为黄土台塬。地下水补给来源主要为大气降水和灌溉入渗，排泄方式以人工开采为主。地下水动态类型为开采型。

富平县工农业用水依赖于地下水。2016 年全县开采井 5825 眼，井密度为 4.69 眼/km²。自 20 世纪 60 年代以来，地下水持续开采（图 2-2-7，图 2-2-8），导致区域地下水位普遍下降 5~20m，如 1978~2012 年，石川河阶地区地下水位下降了 5.13~48m（图 2-2-9）；黄土台塬地下水位下降了 7.07~29.47m（图 2-2-10）。2010~2017 年，部分地段地下水开采量减少，地下水位呈恢复上升趋势（图 2-2-11）；在持续开采区，地下水位仍呈下降趋势（图 2-2-12）。

2）渭北西部灌溉型地下水动态特征

渭北西部灌区位于关中平原西部，西起宝鸡市，东至泾河，南北分别以渭河和北山为界。地貌类型以洪积平原、黄土台塬为主。灌区由宝鸡峡引渭灌区、冯家山水库灌区、羊毛湾水库灌区、横水河灌区、东风水库灌区等五个灌区组成。引水灌溉最早始于1937年的渭惠渠，引渭河水灌溉眉县以东渭河阶地区农田。中华人民共和国成立后，进行了大规模水利工程建设，1958年扩建渭惠渠灌区，1961年建成横水河灌区，1971年东风水库灌区、宝鸡峡引渭塬上灌区、羊毛湾水库灌区相继投灌，截至1975年冯家山水库灌区开灌，渭北西部灌区已基本形成。

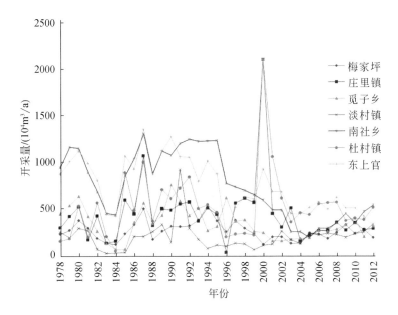

图 2-2-7　富平县地下水开采量历时曲线图

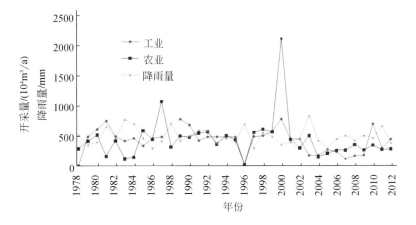

图 2-2-8　庄里镇工农业开采量历时曲线图

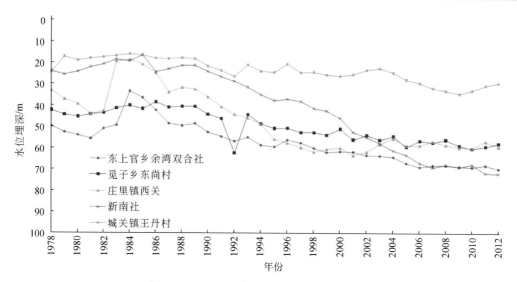

图 2-2-9　石川河阶地地下水位埋深变化图

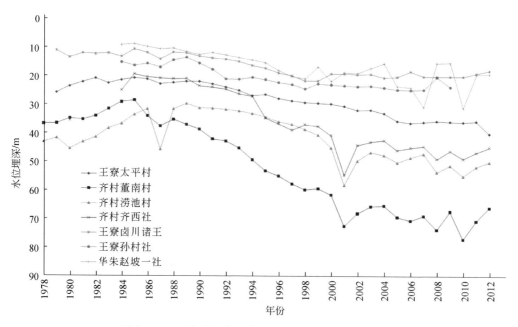

图 2-2-10　富平县黄土台塬区地下水位埋深变化图

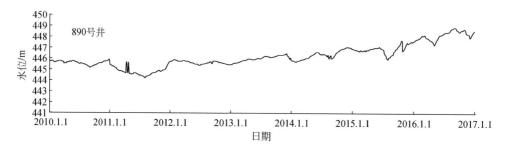

图 2-2-11　富平县 890 号井水动态曲线图

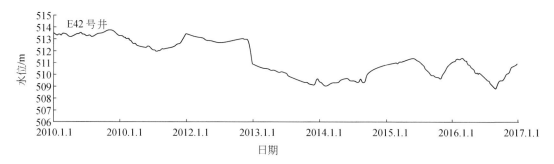

图 2-2-12 富平县 E42 号井水动态曲线图

　　灌区自开灌至 1984 年以来，除洪积平原部分地段和渭河低阶地地区外，大部分地区潜水位呈持续上升趋势，截至 1981 年形成了 11 个渍水集中分布区（图 2-2-13）。自 1988 年以后，灌区引水灌溉量大幅度减少，潜水位逐年下降，渍水区明水在 1989～1990 年均已消退。如礼泉东仪门（Z8 渍水区）GQ20 井 2000～2015 年水位下降 5.8m，平均下降 0.36m/a（图 2-2-14）。2018 年地下水位与 1986 年相比，渍水区地下水位普遍下降，潜水埋深接近或达到灌溉前水位埋深（表 2-2-4）。

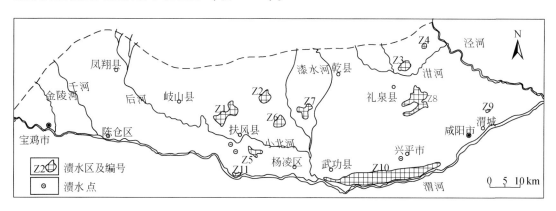

图 2-2-13 渭北西部灌区 1981 年渍水集中分布区分布图

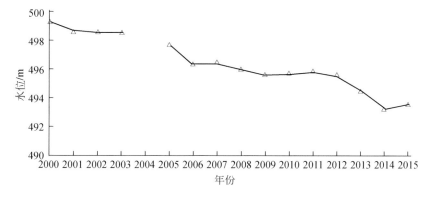

图 2-2-14 礼泉东仪门 GQ20 井水位动态曲线图

表 2-2-4　渍水区潜水埋深对比表

带	渍水区	编号	潜水埋深/m		
			灌前	1986 年	2018 年
洪积平原南缘带	青化-益店区	Z1	<19	<7	8.0~12.7
	建和区	Z2	17~20	<12	12.0~18.9
	后寨-田寨区	Z3	13~16	<3	
	古村区	Z4	15.6	2~6	
黄土台塬带	段家区	Z5	<20	<5	5.4~15.0
	召首-海家区	Z6	9~20	<6	7~10
	蔚村-周城区	Z7	<14	<3	9.35~17.7
	仪门寺-店张区	Z8	13~20	<5	16.1~22.8
	底张区	Z9	23	4.24	
渭河低阶地带	普集-川流寨区	Z10		<6	10.3~23.4
	常兴区	Z11		<5	2.3~2.8

3）西安地区水源地地下水动态特征

西安市 1953 年仅西关建有井深 200 余米的水源井 3 眼，开采量为 5000m³/d。1980 年建成沣河、皂河、浐河、灞河、渭滨等 9 个供水水源地，水源井 188 眼，开采量为 56×10⁴m³/d。由于地下水持续开采，水位不断下降（图 2-2-15），并已形成多个降落漏斗。

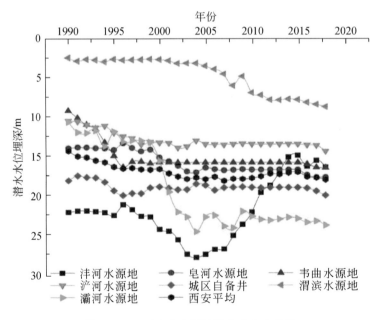

图 2-2-15　西安市水源地潜水动态曲线图

（四）地下水水化学与同位素特征

1. 地下水水化学特征

关中平原内洪积平原、黄土台塬及西安以西的冲积平原第四系潜水径流途程短，排泄畅通，水循环积极，以溶滤作用为主，多形成<1g/L 低矿化度的 HCO_3 型水。富平—蒲城黄土台塬的卤泊滩一带，为洪积扇前缘地下水溢出带，水位埋藏浅，蒸发作用强烈，水化学类型为 $SO_4 \cdot Cl$ 型，矿化度为 5～15g/L。

泾河以东、渭河以北的泾阳—固市—大荔冲积平原地势低平，地下水交替缓慢，水质复杂，水化学类型为 $Cl \cdot HCO_3$、$Cl \cdot SO_4$、$SO_4 \cdot HCO_3$ 型，大荔县南部沙苑一带，降水补给条件较好，水化学类型为 HCO_3 型。地下水矿化度一般为 1～3g/L，高陵—固市及大荔县中北部，矿化度为 3～10g/L。

渭河南岸华州—华阴"二华夹槽"一带，地下水位埋深小于5m，水径流较滞缓，蒸发作用较强烈，水化学类型为 $HCO_3 \cdot Cl$、$SO_4 \cdot HCO_3 \cdot Cl$ 型，矿化度为 1～3g/L。

渭北泾河以东的泾阳—固市—大荔冲积平原第四系承压水，水化学类型以 $Cl \cdot HCO_3$、$Cl \cdot SO_4$ 型为主，地下水矿化度一般为 1～3g/L，固市一带矿化度为 3～10g/L。其他地区，承压水以 HCO_3 型为主，矿化度小于1g/L。

人工开采可促使地下水循环加快，局部地下水矿化度呈降低趋势，如渭河二级阶地的西安西京电气公司 GX2 号承压水监测孔（孔深 337.8m，图 2-2-16），以及西安书院门小学 335 号潜水监测井（井深 13.12m，图 2-2-17）。

2. 同位素特征

关中平原内第四系地下水 δD、$\delta^{18}O$ 同位素值均位于大气雨水线附近（表 2-2-5，图 2-2-18），反映地下水来源于大气降水。承压水较潜水贫重同位素特征较明显，反映承压水形成时期气候较为寒冷。沣河以东的山前洪积扇地下水年龄随着深度增大而增大，300m 以浅的承压水年龄为 810±120～5920±140a，深度为 250～350m 承压水年龄为 8740±300a（《西安地区地下水资源勘察报告》，陕西省第一水文地质队，1988）。

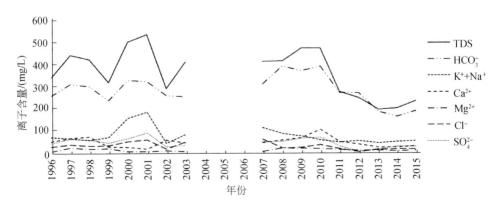

图 2-2-16 西安市 GX2 孔承压水离子含量曲线图

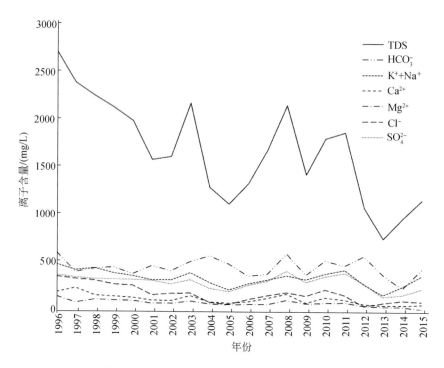

图 2-2-17　西安市 335 孔潜水离子含量曲线图

表 2-2-5　同位素测试结果一览表

序号	孔号/位置	水类型	$\delta D/‰$	$\delta^{18}O/‰$	备注
1	高陵气象站	大气降水	−45.02	−7.37	1989~1991 年平均值
2	渭河	地表水	−61.24	−8.87	
3	石头河	地表水	−73.10	−10.44	
4	黑河	地表水	−72.90	−10.23	
5	沣河	地表水	−70.80	−9.89	
6	灞河	地表水	−57.10	−8.28	
7	西汤峪河	地表水	−68.40	−9.28	
8	东汤峪河	地表水	−65.10	−9.05	
9	大荔县西关	潜水	−61.29	−10.12	1991 年 6~9 月采样，综合研究队
10	蒲城县城	潜水	−66.26	−9.01	
11	渭南市内	潜水	−74.81	−10.33	
12	西安市阎良区	潜水	−69.25	−8.87	
13	泾阳县南关	潜水	−65.44	−9.08	
14	西安市大雁塔北	潜水	−64.49	−8.74	
15	长安区南关	潜水	−68.82	−9.44	
16	长安区鸭池口村	潜水	−62.35	−9.18	

序号	孔号/位置	水类型	δD/‰	$\delta^{18}O$/‰	备注
17	礼泉县城关镇	潜水	−61.49	−9.38	1991 年 6~9 月采样，综合研究队
18	鄠邑区	潜水	−71.32	−9.27	
19	周至县城	潜水	−67.27	−9.97	
20	武功县武功镇	潜水	−69.31	−9.52	
21	岐山县蔡家坡	潜水	−69.69	−9.20	
22	宝鸡市长寿沟	潜水	−70.89	−9.49	
23	西安市新合乡	潜水	−64.06	−8.88	
24	潼关县梁家成	潜水	−64.42	−9.31	
25	眉县营头镇	潜水	−65.06	−9.42	
26	姚家滩	潜水	−65.08	−9.88	1983~1985 年采样，陕西省第一水文地质队
27	长 21	承压水，128~145m	−80.62	−11.13	
28	501	承压水，51~121m	−81.50	−12.07	
29	501	承压水，147~241m	−84.2	−12.07	
30	502	承压水，230~340m	−84.4	−12.37	
31	85−1	承压水，250~350m	−86.39	−12.0	

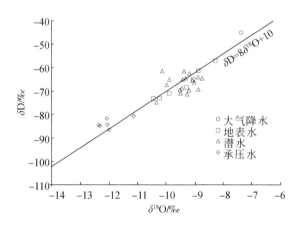

图 2-2-18　第四系地下水 δD 与 $\delta^{18}O$ 关系图

三、碳酸盐岩岩溶水系统

（一）含水系统特征

关中平原北部分布有奥陶系、寒武系及中元古界蓟县系碳酸盐岩。随着地质环境的变迁，区内可溶岩经历了长期的，多次的岩溶化作用，形成了前寒武纪、古生代、中生代、古近纪—新近纪、第四纪多期岩溶，主要含水岩组为奥陶系、寒武系中上统，其次为中元古界蓟县系（图 2-2-19，图 2-2-20）。含水岩组富水性受岩溶含水层的岩性、地质构造和水文网控制。

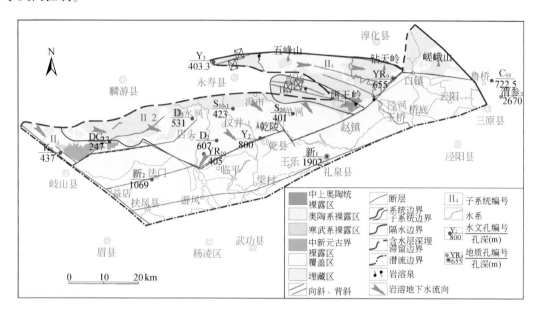

图 2-2-19　渭北西部岩溶泉域子系统水文地质略图

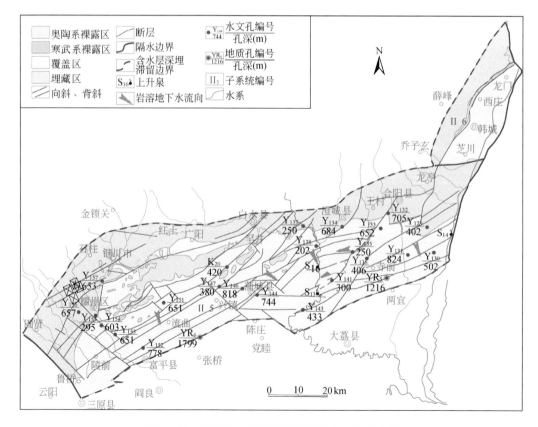

图 2-2-20　铜蒲合、韩城岩溶子系统水文地质略图

（二）水流系统特征

1. 地下水补给

岩溶水主要接受大气降水入渗补给、河流及水库渗漏补给。

1）降水入渗补给

关中平原渭北岩溶系统碳酸盐岩裸露区面积为 696.85km² （表 2-2-6）。在碳酸盐岩裸露区以及无稳定隔水层的覆盖区，降水沿各种裂隙通道入渗，成为岩溶地下水重要补给来源。

表 2-2-6　渭北岩溶系统碳酸盐岩面积统计表　　　　　　　（单位：km²）

系统或子系统		总面积	裸露区	覆盖区	埋藏区	含水层代号
渭北西部	周公庙泉域子系统	148.33	60.41	87.95	0.00	Pt_2、$\in$-O
	龙岩寺泉域子系统	911.25	99.55	703.95	107.75	$\in$-O
	烟霞洞泉域子系统	137.33	12.51	25.64	0.00	O_3
	筛珠洞泉域子系统	392.77	123.40	142.04	127.33	$\in$-O
	扶风-礼泉深埋区	1700.02	27.08	1605.64	67.29	Pt_2、$\in$-O
渭北东部	韩城子系统	792.67	42.13	404.31	346.23	$\in$-O
	铜蒲合子系统	5854.85	331.77	3503.71	2019.38	$\in$-O
合计		9937.22	696.85	6473.24	2667.98	

2）河水渗漏补给

在渭北碳酸盐岩区，有黄河、洛河、沮河、泾河、漆水河等河流切过，当地下水位低于河水时即产生对岩溶地下水的补给。

（1）黄河水与岩溶地下水的补排关系：在韩城子系统内，黄河流经碳酸盐岩裸露段长度约为 7km，枯水季节岩溶地下水位高于黄河水位，向黄河排泄；丰水季节岩溶地下水位又经常低于黄河水位，接受反补给，如在桑树坪一带，岩溶地下水位峰值仅滞后于黄河水位峰值 7h，岩溶地下水位动态类型表现为水文型。在铜蒲合系统内，黄河主要接受两侧岩溶水的补给。

（2）泾河、洛河与岩溶地下水的补排关系：泾河切过老龙山断裂后由西北向东南流经筛珠洞泉域子系统，流经碳酸盐岩分布区长度约为 20km。据东庄水库勘探资料，东庄一带岩溶水位为 560～570m，低于河床 15～30m，在泾河两岸 150～200m 范围内形成"反漏斗"，反映出河水补给地下水。岩溶水在泾河出山口张家山附近以泉水（筛珠洞泉）形式排泄补给泾河水。洛河由北向南流经铜蒲合子系统，在三眼桥—上河村河段为碳酸盐岩裸露区，长度为 9.2km，该段岩溶水位埋深为 65～75m，为河流渗漏段。袁家坡、温汤一带，地垒构造使得碳酸盐岩抬升，泾河切割岩溶含水层，岩溶水通过断裂以泉水形式排泄补给洛河河水。

（3）其他各支流渗漏：渭北岩溶区其他各支流渗漏补给段共 29 段，总渗漏长为 89.85km（表 2-2-7）。

表 2-2-7　渭北岩溶区支流渗漏补给段汇总表

序号	河流名称	上级河流名称	渗漏长度/km	所属子系统
1	居水河上游	黄河	0.5	韩城子系统
2	居水河	黄河	0.6	韩城子系统
3	文河	黄河	0.5	韩城子系统
4	盘河	黄河	1.2	韩城子系统
5	白矾河	黄河	0.5	韩城子系统
6	上峪河	黄河	0.3	韩城子系统
7	错开河	黄河	3.5	韩城子系统
8	王家河—川口	漆水河	4.4	铜蒲合子系统
9	小河沟	漆水河	0.25	铜蒲合子系统
10	川口—王家	漆水河	10.25	铜蒲合子系统
11	岔口	石川河	1.0	铜蒲合子系统
12	三眼桥—上河村	洛河	9.2	铜蒲合子系统
13	白家村—惠家河	县西河	2.0	铜蒲合子系统
14	刘家河—杨家河	大峪河	3.6	铜蒲合子系统
15	胜利水库—彭家河	大峪河	1.5	铜蒲合子系统
16	李家河段	白水河	1.0	铜蒲合子系统
17	陶瓷厂—南河镇	白水河	2.8	铜蒲合子系统
18	南河镇—展王河	白水河	10.0	铜蒲合子系统
19	展王河—油王河	白水河	6.0	铜蒲合子系统
20	故现水库—白水河口	白水河	5.8	铜蒲合子系统
21	合阳东杨河—南北板	金水沟		铜蒲合子系统
22	李家塔—老虎桥	赵老峪	3.25	铜蒲合子系统
23	老虎桥—老虎沟口	赵老峪	1.5	铜蒲合子系统
24	河东村—峪口	赵老峪	2.6	铜蒲合子系统
25	北曹德—公路桥	漆水河	5.7	龙岩寺泉子系统
26	嵩店 Y_3 孔北—北 3 孔南	漠西河	1.2	龙岩寺泉子系统
27	仪永公路—四里方土坎	漠西河	8	龙岩寺泉子系统
28	永寿东沟采石北—采石场南	泔河	1.0	龙岩寺泉子系统
29	泔河丁家村—南北村	泔河	1.7	龙岩寺泉子系统
合计			89.85	

3）水库渗漏补给

渭北岩溶区内建有诸多水库，部分水库对岩溶地下水产生渗漏补给（表 2-2-8）。

表 2-2-8　渭北岩溶区主要岩溶地下水产生渗漏补给汇总表

序号	水库名称	所属河流	所属子系统
1	寺庄河水库	寺庄河	韩城子系统
2	盘河水库	盘河	韩城子系统
3	龙咀水河	文河	韩城子系统
4	桃曲坡水库	漆水河	铜蒲合子系统

续表

序号	水库名称	所属河流	所属子系统
5	故现水库	白水河	铜蒲合子系统
6	庆兴水库	白水河	铜蒲合子系统
7	胜利水库	大峪河	铜蒲合子系统
8	羊毛湾水库	漆水河	龙岩寺泉子系统
9	乾陵水库	漠西河	龙岩寺泉子系统
10	小河水库	甘河	龙岩寺泉子系统

2. 地下水径流

渭北西部地区，控制岩溶地下水的排泄基准是渭河平原，地下水由山区向平原内径流（图2-2-21），于渭河平原山前断裂带富集并形成主要排泄。西部各泉域地下水大致由北西向东南径流（图2-2-22，图2-2-23），大部分地下水受山前断裂阻隔以泉水形式溢出。少部分地下水渗透至平原内后，因含水层受断裂围限和深埋，地下水近乎滞流。

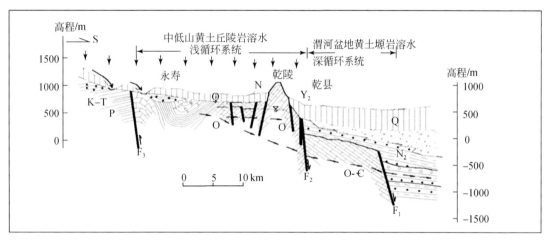

图 2-2-21　渭北西部岩溶地下水循环示意图

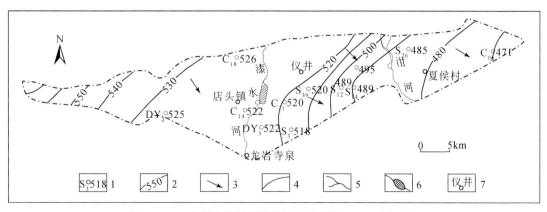

图 2-2-22　龙岩寺泉域岩溶地下水流场图（2009 年 9 月）

1. 水点编号及水位（m）；2. 等水位线及水位（m）；3. 地下水流向；4. 泉域界线；5. 河流；6. 水库；7. 地名

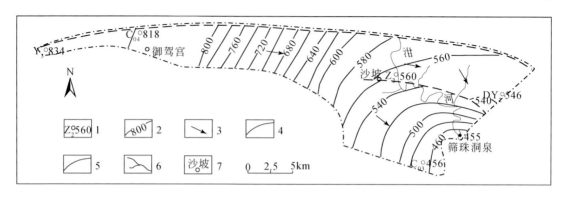

图 2-2-23　筛珠洞泉域岩溶地下水流场图（2009 年 9 月）

1. 水点编号及水位（m）；2. 等水位线及水位（m）；3. 地下水流向；4. 断裂；5. 泉域界线；6. 河流；7. 地名

渭北东部地区，控制岩溶地下水的排泄基准是黄河，渭河平原内断裂成为充水断裂（图 2-2-24）。铜蒲合子系统地下水由西向东径流（图 2-2-25），以泉水形式排泄于黄河、洛河。韩城子系统部分地下水越过韩城断裂进入南东侧松散层孔隙含水层，部分地下水则沿断层北西侧向北东径流，过韩城龙门排泄于黄河河谷。

3. 地下水排泄

地下水的排泄形式可分为天然排泄和人工排泄两类。天然排泄以泉水为最主要排泄方式，区内主要岩溶泉有筛珠洞泉、温汤泉、袁家坡泉、马濆泉等（表 2-2-9）；少量地下水通过弱透水边界以线状潜流排泄，如西部岩溶地下水向平原内古近系—新近系地下水排泄。人工排泄包括打井取水和采矿突排水等。

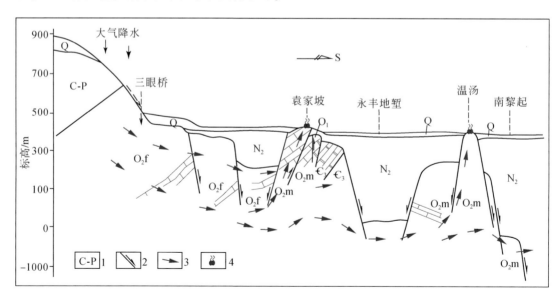

图 2-2-24　铜蒲合岩溶地下水系统模式示意图

1. 地层代号；2. 断层；3. 岩溶地下水流向；4. 岩溶泉水

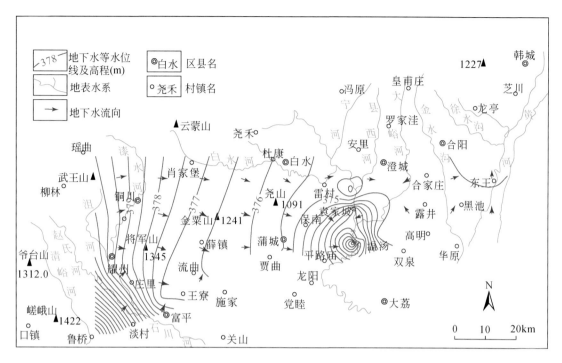

图 2-2-25 铜蒲合子系统岩溶地下水流场图

表 2-2-9 渭北岩溶泉一览表

序号	泉名	流量/(L/s)	矿化度/(g/L)	水化学类型	水温/℃
1	周公庙泉	间歇泉，干枯	0.42	HCO_3	16 ~ 17
2	龙岩寺泉	间歇泉，干枯	0.62	HCO_3	37
3	烟霞洞泉	8 ~ 16	0.5	HCO_3	16 ~ 17
4	筛珠洞泉	82.4	0.418	HCO_3	22
5	筛珠洞泉群（74 处）	1200 ~ 1300	0.35 ~ 0.42	HCO_3	
6	袁家坡泉群	2228	0.69	$HCO_3 \cdot SO_4 \cdot Cl$	29 ~ 30
7	温汤泉群	1070	0.75 ~ 0.8	$HCO_3 \cdot SO_4$	27 ~ 30
8	马濮泉	720	0.78 ~ 0.99	$HCO_3 \cdot SO_4 \cdot Cl$	27 ~ 30

（三）地下水动态特征

1. 泉水流量动态

泉是岩溶水子系统的最终或主要排泄点，其动态变化主要取决于含水系统的调节能力和地下水补径排条件。按泉流量变幅可分为稳定性泉、非稳定泉、间歇性泉。稳定性泉水，如铜蒲合子系统，泉水流量不稳定系数为 1.52；非稳定性泉水，如筛珠洞泉子系统，泉水流量不稳定系数为 3.25；间歇性泉，为非全排型泉，如周公庙泉和龙岩寺泉。周公庙泉在 1721～1924 年的 203 年间，泉水共干涸 11 次，干涸持续时间少则 3～5 年，多则 20～27 年，总溢流期 124 年；龙岩寺泉于嘉靖三十四年（1556 年）关中华县大地震后干涸，1972 年 1 月，在泉口以北 7km 的羊毛湾水库建成并蓄水 14 个月之后，泉口有地下水渗出，此后时断时流，羊毛湾水库采取防渗措施后，泉水于 1984 年再次干枯。

2. 水位动态

渭北岩溶地下水位动态与地下水补径排条件密切相关。

北山山前断裂以北碳酸盐岩裸露或覆盖，地下水接受降水和河流渗漏补给，为地下水补给区，而人工开采极少，其水位动态以气候型、水文型为主要特点。如烟霞洞泉域子系统，1998～2002 年随着降水量减少，地下水位降低，泉流量减少，岩溶水位、泉流量变化略滞后于降水变化，水位动态为气候型；筛珠洞泉域上游，位于河谷区的 Y_3 孔水位与降水量几乎同步变化，反映泾河流经灰岩段河水渗漏补给地下水，水位动态为水文型。另外，韩城子系统沿黄河岸边岩溶水位变化直接受黄河水涨落影响，在韩城桑树平一带，岩溶地下水位峰值仅迟于黄河水位峰值 7h，也具有水文型动态特征。

断裂以南碳酸盐岩深埋，地下水来源于补给区的侧向径流，地下水径流滞缓，仅在洛河、黄河谷地有袁家坡泉、温汤泉、马灉泉、处女泉、杨范泉、吴王泉等泉水排泄。岩溶水作为"渭北旱塬"的重要供水水源，人工开采逐年增大。东部洛河、黄河河谷区在 20 世纪 70 年代中后期开始开发利用岩溶水，先后建有袁家坡、温汤、育红、东王等多个集中供水水源地，个别水源地开采量接近可开采量，如韩城子系统象山电厂水源地可采量为 $3.06×10^4 m^3/d$，实际开采量为 $2.2×10^4 m^3/d$，开发利用程度为 71.8%；富平县自 2000 年"西北第一隐伏岩溶井"成功实施后，至 2016 年全县有岩溶井 34 口，开采量为 $1484.59×10^4 m^3/a$。在人工开采影响下，水位动态类型主要表现为开采型。局部水位动态还表现为复合型，如韩城桑树坪水源地，天然状态下水位高于黄河水位，岩溶地下水补给黄河水，由于长期开采，已形成中心水位低于黄河水近 30m 的降落漏斗，但韩城岩溶地下水子系统主要接受降水入渗补给，因此地下水动态中仍表现出年内波动的气候型动态特点，如 2003 年大雨后，岩溶地下水位整体上升约 5m，水位具有气候—水文—开采三重复合型动态特征。

（四）地下水化学与同位素特征

1. 水化学特征

渭北西部各泉域子系统在北山山前断裂以北，碳酸盐岩裸露，地下水主要接受降水、河流入渗补给，径流途程短，以溶滤作用为主，水化学类型简单，以 HCO_3 型为主；北山山前断裂以南，含水层深埋，地下水径流滞缓，水化学类型演变为 $HCO_3·Cl$ 型。水质较好，矿化度小于 1g/L。

渭北东部铜蒲合子系统岩溶水水化学较复杂（图 2-2-26）。将军山—频山—万斛山、嵯峨山碳酸盐岩裸露区及耀州区（原耀县）下高埝—三原冯村一带，水化学类型为 HCO_3 型，矿化度小于 0.5g/L；受中奥陶世地层中石膏沉积层影响，泾阳口镇—三原陵前—富平薛镇—蒲城坡头—保南—温汤—澄城韦庄—合阳新池一线以北，水化学类型为 $HCO_3 \cdot SO_4$ 型，矿化度为 0.62 ~ 0.80g/L；该线以南水化学类型为 $HCO_3 \cdot SO_4 \cdot Cl$ 型，矿化度为 0.730 ~ 1.12g/L。合阳王村、坊镇一带，岩溶含水层被含煤碎屑岩地层深埋，水化学类型则为 SO_4 型，矿化度为 1 ~ 2g/L。渭北东部韩城子系统地下水水化学类型以 $HCO_3 \cdot SO_4$ 型为主，矿化度一般小于 1g/L。

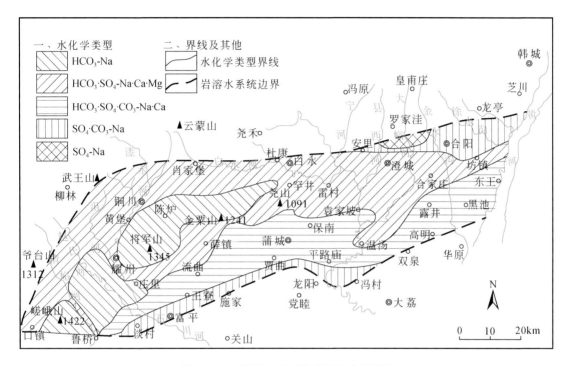

图 2-2-26 铜蒲合子系统岩溶水水化学图

2. 同位素特征

渭北西部各泉域子系统裸露区岩溶水氚值为 6 ~ 38TU，隐伏区岩溶水氚值为 2 ~ 5TU（2000 ~ 2001 年资料），氢氧稳定同位素总体上位于雨水线右上方，[14]C 年龄（未校正）小于 1 万年，多数为现代水。

铜蒲合子系统西部碳酸盐岩露头区岩溶泉水氚值大于 10TU，为现代水；周边浅覆盖区（盖层厚百余米，无新近系、古近系）岩溶水氚含量为 3 ~ 10TU，是新老混合水；岩溶中–深埋区岩溶水氚含量多在 3TU 以下，是相对较早时期形成的水；黄河东王、洛河袁家坡和温汤的岩溶水丰水期氚含量多大于 3TU，枯水期氚含量均小于 3TU，呈季节性变化（1987 ~ 1990 年，图 2-2-27）。西部将军山、尧山一带岩溶水 $\delta D > -70‰$，$\delta^{18}O > -10‰$，深部岩溶水 $\delta D < -70‰$，$\delta^{18}O < -10‰$。碳酸盐岩裸露区岩溶水 [14]C 年龄（未校正）小于 500 年，深部岩溶水 [14]C 年龄一般 1 万 ~ 2 万年。

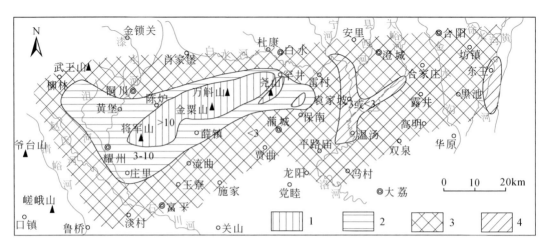

图 2-2-27　铜蒲合子系统岩溶地下水氚含量分区图（1987～1990 年资料）

1. $T>10TU$（裸露区）2. $T\in[3\sim10TU]$（岩溶浅覆盖区）3. $T<3TU$（岩溶中-深埋区）

4. T 季节性变化区（洛、黄河谷区）

四、基岩裂隙水系统

（一）古近系—新近系碎屑岩孔隙裂隙水

1. 含水系统特征

关中平原古近系—新近系为河流相或河湖相沉积，岩性主要为砂岩、砂砾岩与泥岩互层。含水层以孔隙含水为主。水力性质以承压水为主，潜水仅小范围分布。骊山南坡地层出露，构成潜水含水岩组；沋河—赤水河上游、瓜坡一带，洛河河谷，以及岐山-马召断裂以西的宝鸡地区，地层出露或浅埋，构成上部潜水、下部弱承压水的双层含水结构；岐山-马召断裂以东的平原内，地层厚度一般为 3000～5000m，最厚可达 7000m，深埋于第四系之下，构成承压含水岩组。宝鸡渭河河谷、白鹿塬、灞河河谷、渭南黄土台塬等地段，单井涌水量为 100～1000m³/d，水质较好，矿化度小于 1g/L，可作为分散生活供水水源。岐山-马召断裂以东、临潼-长安断裂以北的广大区域，含水岩组埋藏深度大，富水性总体较差，单井涌水量一般小于 100m³/d，地下水水质较差，水温较高，是关中平原主要热储层之一，有关热储层特征详见相关章节。

2. 水流系统特征

地下水补给来源主要有三个方面，一是上部第四系地下水的越流补给，补给区主要位于岐山-马召断裂以西的宝鸡地区，余下-铁炉子断裂以南的秦岭山前地带，以及白鹿塬、渭南塬、瓜坡等地区；二是大气降水入渗补给，补给区位于岩层裸露的骊山南坡及洛河河谷等地段；三是含水系统南北边界基岩裂隙水的径流补给。地下水径流总体由周边向平原内径流汇集，骊山南坡一带，沟谷深切，岩层裸露，地下水以就地补给就地排泄为主，属浅循环系统；平原内地下水径流滞缓，属深循环系统。地下水排泄方式以人工开采为主，局部地段尚存在泉水排泄，如骊山南坡，地下水沿沟谷以泉水形式排泄。

3. 水化学与同位素特征

古近系—新近系含水岩组深埋，地下水径流滞缓，水岩作用强烈，水化学类型复杂，地下水中 HCO_3^-、Cl^-、SO_4^{2-} 的质量分数均可超过 25%，阳离子以 Na^+ 为主。宝鸡凸起水化学类型为 HCO_3、$HCO_3 \cdot SO_4$ 型，矿化度为 0.7g/L；咸礼凸起、临蓝凸起、西安凹陷水化学类型有 HCO_3、$HCO_3 \cdot Cl \cdot SO_4$、$HCO_3 \cdot Cl$、$Cl \cdot SO_4$、$SO_4$、$Cl$ 等类型，矿化度为 0.253~16.42g/L；固市凹陷水化学类型以 Cl 型为主，矿化度为 3.096~33.712g/L。垂向上，由浅到深，地下水水化学类型从 $HCO_3 \cdot Cl \cdot SO_4$ 型→$Cl \cdot SO_4$ 型→Cl 型演变，矿化度有增大趋势，反映深部地下水循环极为缓慢，或近于停滞。

地下水 ^{14}C 年龄总体上自秦岭山前向平原中心由新变老。宝鸡凸起、余下断裂以南、骊山山前等地段，地下水 ^{14}C 年龄小于 1.5 万年；咸礼凸起-西安凹陷-固市凹陷，地下水 ^{14}C 年龄一般为 1 万~3 万年（表 2-2-10）。

表 2-2-10 关中盆地古近系—新近系地下水 ^{14}C 年龄统计表

构造单元	热水井数/个	^{14}C 年龄/万年
宝鸡凸起	3	0.1383~1.02
咸礼凸起	6	1.504~2.272
西安凹陷	73	0.7139~3.0142
临蓝凸起	5	0.6295~3.2617
固市凹陷	4	1.3323~2.9983

（二）前新生界基岩裂隙水

前新生界基岩裂隙水包括北山石炭系—二叠系碎屑岩裂隙水和秦岭北坡变质岩岩浆岩裂隙水。石炭系—二叠系碎屑岩含水岩组以风化裂隙含水为主，变质岩岩浆岩含水岩组为构造裂隙和风化裂隙含水。水力性质以潜水为主。地下水补给来源主要为大气降水。受沟谷切割控制，地下水易排不易存，并以当地河谷为排泄基准，顺地势向沟谷排泄。因裂隙发育不均一，连通性差，泉流量一般小于 1L/s，水化学类型以 HCO_3 型为主，矿化度一般小于 1g/L。不具集中供水意义。

第三节 岩土体及其工程地质特征

一、岩土体类型

关中平原岩土体类型按照成岩作用程度和岩、土颗粒被胶结程度，岩土介质可以划分为岩体和土体两大类（图 2-3-1）。按照建造类型和结构类型，结合强度等性质，岩体划分为较软-较坚硬层状碎屑岩、坚硬块状碳酸盐岩、坚硬层状变质岩及块状岩浆岩。土体划分为碎石土、砂土、粉土、一般性土、特殊土。

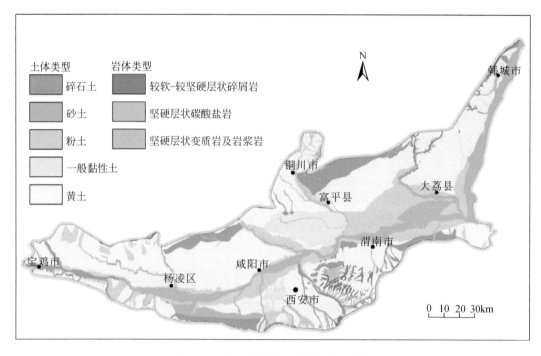

图 2-3-1　关中平原岩土体类型分区图

二、岩体及其工程地质特征

（一）较软–较坚硬层状碎屑岩

较软层状碎屑岩：岩性为古近系（E）和新近系（N）砂岩、泥岩夹砂砾岩，主要分布于骊山南侧和平原北侧的洛河河谷、冲沟内。岩石质地较软弱，遇水较易软化，干抗压强度为 8~40MPa，软化系数为 0.3~0.6，为不良工程地质岩组。

较坚硬层状碎屑岩：岩性为石炭系（C）、二叠系（P）砂岩夹薄层泥岩，主要分布于平原北侧的北山基岩区及其周边河流河谷、冲沟内，其中石川河上游支流漆水河河谷两侧出露较广。岩石较致密完整，裂隙不甚发育，干抗压强度为 15~50MPa，软化系数为 0.4~0.7，为较好工程地质岩组。

（二）坚硬块状碳酸盐岩

岩性为元古宇（Pt）、寒武系（Є）、奥陶系（O）灰岩、白云岩，分布于平原北侧的北山基岩区及其周边河流河谷、冲沟内，其中石川河上游支流漆水河河谷两侧出露较广。岩石较致密完整，裂隙不甚发育，为良好工程地质岩组。

（三）坚硬层状变质岩及块状岩浆岩

坚硬层状变质岩：主要分布于骊山基岩区和秦岭北麓地区，北山局部地区亦有出露。

岩性为太古宇（Ar）、古元古界（Pt₁）中深变质的混合岩化片麻岩、石英片岩、千枚岩、大理岩等，岩石中厚层–薄层状结构，较破碎，节理、片理较发育，表面风化较严重。干抗压强度为 30~60MPa，软化系数为 0.6~0.8，为较好工程地质岩组。

坚硬块状岩浆岩：主要分布于秦岭北麓和骊山基岩区，一般穿插发育于太古宇混合岩化变质岩中。岩体为太古宇（Ar）酸性侵入岩，片麻岩化，岩性为黑云母片麻岩、二云母石英片岩、钠长角闪片岩、大理岩等，岩石致密块状，完整，表面微风化，干抗压强度为 110~200MPa，软化系数大于 0.8，为良好工程地质岩组。

三、土体及其工程地质特征

（一）一般性土

1. 碎石土

碎石土主要分布于洪积平原、岐山–哑柏断裂以西的渭河河谷，以及灞河、浐河、泾河等河流阶地。岩性为漂石、卵石、圆砾，成分以花岗岩、片麻岩、砂岩、灰岩为主，中、粗砂充填，稍密–中密，重型动力触探击数为 9~24 击，透水性好，强度高，地基承载力基本值为 300~450kPa。

2. 砂土

砂土主要分布于岐山–哑柏断裂以东的冲积平原、冲洪积平原，岩性为砾砂、粗砂、中砂、细砂等，中密–密实。渭河漫滩、一级阶地前部，砂土厚度较大，分布连续，夹黏性土、粉土透镜体，砂土与黏性土厚度比一般大于 0.7，承载力特征值为 80~200kPa。渭河南北两侧的二级阶地（冲洪积平原）、三级阶地（冲洪积平原），砂土与碎石土、粉土、黏性土呈互层状，单层厚度一般为 1~10m，砂土与黏性土厚度比为 0.2~0.5，砂土承载力特征值为 120~300kPa。

3. 粉土

粉土分布于冲积平原、冲洪积平原。稍密–密实，多为中等压缩性土，承载力特征值为 130~180kPa。物理力学性质指标见表 2-3-1。

表 2-3-1　关中盆地粉土、黏性土、黄土物理力学性质指标统计表

指标	粉土	黏性土	黄土
相对密度（G_s）	2.69~2.73	2.71~2.73	2.69~2.74
含水率（w）/%	19.1~26.6	20.5~25.7	8.1~36.0
孔隙比（e）	0.63~0.96	0.57~0.79	0.39~0.42
饱和度（S_r）/%	69~99	90~100	19~100
液限（w_L）/%	22.7~32.0	25.5~35.0	25.1~32.8
塑限（w_p）/%	16.5~20.5	7.8~13.5	16.9~20.0

续表

指标	粉土	黏性土	黄土
液性指数 (I_L)/%	0.08 ~ 0.84	0.02 ~ 0.69	−1.23 ~ 1.83
塑性指数 (I_p)/%	6.2 ~ 11.5	17.7 ~ 21.5	6.5 ~ 13.5
内摩擦角 (ϕ)/(°)	14.3 ~ 29.0	17.3 ~ 28.0	16.7 ~ 35.6
黏聚力 (c)/kPa	14.6 ~ 49.2	22.0 ~ 66.0	9.0 ~ 79.0
压缩系数 (a_{1-2})/MPa^{-1}	0.09 ~ 0.34	0.12 ~ 0.28	0.04 ~ 1.16
压缩模量 (E_s)/MPa"	3.0 ~ 18.2	6.38 ~ 13.19	0.65 ~ 33.99

4. 黏性土

黏性土分布于冲积平原、冲洪积平原，岩性为粉质黏土、黏土，与碎石土、粉土层、砂层呈互层状。鄠邑—长安—洪庆的冲洪积平原区，黏性土单层厚一般为 2 ~ 15m，分布较稳定，黏性土与砂土厚度比为 0.5 ~ 0.8。中密–密实，可塑–硬塑，压缩性中等，承载力特征值为 130 ~ 200kPa。物理力学性质指标见表 2-3-1。

（二）特殊土

特殊土包括风积黄土和冲积、洪积、坡积黄土状土。

黄土主要为更新统风积黄土，分布于台塬、河流高阶地、二级以上冲洪积和洪积平原区。全新统黄土主要为黑垆土。上更新统黄土岩性均一，结构疏松，具大孔隙，垂直节理发育，为单粒接触胶结，抗侵蚀性差，遇水易崩解，厚度为 7 ~ 15m，湿陷系数为 0.06 ~ 0.069，属Ⅲ级~Ⅳ级自重湿陷，压缩系数为 0.5 ~ 0.85kPa^{-1}，高压缩性土，承载力特征值为 120 ~ 150kPa。中、下更新统黄土岩性为淡棕黄、灰黄色黄土夹多层褐红色古土壤，富含钙质结核，质地致密坚硬，压缩系数为 0.1 ~ 0.06kPa^{-1}，属低压缩性土。

粉土、粉质黏土、黄土物理力学性质指标见表 2-3-1。

黄土状土主要分布于冲洪积平原和洪积平原，均匀性较差，可塑，稍密，具中等–高压缩性。

四、工程地质结构

（一）分类原则

（1）目标导向，服务于国土空间规划与现代城市规划建设，服务于地下空间开发利用，划分深度由传统的浅表层延伸至 150m 以浅。

（2）科学划分，突出地貌形成演化，体现岩土体类型及工程地质特性。

（3）简便适用，现有资料支撑，划分简便，结果实用、好用。

（二）分类方法

（1）根据地貌成因类型、形体特征，划分地貌单元和地貌类型。

（2）根据岩土体类型和工程地质性质，划分工程地质层。

（3）根据工程地质层空间分布特征，按地貌类型+工程地质层（组合）的分类方法，进行工程地质结构划分（图2-3-2）。

$$\left.\begin{array}{l}\text{地貌单元}\rightarrow\text{地貌类型}\\ \text{岩土体类型}\rightarrow\text{工程地质层}\end{array}\right\}\rightarrow\text{工程地质结构}$$

图2-3-2　工程地质结构划分图

（三）分类体系

（1）地貌划分。关中平原地貌划分为冲积平原、冲洪积平原、洪积平原、黄土台塬、基岩山区5个地貌单元，共18个地貌类型。

（2）岩土体类型划分。按照成岩作用程度和岩、土颗粒被胶结程度，岩土介质可以划分为岩体和土体两大类。按建造类型和结构类型，结合强度等性质，岩体又进一步划分为较软弱层状碎屑岩、较坚硬层状碎屑岩、坚硬块状碳酸盐岩、坚硬层状变质岩、坚硬块状岩浆岩。按照工程地质性质，土体划分为碎石土、砂土、粉土、一般黏性土、黄土。

（3）工程地质层划分。根据岩土体类型和工程地质性质，关中平原工程地质层划分为黄土、碎石土、砂土、粉土、一般黏性土、较软弱层状碎屑岩、较坚硬层状碎屑岩、坚硬块状碳酸盐岩、坚硬层状变质岩、坚硬块状岩浆岩，共10个工程地质层。

（4）工程地质结构类型划分。根据工程地质层空间分布特征，关中平原工程地质结构类型主要有19类（图2-3-3，表2-3-2）。分布最广的工程地质结构类型主要有碎石土、砂土、粉土、黏性土互层，黄土+碎石土、砂土、黏性土互层，黄土+层状碎屑岩、碎石土、砂土、黏性土互层+层状碎屑岩、黄土+碳酸盐岩等，约占关中平原总面积的97%。

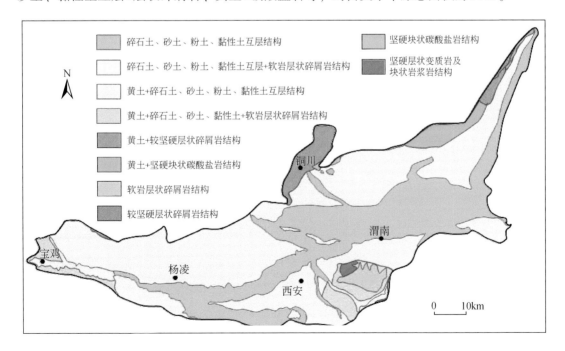

图2-3-3　关中平原工程地质结构类型图

表2-3-2　关中平原工程地质层及工程地质结构划分表

岩土体	岩土体类型	工程地质层代号	冲积平原 漫滩	冲积平原 一级阶地	冲积平原 二级阶地	冲积平原 三级阶地	冲积平原 四级阶地	冲积平原 五级阶地	冲洪积平原 一级冲洪积平原	冲洪积平原 二级冲洪积平原	冲洪积平原 三级冲洪积平原	洪积平原 现代洪积扇	洪积平原 一级洪积平原	洪积平原 二级洪积平原	洪积平原 三级洪积平原	洪积平原 四级洪积平原	黄土台塬 一级黄土台塬	黄土台塬 二级黄土台塬	黄土台塬 黄土丘陵	基岩山区
土体 特殊土	黄土	①			①	①	①	①		①	①			①	①	①	①	①	①	
土体 一般性土	碎石土	②	②	②	②	②	②	②	②	②	②	②	②	②	②	②	②			
土体 一般性土	砂土	③	③	③	③	③	③	③	③	③	③	③	③	③	③	③	③			
土体 一般性土	粉土	④	④	④	④	④	④	④	④	④	④	④	④	④	④	④	④			
土体 一般性土	一般黏性土	⑤	⑤	⑤	⑤	⑤	⑤	⑤	⑤	⑤	⑤	⑤	⑤	⑤	⑤	⑤	⑤			
岩体 沉积岩建造	较软弱层状碎屑岩	⑥	⑥	⑥	⑥	⑥	⑥	⑥										⑥	⑥	⑥
岩体 沉积岩建造	较坚硬层状碎屑岩	⑦	⑦	⑦	⑦	⑦	⑦	⑦										⑦	⑦	⑦
岩体 沉积岩建造	坚硬层状碳酸盐岩	⑧	⑧	⑧	⑧	⑧												⑧	⑧	⑧
岩体 变质岩建造	坚硬层状变质岩	⑨																⑨	⑨	⑨
岩体 岩浆岩建造	坚硬块状岩浆岩	⑩																⑩	⑩	⑩

工程地质结构类型

地貌单元	工程地质结构类型
漫滩	②+③+④+⑤
一级阶地	②+③+④+⑤；②+③+④+⑤+⑥
二级阶地	①+②+③+④+⑤；①+②+③+④+⑤+⑥；①+②+③+④+⑤+⑥+⑦；①+②+③+④+⑤+⑥+⑦+⑧
三级阶地	①+②+③+④+⑤
四级阶地	①+②+③+④+⑤
五级阶地	①+②+③+④+⑤
一级冲洪积平原	②+③+④+⑤
二级冲洪积平原	①+②+③+④+⑤
三级冲洪积平原	①+②+③+④+⑤
现代洪积扇	②+③+④+⑤
一级洪积平原	②+③+④+⑤
二级洪积平原	①+②+③+④+⑤
三级洪积平原	①+②+③+④+⑤
四级洪积平原	①+②+③+④+⑤
一级黄土台塬	①+②+③+④+⑤
二级黄土台塬	①；①+⑥；①+⑦；①+⑧；①+⑨；①+⑩
黄土丘陵	①+⑥；①+⑦；①+⑧；①+⑨；①+⑩
基岩山区	⑥；⑦；⑧；⑨；⑩

第三章　关中平原自然资源

关中平原人杰地灵，自然资源丰富，是最早被称为"天府之国"的地方。周、秦、汉、隋、唐都是凭借关中平原优越的自然地理位置和丰富的自然资源禀赋建立了强大的统一国家。自然资源是关中平原城市群绿色高质量发展的物质条件，是经济区和城市群国土空间规划与用途管制的重要因素。

关中平原水资源总量为 $70.44 \times 10^8 m^3/a$，人均水资源量仅为 $291 m^3/a$，水资源总体紧缺。水资源现状利用总量为 $52.81 \times 10^8 m^3/a$，综合利用程度为 74.9%。其中，地表水现状利用量为 $27.97 \times 10^8 m^3/a$，利用程度为 49.6%；地下水现状利用量为 $24.84 \times 10^8 m^3/a$。在水资源开发利用方面，应提高节水意识；提高污水处理能力，实现污水资源化；地表水与地下水资源统筹规划；加强水资源动态监测和水源保护。

关中平原地热开发历史悠久，相传西周周幽王就曾在临潼华清池沐浴休闲。关中平原地热流体包括三种主要类型，其中中部新生界孔隙裂隙热储层可采资源为 $41.76 \times 10^8 \sim 46.087 \times 10^8 m^3$；渭北下古生界碳酸盐岩岩溶裂隙型为 $3.07 \times 10^8 m^3/a$；秦岭山前构造裂隙型为 $0.01 \times 10^8 m^3/a$。地热能中深层地埋管地热开发利用方式，只取热不取水，适应性强，是开发利用地热资源较好的方式，应大力推广应用。

关中平原地形平坦，耕地集中连片，区内土地以耕地为主，约占总面积的 89.57%，其次为园地，约占总面积的 5.50%。土地肥力相关元素 N、P、K_2O 含量总体上较高，土地肥沃，Hg、As、Pb、Cd 总体较低，属清洁无污染土地，仅工厂及城镇人口密集地区偏高。富硒土地主要集中分布在杨凌区—兴平市、鄠邑区（原户县）余下镇、西安市区、泾阳县—三原县—阎良区、华州区等 30 余处，总面积为 $872.96 km^2$。富 Co 土地分布面积为 $2998.65 km^2$。

关中平原渭北地区煤炭资源丰富。天然建筑材料主要有四大类，广泛分布于各区县，其中石材为 $320 \times 10^4 m^3$、石料为 $24.35 \times 10^8 m^3$、制砖黏土为 $3 \times 10^8 m^3$、砂石为 $7780 \times 10^4 m^3$。氦气资源分布于秦岭山前断裂带和渭河断裂附近的西安、固市等凹陷和咸渭凸起边缘等部位，资源潜力大。

关中平原共有地质遗迹点 429 处，具有价值的地质遗迹 146 处。可划分为 3 个大类、10 个类、22 个亚类。其中，基础地质大类 39 个，地貌景观大类 103 个，地质灾害大类 4 个。关中地区分布有历代帝王陵墓 72 座，这些帝王陵墓隐藏于地下，观赏性不强，品质不高。

关中平原林地资源量为 $618 km^2$，其中人工林面积为 $263 km^2$，以阔叶林为主；草地面积为 $623 km^2$。重要湿地 13 处，以河流湿地为主，卤阳湖湿地为沼泽湿地。

第一节　水　资　源

一、地下水资源

（一）第四系松散岩类孔隙水

1. 天然资源量

1）计算分区

根据地貌、补给条件、包气带岩性和计算参数等因素，将关中平原划分为 3 个计算区，13 个亚区（表 3-1-1，表 3-1-2，图 3-1-1）。

表 3-1-1　关中盆地第四系地下水资源计算分区表

计算区		亚区	
代号	名称	代号	名称
I	冲积平原，包括渭河、泾河、黄河河漫滩及一级阶地	I	冲积平原
II	冲洪积平原	II$_1$	鄠邑-长安冲洪积平原
		II$_2$	二华平原
		II$_3$	宝鸡-眉县-周至洪积扇
		II$_4$	泾阳-三原冲积平原
		II$_5$	岐山-乾县-礼泉洪积扇
		II$_6$	富平-蒲城洪积扇
III	黄土台塬，包括黄土台塬、黄土丘陵以及河流二级以上阶地	III$_1$	扶风-咸阳黄土台塬及河流二级以上阶地
		III$_2$	富平-合阳黄土台塬及河流二级以上阶地
		III$_3$	长安-渭南黄土台塬及河流二级以上阶地
		III$_4$	潼关塬
		III$_5$	铜川黄土丘陵
		III$_6$	骊山南部黄土丘陵

2）水文地质概念模型

第四系含水系统由冲积、冲湖积、洪积、风积等堆积物组成，岩性为砂、砂砾石、黄土，夹粉土、黏土，厚度大，分布连续，结构复杂，可概化为非均质各向同性含水介质。地下水系统南北两侧与山区基岩含水系统以断裂或超覆形式相接，可接受少量基岩水侧向径流补给，概化为隔水边界；东部与邻区第四系松散岩类含水系统呈侧向连接关系，以黄河为界，为排泄边界；山前地带第四系地下水越流补给下伏基岩水或岩溶水，概化为底部排泄边界；平原内以新近系顶部泥岩或非岩溶层为隔水底板，概化为底部隔水边界；含水

表3-1-2　关中盆地第四系地下水资源计算分区面积汇总表　　　（单位：km²）

计算区及代号	面积	亚区代号	面积	西安市	宝鸡市	咸阳市	杨凌区	渭南市	铜川市
冲积平原 I	4740.94	I	4740.94	1089.72	368.00	537.80	16.22	2729.11	
冲洪积平原 II	4797.15	II₁	1309.22	1309.22					
		II₂	216.54					216.54	
		II₃	658.52	98.21	560.31				
		II₄	952.4	517.47		434.93			
		II₅	1109.55		764.15	345.40			
		II₆	550.92					536.84	14.08
黄土台塬 III	10723.66	III₁	3272.81		1222.97	1931.06	118.78		
		III₂	4244.64			546.75		3463.69	234.21
		III₃	1611.27	1148.11				463.16	
		III₄	280.57					280.57	
		III₅	275.24						275.24
		III₆	1039.13	958.15				80.98	
合计			20261.75	5120.88	2915.43	3795.94	135	7770.89	523.53
行政区面积			55384	9983	18131	10119	135	13134	3882

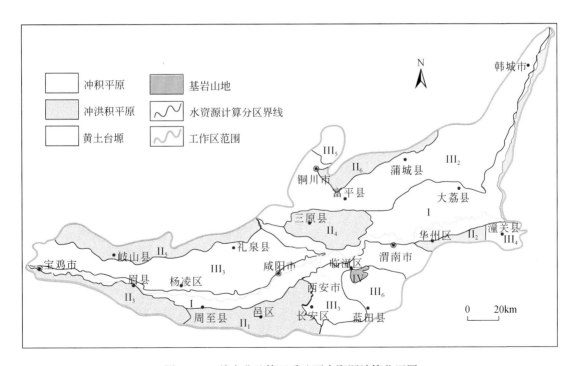

图3-1-1　关中盆地第四系地下水资源计算分区图

系统上界面为潜水面，接受大气降水、灌溉水、河流等入渗补给，在水位埋深小于3m的渭河漫滩区，存在蒸发排泄，为流量边界。

3) 天然资源量

地下水天然资源由大气降水入渗、灌溉入渗、河流渗漏等补给量组成，采用补给量总和法计算。潜水含水层与承压含水层水力联系密切，构成统一的含水系统，且承压水由潜水转化而来，故承压水补给量为系统内的重复量，不予计算。

$$Q_{补} = Q_{降渗} + Q_{灌溉} + Q_{河渗} = \sum \alpha_i A_i P_i + \sum \beta_i B_i E + \sum \gamma_i L_i$$

式中，$Q_{补}$ 为地下水补给量，即天然资源量 $[L^3/T]$；$Q_{降渗}$ 为降水入渗补给量 $[L^3/T]$；$Q_{灌溉}$ 为灌溉入渗补给量 $[L^3/T]$；$Q_{河渗}$ 为河流渗漏补给量；α_i、β_i 为降水入渗系数、灌溉入渗系数，二者取值相同（表 3-1-3），无量纲；A_i、B_i 为分区面积 $[L^2]$；P_i 为分区降水量 $[L/T]$；E 为灌溉定额，即单位面积年灌溉量 $[L^3/L^2T]$；γ_i 为河流渗漏系数，即单位长度渗漏量 $[L^3/TL]$，取值 $0.1\,m^3/(s\cdot km)$；L_i 为河流渗漏段长度 $[L]$。

表 3-1-3　入渗系数取值表

计算区及代号	亚区代号	入渗系数
冲积平原 I	I	0.25
洪积平原 II	II	0.2
黄土台塬 III	III$_1$ ~ III$_4$	0.15
	III$_5$、III$_6$	0.08

经计算，关中平原第四系地下水天然资源量约为 $35.08 \times 10^8\,m^3/a$（表 3-1-4），其中降水入渗补给量约为 $23.16 \times 10^8\,m^3/a$，占 66%；灌溉入渗补给量约为 $5.46 \times 10^8\,m^3/a$，占 15.6%；河流渗漏补给量约为 $6.46 \times 10^8\,m^3/a$，占 18.4%。全区平均补给模数为 $17.32 \times 10^4\,m^3/(a\cdot km^2)$。冲积平原地下水资源量约为 $9.12 \times 10^8\,m^3/a$，占总资源量的 26%；冲洪积平原区约为 $13.12 \times 10^8\,m^3/a$，占 37.4%；黄土台塬区约为 $12.84 \times 10^8\,m^3/a$，占 36.6%。

表 3-1-4　第四系地下水资源量计算汇总表

计算区及代号	亚区代号	面积 /km²	降水入渗 /(10^4m³/a)	灌溉入渗 /(10^4m³/a)	河流渗漏 /(10^4m³/a)	小计 /(10^4m³/a)	补给模数 /[10^4m³/(a·km²)]
冲积平原 I	I	4740.94	73645.31	17591.18		91236.49	19.24
冲洪积平原 II	II$_1$	1309.22	19363.36	4156.96	27940.89	51461.21	
	II$_2$	216.54	2490.21	578.36		3068.57	
	II$_3$	658.52	9154.54	2118.91	23399.71	34673.16	
	II$_4$	952.40	12635.93	3337.72		15973.65	
冲洪积平原 II	II$_5$	1109.55	14460.90	3810.34		18271.24	27.35
	II$_6$	550.92	6346.64	1433.86		7780.50	

续表

计算区及代号	亚区代号	面积/km²	降水入渗/(10⁴m³/a)	灌溉入渗/(10⁴m³/a)	河流渗漏/(10⁴m³/a)	小计/(10⁴m³/a)	补给模数/[10⁴m³/(a·km²)]
黄土台塬Ⅲ	Ⅲ₁	3272.81	30270.67	8828.21		39098.88	11.97
	Ⅲ₂	4244.64	36730.13	8536.24		45266.37	
	Ⅲ₃	1611.27	16730.16	3661.86	13245.12	33637.14	
	Ⅲ₄	280.57	2419.91	562.03		2981.94	
	Ⅲ₅	275.24	1352.63			1352.63	
	Ⅲ₆	1039.13	6040.92			6040.92	
合计		20261.75	231641.31	54615.67	64585.72	350842.70	17.32

2. 开采资源量

开采资源量采用开采系数法计算，开采系数按0.4计算。全平原第四系孔隙水开采资源量约为$14.03×10^8 m^3/a$（表3-1-5）。

表3-1-5　关中盆地第四系孔隙水开采资源量汇总表　　　（单位：$10^4 m^3/a$）

分区及代号		冲积平原Ⅰ	洪积平原Ⅱ	黄土台塬Ⅲ	合计
西安市	天然资源	24471.22	62521.99	27445.08	114438.29
	开采资源	9788.48	25008.79	10978.03	45775.30
宝鸡市	天然资源	7806.73	45877.32	15566.41	69250.46
	开采资源	3122.69	18350.92	6226.56	27700.17
咸阳市	天然资源	10320.68	11979.97	28530.34	50830.99
	开采资源	4128.27	4791.98	11412.13	20332.38
杨凌区	天然资源	295.32		1297.59	1592.91
	开采资源	118.12		519.03	637.15
渭南市	天然资源	48342.52	10676.09	52027.69	111046.30
	开采资源	19337.00	4270.43	20811.07	44418.50
铜川市	天然资源		172.98	3510.75	3683.73
	开采资源			1404.30	1404.30
全盆地	天然资源	91236.47	131228.35	128377.86	350842.68
	开采资源	36494.56	52422.12	51351.12	140267.80

3. 水源地及可开采量

关中平原第四系地下水集中开采地段分布于渭河、黄河及主要支流的漫滩一级阶地，已建、拟建或预测水源地58处（表3-1-6，图3-1-2），开采量以激发河水补给为主，可开采量为$17.880255×10^8 m^3/a$。

表 3-1-6 关中盆地第四系地下水水源地一览表

市	县（区）	编号	水源地名称	地貌单元	可开采量 /(10⁴m³/d)	可开采量 /(10⁴m³/a)	规模	水源地建设类型
宝鸡市	金台区	1	宝鸡市福临堡水源地	渭河漫滩一级阶地	0.92	335.80	小	已建/后备
		2	宝鸡市市中心水源地	渭河漫滩一级阶地	1.50	547.50	中	已建/后备
	渭滨区	3	宝鸡市姜谭水源地	渭河漫滩一级阶地	2.60	949.00	中	已建/后备
		4	宝鸡市石坝河水源地	渭河漫滩一级阶地	2.80	1022.00	中	已建/后备
		5	宝鸡市八里桥水源地	金陵河漫滩一级阶地	0.45	164.25	小	已建/后备
		6	宝鸡市十里铺水源地	渭河漫滩一级阶地	5.20	1898.00	大	已建/后备
		7	宝鸡市下马营水源地	渭河漫滩一级阶地	3.20	1168.00	中	已建/后备
		8	宝鸡市卧龙寺水源地	渭河漫滩一级阶地	1.50	547.50	中	已建/后备
		9	宝鸡市八鱼水源地	渭河漫滩一级阶地	5.10	1861.50	大	已建/后备
	陈仓区	10	渭河南岸梁家崖水源地	渭河漫滩一级阶地	5.25	1916.25	大	预测
	岐山县	11	渭河北岸蔡家坡水源地	渭河漫滩一级阶地	24.30	8869.50	特大	预测
	眉县	12	渭河南岸高家坡水源地	渭河漫滩一级阶地	6.98	2547.70	大	预测
		13	渭河南岸卢家滩水源地	渭河漫滩一级阶地	13.00	4745.00	大	预测
	扶风县	14	渭河北岸罗家水源地	渭河漫滩一级阶地	6.30	2299.50	大	预测
咸阳市	秦都区	15	咸阳市西北橡胶厂水源地	渭河漫滩一级阶地	0.85	310.25	小	已建
		16	咸阳市西郊水源地	渭河漫滩一级阶地	5.50	2007.50	大	已建
		17	咸阳市彩管厂水源地	渭河漫滩一级阶地	1.71	624.15	中	已建
		18	咸阳市城区水源地	渭河漫滩一级阶地	9.52	3474.80	大	已建
		19	咸阳市茂陵水源地	渭河漫滩一级阶地	0.97	354.05	小	已建
	渭城区	20	咸阳市三五三○玻璃厂水源地	渭河漫滩一级阶地			小	已建
		21	渭河电厂水源地	渭河漫滩一级阶地	6.30	2299.50	大	已建
		22	渭河北岸西龙村水源地	渭河漫滩一级阶地	4.20	1533.00	中	预测
	兴平市	23	兴平市区自备井水源地	渭河二级阶地	3.66	1335.90	中	已建
		24	渭河北岸吴耳村水源地	渭河漫滩一级阶地	34.75	12683.75	特大	预测
杨凌区	杨凌区	25	天然气气燃机电厂桥头水源地	渭河漫滩一级阶地	2.00	730.00	中	拟建
西安市	未央区	26	西安市沣、皂河水源地	沣、皂河漫滩一级阶地	17.70	6460.50	特大	已建
		27	西安市西北郊水源地	渭河漫滩一级阶地	15.00	5475.00	大	已建
		28	西安市渭滨水源地	渭河漫滩	10.83	3952.95	大	已建
		29	西安市城区自备井水源地	渭河二、三级阶地	18.45	6734.25	特大	已建
		30	西安市泾河工业区水源地	泾河漫滩一级阶地	12.00	4380.00	大	拟建

续表

市	县（区）	编号	水源地名称	地貌单元	可开采量		规模	水源地建设类型
					/（10⁴m³/d）	/（10⁴m³/a）		
西安市	灞桥区	31	西安市段村水源地	灞、浐河漫滩一级阶地	3.47	1266.55	中	已建
		32	西安市浐河水源地	浐河漫滩一级阶地	0.82	299.30	小	已建
		33	西安市灞河水源地	灞河漫滩一级阶地	14.63	5339.95	大	已建
		34	西安市东北郊水源地	渭河漫滩	26.90	9818.50	特大	拟建
	临潼区	35	临潼北田—滩王水源地	渭河漫滩一级阶地	17.41	6354.65	特大	拟建
		36	临潼区水源地	渭河漫滩阶地	2.49	908.85	中	已建
		37	渭河南岸东王村水源地	渭河漫滩一级阶地	8.70	3175.50	大	预测
		38	渭河北岸任留水源地	渭河漫滩一级阶地	3.75	1368.75	中	预测
		39	渭河南岸季村水源地	渭河漫滩一级阶地	6.75	2463.75	大	预测
	高陵区	40	高陵区吴村杨水源地	渭河漫滩一级阶地	5.82	2124.30	大	已建
	蓝田县	41	蓝田县水源地		0.97	354.05	小	已建
	鄠邑区	42	鄠邑区电厂腊家湾水源地	涝河洪积扇	19.50	7117.50	特大	已建
		43	鄠邑区电厂二期腊家滩水源地	涝河洪积扇	9.00	3285.00	大	已建
		44	渭河南岸新范滩水源地	渭河漫滩一级阶地	52.17	19042.05	特大	预测
		45	鄠邑区玉蝉后备水源地	涝河洪积扇	2.5	912.5	中	预测
		46	长安区东大后备水源地	沣河洪积扇	2.5	912.5	中	预测
渭南市	临渭区	47	渭南市城区自备井水源地	渭河二、三级阶地	5.71	2084.15	大	已建
		48	渭南市白杨水源地	渭河一级阶地	7.20	2628.00	大	已建
		49	渭南龙背水源地	渭河一级阶地	2.00	730.00	中	已建
		50	渭南市罗刘水源地	渭河一级阶地	3.30	1204.50	中	已建
		51	渭南市东郊水源地	渭河一级阶地			中	已建
		52	渭南市北郊水源地	渭河一级阶地			中	已建
		53	渭南市麦王后备水源地	渭河一级阶地	3	1095	中	预测
	韩城市	54	韩城市芝川镇水源地	黄河漫滩一级阶地	3.01	1098.65	中	已建
		55	韩城市电厂下峪口水源地	黄河漫滩一级阶地	13.74	5015.10	大	已建
		56	韩城市第二发电厂水源地	黄河漫滩一级阶地	6.83	2492.95	大	已建
		57	韩城市东院前至昝村黄河滩地水源地	黄河漫滩一级阶地	12.00	4380.00	大	拟建
	华阴市	58	华阴市秦岭电厂水源地	渭河一级阶地	7.01	2558.65	大	已建
		59	华阴市城区自备井水源地	渭河二级阶地	11.40	4161.00	大	已建
	华州区	60	渭河南岸下庙堡水源地	渭河漫滩一级阶地	12.75	4653.75	大	预测
	富平县	61	富平县东上官水源地	石川河漫滩一级阶地	2.00	730.00	中	已建
合计					489.87	178802.55		

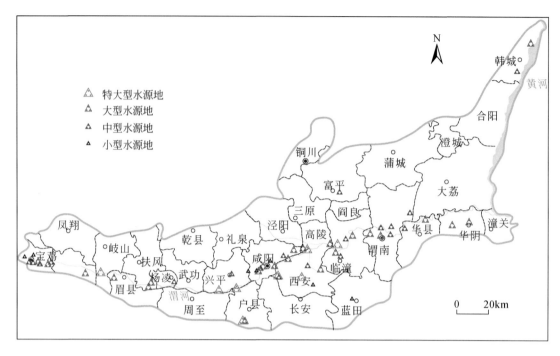

图 3-1-2　关中平原第四系地下水水源地分布图

(二) 寒武系—奥陶系碳酸盐岩岩溶水

1. 天然资源量与开采资源量

岩溶水天然资源量由大气降水入渗补给量（直接和间接）、河流与水库渗漏补给量组成，采用补给量总和法计算。开采资源量采用均衡法和数值模拟法计算。据《鄂尔多斯盆地地下水勘查报告》（西安地质矿产研究所，2006），关中平原岩溶水天然资源量约 $4.17 \times 10^8 m^3/a$，开采资源量 $3.08 \times 10^8 m^3/a$（表 3-1-7，表 3-1-8）。

表 3-1-7　关中平原岩溶水资源量汇总表

子系统	面积 /km²	补给量/(10⁴m³/a)				天然资源量 /(10⁴m³/a)	开采资源量 /(10⁴m³/a)
		降水直接	降水间接	水库河流	侧补		
韩城子系统	792.66	542.42	0.00	1769.17	0.00	2311.59	1735.43[①]
铜蒲合子系统	5854.84	4503.34	2191.75	16755.08	0.00	23450.17	18154.96
筛珠洞泉域子系统	392.77	1384.43	397.35	4989.00	0.00	6770.78	3374.35
烟霞洞泉域子系统	137.33	145.07	72.53	100.92	0.00	318.51	195.52
龙岩寺泉域子系统	911.25	1144.76	2021.46	4093.37	0.00	7259.59	4714.63
周公庙泉域子系统	148.33	741.10	268.06	113.53	0.00	1122.68	630.09
扶风—礼泉深埋区	1700.02	309.05	135.60	0.00	10078.90[②]	444.66	1959.96
合计		8770.17	5086.75	27821.07	10078.90	41677.98	30764.94

①开采资源量中未包括激发开采资源量。②为各泉域子系统的侧向排泄量。

表 3-1-8 关中平原各市区岩溶水资源量汇总表 （单位：$10^4 m^3/a$）

子系统	西安市		宝鸡市		咸阳市		杨凌区		渭南市		铜川市	
	天然资源量	开采资源量	天然资源量	开采资源量	天然资源量	开采资源量	天然资源量	开采资源量	天然资源量	开采资源量	天然资源量	开采资源量
韩城子系统									2311.59	1735.43		
铜蒲合子系统									20749.16	16808.86	2701.01	1346.10
筛珠洞泉域子系统					6770.78	3374.35						
烟霞洞泉域子系统					318.51	195.52						
龙岩寺泉域子系统					7259.59	4714.63						
周公庙泉域子系统			1122.68	630.09								
扶风—礼泉深埋区			2460.44	657.87	8063.12	1302.09						
合计			3583.12	1287.96	22412.00	9586.59			23060.75	18544.29	2701.01	1346.10

2. 水源地及可开采量

关中平原岩溶地下水有利开采地段分布于断裂带、地下水排泄区，已建水源地或富水地段 20 处，可开采量为 $2.87 \times 10^4 m^3/a$（图 3-1-3，表 3-1-9）。

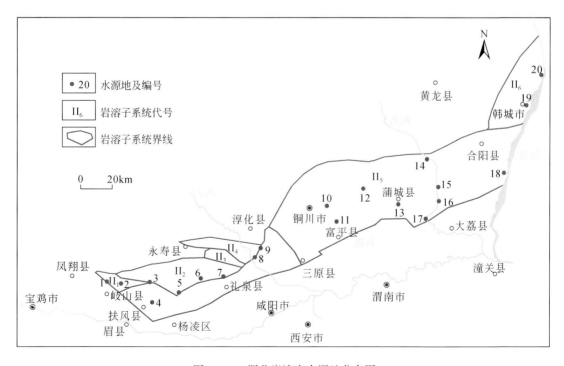

图 3-1-3 渭北岩溶水水源地分布图

表 3-1-9 关中平原岩溶水水源地或富水地段汇总表

序号	子系统代号	水源地名称	含水层代号	可开采量 /($10^4 m^3/d$)	可开采量 /($10^4 m^3/a$)	水源地级别	水源地主要成因条件
1	II_1	岐山周公庙山前水源地	Pt	1	365	C	哑柏断裂带
2	II_1	岐山微波站水源地	Pt	2	730	E	杜城-黄堆断裂与 NE 向断裂交汇
3	II_1	扶风黄堆山前水源地	Pt	2	730	D	杜城-黄堆断裂
4	II_1	扶风法门寺水源地*	Pt	0.3	109.5	C	乾县-富平断裂带
5	II_2	乾县龙岩寺泉口水源地	€	5	1825	E	乾县-富平断裂带-龙岩寺子系统排泄区
6	II_2	乾县北沿 F_2 断裂水源地	O_2	1	365	C	乾县-富平断裂带
7	II_2	礼泉魏陵山前水源地	O_2	1	365	C	乾县-富平断裂带
8	II_4	泾阳张家山引泉群	O_1	9.2	3358	B+C	筛珠洞泉子系统排泄泉水
9	II_4	泾阳县白王乡水源地	O_2	3.5	1277.5	D	张家山断裂带
10	II_5	富平县富平庄里水源地	O_2	1.03	375.95	C	北东-北西断裂交汇部位
11	II_5	富平县华侏乡水源地	O_2	4.5	1642.5	B+C	到贤断裂带
12	II_5	富平县富平西村水源地	O_2	1.2	438	C	北东-北西断裂交汇部位
13	II_5	蒲城县水源地	$€_2$	2.05	748.25	C	
14	II_5	蒲城县蒲城三眼桥水源地	O_2	2.4	876	C	洛河渗漏段
15	II_5	蒲城县蒲城袁家坡水源地	O_2	13	4745	B	铜蒲合系统地下水排泄区
16	II_5	蒲城县蒲城温汤水源地	O_2	13.87	5062.55	B	铜蒲合系统地下水排泄区
17	II_5	大荔县常乐-育红水源地	O_2	4.5	1642.5	B+C	
18	II_5	合阳县东王-杨范水源地	O_2	3.15	1149.75	C	铜蒲合系统地下水排泄区
19	II_6	韩城桑树坪卫家庄水源地	O_2	5	1825	B	韩城子系统排泄区黄河岸边
20	II_6	韩城电厂象山水源地	O_2	3	1095	B	韩城断裂带
合计				78.7	28725.5		

(三) 基岩裂隙水

1. 古近系—新近系碎屑岩裂隙水

1) 计算分区

根据区域地质构造特征,将关中平原划分为宝鸡凸起、咸礼凸起、西安凹陷、蓝临凸起、固市凹陷、蒲城凸起 6 个构造单元和 19 个次级构造单元 (图 3-1-4)。根据地层分布情况,划分为 12 个计算区 (表 3-1-10)。

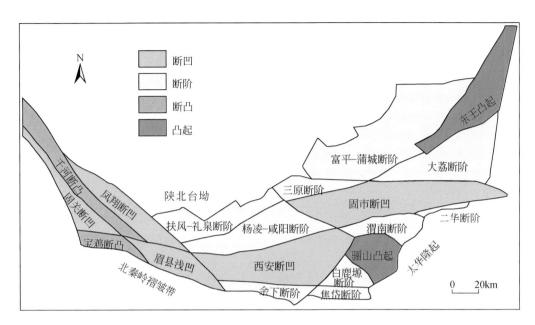

图 3-1-4 关中平原构造单元划分图

表 3-1-10 关中平原古近系—新近系裂隙水资源计算分区表

构造单元	次级单元	面积/km²	地层厚度	计算深度/m
宝鸡凸起	凤翔断凹	1111.10	<500m，分布不稳定	—
	千河断凸	1000.56	<500m，分布不稳定	—
	固关断凹	718.59	<500m，分布不稳定	—
	宝鸡断凸	380.60		300～500
	眉县浅凹	776.01		300～500
咸礼凸起	扶风–礼泉断阶	1128.25	<500m，分布不稳定	—
	杨凌–咸阳断阶	1554.96		700～2500
西安凹陷	西安断凹	2336.20		1000～4000
	余下断阶	461.95		500～2000
蓝临凸起	渭南断阶	652.29		700～2500
	骊山凸起	803.07	<500m，分布不稳定	—
	白鹿塬断阶	434.50		700～2500
	焦岱断阶	284.51		500～2000
固市凹陷	三原断阶	530.26		700～2500
	固市断凹	2525.51		1000～4000
	二华断阶	90.15		700～3000
蒲城凸起	富平–蒲城断阶	3360.46	<500m，分布不稳定	—
	东王凸起	1630.27	<500m，分布不稳定	—
	大荔断阶	1837.04		700～2000

2）计算方法

古近系—新近系碎屑岩含水系统为封闭的承压含水系统，地下水资源仅计算储存量，包括容积储存量和弹性储存量。其开采量按开采系数法计算。

①储存量计算公式

$$Q_静 = Q_容 + Q_弹 = \sum A_i d_i \varphi_i + \sum \mu_i^* \Delta h_i A_i$$

式中，$Q_静$ 为静储量，m^3；$Q_容$ 为容积储存量，m^3；$Q_弹$ 为弹性储存量，m^3；A_i 为分区面积，m^2；d_i 为砂岩厚度，m；φ_i 为岩石孔隙率，%；μ_i^* 为弹性释水系数；Δh_i 为隔水顶板以上水头高度，m。

②可采量计算公式

$$Q_开 = RE \cdot Q_静$$

式中，$Q_开$ 为可采量，m^3；RE 为回收率（开采系数）；$Q_静$ 为静储量，m^3。

3）计算结果

据《陕西省关中平原地热资源调查评价报告》（陕西省地质环境监测总站，2009），古近系—新近系地下水容积储存量为 $14727.87 \times 10^8 m^3$（表3-1-11），弹性储存量为 $51.65 \times 10^8 m^3$（表3-1-12），总储存量为 $14779.52 \times 10^8 m^3$（表3-1-13），可开采量为 $41.76 \times 10^8 m^3$（表3-1-14）。

表3-1-11　关中平原古近系—新近系地下水容积储存量汇总表（单位：$10^8 m^3$）

构造单元	次级单元	地层				合计	
		沈河组	蓝田灞河组	冷水沟组—寇家村组	白鹿塬组—红河组		
宝鸡凸起	宝鸡断凸、眉县浅凹	49.73	93.92	—	—	143.65	143.65
咸礼凸起	杨凌-咸阳断阶	318.11	752.34	263.8	—	1334.25	1334.25
西安凹陷	西安断凹	1026.16	2156.49	1045.24	516.55	4744.44	5270.95
	余下断阶	178.25	293.58	54.68		526.51	
临蓝凸起	焦岱断阶	77.42	78.21	30.76		186.39	1386.12
	渭南断阶	217.24	168.82	244.59	97.06	727.71	
	白鹿塬断块	53.31	195.54	16.96	206.21	472.02	
固市凹陷	三原断阶	62.35	157.14	258.09		477.58	4501.71
	固市断凹	578.06	1623.03	1207.63	519.05	3927.77	
	二华断阶	24.29	27.31	28.09	16.67	96.36	
蒲城凸起	大荔断阶	700.24	899.47	491.48	—	2091.19	2091.19
合计		3285.16	6445.85	3641.32	1355.54	14727.87	

表3-1-12　关中平原古近系—新近系地下水弹性储存量汇总表（单位：$10^8 m^3$）

构造单元	次级单元	地层				合计	
		沈河组	蓝田灞河组	冷水沟组—寇家村组	白鹿塬组—红河组		
宝鸡凸起	宝鸡断凸、眉县浅凹	0.12	0.14	—	—	0.26	0.26
咸礼凸起	杨凌-咸阳断阶	3.45	2.30	1.33	—	7.08	7.08

续表

构造单元	次级单元	地层				合计	
		沈河组	蓝田灞河组	冷水沟组—寇家村组	白鹿塬组—红河组		
西安凹陷	西安断凹	4.83	3.22	2.26	3.03	13.34	16.90
	余下断阶	1.43	0.86	1.27	—	3.56	
临蓝凸起	焦岱断阶	0.42	0.32	0.61	—	1.35	5.62
	渭南断阶	0.3	0.61	0.29	0.84	2.04	
	白鹿塬断块	0.22	0.84	0.33	0.84	2.23	
固市凹陷	三原断阶	0.53	0.95	0.40		1.88	11.71
	固市断凹	2.57	2.61	4.25		9.43	
	二华断阶	0.25	0.09	0.06		0.40	
蒲城凸起	大荔断阶	4.73	3.10	2.25	—	10.08	10.08
合计		18.85	15.04	13.05	4.71	51.65	

表 3-1-13　关中平原古近系—新近系地下水总储存量汇总表 　（单位：$10^8 \mathrm{m}^3$）

构造单元	次级单元	地层				合计	
		沈河组	蓝田灞河组	冷水沟组—寇家村组	白鹿塬组—红河组		
宝鸡凸起	宝鸡断凸、眉县浅凹	49.85	94.06	—	—	143.91	143.91
咸礼凸起	杨凌-咸阳断阶	321.56	754.64	265.13	—	1341.33	1341.33
西安凹陷	西安断凹	1030.99	2159.71	1047.50	519.58	4757.78	5287.85
	余下断阶	179.68	294.44	55.95	—	530.07	
临蓝凸起	焦岱断阶	77.84	78.53	31.37	—	187.74	1391.74
	渭南断阶	217.54	169.43	244.88	97.90	729.75	
	白鹿塬断块	53.53	196.38	17.29	207.05	474.25	
固市凹陷	三原断阶	62.88	158.09	258.49	—	479.46	4513.42
	固市断凹	580.63	1625.64	1211.88	519.05	3937.20	
	二华断阶	24.54	27.40	28.15	16.67	96.76	
蒲城凸起	大荔断阶	704.97	902.57	493.73	—	2101.27	2101.27
合计		3304.01	6460.89	3654.37	1360.25	14779.52	

表 3-1-14　关中平原古近系—新近系地下水可开采量汇总表 　（单位：$10^8 \mathrm{m}^3$）

单元	次级单元	地层				合计	
		沈河组	蓝田灞河组	冷水沟组—寇家村组	白鹿塬组—红河组		
咸礼凸起	杨凌-咸阳断阶	0.87	2.49	0.77	—	4.13	4.13
西安凹陷	西安断凹	2.78	7.13	3.04	0.52	13.47	15.09
	余下断阶	0.49	0.97	0.16	—	1.62	
临蓝凸起	焦岱断阶	0.21	0.26	0.09	—	0.56	3.56
	渭南断阶	0.59	0.56	0.71	0.10	1.95	
	白鹿塬断块	0.14	0.65	0.05	0.21	1.05	

续表

单元	次级单元	地层				合计	
		沈河组	蓝田灞河组	冷水沟组—寇家村组	白鹿塬组—红河组		
固市凹陷	三原断阶	0.17	0.52	0.75	—	1.44	12.66
	固市断凹	1.57	5.36	3.51	0.52	10.97	
	二华断阶	0.07	0.09	0.08	0.02	0.26	
蒲城凸起	大荔断阶	1.90	2.98	1.43	—	6.31	6.31
合计		8.79	21.01	10.59	1.37	41.76	

2. 秦岭山前断裂带基岩裂隙水

秦岭山前断裂带基岩裂隙水主要分布于宝鸡温水沟、眉县西汤峪、蓝田东汤峪、华清池等地，地下水以泉形式排泄，水温为 30～50℃。其开采资源量以泉排泄量确定，为 $106.26 \times 10^4 m^3/a$（表 3-1-15）。

表 3-1-15　秦岭山前断裂带基岩裂隙水开采资源量汇总表

地区	温水沟	眉县汤峪	蓝田汤峪	华清池	合计
开采量/($10^4 m^3/d$)	0.043	0.047	0.048	0.15	0.288
开采量/($10^4 m^3/a$)	15.76	17	17.5	56	106.26

（四）地下水资源分布

关中平原内第四系地下水分布广泛，适宜于生活和工农业生产用水，在长安区东大一带存在地温异常，地下水兼可供热。岩溶水分布于渭北扶风—富平—韩城一带，是渭北旱塬区重要供水水源，具有供水供热双重属性。古近系—新近系碎屑岩裂隙水主要分布于宝鸡—礼泉—三原—大荔一线以南，主要用于供热，在宝鸡、白鹿塬等地，地下水可用于生活用水。秦岭山前断裂带裂隙水，零星分布，用于洗浴。总体上，西安市、渭南市水资源较丰富，宝鸡市、咸阳市水资源中等，铜川市、杨凌区水资源贫乏（表 3-1-16，图 3-1-5～图 3-1-9）。

表 3-1-16　关中平原地下水资源汇总表

水类型	第四系孔隙水			岩溶水			古近系—新近系碎屑岩裂隙水		断裂带裂隙水
用途	供水，极少量供热			供水、供热			供热		洗浴
资源类型	天然资源量/($10^4 m^3/a$)	开采资源量/($10^4 m^3/a$)	水源地开采量/($10^4 m^3/a$)	天然资源量/($10^4 m^3/a$)	开采资源量/($10^4 m^3/a$)	水源地开采量/($10^4 m^3/a$)	储存量/($10^8 m^3$)	可采量/($10^8 m^3$)	可采量/($10^4 m^3/a$)
西安市	114438.29	45775.30	89921.40				5577.32	15.54	73.50
宝鸡市	69250.46	27700.17	28871.50	1567.34	1287.96	1934.50	143.91		32.76
咸阳市	50830.99	20332.38	24622.90	14348.88	9586.59	7190.50	3980.89	11.66	
杨凌区	1592.91	637.15	730.00				274.95	0.78	
渭南市	111046.30	44418.50	31736.80	23060.75	18544.29	19600.50	4802.45	13.78	
铜川市	3683.73	1404.30		2701.01	1346.10				
合计	350842.68	140267.80	175882.60	41677.98	30764.94	28725.50	14779.52	41.76	106.26

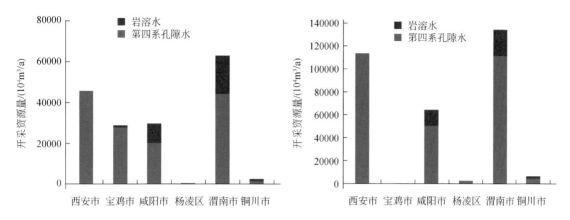

图 3-1-5 关中平原各市区水资源量组成图

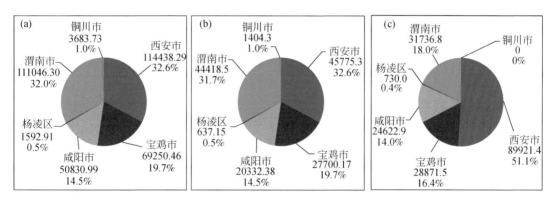

图 3-1-6 第四系地下水资源分布图（单位：$10^4 m^3/a$）

（a）天然资源量；（b）开采资源量；（c）水源地开采量

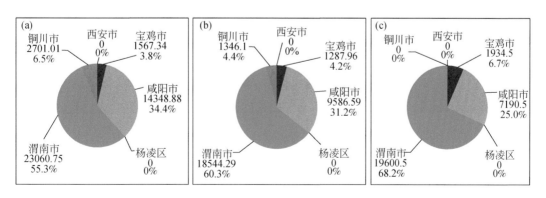

图 3-1-7 岩溶水资源分布图（单位：$10^4 m^3/a$）

（a）天然资源量；（b）开采资源量；（c）水源地开采量

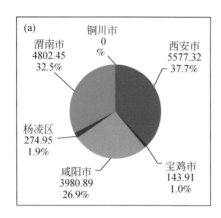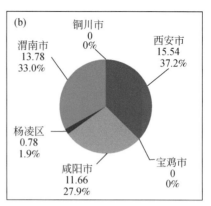

图 3-1-8　古近系—新近系水资源分布图（单位：$10^4 \text{m}^3/\text{a}$）

（a）储存量；（b）可采量

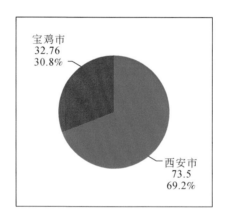

图 3-1-9　断裂带裂隙水可采量分布图（单位：$10^4 \text{m}^3/\text{a}$）

西安市第四系地下水天然资源量为 $11.44 \times 10^8 \text{m}^3/\text{a}$，开采资源量为 $4.58 \times 10^8 \text{m}^3/\text{a}$。水源地 19 处，开采量为 $8.99 \times 10^8 \text{m}^3/\text{a}$。古近系—新近系地下水储存量为 $5577.32 \times 10^8 \text{m}^3$，开采量为 $15.54 \times 10^8 \text{m}^3$。断裂带裂隙水开采地段 2 处，开采量为 $73.5 \times 10^4 \text{m}^3/\text{a}$。

资源量宝鸡市第四系地下水天然资源量为 $6.92 \times 10^8 \text{m}^3/\text{a}$，开采为 $2.77 \times 10^8 \text{m}^3/\text{a}$。水源地 14 处，开采量为 $2.89 \times 10^8 \text{m}^3/\text{a}$。岩溶水天然资源量为 $0.16 \times 10^8 \text{m}^3/\text{a}$，开采资源量为 $0.13 \times 10^8 \text{m}^3/\text{a}$。水源地 4 处，开采量为 $0.19 \times 10^8 \text{m}^3/\text{a}$，处于超采状态。古近系—新近系地下水储存量为 $143.91 \times 10^8 \text{m}^3$，开采量极少。断裂带裂隙水开采地段 2 处，开采量为 $32.76 \times 10^4 \text{m}^3/\text{a}$。

咸阳市第四系地下水天然资源量为 $5.08 \times 10^8 \text{m}^3/\text{a}$，开采资源量为 $2.03 \times 10^8 \text{m}^3/\text{a}$。水源地 10 处，开采量为 $2.46 \times 10^8 \text{m}^3/\text{a}$。岩溶水天然资源量为 $1.43 \times 10^8 \text{m}^3/\text{a}$，开采资源量为 $0.96 \times 10^8 \text{m}^3/\text{a}$。水源地 5 处，开采量为 $0.72 \times 10^8 \text{m}^3/\text{a}$，尚有一定开采潜力。古近系—新近系地下水储存量为 $3980.89 \times 10^8 \text{m}^3$，开采量为 $11.66 \times 10^8 \text{m}^3$。

杨凌区第四系地下水天然资源量为 $0.16 \times 10^8 \text{m}^3/\text{a}$，开采资源量为 $0.06 \times 10^8 \text{m}^3/\text{a}$。水源地 1 处，开采量为 $0.07 \times 10^8 \text{m}^3/\text{a}$。古近系—新近系地下水储存量为 $274.95 \times 10^8 \text{m}^3$，开

采量为 $0.78 \times 10^8 \mathrm{m}^3$。

渭南市第四系地下水天然资源量为 $11.10 \times 10^8 \mathrm{m}^3/\mathrm{a}$，开采资源量为 $4.44 \times 10^8 \mathrm{m}^3/\mathrm{a}$。水源地 14 处，开采量为 $3.17 \times 10^8 \mathrm{m}^3/\mathrm{a}$。岩溶水天然资源量为 $2.31 \times 10^8 \mathrm{m}^3/\mathrm{a}$，开采资源量为 $1.85 \times 10^8 \mathrm{m}^3/\mathrm{a}$。水源地 11 处，开采量为 $1.96 \times 10^8 \mathrm{m}^3/\mathrm{a}$，采补基本平衡。古近系—新近系地下水储存量为 $4802.45 \times 10^8 \mathrm{m}^3$，开采量为 $13.78 \times 10^8 \mathrm{m}^3$。

铜川市第四系地下水天然资源量为 $0.37 \times 10^8 \mathrm{m}^3/\mathrm{a}$，开采资源量为 $0.14 \times 10^8 \mathrm{m}^3/\mathrm{a}$。岩溶水天然资源量为 $0.27 \times 10^8 \mathrm{m}^3/\mathrm{a}$，开采资源量为 $0.13 \times 10^8 \mathrm{m}^3/\mathrm{a}$。

二、地表水资源

（一）地表水资源综述

1. 渭河水资源

渭河全流域面积为 $134766 \mathrm{km}^2$，$2006 \sim 2017$ 年径流量为 $519900 \times 10^4 \sim 1065700 \times 10^4 \mathrm{m}^3$，平均为 $754600 \times 10^4 \mathrm{m}^3$（图 3-1-10），较 $1956 \sim 2000$ 年多年平均径流量 $971100 \times 10^4 \mathrm{m}^3$ 偏少 22%。

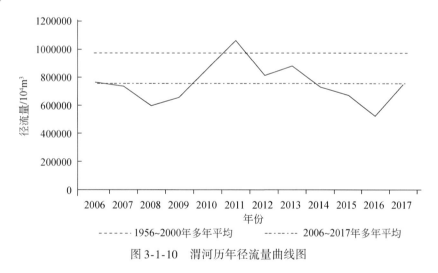

图 3-1-10 渭河历年径流量曲线图

2. 引汉济渭水资源

引汉济渭工程又称陕西南水北调工程项目，是解决关中缺水的战略性水资源配置工程。规划 2020 年调水 $5 \times 10^8 \mathrm{m}^3$，2025 年调水 $10 \times 10^8 \mathrm{m}^3$，2030 年调水量 $15 \times 10^8 \mathrm{m}^3$（《陕西省水利发展"十三五"规划》）。

（二）地表水资源分布

关中平原五市一区总面积为 $55384 \mathrm{km}^2$，地表水资源总量为 $56.43 \times 10^8 \mathrm{m}^3/\mathrm{a}$（表 3-1-17）。西安市、宝鸡市地表水资源较丰富，约占总量的 80%；咸阳市、渭南市、铜川市、杨凌区地表水资源贫乏，占总量的 20% 左右（图 3-1-11）。

表 3-1-17 关中平原地表水资源汇总表

行政区		西安市	宝鸡市	咸阳市	杨凌区	渭南市	铜川市	合计
面积/km²		9983	18131	10119	135	13134	3882	55384
地表水资源量 /(10⁴m³/a)	2000 年	172200	168500	21500	—	59300	14100	435600
	2001 年	90200	78700	19000	—	42500	17100	247500
	2002 年	141100	138200	18700	300	50600	10500	359400
	2003 年	296600	427700	59600	400	113300	28000	925600
	2004 年	152900	158400	24700	200	52300	16200	404700
	2005 年	282800	322200	20300	200	63300	13700	702500
	2006 年	139700	212400	30800	400	65900	22200	471400
	2007 年	181900	247300	43500	400	70000	20900	564000
	2008 年	150200	198000	32500	200	56600	14800	452300
	2009 年	216800	262600	24400	700	64300	9600	578400
	2010 年	240000	340000	38100	700	83600	36100	738500
	2011 年	307900	487400	56100	900	91500	51700	995500
	2012 年	158900	349500	42000	500	62900	22100	635900
	2013 年	156100	330000	38200	500	55600	17500	597900
	2014 年	177700	247400	31300	700	76400	19900	553400
	2015 年	187400	221700	27800	600	55100	17900	510500
	2016 年	149500	170000	19900	600	49900	13500	403400
	2017 年	203100	282500	22900	800	56300	18500	584100
	平均	189200	257900	31700	500	65000	20200	564500

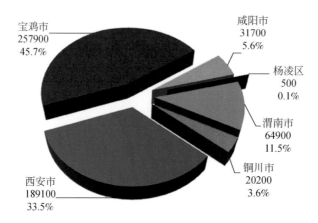

图 3-1-11 关中平原地表水资源分布图（单位：10⁴m³/a）

三、水资源开发利用现状

（一）地表水开发利用现状

地表水是关中平原大中城市生活用水、农业用水、工业用水的重要水源。新中国成立后，关中水利建设发展迅速，相继建成冯家山、羊毛湾、石头河大型水库3座，王家岸、桃曲坡等中型水库19座，小型水库20多座，各类引水工程千余座，东雷抽黄、交口抽渭大型抽水站2处，其他抽水站1000余处，逐步形成了大、中、小相结合，蓄、引、提相配套的大型灌区10处，中小型灌区100余处的灌溉工程网。各城市用水的地表水供水工程也先后建成。

2017年，关中平原地表水利用量为 $27.97 \times 10^8 \mathrm{m}^3/\mathrm{a}$（表3-1-18），利用程度为49.6%。西安市、渭南市利用量占64.8%；宝鸡市、咸阳市利用量占32.5%，铜川市、杨凌区利用量仅占2.8%（图3-1-12）。

表3-1-18　关中平原2017年地表水利用量汇总表　（单位：$10^4\mathrm{m}^3/\mathrm{a}$）

行政区	蓄水量	引水量	提水量	小计
西安市	52100	31700	3900	87700
宝鸡市	25700	12000	2700	40400
咸阳市	5900	37400	7300	50600
杨凌区	0	1600	0	1600
渭南市	16700	15000	61600	93300
铜川市	3400	1300	1400	6100
合计	103800	99000	76900	279700

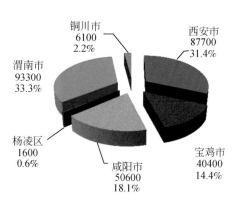

图3-1-12　关中平原各市（区）地表水资源利用量分布图（单位：$10^4\mathrm{m}^3/\mathrm{a}$）

（二）地下水开发利用现状

区内第四系孔隙水、岩溶水是中小城镇及农村居民生活用水、农业用水的重要水源。

开发方式以管井为主，仅有利地段可引泉开采，如筛珠洞泉引水工程。孔隙水开采井深度一般为 50 ~ 300m，单井出水量为 500 ~ 3000m³/d；岩溶水开采井深度为 200 ~ 1000m，单井出水量为 1000 ~ 3000m³/d。2017 年关中五市一区地下水开采总量为 24.84×10⁸m³/a，其中西安市为 8.84×10⁸m³/a，占 35.6%；宝鸡市为 4.04×10⁸m³/a，占 16.3%；咸阳市为 5.53×10⁸m³/a，占 22.3%；渭南市为 5.91×10⁸m³/a，占 23.8%；铜川市、杨凌区各为 0.26×10⁸m³/a，分别占 1.0%（图 3-1-13）。

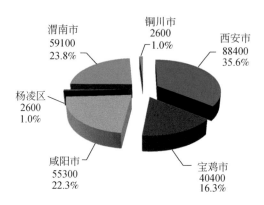

图 3-1-13　关中平原各市（区）地下水开采量分布图（单位：10⁴m³/a）

古近系—新近系裂隙水及断裂带裂隙水主要用于供热。古近系—新近系裂隙水开采井深度一般为 1000 ~ 3000m，最深达 4200m，开采量为 1120.50×10⁴m³/a。断裂带裂隙水开采井深度一般为 300 ~ 600m，个别深者达 1500 ~ 1700m，开采量为 95.33×10⁴m³/a。

（三）用水结构

2017 年，关中五市一区总用水量为 54.89×10⁸m³/a（表 3-1-19），其中地表水占 51%，地下水占 45.3%，其他水源占 3.7%。按行政区划分，西安市用水量占 34.7%，渭南市占 28.1%，咸阳市占 19.8%，宝鸡市占 15.0%，铜川市占 1.6%，杨凌区占 0.8% [图 3-1-14（a）]。按用水用途划分，农业是用水大户，占 46.8%，工业用水占 16.6%，生活用水占 16.5%，林牧渔畜用水占 10.3%，城镇公共用水占 4.4%，生态环境用水占 5.4% [图 3-1-14（b）]。

表 3-1-19　2017 年用水结构汇总表　　　　　（单位：10⁴m³/a）

行政区	农业	工业	生活	林牧渔畜	城镇公共	生态环境	总用水量	地表水	地下水	其他水源
西安市	56600	43500	41900	10100	15900	22300	190300	87700	88400	14200
宝鸡市	42800	10700	14000	11500	1600	1800	82400	40400	40400	1600
咸阳市	57000	18500	16200	11800	3200	2100	108800	50600	55300	2900
杨凌区	1500	200	1100	1000	200	200	4200	1600	2600	
渭南市	96900	16000	15200	20700	2500	3000	154300	93300	59100	1900
铜川市	2200	2400	2300	1200	500	300	8900	6100	2600	200
合计	257000	91300	90700	56300	23900	29700	548900	279700	248400	20800

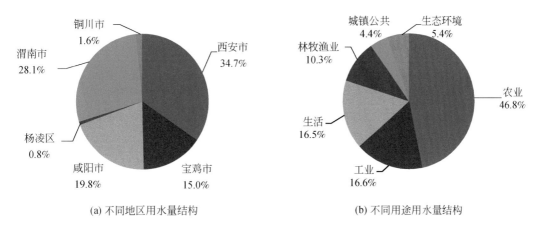

图 3-1-14　关中平原用水结构图

四、水资源总量与开发利用潜力

（一）水资源总量

关中平原 2000～2017 年多年平均地表水资源量为 $56.43\times10^8\text{m}^3/\text{a}$，地下水资源量为 $41.24\times10^8\text{m}^3/\text{a}$，重复量为 $27.23\times10^8\text{m}^3/\text{a}$，水资源总量为 $70.44\times10^8\text{m}^3/\text{a}$。人均水资源量仅为 291m^3，水资源总体紧缺。

（二）开发利用潜力与开发利用建议

水资源现状利用总量为 $52.81\times10^8\text{m}^3/\text{a}$，综合利用程度为 74.9%（表 3-1-20）。

表 3-1-20　水资源量及开发利用程度表

行政区	水资源量/(10⁴m³/a)				2017 年用水量/(10⁴m³/a)		利用程度/%		
	地表水	地下水	重复量	总量	地表水	地下水①	地表水	地下水	综合
西安市	189100	115600	80900	223800	87700	88400	46.3	76.4	78.6
宝鸡市	257900	139300	106600	290600	40400	40400	15.6	29.0	27.8
咸阳市	31700	51400	25800	57300	50600	55300	159.6	107.5	184.8
杨凌区	500	1100	300	1300	1600	2600	320.0	236.3	323.0
渭南市	64900	95100	51300	108700	93300	59100	143.7	62.1	140.2
铜川市	20200	9900	7400	22700	6100	2600	30.1	26.2	38.3
合计	564300	412400	272300	704400	279700	248400	49.6	60.2	74.9

①含激发河流补给量。

地表水现状利用量为 $27.97\times10^8\text{m}^3/\text{a}$，利用程度为 49.6%。西安市、宝鸡市地表水资源尚有一定开采潜力；咸阳市、渭南市、杨凌区无开采潜力；铜川市地处黄土高原，地表水资源以洪水为主，开采潜力不大。

地下水现状利用量为 $24.84 \times 10^8 m^3/a$，西安市、渭南市地下水利用程度分别为76.4%、62.1%，基本处于采补平衡状态。咸阳市、杨凌区地下水利用程度高，处于超采状态。宝鸡市地下水利用程度为29.0%，主要原因是地下水超采，城市供水由地下水转为地表水。铜川市地下水利用程度为26.2%，但地下水资源贫乏，开采潜力较小。

在水资源开发利用方面，应提高节水意识；提高污水处理能力，实现污水资源化；地表水与地下水资源统筹规划；加强水资源动态监测和水源保护。

第二节　地 热 资 源

关中平原地热开发历史悠久，相传西周周幽王即在临潼华清池沐浴休闲，1972年于蓝田县汤峪镇某养老院内成功钻凿关中平原第一眼热水井。20世纪90年代后开发进入高潮，年均成井10眼以上，地热井分布范围亦由秦岭山前温泉附近向平原中部、两侧展开，井深由数百米至数千米，最深达到4200m，开采储层由基岩构造裂隙水拓展至碳酸盐岩岩溶裂隙水、新生界孔隙裂隙水，热水温度分布于 $20 \sim 120℃$，单井最大出水量为 $1266m^3/h$，最高井水头高出地面168m。关中地热井呈现分布范围广、开采井深跨度大、开采层段多，单井具有出水量大、水温高、水头高的特点。地热资源主要用途为洗浴康乐、养殖种植、供暖、生活饮用或工业用水。

一、热储类型及基本特征

关中平原地热流体可划分为新生界孔隙裂隙型、下古生界碳酸盐岩岩溶裂隙型、秦岭山前构造裂隙型三种类型。

（一）新生界孔隙裂隙型

新生界孔隙裂隙型分布于宝鸡凸起东部、西安凹陷、临潼蓝田凸起西北部、固市凹陷、咸阳礼泉凸起南部及蒲城凸起南部。新生界沉积厚度一般为 $3000 \sim 5000m$，最厚可达7000m以上，秦岭山前为洪积、冲积相，凹陷中心为河流相，岩性主要为砂岩、砂砾岩与泥岩互层，孔隙裂隙发育，为地热流体提供了良好的贮存空间。自下而上发育有古近系红河组—白鹿塬组，新近系的冷水沟组—寇家村组、蓝田组—灞河组、张家坡组等。

1. 西安凹陷

张家坡组热储层：厚度变化较大，由平原中部向边缘地区减薄。单位降深单位砂层出水量一般为 $5 \times 10^{-3} \sim 10 \times 10^{-3} m^3/(h \cdot m^2)$，断裂附近单位降深单位砂层出水量最大达 $19.2 \times 10^{-3} m^3/(h \cdot m^2)$。水化学类型以 SO_4-Na、$SO_4 \cdot HCO_3$-Na、$HCO_3 \cdot SO_4$-Na 型为主。

蓝田组—灞河组热储层：是关中平原目前主要开发利用层段。开采段深度一般为 $1000 \sim 2500m$，砂层厚度一般为 $120 \sim 200m$，单位降深单位砂层出水量一般为 $10 \times 10^{-3} \sim 15 \times 10^{-3} m^3/(h \cdot m^2)$，断裂附近单位降深单位砂层出水量较大，最大可达 $29.7 \times 10^{-3} m^3/(h \cdot m^2)$。水温为 $60 \sim 100℃$。矿化度为 $2 \sim 8g/L$，水化学类型主要为 SO_4-Na 型。

冷水沟组—寇家村组热储层：开采段深度为 $1500 \sim 3000m$，砂层厚度为 $90 \sim 200m$，单位降深单位砂层出水量一般为 $5 \times 10^{-3} \sim 10 \times 10^{-3} \, \mathrm{m}^3/(\mathrm{h \cdot m}^2)$，断裂附近单位降深单位砂层出水量可达 $15 \times 10^{-3} \, \mathrm{m}^3/(\mathrm{h \cdot m}^2)$ 以上。水温为 $80 \sim 110 \mathrm{℃}$，矿化度为 $3 \sim 9 \mathrm{g/L}$，水化学类型为 Cl-Na 型、Cl·SO$_4$-Na 型。

红河组—白鹿塬组热储层：以河湖相沉积为主，泥岩含量大，砂层少而薄。开采深度为 $2500 \sim 4000 \mathrm{m}$，单位降深单位砂层出水量为 $1.4 \times 10^{-3} \sim 8.0 \times 10^{-3} \, \mathrm{m}^3/(\mathrm{h \cdot m}^2)$，水温为 $90 \sim 104 \mathrm{℃}$，矿化度为 $2.3 \sim 7.6 \mathrm{g/L}$，水化学类型主要为 SO$_4$-Na 型。

2. 固市凹陷

开采段主要为张家坡组、蓝田组—灞河组和冷水沟组—寇家村组。井深为 $1784.9 \sim 3008.8 \mathrm{m}$，开采段为 $945.11 \sim 2995.0 \mathrm{m}$，砂层厚度为 $183 \sim 553.15 \mathrm{m}$，单位降深单位砂层出水量为 $3.8 \times 10^{-3} \sim 15.0 \times 10^{-3} \, \mathrm{m}^3/(\mathrm{h \cdot m}^2)$。井口温度为 $59.8 \sim 100 \mathrm{℃}$，矿化度为 $3.5 \sim 33.7 \mathrm{g/L}$。

3. 咸阳–礼泉凸起

开采段为张家坡组、蓝田组—灞河组和冷水沟组—寇家村组。井深为 $2013 \sim 3553 \mathrm{m}$，开采段为 $1000 \sim 3480.3 \mathrm{m}$，砂层厚度为 $169.8 \sim 571.83 \mathrm{m}$，单位降深单位砂层出水量为 $11.2 \times 10^{-3} \sim 30.4 \times 10^{-3} \, \mathrm{m}^3/(\mathrm{h \cdot m}^2)$，水温为 $71 \sim 94 \mathrm{℃}$，矿化度为 $4.0 \sim 6.4 \mathrm{g/L}$。

4. 临潼–蓝田凸起

热储层主要为冷水沟组—寇家村组、红河组—白鹿塬组，多缺失张家坡组和蓝田组—灞河组，临潼地区埋深 $<1000 \mathrm{m}$，其他地段埋深为 $1000 \sim 1500 \mathrm{m}$。井深为 $854.3 \sim 2480 \mathrm{m}$，开采段为 $450 \sim 2453.8 \mathrm{m}$，砂层厚度为 $95.5 \sim 500 \mathrm{m}$，单位降深单位砂层出水量为 $1.0 \times 10^{-3} \sim 15.9 \times 10^{-3} \, \mathrm{m}^3/(\mathrm{h \cdot m}^2)$。水温为 $49 \sim 71 \mathrm{℃}$，矿化度为 $0.74 \sim 7.6 \mathrm{g/L}$，水化学类型为 SO$_4$·Cl-Na 型。

（二）下古生界碳酸盐岩岩溶裂隙型

下古生界碳酸盐岩岩溶裂隙型分布于渭北岩溶区，构造上位于咸阳礼泉凸起与蒲城凸起的北部地区，由古生界碳酸盐岩构成。热储埋藏深度及热储条件主要取决于断层产状、断裂破碎带宽度及断裂两侧地层岩溶发育程度。以嵯峨山西侧断裂为界，划分为渭北西部和东部岩溶热水。天然温水泉如筛珠洞泉、龙岩寺泉、袁家坡泉、温汤泉等。

1. 西部岩溶地热流体

渭北西部岩溶区主要分布在咸阳礼泉凸起的北部，岩溶含水层岩性主要为白云岩、灰岩、泥岩互层。山前泉水出露，龙岩寺泉流量为 $188 \mathrm{m}^3/\mathrm{h}$，水温为 $31 \mathrm{℃}$；筛珠洞泉流量为 $1300 \mathrm{m}^3/\mathrm{h}$，水温为 $23 \mathrm{℃}$，矿化度为 $0.3 \sim 0.5 \mathrm{g/L}$，水化学类型以 HCO$_3$ 型为主。平原内岩溶热储层深埋，如礼泉县城、法门镇开采层段为 $887 \sim 1900 \mathrm{m}$，出水量为 $41.7 \sim 182 \mathrm{m}^3/\mathrm{h}$，水温为 $48 \sim 53 \mathrm{℃}$，矿化度为 $0.68 \sim 1.19 \mathrm{g/L}$，水化学类型为 HCO$_3$·Cl-Na·Ca、Cl·HCO$_3$-Na 型。

2. 东部岩溶地热流体

渭北东部岩溶区分布于蒲城凸起北部，岩溶含水层岩性主要是结晶灰岩、泥岩、白云岩质灰岩。热储层分布于平原内，埋深为 500~1000m，水温为 25~46℃，单井出水量为 20~500m³/h。天然温泉如袁家坡泉流量为 71.8m³/h，水温为 27~31℃；温汤泉流量为 35m³/h，水温为 26~32℃。矿化度为 1g/L 左右，水化学类型以 $SO_4 \cdot HCO_3$-Ca 型为主。

(三) 秦岭山前构造裂隙型

沿秦岭山前断裂分布。断层是秦岭山前地热水主要储存和运移通道，热水多以温泉形式出露。自西向东，可分为四段：

第一段，宝鸡南侧的石坝河至周至县的马召镇，属宝鸡凸起的南部。如宝鸡温水沟泉，流量大于 18m³/h，水温为 32℃，矿化度为 0.3g/L，为 HCO_3-Na 型水；眉县西汤峪温泉，流量为 16.6m³/h，水温为 60℃，矿化度为 0.57g/L，为 SO_4-Na 型水。

第二段，周至县马召镇至长安区东大乡，属西安凹陷的南部。单井出水量为 40m³/h 左右，井口温度为 55℃左右。

第三段，长安区东大至华州区瓜坡镇，属临潼蓝田凸起。单井出水量为 10~70m³/h，井口温度为 40~70℃。出露温泉如临潼华清池温泉，流量为 113.8m³/h，水温为 42℃，矿化度为 0.78g/L，为 $SO_4 \cdot Cl$-Na 型水；蓝田汤峪温泉，流量为 10.8m³/h，水温为 49~58℃，矿化度为 0.62g/L，为 SO_4-Na 型水。

第四段，华州区瓜坡镇至潼关县太要镇，属固市凹陷的南部。华阴市 2 眼地热井出水量为 136.37~242.28m³/h，水温为 100~105℃，矿化度为 31.91~32.37g/L，为 Cl-Na · Ca 型水。

二、地热资源

(一) 地热流体资源量

据《关中盆地地热资源赋存规律及开发利用关键技术》（穆根胥等，2016），关中盆地新生界孔隙裂隙型地热流体（4000m 以浅），储存量为 $14727.87 \times 10^8 m^3$，弹性储存量为 $51.65 \times 10^8 m^3$，总静储量为 $14781.2 \times 10^8 m^3$，可开采量为 $44.14 \times 10^8 m^3$。

碳酸盐岩岩溶裂隙型地热流体资源量为 $4.13 \times 10^8 m^3/a$，开采资源量为 $1.85 \times 10^8 m^3/a$。秦岭山前构造裂隙型地热流体开采资源量为 $0.01 \times 10^8 m^3/a$。

(二) 地热资源量

据《陕西省关中平原地热资源调查评价报告》（陕西省地质环境监测总站，2009），关中平原热储总热量为 $3.23 \times 10^{18} kcal$，相当于标准煤 $4.61 \times 10^{11} t$。其中，4000m 以浅能开采利用的热量为 $1.93 \times 10^{18} kcal$，相当于标准煤 $2.76 \times 10^{11} t$，占总热量的 59.8%；4000m 以深暂难利用的热量是 $1.3 \times 10^{18} kcal$，相当于标准煤 $1.86 \times 10^{11} t$，占总热量的 40.2%。

热储总热量中，固市凹陷和西安凹陷的热储厚度深，储热量高，分别为 $1.45×10^{18}$ kcal 和 $1.04×10^{18}$ kcal，占总热量的 44.9% 和 32.2%。其他地区热储热量为 $0.74×10^{18}$ kcal，占总热量 22.9%。

（三）中深层地热资源地埋管开发利用

中深层地埋管地热开发利用方式只取热不取水，适应性强，是开发利用地热资源较好的方式。目前关中平原的中深层地埋管地热井类型有同轴套管直井及"U"形对接井，其中以同轴套管为主，开采热储层为中深层热储，深度为 2000～3000m，热物性参数见表 3-2-1。

表 3-2-1　热物性参数表

物质	分区	密度 /$[\rho/(kg/m^3)]$	孔隙度 φ	比热 C_s /$[J/(g \cdot ℃)]$	比热 C_s /$[kcal/(kg \cdot ℃)]$	传导率 λ_s /$[W/(m \cdot K)]$	传导率 λ_s /$[kcal/(m \cdot h \cdot ℃)]$
水	—	1000		4.18	1.0	0.599	0.515
碳酸盐岩	—	2700		0.92	0.22	2.01	1.728
砂泥岩	西安凹陷	2465	0.195	1.5532	0.3711	2.145	1.844
	咸礼凸起	2527.5	0.247	1.5373	0.3673	2.675	2.3
	固市凹陷	2586.7	0.163	1.5128	0.3614	2.191	1.884
	蒲城凸起	2586.8	0.165	1.5242	0.3641	2.429	2.088
	临蓝凸起		0.233				

同轴套管直井单孔总热量和热流量采用下式计算。

$$Q = AHC_v(T_p - T_c)$$

$$J = \frac{2\pi\lambda}{\ln\dfrac{R}{r}}\left[\left(T_c \cdot M + \frac{1}{2}\Delta t M^2\right) - \left(t_0 \cdot M + \frac{1}{2}\frac{t_1-t_0}{M_2}M^2\right)\right]\Bigg|_{M_1}^{M_2}$$

式中，Q 为热量，kcal；A 为单井取热面积，m^2；H 为热储层的厚度，m；C_v 为热储层的体积比热容，$kcal/(m^3 \cdot ℃)$；T_p 为热储层平均温度，℃；M 为取热深度，m；T_c 为基准温度，℃；J 为热流量，W；M_1 为取热器安装深度，m；M_2 为地热井深度，m；λ 为导热系数，$W/(m \cdot ℃)$；T_c 为常温带温度，℃；Δt 为地热增温梯度，℃/m；t_0 为入口流体温度，℃；t_1 为出口流体温度，℃；R 为取热影响半径，m；r 为地热孔半径，m。

中深层地埋管地热孔口径不小于 220mm。地热孔应布置在建筑物场地周边，与建（构）筑物、市政管网设施的距离不得小于 10m，并应满足小区总体规划的要求。对于一个场地内的多个地热孔，可采用丛式孔布置，间距不宜小于 15m，孔群内部井底间距不宜小于 80m，孔群外部界限划定按照单孔供热所需面积之和作为资源量区块划分的范围，单孔资源量需求的井间距，松散岩热储区不宜小于 140m，碳酸盐热储区不宜小于 180m。地热换热器的外管一般采用可耐压的特制钢管，导热系数不宜小于 90W/(m·K)，抗拉伸强度不应小于1500kN，承压系数应高于16MPa；内管一般采用高热阻管材。循环介质应选用环保、性能稳定、导热率高的换热介质，宜符合《蒸气压缩循环冷水（热泵）机组 第1部分：工业或商业用及类似用途的冷水（热泵）机组》（GB/T 18430.1—2007）附录E的要求。

第三节　土 地 资 源

一、土壤类型及土地资源

（一）土壤类型

关中平原地势平坦，耕地集中连片，土壤类型多样，主要有褐土、黄绵土、新积土、潮土、风沙土、水稻土、塿土、黑垆土、红黏土、粗骨土、沼泽土11种土类（图3-3-1）。以褐土、黄绵土为主，占总面积的76%，其次为新积土、潮土。土层深厚，土质肥沃，水土流失轻微。

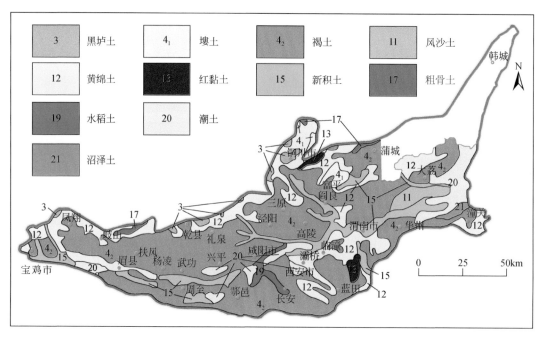

图 3-3-1　关中平原土壤类型图

（二）土地资源

关中平原土地以耕地为主（图3-3-2），占总面积的89.57%，其次为园地，占总面积的5.50%。林地面积占0.52%；草地面积占2.08%；居民地及工矿用地占2.33%。

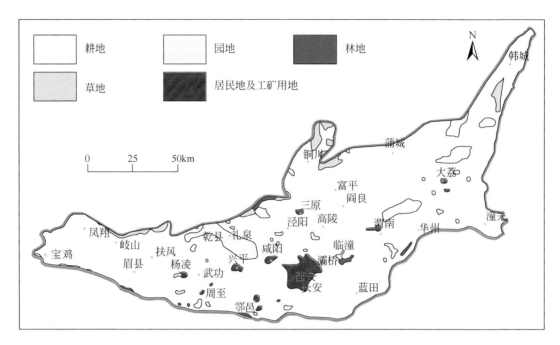

图 3-3-2　关中平原土地利用图

二、土地质量地球化学特征

关中平原土壤中大量和中量营养元素 N、P、K_2O 含量高值区分布于渭河两岸，N 低值区主要分布于大荔官池一带。CaO 高值区分布于礼泉—泾阳—三原一带；低值区主要分布于秦岭山前一带。有机碳高值区主要分布于渭河两岸；低值区分布于大荔官池镇等地。MgO、S 含量高值区分布在渭河以北的大部分区域；低值区主要分布在秦岭山前蓝田、大荔官池镇等地。

土壤中有害重金属 Hg、As、Pb、Cd 高值区分布于关中平原城镇等人口密集地区以及公路、铁路沿线；低值区主要分布在大荔官池镇及黄河沿岸。

关中平原表层土壤 pH 平均值为 8.13，深层土壤 pH 平均值为 8.31，属碱性土壤，其中三原、泾阳、大荔、韩城等局部地区 pH>8.5。秦岭山前一带，局部土壤 pH<6.5，呈酸性。

三、稀缺土地资源

关中平原分布有富 Se、Co、I、Na、Si 等有益元素土地。富硒土地分布于杨凌区—兴平市一带、鄠邑区余下镇、西安市区、泾阳县—三原县—阎良区、华州区；宝鸡市、陈仓区和五丈原镇有少量分区；耀州区城区附近有少量分布（图 3-3-3），硒含量为 0.17 ~ 0.8mg/kg，土壤无污染，属纯净绿色土地，面积为 872.96km²。富 Co 土地分布面积为

$2998.65 km^2$。富 I 土地分布面积零星分布在泾阳县云阳镇、三原县西阳镇、富平县张桥镇、大荔县许庄镇—朝邑镇一带,面积为 $81.56 km^2$。富 Na 土地主要分布在大荔县官池镇一带,华阴市南部,西安市斗门镇,宝鸡市五丈塬镇、槐芽镇、常兴镇等地,面积为 $522.28 km^2$。富 Si 土地主要分布在大荔县官池镇一带,面积为 $289.45 km^2$。

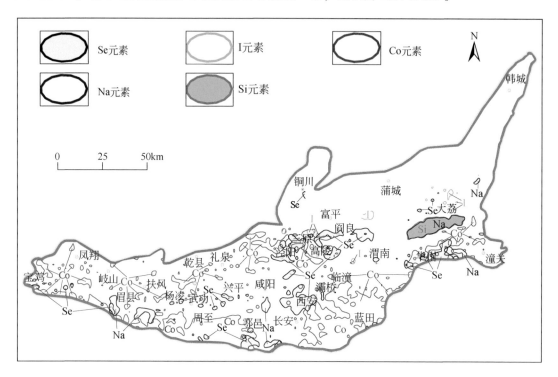

图 3-3-3　关中平原城市群有益元素富集区分布图

第四节　消耗性资源

一、煤炭资源

关中平原北部韩城市、铜川市、咸阳市及宝鸡市域均有煤炭资源分布,素有"渭北黑腰带"之称(图 3-4-1)。

韩城市—铜川市含煤地层主要为石炭纪—二叠纪地层,煤系地层一般含煤 2～6 层,其中可采厚度为 7.98～30.58m。可采煤层多为稳定煤层及较稳定煤层。煤类以贫瘦煤为主,埋深为 0～1200m 左右。累计查明资源储量为 $83×10^8 t$,占全省累计查明总量的 4.94%。保有资源储量为 $76×10^8 t$,占全省保有资源储量的 4.59%。铜川、韩城市多数矿山资源现今已近枯竭,西北部因煤层埋深大于 1200m,是煤炭资源潜力较好的预测区。

咸阳市—宝鸡市北部的长武县、旬邑县、彬县、麟游县、陇县一带含煤地层主要为侏罗纪地层,煤系地层一般含煤 2～8 层,其中可采煤层为 1～4 层,煤层不稳定,分布范围

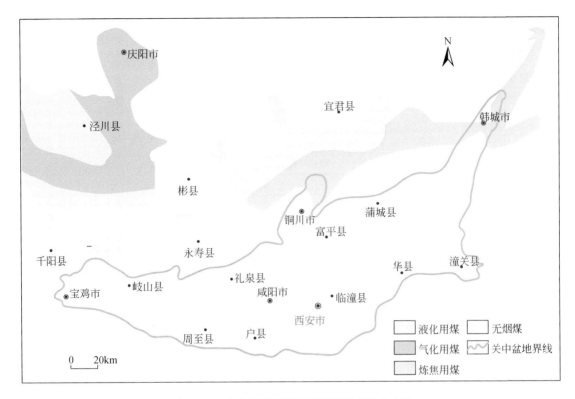

图 3-4-1　关中平原及周边地区煤炭产地分布图

及厚度变化较大，煤类以不黏煤和长焰煤为主。累计查明煤炭资源储量为 $169×10^8 t$，占全省累计查明总量的 10.02%，保有资源储量为 $161×10^8 t$，占全省保有资源储量的 9.77%。

二、建材资源

关中平原建筑陶器的烧制和使用历史悠久，秦汉时期建筑用陶已占有重要位置，素有"秦砖汉瓦"之称。散布在关中平原的大量遗迹的基石、碑刻、石雕的石料均来源于秦岭山区及北山山区，一直延续至今；北山山区丰富的石灰岩资源，是混凝土碎石骨料和水泥生产的重要原材料。平原内天然建筑材料主要有饰面石材、建筑石料、建筑用砂、黏性土四大类（表 3-4-1、图 3-4-2）。

表 3-4-1　关中平原天然建筑材料分类

大类	亚类	基本类型	产地
饰面石材	饰面石材大理岩	大理岩	泾阳县、富平县
	饰面石材岩浆岩	饰面石材花岗岩	蓝田县
		饰面石材辉长岩	长安区
建筑石料	碳酸盐岩建筑石料	建筑石料用灰岩	礼泉县、泾阳县、耀州区、铜川市
		建筑石料用白云质灰岩	富平县、韩城市

续表

大类	亚类	基本类型	产地
建筑石料	变质岩建筑石料	建筑石料用大理岩	眉县
		建筑石料用片麻岩	长安区、蓝田县
	岩浆岩建筑石料	建筑石料用花岗岩	华州区、华阴市
建筑用砂	旱砂	旱砂	渭河南岸各支流
	河砂	河砂	渭河干流
黏性土	陶粒用黏土	陶粒用黏土	周至县、铜川市、白水县、韩城市
	砖瓦用黏土	砖瓦用黏土	黄土台塬

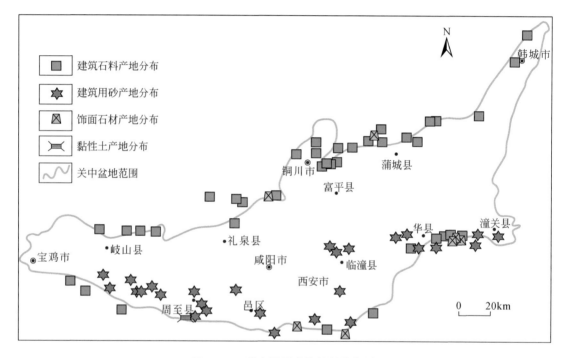

图 3-4-2　关中平原建筑材料分布图

（一）饰面石材

关中平原饰面石材分布于平原周边，分为大理石类与花岗岩类。

1. 北山大理岩型饰面石材

大理岩类石材分布于北山，已发现矿产地两处，分别为泾阳县黑云沟大理岩、富平县蓝山大理岩。泾阳县矿区黑色大理岩以层厚、块度好和光洁度好为特征，适宜于做装饰材料。富平县矿区大理岩为厚层状，粒状变晶结构，块度较好，但单层厚度较小，影响荒料率。目前石材开采方式较为原始，尚未规模化开采。

富平大理岩又称富平墨玉，色重质腻，纹理细致，漆黑如墨，不仅可用于饰面石材，更可作为雕刻工艺精品的原材料。中国最大石刻艺术宝库的西安碑林，馆藏 1700 多件文物，其中 80% 以上为富平墨玉所制。富平墨玉用途广泛，具有巨大潜在经济价值。

2. 秦岭北缘岩浆岩型饰面石材

花岗岩类石材产地主要位于蓝田县焦岱镇大洋峪村。矿体为蓝田花岗岩（Jηγ），为中生代中期侵入于太华群（Arth）地层中的侵入岩。岩性为灰白色–肉红色中细粒黑云二长花岗岩，石材工业品种为蓝田白麻和蓝田红麻。矿体出露标高为 1000~1200m，出露宽度为 120m，长度为 130m。矿区目前设置饰面石材花岗岩矿采矿点 1 个，年产矿石量为 300m³。该区荒料率为 24%，预测资源量约为 320×10⁴m³。目前开采方式不规范，对地形地貌破坏较严重。

（二）建筑石料

关中平原建筑石料种类主要为碳酸盐岩、岩浆岩、变质岩。分布于北山石灰岩带、秦岭北坡大理岩带及岩浆岩带、变质岩带。目前建筑石料的主要用途为混凝土骨料，占用比重超过 95%。

1. 北山石灰岩型建筑石料

北山石灰岩成矿带主要分布在耀州、铜川、韩城、礼泉、泾阳等地。建筑石料产于中上寒武统和奥陶系地层内，岩性以浅灰—深灰色中厚层–巨厚层灰岩、白云质灰岩为主。预测资源量在 20×10⁸m³ 以上。矿区工程地质条件、水文地质条件简单，适宜于露天开采，具有水平分台段露天开采的地形条件。目前整体开采方式落后，采用浅孔爆破崩落式开采，对地形地貌破坏较严重。

2. 秦岭北坡大理岩型建筑石料

秦岭北坡大理岩型建筑石料矿区位于眉县营头镇西南，面积为 8km²，矿体赋存于古元古界宽坪群文家山组地层中，岩性为灰白–灰黑色中厚层大理岩，矿体出露长为 10000m，宽为 200m，平均可采厚度为 25m。预测资源量约为 5000×10⁴m³。

3. 秦岭北坡岩浆岩、变质岩型建筑石料

秦岭北坡岩浆岩、变质岩型建筑石料成矿区主要分布于宝鸡市、西安市长安区、蓝田县、渭南市华州区、华阴市等地。建筑石料矿石类型主要为片麻岩、中细粒黑云二长花岗岩、太古宇变质岩等。预测资源量为 3.85×10⁸m³。开采方式落后，采用陡边坡挖底式爆破崩落法开采，对地形地貌破坏较严重。

（三）建筑用砂

关中平原建筑用砂主要为天然建筑用砂，资源丰富，主要分布于渭河干流及南岸各支流的河床、漫滩、一级阶地。主要矿产地 20 处，年产砂量为 7780×10⁴m³，其中渭河干流产砂地 8 处，年产砂量为 5720×10⁴m³；支流矿产地 12 处，年产砂量为 2060×10⁴m³（表 3-4-2）。

表 3-4-2 关中平原建筑用砂矿产地汇总表

河流	矿产地	年产砂量/$10^4 m^3$
渭河干流	宝鸡市凤凰大桥—蔡家坡水寨村	1800
	宝鸡市扶风县牛蹄村—周至县渭新村	1500
	西安市周至县富仁乡渭中村—永安滩村	600
	咸阳兴平市花王村—田阜乡合家庄	800
	西安市高陵区耿镇	360
	西安市临潼区兴盛村—魏庄村	60
	西安市临潼区五店村—渭南市双王街道办赵村	400
	渭南市向阳街道办赵王村—华州区赤水镇詹家村	200
渭河南岸支流	石头河	70
	霸王河	20
	东沙河	20
	黑河	300
	涝河	200
	沪河	300
	灞河	500
	赤水河	100
	桥峪河	100
	罗敷河	80
	柳叶河	300
	白龙涧	70
合计		7780

(四) 黏性土

关中地区黏性土资源为陶粒用黏土和砖瓦用黏土两大类。

陶粒用黏土主要分布于铜川市和周至县。铜川市产地 5 处，探明 2 处，储量为 $40×10^4 t$，产于下石盒子组，矿石含三氧化二铝为 21.5%~50%，二氧化硅为 40%~69.5%，三氧化二铁为 1.2%~3.2%。土黄沟黏土矿属 I、II 级品。著名的耀州窑在北宋时与定、汝、宫、哥、钧五大名窑齐名并著，其耀州瓷创烧于唐代，五代成熟，宋代鼎盛，元、明、清延续，有 1300 多年的烧造史，以瓷质细腻、色泽青翠晶莹、线条明快流畅、造型端庄浑朴著称于世。周至县马召乡下熨斗村，陶粒黏土矿层为上更新统马兰黄土层，呈层状和似层状，矿体长为 1400m，宽为 600m，厚为 2.9~11.6m。露天开采，年矿石开采量为 $2×10^4 m^3$。

砖瓦用黏土分布广，平原内黄土台塬区的黄土状砂质黏土大部分符合砖瓦原料基本性能的要求。矿体为风成堆积的上更新统马兰黄土，适宜于露天开采。预测资源量 $3×10^{12} m^3$。

三、氦气资源

关中平原赋存较丰富氦气资源，目前以水溶氦气资源勘查为主，初步圈定 3 处远景区；此外尚存在游离态氦及伴生气资源。

(一) 富氦天然气潜力分析

1. 水溶氦前景评价

关中平原氦气气源条件良好，地热水资源丰富，水溶氦气资源量可观。与水溶氦相关的古近系—新近系孔隙裂隙地热水资源量达 $14779.52×10^8m^3$。按气水比 1:10，气体中氦体积分数 1% 计，渭河平原水溶氦气资源量可达 $14.78×10^8m^3$。目前工艺技术水平下，关中平原氦气资源无法工业利用，其核心技术是分离、集输与多种资源综合利用方法研究。

2. 游离态氦气赋存证据

1) 关中平原石油普查曾发现良好的富氦天然气显示

20 世纪 70 年代，前人在渭深 13 井钻遇良好的气显示，其中蓝田组—灞河组和高陵群（N_1gl）20 个砂岩储集层段有气测异常，地球物理测井解释有 17 个可疑层段。经过两个阶段的气层测试，产少量天然气，第二阶段的试气中气体自井内喷出 7m 多高，说明"气层"应有一定的压力和产能。气体组分的甲烷含量为 20.80%~22.9%，重烃为 0.09%~0.187%，氮气为 50%~76%，氦气为 2.13%~4.14%。另外渭参 3 井高陵群的 2 个气样均检测到 0.90% 的氦气。深部的蓝田组—灞河组和高陵群发育气层，与地热井伴生气高含氦层位一致，也预示了地热井伴生气至少部分来自富氦天然气层。

2) 地热井伴生氦气动态监测成果

根据咸阳地区 2 口地热井的监测数据，长期气水分离与计量结果显示：三普 1 号井日产水约 $1700m^3/d$，产气约 $70m^3/d$，伴生气含量（气水体积比，下同）平均为 4.1%，井口压力为 0.07MPa，三普 1 号地热井伴生气中氦气浓度比较稳定，最大值为 2.68%，最小值为 2.06%，平均为 2.20%。三普 2 号井日产水约 $2600m^3/d$，产气约 $1650m^3/d$，伴生气含量平均为 63.4%，井口压力为 0.05MPa。三普 2 号地热井伴生气中氦气浓度比较稳定，最大值为 2.52%，最小值为 2.12%，平均为 2.26%，基本不受压力、产水量及含气量变化影响。

渭新 1 井完钻井深为 3500m，完钻层位为新近系中新统高陵群。2013 年该井完成 8 个层段分层测试，测试结果均为含氦水层，氦气含量（体积分数，下同）最低为 0.106%，最高可达 5.812%。2015 年进行了第二阶段测试工作，测试层为新近系上新统灞河组和中新统高陵群，最后连续 72 小时测试出结果，井口出水量平均为 $27m^3/h$，水温为 90.3℃，地热水伴生气产量平均为 $68m^3/h$，气水比为 2.5:1。氦气稳定含量为 3.1%，最高达 3.959%。折算地热水中平均含氦量为 7.75%，接近根据前人氦气溶解度研究成果估算的测试层段地层水的平均氦气溶解度。初步估算该井目前年产氦气可达 $1.5×10^4m^3$，具有重要的经济和社会效益。

3. 找矿潜力分析

1) 良好的气源条件与高效运移通道

氦主要来自地壳放射性衰变及地幔脱气，关中平原南缘及基底广泛分布有富铀、钍花岗岩，放射性铀、钍衰变提供了巨大的氦气来源，同时，地幔上隆区也为氦气提供了来源。渭河平原氦气气源条件良好。幔源无机甲烷气显示，表明渭河平原存在无机烃类气来源，为渭河平原烃类气勘查提供了新的来源和探索领域。关中平原主断裂向下延伸深度达到 35～40km，平原内部断裂体系发育。平原边缘及内部的深大断裂及相关的断裂体系为深部流体提供了高效运移通道。

2）具有载体气成藏条件

（1）潜在的烃源岩发育。平原可能存在上古生界煤系地层基底，作为甲烷等有机成因气藏的潜在源岩层。新近系沈河组（张家坡组）湖相泥岩生物气是渭河平原烃类气现实的烃源。

（2）多个下粗上细岩石组合构成了良好的储盖组合。目前发现的富氦气显示均与古近系—新近系的三个沉积旋回相关。从沉积物质粒度及其所反映的孔隙度情况看，古近系—新近系各旋回下部砾岩、砂砾岩、砂岩集中，上部以泥岩、粉砂岩为主，这种地层层序和粒度分布特点为富氦气的储、盖形成了条件。

（3）形成了与断块有关的圈闭构造。由断块的差异沉降形成的伴生的褶皱穹窿构造，以及由断裂作用形成的断裂圈闭为区内的主要圈闭形式，这些圈闭有利于天然气资源的成藏。平原新生界古近系—新近系正断层发育，上覆第四系正断层往往尖灭，有利于天然气的保存。

（二）远景区预测

根据氦气成藏机理，综合关中平原基础地质条件评价（区域构造特征、地层沉积特征分析）、气组分成因分析、储盖层组合条件、圈闭条件及运移与保存条件评价，结合气资源显示情况，初步圈定出华阴—潼关、兴平—咸阳、周至—蓝田 3 处氦气远景区（图 3-4-3）。高氦—富氦气藏有利区分布于秦岭山前断裂带和渭河断裂附近的西安、固市等凹陷和咸渭凸起边缘部位。

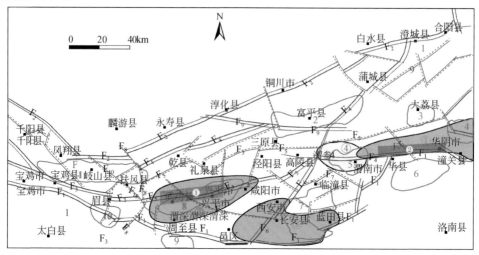

图 3-4-3　关中平原氦气及天然气远景区分布略图（李玉宏等，2018）

1. 华阴—潼关远景区

华阴—潼关远景区位于固市凹陷南缘秦岭北缘断裂附近，华山岩体和4号隐伏磁性体是其氦源岩，基底发育上古生界烃源岩。源、高效运移通道及载体气成藏的烃源岩和新生界储盖组合具备。初步划分远景区面积为920km²。

2. 兴平—咸阳远景区

兴平—咸阳远景区位于咸渭凸起与西安凹陷分界的渭河断裂附近，8号隐伏磁性体是其氦源岩，基底局部发育上古生界烃源岩。源、高效运移通道及载体气成藏的烃源岩和新生界储盖组合具备；区内多口地热井具有较高的氦气含量。初步划分远景区面积为1180km²。

3. 周至—蓝田远景区

周至—蓝田远景区位于西安凹陷，靠近渭河断裂，多个北秦岭花岗岩体及7号、8号隐伏磁性体是其氦源岩，基底发育上古生界烃源岩。源、高效运移通道及载体气成藏的烃源岩和新生界储盖组合具备，新生界厚度度巨大，最厚超过5000m，蓝田地区较薄一些，可供勘探目标层广阔，资源潜力大。初步划分远景区面积为2400km²。

第五节　地质旅游资源

一、地质遗迹类型与分布

关中平原地质遗迹点共429处，具有价值的地质遗迹有146处。涵盖3个大类、10个类、22个亚类（图3-5-1，表3-5-1）。其中，基础地质大类有39个，占26.71%；地貌景观大类有103个，占70.55%；地质灾害大类有4个，占2.74%。

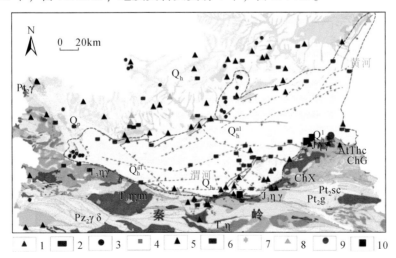

图 3-5-1　关中平原地质遗迹分布图

1. 地层剖面类；2. 构造剖面类；3. 重要化石产地类；4. 重要岩矿石产地类；5. 岩土体地貌类；6. 水体地貌类；
7. 冰川地貌类；8. 构造地貌类；9. 地震遗迹类；10. 其他地质灾害类

表 3-5-1　关中平原地质遗迹类型统计表

大类	类	亚类	地质遗迹名称
基础地质大类	地层剖面	层型（典型）剖面	宝鸡莲花山地层剖面、鄠邑区涝峪地层剖面、黑河—王家河地层剖面
		地质事件剖面	蓝田公主岭猿人遗址地层剖面
	构造剖面	褶皱与变形	咸阳石门山褶皱
		断裂	咸阳口镇-关山断裂、宝鸡吴山断裂、宝鸡雪山洞断裂、宝鸡慈善寺石窟断裂、宝鸡大散关断裂、韩城断裂、秦岭北缘断层三角面、临潼长安断裂、临潼骊山断裂、咸阳仲山断裂
	重要化石产地	古人类化石产地	宝鸡梁鹿坪遗址、宝鸡北首岭遗址、宝鸡福临堡遗址、宝鸡高家坪遗址、宝鸡韩家崖遗址、宝鸡高家村遗址、宝鸡戴家湾遗址、宝鸡峪头一号遗址、咸阳洪水村遗址、咸阳樊家河二号遗址、咸阳邵家河二号遗址、咸阳香尧遗址、咸阳将台山遗址、咸阳董家坪遗址、咸阳水北遗址、铜川吕家崖遗址、铜川蔡岭遗址、铜川炭科沟遗址、铜川前申河遗址、铜川五里镇遗址、铜川榆舍北遗址、铜川王家河遗址、蓝田公主岭猿遗址
	重要岩矿石产地	典型矿床类露头	华州区金堆城钼矿矿床露头
地貌景观大类	岩土体地貌	碳酸盐岩地貌	蒲城尧山碳酸盐岩地貌、蒲城张家山黄土地貌、蒲城丰山-桥陵、咸阳娄敬山碳酸盐岩地貌、宝鸡龙门洞碳酸盐岩地貌、宝鸡岐山碳酸盐岩地貌、宝鸡崛山碳酸盐岩地貌、宝鸡紫柏山碳酸盐岩地貌、宝鸡龙宫洞碳酸盐岩地貌、西安辋川溶洞岩溶地貌
		花岗岩地貌	鄠邑区沣峪花岗岩地貌、鄠邑区天生桥花岗岩地貌、西安王顺山花岗岩地貌、长安区青华山花岗岩地貌、鄠邑区朱雀构造花岗岩地貌、鄠邑区观音山花岗岩地貌、长安区南五台花岗岩地貌、鄠邑区紫阁峪花岗岩地貌、宝鸡通天河花岗岩地貌、宝鸡西武当牛心山花岗岩地貌、宝鸡关山花岗岩地貌、华阴华山花岗岩地貌、华州区少华山花岗岩地貌
		变质岩地貌	鄠邑区太平峪构造混合岩地貌、周至首阳山变质岩地貌、周至楼观台变质岩地貌、潼关佛头山变质岩地貌、临渭区天留山变质岩地貌
		碎屑岩地貌	铜川玉华山碎屑岩地貌、铜川香山碎屑岩地貌、铜川照金丹霞地貌、铜川云梦山碎屑岩地貌、铜川龟山碎屑岩地貌、铜川青峰山碎屑岩地貌、铜川金锁关石林碎屑岩地貌
		黄土地貌	西安白鹿塬黄土地貌、西安少陵塬黄土地貌、西安神禾塬黄土地貌、宝鸡景福山黄土地貌、宝鸡石臼山黄土地貌、宝鸡宝玉山黄土地貌、咸阳九嵕山黄土地貌、咸阳梁山黄土地貌、咸阳嵯峨山黄土地貌、咸阳马栏山黄土地貌、咸阳翠屏山黄土地貌、咸阳永寿梁黄土地貌、咸阳爷台山黄土地貌、咸阳长武原黄土地貌、白水方山黄土地貌、白水元鹤山黄土地貌、澄城壶梯山黄土地貌、铜川药王山黄土地貌、咸阳张家山黄土地貌、合阳梁山黄土地貌
		沙漠地貌	大荔沙苑沙漠地貌

大类	类	亚类	地质遗迹名称
地貌景观大类	水体地貌	水体地貌	西安周至黑河地貌、西安涝河河流地貌、蓝田辋河峡谷地貌、西安灞河河流地貌、西安浐河河流地貌、西安泾渭湿地地貌、陕西渭河河流地貌、蒲城县洛河–龙首坝、华州区赤水河—桥上桥、澄城孔走河河流地貌
		湖泊、潭	渭南潼关湖、渭南白崖湖、咸阳侍郎湖、宝鸡凤翔东湖、宝鸡玉女潭、临潼芷阳湖湖泊地貌
		湿地–沼泽	西安浐灞湿地地貌、宝鸡千湖、渭南潼关三河湿地地貌、合阳洽川湿地、铜川玉皇阁湿地
		瀑布	鄠邑区高冠瀑布
		泉	蓝田东汤峪温泉、长安区东大温泉地貌、临潼温泉地貌、眉县西汤峪温泉、宝鸡润德泉、咸阳龙岩寺温泉、咸阳兴平贵妃温泉、咸阳三普二号温泉、华阴玉泉院、渭南六姑泉、白水杜康泉、铜川姜女泪泉、铜川药王山温泉
	冰川地貌	古冰川遗迹	宝鸡太白山冰川遗迹、宝鸡天台山冰川遗迹、宝鸡鳌山冰川遗迹、宝鸡红河谷冰川遗迹
	构造地貌	峡谷	周至田峪四十里峡谷地貌、宝鸡灵官峡峡谷地貌、宝鸡石鼓峡峡谷地貌、宝鸡九成宫遗址峡谷地貌、咸阳龟蛇山大峡谷、咸阳关中大峡谷、华阴仙峪峡谷地貌、韩城龙门峡谷地貌
地质灾害大类地质遗迹	地震遗迹	地裂缝	华州区特大地震遗迹
	其他地质灾害	崩塌	长安区翠华山崩塌、华州区太平峪崩塌
		滑坡	华州区莲花寺滑坡

二、汉武帝茂陵探测及虚拟再现示范

关中平原拥有着厚重的历史文化底蕴，上至炎黄时期，下至周、秦、汉、唐，皆留下了灿烂的文化遗迹；同时，也埋葬了众多帝王将相。"秦中自古帝王都"，陕西共有历代帝王陵墓 72 座，西汉共有 11 个帝陵，其中 7 个在咸阳市秦都区，1 个在兴平市，3 个在西安市区。唐代在位皇帝 21 个，有陵寝 20 个，其中 18 个均在陕西境内。唐陵散布于渭北原区，自西向东，史称关中唐十八陵。这些文物古迹资源丰富，但大多隐藏于地下，观赏性不强。探索地下宫殿奥秘，开发三维旅游，打造精品，还原或虚拟再现古遗址风貌，是有效的途径，也应相时而动（张茂省等，2014，2018；张茂省，2016；任保平，2007）。为此，"关中–天水经济区综合地质调查"项目中设立了"关中平原城市群文物古迹精准探测与虚拟再现"专题，将历史沉淀厚重、影响重大、最具有代表性的汉武帝茂陵作为示范点。

茂陵位于今陕西省兴平市南市镇策村南，其规模与秦始皇陵相媲美。据史书记载，茂陵曾遭受过三次大型的被盗活动，而且地宫也经历了上千年的时光，那么地宫是否完整、是否坍塌，这些仍然是个谜团；传统考古方式以洛阳铲为主，探测深度有限，且对帝陵具有破坏性；而帝陵的封土堆地面高度就达到 50 多米（图 3-5-2），传统的考古方式难以对地宫的结构和赋存状态进行勘探。基于此，项目运用地面无损探测技术，利用无人机航测、地面调查、高密度电法、地质雷达、高精度磁测和微重力等综合地球物理方法，在茂陵展开了一系列的古遗迹探测工作（图 3-5-3）。依据探测结果，结合历史文献及以往考古成果，利用 3D Max 软件平台，实现了三维可视化，并录制了《大西安地下遗址探测及虚拟景观再现——汉武帝茂陵》微电影，虚拟再现了汉武帝茂陵的庞大规模及历史文化等。

图 3-5-2　茂陵外观图

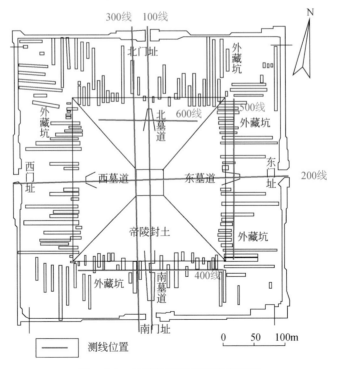

图 3-5-3　地球物理勘探测线布设图

底图为茂陵陵园平面布局图，收集于《汉武帝茂陵考古调查、勘探简报》

(一) 茂陵地宫精准探测

1. 高精度磁法

通过对100线和300线磁法剖面解译分析,在封土堆附近存在一高磁性异常(图3-5-4),拟合显示该异常主要由封土堆下的细夯土层引起,细夯土层呈三级阶梯状。

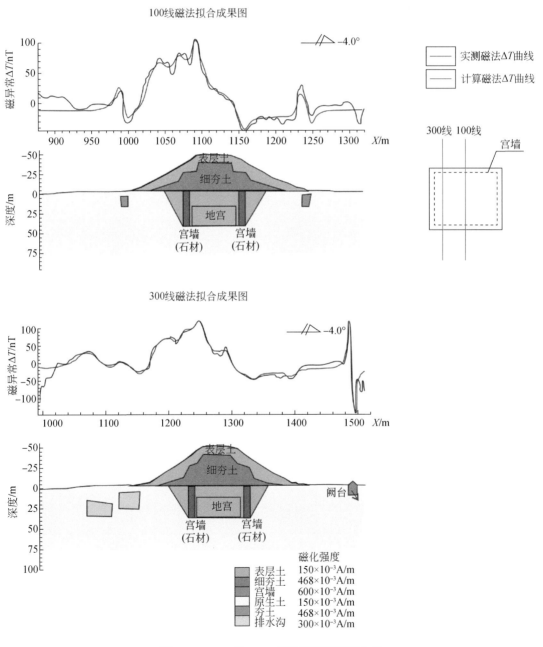

图 3-5-4　100 线、300 线高精度磁测拟合图

磁参数参考秦皇陵物性成果,磁化方向为 52.58°

2. 微重力成果

利用消除封土堆人造地形引起重力异常后的剩余重力异常，确定茂陵地宫开挖范围东西长约 170m，南北宽约 160m，深约 55m。地宫位于底部，近矩形状分布，东西长约 100m，南北长约 70m，高约 15m（图 3-5-5）。

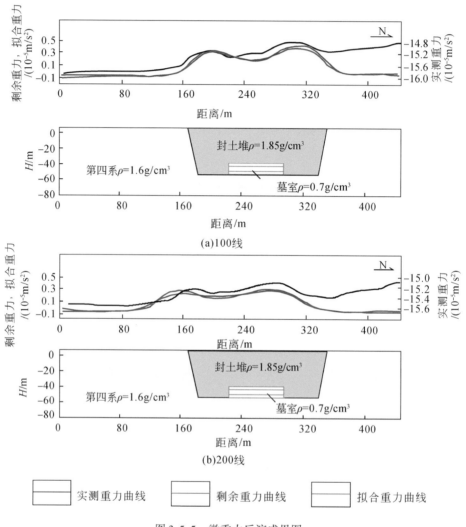

图 3-5-5　微重力反演成果图

3. 高密度电法

根据 100 线、200 线、300 线三条二维反演电阻率断面图（图 3-5-6）的电性分布特征，划分出各条剖面的异常推断图（图 3-5-7），再结合其空间对应关系，生成三维空间对应关系图（图 3-5-8）。

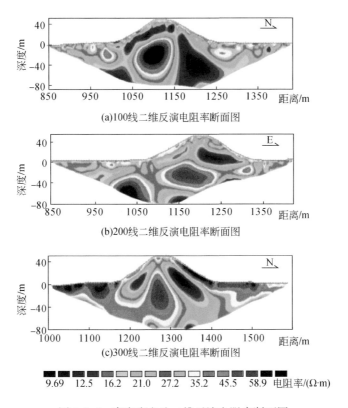

图 3-5-6　高密度电法二维反演电阻率断面图

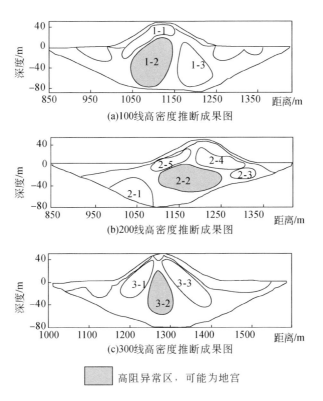

图 3-5-7　高密度电阻率断面推断成果对比分析图

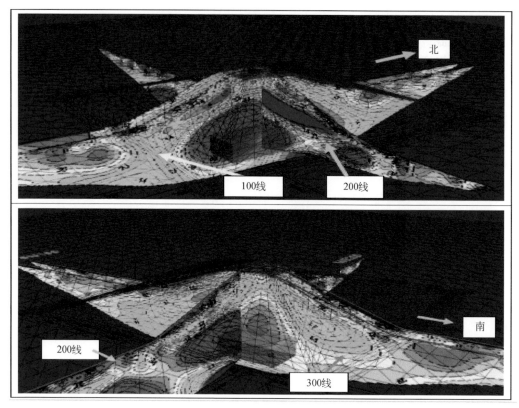

图 3-5-8　高密度电法二维反演电阻率断面三维空间对应关系

根据这些成果图，总结出如下规律：①浅表为一层厚约 5m 的高阻层，为浅表封土层引起。②在封土堆顶部下方均存在一个高阻异常区（图 3-5-7 中的 1-2、2-2、3-2 异常区），异常区从空间上看呈东西长 100～120m，南北长约 60～70m，深度为 20～50m。该高阻异常区与微重力勘探推测的地宫位置相符，又结合地宫的电性特征（地宫内部一般呈空洞状，在未充水的情况下，填充的是空气，呈高阻特征）推测该异常为地宫引起，同时根据地宫呈高电阻特征证明地宫未坍塌，基本完好。再结合高阻异常区的位置和范围，推测地宫呈东西长（约100m），南北短（约60m），深度在 30～40m 范围内的矩形体（图 3-5-9）。③浅

图 3-5-9　地宫形态虚拟再现

表高阻层和封土堆深部高阻区间分布有与地形近似平行的低阻层。据史料记载，地宫四周充沙以防潮防盗，流沙的毛细现象吸水能力较强，如果流沙含水度高会形成一层低阻层，故推测该低阻体可能为流沙。

4. 地质雷达

从横穿封土堆三条剖面的地质雷达成果图见来看（图3-5-10），地表0~4m封土堆上的土层相对较均匀，未发现有明显凹陷特征，且封土堆顶部下方约十米深处地质雷达同轴线很连续，近乎与地形平行，亦未发现明显坍塌的迹象。与高密度电法推测的结果一致。

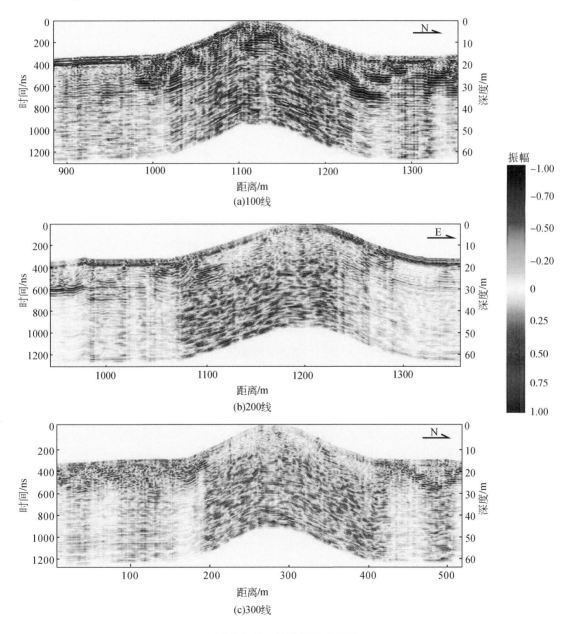

图 3-5-10　地质雷达成果图

（二）茂陵墓道精准探测

1. 高密度电法成果分析

本次勘探在封土堆南（400线）、东（500线）、北（600线）三面，布设了三条垂直的高密度、地质雷达剖面。

高密度电法探测结果显示，三条剖面在地表浅部均呈现高阻异常，而在地下均出现一个低阻异常区（图3-5-11），似椭圆状，推测为墓道。南墓道和东墓道的低阻异常区分别位于4190点和5200点附近，深度为15～20m；北墓道低阻异常位于6050点附近，深度20～30m。

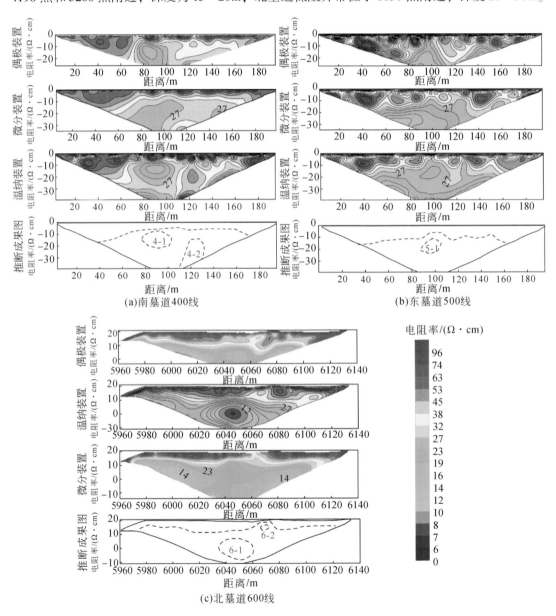

图 3-5-11　墓道高密度电阻率断面图

2. 地质雷达成果分析

地质雷达 400 线显示南墓道开挖范围为 4180～4200 点，深约 13m［图 3-5-12（a）］；500 线显示东墓道开挖范围为 5185～5210 点间，深约 12m［图 3-5-12（b）］；600 线位于封土堆北坡，深度为 17m 对应地平面，显示北墓道开挖范围为 6035～6055 点间，墓道深度 28m，相对于地面，墓道开挖深度约为 11m［图 3-5-12（c）］。

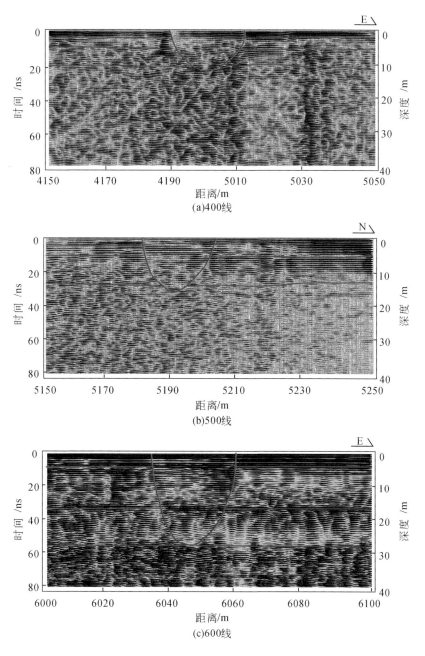

图 3-5-12　地质雷达图

（三）地下空间探测

利用无人机航测、地面调查、高密度电法、地质雷达、高精度磁测和微重力等综合地球物理方法，进行地面无损探测技术可行。通过探测，基本探明了汉武帝陵墓—茂陵的结构、形态、规模等。探测结果显示，封土堆表土之下为三级阶梯状细夯土层。地宫位于封土堆之下，距地平面深 30~40m，形态基本完整，未坍塌，呈东西长 100m，南北宽 60m 的矩形体。南墓道（400 线）深 12m，东墓道（500 线）深 13m，北墓道（600 线）深 11m（自地面算起）。

第六节　森林草地及湿地资源

一、森林草地资源

关中平原林地以阔叶林为主，主要分布于骊山山区及山前坡地（图 3-6-1）。林地面积为 618km²，其中人工林面积为 263km²。林地面积占关中平原土地面积总量的 3%，占陕西省林地覆盖面积（91297.42km²）的比重不到 0.7%。骊山山区林地是关中平原林地和人工林地的主要分布区，约占平原林地总量的一半。

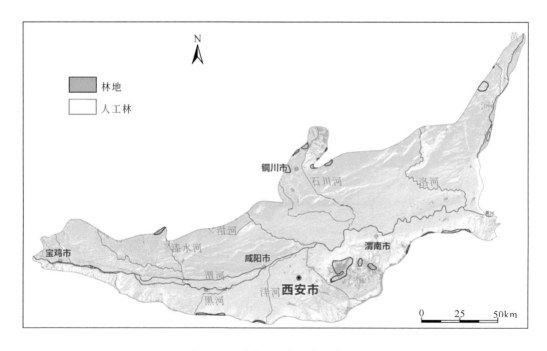

图 3-6-1　关中平原林地资源分布图

关中平原草地类型以暖性草丛类及暖性灌草丛类为主，主要分布在骊山、合阳湿地、河流湿地两侧（图 3-6-2）。草地面积为 623km²，其中，人工草地面积为 0.82km²，天然草

地面积为 $99.8km^2$，其他草地面积为 $522km^2$。草地面积约占关中平原土地面积总量的3%，占陕西省草地覆盖面积（$31790km^2$）的比重为2%。

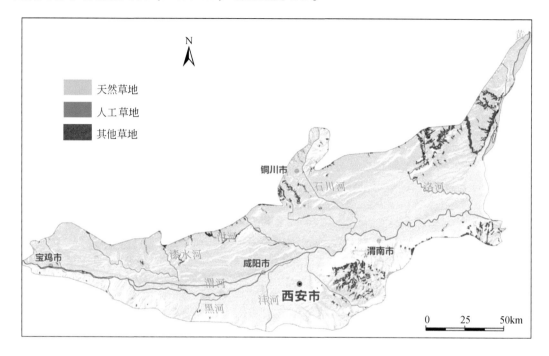

图 3-6-2　关中平原草地资源分布图

二、湿地资源及湿地功能价值

关中平原湿地包括河流湿地、湖泊湿地、沼泽湿地和人工湿地（水库）等四个类型。区内重要湿地有 13 处（表3-6-1），以河流湿地为主，卤阳湖湿地为沼泽湿地。已建成西安浐灞、三原清峪河、千阳千湖、铜川赵氏河、蒲城卤阳湖、大荔朝邑、扶风七星河、合阳徐水河、岐山落星湾、眉县龙源、千渭之会等国家湿地公园。

湿地作为地球上水陆共同作用的特殊生态系统，与森林生态系统、海洋生态系统统称为全球三大生态系统。湿地不仅具有调节气候、蓄水分洪、储碳固碳、净化环境等功效，同时也是多种珍稀动植物的栖息地，被人们称为"地球之肾"。

黄河自然保护区的建立，对于保护丹顶鹤等珍稀禽鸟类、调蓄渭南黄河干流洪水、调节区域气候，改善生态环境，促进地区经济社会可持续发展，具有十分重要的作用和意义。

渭河作为黄河最大支流，对维系八百里秦川持续健康发展和保障生态平衡具有重要价值。特别是随着西部大开发、关天一体化及中心城市的建设，渭河流域西咸段在城市发展与湿地保护的矛盾日益尖锐，该区域湿地时空变化对于更好地保护渭河湿地及发挥生态环境功能、促进区域城市发展，提高城市居民生活质量具有重要的意义。

表 3-6-1 关中平原湿地及分布范围

序号	湿地名称	四至界线范围	区内分布范围
1	黄河湿地	从府谷县墙头乡墙头村到潼关县秦东镇十里铺村，陕西省域内的黄河河道、河滩、泛洪区及河道陕西一侧1km范围内的人工湿地。含陕西省黄河湿地自然保护区	韩城以下到潼关县秦东镇十里铺村
2	北洛河湿地	从定边县白于山郝庄梁到大荔县沙苑沿北洛河至北洛河与渭河交汇处，包括北洛河河道、河滩、泛洪区及河道两岸1km范围内的人工湿地	铁镰山山口以下至洛渭交汇处
3	泾河湿地	从长武县芋园乡至高陵区耿镇沿泾河至泾河与渭河交汇处，包括泾河河道、河滩、泛洪区及河道两岸1km范围内的人工湿地	口镇以下至泾渭交汇处
4	渭河湿地	从陈仓区凤阁岭到潼关县港口沿渭河至渭河与黄河交汇处，包括渭河河道、河滩、泛洪区及河道两岸1km范围内的人工湿地。含西安泾渭湿地自然保护区	区内
5	千河湿地	东至陈仓区桥镇冯家庄村口，西至陕西、甘肃交界处的马鹿河，包括千河河道、河滩、泛洪区及河道两岸500m范围内的人工湿地。含陕西千湖湿地自然保护区和陕西陇县秦岭细鳞鲑省级自然保护区	区内
6	石头河湿地	从太白县桃川河到岐山县五丈原镇沿石头河至石头河与渭河交汇处，包括石头河河道、河滩、泛洪区及河道两岸500m范围内的人工湿地。含太白水河流域珍稀水生动物自然保护区	区内
7	黑河湿地	东至就峪山梁，西至青冈砭垭，南至陈河口，北至仙游寺与马召武兴村南口。含陕西黑河湿地自然保护区	区内
8	鄠邑区涝峪河湿地	从鄠邑区天桥乡东岳庙到大王镇沿涝峪河至涝峪河与渭河交汇处，包括河流中的河道、河滩、泛洪区及河道两岸1km范围内的人工湿地	区内
9	长安沣河湿地	从西安市长安区滦镇鸡窝子到咸阳市渭城区沣东镇沙苍村沿沣河至沣河与渭河交汇处，包括沣河河道、河滩、泛洪区及河道两岸1km范围内的人工湿地	区内
10	长安灞河湿地	从蓝田县蓝关镇到灞桥区新合镇沿灞河至灞河与渭河交汇处，包括灞河河道、河滩、泛洪区及河道两岸1km范围内的人工湿地	区内
11	长安浐河湿地	从长安区杨庄镇坪沟村到灞桥区新筑镇沿浐河至浐河与灞河交汇处，包括浐河河道、河滩、泛洪区及河道两岸1km范围内的人工湿地	区内
12	铜川桃曲坡水库湿地	北至良采河村，南至马咀村，西至柏树塬村，东至生寅村，包括水库水面及周边500m范围内的沼泽地	区内
13	蒲城县卤阳湖湿地	东至客家村西口，西至常家，南至富家，北至内府口，包括湖泊、滩涂及周边500m内的沼泽地	区内

第四章　关中平原主要环境地质问题

关中平原自然地理条件优越，自然资源丰富，成就了关中平原在我国政治与经济社会中的重要地位。同时，关中平原位处秦岭造山带与鄂尔多斯地块交接带上，是一个新生代以来形成的断陷盆地，地质构造复杂，活动断裂发育；进入人类世以来，叠加全球变化和人类工程活动影响，出现了一系列的环境地质问题，给经济建设、政治建设、文化建设、社会建设和生态文明建设提出了新的挑战。

活动断裂与地裂缝发育，区域稳定性问题令人担忧。关中平原发育 25 条活动断裂，历史上发生过 8 级大地震，仅 1556 年华县大地震就造成 83 万人死亡。关中平原地面发育 212 条地裂缝，仅西安市区就形成了多个地面沉降中心，发育 14 条地裂缝，世界罕见，危害严重，亟待解决地面沉降地裂缝预警预报与风险管控问题。

关中平原现有滑坡、崩塌、泥石流 1126 处。其中滑坡 563 处，崩塌 497 处，泥石流 27 处。地质灾害呈带状集中发育在秦岭北坡、黄土台塬边、河谷阶地及横岭等地区，影响城镇化建设和人民群众生命财产安全。需要从地质灾害角度划定禁建区红线，从规划源头规避重大地质灾害风险。

引水与水景工程将带来不确定的环境地质问题。实施引汉济渭水利工程、渭河及其主要支流改造，西安市规划实现"八水绕长安、九湖映古城"的盛景，这些工程将使大量地表水入渗补给地下水，造成区域地下水位升高，引起区域性黄土湿陷灾害，扩大砂土振动液化范围，给地下空间带来浮力和浸水的风险，为关中平原城镇化和生态文明建设带来不确定的地质环境问题。

关中平原宝鸡、西安、渭南等城市（区）地下水污染以硝酸盐类为主，污染程度轻微–中等。宝鸡、西安、渭南、铜川等城市（区）及潼关等地分布砷、镉、铬、汞、铅等重金属污染土壤，其中含砷三级土壤面积 3.71km^2，含镉三级土壤面积 144.69km^2，含铬二级土壤面积 224.31km^2，含汞三级土壤面积 50.17km^2，含铅三级土壤面积 26.03km^2。土壤环境质量清洁区及基本清洁区面积占 96.71%，重度污染的土壤面积仅占 0.25%。

第一节　活动断层分布及活动性

关中平原断层体系复杂且多方向交错，大多数为活动断层，目前探测活动断层有 25 条，总长度超过 2400km。西安市、宝鸡市、咸阳市、渭南市等主要城市均有活动断层通过（图 2-1-3，表 4-1-1）。

表 4-1-1　关中平原各城市涉及活动断层表

城市（区）	活动断层数量/条	活动断层编号
西安市（含咸阳）	13	F1、F3、F5、F7、F8、F9、F10、F12、F13、F17、F23、F24、F25
宝鸡市	4	F3、F18、F19、F20
渭南市	2	F2、F6
铜川市	0	
杨凌区	1	F3

按断层级别划分，一级断层 4 条，为关中平原控盆断层，在平原构造演化、沉积充填中起控制作用。这四条断层分布于秦岭山前、北山山前及平原中部，分别为秦岭北缘断层带、华山山前断层、渭河北缘断层带及渭河断层；二级断层 7 条，为关中平原次级构造单元（凹陷和凸起）的控制断层，控制了平原大致构造格局；三级断层 14 条，为次级构造单元内部的断层。

按断层走向划分，东西向断层 9 条，主要分布于平原中部和东部，东西向断层系的形成主要受秦岭纬向构造体系影响，属于秦岭造山带北缘复合构造带的一部分，经历了多期复杂的构造演化。北东向断层 6 条，分布于平原东部，其形成主要受祁吕—贺兰山字形构造体系和新华夏构造体系的综合影响；北西向断层 10 条，分布于宝鸡—西安地区，其形成主要受陇西系的六盘山旋回褶皱带向东南延伸插入关中平原影响。

按活动期划分，全新世活动断层 10 条，其中东西向全新世活动断层 7 条；晚更新世活动断层 9 条，早–中更新世活动及活动性不明断层 6 条，这 15 条多为 NE 向及 NW 向断层。据地形变观测发现，关中平原整体以 NW–NNW 方向、3mm/a 的速率伸展变形（彭建兵等，2019），这是关中平原大多数东西向断层为全新世活动断层的重要原因。

分布于山前的活动断层，常以绵延不绝的断层三角面为重要标志，局部常见冲积层被多次错断或形成多期地震楔，整体活动性通常最强，断层活动通常形成地震、崩塌、碎屑流等地质灾害；分布于黄土塬边或塬面上的活动断层，常以古土壤被错断或地貌上以陡坎、缓坡等特征为重要标志，整体活动性稍弱，断层活动多配合其他诱发因素（降雨、灌溉等）形成构造地裂缝，多分布于三原、富平及咸阳等地。

一、全新世活动断层

1. F1——秦岭北缘断层带

秦岭北缘断层带是渭河断陷西段南缘的主控断层，东起蓝田，西经长安、周至、宝鸡，长约 330km。总体走向呈 EW–NWW 向，局部有 NE、NW 向转折。倾向 N，倾角为50°~70°，沿秦岭北麓展布。根据地表断层的几何形态、断层滑动速率、断层陡坎、古地震等特征，秦岭北缘断层可分为东、中、西三段。

东段：西起长安区沣峪口，东至渭南黄土台塬南部，长约180km。断层带上可能曾发生过3~4次古地震事件（张安良等，1992）。据微地貌计算，断层东段晚更新世及全新世早期平均滑动速率为0.46~0.49mm/a，全新世晚期为0.6~0.64mm/a。在该断层与华山山前断层于蓝田汤峪口附近的交汇部位有4~5级地震发生，并在库峪—石砭峪一带广泛发育古地震遗迹与高速远程岩崩群。

中段：西起周至县马召镇，东至长安区沣峪口，长约50km。经野外露头现场调查及微地貌计算，秦岭北缘断层中段晚更新世末期及全新世早期平均滑动速率为0.64~0.73mm/a，全新世晚期为1.1~0.8mm/a，有古地震剖面的楔状堆积体和地层的多次错动。

西段：西起宝鸡，东至马召镇，长约100km。该段断层活动性最弱，据现今微地貌计算，晚更新世末—全新世早期平均滑动速率为0.23~0.38mm/a，全新世晚期为0.4~0.5mm/a，未发现地震崩滑遗迹。

虽然秦岭北缘断层东、中、西三段活动性存在着一定的差异，但总体来说，该断层是一条具有强烈活动性质的全新世活动断层。

2. F2——华山山前断层

华山山前断层为新生代关中平原与太古宇基岩山区分界断层。东起灵宝、经潼关，止于华州石堤峪口，全长约130km。按其形态几何展布和活动性强弱，华山山前断层分为东、西两段。

东段：展布在孟塬以东，与中条山断层相接，长约80km。倾向N，倾角为40°~80°。沿断层山体同黄土塬直接接触，在宋埝西冲沟见断层露头，黄土中还派生一小断层，将钙结核层垂直错断1.5m（图4-1-1）。寨子沟、上李家山一带，断层三角面发育，沿断层带晚–中更新统黄土中发育小断层，断层将古土壤层错断0.5~1.0m，但未错断贴在沟壁上的全新世砾石层（图4-1-2）。这表明东段在晚更新世有明显活动，而全新世活动不明显。

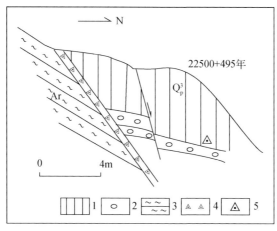

图4-1-1 宋埝西沟华山山前断层剖面（陕西省地震局，2015，有改动）

1. 黄土；2. 钙质结核；3. 片麻岩；4. 断层角砾岩；5. ^{14}C取样点

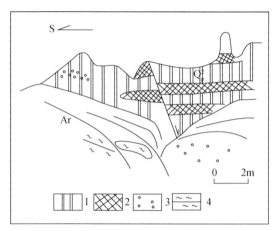

图 4-1-2　上李家山东沟断层示意剖面（冯希杰等，2015，有改动）
1. 黄土；2. 古土壤；3. 砾石层；4. 片麻岩

西段：东起石堤峪，西至杜峪，总体呈近东西 EW 向，长约 50km。沿山前断续分布的断层三角面、断层崖清晰可见，断层露头也较多。断层面倾向 N，倾角为 62°~80°，断层下盘为太古宇混合岩和中生代的花岗岩，上盘为第四系，断层带内角砾岩、糜棱岩、碎裂岩发育。该段为断层活动最为强烈的地段，源自华山山区流入平原的一系列河流阶地发生了明显位错，断层两盘普遍发育两级阶地。沿断层带的一些小溪流沟口处，往往出现小的基岩断层陡坎，形成跃水和小瀑布（图 4-1-3）。

图 4-1-3　方山峪口华山山前断层跌水（陕西省地震局，2015，镜头向南）

地震岩崩是该段断层时常强震活动的最为明显的标志，在方山峪—石砭峪距山前断层1.5~3km 呈 NEE 向长约 15km 范围内保存着大量崩塌、滚石及高速远程碎屑流，大小崩滑体有上千处，部分崩滑体曾发生多起活动，多期崩滑体堆积在一起而堵塞河道形成断塞塘。

3. F3——渭河断层

渭河断层又称宝鸡–兴平–咸阳断层（陕西省地质矿产局，1989），横贯平原中部，西起宝鸡，沿渭河北岸至咸阳东；总体走向 NEE，倾向南，倾角为 65°～70°，总长约 170km；为高角度正断层。该断层在地貌上北侧为黄土台塬，南侧为渭河阶地，地形高差达数十米至百余米，多为隐伏状。

咸阳小区划等工作在兴平杨家村、北吴等地发现多处断层垂直错断上更新统古土壤层的现象，最大错距达 16～24m，并有砂土液化现象，断层面裂开汉代文化层，几乎通到地面，但没有垂直错动现象。

针对渭河断层于西咸新区部署测氡剖面进行探测，剖面长约30km，点距为30m。探测结果显示渭河断层在渭河北岸分布，接近地表的上断点存在明显的氡气异常（图 4-1-4）。

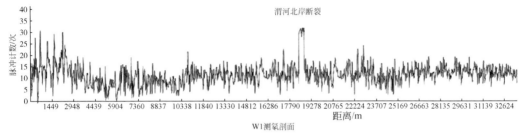

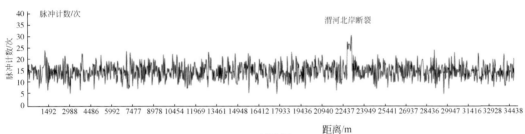

图 4-1-4 西咸新区渭河北岸断层氡气测量示意图

在庞李村浅层地震勘探发现的渭河断层位置上，由于铁路与公路交叉口处公路改线开挖通道和路堑边坡，在探槽中发现的断层及其古地震迹象，剖面分析结果表明该断层上全新世期间发生过 4 次古地震事件。据史料记载，1568 年西安渭河断层附近（现西安高陵地区）曾发生 6 $\frac{3}{4}$ 级地震。说明该断层全新世有过多次活动。

综合来看，渭河断层在兴平杨家村以西为晚更新世活动断层，以东为全新世活动断层。有学者通过微地貌测量及取样测年，估算出该断层的垂直滑动速率为 0.5～1.1 mm/a，为活动性较强的断层（Lin et al.，2015）。

4. F4——口镇–关山断层

口镇–关山断层是一条区域性大断层，西起口镇西，向东经鲁桥、阎良到关山，再向东呈隐伏状，全长约 63km。以泾阳口镇为界，分为东西两段，口镇以西为西段，断层走向近 EW，倾向 S，第四纪以来基本不活动。口镇以东为东段，断层卫星线性影像十分突出，在关山一带，断层地面标志为一呈 EW 向延伸，坎高 8～14m 的地形陡坎。

口镇–关山断层沿线时常反复出现地裂缝，集中分布于断层附近 1 ~ 3km 的范围内，地裂缝以平行断层走向居多。如泾阳地震台附近，地裂缝走向近东西，长约 300m；在三原县鲁桥中学内，2008 年在口镇–关山断层以南出现长约 1km、走向 NEE 的地裂缝数条（图 4-1-5）。

图 4-1-5　三原县鲁桥镇鲁桥中学地裂缝（镜头向西北）

口镇–关山断层为全新世活动断层，现今处于蠕滑活动状态。根据泾阳地震台定点形变观测和口镇流动观测结果，自 1984 年以来该断层平均活动速率约为 0.6mm/a，有学者通过微地貌测量及取样测年，估算出该断层的垂直滑动速率为 0.6 ~ 1.1mm/a，为活动性较强的断层（Lin et al., 2015）。

5. F5——骊山山前断层

骊山山前断层是骊山凸起的北界断层，西起骊山华清池，东端交汇于华山西缘断层，全长约 40km。近 EW 向，倾向 N，倾角较陡，断层两侧地形反差明显，断层崖、断层三角面发育，断层角砾岩清楚，华清池温泉为该断层形成的断层泉。

该断层第四纪以来活动明显，下降盘沉积埋藏较深。根据钻孔资料对比，下更新统底界与中更新统底界在断层两侧落差分别为 180m 和 140m。沿断层带第四纪断层十分发育，切穿到晚更新世和全新世地层，前人通过调查骊山山前断层三角面高程及倾角（图 4-1-6），结合野外露头观察测量与测年等工作，提出该断层垂直活动速率为 0.11 ~ 0.25mm/a（Rao et al., 2017）。

6. F6——渭南塬前断层

渭南塬前断层位于渭河平原东南部，西起渭南戏河口，经沋河至华州区马峪口，长约 40km，其走向为近 EW 向，断层面倾角为 60° ~ 70°。断层为由主断层和一系列小断层组成的阶梯式断层带，带宽在数米至数百米之间，构造上属于渭南塬断块与固市凹陷的分界断层。

在遇仙河河口等地可见到一系列第四纪断层，直通耕作层（图 4-1-7）。

渭南塬前断层全新世以来持续活动，并参与 1556 年 8 级地震的破裂活动。渭南塬前断层是一条比较活动的断层，为全新世活动断层。塬边斜坡带受强震作用发育串珠状大型滑坡（图 4-1-8）。

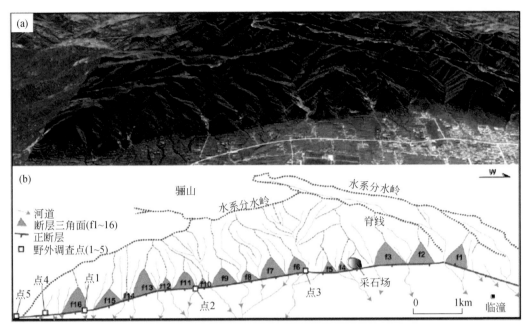

图 4-1-6　骊山山前断层 Google 影像图 （a） 和骊山山前断层三角面分布图 （b） （Rao et al. , 2017）

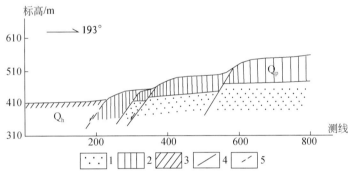

图 4-1-7　金堆峪断层剖面图 （张安良，1992）

1. 砂层；2. 黄土；3. 黏土；4. 地质界线；5. 断层

图 4-1-8　渭南塬前断层滑坡分布图

（中国地质科学院地质力学研究所，2016）

7. F7——泾阳-渭南断层

该断层为物探资料揭示的一条隐伏断层,是关中平原内次级构造单元固市凹陷南部主要边界断层之一。总体走向280°,全长61km。西起泾阳县城北,经高陵南、渭南至华州区附近。重力布格异常图上有显示,为三原、大荔重力低和南侧重力高之分界,磁场强度图表明为三原—临汾正异常西南界零线附近。断层面北倾,倾角68°,断距向下变大,第四系厚度北侧达1200m,南侧约200m,足以说明断层活动强烈。在高陵区塬后村剖面东边约2km的临潼区境内的西月掌村,钻探结果表明,渭南泾阳断层将渭河北岸高漫滩上的早全新世地层错断,为全新世活动断层。

从1556年华县8¼级地震和1568年6¾级强余震的宏观震中所在位置分析,渭南-泾阳断层很有可能为其发震断层。在渭南一带以往工作中也发现,沿该断层带华县大地震时砂土液化强烈,形成许多陷坑、喷砂及大量的张裂缝。近年一些钻探勘探工作也显示该断层全新世仍在活动,为全新世活动断层。

8. F11——韩城断层

该断层是临汾平原的河津凹陷和峨嵋台地的西缘边界断层。断层走向40°,倾向SE,倾角65°,全长145km,是一条兼有右旋扭动的正断层,北端与罗云山山前断层交汇,南端交汇于双泉-临猗断层。该断层大致以芝阳乡上官庄村为界分为南北两段,北段全新世仍在活动,错断晚更新世和全新世地层,在韩城的王村断层错断了晚更新世马兰黄土(图4-1-9)。全新世以来水平滑动速率为1.0~2.5mm/a。1959年曾发生韩城5.4级地震,1506年发生合阳5.5级地震。该断层南段晚更新世地层形成裂缝带,但错断迹象不明显,反映该段断层为晚更新世弱活动断层。

9. F16——岐山-马召断层

关中平原内岐山-马召断层可分为西北和东南两个亚段,西北亚段北起岐山县,向东南一直在扶风黄土台塬上,延展至绛帐古水一带,走向305°~320°,倾向NE,倾角不详。该段断层呈隐伏状,地貌上显示明显,为NW向地形陡坎,西高东低,高差约为50m。在扶风县的张家窑村的北向斜坡上,一砖瓦窑取土剖面上发现一走向NW、倾向SE的正断层,剖面上晚更新世古土壤层被明显错断,错距为1.3m。地形陡坎地貌和野外断层露头显示,该亚段断层晚更新世仍在活动,属于晚更新世活动断层。

东南亚段的岐山-马召断层在渭河河谷和阶地区展布,但呈隐伏状,地貌上无明显显示。有学者通过Google影像、GDEM数据对17处该断层穿越的河道进行偏移距离测量,结合野外现场调查(Lin et al., 2015),估算出该断层为左旋走滑断层,水平滑动速率为1.0~1.5mm/a。历史记载沿该断层发生过多次中强地震,有陕西记载最早的(公元前1189年)岐山地震及关中西部最大的1704年陇县6级地震等有感地震约30次,1967~1982年记到中小震40余次,表明这条断层仍处在活动之中,为全新世活动性较强的断层。

10. F19——金陵河断层

该断层位于陈仓区新街镇—县功镇—宝鸡市区一带,沿金陵河呈NW向展布,东南止于渭

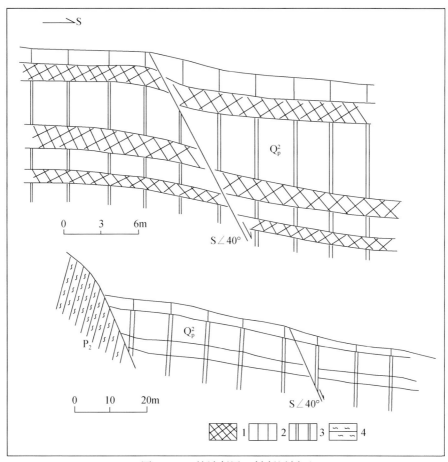

图 4-1-9　韩城断层王村断层剖面

（冯希杰等，2015，有改动）

1. 古土壤；2. 上更新统黄土；3. 中更新统黄土；4. 片麻岩

河断层，长约40km。为一系列沿金陵河谷地发育的小断层，平行排列，构成阶梯状断层组。

　　金陵河断层形成于早更新世，据金陵河两岸Ⅰ级阶地发育状况、海拔判断，全新世以来该断层的垂直差异性运动仍然明显。在金陵河东岸，局部发现断层带呈地堑式正断层切割黄土层，最大位移达1m，表现为地堑式组合断层，断层面光滑无充填物，明显切割马兰黄土，表明全新世活动明显。

　　针对该断层部署两条测氡剖面进行探测，剖面长2.5km，探测结果显示金陵河断层北段分布于金陵河西岸，南段分布于金陵河东岸，接近地表的上断点存在明显的氡气异常。从氡气测量异常值结果推测其活动性较弱，有关该断层的活动性仍有待深入研究。

二、晚更新世活动断层

1. F8——余下–铁炉子断层

该断层带为华北准地台与秦岭褶皱系的分界线，全长约为330km，省内长约为

200km。沿北秦岭山前分布，部分被第四系覆盖，为关中平原南部边界。在焦岱以东，铁炉子断层走向近 EW，倾向 N，断层迹象清楚、标志明显。如在黑龙口—宫上村一带，兰桥–古城断层线性影像清晰，将水系冲沟左旋错断（图 4-1-10）。

图 4-1-10　黑龙口—宫上村一带兰桥-古城断层线性影像图

（长安大学，2010）

焦岱以西，该断层进入关中平原，又称周至–余下断层。咸阳市地震小区划工作在鄠邑区余下进行了该断层的浅层地震勘探和钻探勘探。如图 4-1-11 所示，地震反射时间剖面波阻信噪比高，波阻特征清晰。地质解释在测线桩号 741（CDP1482）处存在断层，断层倾向 N，倾角约为 83°，为正断层。另外 T_1 界面为第四系沉积的底界，可见该断层在第四纪以来活动十分微弱。

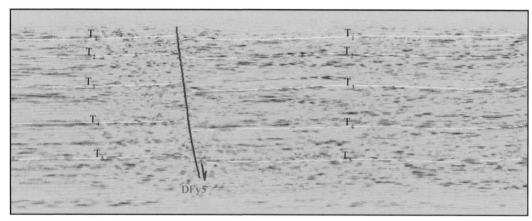

图 4-1-11　鄠邑区余下浅层地震测线时间剖面变密度图

（长安大学，2010）

2. F10——渭河北缘断层带

渭河北缘断层带又称乾县–合阳断层带，总体走向为 NE，西起岐山，东抵合阳，全长约 240km，走向 NE，倾向 SE，倾角 60°~80°，正断性质，总体呈隐伏状。以口镇–关山断层为界，渭河北缘断层带可分为西段和东段部分。西段由岐山–店头断层、龙岩寺–乾县断层、杨庄镇–口镇断层三条右斜列的北东向边界断层组成，整体性较好。东段由新兴–马额断层、陵前断层等断层组成，空间分布较分散（图 4-1-12），一直向东延伸至韩城断层。

渭河北缘断层主要位于渭北黄土台塬边和台塬内，沿断层带发育有狭长凹地和地形斜

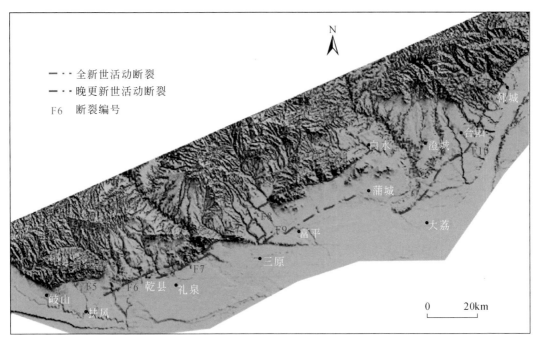

图 4-1-12　渭河北缘断层带分布图

坡。钻孔资料揭示，下覆古生代和中生代基岩错断明显，其上的新生代断距达 400～940m。在一些地方可见断层错断晚更新世地层，在个别地方，沿该组断层地面发育有同方向地裂缝，综合判断渭河北缘断层带为晚更新世活动断层。

3. F12——临潼–长安断层

临潼–长安断层带主要由两条较大的断层组成。一条是麻街–牛角尖–大鲍陂–碾湾断层，另一条是胡家沟–肖家寨–月登阁–首帕张断层。麻街–牛角尖–大鲍陂–碾湾断层在灞河右岸的高桥又分出一条分支断层，即王家碥–侯家湾断层。胡家沟–肖家寨–月登阁–首帕张断层在白鹿塬也分出一条分支断层，即家底村–唐家寨断层（图 4-1-13）。

该断层带整体长约 47.5km。断层北段的走向大体呈 NE35°，但在少陵塬以南其走向则发生了一定的偏转，变为 NE60°～75°。断层的东南盘上升，西北盘下降，为一拉张性正断层。断层切割了铜人塬、白鹿塬、少陵塬、神禾塬、灞河与浐河阶地及秦岭山前洪积扇等不同的地貌单元。断层活动普遍错断了 S_2 及 S_1 古土壤层，说明该断层晚更新世以来有过较强烈的活动。

4. 王家碥–侯家湾断层

该断层为麻街–牛角尖–大鲍陂–碾湾断层的分支断层。断层的整体走向为 NE70°～80°，倾向为 NW，倾角约为 60°，总长约为 35km。形成了明显的黄土陡坎带，高差为 20～70m。王家碥–侯家湾断层的第四纪断层出露点较少，仅在牛角尖南的土路旁、王家碥、水磨村等地发现典型的黄土断层，断层大约错断 S_1 古土壤层 0.2～1.5m。因此推断该断层在黄土塬区为晚更新世活动断层，活动性较弱。

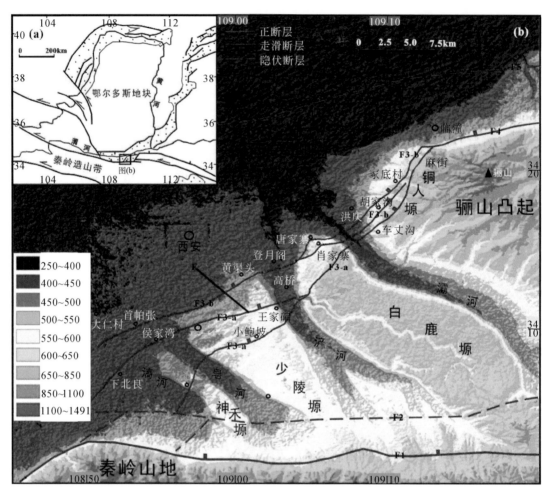

图 4-1-13 临潼-长安活动断层构造位置图（a）和断层展布与地貌 DEM 图（b）
（中国地质科学院地质力学研究所，2016）

F1. 秦岭北缘断层带；F2. 鄠邑-余下断层；F3. 临潼-长安活动断层；F3-a. 麻街-碾湾断层；F3-a′. 王家碥-侯家湾
分支断层；F3-b. 胡家沟-首帕张断层；F3-b′. 冢底村-唐家寨分支断层；F4. 骊山山前断层；F5. 渭河断层

5. 胡家沟-肖家寨-月登阁-首帕张断层

该断层北起军王岭东，经阴坡、肖家寨、月登阁、金乎沱北、东三爻、赤南桥等地，沿西南方向进入秦岭山地。整个断层的走向为 NE30°～70°，倾向 NW，断层的长度可达 40.5km。

6. 冢底村-唐家寨断层

该断层东北起李家沟，向西南经冢底村、唐家寨东南，是胡家沟-肖家寨-月登阁-手帕张断层的分支断层，穿过了铜仁塬和白鹿塬，在地形上大体沿黄土塬斜坡陡坎带伸展，全长约 17.5km。断层整体走向约为 NE50°，倾向 NW，西北盘下降，东南盘上升，为拉张性正断层。该断层在多处出露晚第四纪活动断层。其中冢底村断层错断 S_1 古土壤层 1.8m，其余也错断 S_1 古土壤 0.5～6.0m。由上可见，冢底村-唐家寨断层也属于晚更新世活动断层。

据 DEM 地貌分析、断层垂直断距与全新世以来的活动情况、地壳形变数据及古地震等分析表明：晚更新世以来临潼–长安断层带在灞河以东的铜人塬（北东段）活动性最强，中段的白鹿塬、少陵塬活动强度其次，西南部的神禾塬和沣峪口一带活动性较弱，与 DEM 显示的现今断层带上下盘的地貌差异有很好的吻合性。预测临潼–长安断层带未来在北东段（铜人塬）发生地震的危险性较大。

7. F13——三原–富平–蒲城断层束

该断层西起扶风，经礼泉、泾阳、三原、富平到蒲城洛河附近，断层走向 NEE，倾向 NW，倾角 60°~80°，呈隐伏状，全长约 200km。该断层束由淡村–龙阳镇断层和双槐树–到贤镇断层组成。

前人于淡村—龙阳镇布设两条钻探剖面，揭示该断层错断 S_1 古土壤 1.7~5.7m（冯希杰等，2015），推测该断层晚更新世以来有明显活动。

双槐树–到贤镇断层在三原黄土台塬上 NE 向展布，呈黄土陡坎，倾向 NW，倾角约 75°。据《西安—铜川高速公路改扩建工程场地地震安全性评价工作报告》，该断层在双槐树村垂直错断 S_1 古土壤约 0.5m，北盘下降，南盘上升，附近地裂缝发育，已对建构筑物造成影响。该断层 32m 以上地层没有发现明显的垂直错动现象，32m 以下的晚更新世地层垂直错动 2.7~3.1m，以晚更新世地层计算其平均活动速率为 0.03mm/a，断层最新活动时代为晚更新世。

8. F14——双泉–临猗断层

该断层东起闻喜东南，向南西方向经郭家庄、临猗，到黄河边角杯镇，并继续向西南延伸，直抵双泉以西，全长大于 170km。断层走向 60°~80°，倾向 SE，倾角 60°，正断为主。在大荔县许庄镇坡底村，晚更新世黄土和古土壤在断层通过处无明显断错迹象，表现为多条黄土充填的裂缝带。显示该断层为晚更新世以来弱活动断层。

历史上在山西临猗一带 1505~1587 年发生过一次 $4\frac{3}{4}$ 级、一次 5 级和一次 $5\frac{1}{4}$ 级地震。1970 年以来，沿断层中小地震活动较为频繁。

9. F17——泾河断层

泾河断层为地震勘探推测断层，地质矿产部第三石油普查勘探大队在汾渭平原石油普查中层构造（2000m 深度）和深层构造（3000~5000m 深度）中解译出大致沿泾河河谷方向延伸的断层，断层走向 NW，倾向 NE，省内长度约 60km。沿断层带发育线状延伸的陡坎，坎高 70~100m，常发生大规模的滑坡，也有温泉和地震发生，说明了该断层的存在，但至今未找到过天然或人工露头剖面。

临潼区西泉镇麦王村一带浅层地震勘探结果表明，该处泾河断层表现明显，上断点埋深较浅，据区域晚第四纪地层埋深推测，该处断层可能为晚更新世活动断层。

针对该断层于西咸新区部署测氡剖面进行探测，剖面长为 30km，点距 30m。探测结果显示泾河断层在泾河北岸分布，接近地表的上断点存在明显的氡气异常（图 4-1-14）。

在前人工作的基础上，结合野外调查工作，推断泾河断层活动性较弱，为中更新世末期或晚更新世早期活动断层。

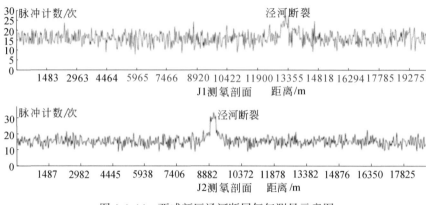

图 4-1-14　西咸新区泾河断层氡气测量示意图

10. F20——固关–虢镇断层（千河段）

该断层是六盘山东麓断层系中陇县–宝鸡断层带内一条断层带，断层南段伸入关中平原。该断层北起马家新庄一带，向南东经普陀、八渡，至宝鸡一带进入关中平原消失。总体走向325°~335°，倾向 SW，倾角70°~80°，延伸长98km。该断层沿走向表现为明显的分段特征，各段的产状、地貌、运动方式和活动时代都有明显的差异。根据断层性质、运动方式和活动时代等特征，可将该断层分为5条次级段，从北向南分别为：普陀—段家峡段、枣园—八渡段、八渡—高庄段、高庄—龙尾段和千河段，在关中平原范围内的亚段为千河段。

六盘山东麓断层延伸到千河段处于隐伏状态，针对该断层分别部署两条氡气测量剖面，剖面长度为2.5km。探测到该断层大致沿千河西岸分布（图4-1-15）。目前关于该段断层最新活动性研究尚不够深入，缺乏定量数据。因此只能根据其他亚段的活动情况暂且将该断层定位为晚更新世活动断层，根据氡气测量异常值结果推测其活动性较弱，有关该断层的活动性仍有待深入研究。

11. F23——皂河断层

皂河断层大致沿皂河河谷方向延伸，断层走向 NW，倾向 SW，长约50km。长安新街（少陵塬边）长安酒厂见到该断层将晚更新世地层明显错断，反映该断层南段晚更新世有活动（图4-1-16）。

该断层在西安市区呈隐伏状态，活动不明，在咸阳铁路桥东侧小王村开展浅层地震勘探，于测线桩号5992处存在断层，倾向 SW，倾角为82°左右，为正断层（DFx$_{12}$），时间剖面变密度图显示断层剖面构造特征较清楚，断层两盘地层产状近水平，上盘地层向下错位，断层断距不大。因此综合推断皂河断层为晚更新世活动断层，活动性很弱。

12. F24——浐河断层

浐河断层位于西安市的东侧，南起蓝田百神洞南，向北西经小寨乡、鸣犊延伸，穿过西安市城区和城北渭河，与渭河断层相交。浐河断层由多条次级断层组成，破碎带达宽50m以上，倾向 NE，局部 SW，倾角65°~75°，长约55km。

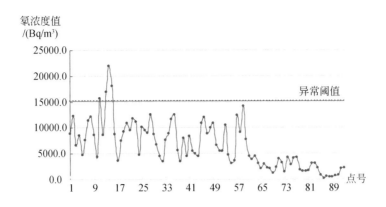

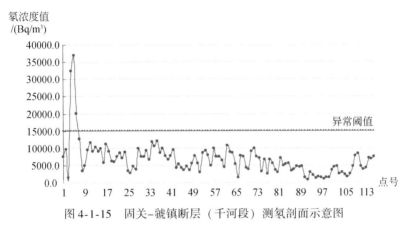

图 4-1-15 固关–虢镇断层（千河段）测氡剖面示意图

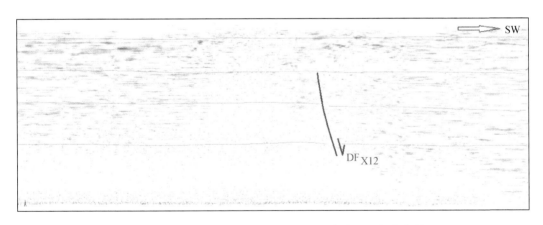

图 4-1-16 渭河南河堤浅层地震测线时间剖面变密度图（长安大学，2010）

在蓝田县焦岱镇的西北，修建环山公路开挖边坡时曾揭露浐河断层，剖面上由两个断面组成，走向均为 NW310°，倾向 SW，倾角 70°，将中更新世晚期 S_2 古土壤错断，错距约 1m，沿断面方向有裂缝发育，因此认为浐河断层在中更新世晚期有过明显活动。

咸阳市窑店镇部署的浅层地震勘探结果表明断层倾向 SW，倾角 80°以上，为正断层。地质解释在测线桩号 801 处存在断层，断层倾向 SW，倾角 80°。

西安市地震小区划在西安市渭河南堤坝附近布设的浅层地震勘探表明，断层错断晚更新世地层，但未影响到上覆的全新世地层。

三、早-中更新世活动及活动性不明断层

1. F9——凤州-桃川断层

西起甘肃的安化镇，北经成县、徽县平原北、凤县龙口镇、太白县南至桃川，全长约250km，省内长140km。走向 NEE。沿断层带分布有成县、徽县平原、凤县谷地、太白谷地和桃川谷地。同级夷平面出现梯级变化，控制水系流向。前新生代为压扭性，新生代为张性。为早、中更新世断层。该断层进入关中平原后即呈隐伏状态，地貌上也没有很好的显示，具体性质有待进一步深入研究。

2. F15——大荔北东向断层束

该断层束位于大荔县北，由一系列北东走向的断层组成，每条断层规模不大，但却对当前的地质地貌有着较为明显的控制作用。在该断层束附近发育了规模较大的盐湖，而且经过野外考察，该断层束也可能是大荔朝邑地震的发震断层。

3. F18——桃园-龟川寺断层

桃园-龟川寺断层是六盘山东麓活动断层系最西侧的一条断层，断层东南端交于秦岭北缘断层，向北西经过龟川寺、八渡、桃园至固关，全长约48km，总体走向330°，倾向NE，倾角55°。在八渡以南地貌上也有显示，断层沿线多处可见断层剖面。在八渡河南岸，下古生界花岗片麻岩与下白垩统砾岩为断层接触，断层破碎带宽达十余米，破碎带内发育多条次级断层，断层泥石英碎砾显微形貌扫描电镜分析表明断层的主要活动时代为早、中更新世，晚第四纪活动微弱（国家地震局地质研究所等，1991）。

在宝鸡上王乡赵家河和龟川寺南，断层分别错断白垩系砂砾岩和新近系砂砾岩。新近系红色砂砾岩断面上保存有清晰的斜向擦痕，侧伏角为14°，指示断层具正走滑运动特征（陕西省地震局，2015）。

综上所述，桃园-龟川寺断层在早期具有明显的逆走滑性质，第四纪以来断层性质为正走滑，形成了较宽的断层破碎带。断层对上覆的晚更新世阶地砾石层并无影响，表明断层主要活动时代为晚更新世以前。断层泥石英碎砾显微形貌扫描电镜分析表明断层的主要活动时代为早、中更新世，晚第四纪活动微弱。

4. F21——千阳-彪角断层

千阳-彪角断层是陇县-宝鸡断层带上规模较小的断层，走向130°，倾向 NE，长度约57km，为正断层。南段伸入关中平原，地表大多为第四系松散堆积物所覆盖，断层出露不明显，为隐伏断层。本项目组于彪角镇、郭店镇等地部署两条氢气测量剖面，剖面长度均为2.5km。探测到该隐伏断层破裂面上断点分布的大致位置（图4-1-17），从氢气测量异常值结果推测其活动性较弱，有关该断层的活动性仍有待深入研究。

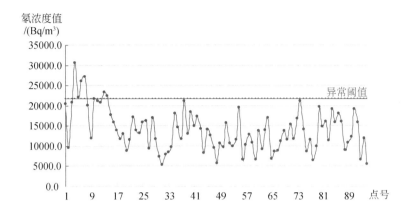

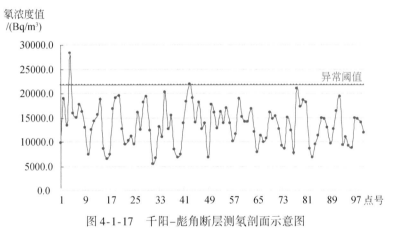

图 4-1-17　千阳–彪角断层测氡剖面示意图

5. F22——沣河断层

断层沿沣河河谷分布，物探资料证实错断了第四系，全长约 25km，走向 NNW，倾向 NEE。该断层将原本从沣峪口 NWW 向流出的沣河变为 NNW 向，目前活动期及活动强度暂时不详，有待进一步深入研究。

6. F25——灞河断层

走向 NW，倾向 SW，全长约 40km，沿灞河河谷分布，形成灞河西岸白鹿塬边陡峻边坡。滑坡、崩塌沿白鹿塬边呈带状发育。目前活动期及活动强度暂时不详，有待进一步深入研究。

四、活动断层产生的地质问题

关中平原活动断层发育，对城镇建设及人民生活安全有着重要的影响，活动断层是关中平原城市群规划和建设中必须面对的重大环境地质问题。断层活动会产生一系列地质问题。

断层活动可能引发破坏性地震，地震震动效应造成建筑物遭到破坏甚至倒塌，如1556年华县大地震。

断层活动可诱发滑坡崩塌灾害。如华山山前崩滑、宝鸡渭河北岸滑坡带、泾河西岸滑坡带、白鹿塬滑坡带等均与活动断层密切相关。

关中平原活动断层常常在其沿线形成地裂缝，临潼-长安断层、口镇-关山断层、三原-富平-蒲城断层及韩城断层沿线形成诸多地裂缝。

关中平原为新生代断陷平原，断裂活动必然导致区域地面沉降，尤其是秦岭山前断裂、华山山前断裂、北山山前断裂、渭河断裂等控盆断裂，其活动产生的危害巨大。地面沉降会导致地上、地下构筑物变形破坏，甚至地形地貌的改变。

断层剧烈活动产生的地震可能导致地面发生砂土液化、震陷及地表错动，直接导致建筑物受损或破坏。

第二节　地面沉降地裂缝

一、概述

地裂缝是关中平原最为常见、危害巨大的地质灾害，历史上曾有大量关于关中平原地裂缝事件的记载。据史料记载，关中地区历史上曾发生至少15次地裂现象，其中多次与地震相伴，最早的是公元前194年（汉朝）"五月，城中地陷，方三十丈，杀人。六月，又地坼，人家陷死。八月，地裂，广三十六丈，长八十四丈，人大饥"（《太平御览》）。最典型的是1556年华县发生 $8\frac{1}{4}$ 级地震时，"西安地裂横竖如画"（康熙《咸宁县志》）。事实上，从东汉起，与地震有关的历史地裂缝活动多次见于史书记载。

关中平原中心城市西安市地面沉降地裂缝发育，世界罕见，一直是该领域研究的热点地区。1959年以来，西安城区发现地裂缝14条，总长度超过150km。随着城市化的深入，西安市人口大量增加，地下水过度开采，水景工程的陆续建设，20世纪90年代以来地裂缝又出现了新的发展趋势，威胁城市安全，威胁地铁等重大工程安全运营，对地裂缝的调查和研究成为近年来地质调查工作和高校科研工作关注的重点之一。2007年以来，中国地质调查局就部署实施了西安市地面沉降地裂缝调查计划项目，并在2010年以来的城市地质调查工作总结部署了系列专题调查，形成了关于关中平原地裂缝的空间展布、成因类型、活动性及形成机理等方面的认识。

二、地裂缝发育规律及特征

关中平原有地裂缝212条，主要集中分布于西安市、泾阳县、三原县、大荔县等（图4-2-1）。其中西安市28条（城区14条），渭南市63条，咸阳市105条，宝鸡市仅2条。

关中平原地裂缝往往具有群聚性特点。如泾阳县北山山前至口镇—蒋路—龙泉一线的长方形区域内集中发育了65条地裂缝；大荔县地裂缝主要集于双泉、两宜一带；西安地裂缝主要集中于城区；三原地裂缝多发育于北部黄土台塬山前地带。

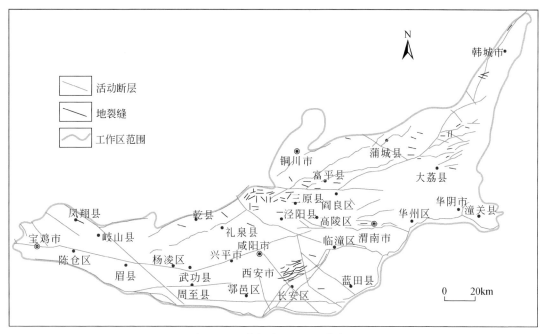

图 4-2-1　关中平原地裂缝分布图

关中平原地裂缝以中小型地裂缝为主，占地裂缝总数的 81.9%，巨型及大型地裂缝主要位于西安市区。地裂缝长度最小一般为 20～50m，大者可达数千米，如西安市地裂缝。按地裂缝延伸长度，将地裂缝划分为巨型、大型、中型、小型四类。①巨型地裂缝：延伸长度大于 1000m，数量 23 条。②大型地裂缝：延伸长度 1000～500m，数量 10 条。③中型地裂缝：延伸长度 500～100m，数量 100 条。④小型地裂缝：延伸长度小于 100m，数量 97 条。

地裂缝宽度一般为 2～15cm，近地表处受水流冲刷宽达 30～50cm，最宽可大于 1m。地裂缝发育深度，与地裂缝成因类型有关，总体上，构造地裂缝、地震地裂缝发育深度最大，可达百米尺度，地面沉降地裂缝发育深度次之，达几十米至百米，黄土湿陷性地裂缝发育深度较小，一般几米至十几米。

三、地裂缝成因类型及其特征

目前，关于地裂缝成因类型尚无统一认识。如谢广林（1988）从内外营力的角度进行地裂缝成因分类；刘传正（1995）在谢广林分类的基础上更进一步分类；卢积堂（1995）认为应重视人类工程活动对地裂缝形成的影响；王景明等（2000）认为多种因素综合作用导致地裂缝形成，其中某一种因素起主导作用；彭建兵等（2010）将渭河平原地裂缝分为构造地裂缝和非构造地裂缝两大类，并认为构造地裂缝占主导地位。

张茂省认为，地裂缝是在复杂地质背景条件下，多种因素综合作用而成。以地裂缝防控预警为目的，地裂缝成因类型应着重考虑地裂缝形成的主控因素。按地裂缝形成的主控因素，将地裂缝划分为构造地裂缝、地面沉降地裂缝、黄土湿陷地裂缝和地震地裂缝四种类型（表 4-2-1）。

表 4-2-1　地裂缝成因类型与划分依据

成因类型	划分依据
构造地裂缝	浅部断层蠕滑或深部断层带整体蠕动是自然营力，在地质背景条件下于地表形成构造地裂缝，人类活动在形成过程中仅起促进作用
地面沉降地裂缝	抽取地下水时，含水层释水压密固结变形，导致地面不均匀沉降形成地面沉降地裂缝。形成过程中，人类活动的重要性显而易见。如果不存在人类活动，地面沉降地裂缝就不会形成
黄土湿陷地裂缝	黄土具有湿陷性，浸水后发生湿陷变形，在浸水土体周围产生环形裂缝，延伸至地表形成黄土湿陷地裂缝。黄土湿陷分为自重和非自重湿陷，无论是哪一种湿陷，人类活动只是附加作用，黄土的湿陷特性才是黄土发生湿陷变形的最主要原因
地震地裂缝	地震地裂缝由断层速滑运动导致地震发生而形成。形成过程中，其他因素的影响与地震作用相比可忽略不计。因此，地震活动是地震地裂缝形成的最直接和主控因素

(一) 构造地裂缝基本特征

关中平原构造地裂缝由活动断裂控制，地裂缝规模大、活动性强。关中平原对构造地裂缝形成起控制性作用的活动断裂主要为口镇-关山断裂、渭河断裂和礼泉-合阳断裂。

构造地裂缝走向规律性较强，与控制其形成的活动断裂走向基本一致；倾向 S，倾角较大。延伸长度大小不一，大者长达数千米，短者仅几十余米；分布在活动断裂两侧，距活动断裂最大距离约为 1km；组合形式多样，分布为雁列式、肘状、侧列和侧现等组合形式；主地裂缝地表开裂宽为 2～16cm，受水流冲刷作用的影响，最宽达 1m；断续出现，未完全出露于地表；深度一般在 20m 以内，有可能达百余米。活动断裂上盘的活动性大于下盘，故上盘发育的地裂缝数多于下盘。构造地裂缝破坏主要体现为拉张和剪切，垂直位移次之，危害严重。

受口镇-关山断裂控制形成的地裂缝有十余条，主要发育在基岩山区与黄土分布区的交界部位，与断裂的位置基本吻合。典型地裂缝，如三原县鲁桥镇正谊中学地裂缝、泾阳县口镇地震台地裂缝等。三原县鲁桥镇正谊中学地裂缝出现于 2005 年 7 月，位于黄土台源与冲洪积平原的交界部位。地裂缝长约为 600m，为中型地裂缝，呈直线型分布，走向约 70°，近直立，地表开裂宽度约为 15cm，有充填，2008 年汶川地震发生后，地裂缝活动加剧，使南侧前排教学楼变为危房，学校随即搬迁，在学校东北方向不远处的小院围墙上出现明显的裂缝，可以断定地裂缝从此处穿越。泾阳县口镇地震台地裂缝活动大体分为 3 个时期 (彭建兵等，2010)，第一期活动发生于晚更新世晚期的早期 (切割 Q_4^{dl+pl} 底部)，该期受口镇-关山断层活动影响，形成裂缝的产状基本与断裂一致，具南倾特点，但地层无明显错断；第二期活动为更新世晚期中期 (切割至 Q_4^{dl+pl} 中部)，该期地裂缝以短小、密集发育的地裂缝为特征，在十多米宽的地层中发育了十几条近平行、长度在 10m 以内的微小裂缝，近直立、北倾、无充填；第三期活动形成了近现代地裂缝，该期裂缝切穿了第四系全新统、上更新统，并在地表形成了沿断层展布的宽大开裂带。

受渭河断裂控制形成的地裂缝主要发育在咸阳市、郊区，位置与断裂带基本重合，走向近 EW。其中规模最大的是咸阳市秦都区渭河北岸马泉镇安家村三组地裂缝。该地裂缝出现于 1993 年，由渭河断裂和人工开采地热资源所致，诱发因素为强降雨和大量灌溉渗水。沿渭河北岸一级阶地与一级黄土台塬的分界延伸，长约4km，地裂缝宽1~4cm，无充填，以单缝形式出现。走向约75°，与渭河断裂带走向基本一致。活动趋势表现为水平拉张位移明显，为拉张兼具左旋地裂缝，且南侧相对于北侧下沉。沿线房屋破坏严重，居民已搬迁。此外，咸阳市渭城区渭城镇摆旗寨村四组地裂缝同样受渭河断裂的控制。

（二）地面沉降地裂缝基本特征

地面沉降地裂缝是过度开采地下水，地表发生不均匀沉降而形成的。西安地裂缝属于地面沉降地裂缝。此划分并未否定前人关于西安地裂缝是构造地裂缝的观点，而是认为人类活动对西安地裂缝的发育起主控作用。

关中平原地面沉积地裂缝主要分布于西安市城区。西安市于1959年出现首条现代地裂缝，当时的地面沉降处于缓慢期。1970年后大量开采深层承压水，地面沉降进入加速期，地裂缝活动也开始增强。1980年左右，地面加速异常沉降，地裂缝活动继续增强。20世纪90年代初，地面沉降速率达到最大，这时的地裂缝活动也达到最强。1996年至今，黑河水引入量大幅增加，并禁止开采地下水，地面沉降速率和地裂缝活动性总体呈现明显减弱趋势，但西安市鱼化寨地区地面沉降的速率仍很大。地面沉降速率和地裂缝监测资料显示，该处地裂缝活动性强（图4-2-2）。西安地面沉降区与承压水位下降区的分布位置相

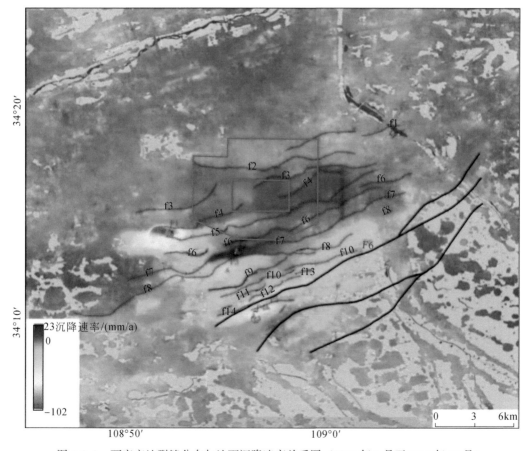

图4-2-2 西安市地裂缝分布与地面沉降速率关系图（2017年1月至2018年11月）

吻合，地裂缝出现在地面沉降边缘的陡变地带上，组成地裂带的次级裂缝均靠近地面沉降
槽中心的一侧。

西安市 14 条地裂缝带的展布与地貌的关系十分密切（图 4-2-3），主地裂缝均位于
黄土梁和洼地的交界处，具有近似平行等间距的特征，间距为 0.5~2km，平均约 1km。
总体走向为 NE65°~80°。从整体情况来看，主地裂缝平面形态以折线型为主，直线型
次之；地裂缝带破坏组合形态以左行雁列为主，雁列面与地裂缝带总体走向的夹角一般
为 10°~15°；已知出露的地裂缝共有 62 段。延伸长度在 100~500m 的中型地裂缝有 6
段，在 500~1000m 的大型地裂缝有 9 段，其余为巨型地裂缝，所占比例为 75.8%；地
裂缝带发育宽度最小为 15m，最大可达 140m；由于不同区域地面沉降速率不同，故同
一条地裂缝不同段的活动特征不同。

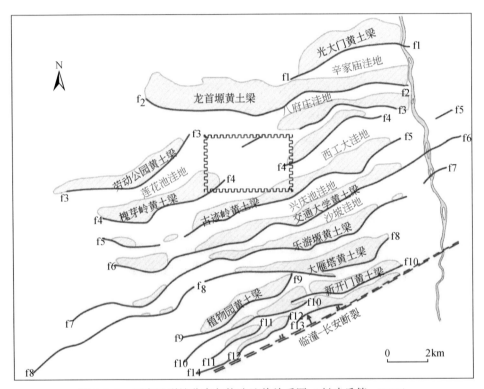

图 4-2-3　西安地裂缝分布与构造地貌关系图（彭建兵等，2012）

西安市地裂缝倾向多为 SE，倾角为 80°，深度向下延伸数米至 20 余米，最深达
300m。剖面形态上宽下窄呈楔形，向下逐渐变窄直至消失。主地裂缝与次级地裂缝在剖面
组合形式上具有多样性，主要为阶梯状、"y"字形和追踪式（图 4-2-4）。地表断坎剖面
形态是地裂缝活动后在地表呈现出的变形状况，可分为抑俯型、台阶型、台凹型和既定型
及反向型（图 4-2-5）。

地面沉降地裂缝因承压含水层释水压密固结变形而产生，地面沉降过程大致分为三个
阶段。初始阶段，地下水位下降引起的有效应力增加幅度较小，未超过压密固结的临界
值，地面沉降速率较慢、沉降量较小；加速阶段，随着地下水位持续下降，有效应力增大

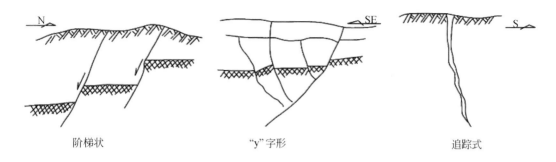

图 4-2-4　西安地裂缝剖面组合形式图（彭建兵，1992）

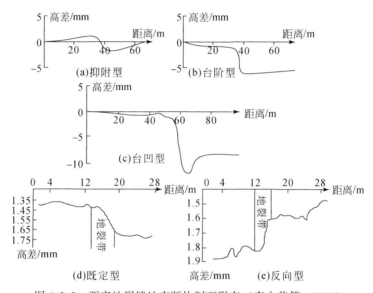

图 4-2-5　西安地裂缝地表断坎剖面形态（李永善等，1992）

且超过土层压密固结的临界值，地面沉降速率加快、沉降量明显增加；稳定阶段，当压密固结达到一定限度，地面沉降速率及沉降量减小并趋于停止。地面沉积地裂缝以垂直位移为主，拉张和剪切形变较小，随着控制地下水开采措施的实施，总体趋于减缓。

（三）黄土湿陷地裂缝基本特征

黄土湿陷地裂缝由黄土湿陷引起的，具有自重湿陷性的黄土，更容易在长期有水的环境下产生。关中平原湿陷性黄土广泛分布于黄土台塬、河流阶地。湿陷性黄土包括晚更新世风积黄土和全新世黄土状土，中更新世黄土上部一般亦具有弱湿陷性。

黄土湿陷地裂缝常呈闭合环形，沿引水渠可呈直线延伸。地裂缝一侧相对另一侧明显下降。走向不受其他因素影响，平面形状略呈弧形，延伸长度较短，多为小型地裂缝。

陕西省泾阳县太平镇枣坪村一组地裂缝就属于黄土湿陷地裂缝。该地裂缝出现于1994年左右，长约为60m，走向约为90°，宽约为15cm。因长时间灌溉引起沉陷，其南侧相对北侧垂直下滑10~15cm，是典型的黄土自重湿陷地裂缝。此外，泾阳县桥底镇桥底村六组走向近 NS 的地裂缝群也属于该成因类型。

（四）地震地裂缝基本特征

地震活动直接造成的地裂缝以及地震活动中由于砂土液化，喷出地表，地下被掏空而产生的地裂缝，均称地震地裂缝。

地震地裂缝主要呈直线型，延伸性好，倾角大，长度一般较短，多为中小型地裂缝，走向与周围断裂走向不一致。近十余年来，关中平原未发生过中强地震，地震地裂缝受地震的直接影响较小，多演化为近地表的隐伏地裂缝。集中降雨或灌溉后，隐伏地裂缝就会显现。

关中平原地震地裂缝的数量较少。1920 年宁夏海原地震曾引起陕西省泾阳县的蒋路和龙泉一带发生地裂缝；1976 年唐山大地震发生后，陕西省泾阳县北部的安吴镇岳家庄、蒙家沟和泾阳县水泥厂等地再次出现地裂缝。

由历史地震造成的地裂缝，目前一般处于隐伏状态，活动性不强，受人类工程活动或其他自然因素的影响有可能会再次出现，如 1556 年华县大地震引起的渭南城区地裂缝。

四、地裂缝防控对策

1. 构造地裂缝防控对策

构造地裂缝由活动断裂蠕滑形成，人类活动仅起到促进作用。除降低人类活动作用外，各类建筑物、地下管道、地铁隧道和地面道路等工程需做出相应调整。

构造地裂缝的走向不变，地裂缝发生后，新建筑物的展布方向应与其走向一致，以减小地裂缝对建筑物的影响；已跨地裂缝的建筑物，应采取分离加固或局部拆除的方法，来切断应力应变传递；未跨地裂缝但处于影响带内且无明显开裂的建筑物应进行加固；不得不跨地裂缝的建筑物，应与地裂缝走向垂直或大角度相交，使损失降到最低；管道等线性工程无法避让地裂缝时，可采用抗变形性能强的材料更换通过地裂缝位置处的管道；地铁工程建设时，采用地铁隧道分段设计法，对受地裂缝影响的区段进行特殊处理，并预留变化空间；地面道路跨地裂缝时，将路基设计为柔性路基。

2. 地面沉降地裂缝防控对策

地面沉降地裂缝由过度开采深层承压水导致地面不均匀变形引起。控制地下水开采和人工回灌是降低地面沉降地裂缝活动性的两个主要方面。

地下水开采需严格控制但要合理。根据生产生活的需要和水文地质条件优化地下水开采设计，调整地下水的开采层位和范围。采用人工回灌可使承压水位恢复、地面回弹，但非常有限，无法起到根治作用，且经济成本较高，仍需探索。

3. 黄土湿陷地裂缝防控对策

黄土湿陷地裂缝防控可采用预浸水、换填、挤密、强夯、桩基穿透湿陷土层、防渗和控制地下水位等措施。

采用预浸水的方法使大部分湿陷量在施工前完成。位于湿陷性黄土中的场地，可采用换填、挤密、强夯、桩基穿透湿陷土层等措施来消除湿陷性；换填是一种简单、实用、彻底的处理方法，尤其对不太深的表层裂缝和防渗部位的裂缝效果更好。在地表铺设防渗膜，使地表水无法穿过防渗膜入渗至湿陷性黄土中，控制地下水上升至湿陷性黄土中，均可在一定程度上避免发生黄土湿陷而形成地裂缝。

4. 地震地裂缝防控对策

地震地裂缝的控制主要为夯实、注浆、挤密。沿地裂缝向下开挖，开挖深度由地裂缝的宽度决定。一般将开挖的斜坡修成阶步状，然后用素土或灰土进行回填夯实，避免出现地面不均匀沉降；也可通过挤密注浆法将黏土类浆液注入地裂缝中，起到防渗作用。

第三节 崩滑流地质灾害

一、地质灾害类型、分布及成因

（一）崩滑流地质灾害类型及分布

关中平原地质背景复杂，岩土体类型各异，地貌类型丰富，河流水系发达，且人类工程活动剧烈，致使地质灾害形成机制及发育特征也不相同。通过资料收集、现场路线调查和遥感解译，关中平原最具代表性的地质灾害类型包括滑坡、崩塌、泥石流及不稳定斜坡4类，共计1126处。其中包括滑坡563处，是各类灾害中数量最多的灾种，约占灾点总数的50%；崩塌497处，约占灾害点总数的44.14%；不稳定斜坡，共有39处，约占全部灾害点的3.46%；泥石流灾害数量最少为27处，约占全部灾害点的2.4%（图4-3-1）。下面将重点对滑坡、崩塌、泥石流进行详细阐述，篇幅所限，不稳定斜坡暂略过不表。

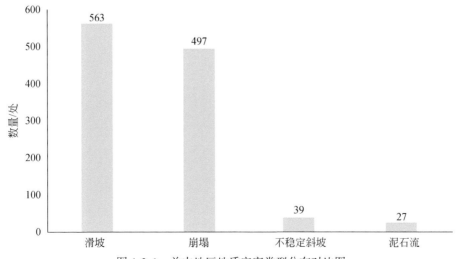

图4-3-1 关中地区地质灾害类型分布对比图

1. 滑坡类型及分布

关中平原滑坡主要分布在宝鸡黄土塬边、灞桥白鹿塬边、蓝田横岭地区、关中平原渭北地区、陇县北部及韩城黄土梁区、泾阳南塬以及秦岭北坡地区（图4-3-2）。滑坡可进一步根据其物质组成及斜坡岩组关系划分为黄土滑坡、黄土-硬土软岩滑坡、黄土-基岩滑坡、残坡积层滑坡、阶地滑坡、基岩滑坡等（表4-3-1）。本次收集滑坡563处。

图 4-3-2   关中平原滑坡地质灾害分布图

表 4-3-1   关中地区地质灾害类型、数量及分布简表

编号	基本类型	亚类划分	分布特征	分布区域
1	滑坡	黄土滑坡	黄土台塬及梁峁区	宝鸡—常兴段渭河北岸、泾阳泾河南岸、渭南塬前等地区
2		黄土-硬土软岩滑坡	黄土梁峁区及河谷岸坡	宝鸡蟠龙塬西及金陵河、西安白鹿塬、渭南塬、横岭塬等地区
3		黄土-基岩滑坡	黄土梁峁区及山间黄土平原	宝鸡硖石沟、六川河、金陵河等地区
4		残坡积层滑坡	基岩山区的工程扰动地段	秦岭北坡及山前洪积扇局部地区
5		阶地滑坡	河谷阶地岸坡	渭河及千河河谷两侧塬边斜坡局部地区
6		基岩滑坡	基岩山区的工程扰动地段	秦岭北坡、骊山局部地区
7	崩塌	黄土崩塌	黄土区的工程切坡地段	宝鸡、泾阳、西安、渭南黄土塬边
8		基岩崩塌	基岩山区的工程切坡地段	秦岭北坡、华山局部地区

续表

编号	基本类型	亚类划分	分布特征	分布区域
9		沟谷型泥石流	黄土丘陵区及基岩山区	太白县、宝鸡峡、秦岭北坡局部沟谷
10	泥石流	坡面型泥石流	堆积黄土及残坡积层斜坡	宝鸡黄土塬边、秦岭北坡局部地区
11		矿渣潜在泥石流	山区采矿弃渣堆积的沟谷	宝鸡太白县、泾阳县、三原县矿场沟谷
12	不稳定斜坡	工程切坡危岩体	窑洞、建房及道路切坡地段	各地黄土塬、基岩山区工程扰动地段

1）黄土滑坡

黄土滑坡指黄土斜坡或者黄土及古土壤互层斜坡发生的滑坡，主要发育在黄土塬边及梁峁区斜坡地带。滑带近似呈圆弧形，滑坡后缘受垂直节理控制，较陡直、光滑，形成初期坡度可达60°~70°。下部滑带近水平产出。坡体前缘地形开阔临空时，滑动距离一般较远。在黄土塬内冲沟两岸黄土滑坡具有对滑型群发特征。

关中平原黄土滑坡分布范围较广，主要分布在渭河平原北部的黄土塬及黄土梁峁区，如宝鸡北部黄土塬及黄土梁峁区、泾阳南塬、蓝田—横岭、渭南塬及白鹿塬等地区。黄土滑坡尽管分布面积较大，但规模和危害都比较小，且有相当一部分由人类工程活动切坡诱发。

2）黄土-硬土软岩滑坡

黄土-硬土软岩滑坡是指由上覆黄土与下伏红色硬土软岩组成的斜坡沿层位接触部位发生剪切滑移的滑坡。其中上覆黄土包括Q_p^{2-3}黄土、下伏地层包括新近系（N_{1-2}）红色硬土软岩、下更新统（Q_p^1）三门组红色、灰绿色等杂色含砂质硬黏土两类地层。

该类滑坡主要分布在宝鸡蟠龙塬西及金陵河、西安白鹿塬、渭南塬、横岭塬等地区，规模一般以中小型为主。

3）黄土-基岩滑坡

黄土-基岩滑坡是指原始斜坡由上覆黄土与下伏基岩构成的岩性组合关系，在中间不整合接触带部位通常发育风化壳，成为关键的控滑层位。此类斜坡主要分布于黄土（丘陵）梁峁及基岩山区，原始坡度在10°~20°的斜坡上，坡体前缘在沟谷切割作用下形成临空面，坡体上部的黄土古土壤渗透系数相对较大，地表水沿节理裂隙向下渗透，至相对隔水的基岩顶面或者黏粒含量较高的风化壳层位，逐渐积聚，从物理和化学方面导致该层位土体抗剪强度逐渐降低，加之不整合接触层位也是应力集中的部位，从而最终发生剪切滑移，坡体失稳形成滑坡。

该类滑坡主要分布在宝鸡北部的硖石沟、六川河、金陵河以及秦岭北坡等地区。

4）残坡积层滑坡

残坡积层滑坡是基岩山区分布最为广泛的滑坡类型，主要特征表现为新生滑坡居多，规模一般较小，对异常强降雨的响应十分敏感。在地质环境良好、植被覆盖茂密的地段，残坡积层滑坡并不多发；在植被由于开荒遭到破坏，斜坡在采矿、建房及修路等切坡作用下发生扰动之后，极易形成降雨诱发型浅表层残坡积层滑坡。

该类滑坡主要分布在秦岭北坡、宝鸡西部陇山及东北部局部基岩山区。

5）阶地滑坡

此类滑坡仅发育在河谷阶地岸坡。阶地滑坡发育特征与水系的级别密切相关。在渭河及千河等大型河谷两侧的塬边斜坡地段多发育大型阶地滑坡，斜坡主要是由中-晚更新世黄土及河流阶地组成，例如渭河北岸滑坡。在基岩山区和梁峁区中小型河谷沿岸以中小型阶地滑坡为主。

6）基岩滑坡

岩质滑坡主控因素取决于岩体结构面组合关系，通常包括原生顺坡向的层理、片理、节理裂隙面或软弱带等，易形成滑坡的岩性较多，包括块状坚硬侵入岩类、火山岩类及深变质的片麻岩类及白垩系砂泥岩互层等。

该类滑坡主要分布在秦岭北坡地区。

2. 崩塌类型及分布

关中平原崩塌相比滑坡而言，在局部地段异常集中的现象不明显，主要分布在中部、东北部及南部地区，集中在局部人类工程切坡扰动形成的陡坡或陡崖地段（图4-3-3）。一般崩塌体积较小，但更具有突发性，不易预测。崩塌根据其岩性组成可分为黄土崩塌与基岩崩塌，其中黄土崩塌数量约占总数的2/3，分布于黄土塬边及丘陵区高陡斜坡处，岩质崩塌数量约占总数的1/3，主要分布于基岩山区道路切坡地段。本次共收集到关中平原崩塌灾害497个。

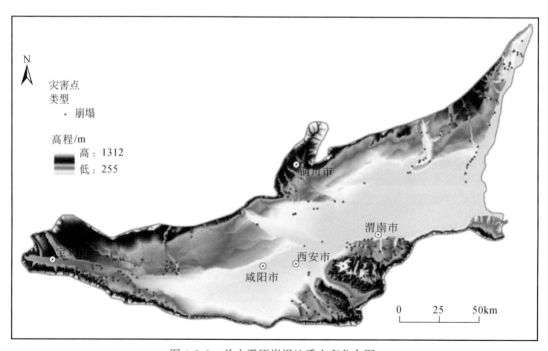

图 4-3-3　关中平原崩塌地质灾害分布图

1）黄土崩塌

关中地区黄土崩塌主要分布在宝鸡市北部陵塬、蟠龙塬、凤翔塬、咸阳市泾阳县南塬、西安神禾塬、少陵塬、白鹿塬及渭南南塬的边坡地带。虽然数量与滑坡等地质灾害相比差别较大，但崩塌往往具有突发性，难以预测，所以具有一定的危害性。

黄土崩塌主要发育在工程切割边坡，形成黄土陡崖或陡坡，如居民挖窑、建房及修路等地段，各地坡体高度不一，一般在5～30m，坡度约为50°～80°，甚至近直立。陡崖浅部通常发育宽窄不一的裂隙，在强降雨期间，易发生底部锁骨段变形破坏，形成崩塌。除降雨外，地震也具有一定的影响，2008年"5·12"汶川地震后，在宝鸡陈仓区天王镇也形成了黄土崩塌。

2）基岩崩塌

关中平原基岩崩塌主要分布在秦岭北坡、北山等基岩山区，其中秦岭北坡的翠华山基岩崩塌最为有名。基岩崩塌往往临空条件良好，运动速度快，具有突发性的特点。

基岩崩塌主要发育在工程切坡地段，呈线性集中分布特征。人工修路切坡形成高数十米的陡崖，岩体在构造节理、原生沉积结构面切割作用下形成块体，边坡开挖后，斜坡表层发生拉张卸荷作用，在斜坡肩部后缘形成一系列拉裂缝。雨水浸润、风化剥蚀等外营力导致岩体的强度降低，使岩体沿着裂隙向下顺结构面滑塌。主要的成灾方式为：松弛岩体累积变形或者异常强降雨诱发危岩体崩塌，堵塞道路或对人员和车辆造成冲撞威胁。

3. 泥石流类型及分布

泥石流是关中平原各类地质灾害中数量最少的类型，区域分布的局地集中特征弱于崩滑灾害，但仍然较为集中，主要分布在渭南华州区秦岭北坡地带和蓝田横岭地区（图4-3-4）。各区县泥石流发育数量不等，其中华州区分布数量最多；其次为蓝田县，集中在山区；关中泥石流主要包括两类，即汛期异常强降雨诱发的中小型泥石流，以及采矿弃渣堆积沟谷的潜在泥石流隐患。本次共收集到关中平原泥石流地质灾害27个。

图4-3-4　关中平原泥石流地质灾害分布图

1）沟谷型泥石流

沟谷型泥石流是关中平原规模较大、致灾较严重的泥石流类型，主要发育在西南部陇山和秦岭山区沟谷及黄土丘陵区的沟壑中。根据物质组成可分为泥石流和水石流，其中泥石流主要分布于黄土丘陵区的沟壑中，物质组成岩土混杂，级配相对较好，颗粒磨圆及分选较差，一般由强降雨诱发山区洪流，进而演化为泥石流灾害，通常表现为黏性泥石流特性；水石流主要分布于基岩山区中高山向平原过渡的低山丘陵区，固体物质以卵砾石、漂石为主，磨圆及分选较好，粉黏质的细粒物质含量极少，通常表现为稀性泥石流特征。

该类型以宝鸡峡以西的陇海线沿线的泥石流最为典型，1981年8月强降雨触发的泥石流导致铁路运输被迫中断，损失巨大。2005年9月下旬，强降雨导致多处泥石流发生，其中磨沟泥石流将铁路桥桥墩冲坏，影响铁路交通的正常运营。

2）坡面型泥石流

坡面型泥石流发育特征主要表现在流域呈斗状，无明显流通区，形成区与堆积区直接相连，流程较短，规模较小，更易诱发。根据物质组成分为新近堆积黄土泥流和残坡积层坡面流两种形式。这里残坡积层特指基岩山区的岩质碎屑与土体混杂堆积物，对人员和设施影响相对有限；然而，黄土泥流灾害分布十分广泛，对人员和财产威胁甚广。

3）矿渣潜在泥石流

采矿弃渣潜在泥石流隐患主要分布在秦岭山区的凤县、太白县以及泾阳—三原县等矿业发达的区县，具体集中在采矿堆弃体分布的沟谷地段，随着矿产勘查、开发利用程度逐年增加，且长期以来对矿山环境治理投入不够，矿产开发遗留的环境问题较多，加之部分矿山企业只开采不治理，植被破坏、山体裸露、矿渣挤占沟床河道等现象比较突出，形成了强降雨诱发弃渣泥石流等次生地质灾害的隐患。在部分地段已形成泥石流灾害，如太白县太白河镇庙沟金矿矿渣堆积的沟谷。

（二）地质灾害空间分布规律及成因

关中平原地质灾害的发生与降水关系密切，在岩土、斜坡等条件具备的情况下，降水是地质灾害形成的主要诱发因素。另外，在空间分布上受地质环境条件制约，越是地质环境差的地段，地质灾害越集中发育。关中平原地貌以河流阶地及黄土台塬、梁、峁为主；岩土体风化破碎，大部分地区具有多元结构；发育多条活动断裂，这些都是地质灾害形成的有利条件。另外，由于河流侵蚀作用发育，在渭河、泾河、灞河等地滑坡、崩塌灾害呈现出明显的线性分布特征。关中平原地质灾害类型分区可分为以下8个区域（图4-3-5）。

1. 宝鸡渭河北岸滑坡区

宝鸡—常兴段渭河北岸黄土塬边近百千米斜坡地带是关中著名的滑坡带，滑坡以北为黄土台塬，以南为渭河及渭河阶地，长期受河流侵蚀，加上受降雨影响，共发育古老新滑坡115处，点密度最高达到1.16处/km（图4-3-5）。该段滑坡、崩塌相连、交错，发育密度非常高，形成密集滑坡崩塌群。同时人类活动程度较高，既是宝鸡峡引渭灌渠在黄土塬边通过的主要区段，又是虢镇、蔡家坡镇等人口与建筑密集区、工业园区的分布地段，西宝高速、陇海铁路平行于塬边坡脚延伸。曾发生多次由降雨和人类活动诱发的滑坡，对居民人身安全、基础设施等构成严重威胁。

图 4-3-5　关中平原地质灾害分布图

该段滑坡带形成的原因为：地处渭河北岸的二级黄土台塬塬边，受河流下切侵蚀影响，形成高陡地形。在河水侧蚀及重力卸荷作用下，塬边出现拉应力集中区，并逐步扩展为拉张裂缝。降雨时雨水沿裂缝集中下渗，裂缝不断扩张、向下延伸发育，另外，雨水降低了易滑地层的抗剪强度，加上人类工程活动随意开挖、削坡及不合理的农业灌溉方式造成老滑坡滑坡体前部稳定性恶化，多次出现变形、裂缝等迹象，甚至发生滑坡灾害。典型的滑坡有蔡镇滑坡。

2. 铜川黄土滑坡崩塌区

铜川地区黄土地貌复杂多样，丘陵、残塬梁峁、冲沟发育，地形破碎，地质环境条件复杂，人类工程活动频繁，特别是大规模的煤炭资源开采，致使局部地质环境不断恶化，滑坡、崩塌、泥石流、地面塌陷等地质灾害增多。崩塌及滑坡主要分布在各大河谷谷坡、黄土残塬斜坡地带，其中，王益与印台区的王家河、王益乡、玉华镇及印台乡等地区发育滑坡 107 处；耀州区的药王山、城关镇等地区发生滑坡 120 处。

典型滑坡为川口滑坡（图 4-3-6），原先中更新世晚期黄土梁峁边斜坡在河流侵蚀作用下，坡顶形成一系列拉应力，产生裂缝，雨水大量渗入，并在基岩上顶层面汇集，形成软弱层，随着斜坡地下水位的不断上升，土体的抗剪强度进一步降低，斜坡上产生了一系列的崩塌性黄土滑坡，随后晚更新世早期，在古滑坡表部堆积一层晚更新世黄土，形成今日既有古滑坡轮廓，又有晚更新世黄土覆盖的古滑坡地貌形态。自 20 世纪 70 年代以来人为工程活动强烈作用于古滑坡体：在滑坡主滑地段建楼加荷，增大了原滑坡的推力；又在滑坡前缘平场切坡，减少了阻滑地段的抗滑力，从外部减弱滑坡的稳定条件；又遇到了丰水年头，连续降雨量和年总降雨量出现峰值，大量雨水灌入滑体内的滑动软弱带，从内部降低了滑带土的剪切强度，在上述诱发因素的作用下，在潜在滑动势的推动下，导致古滑坡体复活变形，发展成灾。其余大大小小的滑坡崩塌产生的原因与此类似。

图 4-3-6　川口滑坡全貌

3. 韩城以南黄河右岸滑坡区

韩城地区地貌种类多样，包括中低山、黄土台塬及冲沟、河流阶地等，地形较为破碎，地质条件复杂，加上长期人类工程活动，特别是大规模的煤炭开采及边坡开挖，导致局部地质环境不断恶化，形成滑坡及崩塌共 109 处，主要分布于北山山前、黄土台塬边坡、冲沟及黄河右岸河流阶地。大多为黄土边坡底部开挖，上部出现裂缝，在雨水大量渗入作用下，土体抗剪强度降低，滑坡沿软弱带滑动。但除此之外，仍有一种新的滑坡机理，即煤矿开采诱发的滑坡，典型案例为韩城电厂滑坡。该处滑坡产生机理为：在新构造运动过程中，地壳抬升，河流侵蚀下切，形成梁峁沟谷地形，下伏软硬相间岩层出露，形成高陡临空面。象山煤矿从 1976 年开始在横山斜坡地下采煤，至 1985 年初，已在整个斜坡区的地下（170m 左右）形成采高约为 2m，面积约为 0.8km² 的地下采空区，由于采空区顶板层的冒落、塌陷，造成上覆岩层发生弯曲，沿层面产生剪切错动，形成滑坡的启动力，斜坡发生蠕动变形。同时，岩层的冒落、弯曲，导致岩层产生断裂、离层和空化，有利于地下水的渗透。雨水的大量入渗造成岩层表部土体以及层内软岩强度降低，斜坡在重力作用下沿下伏基岩表面以及层内软弱岩层发生剪切滑动（图 4-3-7）。

4. 秦岭泥石流区

泥石流灾害区分布于关中平原西部的秦岭山区，主要为华山北坡，面积为 468km²。已知泥石流沟 40 余条，崩塌 54 处，滑坡 10 余处，其中，泥石流主要分布在孟塬—莲

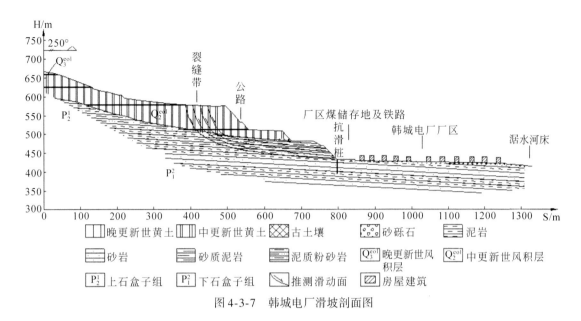

图4-3-7　韩城电厂滑坡剖面图

花寺段；崩塌多在花岗岩分布区；滑坡为堆积层滑坡，分布于基岩山区残坡积物堆积的斜坡地带。

　　关中断陷平原与秦岭隆升的接壤区，地形差异大，活动断层发育，且岩石坚硬，节理裂隙发育。常常由于地震、采石形成大量的岩块崩塌或人工废弃矿渣，遗留在山区沟谷内，也有局部地区上覆数米厚的黄土或黄土状土等松散堆积物。加上沟谷狭窄，坡降比大，汛期降雨集中且多暴雨，所以极易诱发泥石流。典型的泥石流有黄埔峪水石流、柳沟泥石流、黄沟峪泥石流、凡梨沟泥石流。

5. 横岭—高塘滑坡区

　　该地质灾害高发区位于蓝田—华州高塘，包括横岭二级黄土台塬及渭南部分一级黄土台塬，面积约为760km²，区内已有大型滑坡及滑坡群200余处，中小型滑坡数百处，分布在陡峭的黄土塬上（图4-3-8）。以古老的黄土滑坡为主，其中150余处大型滑坡处于不稳定状态或暂时稳定状态。在人为因素的影响下部分滑坡体正失去稳定，仅在横岭地区有109处具有潜在危险的大型滑坡。在冲沟沟头及两侧有新的滑坡产生。

　　该片区滑坡形成的主要原因：受骊山隆起影响，横岭地区抬升，河流侵蚀下切，形成缓坡梁峁河谷地形，诱发因素为河流侵蚀与降雨情况下，受河水侵蚀坡脚、发生破坏影响，斜坡蠕变变形，后缘拉裂形成拉张裂缝，雨水沿裂缝大量入渗造成斜坡稳定性降低，同时下伏红黏土强度降低，裂缝加剧扩展直达红黏土层，导致滑动面贯通，斜坡体在自重力作用下沿下伏红黏土层面发生滑动。典型滑坡为胥家村滑坡（图4-3-9）。

6. 白鹿塬—神禾塬滑坡区

　　该滑坡灾害区位于西安市南，灞河及皂河之间，包括白鹿塬、少陵塬、神禾塬等塬边斜坡地带，区内新、老滑坡共同组成滑坡带（图4-3-10）。白鹿塬区的地质灾害较为发育，

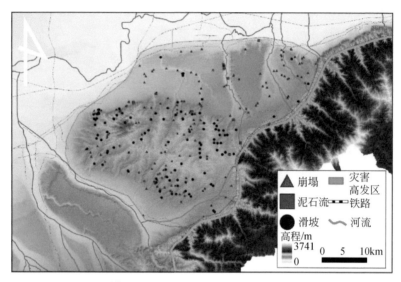

图 4-3-8　横岭—高塘地质灾害高发区地形及灾害点分布

图 4-3-9　胥家村滑坡全貌

以黄土滑坡为主，主要分布于塬边及鲸鱼沟内。其中，北临灞河的白鹿塬边滑坡成带分布，多为巨型滑坡；南临浐河的塬边斜坡及鲸鱼沟内边坡，则以小、中型滑坡及崩塌为主。典型滑坡有西张滑坡、东张坡滑坡（图 4-3-11）、三杨坡滑坡和古刘滑坡。

　　白鹿塬—神禾塬片区各滑坡形成机理基本类似，主要由于白鹿塬受骊山隆起影响，不断抬升，灞河和浐河持续下切、侧蚀，下伏新近系出露于地表，造成塬边斜坡地形高差不断加大，坡度日益陡峭；在降雨侵蚀作用下，斜坡临空面发生塑性变形，造成塬边出现拉应力集中区，形成拉张裂缝；加上白鹿塬位于秦岭北坡，为连阴雨、暴雨分布区，雨水沿塬边裂缝集中下渗，斜坡静水压力增大，下滑力增加，而雨水的侵蚀造成岩土体抗剪强度

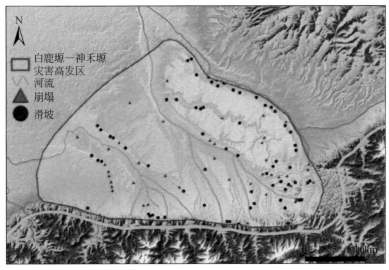

图 4-3-10　白鹿塬—神禾塬灾害高发区示意图

图 4-3-11　白鹿塬东张坡滑坡全貌

降低，斜坡抗滑力下降，稳定性降低，在拉应力作用下，裂缝快速向下剪切延伸发育并向两侧扩张；同时，地下水长期侵蚀作用，下伏易滑地层蓝田组红黏土因饱水抗剪强度降低，成为潜在滑动面；斜坡体在自重产生的拉应力作用下，拉张裂缝快速发展并导致后缘滑动面贯通，由于下伏地层呈反倾状，斜坡体在高势能不断转化为高动能过程中，滑体沿红黏土顶面或层内逆层滑动，高速滑出斜坡并成反坡状堆积于坡脚。

7. 秦岭北坡崩塌滑坡区

鄠邑以西至宝鸡的秦岭北坡属于秦岭高山寒温带湿润气候区，地处关中平原与秦岭隆升接壤区，地形高差大，岩土体类型复杂，活动断裂发育，降雨集中且多暴雨。根据调查，区内发育崩塌滑坡 90 处，类型有岩质滑坡、岩质山崩与堆积层滑坡三种类型。

岩质滑坡的形成通常受地质构造活动影响，秦岭北坡地势高耸，为滑坡提供了巨大的滑动势能条件，同时具有开阔的滑动空间。加上斜坡岩性主要为片麻岩，片麻理与构造节理面顺坡发育，且抗剪强度较低，形成顺向坡易滑的斜坡结构类型，为滑坡滑动提供了潜在滑动面。地质构造活动造成秦岭北坡坡脚形成糜棱化构造岩，主要由断裂破碎岩胶结而成，抗剪强度低，降低了斜坡坡脚的稳定性，利于斜坡的滑动剪出。并且降雨因素不仅增大了斜坡容重，同时对软弱结构面片麻理与构造节理面产生侵蚀作用，在节理裂隙面形成水平托浮力与向下推力，促进斜坡的失稳与滑动。典型岩质滑坡为莲花寺滑坡（图4-3-12）。

图4-3-12　莲花寺滑坡遥感影像全貌图

岩质山崩的形成通常由于秦岭的持续隆升造成各个峪口强烈下切侵蚀，"V"形深谷发育，形成了高达上百米的高陡基岩临空面，为山崩的形成提供了临空条件。秦岭多期复杂的断裂活动影响造成岩体内部产生多组节理，既有构造节理面，又有断裂面，造成岩体破碎，完整性差。在物理风化及降雨的作用下，节理、裂隙不断发育、扩张，并再生许多风化裂隙，造成山体更加破碎，稳定性不断降低。区内地处宝鸡—潼关地震带上，多次发生强烈地震，加剧并促发了山体失稳形成山崩。典型岩质山崩为翠华山山崩。

堆积层滑坡的形成主要由于斜坡表面产生大量残坡积物堆积，下伏基岩接触面，在降雨的诱发下易发生堆积层滑坡。周至县邱家梁滑坡是典型的降雨诱发型堆积层滑坡（图4-3-13）。

8. 泾阳南塬滑坡区

该滑坡灾害区位于泾阳县黄土南塬蒋刘、太平与高庄三个乡镇环泾河下游的黄土台塬塬边区段，是灌溉诱发的黄土液化型滑坡，在长达28km的区段内共发育新老滑坡41处（雷祥义，2001）。滑坡群位于黄土台塬塬边、泾河右岸，斜坡高差为50~90m，受泾河隐伏断层的约束与强烈的河流侵蚀作用，坡度陡立，同时，前部与泾河河谷毗邻，地形平坦、开阔，不仅具备了滑动势能条件，同时也具备了开阔的滑动空间条件。斜坡结构为黄土+古土壤类型，古土壤为易滑地层。黄土台塬区大面积农业灌溉造成塬边斜坡地下水位持续抬升，黄土达到饱和状态并在自重力作用下发生液化，促发黄土滑坡的发生。

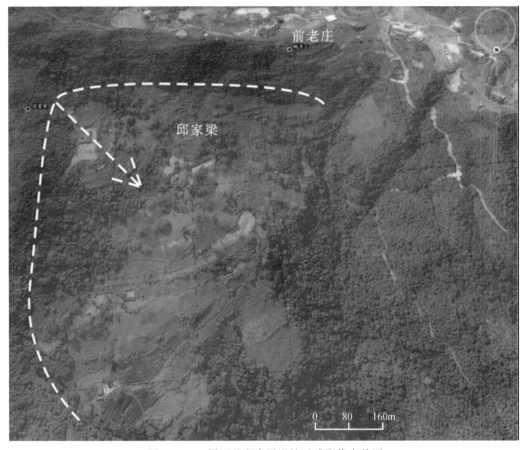

图 4-3-13　周至县邱家梁滑坡遥感影像全貌图

对关中平原各种地质灾害类型及片区的分布进行详细梳理和分析，得出关中平原地质灾害分布具有以下几点规律：

（1）在区域活动断层带周边集中。关中平原地区发育多条区域性活动断层带，地质灾害中–高密度区明显集中在部分主要断层带周边，重点为渭河断层、秦岭北缘断层带、泾河断层、临潼长安断层、韩城断层等。

（2）在特定的地貌类型区集中。关中平原地区地质灾害多集中在以下地貌单元：①南部秦岭山脉北坡；②北部塬边向基岩山区过渡带的黄土丘陵区；③黄土覆盖的黄土台塬及河流阶地，特别是有河流冲刷的边坡。

（3）在河流水系侵蚀切割影响区集中。区域主干河流及其一级支流岸坡沿线通常是地质灾害优势分布的地段，其中干流主要包括渭河沿岸；一级支流包括渭河支流清姜河、石头河、金陵河、千河、漳河、泾河、洛河、黑河、沣河、灞河等。渭河流域控制了全区大部分的地质灾害分布。

（4）在人类工程切坡扰动区分布集中。关中平原存在大量地质灾害，以人类工程活动诱发大型古老滑坡局部复活、新生的浅表层黄土泥流、黄土崩塌及山区残坡积坡体失稳为主要特色。尤其在部分基岩山区，绝大部分地质灾害与人类工程扰动有直接关系。

二、关中平原地质灾害风险评价与区划

（一）关中平原地质灾害易发性

关中地质灾害表现形式为滑坡、崩塌、泥石流等灾害类型，以滑坡和崩塌为主。平原面积为20304km²。纳入编录数据库的灾害点1129处。地质灾害点平均密度为0.056处/km²。

地质灾害高易发区呈带状集中分布，集中于渭河平原周边的塬边和丘陵斜坡带、泾河南塬黄土塬边、蓝田横岭地区、铜川黄土丘陵区、南部和西部山区中人类工程活动频繁的山间平原、主干道路切坡沿线地段。中等易发区域主要分布在高易发区的周边地区，分布面积相对较小。低易发区和不易发区分布黄土台塬及冲积、冲洪积平原（图4-3-14）。

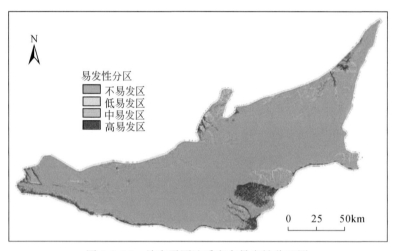

图4-3-14　关中平原地质灾害易发性分区图

（二）关中平原地质灾害危险性

在易发性评价分区的基础上，考虑降雨、工程活动对诱发灾害的影响，假设目前灾害分布地情况与降雨地空间差异具有一致性，进行信息量值计算，根据要素自身属性和空间分布特征，并按照信息量值由大到小进行排序，以揭示不同诱发要素间对崩滑流地质灾害的致灾效应的强弱程度，并进行危险性分析评价。基于上述计算分析与易发性计算，采用信息量计算方法，考虑利用降雨量等值线图提取降雨指标、人类工程边坡活动相关性，得到各种评价指标的图层，根据前述信息量计算方法，计算得到各单元总信息量。利用统计学中常用的自然断点法将危险性区划图重新分类，将关中平原的地质灾害危险性划分为四级：高危险区、中危险区、低危险区和不危险区（图4-3-15）。

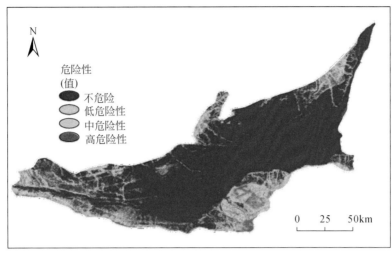

图 4-3-15　关中平原地质灾害危险性分区图

第四节　地下水污染

本研究仅在调查图幅范围内采集了部分水样，未开展关中平原地下水污染调查，因此地下水污染评价仅是局部的。关中平原地下水质量总体较好，仅在宝鸡、西安、渭南等城市区存在地下水污染，污染因子主要为硝酸盐类。渭北黄土台塬、大荔县等地区，地下水氟含量超过饮用水标准，属高氟水区，为原生环境地质问题。

一、污染源类型与分布

关中平原污染源主要为工业废水、生活污水及农药化肥。工业废水、生活污水主要分布在城市区，多呈点状、线状污染；农业污染源分布于农耕区，为面状污染。

（一）工业废水与生活污水

工业废水和生活污水是地下水污染的主要污染源。据 2016～2018 年陕西省水资源公报（表4-4-1），关中平原西安市、咸阳市、渭南市、宝鸡市为陕西省工业污水和城镇生活污水主要排放城市，2016～2018 年四市工业废水排放总量分别为 $3.816×10^8$ t、$4.059×10^8$ t 和 $4.129×10^8$ t，占陕西省工业污水排放总量的 77.4%、75.8%、77.3%；城镇生活污水排放总量分别为 $3.634×10^8$ t、$3.770×10^8$ t 和 $3.861×10^8$ t，占陕西省工业污水排放总量的 76.7%、72.8%、72.1%。

表 4-4-1　2016～2018 年关中平原城市工业废水及生活污水排放量表

行政区	2016 年废污水排放量/10^8t		2017 年废污水排放量/10^8t		2018 年废污水排放量/10^8t	
	工业废水	生活污水	工业废水	生活污水	工业废水	生活污水
西安市	2.145	2.063	2.408	2.171	2.502	2.276
咸阳市	0.753	0.500	0.734	0.553	0.667	0.519

行政区	2016 年废污水排放量/10^8 t		2017 年废污水排放量/10^8 t		2018 年废污水排放量/10^8 t	
	工业废水	生活污水	工业废水	生活污水	工业废水	生活污水
渭南市	0.448	0.577	0.442	0.502	0.460	0.514
宝鸡市	0.470	0.493	0.475	0.544	0.500	0.552
杨凌区	0.012	0.059	0.014	0.066	0.014	0.062
铜川市	0.092	0.121	0.098	0.122	0.072	0.125
合计	3.92	3.813	4.171	3.958	4.215	4.048

（二）农业污染源

据 2018 年陕西统计年鉴，关中平原五市一区共施用化肥折纯量 1.722805×10^6 t，耕种面积为 1424230hm²，化肥施用强度为 1209.64kg/hm²（表 4-4-2），远超过发达国家为防止化肥对水体污染所设定的 225kg/hm² 安全阈值上限。

表 4-4-2　关中平原化肥使用情况表

行政区	施用化肥折纯量/t	年末常用耕地面积/10^3 hm²	化肥施用强度/（kg/hm²）
西安市	255267	249.63	1022.58
咸阳市	445085	318.62	806.25
渭南市	709163	487.79	859.95
宝鸡市	253248	294.49	1396.92
杨凌区	4506	5.19	1453.83
铜川市	55236	68.51	868.21
合计	1722805	1424.23	1209.64

二、地下水污染现状

关中平原地下水水质总体较好，承压水水质优于潜水水质。渭河以南、泾河以西地区，地下水径流、排泄条件好，水循环积极，矿化度低，地下水水质达Ⅲ类水及以上水质标准，地下水未污染；渭北塬区、大荔县等地，地下水 F 含量超标，超标原因主要为古地理环境所致，属于Ⅳ～Ⅴ类地下水；泾河以东、渭河以北的固市凹陷区，地层含盐量高，地下水循环缓慢，矿化度较高，地下水水质以Ⅳ～Ⅴ类地下水为主。

关中平原地下水污染主要发生于城市区、工矿企业周围，为点状、线状污染。西安市、渭南市、宝鸡市地下水污染较为严重，主要污染物为硝酸盐、亚硝酸盐。污染层主要为潜水含水层。

西安市潜水水质以Ⅲ、Ⅳ类水为主，主要超标离子为氨氮、亚硝酸氮、氟离子、硝酸盐氮、铁、砷、六价铬等，污染程度较严重甚至极重（图 4-4-1）。渭河漫滩与一级阶地、护城河至汉城湖南、东南部灞河阶地及周边的黄土台塬区受到极重污染；电子城西南、八里村—南湖—三兆镇以南地区潜水受到严重污染；其他地区污染程度相对较轻。承压水基本未污染。

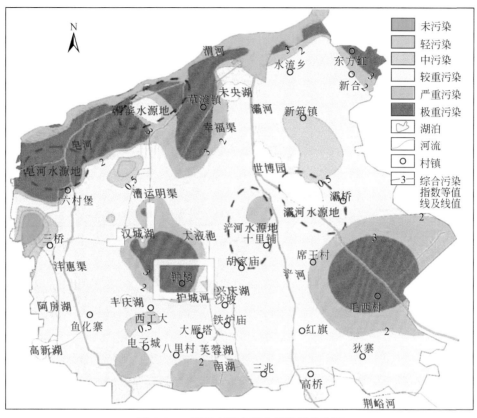

图 4-4-1　西安市潜水综合污染评价分区

　　渭南市局部水质不满足Ⅲ类水标准，主要超标离子为硫酸盐、氯化物、氟、硝酸盐、亚硝酸盐、铬（Cr^{6+}）、锌（Zn）等，潜水和浅层承压水均受到不同程度污染（图 4-4-2）。重度污染区分布于石堤河河流两侧瓜坡—侯坊乡地段，为工业污染；中等污染区分为三个片区，渭河北岸经开区、渭南城区北部双王乡和赤水河东部石堤河两侧，为人类生活污染和工业污染；轻微污染区分布于沿渭河两岸、北部辛市、信义、孝义镇和南部渭南城区、开发区，为农业化肥农药污染。

　　宝鸡市潜水水质污染物为 NO_3^-、COD，为中度–严重污染，主要分布在金陵河东侧一级阶地。杨凌区是大面积农业区及苗圃区，地下水污染物为硝酸盐和亚硝酸盐，污染源为农药化肥面污染。

三、地下水污染防治建议

　　（1）控制源头，削减地下水污染物，分质供水，提高再生水利用效率。根据 2018 年陕西省统计年鉴，目前关中平原西安市、咸阳市、渭南市、宝鸡市、铜川市、杨凌区和西咸新区废水排放总量为 1.394×10^8 t，污水处理量为 2.273×10^8 t，基本能达到污水百分百处

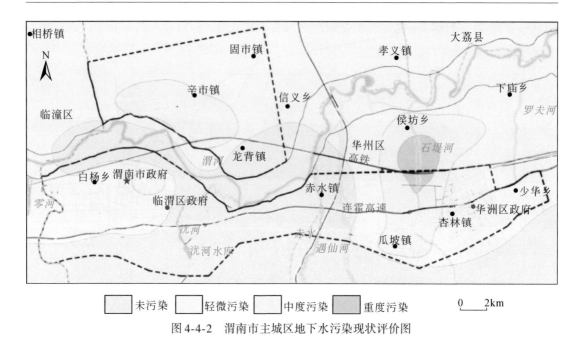

图 4-4-2　渭南市主城区地下水污染现状评价图

理。加强污水处理，从"源头上控制"，严管污水排放，严防地下水污染。进一步提高再生水利用效率，用于城市工业冷却、园林绿化、冲洒道路、公园湖池补水、洗车及市政杂用水。

（2）加强地下水动态监测网络建设，做好预警预报工作。应建设关中平原地下水包括水位、水质、水温等监测信息网络，以资源共享实现区内地下水环境共治，以监测能力建设的加强做好警情预报工作，为地下水环境保护监管和相关措施制定提供数据支撑和依据。

（3）提高公众水环境保护意识。增强公众的环境知识、环保意识，使环保宣传社会化、环保意识全民化，使环境保护落实到具体的行动中去，充分发挥公众的能动性，切实起到保护环境的作用，充分保障和发挥社会公众的环境知情权和监督作用。

（4）加强监督监管。加强水环境监督管理，提高水环境保护工作和水环境监管能力。

第五节　土壤污染

关中平原作为陕西省重要的农业区，农药、化肥长期大量使用，造成土壤中农药残留量、有机污染物及重金属污染元素等不断增加，氮、磷、钾等营养元素含量结构发生变化，局部地区农作物营养成分、品质有所下降。此外，普遍存在农膜大量使用的情况，农膜残留问题也是主要污染之一。2017 年，关中五市一区农膜使用量达 27885t（据 2017 年陕西省统计年鉴），对农村环境和土壤性质造成的潜在影响不容忽视。

关中平原作为重要的农业区，土壤中污染物主要为地膜、农药、化肥以及水源污染等。由于本次资料收集有限，本节主要基于《汾渭平原流域 1：250000 多目标区域地球化学调查》项目成果，对砷、镉、铬、汞、铅等重金属的土壤环境质量简述。

一、土壤环境质量单元素评价

（一）砷

关中平原土壤砷含量达到一级土壤的面积为 14674.92km²，占全区面积的 90.35%；二级土壤面积为 1562.98km²，占全区面积的 9.62%；三级土壤面积为 3.71km²，占全区面积的 0.02%（图 4-5-1）。二级土壤地区与其成土母质及温泉出露有关，长安区引镇—蓝田县有温泉分布，泉水中含有大量的砷元素，蓝田县一带则与古近系和新近系中含大量砷元素含量高的泥页岩有关。三级土壤分布区经调查与兴平市氮肥厂排污有关。

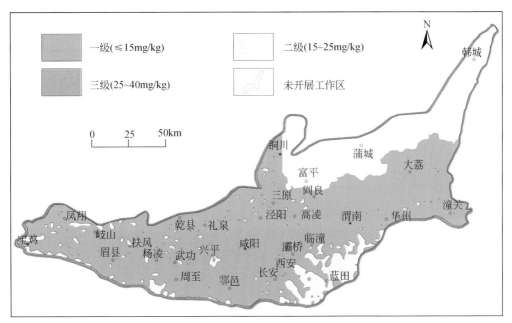

图 4-5-1　表层土壤 As 元素环境质量评价图

（二）镉

关中平原镉的一级土壤面积为 9291.57km²，占全区面积的 57.21%；二级土壤面积为 6669.27km²，占全区面积的 41.06%；三级土壤面积为 136.08km²，占全区面积的 0.84%；三级以上土壤面积为 144.69km²，占全区面积的 0.89%（图 4-5-2）。西安城区深层及浅层镉均为高背景值，与古都西安长期以来密集的人类活动有关；潼关地区镉污染与金矿开采有关；宝鸡市区镉的三级土壤的分布可能与工业污染有关。

（三）铬

关中平原铬的一级土壤面积为 16017.30km²，占全区面积的 98.62%；二级土壤面积为 224.31km²，占全区面积的 1.38%（图 4-5-3）。终南镇—祖庵镇、焦岱镇东的二级土壤

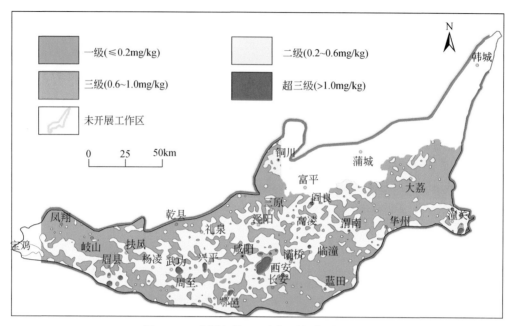

图 4-5-2 表层土壤 Cd 元素环境质量评价图

区深浅层异常套合比较好，其原因与成土母质关系密切；西安市区、兴平市、三原县等地的二级土壤区与人类污染有关。

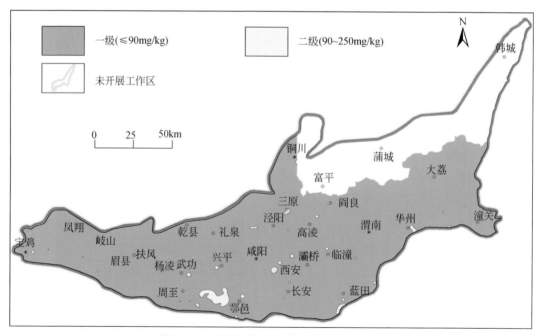

图 4-5-3 表层土壤 Cr 元素环境质量评价图

（四）汞

关中平原汞的一级土壤面积为 14655.84km²，占全区面积的 90.24%；二级土壤面积为 1351.29km²，占全区面积的 8.32%；三级土壤面积为 50.17km²，占全区面积的 0.31%；三级以上土壤面积为 184.31km²，占全区面积的 1.13%。二级以上土壤主要分布在宝鸡市、眉县、陈仓区、凤翔县、法门镇、扶风县、西安–咸阳城区、城郊与潼关地区（图 4-5-4）。潼关地区三级土壤区与现代采矿有关。

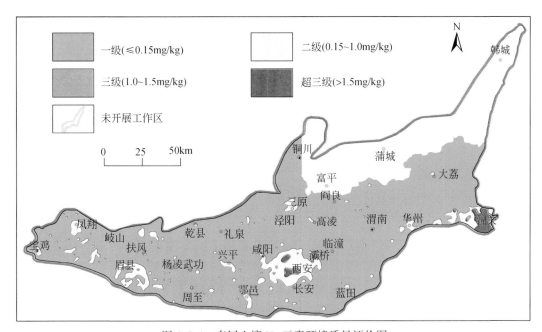

图 4-5-4　表层土壤 Hg 元素环境质量评价图

（五）铅

关中平原铅的一级土壤面积为 14731.52km²，占全区面积的 90.70%；二级土壤面积为 1470.38km²，占全区面积的 9.05%；三级土壤面积为 13.68km²，占全区面积的 0.08%；三级以上土壤面积为 26.03km²，占全区面积的 0.16%（图 4-5-5）。西安、咸阳、临潼、渭南、鄠邑等地，因城市垃圾的堆放、工业三废的排放、污泥及含重金属的农药、化肥的不合理使用等原因，土壤铅含量较高。华州—潼关一带铅污染与采矿活动有关。

二、土壤环境质量综合评价

关中平原土壤环境质量总体为清洁和基本清洁的。土壤清洁区及基本清洁区面积占全区总面积的 96.71%，达到重度污染的土壤面积仅占全区的 0.25%（图 4-5-6）。污染区主要集中在宝鸡市、凤翔县、眉县、齐镇、楼观庵、法门镇北和陈仓区、铜川市的耀州区、西安市的西北郊和潼关地区，西北郊的污染与工业三废的排放和污水灌溉有关，潼关地区的污染则与采矿密切相关。

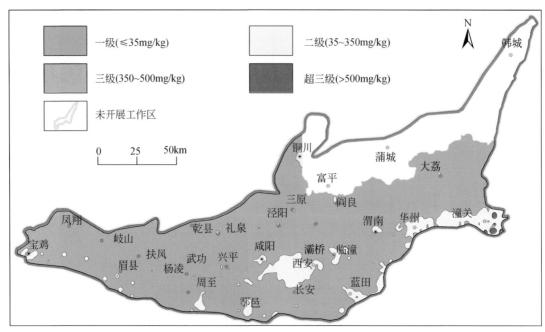

图 4-5-5　表层土壤 Pb 元素环境质量评价图

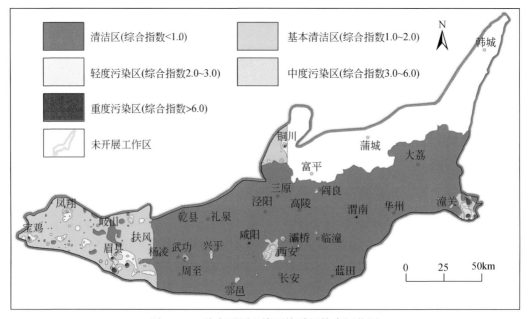

图 4-5-6　关中平原土壤环境质量综合评价图

第六节　区域地下水位变异

关中平原地下水位变异主要表现在两个方面，一是地下水开采引起的水位下降，20
世纪 50 年代以来，随着社会经济发展，关中平原地下水开采井数量不断增加，开采规模持续增大，地下水开发利用程度较高，已形成 14 处超采区，面积为 1227.4km²，其中西安市超采区 5 处，面积为 601.3km²；宝鸡市 2 处，面积为 224.9km²；咸阳市 4 处，面积为 304km²；渭南市 3 处，面积为 264.8km²。地下水开采已造成区域地下水位下降，集中开采区形成降落漏斗，导致大泉消失如鄠邑区丈八寺大泉；河水与地下水补排关系发生逆转如石川河；卤阳湖唐宋时，湖面达数万亩，1992 年面积萎缩至 4.83km²，现已基本干枯。二是城市水景工程地表水渗漏引起的水位上升，如西安市曲江南湖蓄水后引起地下水位上升。

一、地下水位下降

（一）冲积-冲洪积平原区

渭河及其支流漫滩和一级阶地区的潜水埋深为 1 ~ 20m，含水层厚 20 ~ 50m，傍河地带含水介质粒度粗，利于河水激发补给，是城市供水水源地的有利开采地段。自开采至今，地下水位总体呈下降趋势（图 4-6-1）。

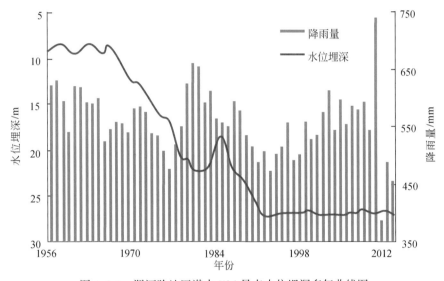

图 4-6-1　渭河阶地区潜水 K26 号点水位埋深多年曲线图

集中开采区如西安的沣河水源地、灞河水源地、咸阳的城区自备井水源地，由于地下水长期大量持续开采，潜水位下降并形成降落漏斗。西安浐灞河水源地降落漏斗中心水位 2014 年较 2013 年同期下降 1.23m，漏斗面积增大 3.44km²。咸阳集中开采区，潜水降落漏斗边界向东北方向扩大，水位 375m 圈闭漏斗面积 2014 年较 2013 年增大 7.59km²。渭南集中开采区，潜水降落漏斗中心水位 2014 年较 2013 年同期下降 2.02m，漏斗面积基本持平（表 4-6-1）。宝鸡市由于多年持续开采，潜水含水层自 2000 年以来已呈疏干、半疏干状态。

表 4-6-1　潜水漏斗（开采）中心水位埋深及漏斗面积统计表

潜水集中开采区	漏斗面积/km²		漏斗中心水位埋深/m		漏斗圈定等值线/m
	2014 年	2013 年	2014 年	2013 年	
浐灞河水源地	8.27	4.83	28.82	27.59	(370)
咸阳集中开采区	45.84	38.25	15.62	15.69	(375)
渭南集中开采区	34.24	34.48	17.65	15.63	(339)

（二）黄土塬区

黄土塬区主要为农业生产区，大部分农田区为井灌区，潜水动态主要受降水、灌溉回渗、开采的影响，多年来水位呈下降趋势。黄土塬区潜水水位 2014 年与 2013 年相比下降明显，下降幅度均超过 1m，其中乾县水位降幅达 2m、礼泉降幅 1.03m。富平县 2016 年全县开采井 5825 眼，井密度为 4.69 眼/km²，自 20 世纪 60 年代以来，地下水持续开采，区域地下水位普遍下降 5~20m，1978~2012 年，黄土台塬地下水位下降了 7.07~29.47m。

（三）西安市

西安市地下水集中开采始于 1956 年，至 2000 年黑河引水工程建成前，地下水是西安市唯一集中供水水源。以潜水开采为主的水源地有灞河水源地、沣河水源地等，以承压水开采为主的水源地主要有浐河水源地、皂河水源地、西北郊水源地、城区自备井水源地。近 50 年来，西安市地下水位呈整体下降趋势，以西安城区自备井水源地下降幅度最大。

1. 潜水

潜水水源地主要有灞河水源地、沣河水源地，含水层为砂卵石层，分布广而厚，地表径流充沛，补给条件优越，初始水位仅为 0.2~5m。自 20 世纪 50 年代水源地建成运营以来，地下水位普遍下降约 20m，形成以灞河水源地、沣河水源地为中心的降落漏斗。2000 年以前，随着开采量的不断增加，地下水位逐年下降，降落漏斗持续扩大，至 20 世纪 90 年代中期，漏斗中心水位埋深为 26.85m，年平均下降速率为 0.58m/a。2000 年后，黑河引水工程开始供水，城区自备井关闭，水位逐步回升，2005~2011 年，地下水位上升明显，平均上升速率为 0.25m/a，漏斗面积减小（表 4-6-2，图 4-6-2）。自 20 世纪 50 年代以来，西安市地下水位和降落漏斗变化大体上经历了三个阶段，水位急速下降、漏斗扩张形成期（1975 年前）—水位下降缓慢、漏斗稳定期（1975~2000 年）—水位逐渐回升、漏斗缩小期（2000 年至今）。

表 4-6-2　潜水开采漏斗多年变化统计表　　　　　　　　　（单位：km²）

集中开采区	漏斗面积				
	1986 年	1990 年	1995 年	2006 年	2011 年
灞河水源地	3.50	4.50	35.40	9.00	5.34
沣皂河水源地	—	—	45.00	19.60	12.59
咸阳集中开采区	22.80	21.00	32.80	17.50	12.43
渭南集中开采区	—	—	—	—	35.00

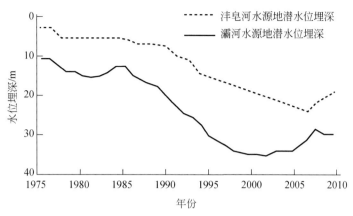

图 4-6-2　灞河、沣皂河水源地地下水动态曲线图

2. 承压水

西安市承压水集中开采主要有城区自备井开采水源地、皂河水源地、渭滨水源地、浐河水源地、西北郊水源地等。城区自备井水源地初始水位为 15～30m，其他水源地初始水位为 1.07～10.15m。2000 年以前各水源地水位均大幅度下降，平均下降幅度为 20～40m，其中城区自备井水源地水位下降幅度超过 120m，形成了以水源地为中心的降落漏斗。2000 年以后，水位稳定略有回升。水位动态经历了三个不同的变化阶段（表 4-6-3，图 4-6-3～图 4-6-5）。

表 4-6-3　承压水开采漏斗多年变化统计表　　　　　　　（单位：km²）

水源地	漏斗面积				
	1975 年	1985 年	1995 年	2005 年	2011 年
浐河水源地	—	14.00	—	13.40	12.42
皂河水源地	未形成漏斗		42.39	39.00	11.14
西安城区自备井水源地	约 90	133.00	234.75	229.10	208.00
宝鸡集中开采区	21.75	38.00	54.60	56.29	28.00
咸阳集中开采区	—	27.30	47.00	71.90	7.81
渭南集中开采区	—	—	—	—	39.00

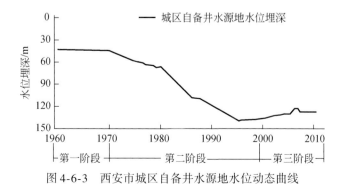

图 4-6-3　西安市城区自备井水源地水位动态曲线

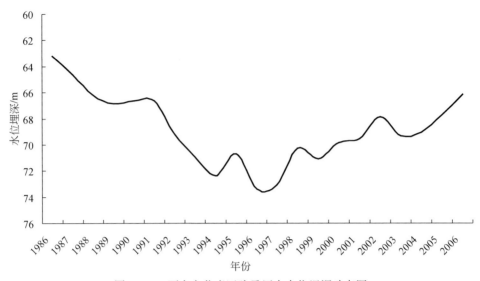

图 4-6-4   西安市儿童医院承压水水位埋深动态图

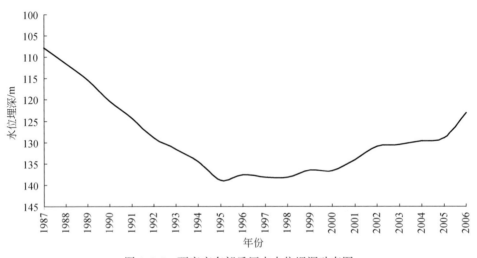

图 4-6-5   西安市东郊承压水水位埋深动态图

第一阶段（1959~1971 年）：该阶段是西安承压水的开采初期，初始水位埋深为 15 ~ 30m，以 0.5 ~ 0.8m/a 的速度下降，没有出现承压水位下降漏斗。

第二阶段（1972~2000 年）：该阶段承压水位逐年下降，形成区域降落漏斗，漏斗中心的水位下降速率约为 5m/a，最大可达 10m/a。截止到 2000 年，漏斗中心水位埋深约为 136.72m，较开采初期已下降超过 120m，漏斗面积为 216.32km²。

第三阶段（2000 年至今）：承压水位逐渐稳定略有回升。2005 年后，漏斗中心水位基本稳定在 126m 左右，2011 年漏斗面积为 208km²。

（四）宝鸡市

宝鸡市主要开采 150m 以浅的承压水。在集中开采之前，承压水头埋深平均在 1 ~ 2m，部分地段高出地表。1970 年前后水位大幅度下降，1974 年水位漏斗基本形成。截至 2000 年，漏斗中心水位降至 90m 以下，最大降幅达 80 ~ 90m。2000 年以后水位迅速回弹；2011 年水位上升至 5.26m，年均升幅 7.7m（图 4-6-6），漏斗面积逐步缩小。

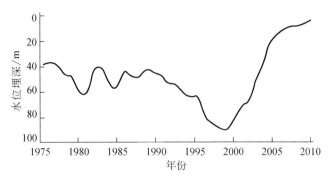

图 4-6-6　宝鸡市 K15 井水位动态曲线

二、地下水位上升

本书所讨论的关中平原地下水位上升，是指水景工程渗漏引起的地下水位上升。城市水景工程如"八水润西安"，通过实施"571028 工程"，即保护、改造、提升、新建"5 引水、7 湿地、10 河系、28 湖池"，再现"八水润西安"新胜景。根据监测资料，曲江南湖蓄水后，湖区地下水位有一定抬升。水位变化情况详见本书第五章第九节。

三、地下水位变异引发的环境地质问题

地下水位下降可产生地面沉降。1959 ~ 2018 年，西安市地面沉降范围：西起西三环，东到纺织城，南起南三环，北抵辛家庙，总面积约为 300km²。西安东郊、南郊尤为显著，北郊、西郊相对较弱。累计沉降量大于 100mm 的面积达 243km²，超过 1000mm 的面积约为 68km²，最大沉降速率超过 300mm/a，形成小寨、铁炉庙、沙坡村、胡家庙、西工大、八里村、电视塔、鱼化寨等 8 个沉降中心，沉降中心的累计沉降量均超过 2000mm，最大累计沉降量达 2680mm。地面沉降造成城市建筑物倾斜，甚至破坏，如 1985 年大雁塔已倾斜 998mm，1996 年倾斜达 1010.5mm。

水景工程地表水渗漏导致局部地下水位抬升，而水位上升会对已有建筑物地下室、拟建建筑物基坑等产生影响，并可能产生黄土湿陷、砂土液化。根据大西安地区数值模拟计算结果，地下水补给量增大 10% 时，可能的黄土湿陷区域扩大约 4km²，砂土液化区域扩大 12km²。因此，城市水景工程建设应采取适当防渗措施，防治地表水渗漏，避免地下水位上升造成的环境地质问题。

第七节　黄土湿陷

关中平原风积黄土广布于河流二级以上阶地及黄土台塬区（图 4-7-1）。全新世黄土一

般厚度为 1 ~ 2m，晚更新世黄土厚 7 ~ 18m，中更新世黄土厚 15 ~ 40m，早更新世黄土厚 50 ~ 80m。黄土状土主要分布于河流一级阶地。

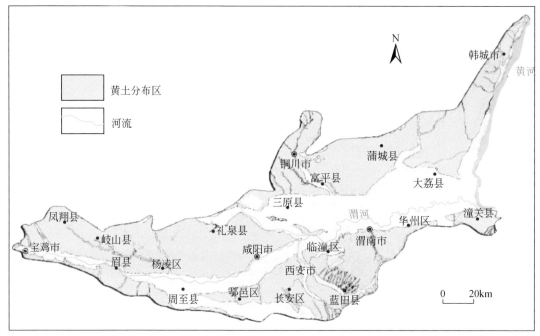

图 4-7-1 关中平原黄土分布图

一、黄土湿陷性

关中平原黄土以黏质粉土为主，其次为粉质黏土，它的工程地质性质随黄土时代不同而变化。全新世黄土孔隙度高、土质疏松，结构强度低，具自重湿陷性，湿陷性与压缩性高。晚更新世黄土具有大孔隙结构，孔隙比大 (0.93 ~ 1.01)，一般具中等湿陷性和中等压缩性。中更新世和早更新世黄土固结度高、土质微密，压缩性低，一般为非湿陷土。黄土强度随时代变老而增高。以西安地区为例，全新世黄土无侧限抗压强度平均值为 119.1 ~ 239.13kPa，更新世黄土为 192.5 ~ 243.2kPa。黄土具有水敏性，遇水结构破坏崩解软化，压缩性增高，强度降低。因此黄土地基浸水饱和后承载力降低。

古土壤岩性以粉质黏土为主，平均孔隙比为 0.70 ~ 0.90，土质致密，一般属非湿陷性土。平均无侧限抗压强度为 149.6 ~ 290.2kPa，强度高、稳定性好，是建筑物较好的天然地基。但全新世黑垆土结构疏松，压缩性高，具弱至中等湿陷，强度和稳定性较差。

根据黄土湿陷类型与程度，关中平原黄土湿陷区分为三类（图 4-7-2）。

（一）自重湿陷性黄土区

较强自重湿陷黄土区分布于关中东部渭河以北黄土台塬及部分河流三级阶地区。黄土湿陷带深度为 7.2 ~ 20m，地基总湿陷量为 22.3 ~ 50.8cm，为 Ⅱ ~ Ⅲ 级自重湿陷地基。

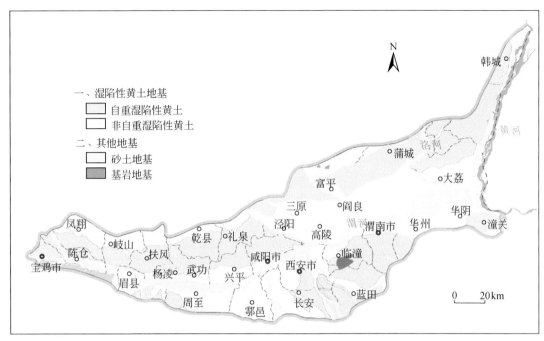

图4-7-2　关中平原（不含铜川）黄土地基湿陷类型分区图

中等自重湿陷黄土区分布于渭河以南的潼关、渭南、西安等地低级黄土台塬及河流三级阶地区。区内以自重湿陷性黄土地基为主，约占66.7%，余为非自重湿陷性地基。黄土湿陷带深度为8～15.5m，地基总湿陷量一般为11～20cm。大多属Ⅱ级湿陷，部分属Ⅲ级湿陷地基。

（二）非自重湿陷性黄土区

较强非自重湿陷黄土区分布于关中西部渭河以北黄土台塬和部分高阶地区。黄土湿陷带深度为7～9.3m，地基总湿陷量一般大于30cm，以Ⅱ级非自重湿陷黄土地基为主。

中等非自重湿陷黄土区分布于大荔、西安、咸阳以西等地黄河及渭河二级阶地与部分三级阶地区。黄土湿陷带深度为6～11m，地基总湿陷量<30cm，以Ⅰ级非自重湿陷地基为主。

弱非自重湿陷黄土区分布于渭河及其主要支流一级阶地和泾河、洛河下游的二级阶地区。黄土湿陷带深度为3～9.5m，地基总湿陷量一般<10cm，以Ⅰ级非自重湿陷地基为主。

（三）湿陷不均一的黄土区

分布于秦岭北麓的洪积倾斜平原和渭河以北黄土台塬坡麓地带。全新统黄土成因以坡积、洪积为主，厚度大，岩性不均匀，黄土湿陷性变化极大。以Ⅰ～Ⅱ级非自重湿陷黄土地基为主，部分地段为严重湿陷黄土地基。

（四）主要城市黄土湿陷性

以西安市为例，西安市中心人口聚居区320km²范围内，其中湿陷性黄土分布面积为

$280km^2$。区内具湿陷性的土有上更新统黄土（Q_3^{2eol}）、全新统黄土状土（Q_4^{1al+pl}）和素填土。上更新统黄土湿陷性强，湿陷量大，分布于二级阶地及二级阶地以上的各地貌单元上；全新统黄土状土和素填土湿陷性弱，前者主要分布于河流一级阶地上，后者主要分布于西安老城区一带。区内局部地势较高且地下水位埋深大的地段，中更新统上部黄土（Q_2^{2eol}）具湿陷性，中更新统下部（Q_2^{1eol}）和下更新统黄土（Q_1^{eol}）不具湿陷性，表明黄土由新到老湿陷性由强变弱。

依《湿陷性黄土地区建筑规范》（GB 50025—2018）的有关规定，即湿陷系数（δ_s）≥0.015 的黄土为湿陷性黄土，自重湿陷量 Δ_{zs}>7cm 为自重湿陷性黄土，将湿陷性黄土场地划分为非自重与自重两种湿陷类型；按自重湿陷量（Δ_{zs}）和总湿陷量（Δ_s）划分为 5 个湿陷等级。从划分等级来看，区内湿陷性黄土场地以 Ⅰ、Ⅱ 级非自重湿陷性为主，主要分布于渭河及其支流的一、二级阶地及黄土梁凹区的中西部，面积约 120km^2；Ⅱ 级自重湿陷性场地主要分布于黄土梁凹区东南部、白鹿塬以及灞河的二、三级阶地，面积约 70km^2；Ⅱ、Ⅲ 级自重湿陷性场地，集中分布于区内的东南部，面积约 36km^2；Ⅳ 级自重湿陷性场地仅零星分布。

咸阳市黄土分布可划分为 Ⅱ 级非自重湿陷性区和 Ⅰ 级非自重湿陷性区。Ⅱ 级非自重湿陷性区分布于司魏村—塔尔坡局部以及渭店村以北一带的黄土台塬、渭河三级阶地地区，以及大寨以南的渭河二级阶地地段。据钻孔资料，在 10m 以浅，黄土的湿陷系数（δ_s）为 0.020 ~ 0.096，总湿陷量（Δ_s）为 16.5 ~ 26.6cm；湿陷土层厚度为 6.5 ~ 11.5m，属中等至强湿陷性 Ⅱ 级非自重湿陷类型；黄土 Ⅰ 级非自重湿陷性区分布于大泉至司魏村一带的黄土台塬、渭河三级阶地以及渭河二级阶地的广大地区。在 10m 以浅，黄土的湿陷系数（δ_s）为 0.015 ~ 0.062，总湿陷量（Δ_s）为 1.8 ~ 11.0cm。湿陷土层厚度为 3.5 ~ 7.5m，属弱至中等湿陷性 Ⅰ 级非自重湿陷类型。

渭南市湿陷性黄土在渭河南北两岸均有分布。渭河以南分布于二、三级阶地和黄土台塬的浅表部，时代属于上更新统—全新统，岩性以粉土为主，少量粉质黏土，裸露地表，厚 30 ~ 34m。上部土质不均，常含瓦砾，夹一层"黑垆土"；中、下部土质均一，夹一层"褐棕壤"和一层"棕红色古土壤"。土质疏松，多大孔隙及虫孔，垂直节理发育，为高-中孔隙、低-高压缩性土。一般具严重-很严重自重湿陷性，自重湿陷系数 δ_{zs} = 0.016 ~ 0.120，非自重湿陷系数 δ_s = 0.020 ~ 0.214，自重湿陷量 Δ_{zs} = 13.09 ~ 53.44cm，总湿陷量 Δ_s = 54.50 ~ 124.50cm，归属于 Ⅲ 级自重湿陷性场地；局部地段具轻微-中等非自重湿陷，自重湿陷量 Δ_{zs} = 2.74 ~ 6.70cm，总湿陷量 Δ_s = 22.44 ~ 55.10cm，归属于 Ⅰ-Ⅱ 级非自重湿陷性场地。其下伏中更新统黄土不具湿陷性。渭河以北湿陷性黄土亦分布于二、三级阶地，成分为上更新统黄土状土，系风-洪积物，岩性以粉土、粉质黏土为主，土质混杂疏松，常含砂砾、黏性土团块和瓦砾，多大孔及虫孔，压缩性变化大，属低-高压缩性，低-高孔隙比土，具轻微-中等湿陷性（局部严重），自重湿陷系数 δ_{zs} = 0.015 ~ 0.078，湿陷系数 δ_s = 0.015 ~ 0.142，一般自重湿陷量 Δ_{zs}<7cm，总湿陷量 Δ_s = 10 ~ 55cm，属 Ⅰ-Ⅱ 级非自重湿陷性场地，局部自重湿陷量达到 7 ~ 12cm，总湿陷量 34 ~ 56cm，属 Ⅱ-Ⅲ 级自重湿陷性场地。

二、区域地下水位上升引起的湿陷灾害预测评价

若区域地下水位上升并浸入湿陷性土层，即可引起湿陷灾害。关中平原地下水系统补径排条件发生改变时，比如大面积农田灌溉水入渗，渠系或水景工程的地表水渗漏，地下水开采量减少，在渭河一级和二级阶地的地下水位附近修筑垂直地下水流向的线状构筑物等，可能引起局部甚至区域性地下水位上升。这种地下水位上升并可能引起湿陷灾害的区域，关中平原内可圈定出三个片区。

一是渭河一级阶地及泾阳—三原一带的一级冲洪积平原区。此区域地下水位埋深一般为5～10m，地下水径流相对缓慢，若农田灌溉用水增加，渠系渗漏，则地下水补给量增大，可能引起地下水位上升，并引起局部黄土状土产生湿陷灾害。因黄土状土分布的不均匀性，湿陷灾害仅是局部的。建议合理开发地下水，减少农灌水回渗，控制地下水位，避免湿陷灾害发生。

二是鄠邑—西安—洪庆一带的二级冲洪积平原区。此区域位于鄠邑丈八寺—长安东湖一线地下水溢出带以北（该溢出带现已消失），地下水位埋深一般为10m左右，规划建设有"八水润西安"工程，若地表水大量渗漏，则可能引起局部地下水位上升。二级冲洪平原区分布有晚更新世黄土，厚8～11m，具有中等–严重湿陷性，按湿陷系数0.015计算，则每米湿陷量15mm。若地下水位上升可能引起较严重的湿陷灾害。建议水景工程采取有效的防渗措施，加强地下水位监测，适当开采地下水，合理控制地下水位。

三是渭北西部灌区。此区域西起宝鸡市，东至泾河，南北分别以渭河和北山为界。地貌以洪积平原、黄土台塬为主。灌区由宝鸡峡引渭灌区、冯家山水库灌区、羊毛湾水库灌区、横水河灌区、东风水库灌区等五个灌区组成。灌区含水层岩性以黄土为主，渗透性弱，地下水径流缓慢，地下水补给量增加，极易引起地下水位上升。灌区自开灌以来至1984年，除洪积平原部分地段和渭河低阶地地区外，大部分地区潜水位呈持续上升趋势，至1981年形成11个渍水集中分布区。1988年以后，灌区引水灌溉量大幅度减少，潜水位逐年下降，渍水区明水在1989～1990年均已消退。地下水位上升产生渍水后，引起渍水区黄土湿陷并造成大量房舍毁坏，部分居民不得不迁址新建。此区域湿陷性黄土主要为晚更新世黄土，厚10～15m，按渍水条件考虑，总湿陷量可达150mm以上，湿陷灾害严重。目前该区域无显著渍水，黄土湿陷影响微弱，但农田不合理灌溉，仍能引起地下水位上升，并诱发湿陷灾害。建议加强地下水位监测，合理控制农田灌溉用水量。

第八节　砂　土　液　化

一、砂土液化分布区评价

关中平原中，饱和砂土或粉土一般分布在渭河及其支流（漆水河、泾河、石川河、洛河、灞河等）的河漫滩及低阶地区，而影响砂土或粉土液化的因素有地质年代、黏粒含量、水位埋深、砂土的颗粒级配和密度，上覆非液化土层的厚度、地震烈度和持续时间

等。一般是第四纪以前的地层,地震烈度为 7、8 度时可判为不液化(图 4-8-1)。

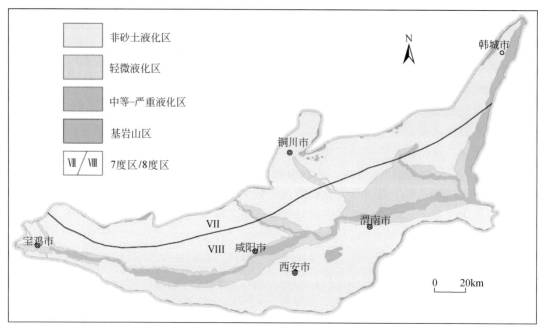

图 4-8-1 关中平原砂土液化区划图

西安市液化的砂土和粉土主要分布于河漫滩及一级阶地区,二级阶地及其以上较少分布。土体主要由粉砂-粗砂组成,结构单一。水位埋深多小于 5m,地震烈度大于 7 度时,饱和砂土易发生液化,液化指数 ILE 介于 1.72 ~ 17.4,仅个别 ILE>15,液化严重。依液化指数的大小可将西安市划分为轻微-中等-严重三个等级。严重液化地带仅片状分布于沣河—渭河交汇地带;中等液化地带分布于渭河、沣河两岸的漫滩及低级阶地前缘;轻微液化地带分布于渭河阶地和渭河支流阶地地段。

咸阳市区内渭河两岸漫滩地段,以及陇海铁路以东的沣渭河交汇处漫滩地带地表分布有砂性土,结构松散,分选性较好,以细砂及中砂为主,偶见砾卵石,微含粉土粒及黏粒。另外,渭河一级阶地粉质黏土之下局部地段也埋藏有浅于 5m 的砂性土。当地下水位埋藏较浅时,这些地段存在发生砂土液化的可能性。渭河北岸二、三级阶地,土体的形成年代为第四纪更新世及其以前,渭河南岸一级阶地的北部,上覆非液化土层(粉质黏土)的厚度较厚,为 9.9 ~ 12.5m,这些地段的饱和砂土均为不液化土。按计算的液化指数,将咸阳市区砂土液化地段划分为轻微、中等、严重三个等级:严重液化地段分布于古渡公园到沣河-渭河交汇地带;中等液化地段分布于渭河两岸的漫滩地段;轻微液化地段分布于渭河北岸一级阶地及渭河南岸一级阶地南部地段。

宝鸡市千河以西渭河两侧高低漫滩局部存在全新统细砂、粉砂和轻质亚黏土,地下水位较浅,地表覆盖的亚黏土、亚砂土层薄,具有受震液化的可能。由于可液化层薄(厚度在 4.2m 之内),分布零散,因而液化造成的震害不十分严重。

历史上渭南城区一带,曾受华县 1556 年大地震影响,砂土液化严重,致城区瓦砾一片。资料收集及调查表明,渭南市区内砂土液化只发生在渭河漫滩区,据判断饱和砂土在地震基本烈度为8度（近震）条件下，将发生液化。据"渭南城区水文地质工程地质综合勘察"资料，调查区内渭河一级阶地区地下水位埋深多大于10m，一般砂土液化的条件已经消失，区内饱和砂土在渭南地震基本烈度为8度（近震）条件下，液化只发生在渭河漫滩区。

二、区域地下水位上升引起的砂土液化灾害预测评价

在全新世地层分布区，若地下水位上升，且埋深小于15m时，地震条件下可引起砂土液化灾害。这种地下水位上升并能引起砂土液化灾害的区域，在关中平原内可分为两种类型。

渭河一级阶地地下水位埋深一般为5~10m，现状条件下判定为轻微液化区。若地下水位上升，砂土液化可达到中等-严重等级，砂土液化灾害加剧。

鄠邑—西安的一级冲洪积平原地下水位埋深一般为10m左右，现状条件下判定为非液化区。若水景工程地表水渗漏引起地下水位上升，全新世冲洪积砂层、粉土成为饱和土层，地震条件下可能产生砂土液化灾害。

第五章　大西安城市地质

西安，古称长安，居中国古都之首，是世界四大文明古都之一。二百万年前，人类就开始在这里活动（蓝田猿人头骨），五六千年前人类文明就在这里留下了印记（杨官寨遗址、半坡文化遗址）。西安有三千多年的建城史，一千多年的建都史。西安不但是十三朝古都，还是丝绸之路的起点，不仅是中国封建社会的诞生地，也是周礼、秦制、汉文化、隋科举、唐盛世的形成地。西安有着"天然历史博物馆"的美称，是世界认识中国的名片和窗口。

在国家西部大开发、黄河战略、"一带一路"倡议及《关中平原城市群发展规划》（以下简称《规划》）中，西安被确定为国家中心城市，发挥着引领带动丝绸之路经济带建设的作用，担负着推进实现西咸一体化、打造大西安、再造国际化大都市、促进国家区域协调发展的重要使命。西咸一体化的大西安是关中平原城市群核心城市，总面积10745 km²，城区建成区700 km²，常住人口1000.37万人，城镇人口740.37万人。

可以说，唐朝之后，西安由鼎盛走向衰落，甚至由国际化大都市降格为一个小城镇。新中国成立以来，西安经历了起步阶段、扩容阶段和快速发展阶段，城市建设和快速发展也带来了建筑拥挤、交通堵塞、停车难、雾霾蔽日、地面沉降、地裂缝等一系列城市病。大西安目前已经进入提质发展阶段，绿色、智慧、宜居、高质量发展对地质工作提出了更新更高的要求。大西安地热资源丰富，华清池、东汤峪、西汤峪等地热能利用历史悠久，传统的水热型地热开发利用已经成熟，咸阳冠有全国地热城之称，然而地热水的过度开发已引起深层地下水头大幅下降，并产生余热污染等环境问题。亟待研发"取热不取水"无干扰模式地热能利用技术和地热水高效回灌技术，并颁布相应的技术规程，助推清洁能源利用，打胜雾霾攻坚战。大西安第四系厚度近千米，地下空间资源禀赋高，精准探测和合理开发地下空间，建设地上与地下两个西安是解决城市病的有效途径。西安地面沉降地裂缝举世闻名，发育14条地裂缝，大西安建设仍然面临着地面沉降地裂缝的威胁。引汉济渭及水景工程建设引起区域地下水位抬升，进而引发地下空间浸水与浮力、黄土湿陷、砂土液化等一系列环境地质问题。以上这些问题都是本次研究的主要任务。

第一节　发展规划及面临的地质挑战

一、大西安发展规划

2017年，陕西省委、省政府决定由西安市代管西咸新区，实现西安市与西咸新区一张蓝图、一体建设，助推大西安快速发展，全面建成小康社会，向国家中心城市迈进，发布了《大西安（西安市—西咸新区）国民经济和社会发展规划（2017—2021）》，规划范围是西安市行政辖区与西咸新区（图 5-1-1），规划面积为 10745km²。

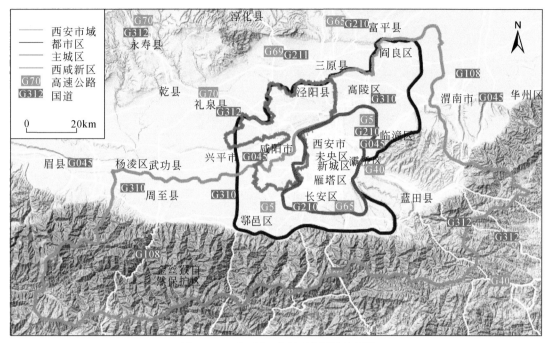

图 5-1-1　大西安不同规划范围示意图

2018 年 2 月，国家发展和改革委员会与住房和城乡建设部发布了《关中平原城市群发展规划》，明确加快西安国家中心城市建设步伐，加强西咸新区、西安高新区国家自主创新示范区、西安国家级经济技术开发区等建设。打造西部地区重要的经济中心、对外交往中心、丝路科创中心、丝路文化高地、内陆开放高地、国家综合交通枢纽。

《规划》当中提到大西安今后的发展理念，即坚持绿色发展与特色保护相结合的城市发展理念，秉承高端化的城市业态、特色化的城市形态、现代化的城市文态、优美化的城市生态"四态合一"的规划理念，在省市共建大西安的总体格局下，进一步优化城镇格局，完善城市基础设施，全面提升城市内在品质，彰显历史文化名城特色，建设华夏人文之都、美丽山水之城，打造"魅力古城，品质西安"。

《规划》当中提出要加强城市基础设施建设，特别是加强地下空间综合开发利用。加大地下空间开发利用力度，与地上空间开发相结合，建设功能协调、安全便捷的地下空间综合利用体系。积极申请国家海绵城市试点，结合城市道路建设和区域综合改造、人防工程、地铁建设、城市线网落地等工程，建设约 220km 地下综合管廊，提高市政管网的运行质量与管理效率，增强城市应对突发事件能力。加强地下通道、地下停车场等地下交通设施建设，有效改善交通出行条件。加强与轨道交通站点的衔接，配套建设地下公共服务和商业设施。

《规划》强调要建设绿色美丽大西安。要树立和践行绿水青山就是金山银山的理念，坚持节约资源和保护环境的基本国策，实施新时期"西安生态文明建设计划"，加大生态环境保护力度，巩固国家森林城市创建成果，加大环境污染治理，强化资源节约利用，推进绿色发展、循环发展、低碳发展，构建"山、水、塬、田、城"生态格局，打造"天蓝、地绿、水清"的美丽大西安。

二、面临的十大地质挑战

尽管大西安地区水工环工作程度相对较高，积累了大量的地质资料。但是，新时代西安国家中心城市和国际化大都市建设对地质工作提出了崭新的、更高的要求，亟待加强基础调查，提高工作程度，破解大西安建设面临的重大地质问题，提高支撑服务水平。

（1）地面沉降地裂缝世界罕见、危害严重。西安市区已形成了多个地面沉降中心，发育14条地裂缝，对城市建设和基础设施造成严重破坏，带来巨大的财产损失。大西安建设仍然面临着地面沉降地裂缝的威胁，在对以往地面沉降地裂缝调查、发育特征和分布规律及形成机理研究的基础上，如何实现地面沉降地裂缝时空、强度预警预报，防控地裂缝风险，是大西安城市建设仍然面临的重大问题。

（2）引水与水景工程将带来不确定的环境地质问题。西安市的"八水九湖"工程若不采取防渗措施，可能造成区域地下水位持续上升，引起黄土湿陷和液化砂土等问题，同时，也可能导致地下空间浸水、浮力及地面拱起等问题。若采用土工膜等严格的防渗措施，则会导致区域地下水位下降，引起地面沉降地裂缝等环境地质问题发生。海绵城市建设，也将导致地下水补给量增加，地下水位上升问题。因此，必须开展雨水—灌溉回归水—中水综合利用和地下水位控制综合研究，建立地下水、地面沉降地裂缝综合监测网，构建基于环境地质问题约束的地下水管理模型。

（3）活动断裂发育，区域稳定性问题令人担忧。关中平原发育20余条活动断裂，历史上发生过3次8级大地震，仅1556年华县大地震就造成83万人死亡，区域工程地质稳定性问题令人担忧。开展关中平原隐伏活动断裂调查，确定大西安地区活动断裂的安全距离，进行国土空间开发适宜性评价与区划显得十分必要。

（4）区域性黄土湿陷性与砂土液化问题不容忽视。黄土是具有湿陷性的特殊土，饱和砂土在地震时易发生砂土液化，工程建设前期的岩土工程或工程地质勘查一般会对其进行评价并按照相关规范进行处理。在城市地质调查中除了进行区域性现状调查和评价外，还应关注动态发展趋势。即在关闭城区地下水开采井的大背景下，引水与水景工程建设可能造成区域地下水位持续上升，其结果，一是导致区域性大面积的黄土湿陷，地基失效，建筑物受损或破坏；二是导致原处于非饱和状态的砂土逐渐饱和，液化势增高，由震时非液化砂土变为液化砂土，从而出现地震时地基失效，建筑物受损或破坏。应开展大西安区域地下水位上升、区域性黄土湿陷性与砂土液化问题统筹协调研究，规避区域性地基失效的重大风险。

（5）面向清洁型地温能资源开发利用技术储备不足。关中断陷盆地具有地温能类型较多、资源丰富、开发利用历史悠久的特点。尤其是古近系、新近系碎屑沉积物热储层分布较广，厚度大，资源量大，开发利用范围广、程度高，但目前多采用地热流体方式开采，绝大多数地热井出现单井水头和出水量明显下降问题，区域地下水头也呈现下降趋势并形成降落漏斗，长期大量开采存在诸多风险。目前，西安地区已经在尝试干热岩利用模式的地温能开发利用，但技术储备不足，迫切需要在系统总结关中平原热储层及地温空间分布规律基础上，开展面向取热不取水的中深层地埋管地热利用模式的热传导理论与技术方法研究，进行大西安不取水无干扰利用模式的中深层地温能资源评价和开发利用区划。

（6）"数字城市"和"智慧城市"建设与国际化大都市标准尚有差距。大西安未来将建成"世界城市、文化之都"，在"数字城市"和"智慧城市"建设方面与国际化大都市标准还有很大的差距，必须开展大数据挖掘和智慧城市建设，充分运用网络技术、大数据、云计算和人工智能等现代化手段，开展地上地下一体化、二三维一体化、时空一体化的综合地质成果信息管理及服务平台研究，提升地质数据资源管理水平，提高社会化应用效率和广度，推动大西安"数字城市"和"智慧城市"建设。

（7）崩滑地质灾害问题影响城镇化建设。滑坡、崩塌地质灾害主要分布在大西安规划建设区的黄土分布区，属于黄土滑坡、黄土崩塌，在泾阳黄土台塬蒋刘—太平段、白鹿塬边及横岭地区呈带状集中发育。如白鹿塬东侧沿灞河发育了长达约20km的滑坡带，发育大中型滑坡93个。崩滑地质灾害严重影响城镇化建设，应在已有1：5万地质灾害调查基础上，开展大比例尺地质灾害调查与风险区划，依据地质灾害危险区划定禁建区红线，从规划源头规避重大地质灾害风险。

（8）城市地下空间资源调查评价工作滞后，直接影响城市病的解决。充分开发利用地下空间资源已成为解决现代城市病最主要的有效途径。西安建设发展势必要向地下延伸，扩展空间。目前所开展的城市地下空间资源调查、评价和区划等工作明显滞后于地下工程规划和建设的需求，直接影响城市地下空间资源的合理开发利用，影响着城市病的解决。如何进行城市地下空间资源调查与评价，地下空间开发利用及可能引发的环境地质问题有哪些，地下空间开发地质环境适宜性如何，合理的地下空间开发深度是多少，开发层次有几层，不同地段地下空间采用什么开发利用模式更安全等一系列技术问题都有待深入研究。

（9）探测地下重大遗址之谜，虚拟再现历史辉煌景观。西安是中华文明和中华民族重要发祥地之一，历史文化底蕴丰厚，有着世界天然博物馆的美称，大西安的定位是世界城市、文化之都，发展目标是国际一流旅游目的地，富有东方历史人文特色的国际化大都市。要实现这一目标，必须进一步发掘高品质的旅游产品，提高旅游产品价值，尤其是埋在地下深处的重大历史遗址，有必要发挥地质勘查行业技术优势，运用多种无损组合方法，探测地下重大遗址之谜，采用三维模拟、微电影等技术，虚拟再现地下重大遗址辉煌景观，提高大西安旅游产品价值，彰显古城文化魅力。

（10）大西安规划建设面临资源环境承载能力问题。资源环境承载能力是国民经济和社会发展五年规划中必须考虑的基本要素之一，科学地量化评估资源环境承载能力已成为多个领域交叉研究的前沿课题，大西安规划建设也面临着资源环境承载能力问题。对此以往研究甚少，尚未建立大西安资源环境承载能力预警体系，在资源—环境—协调发展重大决策中缺乏科学支撑，在国民经济和社会发展五年规划及国土空间开发"三条红线"划定方面依据不足。

第二节　大西安地质背景

一、气象水文

　　大西安地区冬季多东北风，夏季多西南风，四季分明，年平均气温为 13.1～13.4℃。冬季寒冷，年极端最低气温为 -16～-20℃，风小、多雾、少雨雪；春季温暖、干燥、多风、气候多变；夏季炎热多雨，年极端最高气温为 35～41.8℃，伏旱突出，多雷雨大风；秋季凉爽，降温明显。南高北低地势引起的受热不均，导致雨量时空分布不均，特别是夏季引起局部地区气流和动力抬升，促进和加强了不稳定天气的发展。

　　大西安降水主要有三个特征：①降水受地形影响明显，总趋势由北向南逐渐增加。降水最低值在渭北关山站，多年平均降水量为 515.7mm；最高值在秦岭山区，多年平均降水量为 960.3mm，相差近一倍。②降水年内分布不均，主要集中在夏秋两季，其中 7、8、9、10 四个月降水量占全年降水量的 60% 以上，最高达 77.1%。③降水年际变化很大，多雨年和少雨年降水量差别很大。根据历史资料统计分析（图 5-2-1），西安市近 30 年（1988～2017 年）同步降水系列最大值为 883.2mm（2003 年），最小值为 312.2mm（1995 年），最小值相比最大值降低了 64.6%，最大最小值之比为 2.83，最大差值达 571mm。

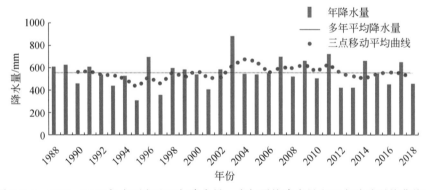

图 5-2-1　1988～2017 年大西安地区年降水量、多年平均降水量和三点移动平均曲线图

　　大西安地处平坦肥沃的关中平原核心地段，总体地势西高东低，内部有渭河、泾河、涝河、沣河、皂河、浐河、灞河等多条河流分布，渭河向东于陕西河南交界处汇入黄河，其他河流来自秦岭或北山，汇入渭河。渭河两侧南北的水系和阶地发育程度，有着极大的不对称性。南侧水系主要发源于秦岭，山高、坡陡、流程短、流速快、水网分布较密；北侧水系主要发源于黄土高原，山低、坡缓、流程长、流速慢、水网分布较疏。

　　大西安地区共有 28 个湖池，总水面面积达 31050 亩。其中，水面面积超过 1000 亩的有雁鸣湖、广运潭、昆明池、西安湖、杜陵湖和高新湖；蓄水量超过 $1×10^6 m^3$ 的有汉城湖、雁鸣湖、广运潭、昆明池、汉护城河、天桥湖、西安湖、杜陵湖和高新湖,其中昆明湖水面面积达 15600 亩,蓄水量达 $44×10^6 m^3$,是 28 个湖池中水面面积最大、蓄水量最多的湖池。湖池建设提升了西安城市生态水环境,全面打造了城市水系新格局,实现了城在水中、水在城中、水韵长安的现代化生态型大都市。

二、地形地貌

大西安区域位于关中平原的中部,南依秦岭造山带,北抵鄂尔多斯地块,总体地势西高东低,地区内部有多条河流分布,特殊的地形条件造就了大西安地区丰富的地貌单元,其中包括秦岭基岩山区、骊山基岩山区、山前洪积扇、黄土台塬、黄土丘陵、河谷阶地、冲洪积平原等(图 5-2-2),地貌类型多,结构复杂。大西安城区和规划区主要分布于渭河及其支流河谷阶地和冲洪积平原地区,黄土台塬和丘陵山前洪积扇和基岩地貌单元分布有限。

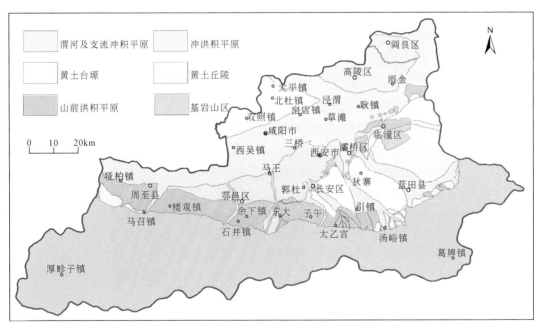

图 5-2-2 大西安地貌略图

(一)渭河及其支流河谷阶地

大西安地区河谷阶地分布面积广大,约占区域面积三分之一。二级及其以上的各级河谷阶地被更新世黄土覆盖,这种上部为黄土堆积,下部为河流相沉积的阶地,称黄土覆盖的阶地。根据渭河上下游阶地形态、结构及组成物质的对比,将区域内的渭河阶地划分为四级阶地。

渭河及其支流两岸阶地发育都不对称，一、二级阶地较发育，阶面平坦开阔，而三级、四级阶地主要分布于咸阳地区渭河北岸、浐河两岸及灞河东岸，阶面狭窄，面积有限。各阶地上部黄土堆积物中规律性地分布数层古土壤，一般二级阶地含有一层古土壤，三级阶地含有三至五层古土壤，四级阶地含有六至八层古土壤。各级阶地间的接触关系一般为陡坎接触，只在西安以东渭河北岸呈缓坡接触。

（二）渭河及其支流冲洪积阶地（平原）

大西安地区冲洪积阶地分布面积广大，约占区域面积三分之一。与河谷阶地成因类似，是在河流冲积形成的不同阶地的基础上，又混合进其他河流泛滥所形成的洪水沉积，二级及其以上的各级冲洪积阶地均被更新世黄土所覆盖，这种上部为黄土堆积，下部为河流相冲洪积的阶地，被称为黄土覆盖的冲洪积阶地。根据渭河上下游阶地形态、结构及组成物质对比，将区域内的渭河冲洪积阶地划分为四级阶地（平原）。

一、二级冲洪积阶地分布范围最为广阔，主要分布于渭河南岸一级阶地以南的涝河、沣河、皂河、浐河、灞河等河流流域范围，以及渭河与泾河的北岸一级阶地以北。阶面平坦开阔，略微向渭河方向倾斜。三、四级冲洪积阶地分布面积有限，主要分布于西安城区东部及少陵塬、白鹿塬北部。

三、地层岩性

大西安地区位于关中平原中部，太古宇（Ar）与元古宇（Pt）与关中平原太古宇和元古宇地层一致，太古宇仅分布有太华群（Arth），为北秦岭褶皱带最古老的结晶基底，元古宇（Pt）主要出露于骊山南坡，岩性主要为云母石英片岩、含磁铁矿片岩、硅化的白云质大理岩、千枚岩等变质岩。新生界（Kz）古近系—第四系均有分布，缺失古近系古新统，始新统超覆于前新生界之上。其中：

古近系（E）：多深埋于关中平原之下，地表出露于骊山及其周边地区。除骊山北部外，呈扇状分布于其周围，自骊山向外掩埋于平原之下，其上为第四系所覆盖。依沉积年代及岩性可分为始新统红河组及渐新统白鹿塬组。

新近系（N）：分布于白鹿塬、同仁塬、横岭塬及骊山周边地带，依次围绕骊山向西、南、东成扇状分布。近骊山者老，远骊山者新，大多数掩埋于平原之下，为关中平原地热井的主要开采层段，其上为第四系松散层所覆盖，仅在平原周边深切沟谷及山地边缘可见。依沉积时代及岩性进一步分为中新统冷水沟组—寇家村组、上新统灞河组—蓝田组、张家坡组。

第四系（Q）：广布全区，成分类型复杂，以风积、冲洪积为主，另有坡积、滑塌等堆积，岩性以黄土和砂砾卵石为主。由于原始地形崎岖不平，使第四系沉积厚度差别极大，由西北向东南增厚。河谷区一般均大于400m，黄土塬区一般厚100～300m或小于100m。与下伏新近系为不整合接触。

四、地质构造

综合关中平原内基底、盖层、沉积相、沉积厚度、沉降速率和构造特征等研究，大西安地区地质构造主要涉及咸阳-礼泉凸起、西安凹陷、临潼-蓝田凸起、固市凹陷、秦岭基岩山区等在内的五个构造单元（图5-2-3），具体情况如下所述：

咸阳-礼泉凸起：大西安范围内，该凸起南北被夹于泾河断层（F17）带及渭河断层（F3）之间，构造简单，为一南倾斜坡，整体面积约为760km²。三原-富平断层（F13）以北基底为古生界碳酸盐岩类，以南为中古生界碎屑岩。新近系在全区分布，地层整体由北向南增厚，东南侧的咸阳塬为新近纪和早更新世的沉积及更新世中晚期的黄土组成，总厚度在3000m左右。另外该凸起最东边为西安凹陷及固市凹陷的分界，也称咸渭凸起，现今咸阳礼泉凸起的主要地貌为黄土台塬。

西安凹陷：该凹陷位于咸阳塬以南，长安-临潼断层（F12）以西，秦岭以北的广大地区，面积约为2100km²。基底为元古宇变质沉积岩系及燕山期花岗岩，盖层最厚达7000m，边部为3500～5000m。形成于古近系，其沉积厚约为2000m，除周至以西、余下断层（F8）以南未见沉积以外，凹陷内分布广泛；至中新世时期沉积区域扩大，周至一带也有较厚沉积。上新世以后，沉积巨厚，超覆到秦岭北侧，沉积中心偏南。现今该区域主要地貌单元为河流阶地、冲洪积平原、山前洪积扇等。

临潼-蓝田凸起：该凸起位于长安-临潼断层（F12）以东、秦岭山前断层带（F1）以北，骊山断层（F5）以南，面积约为1400km²。北部出露太古宇混合岩化的片麻岩类及燕山期侵入岩体，基岩被断层切割埋于古近系以下。区域呈北仰南俯的断块凸起，向东南倾没，断层构造发育，骊山周围被断层围绕，以NEE向为主，新近纪地层中小断层发育，形成向西南下降的一系列断块。现今主要地貌单元为骊山中低山、黄土台塬及黄土丘陵、山前洪积扇、河流阶地等。

固市凹陷：位于泾阳、高陵一带，渭南塬前断层（F6）及泾阳-渭南断层（F7）以北，面积约为970km²。基底为下古生界碳酸盐岩。盖层厚度最厚可达6800m，沉积中心在固市一带，南深北浅。该凹陷形成于古近系，继承性较好，新近系厚达4000m左右，晚期形成较稳定的湖盆。平原内部断层构造发育，被切割成许多小的断块。

秦岭基岩山区：位于大西安区域最南部的秦岭山区，呈东西走向，山势巍峨，北陡南缓，形成许多峡谷。秦岭以及关中平原中南部的骊山等断块山地，因受各自山前断层带强烈垂直差异运动的作用，均呈北陡南缓之势。

五、活动断层

在广泛调研和熟悉大西安区域地质资料、地球物理勘探、遥感资料及前人相关研究成果的基础上，充分利用平原内已有的水文、钻孔、探槽、测井、地震等多学科资料，对部分活动断层进行野外补充调查，对其典型剖面进行详细描述。明确大西安地区存在活动断层共计13条（图5-2-3，表5-2-1）。

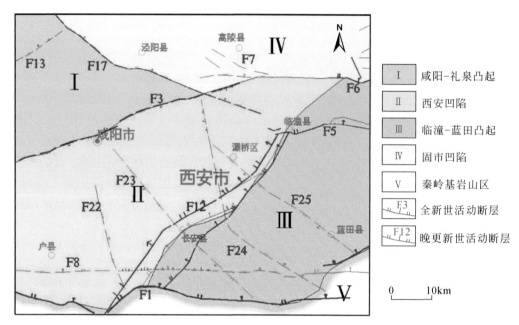

图 5-2-3 大西安地区活动断裂与构造单元分区图

表 5-2-1 活动断裂特征统计表

编号	活动断层名称	位置	描述
F1	秦岭北缘断层	东起蓝田辋峪,向西经长安、鄠邑区涝峪、周至黑河、宝鸡等地	该断层是关中平原南缘的主控断层,该断层总体走向 EW~NWW,倾向 N,倾角 50°~70°,沿秦岭北麓展布,局部地段有 NE、NW 向的转折。地貌上表现明显,上升盘为秦岭山地,下降盘为黄土台塬、冲洪积扇。总体来说,秦岭北缘断层带是一条具有强烈活动性质的全新世活动断层
F3	渭河断层	西起宝鸡,向东沿渭河北岸经武功、兴平至咸阳东	该断层是关中平原内的一条主要断层,总体走向 NEE,倾向 S,倾角 65°~70°,为一高角度正断层。断层在地貌上北侧为咸阳黄土塬,南侧为渭河阶地,地形高差达数十米至百余米,多为隐伏状。该断层具有较长的活动历史,长期以来控制着两侧新生代地层的沉积
F5	骊山山前断层	西起骊山华清池,经风王沟口、三刘、任村、高邢、柳村、庙湾,东端交汇于华山西缘	该断层是骊山凸起的北界断层,以戏河为界,西段走向 NE,倾向 NW,倾角较陡,断层两侧地形反差明显,断层崖、断层三角面发育,断层角砾岩清楚,华清池温泉为该断层形成的断层泉。该断层第四纪以来活动明显,晚更新世以来的平均滑动速率为 0.2~0.4mm/a,全新世平均位移速率为 0.2mm/a
F6	渭南塬前断层	西起渭南戏河口,经沈河至华州区马峪口	断层多以折线或斜列方式相接,断层面倾角 60°~70°。从横剖面上看,主断面南北两侧常有阶梯式小断层。断层实际上是由主断层和一系列小断层组成的阶梯式断层带,带宽在数米至数百米之间,构造上属于渭南塬断块与固市凹陷的分界断层。渭南塬前断层是一条比较活动的断层,为全新世活动断层

续表

编号	活动断层名称	位置	描述
F7	泾阳-渭南断层	西起泾阳县城北，经高陵南、零口、渭南至华州区附近	该断层为物探资料揭示的一条隐伏断层，是关中平原内次级构造单元固市凹陷南部主要边界断层之一。总体走向280°，从1556年华县 8¼地震和1568年 6¾强余震的宏观震中所在位置分析，渭南-泾阳断层很有可能为其发震断层。在渭南一带以往工作中也发现，沿该断层带华县大地震时砂土液化强烈，形成许多陷坑、喷砂及大量的张裂缝。近年一些钻探勘探工作也显示该断层全新世仍在活动，为全新世活动断层
F8	余下-铁炉子断层	西起鄠邑区余下镇，东抵商州区铁炉子村	该断层带为华北准地台与秦岭褶皱系的分界线，也称为华北准地台南缘主边断层，区域内长约95km。该断层沿北秦岭山前分布，部分被第四系覆盖，为关中平原南部边界。在焦岱以东，铁炉子断层走向近EW，倾向N，断层迹象清楚、标志明显
F12	临潼-长安断层	西起临潼区骊山镇，向西依次切过横岭塬、白鹿塬、少陵塬和神禾塬，延至长安区沣峪口	该断裂由数条次级分支断层组成。以白鹿塬为界，分为东北和西南两个亚段。其中东北断裂带较窄，主要由 3 条分支断层组成；西南段断裂带较宽，由多条分支分叉断层组成。该断层晚更新世 S₁古土壤错断迹象明显，说明该断裂是穿越西安城区的一条晚更新世活动断裂，与西安市的城市地震安全密切相关
F13	三原-富平-蒲城断层	西起扶风，经礼泉、泾阳、三原、富平到蒲城洛河附近	断层走向NEE，倾向NW，倾角60°～80°，呈隐伏状，区域内长约25km。该断层束在地貌上表现为一组断隆和断陷相间分布的梁洼地貌特征，中晚更新世活动相对较强
F17	泾河断层	泾河河谷方向延伸	泾河断层为地震勘探推测断层，地质矿产部第三石油普查勘探大队在汾渭平原石油普查中层构造（2000m 深度）和深层构造（3000～5000m 深度）中可以解译出大致沿泾河河谷方向延伸的断层，断层走向NW，倾向NE。借鉴前人地震工作结果，综合野外工作判定近场区范围内泾河断层活动性较弱，为中更新世末期或晚更新世早期活动断层
F22	沣河断层	沿沣河河谷分布	物探资料证实错断了第四系，该断层将原本从沣峪口 NWW 向流出的洨河变为NNW 向，在西咸新区范围内曾通过过氡气测量试验，未发现其存在证据，故该断层略短，不像其他断层延伸至渭河边，全长约25km，走向NNW，倾向NEE，目前活动期及活动强度暂时不详，有待进一步深入研究
F23	皂河断层	沿皂河河谷方向延伸	皂河断层也称为长安-咸阳断层，其北段延伸到咸阳，也称马家堡-赵家堡断层，该断层大致沿皂河河谷方向延伸，断层走向NW，倾向SW，长约52km。地震反射资料揭示等深线（深度 700～2000m）在该断层两侧差异明显，其西部地层明显向西南倾斜，沉积厚度加大，其东部地层较平缓而微向北倾
F24	浐河断层	南起蓝田百神洞南，向北西经小寨向鸣犊延伸	浐河断层位于西安市的东侧，穿过西安市城区和城北渭河，交于渭河断层。浐河断层由多条断层组成，破碎带宽 50 余米，主体倾向NE，局部SW，倾角65°～75°，长约55km
F25	灞河断层	沿灞河河谷分布	走向NW，倾向SW，全长约40km，形成灞河西岸白鹿塬陡峻边坡，近期活动较强，控制了滑坡、崩塌沿白鹿塬边呈带状发育

第三节　工程地质条件评价

　　大西安规划的都市区范围内岩土体类型按照成岩作用程度和岩、土颗粒被胶结程度，岩土介质可以划分为岩体和土体两大类。按照建造类型和结构类型，结合强度等性质，岩体又进一步划分为软弱层状碎屑岩、坚硬块状花岗岩及片麻岩；土体可以划分为漂砾土、卵砾土、砂土、黏性土、黄土、红黏土、膨胀土和填土。大西安岩土体工程地质类型见图 5-3-1。

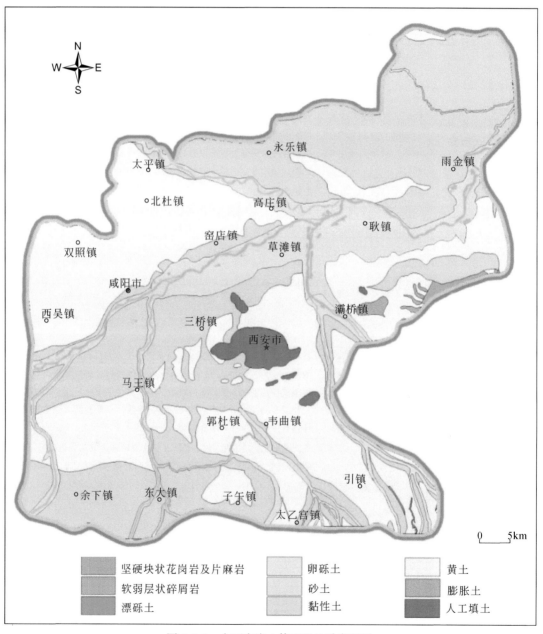

图 5-3-1　大西安岩土体工程地质类型图

一、岩体工程地质类型

(一) 坚硬块状花岗岩及片麻岩

该岩石分布于秦岭及骊山山地，为太古宇太华群黑云斜长片麻岩及燕山、印支期二长花岗岩和黑云母花岗岩。粗粒结构，坚硬，块状，岩体表部风化较重，抗压强度为80～180MPa。

(二) 软弱层状碎屑岩

该岩石分布于骊山周边，并出露于浐河上游及灞河左岸。为新近系始新统—上新统湖相紫红色砂岩、棕红色黏土岩、泥岩、灰白色砂岩、含砾粗砂岩及砾岩。岩石软硬相间，砂岩中厚层，较坚硬，抗压强度为10～40MPa，黏土岩及泥岩则遇水易软化，较软弱，抗压强度一般小于1MPa，岩土体边坡常沿此层滑塌。

二、土体类型与工程地质性质

按照土质工程地质分类原则，区内第四系松散土主要有漂砾土、卵砾土、砂土、黏性土、黄土、红黏土、膨胀土、人工填土8个基本类型，其中砂土、黄土、黏性土分布范围最广。

(一) 漂砾土

漂砾土主要分布于浐河上游山前一带，由下更新统（Q_p^{1fgl}）冰水堆积漂石和卵砾石组成，成分以花岗岩、石英岩为主，多为黏土充填，较密实，但不均匀。承载力基本值一般大于400kPa。

(二) 卵砾土

卵砾土主要分布于渭河及支流漫滩与阶地，系全新世、晚更新世和晚中更新世河流冲积或洪积成因，岩性为砂砾石和砂卵石，卵石、砾石成分以花岗岩、片麻岩、砂岩及石英岩为主，砾径一般小于10cm，磨圆度较好，分选差。冲积物分布于渭河及其支流的漫滩及一级阶地，由粉质黏土、砂、砂砾卵石组成，砂卵石层级配均一，质纯、松散、磨圆度好、透水性强。洪积物分布于大小沟口处，呈扇形覆盖在河漫滩与一级阶地之上。砂卵石呈透镜体状夹于粉质黏土、粉土之中。在渭河、浐河、灞河、泾河等河漫滩区卵砾土裸露地表厚度2～30m；阶地区埋藏于黄土或黏性土之下，厚度数米到20m。以西安地区为例，Q_h^{al}卵砾土标准贯入击数为10～61击，平均22击；Q_p^{3al}卵砾土标准贯入击数为12～71击，平均42击；Q_p^{2al}卵砾土标准贯入击数为16～71击，平均42击。卵砾土渗透性好，强度高，承载力基本值达400kPa以上。

(三) 砂土

系河流冲积或洪积成因，时代为全新世、晚更新世和晚中更新世。呈浅灰黄色，结构松散,分选性好。河漫滩区砂土裸露地表,河流一级阶地、泾河、沣河、皂河等冲洪积平原和渭河二、三级阶地区砂土隐伏在黄土或黏性土层之下,厚度从数米达 30m 不等。岩性主要为中砂、粗砂,砾砂、细砂次之,偶见卵砾石,微含粉土粒及黏粒。砂土由于时代成因不同和沉降环境的差异,物理力学性质变化大。以西安地区为例,Q_h^{2al} 中砂、粗砂密实度差,岩性较疏松,容易产生砂土液化;砂土的承载力基本值,粗砂为 340 ~ 500kPa,中砂为 250 ~ 340kPa,细砂为 180 ~ 250kPa。

(四) 黏性土

系冲积、冲洪积、洪积成因,时代以全新世、晚更新世为主。呈浅黄色、灰黄色,局部呈灰褐色,稍湿至潮湿,硬塑到可塑。主要分布在河流一级阶地,沣河、皂河、泾河等冲洪积平原,厚度数米到 30m 不等。在渭河阶地下部卵砾石层中呈薄夹层或透镜体。岩性为黏土和粉质黏土。以西安地区为例,全新世黏性土压缩性高、强度较低,平均孔隙比为 0.72 ~ 0.88,平均无侧限抗压强度为 110.85 ~ 186.4kPa,为中至高压缩土,部分具弱至中度湿陷性。晚更新世黏性土较密实、强度较高,平均孔隙比为 0.70 ~ 0.79,平均无侧限抗压强度为 202.4 ~ 273.49kPa,一般为低至中压缩性土和非湿陷性土。

(五) 黄土

西安市黄土广布于河流一级阶地以上地貌部位,除河漫滩、骊山及平原两侧全新世的洪积扇外,黄土几乎覆盖西安全境。黄土为风积成因,由黄土与古土壤组成。全新世黄土一般厚度为 1 ~ 2m。晚更新世黄土厚 7 ~ 18m。晚中更新世黄土厚 15 ~ 20m。早中更新世黄土及早更新世黄土只分布在黄土台塬,厚度分别为 15 ~ 22m 和 70m。

西安地区黄土与榆林、延安等地的黄土相比,以黏质粉土为主,其次为粉质黏土,它的工程地质性质随黄土时代不同而变化。全新世黄土孔隙度高、土质疏松,结构强度低,具自重湿陷性,湿陷性与压缩性高。晚更新世黄土具有大孔隙结构,孔隙比大 (0.93 ~ 1.01),一般具中等湿陷性和中等压缩性。中更新世和早更新世黄土固结度高、土质微密,压缩性低,一般为非湿陷土。黄土强度随时代变老而增高。以西安地区为例,全新世黄土无侧限抗压强度平均值 119.1 ~ 239.13kPa,全新世黄土为 192.5 ~ 243.2kPa。黄土具有水敏性,遇水结构破坏崩解软化,压缩性增高,强度降低。因此黄土地基浸水饱和后承载力降低。

古土壤岩性以粉质黏土为主,平均孔隙比为 0.70 ~ 0.90,土质致密,一般属非湿陷性土。平均无侧限抗压强度为 149.6 ~ 290.2kPa,强度高、稳定性好,是建筑物较好的天然地基。但全新世黑垆土结构疏松,压缩性高,具弱至中等湿陷,强度和稳定性较差。

(六) 红黏土

红黏土主要出露于白鹿塬黄土台塬和铜人塬黄土丘陵区,为晚上新世时期红黏土,又叫三趾马红土,上覆早更新世黄土。红黏土厚约为 30 ~ 60m,颗粒以粉粒和黏粒为主,粉粒含量在 36.6% ~ 82.8%,黏粒含量范围在 17.2% ~ 63.4%。红黏土的塑性指数在 17.2 ~ 20.8。

（七）膨胀土

膨胀土仅分布于铜人塬前缘的洪庆洪积扇，为全新统洪积棕红色黏土，厚约 8m，黏粒含量为 37.5%~57.0%，塑性指数为 14.7~17.8，自由膨胀率为 60%~74%，无荷载膨胀率仅为 0.98%~1.75%，膨胀力小于 50kPa，属弱胀缩性土。

（八）人工填土

人工填土主要分布在西安市、咸阳市城区及其周围。填土层厚度变化大，一般厚度为 2~8m，最厚超过 10m。人工填土按成分特点分为杂填土与素填土两类。杂填土含有碎砖瓦、混凝土块等建筑垃圾，岩性极不均一，在荷载下易产生不均匀沉降。素填土大多为人工弃土，未经压实，具中至高压缩性和自重湿陷性。人工填土一般不宜作为建筑的天然地基。

三、工程地质结构类型及特征

（一）工程地质结构类型划分

西安地区不同时代、不同成因类型和不同岩性的沉积物在剖面上的组合关系及空间分布特征是极其复杂的，为了便于认识西安工程地质类型，总结其特征及规律，在划分工程地质类型时需要适当进行概化。工程地质层按地层成因、岩性、岩土体工程地质性质等因素，划分为碎石土、砂土、粉土、黏性土、黄土、层状碎屑岩、块状岩浆岩与片麻岩等 7 个基本类型。

工程地质结构根据工程地质层（150m 以浅）空间分布特征以及垂向上的组合关系，划分为三种结构类型，分别为单层结构、双层结构和多层结构。

（二）工程地质结构类型特征

1. 单层结构

指岩土体由一种工程地质层类型组成，西安都市区范围内主要包括层状碎屑岩单层结构和块状花岗岩及片麻岩单层结构两种类型。①层状碎屑岩单层结构：层状碎屑岩单层结构主要分布于骊山周边，并出露于浐河上游及灞河左岸。为新近系始新统—上新统湖相紫红色砂岩、棕红色黏土岩、泥岩、灰白色砂岩、含砾粗砂岩及砾岩。岩石软硬相间，砂岩中厚层，较坚硬，抗压强度为 10~40MPa。②块状花岗岩及片麻岩单层结构：块状花岗岩及片麻岩单层结构主要分布在秦岭及骊山山地，为太古宇太华群黑云斜长片麻岩及燕山、印支期二长花岗岩和黑云母花岗岩。粗粒结构，坚硬块状，岩体表部风化较重，抗压强度为 80~180MPa。

2. 双层结构

指岩土体由上下两种工程地质层组成，西安都市区范围内主要为黄土+层状碎屑岩双层结构类型。黄土+层状碎屑岩双层结构类型主要分布于二级黄土台塬以及黄土丘陵地区，上覆第四系风成黄土，下伏新近系较软弱层状碎屑岩。

3. 多层结构

指岩土体由三种或三种以上工程地质层构成。主要包括以下几种结构：①砂土粉土黏性土互层多层结构，主要分布在渭河及其支流的漫滩、一级阶地地区以及一级冲洪积平原地区；②碎石土砂土粉土黏性土互层多层结构，主要分布在山前现代洪积扇以及一级洪积平原地区；③黄土+砂土粉土黏性土互层多层结构，主要分布在渭河及其支流的二级以上阶地、二级以上冲洪积平原地区以及一级黄土台塬地区；④黄土+碎石土砂土粉土黏性土互层多层结构，主要分布在山前二级及以上洪积平原地区。

四、工程地质分区评价

工程地质分区是在综合归纳区域地形地貌、工程地质条件以及工程地质问题等的基础上，根据其相似性和差异性进行分区。因此，工程地质一级分区按地貌类型将本区（西安都市区）分为冲积平原工程地质区、冲洪积平原工程地质区、洪积平原工程地质区、黄土塬工程地质区、黄土丘陵工程地质区和基岩山地工程地质区。亚区按次级地貌形态和工程地质结构类型划分（图5-3-2）。区内黄土和砂土分布面积广泛，且为城市建设场地的主要土体。因此，按照《湿陷性黄土地区建筑标准》（GB 50025—2018）、《建筑抗震设计规范》（GB 50011—2019），依据实际勘察资料（无资料段采用工程地质类比法）将黄土和砂土为主的亚区进一步细分为：自重湿陷性黄土、非自重湿陷性黄土、非湿陷性黄土、饱和砂土中等液化、饱和砂土轻微液化、饱和砂土非液化等工程地质地段。

（一）冲积平原工程地质区（Ⅰ）

该区域位于西安市西南、东北以及中部大部分区域，即渭河及其支流阶地地区。总体地形平坦开阔，低阶地土体结构为砂土粉土黏性土互层多层结构型；高级阶地上部为黄土，下部为砂土粉土黏性土互层多层结构型。潜水水位埋深由低阶地向高阶地增大。根据地貌以及主要工程地质问题，该区域可进一步分为冲积平原–砂土粉土黏性土互层多层结构亚区（Ⅰ₁）和冲积平原–黄土+砂土粉土黏性土互层多层结构亚区（Ⅰ₂）。

1. 冲积平原–砂土粉土黏性土互层多层结构亚区（Ⅰ₁）

主要分布在渭河及其支流的漫滩以及一级阶地地区。漫滩地区上部土体由粉砂–粗砂组成，水位埋深多小于5m，该区域场地开阔，砂土承载力较高。一级阶地地区上部土体为黏性土，黏性土较薄，下伏砂砾土，砂砾土承载力较高，水位埋深一般小于10m。渭河南岸阶地饱和砂土以中等液化为主，西部及灞河、浐河中游段为轻微液化；北岸阶地饱和砂土液化以轻微液化为主，局部不发生液化。沣河、皂河一级阶地土体由黏性土、砂土互层组成，结构复杂多变，均一性差，水位埋深变化大。泾河及清河一级阶地土体由黏性土、卵砾土、中粗砂互层组成，泾河南岸存在砂土中等或轻微液化区域，其余地区为非液化区域。

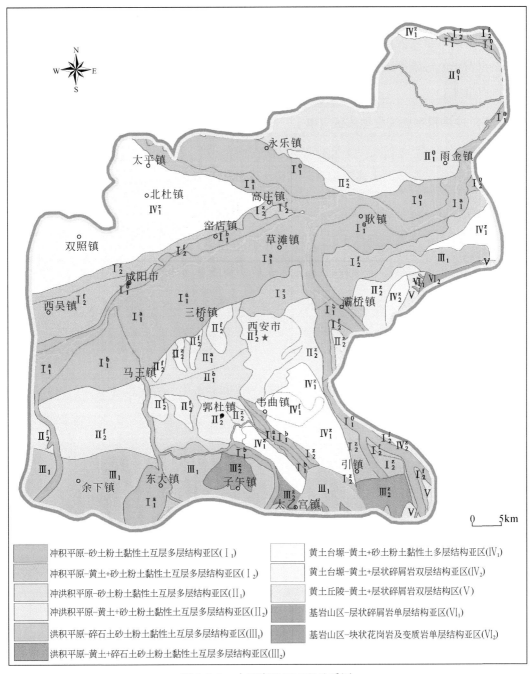

图 5-3-2　大西安地区工程地质图

图例：

冲积平原-砂土粉土黏性土互层多层结构亚区（I_1）

冲积平原-黄土+砂土粉土黏性土互层多层结构亚区（I_2）

冲洪积平原-砂土粉土黏性土互层多层结构亚区（II_1）

冲洪积平原-黄土+砂土粉土黏性土互层多层结构亚区（II_2）

洪积平原-碎石土砂土粉土黏性土互层多层结构亚区（III_1）

洪积平原-黄土+碎石土砂土粉土黏性土互层多层结构亚区（III_2）

黄土台塬-黄土+砂土粉土黏性土多层结构亚区（IV_1）

黄土台塬-黄土+层状碎屑岩双层结构亚区（IV_2）

黄土丘陵-黄土+层状碎屑岩双层结构区（V）

基岩山区-层状碎屑岩单层结构亚区（VI_1）

基岩山区-块状花岗岩及变质岩单层结构亚区（VI_2）

根据砂土液化程度，可进一步将该亚区分为饱和砂土中等液化段（I_1^a）、饱和砂土轻微液化段（I_1^b）和饱和砂土非液化段（I_1^0）。

2. 冲积平原-黄土+砂土粉土黏性土互层多层结构亚区（I_2）

土体由黄土、黏性土、砂卵石土组成。上部黄土二级阶地厚 10～18m；三、四级阶地厚 25～30m，中等压缩，一般具自重湿陷性或非自重湿陷性。自重湿陷性黄土主要分布于二级阶地局部地段。二级阶地黄土层较薄，下伏砂卵石层承载力高；三、四级阶地早更新世黄土之下的中更新世地层工程地质性能好。

根据黄土的湿陷等级，可进一步将该亚区分为自重湿陷黄土段（I_2^z）和非自重湿陷黄土段段（I_2^f）。

（二）冲洪积平原工程地质区（II）

该区域位于西安市西南、东北以及中部大部分区域，即渭河及其支流冲洪积平原地区。一级冲洪积平原地区土体结构为砂土粉土黏性土互层多层结构型；二级及以上冲洪积平原地区上部为黄土，下部为砂土粉土黏性土互层多层结构型。根据地貌以及主要工程地质问题，该区域可进一步分为冲洪积平原-砂土粉土黏性土互层多层结构亚区（II_1）和冲洪积平原-黄土+砂土粉土黏性土互层多层结构亚区（II_2）两个亚区。

1. 冲洪积平原-砂土粉土黏性土互层多层结构亚区（II_1）

主要分布在西安南部渭河冲洪积平原地区以及泾阳地区的泾河清河冲洪积平原地区。西安南部鱼化寨以北为中等液化，以南为轻微液化或非液化。泾河及清河冲洪积平原区土体由黏性土、卵砾土、中粗砂互层组成，上部黏性土最后可达15m，为非液化区域。

根据砂土液化程度，可进一步将该亚区分为饱和砂土中等液化段（II_1^a）、饱和砂土轻微液化段（II_1^b）和饱和砂土非液化段（II_1^0）。

2. 冲洪积平原-黄土+砂土粉土黏性土互层多层结构亚区（II_2）

土体由黄土、黏性土、砂卵石组成。上部黄土厚度为10～30m，中等压缩，一般具自重湿陷性或非自重湿陷性。

根据黄土的湿陷等级，可进一步将该亚区分为自重湿陷黄土段（II_2^z）和非自重湿陷黄土段段（II_2^f）。

（三）洪积平原工程地质区（III）

该区位于秦岭山前以及骊山北侧山前地带，地形起伏较大，潜水水位埋藏较深。现代洪积扇以及一级洪积平原区土体结构为碎石土砂土粉土黏性土互层多层结构型，二级及以上洪积平原地区上部为黄土，下部为碎石土砂土粉土黏性土互层多层结构型。根据地貌以及主要工程地质问题，该区域可进一步分为洪积平原-碎石土砂土粉土黏性土互层多层结构亚区（III_1）和洪积平原-黄土+碎石土砂土粉土黏性土互层多层结构亚区（III_2）两个亚区。

1. 洪积平原-碎石土砂土粉土黏性土互层多层结构亚区（III_1）

主要分布在秦岭山前现代洪积扇以及一级洪积平原地区，上部为黏性土，下部为碎石土砂土粉土黏性土互层。

2. 洪积平原-黄土+碎石土砂土粉土黏性土互层多层结构亚区（Ⅲ₂）

主要分布在秦岭山前二级及以上洪积平原地区。土体由黄土+碎石土砂土粉土黏性土互层组成。上部黄土中等压缩，均为自重湿陷性黄土。

（四）黄土台塬工程地质区（Ⅳ）

该区域位于东南部黄土塬及黄土梁洼和咸阳北部的黄土塬区。黄土塬区塬面平坦开阔，黄土梁洼区地形波状起伏。土体结构为单一的黄土单层型。潜水水位埋深局部洼地较浅，小于10m，大部分地区埋深较大，大于20m。根据地貌及主要工程地质问题，该区域可进一步划分为黄土台塬-黄土+砂土粉土黏性土互层多层结构亚区（Ⅳ₁）和黄土台塬-黄土+层状碎屑岩双层结构亚区（Ⅳ₂）。

1. 黄土台塬-黄土+砂土粉土黏性土互层多层结构亚区（Ⅳ₁）

主要分布于一级黄土台塬地区。岩土体上部为黄土结构，厚度最厚可达110m，下伏为第四系冲湖积相的砂土粉土黏性土互层。黄土均具湿陷性，湿陷类型为自重湿陷和非自重湿陷。黄土塬塬边的斜坡区稳定性差，滑坡崩塌等灾害发育。

根据黄土的湿陷等级，可进一步将该亚区分为自重湿陷黄土段（$Ⅳ_1^z$）和非自重湿陷黄土段（$Ⅳ_1^f$）。

2. 黄土台塬-黄土+层状碎屑岩双层结构亚区（Ⅳ₂）

主要分布于西安南部的白鹿塬二级黄土台塬地区，岩土体上部为黄土结构，厚度超过120m，下伏为新近系软弱层状碎屑岩。

根据黄土的湿陷等级，可进一步将该亚区分为自重湿陷黄土段（$Ⅳ_2^z$）和非自重湿陷黄土段（$Ⅳ_2^f$）。

（五）黄土丘陵工程地质区（Ⅴ）

该区位于区内东南部，分布于汤峪镇以东黄土丘陵地区以及铜人塬。沟谷深切，密度大，地形起伏、破碎。岩土体为黄土与下伏新近系碎屑岩组成的双层结构，工程地质分区属黄土丘陵-黄土+层状碎屑岩双层结构区（Ⅴ）。黄土单层结构，为自重湿陷。场地条件差，斜坡稳定性差。主要工程地质问题是沟坡的崩塌滑坡以及黄土地基湿陷。

（六）基岩山地工程地质区（Ⅵ）

该区位于区内东部骊山。地形高、坡度大，沟谷发育。岩体工程地质类型为坚硬块状岩体。断裂发育，工程地质条件较复杂。可进一步分为基岩山区-层状碎屑岩单层结构亚区（Ⅵ₁）和基岩山区-块状花岗岩及片麻岩单层结构亚区（Ⅵ₂）。

1. 基岩山区-层状碎屑岩单层结构亚区（Ⅵ₁）

主要分布于骊山周边，并出露于浐河上游及灞河左岸。为新近系始新统—上新统湖相紫红色砂岩、棕红色黏土岩、泥岩、灰白色砂岩、含砾粗砂岩及砾岩。岩石软硬相间，砂岩中厚层，较坚硬，抗压强度 10～40MPa。

2. 基岩山区–块状花岗岩及片麻岩单层结构亚区（Ⅵ₂）

主要分布在秦岭及骊山山地，为太古宇太华群黑云斜长片麻岩及燕山、印支期二长花岗岩和黑云母花岗岩。粗粒结构，坚硬块状，岩体表部风化较重，抗压强度为 80～180MPa。

第四节　地下水资源评价

一、水文地质条件

西安市主要开发利用的含水层是第四系中的砂、砂砾卵石层，各含水层在垂向上多与相对隔水或弱含水层呈不等厚间互叠置，受沉积环境与后期构造变动的影响，在不同地貌部位含水层所属地层时代、岩性、厚度、结构及含水层特征等变化较大。

（一）含水层系统划分

在已有资料的基础上，从区域地下水资源评价的要求出发，根据地下水水力性质及埋藏条件，结合地下水开发利用的实际状况，将区内 350m 以浅的含水系统，划分为潜水含水层系统、第一承压含水层系统和第二承压含水层系统（图 5-4-1）。

（二）含水层系统及富水性

1. 潜水含水层系统及富水性

潜水含水层系统分布广泛，水位埋深一般随地势升高而增大，潜水面形状与区域地形起伏一致；渗透性随含水层粒度变细、弱透水夹层增多而减弱，在河谷阶地、冲洪积扇等粗粒层厚度较大且分选性较好的地段渗透快，径流条件好，富水性除与渗透性变化规律一致外，以补给有利的山前峪口和地表水体附近及汇水洼地最好；水化学类型在南部广大地区比较简单，矿化度低，城郊区及以北和村镇地段潜水已受不同程度污染，水质恶化，按成因类型可分为冲积层孔隙潜水、冲洪积层为主的孔隙潜水、洪积层为主的孔隙潜水和风积黄土层孔隙裂隙潜水。

区内潜水含水层系统富水性大小与含水层岩性、厚度、埋藏条件、补给条件等密切相关，一般在较大河流的河谷阶地区富水性好，冲洪积扇和洪积扇次之，黄土塬区贫弱。

2. 承压含水层系统及富水性

1）第一承压含水层系统

第一承压含水层系统主要由中更新统（平原区）或中、下更新统（东、南郊及塬区）地层组成，在西安城郊区仅是自备井开采段的一部分，在各水源地则是主要开采层段。由于各地段的古地理环境、地层岩相和构造状况差异，承压水的形成条件（补给、径流、排

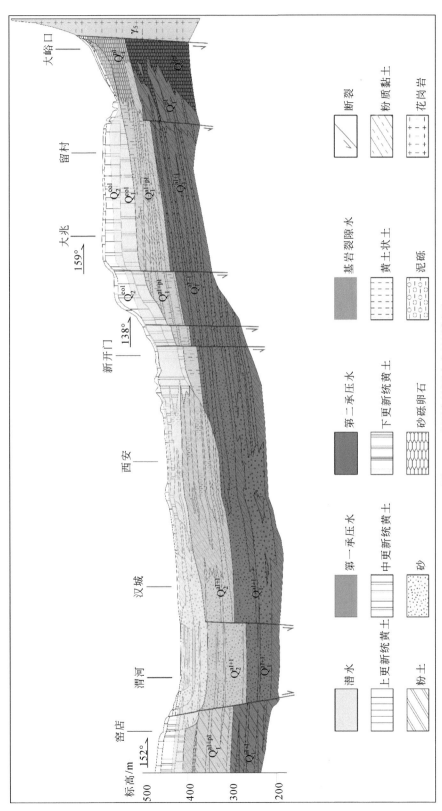

图5-4-1 大西安地区水文地质剖面

泄等）和富水性也相应变化。按成因类型可分为冲洪湖积层（上部夹沼泽沉积）孔隙承压水、冲洪积层孔隙承压水和洪积层孔隙承压水。

第一承压含水层系统的富水性大小受岩性及补给条件等控制，以渭河漫滩及一级阶地下伏承压水层最大，特别是沣渭、灞渭交汇地带及漫滩区尤甚，计算单位涌水量达 46～100m³/(h·m)，渗透系数为 25～60m/d；在支流河谷和城郊区外围及广大黄土塬、洪积扇地区，含水层薄而不稳定且被厚层亚黏土、黄土状土分隔，或分选不好、含泥量大，除局部地段外一般补给、渗流条件不好，故水量偏小；研究区东南黄土丘陵区，因地势高、水土流失严重、补给条件差，含水层主要为古近系—新近系砂、泥岩或薄层冲洪积、洪积层，含水微弱，计算单位涌水量<1m³/(h·m)。

2）第二承压含水层系统

第二承压含水层系统埋藏于 140～200m，至 300m 左右深度，主要由下更新统冲湖积、冲洪积、洪积等地层组成，含水层系统岩性变化不及第一承压含水层系统复杂，厚度为 30～100m，东南薄、西北厚，渗透性除渭河沿岸带较大、渗透系数达 10～20m/d 外，郭杜—西安城区—灞桥一线以北广大地区为 5～10m/d，以南为 1～5m/d，少陵塬前及东南边缘<1m/d。含水层系统按成因类型可分为冲湖积为主的孔隙承压水、冲洪积层孔隙承压水和洪积层孔隙承压水三类。

第二承压含水层系统富水性由于其分布和第一承压含水层系统基本一致，故不再赘述。

（三）地下水补径排特征

1. 潜水含水层系统

1）潜水的补给

本区潜水的补给来源有：大气降水入渗、河水渗漏、灌溉水入渗、渠道与水库渗漏、承压水的顶托补给、基岩裂隙水的侧向补给等。

大气降水入渗是本区潜水的主要补给来源。区内降水较充沛、地形较平坦，表层岩性疏松，利于降水通过包气带渗入。一般从河漫滩、河谷阶地到冲洪积阶地、黄土塬区，潜水水位埋深增大，岩性变细，渗入量逐渐减小，降水入渗系数由 0.51 减至 0.1，甚至更小。

河流渗漏补给是潜水重要的补给源。全区所有大小河流对潜水均有渗漏补给作用，其中山前 10 条较大沟峪，河水出山后部分甚至全部在洪积扇后缘渗入地下。渭河草滩以西、沣河义井以北、浐灞河交汇处以北地段，河水常年补给地下水，补给带宽度达 1～3km。其他河段季节性补给潜水，傍河水源地在开采条件下激发河水渗入补给，补给量可达总开采量的 60%～70%。

地表水灌溉入渗与井灌回归：灌溉水量随降水枯丰而增减，灌溉入渗系数与降水入渗系数大致相当。

渠道与水库渗漏：本区渠系纵横，渠系渗漏系数为 0.2～0.3，大者达 0.5。由于常年渗漏，局部地段潜水水位明显抬高，改变了潜水的径流态势。

承压水的顶托补给：山前洪积扇前缘，各支流河谷以及渭河与灞河交汇地带，承压水可通过顶板弱透水层顶托补给潜水。

侧向补给：南部山区的基岩裂隙水局部可补给平原区潜水。

2）潜水的径流

本区潜水水位总态势呈南高北低，总体流向与地形基本一致，东南部径流方向由东南流向西北，在渭河漫滩区转向北东。西南部潜水径流由南向北。渭河以北潜水由西北流向东南。从秦岭山麓到渭河岸边潜水循环交替作用由强到弱，水力坡度由8‰降至1‰。渭河漫滩及一级阶地潜水径流平缓而通畅，水力坡度仅1‰。黄土塬区潜水呈穹丘状，呈放射状向塬边流动，径流途径短，交替积极，水力坡度达5‰~15‰；水源地集中开采地段，潜水向漏斗中心汇流。

3）潜水的排泄

本区潜水的排泄方式有：人工开采、向承压含水层系统越流、向河流排泄和局部蒸发等。

人工开采是本区潜水的主要排泄方式，其开采量丰水年少、枯水年多。洪积扇、冲洪积阶地及河谷阶地地区开采地下水，主要用于农业灌溉，傍河水源地多为城市集中供水开采。

向承压含水层系统越流：除洪积扇前缘及局部河谷自流区外，本区绝大部分地段潜水水位高于承压水头。因此，潜水通过大面积弱透水层、局部地段的天窗和混合开采井等途径，向第一承压含水层系统越流排泄。区内隐伏断裂地裂缝的分布也给潜水与承压水局部沟通创造了条件。

向河流排泄：主要发生在黄土塬及冲洪积阶地区各河流段，另外在渭河草滩以东、沣河义井—北张村河段也存在。

蒸发排泄：仅发生在渭河及其支流漫滩和一级阶地区水位埋深<4.5m的地带。

2. 承压水含水层系统

1）第一承压含水层系统补给、径流、排泄条件

第一承压水补给来源主要为上覆潜水越流补给，第二承压含水层系统顶托补给量甚微，上覆潜水越流补给基本属于全区性的，主要发生在山前洪积扇后缘和渭河漫滩一级阶地区，其次是西安城郊区自备井开采范围，其他黄土塬及冲洪积扇区的潜水位与承压水头差数米至二三十米，其间隔水层虽厚且垂向渗透系数小，但面积大。第二承压含水层系统的顶托越流补给主要在西部滦村—太元庄及支流塬间河谷，面积约为120km^2，下部水头高于上部承压水头1~6m，据部分钻孔越流系数概算顶托补给量接近60×10^{4}m^3/a，占总补给量的0.3%。

径流状况：第一承压水层的径流状况与潜水差异甚大，主要因为城郊区长期过量和不断扩大的开采，使承压水头急剧下降形成了区域性降落漏斗；在北部出现了近东西向延伸的承压水头分水岭（西起北营村、经柏家岗、盐张村南，到浐灞河交汇处）。

排泄途径主要通过人工开采、向相邻潜水及承压水层越流排泄与径流流出等三种。人工开采包括城市集中供水水源地、城郊区自备水井及区域零星开采；向相邻含水层（组）越补排泄，以向深部第二承压含水层系统越补排泄为主，越补途径和主要越补地段基本与

潜水向本层越流补给情况类似。径流断面流出集中在灞东漫滩阶地区，据已有参数计算，断面排泄量为 $2000\times10^4\mathrm{m^3/a}$，占总排泄量的 9%。

2）第二承压含水层系统补给、径流、排泄条件

据现有资料，第二承压含水层系统主要补给来源是上覆第一承压水及部分地段大厚度潜水层越流、下渗补给。区内第一、二承压水层普遍存在水头差（上部高于下部），小者为 1～2m，大多数为 6～10m，二、三级冲洪积扇及黄土塬区可能更大。

第二承压水径流状况：由于西安城郊对承压水过量开采，承压水头大幅度急剧下降形成区域性漏斗，其中还包括局部一些更深的地段性小漏斗。水头大幅度急剧下降必然激发各类补给量增长以图补采平衡，除越流补给量外，周边径流量也显著增加，从而改变了第二承压含水层系统原有的等水头面形态，在全区形成了南、北两大径流域，两者之间承压水头分水岭西起沣东南槐村，经六村堡、盐张村，至浐灞河交汇处，横贯全区，水头标高略大于 370m。城郊区人工开采对区域径流场变化起主要控制作用。

第二承压水排泄途径主要是人工开采。

二、地下水动态特征

依据西安主城区 294 个地下水位观测点资料分析区内地下水动态特征，其中潜水观测点 165 个，承压水观测点 129 个（图 5-4-2）。

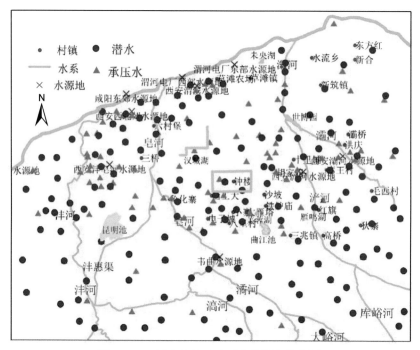

图 5-4-2　西安主城区地下水监测点分布图

（一）潜水动态特征

1. 潜水水位现状

1）潜水水位埋深

根据西安市 2018 年潜水水位监测资料，绘制西安主城区 2018 年潜水水位埋深分区图（图 5-4-3）。主要可以分为以下四个分区：

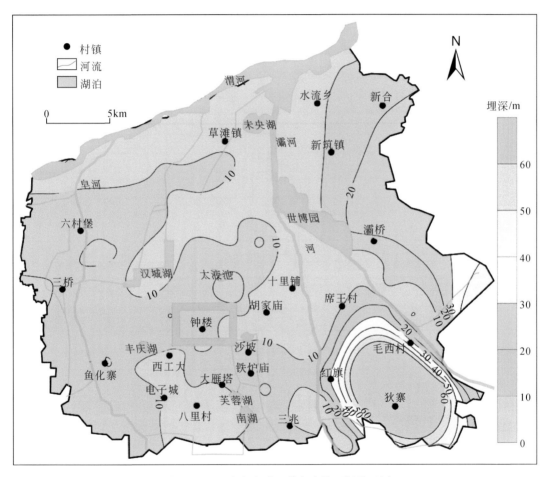

图 5-4-3　西安市主城区潜水水位埋深分区图

（1）潜水水位埋深小于 10m 的地区，主要分布在沿渭河南岸、浐河灞河两侧等地势较低的漫滩区，以及近年来新修的人工湖泊如汉城湖、曲江南湖等周边地区。

（2）水位埋深 10～20m 的地区，广泛分布在渭河一、二级阶地和东部、南部部分冲积扇地区，是区内分布最广泛的埋深分区。

（3）水位埋深 20～40m 的地区，主要分布于东南部山前冲洪积阶地以及黄土塬周围地势较高的地方，且该区域是西安主城区所在地，受人类活动的影响，地下水埋深呈现持续增加的趋势，在六村堡以及城区局部出现埋深大于 20m 的小区域，可能是人类开采引起的地下水位下降，形成小漏斗，使得埋深大于周边地区。

（4）水位埋深大于40m的地区，主要分布在东南白鹿塬等地势较高的地区。

2）潜水水位

根据区内监测井所得到的埋深资料，绘制出2018年潜水等水位线图（图5-4-4）。

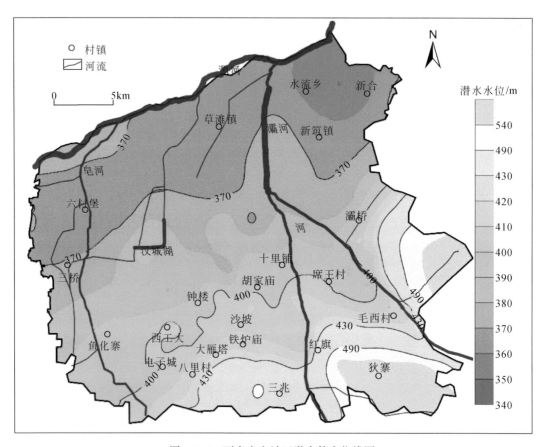

图5-4-4　西安市主城区潜水等水位线图

由图可以看出，潜水水位和埋深趋势基本一致（图5-4-3），都受到地形因素的影响，总的来说，区内地下水总体流向与地面坡度总倾斜大体一致，由东南黄土塬区流向西北渭河阶地。

埋深和水位的主要影响因素是潜水的补给源，区内潜水的主要补给来源有大气降水、河流侧渗、地下径流以及地表水灌溉入渗回归补给等。大气降水受自然因素控制，一般比较稳定。河流在流程中与地下水之间的补排关系，会随着地形的改变，发生显著变化。灞河、浐河上游流经南部山区时，由于地形高，塬上潜水水位普遍高于沟谷中的河水位，在鲸鱼沟等地发现多处因塬上潜水水位高于河水位而自流排泄的泉，此时地下水侧向补给河水，增加河流的有效径流量；而当出山后，随着地形的缓和，潜水随着地形的变化而逐渐低于河水位，此时，河流补给地下水，增加地下水的蓄容量。

2. 潜水年内动态变化特征

如图5-4-5所示，2005年区内潜水有如下特征：1~6月随着气温的回升和农业春灌的开始，工业和农业用水量持续增加，主城区水位呈明显下降趋势，但对于全年来说，该阶段为全年高水位期；7～9月进入多雨季节，一方面降雨和地表水量增大，对地下水的补给有所增加，另一方面随着气温的升高，地下水开采量也大幅增加，主城区水位仍呈下降趋势，但下降速度有所减缓，是年内的低水位期；到了9月后，随着气温的降低以及开采量的减少，水位开始回升，年内水位变化总体上以缓慢下降或相对稳定为主。

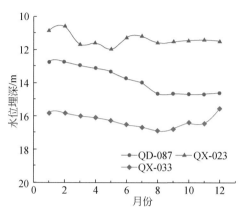

图 5-4-5　潜水 2005 年埋深年内变化情况

3. 潜水年际动态变化特征

潜水是农村生产生活的主要水源，但受西安市特殊的气候、地貌、水文地质条件及开采条件影响，导致沿沣河、渭河阶地潜水开采程度较高，特别是在渭河以北的阎良、临潼等企业较集中的地方以及渭河以南的鄠邑涝店乡—西咸新区沣西新城的纯井灌区、沣灞河水源地等局部地区，潜水开采程度更高。潜水开采程度的差异也直接反映在潜水水位埋深的变化上（图 5-4-6）。

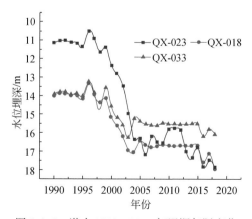

图 5-4-6　潜水 1990～2018 年埋深年际变化

通过对西安市 1990～2018 年间地下水位埋深资料年际变化的分析，西安主城区潜水在整个时段内呈下降状态，平均水位下降约 3.66m，局部水位最大下降深度为 8.4m，下降速率为 0.15～0.32m/a。具体可以分为三个阶段：

（1）1990～1996 年，潜水埋深处于相对稳定期，水位下降速度较为缓慢，趋于稳定，区域性漏斗尚不明显；

（2）1997～2005 年，潜水埋深经历了快速增大期，水位持续性下降，水位最大变幅可达 8.4m，区域性降落漏斗开始显现；

（3）2005～2018 年，潜水埋深增大速度变慢，进入相对稳定阶段，水位仍呈慢速下降，潜水漏斗面积维持原有状态并缓慢增大。

4. 潜水流场时空演化特征

根据以上对西安市潜水埋深变化的分析，得知潜水埋深突变点主要集中在 1997 年和 2005 年，由于天然状态地下水位资料的缺乏，将 1990 年的地下水流场选为"初始流场"或"参考流场"，本次研究我们分别选取了 1997 年和 2005 年作为地下水文特征年，来分析西安市地下潜水流场近 30 年的变迁演化规律（图 5-4-7）。

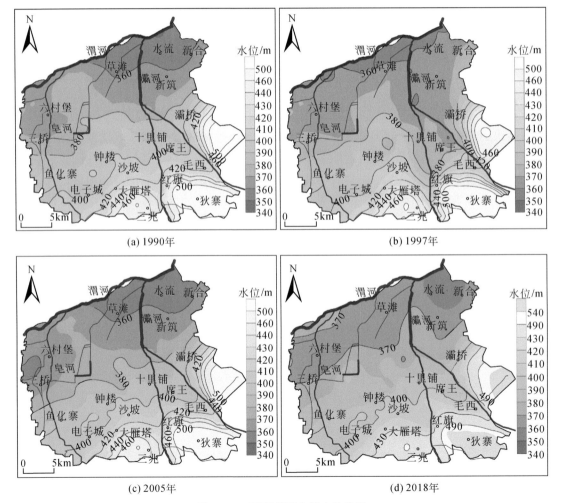

图 5-4-7　西安市潜水等水位线图

1990 年西安主城区潜水平均水位为 399.01m，主城区潜水水位大多在 380 ~ 420m，水位线转折幅度基本与地形起伏相一致，整体地下水位呈现东南高西北低的特点，由东南流向西北，靠近渭河岸边的区域，由于受到河水补给、渭滨水源地和皂河水源地抽水的影响，水源地中间水位略高，流向漏斗区，总体水流趋势偏东。

1997 年，西安主城区潜水水位平均为 396.85m，与 1990 年相较，潜水下降了约 2.16m，平均下降幅为 0.27m/a。水位线与 1990 年相比，380m 等水位线与渭河封闭区域明显向东南十里铺、席王村等地收缩，是潜水水位的主要下降区，最大降幅超过 20m。

2005 年，潜水水位平均为 395.77m，与 1997 年相较下降 1.08m，平均下降速度仅为 0.12m/a，相较于 1990 ~ 1997 年 0.27m/a 的下降速度，慢了一半多，可以看出这一阶段，潜水相较之前进入稳定慢速下降阶段。主要下降区域在西北郊皂河水源地和东北郊新筑镇附近，在皂河水源地已形成明显的潜水水位漏斗，漏斗区最低和最高水位值相差近 10m。380m 等水位线封闭范围，已基本回到 1990 年水平，400m 水位线恢复范围小于 1990 年，主要受到灞河水源地开采的影响。

2018 年，潜水平均水位为 397.18m，与 2005 年相比，水位上升 1.41m，平均年水位上升速度为 0.10m/a，水位处于普遍稳定回升阶段。其中，城区水位上升的速度最快。此外，近年来西安市积极开展水生态修复工程、实施"八水绕长安"工程，修建多个人工湖泊（如汉城湖），增大了对地下水的补给，使得水位出现回升。其中，灞河下游段出现了明显的河水补给地下水现象。

（二）承压水动态特征

1. 承压水头现状

承压水天然流向与潜水基本一致，因 20 世纪 70 年代以来，长期大量开采承压水，已形成较大范围的开采漏斗，局部地段承压水径流方向主要是向漏斗中心汇集（图 5-4-8）。近 10 年来，限制甚至关闭城区承压水开采井，使开采所形成的降落漏斗已基本消失，仅在胡家庙周围有极小范围的漏斗存在。此外，鱼化寨、清凉寺等地区近年来由于城镇化进程快，自来水供给不足，地下水开采量急剧增加，形成小型的承压水头降落漏斗。

2. 承压水头年内动态特征

西安市区承压水埋藏较深，有良好的隔水顶板，水头动态受人为因素和自然因素的综合影响。2005 年承压水头动态为：1 ~ 2 月气温低，开采量较小，水头最高，8 月是用水高峰，水头最低，10 月以后水头回升。年内变化幅度受水文地质条件和开采强度的影响有较大的差别，一般为 2 ~ 8m（图 5-4-9）。

3. 承压水头年际动态特征

西安市利用承压水作为城市供水水源始于 20 世纪 50 年代。随着工农业生产和城市建设的迅速发展，城市集中供水的缺口越来越大，开凿自备井成为缓解供需矛盾的一种主要途径。随着开采量的不断增加，承压水头持续下降（主要在 1972 ~ 1997 年），到 1997 年

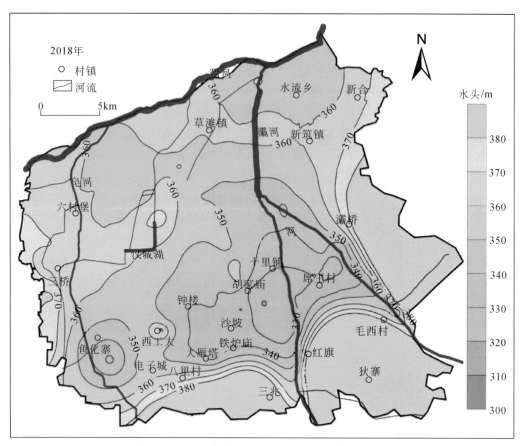

图 5-4-8　西安市主城区 2018 年承压水等水头线图

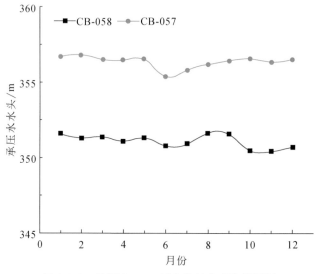

图 5-4-9　承压水 2005 年水头年内变化情况图

承压水头普遍下降了 20~100m，其中西郊、北郊下降了 20~30m；西南郊、城区、东北郊下降了 30~50m，南郊、东郊下降了 50~100m。由于自备井分布密度、开采强度、水文地质条件等因素的不同，各区承压水头的变化幅度也有明显差异。2001 年西安引黑河水工程通水后，市政府陆续关闭了部分自备井，逐渐减少了承压水的开采量，承压水头逐步趋于稳定，主要降落漏斗水头回升明显；但部分无自来水的地区水头仍有下降（图5-4-10）。

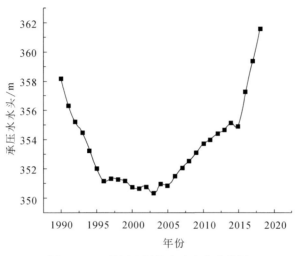

图5-4-10　承压水平均水头变化曲线图

从图 5-4-10 可以看出，1990~1996 年，西安市主城区承压水平均水头持续下降，最大下降值为 8m，年平均下降速度为 1.0m/a。1997~2005 年，承压水头持续缓慢下降，年平均下降速度 0.11m/a，承压水下降速度减少得很明显，已基本趋于开采条件下的稳定。在这一阶段，承压水头稳定且缓慢下降，到 2000 年左右，由于人口增加和气候干旱，承压水头再次呈现增大趋势，直到 2007 年埋深才趋于稳定，2015 年水头开始回升。从总体上看 1990~2018 年，除主要漏斗区外，西安主城区承压水平均水头表现为先稳定下降后缓慢回升的趋势，与 1990 年相比 2018 年承压水头普遍上升了 5.24~23.47m。

4. 承压水动力场空间演变特征

西安地区承压水埋藏较深，并有良好的隔水顶板，承压水一度成为城市供水主要来源，人工开采曾经是承压水的最主要排泄方式，可以说西安地区承压水开采量（图5-4-11）控制着承压水头动态曲线和承压水动力场空间演变（图5-4-12）。自 1970 年以来，地下水开采历史可分为四个阶段，同时，承压水动力场空间演变也划分为四个对应的阶段：

（1）第一阶段：第一阶段是在 1970~1975 年，西安地区的供水量严重供不应求，供需矛盾突出。短短五年间，单位及个人在此阶段开凿了大量的水井，承压水的开采量剧烈增加，开采量超过了补给量，承压含水层系统水头普遍下降，并逐渐形成了承压水降落漏斗的雏形。

（2）第二阶段：1976~1996 年为承压水开采的第二阶段，在该阶段，承压水头下降趋势有所缓和。究其原因，主要是因为西安市政府认识到了问题的严重性与迫切性，采取了相应的限制和管理地下水开采措施，使西安地区开采井数的增加速率明显减小，地下水

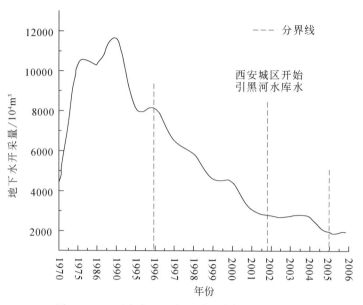

图 5-4-11　西安市地下水开采量多年动态曲线图

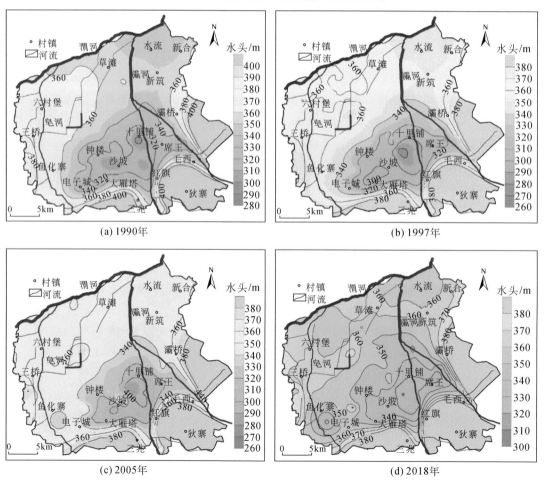

图 5-4-12　承压水 1990 年、1997 年、2005 年和 2018 年等水头线图

头的下降速率较上阶段也有较大的缓和，但原来的开采井基数太大，虽说井数的增加量降低了，但是整个区域的井数和人为的开采水量仍然偏大，且分布不均衡，导致降落漏斗中心的水头依然持续下降，降落漏斗面积和体积也在增大，并逐渐形成了新的降落中心。

（3）第三阶段：1997~2005年，1999年西安市政府又陆续出台了一系列的政策以控制地下水的开采量，如黑河水库工程就是在此种状态下应运而生的。2001年11月，黑河水库正式向西安城区供水，地下水开采量明显降低，承压水头得到了明显的回升，与之相应的是抽水导致的地面沉降地裂缝问题也得到了缓解。

（4）第四阶段：2005~2018年，由于承压水已不再作为主要供水水源，开采量常年保持稳定并在不断减少，承压水进入稳定回升阶段，主要漏斗已基本消失。仅在鱼化寨、清凉寺等地区由于群众及个别单位自行凿井开采，引起局部承压水降落漏斗。

1990年、1997年、2005年和2018年承压水等水头线如图5-4-12所示，2010~2016年地下水抽取量如图5-4-13所示。

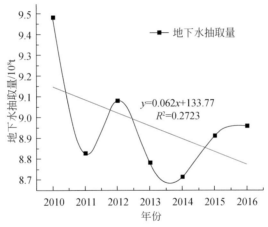

图5-4-13　西安市2010~2016年地下水抽取量图

三、地下水资源评价

西安市平原区松散岩类孔隙水分布广泛。根据地下水埋藏条件、水动力性质，并结合地下水开发利用的实际情况，将全市350m以浅含水层系统划分为潜水和承压水两大含水层系统。渭河南北冲洪积平原含水层分布广泛而连续，地下水补给条件好，水量较为丰富，其中以渭河漫滩、一、二级阶地及秦岭山前洪积扇裙含水层厚、颗粒粗、富水性强，而黄土台塬和渭河高阶地富水性相对较差，单井涌水量较少。

对于地下水资源评价，山丘区采用排泄量法，平原区采用水均衡法。经分析计算，西安市多年平均地下水可采资源量为 $143171×10^4m^3$，平原区为 $107872×10^4m^3$，山丘区为 $52000×10^4m^3$，平原区与山丘区重复计算量为 $16701×10^4m^3$。周至县、鄠邑区、高陵区、临潼区、阎良区、长安区、蓝田县、主城区的地下水可采资源量分别为 $43695×10^4m^3$、$19815×10^4m^3$、$6153×10^4m^3$、$11341×10^4m^3$、$4901×10^4m^3$、$22430×10^4m^3$、$17037×10^4m^3$、$17739×10^4m^3$。详细计算结果见表5-4-1。

表 5-4-1 西安市分区地下水资源量统计表

行政分区	分区面积/km²	山丘区		平原区水资源量/10⁴m³									山丘区与平原区重复量/10⁴m³	地下水资源量/10⁴m³
		面积/km²	水资源量/10⁴m³	降水入渗	侧向径流	渠系入渗	田间灌溉入渗	库塘入渗	河水渗漏	井灌回归	总补给量	水资源量		
周至县	2949	2256	23861	10602	0	2339	2106	247	9447	1013	25754	24741	4847	43695
鄠邑区	1282	696	6850	9313	0	682	614	89	4822	1763	17283	15520	2555	19815
高陵区	287	0	0	3602	647	990	914	0	0	990	7143	6153	0	6153
临潼区	915	198	650	8047	200	1473	1326	165	326	1400	12937	11537	846	11341
阎良区	244	0	0	2773	703	661	595	113	56	632	5533	4901	0	4901
长安区	1590	755	7789	10602	0	1029	1278	529	3863	2387	19688	17301	2660	22430
蓝田县	2008	1623	12150	4405	357	224	287	220	0	130	5623	5493	606	17037
主城区	833	32	700	9623	0	1411	1269	146	9777	2131	24357	22226	5187	17739
合计	10108	5560	52000	58967	1907	8809	8389	1509	28291	10446	118318	107872	16701	143171

第五节 地热资源评价

关中平原地热资源丰富，西安市位于关中平原中部的西安凹陷地区，热储层厚度约为6000m，总热量可达 1.03793×10^{18} kcal，相当于标准煤 1.4828×10^{11} t，地热流体可采量为 15.098×10^{8} m³。西安市深部地热资源条件详见第三章关中平原地热资源部分，本节不再做过多表述。本节重点从浅层地温能以及中深层地热取热不取水清洁利用两个方面评价西安市清洁能源的开发利用条件及潜力。

一、浅层地温能

（一）恒温层深度及温度

西安地区地热地质环境条件好。新生界厚度巨大，基底埋深逾7000m，地温为900 ~ 1000℃，地壳莫霍面埋藏较浅，仅为30 ~ 33km；触及第四系的基底深断裂较发育，是地球内热量向地表传导释热的良好通道；加之基底上有巨厚层的新生界河湖相、湖相、冲洪积相砂岩、泥岩及较松散的砂、土岩层储热保温，构成蕴存地热资源之良好地热地质条件。受深部地热地质条件影响，西安市浅层地温能资源亦较丰富，200m深地温为17.6 ~ 23.4℃，其地温场温度变化特征如下。

1. 垂直方向地温变化特征

根据《大西安主城区浅层地温能调查评价报告》可知，区内地温场在垂直方向上总体是随深度增加地温升高，但不同深度地温变化不同。在常温带（20 ~ 30m）以浅，尤其是近地表0 ~ 3m，受季节气候变化影响，地温波动显著，3 ~ 20m地温受气候变化影响逐渐减小；在常温带以下，地温已不受当地气候变化影响，随深度增加温度升高。区内垂向上地温分布特征有两种类型：渐变升温型和升温降温交替型。

1）渐变升温型地温场变化特征

此类型又可分为直线渐变型和曲线渐变型：①底张镇、东联庄、留公村、大泉村、麦王村、前锋村和闵旗寨等区域地温随深度变化属于直线渐变型。30m深度以下，随着深度增加，温度呈直线形式逐渐升高。其中闵旗寨地温变化最大，从40m到120m，地温升高约2.7℃，地温梯度约为3.65℃/100m，前锋村和麦王村变化趋势较为缓慢，地温梯度分别为2.29℃/100m和2.24℃/100m。②永乐镇、坡地村、吕村、北玉峰村、尤家庄、陕西工程勘察研究院长安基地等地地温随深度变化属于曲线渐变升温型。自30m向下，除11月及12月地温在40 ~ 60m深度范围内变化较大（先升高后降低，50m处出现拐点）外，其余月份地温均随深度增加而缓慢升高。

2）升温降温交替型地温变化特征

区内草滩六路和石化大道孟家村两处地温深度变化属于升温降温交替型。石化大道孟家村和草滩六路两处地温分别以70m和80m地温为拐点，随着深度增加先降低后升高变化趋势。

综上所述，在地层增温带，受深部地热增温的控制，地温随深度增加而逐渐升高，但由于地质构造、地下水活动及地层岩性等影响，区内垂向上地温升温特征因地而异。

2. 地温水平展布特征

西安市地温异常主要分布在灞河以西广大地区，其中100m埋深地温高于18℃、平均地温梯度大于3.4℃/100m的区域呈片状或带状展布于西安城区、高陵区和沿渭河南岸地带，其地温多集中在18.0~19.4℃区间内，平均地温梯度多集中于3.5~4.5℃/100m区间内。咸阳地区地温异常主要分布在西张堡村—三姓庄一带，其110m深地温高于17.5℃，多集中在18.45~21.9℃，平均地温梯度在3.20℃/100m（图5-5-1）。

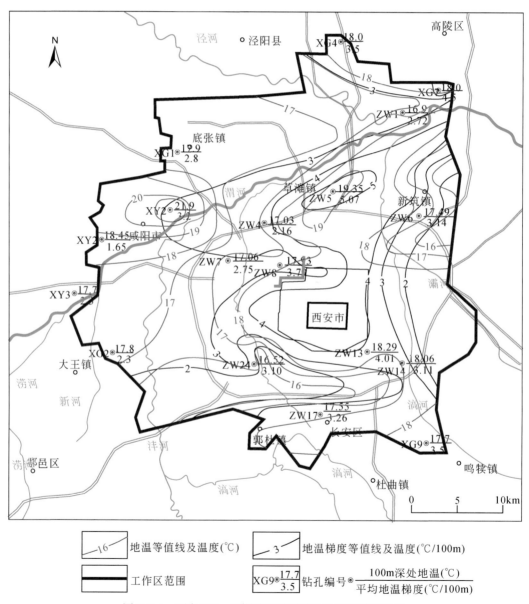

图5-5-1　西安100m埋深地温及平均地温梯度等值线图

这些地温异常地带恰是区内基底断裂构造较发育、地裂缝多布地区，近 EW 走向、NE 走向、NW 走向隐伏断裂相互切割，有利于深部热量向浅部传导，地温异常受断裂构造控制，如南部韦曲一带、北部草滩一带，地温异常展布方向与下伏断裂构造走向延展基本一致。

（二）地层热响应特征

根据西安市已经运行的地埋管式地源热泵运行参数，将统一按照冬季进水温度 7℃、夏季进水温度 35℃的标准工况，分别计算 120m 和 200m 地埋管换热器单孔的换热功率来评价地层热响应。

1. 冬季地层热响应特征

西安主城区内冬季换热量高的区域主要分布于渭河、泾河河漫滩及一级阶地，浐河、灞河三角洲地带以及东部的山前洪积扇地带，其单孔换热器 120m 深时换热功率为 4.46 ~ 5.44kW，200m 深时换热功率为 7.5 ~ 9.07kW；大部分的渭河二、三级阶地及冲洪积扇单孔换热器 120m 深时换热功率在 4.5kW 左右，200m 深时换热功率在 7.5kW 左右。在渭河北岸三级阶地和西安市南部的黄土残塬区以及浐河西岸地区，单孔换热器 120m 深时换热功率在 4.34kW 左右，200m 深时换热功率在 7.2kW 左右；在东部的渭河二级阶地区、西部的渭河一级阶地及一、二级冲洪积扇区，单孔换热器 120m 深时换热功率在 4.1kW 左右，200m 深时换热功率在 6.7kW 左右。

2. 夏季地层热响应特征

西安主城区内夏季换热量高的区域主要分布于泾河河漫滩及一级阶地、渭河与泾河三角洲地带、灞河两侧的渭河南岸一、二级阶地区及大部分的多级冲洪积扇地带，其单孔换热器 120m 深时换热功率为 6.28 ~ 8.15kW，200m 深时换热功率为 10.47 ~ 13.5kW；其他区域的单孔换热功率在 120m 和 200m 时分别为 5.4 ~ 6.0kW 和 9.3 ~ 9.9kW。

（三）浅层地温能开发利用适宜性评价

1. 地下水地源热泵适宜性分区

由于大西安主城区水文地质特征的差异，地下水地源热泵适宜性明显不同，其适宜性分区如下。

（1）地下水地源热泵适宜区：主要分布于区内渭河及其支流的漫滩和一级阶地。含水层主要为全新统、上更新统冲积的砂、砂砾石层，为双层结构的潜水和承压水。富水性为强–极强，大部分地区含水层厚度大于 80m，适宜地下水抽灌。

（2）地下水地源热泵较适宜区：主要分布于渭河二、三级阶地和部分一、二级冲洪积扇上。二、三级阶地含水层主要为全新统、上更新统冲积的砂、砾石层，一、二级冲洪积扇含水层主要为中更新统冲洪积砂、砂砾卵石层。该地段富水性为中等–强，地下水的抽灌条件相对较好。

（3）地下水地源热泵不适宜区：主要分布于部分一、二级冲洪积扇、三级冲洪积扇、近代洪积扇、黄土台塬、地裂缝变形带和三级阶地前缘赵家-杨家台、上原村、尹王村等地质灾害发生区。冲洪积扇含水层主要为中更新统冲洪积砂、砂砾卵石层，黄土台塬含水层主要为中下更新统黄土及古土壤。该区域富水性为弱-中等，大部分地区有效含水层厚度小于50m，不适宜开展地下水地源热泵工程。三级阶地前缘一带滑坡、地裂缝等地质灾害较为发育，土体稳定性差，也不适宜建设地下水地源热泵工程。

2. 地埋管地源热泵适宜性分区

由于大西安主城区岩土体的热物理性、水文地质特征和施工条件的差异，地埋管地源热泵适宜性也明显不同，适宜性分区如下。

（1）地埋管地源热泵适宜区：主要分布在河谷阶地、冲洪积扇和黄土台塬区。该区域分布范围广，综合传热系数高，单孔换热功率较大，施工容易，适合地埋管地源热泵工程建设。

（2）地埋管地源热泵较适宜区：分布于浐河、灞河的一、二级阶地和灞陵乡的三级冲洪积扇。该区域综合传热系数较高，单孔换热功率较大，施工较容易。

（3）地埋管地源热泵不适宜区：主要分布在区内浐河、灞河漫滩、山前洪积扇、地裂缝变形带和三级阶地前缘沿线的地质灾害易发区。

二、取热不取水的中深层地热能清洁利用技术

（一）主要热储层

关中平原基底埋藏中间深、南北浅，故新生界热储埋藏条件是中间地带优于南北两侧。根据热储的基底埋藏特征，关中平原可归纳成三种热储类型，即新生界砂砾岩、砂岩孔隙裂隙热储层，秦岭山前构造断裂裂隙热储层及碳酸盐岩岩溶热储层，其中大西安范围内全部为前两种。

（二）岩层热物性参数

岩层热物性参数控制着地热资源的传导、开采、恢复等，结合地温特征共同决定了某一区域地温场特征，是地热资源开发利用过程中产能计算等的重要因素。岩层热物性参数包括导热系数、热扩散系数和比热容。

通过取样测试，最终得到表5-5-1中的热物性参数，导热系数为1.184~2.459W/(m·K)，平均为1.62 W/(m·K)；热扩散系数为0.626~1.468mm²/s，平均为0.95mm²/s；定压比热容为597.19~976.56 J/(kg·K)，平均为805.89 J/(kg·K)；同一层位砂岩导热系数高于泥岩，同一层位导热系数较为接近。蓝田组岩心样品表现出泥岩导热系数略高于细砂岩的异常现象，可能因为二者矿物成分较为一致，而细砂岩孔隙度影响较大所致。

表 5-5-1　岩层热物性参数测试结果一览表

样品名称	层位	岩性	密度 /(g/cm³)	导热系数 /[W/(m·K)]	热扩散系数 /(mm²/s)	定压比热容 /[J/(kg·K)]
ZJG-02	红河组	红色粉砂质泥岩	2.41	1.651	1.024	668.41
ZJG-03	红河组	灰白色细砂岩	2.39	1.415	0.887	668.43
ZJG-04	白鹿塬组底	灰白色中砂岩	2.30	2.459	1.468	729.47
ZJG-07	白鹿塬组中	灰白色粉砂岩	2.20	1.273	0.744	778.60
ZJG-09	白鹿塬组顶	红色泥岩	2.20	1.277	0.626	925.58
MDMX-01	冷水沟组底	杂色粗砂岩	2.34	1.972	1.022	826.08
MDMX-02	冷水沟组中	灰白色细砂岩	2.29	1.838	1.342	597.19
MDMX-04	寇家村组底	红褐色砂质泥岩	1.84	1.406	0.783	976.56
SJZ-01	灞河组	红褐色泥岩	2.00	1.184	0.687	862.38
SJZ-04	灞河组	灰黄色粉砂岩	1.93	1.892	1.051	930.48
SWC-01	蓝田组	红色砂质泥岩	2.00	1.404	0.780	901.60
平均			2.17	1.62	0.95	805.89

(三) 产能模型及应用示范

地热能中深层地埋管清洁供热技术是对地下温度 70~120℃ 的中深层地热能 "取热不取水" 的无干扰换热技术,具有取热持续稳定、地温恢复快、环境影响低的特点,适宜作为建筑清洁供热的热源。中深层地埋管换热技术比传统浅层地热能热泵技术节能 30% 以上,有很好的经济效益、社会环境效益,可以大规模在关中平原各类公共建筑和居住建筑中作为清洁供热方式推广应用,将是关中地区清洁低碳、安全高效的绿色能源体系的重要组成部分。

1. 不同井型对地埋管换热能力的影响

中深层地埋管产能模型主要包括 U 形对接井采热系统和同轴套管直井采热系统。

U 形对接井采热系统产能模型主要分为直井和对接井两部分 (图 5-5-2),系统由对接井进水,经对接井、直井从岩土体中吸收热量,后由直井出水供至热泵供暖系统,降温再返回埋管系统。在埋管中循环的水与周围岩土的换热过程包括湍流的水与埋管内壁的对流换热、管壁的导热和管外壁与周围固井水泥的导热以及周围岩土的导热,也包含岩土中水的渗流换热。

同轴套管直井系统产能模型 (图 5-5-3) 全部为直井段,分为主要外部岩土体部分,内部同轴套管部分,系统由同轴套管外管进水,经直井从岩土体中吸收热量,后由同轴套管内管出水供至热泵供暖系统,降温再返回同轴套管外管。在同轴套管直井采热系统中外管循环的水与周围岩土体的换热过程包括湍流的水与管壁的对流换热、管壁的导热和管外壁与周围固井水泥的导热以及周围岩土的导热,也包含岩土中水的渗流换热。

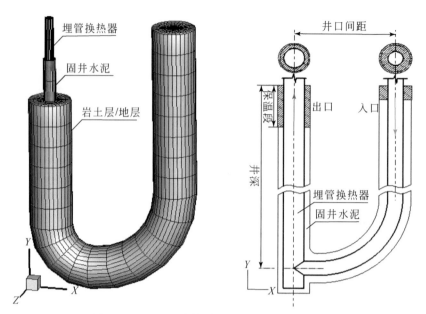

图 5-5-2　U 形对接井采热系统产能模型示意图

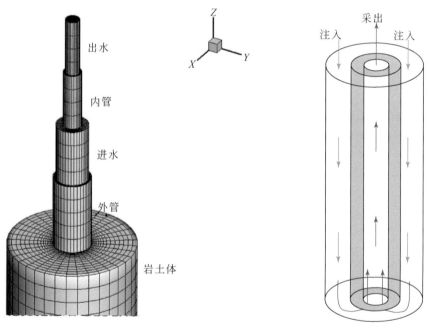

图 5-5-3　同轴套管直井系统产能模型示意图

对这两种井型分别进行基于热传导的产能数值模型的建立和计算。通过对相同深度（2500m）、相同地温场特征，开放系统条件下不同井型系统（U 形井系统和同轴套管系统）、同轴套管系统采用 PE 材料内管进行模拟，运行 72h 后得出如表 5-5-2 所示数据。

表5-5-2　不同井型系统换热强度对比表

对比模拟	换热系统	流率/(kg/s)	进口温度/℃	出口温度/℃	换热强度/MW
模拟一	U形井系统	15	20	31.27	0.708
模拟二	同轴套管系统	15	20	27.05	0.443

2. 不同流率对U形深埋管换热能力的影响

管中流率增大会提高管内流场的湍流度，从而提高换热能力。本研究模拟了在恒定取热量（0.4MW）条件下，5组不同流率和流速条件下，最终得到如表5-5-3所示的计算结果。

表5-5-3　不同流率下第一个供热期结束时的埋管进口温度

对比模拟	流率/(kg/s)	流速/(m/s)	换热负荷/MW	埋管进口水温/℃	与1的相对误差值/%
1	14.53	0.710	0.4	4.880	—
2	15.84	0.774	0.4	5.164	5.8242
3	17.06	0.834	0.4	5.389	10.4291
4	18.22	0.890	0.4	5.572	14.1958
5	19.32	0.944	0.4	5.725	17.3190

根据模型试验的结果，随着流率的增加，进水温度逐渐提高。在换热量为0.4MW条件下，流率为14.53kg/s的工况1，计算得到第一个供热期结束时埋管进口温度为4.880℃；当流率分别为15.84kg/s、17.06kg/s、18.22kg/s、19.32kg/s时，进口温度分别为5.164℃、5.389℃、5.572℃、5.725℃，与工况1相比分别提高了5.82%、10.43%、14.20%、17.32%；可见随着流率的增加，进口温度会提高，即换热潜力会提高。

3. 水平井距对U形深埋管换热能力的影响

水平横管增加到1000m时的最大恒定供热能力可以达到0.7MW。对比水平横管为205m的深埋管工况，埋管换热量增加了0.15MW。水平横管长度增加量的相对值为15.24%，埋管换热能力的相对增加量为27.27%，可见在岩土深层增加水平横管换热长度对增加埋管换热量有着很大的作用。

（四）取热不取水的中深层地埋管换热井井距及出热能力计算

中深层地埋管换热器的热作用半径是当过余温度衰减至足够小时所对应的距离。可利用岩土热物性、建筑热负荷等参数计算换热器影响作用半径，具体计算公式如下：

最大过余温度：

$$\theta_{\max}(r) \approx -\frac{Q_y}{4\pi k l}E_i\left(-\frac{r^2}{4an\,t_y}\right) - \frac{\mathrm{sign}(Q_y)\mid Q_{0.5y}-Q_y\mid}{4\pi k l}E_i\left(-\frac{r^2}{2a\,t_y}\right) \quad (5\text{-}5\text{-}1)$$

式中，l 为换热器的长度；n 为换热器工作年限；t_y 为一年的时间；Q_y 为负荷的年平均值；$Q_{0.5y}$ 为每年供热负荷最大的连续 6 个月的平均负荷（单孔）；$\mathrm{sign}(Q_y)$ 为 Q_y 的符号函数；a 为平均热扩散系数；k 为平均导热系数（岩石热导率）；r 为计算点至换热器的距离（影响半径）。

冷热不平衡率：

$$\eta =\mid Q_{0.5a}^{+} + Q_{0.5a}^{-} \mid /(Q_{0.5a}^{+} - Q_{0.5a}^{-}) \quad (5\text{-}5\text{-}2)$$

$Q_{0.5a}^{+}$、$Q_{0.5a}^{-}$ 分别表示每年冬季供暖、夏季制冷的连续 6 个月的平均负荷，当 $\eta = 1$ 时说明该换热系统只需要在冬季供暖或夏季制冷。

最大过余温度的绝对值为临界过余温度 θ_c。

$$\theta_c \approx \frac{\max(Q_{0.5a}^{+},\ Q_{0.5a}^{-})}{4\pi k l}f(\eta,\ r') \quad (5\text{-}5\text{-}3)$$

$$f(\eta,\ r') = -\frac{\eta}{1+\eta}E_i\left(-\frac{r'^2}{4n}\right) - \frac{1}{1+\eta}E_i\left(-\frac{r'^2}{2}\right) \quad (5\text{-}5\text{-}4)$$

式中，$r' = r/\sqrt{a\,t_y}$ 为无量纲距离。一般的换热器的工作年限为 50 年，则 $n=50$。

由式（5-5-4）可得不同 η 值时无量纲距离 r' 与 f 的关系（图 5-5-4）。

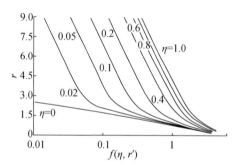

图 5-5-4　不同 η 值时无量纲距离 r' 与 f 的关系图

由式（5-5-3）可得：

$$f(\eta,\ r') = \frac{4\pi k l\,\theta_c}{\max(Q_{0.5a}^{+} - Q_{0.5a}^{-})} \quad (5\text{-}5\text{-}5)$$

利用式（5-5-5）和不同 η 值时无量纲距离 r' 与 f 的关系图就可以求得换热器影响作用半径。

热导率取值见表 5-5-4，砂岩、泥岩热导率相差不大，取值一致。碳酸盐岩地层热导率取 2.01 W/(m·K)。

表 5-5-4　关中平原热参数一览表

物质	分区	密度 ρ /(kg/m³)	孔隙度 f	比热 C_s /[J/(g·℃)]	比热 C_s /[kcal/(kg·℃)]	传导率 λ_s /[W/(m·K)]	/[kcal/(m·h·℃)]
水		1000		4.18	1.0	0.599	0.515
碳酸盐岩		2700		0.92	0.22	2.01	1.728

续表

物质	分区	密度 ρ /(kg/m³)	孔隙度 f	比热 C_s /[J/(g·℃)]	比热 C_s /[kcal/(kg·℃)]	传导率 λ_s /[W/(m·K)]	/[kcal/(m·h·℃)]
砂泥岩	西安凹陷	2465	0.195	1.5532	0.3711	2.145	1.844
	咸礼凸起	2527.5	0.247	1.5373	0.3673	2.675	2.3
	固市凹陷	2586.7	0.163	1.5128	0.3614	2.191	1.884
	蒲城凸起	2586.8	0.165	1.5242	0.3641	2.429	2.088
	临蓝凸起		0.233				
	全区松散层平均值	2541.5	0.213	1.5408	0.3653		2.03

按照换热器有效长度为 100m，平均最大负荷为 1200W，冷热负荷不平衡率为 0.2。岩土热扩散系数 a 取值：砂泥岩为 0.086m²/d，碳酸盐岩地层为 0.07m²/d，计算结果见表 5-5-5。

表 5-5-5　不同临界过余温度下换热器影响作用半径计算参数及结果

岩性	热扩散系数 /(m²/d)	热导率 K /[W/(m·K)]	不同 θ_c 下 f (η, r') 的值					
			0.2℃			0.1℃		
			f (η, r')	r'	r	f (η, r')	r'	r
砂泥岩	0.086	1.528 (最小值)	0.3199	3.8	21.29	0.1599	4.82	27.00
	0.086	2.985 (最大值)	0.6249	1.8	10.08	0.3124	2.21	12.38
	0.086	2.273 (平均值)	0.4758	2.6	14.57	0.2379	3	16.81
碳酸盐岩	0.07	2.01	0.4208	3.2	16.18	0.2104	3.37	17.03

由表 5-5-5 可见，在临界过余温度 θ_c 为 0.2℃ 的情况下，砂泥岩松散层影响半径最小为 10.08m，最大为 21.29m，平均为 14.57m，碳酸盐岩地层影响作用半径为 16.18m；θ_c 为 0.1℃ 的情况下，砂泥岩松散层影响半径为最小为 12.38m，最大为 27m，平均为 16.81m，碳酸盐岩地层影响作用半径为 17.03m。全井段换热器影响作用半径不同，因此在保证相邻换热器之间的干扰很小的情况下需选择全井段最大的换热器影响作用半径来设置。由于地下地质情况复杂，考虑到主城区地裂缝等对井换热的影响和换热系统低效运行的持续性，一般建议设置为 20~40m。

据项目组实施的"地热能无干扰清洁利用技术和应用示范项目"专题研究，通过原位试验获取数据，对竖向 U 形、同轴套管型换热井分别建立模型，采用数值计算方法计算换热井在额定取热功率 400kW 时对井管周围岩土体温度的影响。将井管周围岩土温度受影响的范围定义为用井管周围岩土各点运行后的温度与其初始温度相减，如果差值在 0~0.05℃ 即视为没有受到影响（等值线所示为 0）。

对热 1 井（水平埋管深度 2100m，直井与对接井井间距 205m）截取深度分别为 50m、500m、1500m、2000m 的水平断面，通过计算绘出了流率为 18.22kg/s，恒定换热负荷为 400kW 的第二个恢复期结束时进水井侧土壤温度云图，如图 5-5-5 所示。

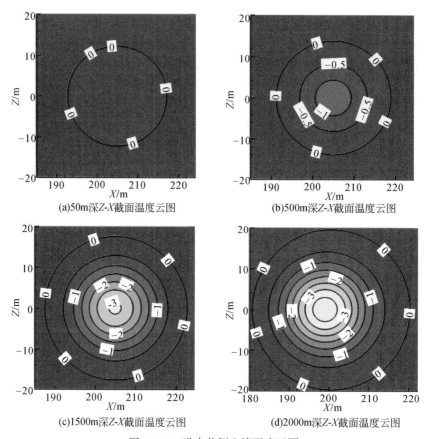

(a)50m深Z-X截面温度云图　　　　(b)500m深Z-X截面温度云图

(c)1500m深Z-X截面温度云图　　　　(d)2000m深Z-X截面温度云图

图5-5-5　进水井侧土壤温度云图

从图5-5-5中看到,温差等值线为0℃的圆周之内的等值线均为负值,即温度小于初场值,受到了影响;0℃圆周外的区域温度场没有受到影响。这个0℃温差的圆周半径即为影响半径。应用此种方法,可以得到埋管最大换热影响半径。

计算可知第一个和第二个供热期或恢复期结束时,井管换热最大影响半径分别小于10m、16m、18m、21m。可见随供热时间的延续,埋管换热影响半径逐渐增大,但是增幅逐渐减少,最终影响半径应在30m内。

通过以上资料分析,中深层地埋管换热器的影响半径受岩土体热力学性质、井开采强度(换热强度)、开采时间的影响,一般情况下,其影响范围约在10~30m,考虑到主城区地裂缝等对井换热的影响和换热系统低效运行的持续性,影响范围可能扩大到40m。

第六节　土地资源特征与保护

一、土壤类型

西安市土壤复杂多样,其中风成和冲积黄土分布广泛,属于黄土地带;同时在落叶阔叶林植被影响下，褐土广泛发育。西安市的土壤分布具有明显的规律性，南北差异明显，西安市北部平原地带以褐土、黄褐土为主要土壤类型，南部秦岭山地则以黄棕壤、棕壤等森林地带土壤类型为主。工作区主要分布褐土、水稻、潮土、黄绵土及少量新积土（图3-3-1）。

（一）褐土

褐土主要在渭河及其支流二级以上阶地冲洪积物、风积物的基础上经人工耕种熟化过程中逐渐分异形成，厚度差异大。工区内褐土主要的亚类为墣土，墣土熟化程度高，疏松易耕，适耕时间长，保水保肥能力好，土壤矿物质丰富，肥力较高，是适宜农业发展的优质土类。

区内的土属类型为油土和黄土质褐土：油土属墣土亚类，熟化程度高，疏松易耕，适耕时间长，保水保肥能力好，土壤矿物质丰富，肥力较高，是适宜农业发展的优质土类；黄土质褐土属褐土亚类，保肥能力中等，土壤肥力不如油土，人为影响较弱。在黄土质褐土基础上耕种熟化，可发育形成油土。

（二）水稻土

水稻土分布于渭河以南部分支流河漫滩区或低洼区，土质较肥沃，是水稻种植适宜土壤。

（三）潮土

潮土分布于渭河及其支流河谷附近，是河流草甸土经耕种熟化后形成的农业土壤，受地下水影响强烈，土壤底部长期浸水，土壤中有机质含量不高，养分状况较差，肥力水平低，但耕种性好，适耕期长。

（四）黄绵土

黄绵土主要在渭河及其支流中淤积沉积物及风积土壤的基础上发育形成，主要分布在关中台塬的塬边和沟坡上。区内黄绵土的主要亚类为黄墡土，蓄水保墒能力较强，耐旱耐涝，耕性好，适耕期较长。土壤矿物质丰富，钾、磷等土壤养分充足，有机质为1%～2%，经过人类长期耕作，成为适合于农业发展的优质土类。

（五）新积土

新积土是分布于河流两岸冲积、淤积物上的幼年性土壤，发育时间短，多粉砂、砂和砾石，有机质含量低，肥力水平不高，漏水漏肥，农业利用性较差。

区内的土属类型包括砂质冲积土、壤质冲积土和堆垫土：砂质冲积土分布于河流两侧河漫滩上，母质为河流最新冲积物，全剖面砂粒占55%以上，多有冲积层次，同一层次质地较均匀，不具发育层次；壤质冲积土主要分布在河流两岸的低阶地上，母质多为河流静水沉积物，土层深厚，全剖面质地均一，具有较强的保水保肥能力；堆垫土是由人工造地堆垫形成的，质地复杂，熟化程度差异大，土层厚度不等，水肥保持能力较差。

二、土地利用现状

据《西安市土地利用总体规划（2006—2020 年）》，区内土地利用结构和土地利用特点如下。

（一）土地利用结构

2014 年，农用地 8232.71km^2，占全市土地总面积的 81.54%；建设用地 1565.97km^2，占全市土地总面积的 15.51%；其他土地 298.13km^2，占全市土地总面积的 2.95%。

1. 农用地

耕地用地 2849.96km^2，占农用地面积的 34.62%；园地用地 284.98km^2，占农用地面积的 3.46%；林地用地 4807.36km^2，占农用地面积的 58.39%；牧草地用地 79.49km^2，占农用地面积的 0.97%；其他农用地 210.92km^2，占农用地面积的 2.56%。

2. 建设用地

城乡建设用地 1367.64km^2，占建设用地面积的 87.34%，其中城镇用地 690.63km^2，农村居民点用地 610.17km^2，采矿用地 64.46km^2，其他独立建设用地 2.38km^2；交通水利用地 157.53km^2，占建设用地面积的 10.06%，其中交通运输用地 134.51km^2，水利设施用地 23.02km^2；其他建设用地 40.80km^2，占建设用地面积的 2.60%。

3. 其他土地

水域用地 139.07km^2，占其他土地面积的 46.65%；自然保留地用地 159.06km^2，占其他土地面积的 53.35%。

（二）土地利用特点

1. 土地利用区域功能明晰

全市已经形成核心城市区（渭河以南、沣河以东、灞河以西、潏河以北）、周边农地区、南部外围生态区的圈层式发展布局。城镇发展、基本农田保护、生态用地规模化效益明显，区域功能分工已经形成，奠定了城市开发边界、永久基本农田和生态保护红线"三线"划定的坚实基础，有利于引导形成国际化大都市合理的空间开发格局。

2. 土地利用城镇化趋势明显

2006～2015 年，全市建设用地规模增加 424.17km^2，年均增加 47.13km^2，占全省建设用地年均增加量的 32.77%，其中城镇用地增加 437.79km^2，占全省城镇用地增加量的

28.13%，城镇用地增加量大于建设用地规模增加量，主要因为城镇化的加速发展将部分农村居民点、采矿用地转化为城镇用地。建设用地增加速度、土地城镇化率均位居全省前列。

3. 文物保护用地点多面广

全市登记在册文物点 2944 处，各级文物保护单位 282 处，其中全国重点文物保护单位 34 处，省级文物保护单位 72 处，市县级文物保护单位 176 处，总占地面积为 187.4km²，其中位于西安市中心城区范围的文物保护面积近 53.74km²，其数量之多、规模之大堪称国内之最。

三、富硒富锗土壤分布

通过本次调查工作区共圈出富硒土壤面积 106.8km²（Se≥0.22mg/kg），其中 98km² 处于西安市主城区的建设用地中，其余 8.8km² 分布于沣西新城农用地（图 5-6-1）；富锗土壤面积为 1.71km²（Ge≥1.5mg/kg）。

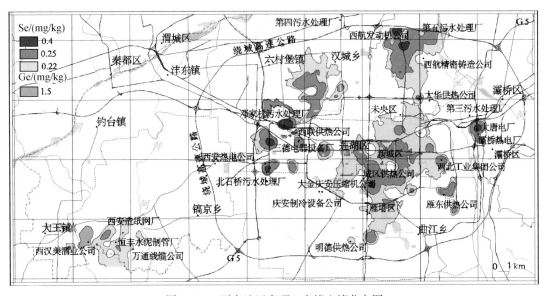

图 5-6-1　西安地区富硒、富锗土壤分布图

（一）主城区富硒土壤分布特征

主城区建设用地富硒土壤 Se 平均含量为 0.35mg/kg，最高为 2.62mg/kg（0397a₁ 点，处于大兴西路北 170m）。富硒土壤主要集中于未央、碑林、新城三区，其中未央区以辛家庙立交—红旗厂高架桥、汉长安城遗址区为主，碑林、新城两区约 65% 的区域为富硒土壤区，但高硒土壤区分布较少，且不连片，多为斑状的单点。从区内富硒土壤

分布环境看，一般在热力、热电公司或污水处理厂附近，如大唐陕西发电有限公司、西安雁东供热有限公司、北石桥污水处理厂等，这些厂区附近均表现为高硒特征，随着这些厂区的距离加大，硒含量随之降低，说明城区富硒土壤很大程度上与燃煤沉降或污水渗透有关。

（二）沣西新城富硒土壤分布特征

沣西新城农用地富硒土壤主要分布在马王镇石桥—兴旺村及悟楠村，面积总计为 $8.8km^2$，土地利用类型以水浇地为主，Se平均含量为 $0.24mg/kg$，最高为 $0.30mg/kg$，富硒区含量空间展布呈不规则面状（南部未封闭），从地球化学图上看具有向南延伸的趋势，元素含量变化缓慢，分布较均匀，说明为自然成因，是本次工作圈定的重点富硒区。

（三）黄桥滩—石桥一带富锗土壤分布特征

在本次富硒土壤区西侧黄桥滩—石桥一带，按照 $Ge \geq 1.5mg/kg$ 为一等（丰富）土壤，圈定一条长2km、宽 $0.55 \sim 1.05km$、面积为 $1.71km^2$、呈北西向展布的富锗区，Ge平均含量为 $1.54mg/kg$，最高为 $1.69mg/kg$（$8688a_1$ 点）。该区在位置上与富硒区不重叠，土地利用类型为水浇地。

四、土地资源保护利用

根据本次工作调查的土壤养分综合等级、土壤环境综合等级、土壤质量综合等级、污染现状及发展趋势和富硒土壤分布特点，对西安市土地资源保护利用提出以下建议。

（一）保护和有效利用富硒土地，提高农副产品附加值

本次工作共发现富硒土壤 $106.8km^2$，其中91.76%处于西安主城区建设用地中，仅有8.24%（$8.8km^2$）的面积分布在沣西新城的农用地中，从现有种植结构来看，该区主要种植粮食作物有小麦、玉米，经济作物有草莓、蔬菜等，可借助本次发现的富硒（锗）土壤，开发富硒（锗）果蔬，发展现代都市农业，提高农副产品附加值。

（二）搬出工业企业，确保市区土、水、气质量

市区的工业生产活动是西安市土壤重金属的重要来源，因此城市规划中应合理布局工业企业，根据《西安市二环内及二环沿线工业企业搬迁改造实施方案》（市工调办发〔2008〕1号）、《西安市2013年城区内工业企业搬迁改造工作计划》（市工信发〔2013〕42号）、《西安市高耗能高排放行业退出工作方案》（市政办函〔2018〕329号）等精神，建议中心市区城墙内撤出全部工业生产企业，二环内及沿线无污染工业企业，三环内不再增加工业用地，鉴于中钢集团西安重机有限公司、西安利君制药、西安新华印务有限公

司、陕西华泽镍钴金属有限公司、西安电梯厂等位于城区的大型企业都在 2012 年先后启动搬迁计划，其中大部分公司陆续迁入渭北工业区，中国西电集团也于 2017 年 11 月在沣东新城建章路现代产业板块开工建设智慧工业园。因此，在有条件的情况下可将本次调查的土壤污染企业，如未央区中国航发西安航空发动机有限公司（红旗机械厂）、莲湖区大兴西路以南—红光路沣镐西路以北庆安集团、西安经建油漆股份有限公司、西安印钞有限公司等企业搬迁至城市外围的工业园区，同时严格控制工业生产过程中重金属元素的排放，妥善处理工业废弃物，禁止随意堆放以避免废弃物中的重金属元素向大气环境、土壤环境和水环境的迁移转化。

2017 年西安统计年鉴资料显示，西安市工业废气排放量已达 $1.03446 \times 10^{11} \, \mathrm{m}^3$，工业锅炉也达到 480 台，全社会车辆数达 258.85 万辆，三方面带来的大气干湿沉降进入表层土壤后导致的环境问题不容忽视，结合本次调查成果，建议将本市的热力、热电公司，如大唐陕西发电有限公司、灞桥热电厂、西安雁东供热有限公司尽量向工业园区迁移，同时有必要调整西安市的能源结构与能源供给方式，减少能源结构中煤的比例，使用替代能源，发展新的技术，集中供暖，如大唐灞桥热电厂半坡国际热力站首个天然气锅炉站已于 2018 年 12 月 9 日成功点火并运营，可作为相似的热力公司使用清洁能源的参考。其次继续采用推行无铅汽油、治理大气环境等措施切断城市大气污染物向城市土壤环境的迁移。

（三）加强长安城遗址保护，适度开展土地质量修复

无论是汉长安城，抑或唐长安城，原城市废水排放都不同程度造成了土壤污染，甚至地下水污染，这也是部分古代都城迁徙的原因之一。据本次调查，西安汉长安城遗址保护区土壤质量最差，主要原因是在原汉长安城市废水、废渣排放污染的基础上，叠加了现代居民生活垃圾、建筑垃圾、小型民企乱排乱放及农田施肥施药等多方面污染。

目前该区虽划为汉长安城遗址保护区，但实地调查发现，还存在较大面积的水浇地和园地。根据《西安市土地利用总体规划（2006—2020 年）》和《汉长安城遗址保护总体规划（2009—2025 年）》，考虑到需为文物保护发展预留建设空间，建议：一是将区内存在污染的农用地改变用地属性，切实变更为文物古迹用地；二是开展适度的土地质量修复，降低污染物含量。

第七节　滑坡崩塌泥石流灾害

大西安共发育崩塌滑坡灾害 443 处，其中崩塌 115 处，滑坡 272 处，均为黄土地质灾害。大西安都市区崩滑流地质灾害总体不发育，主要分布在城市规划建设区外围的黄土台塬以及渭河北岸三级阶地前缘地带，具有带状分布的特征。如泾阳南塬、长安区神禾塬、少陵塬、白鹿塬、铜人塬（临潼以南黄土丘陵区或横岭地区）以及咸阳渭河三级阶地前缘地带（图 5-7-1）。

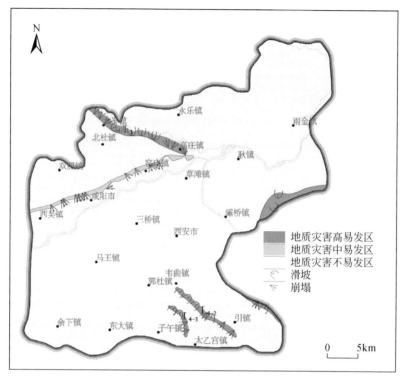

图 5-7-1　大西安都市区地质灾害分布与易发区划图

一、西安市南部塬边崩塌滑坡分布区

崩塌滑坡分布区位于西安市南部灞河以西的黄土塬边、浐河以东的黄土丘陵区（横岭地区）以及山前洪积扇与河谷区。据"灞河流域地质灾害调查"工作项目调查结果，灞河流域共发育崩塌滑坡 374 个（图 5-7-2，表 5-7-1）。

表 5-7-1　西安市南部灞河流域地质灾害统计表

地貌类型	滑坡/个	崩塌/个	小计/个	点密度/（个/km²）
黄土丘陵区	198	67	265	0.81
黄土台塬	61	25	86	0.38
洪积扇与河谷区	13	10	23	0.03
合计	272	102	374	—

（一）黄土台塬区

黄土台塬区地质灾害发育崩塌滑坡及隐患共 86 处。其中，滑坡及滑坡隐患 61 处，崩塌及崩塌隐患 25 处。黄土台塬区地质灾害主要分布在灞河左岸的白鹿塬塬边斜坡地带及鲸鱼沟左岸，北临灞河的白鹿塬滑坡成群分布，多为巨型滑坡，南临浐河的塬边斜坡及鲸鱼沟内边坡，则以中小型滑坡及崩塌为主。

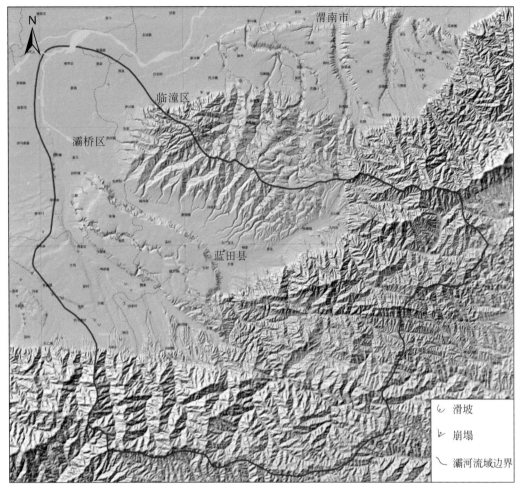

图 5-7-2　西安市南部灞河流域地质灾害分布图

　　白鹿塬塬体呈 SE-NW 向展布，地形上西北低，东南高，浐河和灞河分流于塬两侧，东北侧高出灞河 240~320m，西南侧高出浐河 150~200m，塬面有鲸鱼沟顺塬面倾斜方向发育，切割较深，其沟谷呈"U"字形，河曲发育。塬区地层从第四系黄土到新近系砂岩、泥岩均有出露，斜坡结构类型为黄土—古土壤—红黏土—基岩，黄土垂直节理发育，古土壤、红黏土相对隔水，且遇水易软化，导致斜坡结构稳定性差，斜坡较易沿软弱结构面发生滑动。

　　受骊山掀斜式抬升的影响，一是灞河向西南逼近白鹿塬，造成灞河左岸白鹿塬边斜坡陡峭，高陡的边坡给滑坡崩塌等地质灾害的发生提供了动力条件。二是造成下伏新近系泥岩或红黏土呈向西南倾斜的单斜构造，在灞河右岸形成黄土—古土壤—红黏土顺向坡，斜坡稳定性差，第四纪以来长期的内外动力作用导致右岸斜坡较缓，现今滑坡不十分发育；而在灞河左岸形成黄土—古土壤—红黏土反向坡，斜坡稳定性相对较好，导致左岸斜坡陡峭，老滑坡十分发育，且为多切层巨型滑坡。加上水流长期浸泡坡脚、降雨以及村民在塬顶或塬边斜坡处建砖房、土房居住等因素，白鹿塬边老滑坡体常出现局部复活或老滑坡体前缘的泄溜。

（二）黄土丘陵区

黄土丘陵区地质灾害发育崩塌滑坡共 265 处。其中，滑坡及滑坡隐患 198 处，崩塌及崩塌隐患 67 处，主要分布在灞河右岸的横岭黄土丘陵区，集中成群分布，以蓝田县三官庙镇、泄湖镇居多。

黄土丘陵区地貌上具有"梁坡和缓、沟谷深切"的特点，受河流侵蚀呈黄土窄梁、黄土峁，沟谷极为发育，切割深度大，地形破碎，地面高程大部分为 800 ~ 1000m，沟谷上部呈"U"形，平均坡度为 30° ~ 50°，局部达 70°以上；沟谷下部呈"V"形，切入新近系，谷坡平均坡度为 30° ~ 40°，局部达 70°以上，坡型为折线型或直线型，均为凸型。陡峻的地形，为滑坡、崩塌的产生提供了空间条件及动力来源，地质灾害主要发育在区内沟谷两岸、梁峁斜坡地带。黄土丘陵区坡体结构类型主要为黄土—红黏土—基岩斜坡，黄土下伏地层主要为古近系、新近系红黏土、砂泥岩。新近系上新统棕红色泥岩相对隔水，且遇水易软化，导致斜坡结构稳定性差，受降雨等因素诱发极易沿该层顶面或层内发生滑坡。高陡边坡部位及节理裂隙发育、风化强烈的基岩边坡地段则易发生崩塌，因此区内地质灾害在以上易滑或易崩地层岩性组合部位相对集中。区内人类工程活动强烈，包括农作物耕种、建房、建厂、修筑各种道路，地质灾害分布区域主要集中在斩坡、建房、修路等改变原始地形地貌活动强烈的区域，多处为村民修建房屋开挖坡体形成的黄土崩塌。

（三）河谷区

灞河毛西村以下主要为河谷地貌，发育崩塌滑坡及隐患共 23 处。其中，滑坡及滑坡隐患 13 处，崩塌及崩塌隐患 10 处，区内出露地层主要为第四系冲洪积砂卵石层及第四系冰碛层，结构松散，仅在有黄土覆盖的冲积扇前沿斜坡与沟内谷坡区域发育，人为切坡后，在降雨及振动作用下可能发生崩塌。

二、泾阳南塬塬边滑坡崩塌分布区

该区位于泾阳南塬塬边地带，塬面平坦，由于泾阳南塬长期受到泾河的水流侵蚀，塬边以陡坡形式直接与泾河河漫滩相接，高差达 30 ~ 90m，塬边坡度为 45° ~ 70°，局部近直立，坡体易失稳、变形，为滑坡、崩塌提供有利条件，据"泾河南岸泾阳段黄土滑坡调查与评价"工作项目调查结果，泾河南岸泾阳段 30km 长范围发育 56 个滑坡（图 5-7-3）。另外，1971 年，宝鸡峡灌溉工程引渭上塬，沿塬边修建渠道和大水漫灌，造成塬区地下水位逐年上升。受自然和人为因素的共同影响，塬边黄土滑坡、崩塌密集发育，规模多为大中型，具有成群分布特征。自 1978 年以来，仅泾河右岸的蒋刘—太平一带，长约 13km 的塬边发生大小滑坡 30 余次，迫使蒋刘乡蒋刘村和太平镇塬下居住的村庄整体搬迁，造成巨大的经济损失。

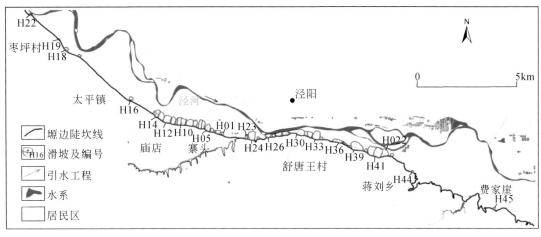

图 5-7-3　泾河南岸滑坡分布图

三、咸阳渭河三级阶地前缘崩塌分布区

该区位于咸阳市渭城区渭河三级阶地前缘一带。渭河二级阶地后缘与三级阶地前缘存在明显的陡坎，沿着三级阶地前缘发育一系列南北向的沟壑，加之长期以来该地区村民习惯挖窑建房依坡而居，村民大量的削坡形成很多直立边坡，该区域黄土垂直节理发育，有利于降雨入渗，随着长时间的风化作用以及雨水侵蚀，很容易发生黄土崩塌，致使该区域成为崩塌发育地带，发育黄土崩塌13处。

第八节　水位下降引起的地面沉降地裂缝问题

西安市位于关中断陷盆地中部，地质构造复杂，活动断裂发育。自1959年以来，西安城区已发现地裂缝14条，总长度超过150km。地裂缝数量多、分布广、规模大、破坏性强，堪称世界之最，严重制约着西安国家中心城市建设。

1959年，西安首条现代地裂缝出现在西安市西南郊的西北大学，70年代地裂缝危害引起人们关注，80~90年代地质矿产部陕西地矿局第一、第二水文地质工程地质队分别系统开展了西安地区地裂缝专项调查和包含地裂缝在内的西安市工程地质勘查，查明了西安地区地裂缝的发育分布特征，张家明1990年出版了《西安地裂缝研究》专著，提出了在NNW向区域引张应力的作用下，以断块掀斜为主要活动形式的西安伸展断裂系活动是西安地裂缝形成和发展的构造本质，过量抽取中深层承压水是西安自20世纪70年代以来地裂缝活动速率加快的主要原因。21世纪以来，中国地质调查局连续投入，由长安大学牵头，完成了"汾渭盆地地面沉降地裂缝调查"计划项目，彭建兵（2012）出版了《西安地裂缝灾害》专著，对地面沉降地裂缝发育分布规律、形成机理、防控技术等进行了系统探究，取得了重大理论与技术突破，并为西安地铁、大西高铁等重大工程解决了百年位错量、防治宽度、变形破坏模式、地铁结构措施等四大技术难题。2010年以来，西安地质调查中心持续开展关中盆地城市地质调查工作，尤其是2015年以来，将地面沉降地裂缝预警与风险防控技术作为重要研究内容之一（图5-8-1）。

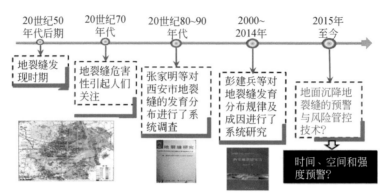

图5-8-1　西安地区地面沉降地裂缝研究历史简图

　　关中盆地地裂缝是在复杂地质背景条件下，多种因素综合作用而成，按照地裂缝形成的主控因素可将其分为地面沉降地裂缝、构造地裂缝、黄土湿陷地裂缝和地震地裂缝等4种主要成因类型（表5-8-1）。本次研究的是在地质构造背景下，过量开采地下水引起的不均匀地面沉降而导致的地裂缝，称其为地面沉降地裂缝，以示与其他地裂缝区别。本次研究是在前人研究的基础上，进一步系统收集和整理西安地区地下水开采和水位动态资料，研究地下水开采量、地下水位（头）变化量与地面沉降地裂缝演化关系，开展地面沉降地裂缝危险性评价，提出基于水位的西安地区地面沉降地裂缝灾害预警与风险防控技术。

表5-8-1　关中盆地地裂缝主成因类型

地裂缝类型	主控因素
地面沉降地裂缝	分布于地面沉降区，由地下水开采导致地表不均匀变形引起
构造地裂缝	沿活动断裂或隐伏构造分布，地裂缝位置受断裂控制，由断裂蠕滑活动产生，地下水开采会加剧地裂缝活动程度
黄土湿陷地裂缝	分布于湿陷性黄土地区，特别是具有自重湿陷性黄土区，由地表水渗漏、灌溉或水位抬升等诱发产生
地震地裂缝	分布于地震烈度八度区以上，由地震时的地面震动和土层液化产生

一、地下水开采与地下水流场演化

（一）地下水开采

　　西安市主城区地下水开采随着城市的扩张和供水工程建设而变化，地下水开采历史可分为五个阶段。

　　第一阶段，1970年以前：西安市城区用水量不大，开采量小于$3000 \times 10^4 \text{m}^3/\text{a}$，以零星分散开采潜水为主，地下水系统处于自然均衡状态。

　　第二阶段，1970～1995年：随着城市规模的扩大，地下水开采量迅速增大，除了市郊浐、灞、沣、渭四条河流建设傍河水源地外，城内工厂、机关、学校等各单位自备井1000

多眼，城区地下水开采量增加到 $1.18×10^8 m^3/a$，含水层系统处于极不平衡状态，地下水开采深度也日益增加，承压含水层出现了多个漏斗中心（图5-8-2）。

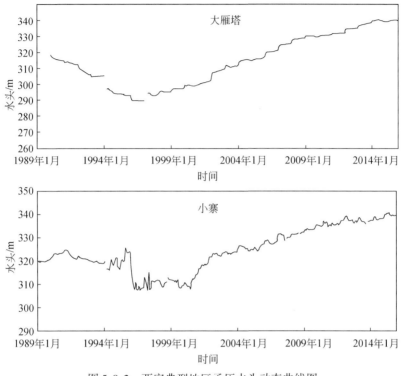

图 5-8-2　西安典型地区承压水头动态曲线图

第三阶段，1995～2002年：西安市政府开始控制主城区地下水开采，李佩成（1996）提出的"群峪协井，两水并用"建议得到采纳，开始建设由地表水和城区外围傍河水源地组成的供水系统，二环以内自备井全部关停，中心城区地下水开采量逐步下降，开采量逐渐下降到 $3000×10^4 m^3/a$，中心城区地下水位开始恢复。

第四阶段，2002～2017年：黑河供水枢纽，"引乾济石""山前群峪并联"等工程建成，地下水为主的供水系统转变为以地表水为主，显著缓解了整个城区的地下水系统的不平衡状态，深层地下水的开采明显减少，城区承压水头得到了明显的回升。但在城市规模迅速扩张过程中，由于自来水供给及费用问题，部分城中村仍凿井开采深层地下水。

第五阶段，2018年以后：随着城中村改造工程的推进，市政供水在城区全覆盖，主城区的自备井全部关停，城区深层承压水将实现零开采。"引汉济渭"工程即将建成，随着"八水绕长安"盛景工程的实施，大量湖泊、河流水景工程的建设，西安地区的地下水将逐步退出开采，地下水补给将进一步得到增强。

（二）地下水流场

西安地区承压水天然流场［图5-8-3（a）］为由南向北径流，水力坡度2‰～3‰，水头埋深10～30m；20世纪60年代末，开始零星开采承压水，地下水流场以西安老城区为中心偏移，但没有形成地下水降深漏斗［图5-8-3（b）］；20世纪70年代末，西安地区开始大量开采承压水，形成了东郊胡家庙、西郊西北工业大学，南郊测绘局等 3 个降落漏斗，水头降深为 30~40m［图 5-8-3（c）］；20 世纪 80 年代初，几个降落漏斗进一步扩大，在小寨地区形成了新的漏斗，整个西安城区成为一个大漏斗［图 5-8-3（d）］；1995 年左右，承压水降落漏斗达到最大，以城区为中心，呈环状漏斗，最大降深达 100m ［图 5-8-3（e）］；1996 年后，随着城区自备井逐渐关闭，城区地下水头开始逐步回升，到 2004 年，地下水漏斗以东南为中心，漏斗中心水头降深约 80m［图 5-8-3（f）］；2012 年，地下水头整体进一步恢复，地下水头基本恢复至 20 世纪 80 年代初高程，但在曲江、电视塔、西高新一带形成新的漏斗区［图 5-8-3（g）］；2017 年电视塔附近水头开始上升，但西高新鱼化寨地区水头持续下降，最大降深达 80m，东郊纺织城一带水头整体有所下降［图 5-8-3（h）］。

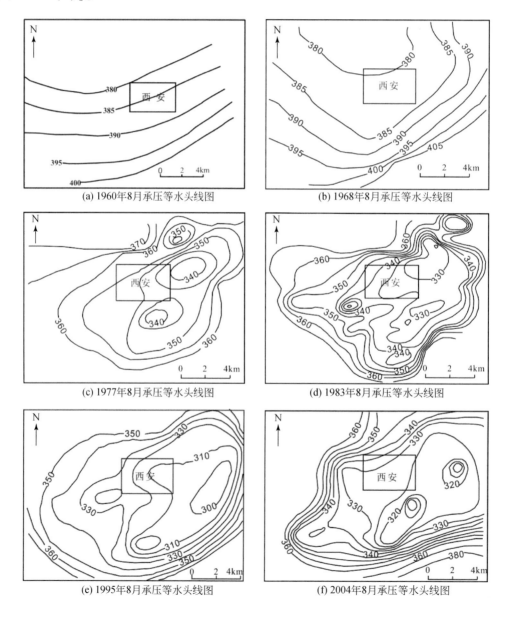

(a) 1960年8月承压等水头线图　　　　　　　(b) 1968年8月承压等水头线图

(c) 1977年8月承压等水头线图　　　　　　　(d) 1983年8月承压等水头线图

(e) 1995年8月承压等水头线图　　　　　　　(f) 2004年8月承压等水头线图

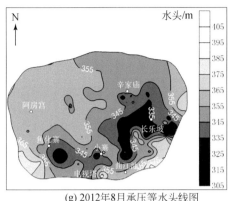

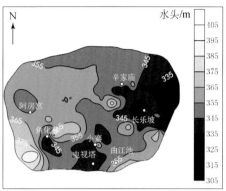

(g) 2012年8月承压等水头线图　　　　(h) 2018年8月承压等水头线图

图 5-8-3　西安地区地下水流场演化图

二、地面沉降地裂缝发生与演化

西安地面沉降主要发生在城区及近郊区。从 1959 年开展大范围的水准测量以来，截止到 2018 年，西安地面沉降波及范围有：西起西三环、东达纺织城、南起南三环、北抵辛家庙，总面积约 300km²。地面沉降在西安东郊、南郊尤为显著，北郊、西郊相对较弱。

根据地面沉降速率及地裂缝的发展，将西安地面沉降地裂缝的形成和发展历史划分为六个阶段（图 5-8-4，图 5-8-5）。

第一阶段，1971 年以前：缓慢沉降期。沉降区域位于西安市东部，平均沉降速率为 2mm/a，累计最大沉降量小于 100mm［图 5-8-4（a）］。

第二阶段，1972～1978 年：加速沉降期，沉降范围向南部迅速扩张，集中在二环以内，且呈点状零星分布，并逐渐形成四个区域沉降中心，中心区分别位于东北郊的八府庄、胡家庙、西南郊的西北工业大学和南郊的陕西省测绘局附近，累计地面沉降量大于 50mm 的面积已达 100km²，最大沉降量为 295mm，开始出现 7 条地裂缝［图 5-8-4（b），图 5-8-5（a）］。

第三阶段，1979～1983 年：加速异常沉降期。沉降区的范围扩展较缓慢，但沉降速率快速增大，并在南郊小寨、八里村、沙坡村等地形成新的沉降中心。各沉降中心的沉降速率相继达到最大值，一般为 50～100mm/a，小寨沉降速率达到了 136mm/a，是此阶段最大的沉降速率。地裂缝活动明显加剧［图 5-8-4（c），图 5-8-5（b）］。

第四阶段，1984～2002 年：持续沉降期。沉降范围进一步扩大，大部分地区地面沉降速率趋于稳定，基本保持上阶段沉降速率，主要沉降中心的沉降速率保持在 80～100mm/a，局部地区还有减缓的趋势，但城市新建区域地面沉降速率猛增 1～2 倍，最大沉降速率达到 191mm/a。共发现 10 条地裂缝，且向东西两端扩展，地裂缝发育成形并相对稳定［图 5-8-4（d）、图 5-8-5（c）、图 5-8-5（d）］。

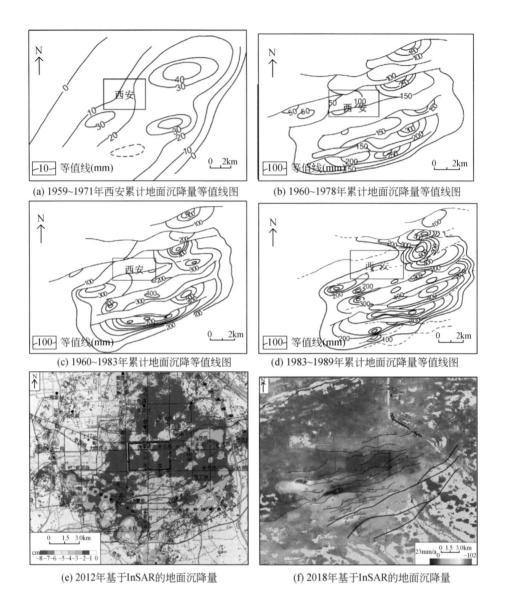

(a) 1959~1971年西安累计地面沉降量等值线图

(b) 1960~1978年累计地面沉降量等值线图

(c) 1960~1983年累计地面沉降等值线图

(d) 1983~1989年累计地面沉降量等值线图

(e) 2012年基于InSAR的地面沉降量

(f) 2018年基于InSAR的地面沉降量

图5-8-4　西安地面沉降演化历史图

第五阶段，2002~2008年：减速沉降期。二环以内地面沉降逐步趋缓，沉降中心随着城市的发展向南部推移，累计发现13条地裂缝［图5-8-4（e）］。

第六阶段，2008~2018年：外围发展阶段。城区地面沉降基本得到控制，仅在鱼化寨、三爻地区加剧沉降［图5-8-4（e），图5-8-4（f）］，地裂缝在西安外事学院附近发育强烈，三爻地区发现第14条地裂缝［图5-8-5（e）］。

第七阶段，2018年以后：全面控制阶段。地面沉降地裂缝基本得到全面控制，鱼化寨地区城中村改造后，地下水停止开采，地面变形短暂回弹后，趋于稳定［图5-8-5（f）］。

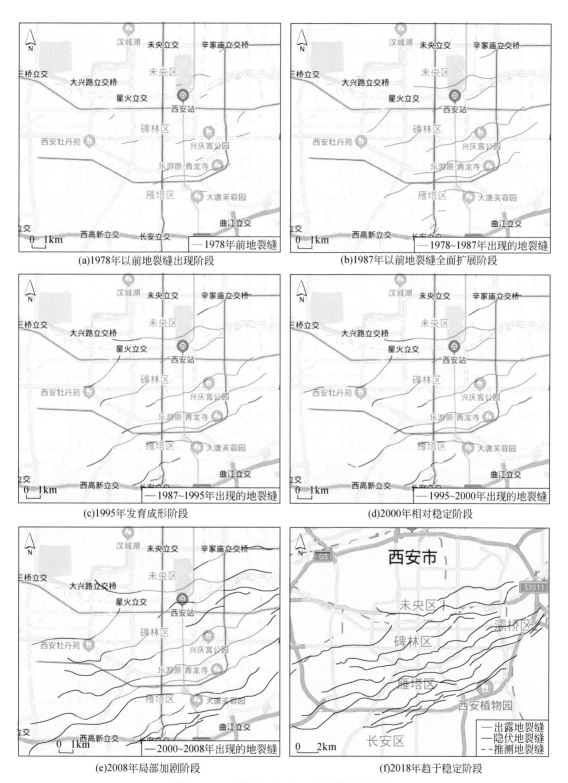

(a)1978年以前地裂缝出现阶段

(b)1987年以前地裂缝全面扩展阶段

(c)1995年发育成形阶段

(d)2000年相对稳定阶段

(e)2008年局部加剧阶段

(f)2018年趋于稳定阶段

图 5-8-5 西安地面沉降地裂缝演化历史图

三、地面沉降地裂缝与地下水流场耦合关系

　　通过上两节初步分析，可以看出西安地区地面沉降地裂缝发育演化历史与地下水开采和水头变化情况基本一致，本次选取 1990~2018 年不同沉降中心地下水头动态数据与地面沉降数据进行相关分析，建立不同沉降中心地下水头下降与地面沉降耦合关系。

　　从西影路、小寨、西高新、鱼化寨四个沉降中心地面沉降演化与地下水头动态变化曲线（图 5-8-6）可以看出，地面沉降与地下水历时曲线呈"凹凸"状，地下水经历了下降—上升历程，而年地面沉降量呈现快速增大，达到峰值后，再逐渐减弱。

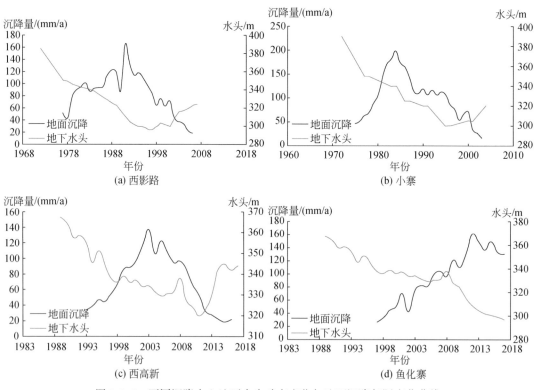

图 5-8-6　不同沉降中心地下水头动态变化与地面沉降年际变化曲线

　　若以 20mm/a 作为地面沉降启动标志，地面沉降发育滞后于地下水头下降时间约 2~5 年，地下水头下降 20~40m 后，地面沉降快速出现，快速增长，最高可达 200mm/a。将上述几个沉降中心的数据进行整合分析，对平均水头降幅和平均累计沉降量分析（图 5-8-7），结果表明：累计地面沉降量随地下水头变化呈持续增加，可分为三个阶段。第一阶段，地面沉降启动阶段，地下水头降幅小于 20m，地面沉降缓慢增加，沉降量小于 30mm/a；第二阶段，地面沉降快速发育阶段，地下水头降幅为 20~50m，地面沉降持续快速增加，即便是地下水头保持不变，地面沉降仍然快速增大，平均沉降量为 80~100mm/a；第三阶段：地面沉降控制阶段，地下水头得到控制并上升，但地面沉降仍然缓慢增加，沉降量逐渐减小至小于 30mm/a。

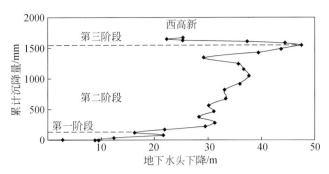

图 5-8-7　地下水头变化与累计地面沉降关系曲线图

四、地面沉降地裂缝活动现状

通过 189 景哨兵影像分析结果，提取出研究区 2014 年 10 月至 2019 年 5 月每年的沉降量，其中 2015～2018 年累计沉降量数据分别为每年 1～12 月的累计，2019 年数据由于时间限制，仅为上半年累计，即 1～5 月期间。在 2015 年，研究区内沉降量较大的区域主要分布在鱼化寨一带和城北地区的一些农田内［图 5-8-8（a）］，沉降量最大值为 119.9mm，沉降量为 90mm 以上的区域主要位于鱼化寨一带，沉降量为 60～90mm，主要在渭河以北零星分布，而电子城、航天城一带累计沉降量均小于 60mm，表明鱼化寨一带仍是沉降最为严重的区域，而电子城和航天城一带的沉降趋势明显减缓，但渭河以北区域首次出现明显沉降，表明西安市沉降有向城北一带发展的趋势。

在 2016～2018 年的数据中最大沉降量分别为 115.15mm、95.30mm、74.15mm，且累计沉降量大于 60mm 的区域明显减少，表明与前一年相比较 2017 年、2018 年间研究区整体沉降存在持续减缓趋势［图 5-8-8（b）、（c）、（d）］；不过与 2015 年累计沉降量相比，2016 年在主沉降区累计沉降量小幅度上升；到 2019 年，累计沉降量最大仅为 35.76mm［图 5-8-8（e）］，西安地面沉降地裂缝基本趋于稳定。

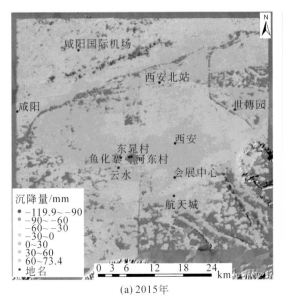

(a) 2015年

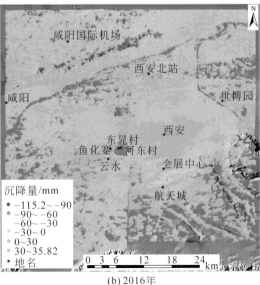

(b) 2016年

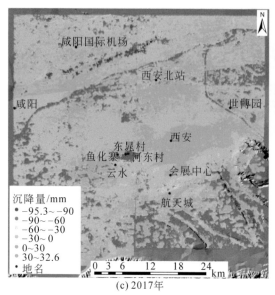

(c) 2017年

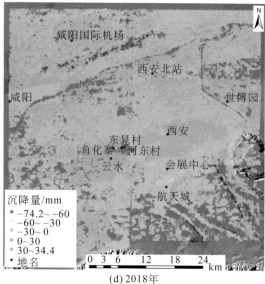

(d) 2018年

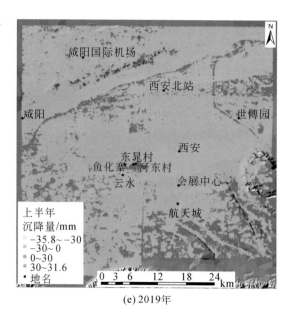

(e) 2019年

图 5-8-8　2015～2019 年累计沉降量及分布

　　值得提及的是，2018 年 10～11 月，随着鱼化寨地区地下水禁采的实施，地下水位快速回升超过 30m，地面出现了明显的回弹，影响地铁三号线的运营安全。项目组及时跟进，利用 InSAR 技术快速地计算了回弹量，准确地分析了回弹量滞后于地下水位回升，总体幅度小于 10cm，且很快趋于稳定（图 5-8-9），为地方政府部门和地铁办提供了科学的咨询意见，消除了恐慌。

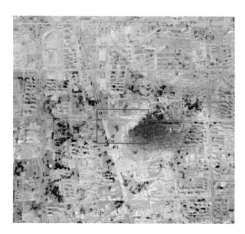

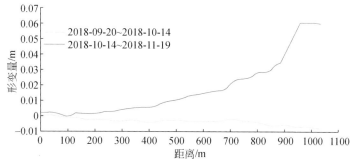

图 5-8-9　鱼化寨地区地下水开采与禁采引起的地面沉降与反弹对比图

五、地面沉降地裂缝预警与风险防控

（一）地面沉降地裂缝成因及其沉降量构成

西安地区引起地面沉降的因素可以归纳为五个方面：一是区域地质构造活动，即区域构造沉降引起的地面沉降；二是附加荷载，即快速的城市建设发展，高大建筑集群附加荷载产生的地面沉降；三是过量开采地下水引起黏性土层压密导致的地面沉降；四是包气带含水率变化引起黄土和黄土状土湿陷；五是开采井周围三维流区的渗透变形引起的地面沉降。

1. 区域地质构造引起的地面沉降地裂缝

西安所在的渭河盆地在新近纪开始大规模的裂陷伸展，第四纪盆地的垂直差异活动仍在继续，主要表现为两个方面：一是盆地与两侧山地的差异运动幅度较大，新近纪以来，秦岭山地上升速度为 $0.7 \sim 1\text{mm/a}$，渭河平原相对下降接受沉积，这种差异沉降速率约为 $0.1 \sim 1\text{mm/a}$；二是盆地内部活动断裂之间存在垂直差异沉降，其中西安凹陷是沉降中心，在人类活动时期，区域地质构造引起的地面沉降量比例小于 1%，在短时期内可以忽略。

2. 城市建筑附加荷载引起的地面沉降地裂缝

城市建筑附加荷载引起的地面沉降量可通过分层累计法计算：

$$s = \sum_{i=1}^{n} \frac{h_i}{1 + e_{0i}} \alpha_{ei} \lg \frac{p_{ez} + p_z}{p_{ez}}$$

式中，s 为沉降量；h_i 为第 i 层土厚度；e_{0i} 为第 i 层土的天然空隙比；α_{ei} 为第 i 层土压缩指数；p_{ez} 为自重应力；p_z 为外加荷载。

3. 地下水过量开采引起的地面沉降地裂缝

地下水开采引起的水位（头）下降增大了地层有效应力，通过分层累计法计算：

$$S_s = \sum_{i=1}^{n} \frac{\alpha_i}{1 - \varepsilon_i} \Delta h \gamma_w \Delta H_i$$

式中，S_s 为沉降量；α_i 为第 i 层黏土层的压缩系数；ε_i 为第 i 层黏土层的天然空隙比；Δh 为承压水水头降深；γ_w 为水的容重；ΔH_i 为第 i 层黏土层的厚度。

4. 黄土湿陷引起的地面沉降地裂缝

饱和带黄土湿陷可采用《湿陷性黄土地区建筑规范》（GB 50025—2018）中计算公式：

$$s = \beta_0 \sum_{i=1}^{n} \alpha_i \cdot \delta_{zsi} \cdot h_i$$

式中，s 为自重湿陷量；β_0 为地区修正系数；δ_{zsi} 为第 i 层黄土自重湿陷系数；h_i 为第 i 层土厚度。

5. 开采井周边渗透变形引起的地面沉降地裂缝

开采井周边渗透水流作用于岩土上的力称渗透压力或动水压力。当此力达到一定值时，岩土中一些颗粒甚至整体就会发生移动而被渗流带走，从而引起岩土的结构变松，强度降低，甚至整体发生破坏。这种工程动力地质作用现象称为渗透变形或渗透破坏。

西安地区地面沉降量由以上五个因素构成，可以理解为这五种因素引起的沉降量叠加的结果，鉴于过量开采地下水引起西安地区地面沉降是最主要和最普遍的因素，故本次主要研究地下水过量开采引起的地面沉降地裂缝预警及风险防控问题。

（二）地面沉降地裂缝发育规律

1. 地面沉降地裂缝发育位置

西安地区地质结构为黄土梁洼与下伏冲洪积阶地二元结构，渭河及山前冲洪积阶地的多元叠加形成了地貌差异，从现代地形看，梁洼海拔差异为 5～20m，最大可达 96m，差异性由南向北逐渐减小，黄土梁和洼地的剖面形态呈不对称状态，黄土梁南高北低，南陡北缓；洼地北深南浅，形成簸箕状盆地和南仰北伏的断块式盆岭地貌（图5-8-10）。

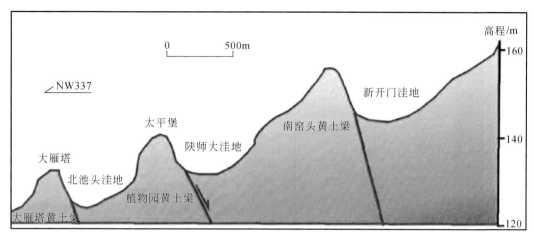

图 5-8-10　地裂缝发生在黄土梁洼位置示意图

据人工地震和钻孔资料，洼地更多地接受渭河泛漫滩沉积，细颗粒物质更丰富。选取由北向南的 9 条地裂缝两侧钻孔岩性进行统计（表 5-8-2），从表中可以看出，地裂缝南侧（黄土洼地）砂厚比分别为 0.28、0.30、0.27、0.35、0.35、0.30、0.28、0.31、0.39，而北侧（黄土梁）砂厚比分别为 0.34、0.37、0.39、0.45、0.42、0.40、0.38、0.53、0.51，砂厚比南部洼地明显低于北部黄土梁地区，即岩性物质含量洼地明显高于黄土梁地区，其差异分别为 0.06、0.07、0.12、0.10、0.07、0.10、0.10、0.22、0.12。

表 5-8-2　地裂缝两侧（黄土梁洼）钻孔岩性砂厚比统计表

地裂缝		钻孔编号	深度/m	砂层厚度/m	砂厚比	砂厚比均值
F2	南（洼）	107	250.0	9.6	0.06	0.28
		80	194.4	50.6	0.44	
		78	156.0	14.9	0.20	
		79	360.8	118.9	0.42	
	北（梁）	260	299.7	110.2	0.50	0.34
		109	210.1	47.6	0.37	
		84	250.0	78.7	0.46	
		77	283.0	106.0	0.52	
		85	265.0	25.5	0.14	
		86	249.7	42.7	0.25	
		87	194.0	14.9	0.13	
F3	南（洼）	298	281.9	57.4	0.28	0.30
		297	260.0	94.0	0.52	
		175	501.1	109.4	0.26	
		111	233.4	39.5	0.26	
		72	120.0	7.0	0.17	

地裂缝		钻孔编号	深度/m	砂层厚度/m	砂厚比	砂厚比均值
F3	北（梁）	113	330.0	106.5	0.43	0.37
		263	365.5	143.0	0.50	
		112	260.0	48.6	0.27	
		69	270.0	51.6	0.27	
F4	南（洼）	125	259.4	37.4	0.21	0.27
		61	208.5	51.1	0.40	
		272	214.5	26.5	0.20	
	北（梁）	73	298.0	74.5	0.34	0.39
		70	280.0	90.6	0.45	
		264	213.0	50.4	0.38	
F5	南（洼）	191	296.8	67.6	0.31	0.35
		174	303.0	91.8	0.41	
		18	263.9	60.0	0.33	
	北（梁）	127	262.6	39.7	0.22	0.45
		122	236.6	110.8	0.71	
		130	275.7	105.5	0.54	
		76	230.0	85.9	0.57	
		131	230.1	67.2	0.45	
		128	221.5	48.9	0.35	
		129	278.8	115.6	0.58	
		19	261.0	107.3	0.59	
		20	260.2	44.4	0.25	
		21	103.9	5.1	0.21	
		193	257.0	88.5	0.50	
		63	244.6	70.9	0.43	
		66	233.0	68.1	0.45	
F6	南（洼）	121	281.9	79.3	0.39	0.35
		14	260.7	60.8	0.34	
		88	251.8	52.5	0.31	
	北（梁）	133	234.8	45.2	0.29	0.42
		132	227.7	64.6	0.44	
		24	400.0	143.5	0.45	
		287	150.9	57.0	0.80	
		16	315.1	72.7	0.31	
		89	252.0	46.7	0.27	
		279	231.5	55.2	0.36	

续表

地裂缝		钻孔编号	深度/m	砂层厚度/m	砂厚比	砂厚比均值
F7	南（洼）	27	306.1	82.3	0.36	0.30
		28	203.5	28.6	0.23	
		265	314.7	106.2	0.45	
		167	301.7	82.3	0.37	
		11	300.4	95.4	0.43	
		9	234.0	16.1	0.10	
		183	288.0	25.6	0.12	
	北（梁）	120	306.2	127.5	0.56	0.40
		37	261.2	53.4	0.29	
		26	255.0	56.3	0.32	
		12	243.0	68.7	0.42	
		184	259.4	69.8	0.39	
F8	南（洼）	36	260.5	63.0	0.35	0.28
		29	178.1	12.4	0.13	
		177	262.1	47.7	0.26	
		30	310.0	66.7	0.29	
		276	181.2	39.8	0.39	
	北（梁）	189	309.5	144.2	0.63	0.38
		190	250.0	33.8	0.20	
		277	250.0	35.1	0.21	
		181	300.0	120.0	0.55	
		31	300.5	66.6	0.30	
F9	南（洼）	191	296.8	67.6	0.31	0.31
	北（梁）	192	260.0	86.5	0.48	0.53
		308	272.0	122.3	0.64	
		40	345.3	92.8	0.35	
		180	465.4	253.5	0.66	
F10	南（洼）	41	236.5	63.1	0.40	0.39
		42	300.6	83.2	0.38	
	北（梁）	278	298.7	153.4	0.70	0.51
		312	240.0	50.3	0.31	

2. 地面沉降发生层位

根据南郊分层沉降标多年监测资料，地面沉降量在垂向上也存在差异。埋深为 0～100m 地层沉降量约占总沉降量的 15%；埋深为 100～300m 的沉降量约占总沉降量的 79%；埋深为 300～367m 的沉降量仅占总量的 10%（表 5-8-3）。

表 5-8-3　地面沉降分层标监测资料统计分析表

含水层	潜水含水层	第一承压含水层	第二承压含水层	深层承压含水层
底板埋深/m	70~80	140~180	290~310	>310
沉降量/mm	159	527	245	106
占总沉降量的比例/%	15	51	24	10

根据光纤监测利用分布式光纤技术监测地面沉降，准确掌握了 350m 以浅各层压密变形对西安地面沉降的贡献，主要贡献为 80~210m 的水位急剧下降的第一、二承压含水层（图 5-8-11）。

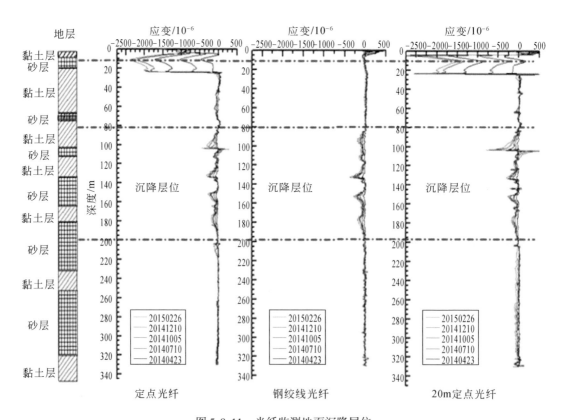

图 5-8-11　光纤监测地面沉降层位

(三) 地下水开采引起的地面沉降地裂缝机理

1. 黏性土释水压密的微观变化

1）试验装置与步骤

首先还原样品在地层深度的地应力状况下，逐级增加压力，模拟含水层水头下降造成的有效应力增加，压缩试验结束后，立即进行 CT 扫描。为剔除金属材质对 CT 扫描的影响，专门设计了压缩装置和变送器配套仪器（图5-8-12），所有试验在中国地质大学（北京）岩土工程实验室和微焦点CT实验室进行。具体要求：①利用无气水，先期连续滴水2h之后，放于真空饱和缸中浸泡24h，确保土样完全饱和，并对试样的饱和度进行了验证，结果表明，饱和度均达到了98%以上，符合试验样品的要求；②有侧限条件，不考虑水平变形，垂直加压，对角均匀手动加压（60°），压力测量配套压力盖重量传感器及数据变送仪，根据设计压力等级，连续加压；③顶盖顶部安装千分表，实时记录该等级压力下的位移量，数据记录采用10s、20s、30s、60s、120s、300s、600s、1800s、3600s的间隔记录变形数据；④在精确控制施加压力后，连续两个小时的变形量小于1mm，即认为稳定；⑤每一级加压稳定之后，即可进行三维CT扫描试验；⑥整个模拟过程中土样不拆卸，尽量减小由于拆卸土样带来的扰动，连同配套仪器一起放入XT320的铅房里面进行CT扫描，实现土样的不回弹扫描，符合土样的天然状态下的应力状态。

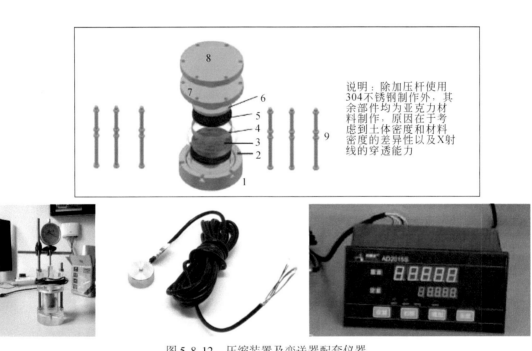

图5-8-12 压缩装置及变送器配套仪器

1. 底座；2. 透明外壁；3. 样品；4. 护环；5. 透水石；6. 压力盖；7. 顶盖；8. 加压盖；9. 加压杆

2）测试样品

本次选取了西安鱼化寨地区F4号地裂缝两侧钻孔岩心进行释水压缩和CT扫描试验。考虑到抽取承压水引起的地面沉降主要压密地层为粉土层、粉质黏土层和黏土层，根据水文地质条件，分别在潜水、第一层承压水、第二承压水、第三承压水四个含水层中，选取了21个代表性地层取样并进行三维CT扫描来观察随着抽取地下水所引起的土体孔隙变化过程，其中地裂缝上盘钻孔（YHG-1）12个样品，地裂缝下盘钻孔（YHG-2）9个样品，深度为5～275m。详见表5-8-4和表5-8-5。

表 5-8-4　YHG-1 钻孔 CT 实验地层列表

样品编号	分层深度/m	分层厚度/m	岩土名称	说明
1-1	23.05	4.35	粉质黏土	潜水位可压缩代表性土层
1-2	50.41	6.27	粉质黏土	
1-3	59.47	6.00	粉质黏土	
1-4	65.98	3.21	粉质黏土	
1-5	73.42	5.92	黏土	
1-6	93.69	8.60	粉质黏土	
1-7	98.2	2.60	黏土	
1-8	119.17	3.82	粉质黏土	第一层承压水可压缩代表性土层
1-9	150.5	3.30	粉土	第二层承压水可压缩代表性土层
1-10	179.49	7.36	粉土	
1-11	229.68	2.73	粉土	第三层承压水可压缩代表性土层
1-12	274.58	3.62	粉土	

表 5-8-5　YGH-2 钻孔 CT 实验地层列表

样品编号	分层深度/m	分层厚度/m	岩土名	说明
2-1	17.32	3.9	黏土	潜水位
2-2	37.45	4.17	粉土	
2-3	68.25	3.24	粉土	
2-4	88.12	4.28	粉质黏土	
2-5	111.12	1.33	粉土	第一层承压水涵盖可压缩代表性土层
2-6	141.02	7.46	粉质黏土	
2-7	170.78	1.35	黏土	第二层承压水涵盖可压缩代表性土层
2-8	211.45	3.7	粉土	
2-9	269.72	3.5	粉质黏土	第三层承压水涵盖可压缩代表性土层

3）试验数据

根据试验步骤，本次实验设计时根据土体埋深情况逐级增加压力直至最大设计压力，该地区地下水开采主要层位为承压水，因此潜水含水层仅进行了初始压力试验，承压含水层 2～4 级增压过程，每级增加约 200kPa（20m 水头降幅），加上初始情况共进行 5 次 CT 扫描，试验加压扫描数据汇总表见表 5-8-6 和表 5-8-7。

表 5-8-6　YGH-1 钻孔试样加压扫描数据汇总表

样品编号	取样深度/m	加压				
		初始压力/kPa	第一次施加/kPa	第二次施加/kPa	终止压力/kPa	CT 次数
1-1	23.05	423.01	—	—	423.01	2
1-2	50.41	663.54	—	—	663.54	2

续表

样品编号	取样深度/m	加压				
		初始压力/kPa	第一次施加/kPa	第二次施加/kPa	终止压力/kPa	CT次数
1-3	59.47	1017.31	—	—	1091.24	2
1-4	65.98	1083.71	—	—	1210.79	3
1-5	73.42	1159.67	—	—	1347.25	3
1-6	93.69	1366.19	—	—	1719.14	3
1-7	98.2	1412.22	—	—	1802.04	3
1-8	119.17	1626.07	1792.26	1955.19	2186.76	5
1-9	150.5	1945.01	2352.34	—	2759.67	4
1-10	179.49	2240.33	2647.66	3054.99	3293.69	5
1-11	229.68	2752.61	3482.69	—	4195.52	4
1-12	274.58	2799.22	3564.15	4276.99	5038.59	5

表5-8-7　YGH-2钻孔试样加压扫描数据汇总表

样品编号	取样深度/m	加压				
		初始压力/kPa	第一次施加/kPa	第二次施加/kPa	终止压力/kPa	CT次数
2-1	17.32	317.72	—	—	317.72	2
2-2	37.45	688.39	—	—	688.39	2
2-3	68.25	1185.34	—	—	1252.55	3
2-4	88.12	1389.00	—	—	1617.11	3
2-5	111.12	1623.22	1832.99	—	2038.70	4
2-6	141.02	1928.00	2145.32	2362.63	2588.41	5
2-7	170.78	2232.18	2545.82	2851.32	3134.42	5
2-8	211.45	2645.62	3034.62	3441.96	3881.87	5
2-9	269.72	3240.74	3767.82	4378.82	4950.68	5

2. 压密释水孔隙微结构变化特征

1）孔隙微结构表征

根据CT扫描图像进行统计分析，选取总孔隙数量、大孔隙数量、中孔隙数量、小孔隙数量、总孔隙度、大孔隙度、中孔隙度、小孔隙度、最大孔隙面积、平均孔径、成圆度、规则孔隙数、不规则孔隙数、长孔隙数、规则孔隙度、不规则孔隙度、长孔隙度、各向异性度18项进行孔隙参数定义（表5-8-8）。

表 5-8-8　孔隙参数定义

参数名称	参数定义
大孔隙度	当量直径大于 1mm 的孔隙
中孔隙度	当量直径 0.2~1mm 的孔隙
小孔隙度	当量直径小于 0.2mm 的孔隙
规则孔隙数	形状因子 1~2 的孔隙
不规则孔隙数	形状因子 2~5 的孔隙
长孔隙数	形状因子>5 的孔隙
成圆率	$\frac{4\pi \times S}{A^2}$（$S$ 为孔隙面积，A 为孔隙周长）
平均孔径	孔隙直径的平均值（mm）
各向异性度	孔隙在三维空间分布

2）孔隙度变化

压缩过程对于土样孔隙数变化具有极显著的影响（表5-8-9），其主要的变化趋势为随着应力增加，土样孔隙数也随之得到增加，其增加数量排名为小孔隙>中孔隙，而大孔隙数目则出现减少趋势。以 1-12 号土样为例，初始状态下总孔隙数为 1112，随着 3 次压缩过程的进行，总孔隙数变为 1232 个、1309 个、1419 个，分别是原始状态的 1.11 倍、1.18 倍、1.28 倍；大孔隙数由最初的 40 个分别变为 43 个、36 个、32 个，减小幅度为−7.5%、10%、20%；中孔隙数则由 142 个增加到 170 个，增幅为 19.7%；小孔隙数增长最为显著，由 930 个变为 1212 个，增幅达到 30.32%（图 5-8-13）。

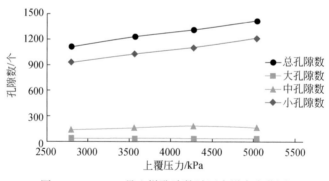

图 5-8-13　1-12 号土样孔隙数随压力增大变化图

对于土样孔隙度来说，应力增加对其有着极显著的影响（表5-8-9），主要的变化趋势为随着压力的增加，土样总孔隙度及大孔隙度随之降低，而中孔隙度及小孔隙度则出现小幅降低甚至增加趋势。仍以 1-12 号土样为例，初始状态下总孔隙度为 41.14%，随着 3 次压缩过程的进行，总孔隙度变为 38.02%、36.98%、33.40%，分别是原始状态的 0.92 倍、0.90 倍、0.82 倍；大孔隙度由最初的 26.64% 分别变为 21.61%、21.31%、15.71%，减小幅度为 18.89%、20.00%、41.03%；中孔隙度则由 9.89% 增加到 11.78%，增幅为 19.11%；小孔隙度也呈现增长态势，由 4.61% 变为 5.91%，增幅为 28.19%（图 5-8-

14），可以看出总孔隙度的降低主要是由于大孔隙度的降低所致，而压缩过程所带来的主要结果为大孔隙面积的明显减小。

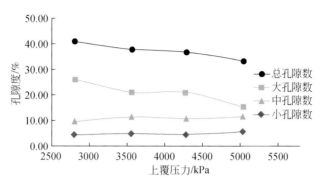

图 5-8-14　1-12 号土样孔隙度随压力增大变化图

表 5-8-9　不同压力下各试样孔隙度平均值统计表

土样编号	上覆压力/kPa	总孔隙度		大孔隙度		中孔隙度		小孔隙度	
		孔隙度/%	数量	孔隙率/%	数量	孔隙率/%	数量	孔隙率/%	数量
1-8	1626.07	40.56[a]	1123[c]	28.79[a]	31[a]	7.35[a]	101[b]	4.41[bc]	991[c]
	1792.26	38.78[a]	1067[d]	26.18[a]	31[a]	8.12[a]	108[b]	4.48[c]	928[d]
	1955.19	38.36[a]	1513[a]	24.58[a]	33[a]	8.21[a]	123[a]	5.57[a]	1357[a]
	2186.76	37.67[a]	1365[b]	23.64[a]	30[a]	8.51[a]	124[b]	5.51[b]	1211[b]
1-9	1945.01	45.11[b]	1153[b]	34.33[b]	34[b]	6.32[b]	85[c]	4.46[b]	1040[a]
	2352.34	43.53[c]	1233[a]	30.73[c]	33[a]	7.91[a]	114[a]	4.89[a]	1086[a]
	2759.67	41.86[a]	1246[c]	28.68[a]	284[a]	8.22[b]	116[b]	4.96[b]	1096[b]
1-10	2240.33	43.69[a]	1380[c]	31.33[a]	40[c]	7.15[b]	104[c]	5.21[d]	1240[c]
	2647.66	42.06[b]	1536[c]	26.80[b]	39[b]	8.98[a]	138[b]	6.28[b]	1359[b]
	3054.99	40.08[b]	1683[b]	23.96[b]	36[b]	9.27[ab]	149[b]	6.86[b]	1494[b]
	3293.69	39.04[a]	3488[a]	17.62[b]	54[a]	11.29[a]	256[a]	10.13[a]	3178[a]
1-11	2752.61	41.85[a]	1270[b]	28.95[a]	35[a]	7.98[c]	115[c]	4.92[b]	1124[b]
	3482.69	38.95[a]	1407[a]	23.73[a]	34[a]	9.38[a]	142[a]	5.84[a]	1230[a]
	4195.52	37.52[a]	1540[a]	21.58[ab]	31[a]	9.70[a]	151[b]	6.23[a]	1355[a]
1-12	2799.22	41.14[c]	1112[a]	26.64[c]	40[bc]	9.89[a]	142[a]	4.61[a]	930[a]
	3564.15	38.02[b]	1232[b]	21.26[b]	43[ab]	11.61[a]	162[ab]	5.15[b]	1027[b]
	4276.99	36.98[ab]	1309[a]	21.31[b]	36[a]	10.96[a]	188[b]	4.72[b]	1101[c]
	5038.59	33.40[a]	1419[c]	15.71[a]	32[c]	11.78[b]	170[c]	5.91[b]	1212[c]
2-5	1623.22	49.75[a]	587[a]	42.62[a]	25[a]	4.83[a]	83[b]	2.31[a]	479[a]
	1832.99	48.52[a]	607[ab]	41.19[a]	26[a]	4.93[a]	85[a]	2.41[a]	497[a]
	2038.7	46.89[a]	627[b]	38.77[a]	29[a]	5.58[a]	94[a]	2.54[a]	504[b]

续表

土样编号	上覆压力/kPa	总孔隙度		大孔隙度		中孔隙度		小孔隙度	
		孔隙度/%	数量	孔隙率/%	数量	孔隙率/%	数量	孔隙率/%	数量
2-6	1928	39.34[a]	1012[b]	24.88[a]	35[ab]	10.03[a]	174[b]	4.43[b]	803[b]
	2145.32	38.11[c]	1105[a]	23.26[b]	35[b]	10.18[ab]	185[a]	4.68[a]	885[a]
	2362.63	36.89[d]	1134[a]	21.63[c]	36[a]	10.41[ab]	188[a]	4.85[a]	910[a]
	2588.41	36.13[b]	1142[b]	20.36[a]	34[ab]	10.83[b]	193[b]	4.93[b]	915[b]
2-7	2232.18	37.93[ab]	1067[a]	27.97[ab]	23[a]	5.99[b]	105[b]	3.98[a]	939[a]
	2545.82	37.22[b]	1089[a]	26.25[a]	25[a]	6.74[ab]	117[ab]	4.23[a]	947[a]
	2851.32	36.38[a]	1287[a]	24.37[a]	27[a]	7.16[ab]	134[ab]	4.85[a]	1126[a]
	3134.42	36.20[b]	940[b]	24.48[a]	22[a]	7.14[a]	128[a]	4.58[a]	790[b]
2-8	2645.62	42.71[a]	1037[c]	31.61[a]	21[ab]	6.77[b]	130[bc]	4.34[c]	886[c]
	3034.62	42.47[a]	965[a]	31.40[a]	19[ab]	6.87[a]	127[a]	4.19[a]	818[a]
	3441.96	41.22[a]	1122[b]	30.05[a]	21[b]	6.58[ab]	130[ab]	4.59[b]	971[b]
	3881.87	39.46[a]	1178[c]	27.43[a]	22[a]	7.18[b]	141[c]	4.85[c]	1015[c]
2-9	3240.74	24.17[ab]	1620[b]	10.95[a]	20[a]	7.17[a]	146[b]	6.04[b]	1454[b]
	3767.82	24.47[a]	1781[a]	12.25[b]	16[a]	6.07[a]	138[a]	6.14[a]	1627[a]
	4378.82	18.91[ab]	1988[b]	5.77[a]	14[a]	6.25[a]	145[b]	6.89[b]	1830[b]
	4950.68	18.10[b]	1481[b]	7.04[c]	12[a]	5.56[a]	117[b]	5.50[a]	1352[b]

注：同一列水位不同字母表示在 $p<0.05$ 水平下存在显著差异。

3）孔隙面积变化

从各土样在不同压力作用下 CT 扫描后阈值分割所形成的二值图中（图 5-8-15）也可看出土样孔隙度的变化情况：随着压力的增加，图中黑色部分所示的孔隙部分面积逐渐减小，尤其是大孔隙部分减小量更为明显。而不同的是对于 2-7 号和 2-9 号土样而言，孔隙数量随着压力增大而减小，其中主要为大孔隙部分；而 1-12 号土样则体现孔隙数量随压力增加而增大但孔隙面积随之减小的现象。

通过研究孔隙平均面积变化率随深度变化关系（图 5-8-16）可以看出，随着深度的增加，孔隙平均面积及大孔隙平均面积的减小幅度均呈现增加态势，以 YGH-1 钻孔为例，在深度为 73.4m 的土样中其孔隙面积平均减小 13.51%，而在深度为 274.58m 的土样中该值变为 55.34%，达到前者的 4.10 倍，表明在深度越深的地方，压缩程度越大，使得孔隙面积受到更大程度的减小，相较于 YGH-1 钻孔，YGH-2 钻孔也具有类似性质，但变化幅度较小。

3. 压密释水渗透系数变化特征

1）基于孔隙度渗透率计算方法

可以通过对 CT 扫描的孔隙进行分形计算获取土体渗透率。研究表明（Yu and Cheng, 2002；Yu et al., 2002）当流体经过直径为 λ 的毛管时，其流量 $q(\lambda)$ 满足修正的 Hagen-Poiseulle 方程：

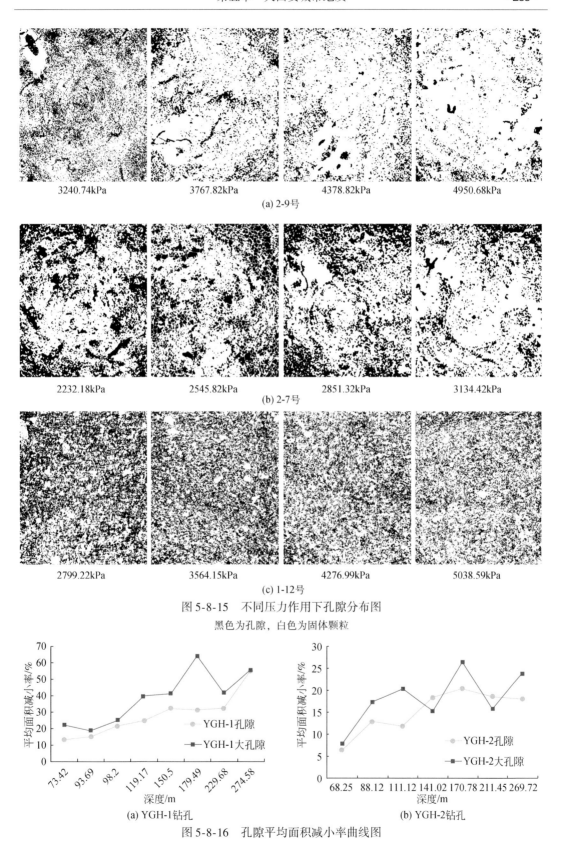

(a) 2-9号

(b) 2-7号

(c) 1-12号

图 5-8-15 不同压力作用下孔隙分布图

黑色为孔隙，白色为固体颗粒

(a) YGH-1钻孔

(b) YGH-2钻孔

图 5-8-16 孔隙平均面积减小率曲线图

$$q(\lambda) = \frac{\pi}{128} \frac{\Delta P}{L_t(\lambda)} \frac{\lambda^4}{\mu} \tag{5-8-1}$$

式中，μ 为流体的黏滞系数；ΔP 为压力差；$L_t(\lambda)$ 为孔隙长度。

根据式（5-8-1）可以计算出通过面积为 A 的单元总流量 Q：

$$Q = -\int_{\lambda_{min}}^{\lambda_{max}} q(\lambda)\,\mathrm{d}N(\lambda)$$

$$= \frac{\pi}{128} \frac{\Delta P}{\mu} \frac{L_0^{1-D_T}}{L_0} \frac{D_f}{3+D_T-D_f} \lambda_{max}^{3+D_T} \left[1 - \left(\frac{\lambda_{min}}{\lambda_{max}}\right)^{3+D_T-D_f}\right] \tag{5-8-2}$$

因为孔隙通道呈弯曲状，所以 $1 < D_T < 2$；又因为 $1 < D_f < 2$，所以 $3+D_T-D_f > 2$；且 $\lambda_{min}/\lambda_{max} \ll 1$，则公式变为

$$Q = \frac{\pi}{128} \frac{\Delta P}{\mu} \frac{L_0^{1-D_T}}{L_0} \frac{D_f}{3+D_T-D_f} \lambda_{max}^{3+D_T} \tag{5-8-3}$$

通过达西定律，可得到多孔介质渗透率 k 为

$$k = \frac{\mu L_0 Q}{\Delta P A} = \frac{\pi}{128} \frac{L_0^{1-D_T}}{A} \frac{D_f}{3+D_T-D_f} \lambda_{max}^{3+D_T} \tag{5-8-4}$$

由式（5-8-4）可以看出，多孔介质渗透率与孔隙面积分形维数 D_f、最大孔隙面积 λ_{max}、孔隙迂曲度分形维数 D_T 以及结构参数 A、L_0 有关。

2）渗透率变化特征

当压力增加时土体渗透系数均不同程度地出现了下降。选取 1-12 号、2-7 号、2-9 号三个典型样品不同压力情况下的孔隙分布进行渗透系数 K 计算，结果显示：1-12 号土样从未压缩时的 2.49×10^{-4} cm/s 变为 7.22×10^{-5} cm/s，减小了 71.08%；2-7 号土样从未压缩时的 1.44×10^{-4} cm/s 减小为 7.33×10^{-5} cm/s；而 2-9 号土样由于本身埋藏较深且初始孔隙度较小，压缩过程对于其渗透系数的影响最小。从图 5-8-17 和表 5-8-10 中可以看出，渗透系数的下降幅度在第一级压缩时最为明显，之后呈缓慢下降趋势，呈指数函数变化。

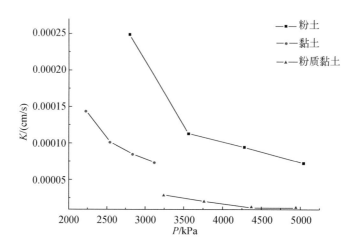

图 5-8-17　各土样渗透系数随压力的变化情况

表 5-8-10　各土样不同条件下的渗透率分布

土样编号	应力/kPa	D_f	D_T	Λ_{max}/mm	k/mm^2	K/(cm/s)
1-12	2799	1.796	1.3434	0.1547	2.57×10^{-8}	2.49×10^{-4}
	3564	1.775	1.3456	0.1300	1.17×10^{-8}	1.13×10^{-4}
	4277	1.765	1.3464	0.1250	9.71×10^{-9}	9.43×10^{-5}
	5039	1.750	1.3481	0.1182	7.44×10^{-9}	7.22×10^{-5}
2-7	2232	1.816	1.3452	0.1361	1.49×10^{-8}	1.44×10^{-4}
	2546	1.778	1.3461	0.1288	1.12×10^{-8}	1.09×10^{-4}
	2851	1.754	1.3472	0.1282	1.07×10^{-8}	1.04×10^{-4}
	3134	1.688	1.3483	0.1202	7.54×10^{-9}	7.33×10^{-5}
2-9	3241	1.753	1.3502	0.0960	2.99×10^{-9}	2.90×10^{-5}
	3768	1.589	1.3534	0.0920	2.08×10^{-9}	2.02×10^{-5}
	4379	1.556	1.3548	0.0812	1.16×10^{-9}	1.13×10^{-5}
	4951	1.502	1.3556	0.0820	1.14×10^{-9}	1.11×10^{-5}

综上可以看出，地裂缝两侧地层黏土层存在明显的差异：利用 CT 扫描技术可以将土中孔隙大小、数量等信息无损化获得，极大限度地保存了土样内部结构，提高了计算精确度，使得孔隙研究简便易行；随着地下水开采而产生的土层应力增加过程对于孔隙数目而言除去大孔隙数外均存在显著正相关关系，其中长孔隙数相对增幅小于其他类型孔隙。而各孔隙度相关参数中，大孔隙度、长孔隙度会随着压力增加而明显降低，YGH-1 钻孔和 YGH-2 钻孔的大孔隙平均面积降幅为 39.05% 和 9.22%，不利于水分在孔隙间运移；对于中孔隙度、小孔隙度、不规则孔隙度、规则孔隙度而言，基本保持不变甚至略有上升。由此可见对于因孔隙水压力降低、有效应力增加而导致的土体压缩过程是与大孔隙面积的显著降低息息相关的；渗透系数随压力的增加呈现出减小趋势，最大下降幅度为 71.08%，同时随深度增加而减小。通过将所求渗透系数与孔隙结构参数进行多元回归分析发现回归方程显示渗透系数受最大孔隙面积变化影响最大，决定系数达 0.875，其次是总孔隙度。

（四）地面沉降地裂缝计算

1. 基于地下水头下降的地面沉降地裂缝计算

在过量开采承压水的情况下，含水砂层被挤压，孔隙度减小，产生压密，同时，基于太沙基原理，承压水位的大幅度下降，也使砂层和黏性土层原有的水力平衡被破坏，黏性土层中的孔隙水压力逐渐降低，随着孔隙水的排出，一部分原来由孔隙水承担的上覆载荷转移到黏土颗粒的骨架上，黏土骨架承受的有效应力增加，使土层原有的结构被破坏，并重新组合排列造成土层压密。这种黏性土层的释水压密特性与含水砂层的释水压密特征不同，含水砂层的释水压密总体属于弹性变形，黏性土层的释水压密则是塑性变形，是不可逆的变形。不同部位地层中黏性土层厚度的不同造成了压密变形和地面沉降的差异，沉降的差异累积到一定的程度，形成拉张应力场，达到地表黄土的屈服点，从而形成地裂缝。

采用以下公式计算地面沉降量：

$$s = \frac{\alpha}{1-\varepsilon}\Delta h\gamma_{\mathrm{w}}\Delta H$$

式中，s 为最终累计沉降值，m；α 为黏土层的压缩系数，MPa^{-1}；ε 为黏土层的天然孔隙比；Δh 为承压水水头降深，m；γ_{w} 为水的容重，$9.8\times10^{-3}\mathrm{MPa}^{-1}$；$\Delta H$ 为第 i 层黏土层的厚度，m。

本次计算了 500m 深度（西安地区第三承压水开采层位深度），承压水水头下降 60m（1960~1995 年西安城区承压水降深均值），9 条主要地裂缝两侧沉降差异，不考虑砂类土的弹性压密，其中黏性土压缩系数取均值为 $0.02\mathrm{MPa}^{-1}$。从表 5-8-11 中可以看出，由于黏性土含量的差异，产生的沉降差异为 $0.45~1.65\mathrm{m}$。值得指出的是，本计算采取的水头降深值为全区平均水头降深，实际上在城南地下水降深漏斗中心，水头降深值最大超过 100m，而城北水头降深值小于 50m；另外，剩余压缩系数取值为 $0.02\mathrm{MPa}^{-1}$，实际上由于地层的自重应力和土体前期固结作用，由浅至深，其值将逐渐降低，因此本次实测值与计算值有一定的偏差。计算结果较实测值偏大，主要是由于本次计算值为完全固结的沉降量，而地面沉降过程是一个长期缓慢的过程，土体完全固结需要数年、数十年。

表 5-8-11 地裂缝梁洼两侧地层岩性差异及产生的沉降差异

地裂缝	南侧（洼）	北侧（梁）	南侧（洼）	北侧（梁）	南北差异	
	砂厚比	砂厚比	沉降值	沉降值	砂厚比	沉降值/m
f2	0.28	0.34	2.1	2.55	0.06	0.45
f3	0.3	0.37	2.25	2.775	0.07	0.525
f4	0.27	0.39	2.025	2.925	0.12	0.9
f5	0.35	0.45	2.625	3.675	0.1	0.75
f6	0.35	0.42	2.625	3.15	0.07	0.525
f7	0.3	0.4	2.25	3	0.1	0.75
f8	0.28	0.38	2.1	2.85	0.1	0.75
f9	0.31	0.53	2.325	3.975	0.22	1.65
f10	0.31	0.51	2.325	3.825	0.2	1.5

选取西安工程技术学校（原地质技工学校）地面沉降、地裂缝监测站实测数据进行计算对比分析，西安工程技术学校地面沉降地裂缝监测站建立于 1989 年，获取了近 20 年的连续资料。

计算了南北两侧地裂缝地层岩性差异及基于 60m 水头降深的最大沉降能力（表 5-8-12）。采用分层累计法计算累计沉降量，计算公式如下：

$$s = \sum_{i=1}^{n} \frac{\alpha_i}{1-\varepsilon_i}\Delta h\gamma_{\mathrm{w}}\Delta H_i$$

式中，s 为最终累计沉降值，m；α_i 为第 i 层黏土层的压缩系数，MPa^{-1}；ε_i 为第 i 层黏土层的天然孔隙比；Δh 为承压水水头降深，m；γ_{w} 为水的容重，$9.8\times10^{-3}\mathrm{MPa}^{-1}$；$\Delta H_i$ 为第 i 层黏土层的厚度，m。

表 5-8-12 西安工程技术学校地裂缝两侧地面沉降能力差异（水头下降 60m）

南侧				北侧			
地层段 /m	厚度 /m	压缩系数 /MPa^{-1}	沉降量 /m	地层段/m	厚度 /m	压缩系数 /MPa^{-1}	沉降量 /m
100 ~ 111.8	11.80	0.07	0.47	100 ~ 103.6	3.60	0.07	0.15
111.8 ~ 113.1	1.30	0.07	0.05	110.6 ~ 116.4	5.80	0.07	0.23
113.1 ~ 128.8	15.70	0.06	0.58	117 ~ 134.4	17.40	0.06	0.62
128.8 ~ 131.7	2.90	0.06	0.10	135.6 ~ 140.4	4.80	0.06	0.17
138.5 ~ 141.4	2.90	0.06	0.10	142.4 ~ 146	3.60	0.06	0.12
144.5 ~ 150	5.50	0.06	0.18	158.8 ~ 186	27.20	0.04	0.72
154.5 ~ 167.65	13.15	0.05	0.39	193.6 ~ 195.8	2.20	0.04	0.05
167.65 ~ 175.75	8.10	0.05	0.23	195.8 ~ 196.8	1.00	0.04	0.02
175.75 ~ 176.75	1.00	0.05	0.03	196.8 ~ 201.9	5.10	0.04	0.12
176.75 ~ 184.82	8.07	0.04	0.21	203.6 ~ 205.5	1.90	0.04	0.04
184.82 ~ 189	4.18	0.04	0.11	207.3 ~ 213.7	6.40	0.04	0.14
189 ~ 197.1	8.10	0.04	0.20	213.7 ~ 221.7	8.00	0.03	0.16
198.3 ~ 201.6	3.60	0.04	0.08	223.4 ~ 224.6	1.20	0.03	0.03
206.4 ~ 210.32	3.92	0.04	0.09	226.4 ~ 230.1	3.70	0.03	0.07
210.32 ~ 218.8	8.48	0.03	0.17	261.4 ~ 270.2	8.80	0.02	0.10
226.1 ~ 233.1	7.00	0.03	0.13	272.7 ~ 274.5	1.80	0.02	0.02
236.2 ~ 240.6	4.40	0.03	0.07	274.5 ~ 277.1	2.60	0.02	0.03
243.6 ~ 247.6	4.30	0.03	0.07	289.2 ~ 295	5.80	0.01	0.04
252.2 ~ 255.19	2.99	0.02	0.04				
255.19 ~ 259.6	4.41	0.02	0.06				
289.4 ~ 291.49	2.09	0.01	0.02				
291.49 ~ 301.9	10.41	0.01	0.06				
合计	134.30		3.44	合计	110.90		2.82

计算过程中压缩系数随深度的增加而逐渐减小。计算结果表明，该监测点两侧地层黏性土含量差异约为 7%，即钻孔揭露的地层 300m 内，黏性土层厚度南侧较北侧多 21m，在相同的水位降深条件下，沉降能力差异约为 0.61m，如果考虑 300m 以深的岩性差异产生的沉降差异将更大。

考虑时间因素，该监测点所处的地区地下水开采主要集中于 20 世纪 70 年代初至 1995 年，1995 年后地下水禁采后，该地区的地下水位逐渐回升，考虑黏性土固结滞后 5 年左右，随着时间的推移地下水水头下降产生的地面沉降差异见表 5-8-13，从表中可以看出，不同时期的沉降差异与实测地裂缝活动量基本一致，累计沉降量来看，截止到 2012 年，南侧累计沉降量约为 2358mm，北侧累计沉降量约为 1843mm，与实测值基本相当，沉降差异与地裂缝实际活动量基本一致。可见地裂缝两侧的岩性差异随地下水位下降而产生的沉降差异足够引起地裂缝的发生。

表 5-8-13　西安工程技术学校监测站地面沉降地裂缝计算结果对比表

时间	水头变化 /m	南侧沉降量 /mm	北侧沉降量 /mm	南北差异 /mm	实测地裂缝 活动量/mm
1970~1980	-12	182	147	35	—
1980~1988	-20	383	336	47	—
1988~1993	-21	617	512	105	143
1993~1996	-8	724	578	114	184
1996~2004	+8	324	186	138	140
2004~2012	+14	128	84	44	62

2. 数值模型分析

1) 模拟软件与原理

本次数值模拟采用 FLAC 程序模拟，对于地裂缝的模拟采用的是 FLAC 中的 Interface 接触面单元，其由一些三角形单元组合而成，每个三角形单元含有 3 个节点，每个接触面的节点都有一相关联的特征面积，可以通过面积权重进行换算。一般来说，接触面单元和实体单元的表面黏合在一起；当发生接触时，节点的性质由法向刚度、切向刚度以及滑动的相关性质获得；这种基本的接触关系通过接触面节点和实体单元外表面（目标面）建立起来，接触力的法向方向也由目标面的法向方向决定。每个时间步计算中，首先得到接触面节点和目标面之间的绝对法向刺入量和相对剪切速度，再利用接触面本构模型来计算法向力和切向力的大小。在接触面处于弹性阶段，$t+\Delta t$ 时刻接触面的法向力和切向力通过下式得到：

$$F_n^{t+\Delta t} = k_n u_n A + \sigma_n$$
$$F_{si}^{t+\Delta t} = F_{si}^t + k_s \Delta u_{si}^{t+0.5\Delta t} A + \sigma_{si} A$$

式中，$F_n^{t+\Delta t}$ 为 $t+\Delta t$ 时刻的法向力矢量；$F_{si}^{t+\Delta t}$ 为 $t+\Delta t$ 时刻的切向力矢量；u_n 是接触面节点灌入目标面的绝对位移；Δu_{si} 为相对剪切位移矢量增量；σ_n 为接触面应力初始化造成的附加法向应力；σ_{si} 为接触面应力初始化造成的附加切向应力；k_s 为接触面的切向刚度；k_n 为接触面单元的法向刚度；A 为接触面节点代表面积。

对于 Coulomb 滑动的接触面单元，存在相互接触和相对滑动两种状态。根据 Coulomb 抗剪强度准则可以得到接触面发生相对滑动所需要的切向力 F_{smax}：

$$F_{smax} = c_{if} A + \tan\phi_{if}(F_n - uA)$$

式中，c_{if} 为接触面的凝聚力；ϕ_{if} 为接触面的摩擦角；u 为孔压。

当接触面上切向力小于最大切向力时，接触面处于弹性阶段；当接触面上的切向力等于最大切向力时，接触面处于塑性阶段。

如果接触面上存在拉应力并且超过了接触面的抗拉强度，那么接触面就会破坏，切向力和法向力就会为 0。默认情况下，抗拉强度为 0。

2) 概念模型与参数设置

为了研究抽水引发的地面沉降地裂缝的影响因素及形成机理，首先建立了一个简化均质地裂缝模型作为研究对象。长为 160m，高为 300m。先期裂缝位于模型中部，倾角为

60°。对数值模型的前后两个侧面（Y方向）采用位移约束，在下盘的底部设置固定约束。地表为自由排水边界，两侧边及底部设定为不排水边界。计算采用弹塑性分析，屈服准则采用莫尔–库仑准则。

土层及裂缝参数见表5-8-14及表5-8-15。表中，K_s为切线刚度，K_n为法向刚度，T为抗拉强度。

表5-8-14　土层与裂缝及参数

层号	层厚 /m	容重 /(kN·m⁻³)	泊松比	体积模量 /MPa	剪切模量 /MPa	黏聚力 /kPa	内摩擦角 /(°)
1	20	18	0.35	33	7	40	30

表5-8-15　地裂缝参数表

$K_s/(\mathrm{Pa/m})$	$K_n/(\mathrm{Pa/m})$	c/kPa	$\varphi/(°)$	T
1×10^7	4×10^5	0	10	0

3）计算结果及分析

根据上面的计算模型，得到如图5-8-18所示的垂向位移云图以及如图5-8-19所示的

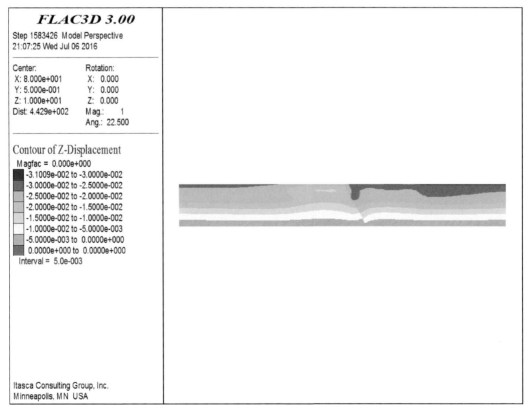

图5-8-18　模型垂向位移云图

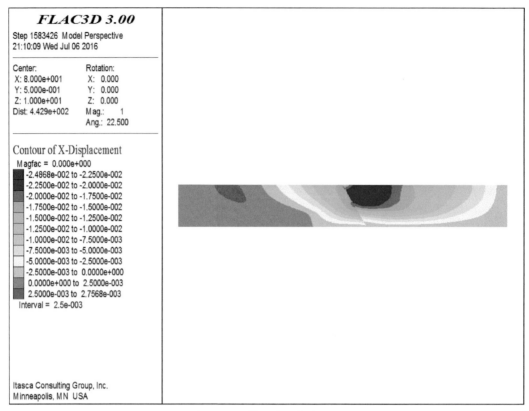

图 5-8-19 模型水平位移云图

水平位移云图。可以看出，模型的垂向最大位移为 3.10cm，出现位置在抽水处。由抽水处向两侧扩散，并依次减小。最大水平位移为 2.48cm，出现位置位于靠近地裂缝处，并且在地裂缝两侧出现明显差异，上盘变形相较于下盘更加明显。表明地裂缝处软弱面受到明显剪切作用而发生移动。从图 5-8-20 的孔隙水压力云图中可以看出由于在整个模型某一层位进行抽水，并未出现降落漏斗，但是水位均下降 6m，使得土体有效应力增加，土体受到比之前更大的压力进而被压缩。

图 5-8-21 和图 5-8-22 为模型应力云图。可以看出，由于受到抽水的作用，发生较大水平及垂直位移处的应力也发生了较大变化。

图 5-8-23 为地表各点垂直及水平沉降分布图。可以看出，地裂缝两侧存在明显的差异沉降，在剖面上呈现"牵引挠曲"现象。可以看出在地裂缝两侧的点的最大垂向位移差达到 1.02cm，最大水平位移差也达到 1.24cm。图 5-8-24 为位移放大 20 倍之后的网格图，从中可以直观地看到由于地裂缝的存在出现了类似断崖式沉降的现象。

从图 5-8-25 所示的塑性状态可以看出，这个地裂缝两侧土体曾受到拉伸，反映出在抽水作用下先期断裂处受到拉力而产生张拉断裂，使得地裂缝在地表得以展现。同时可以看到在先期断裂的上盘上部还出现同时受到剪力和拉力的区域，而这个区域是地裂缝两侧断崖式差异沉降出现的区域。值得注意的是红色圆框所包围的区域，该区域在计算结束时刻

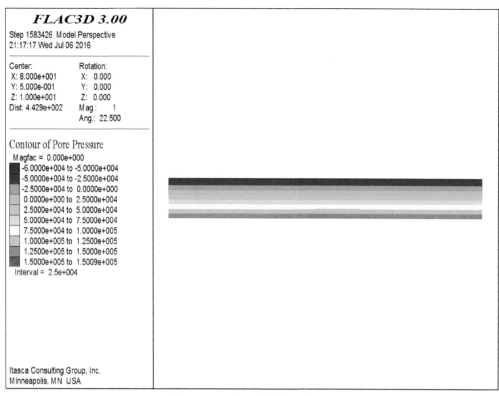

图 5-8-20　模型孔隙水压力云图

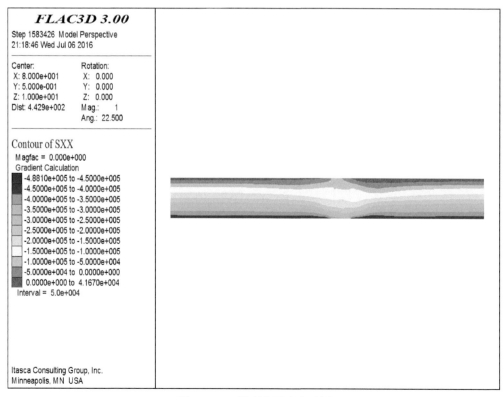

图 5-8-21　模型水平应力云图

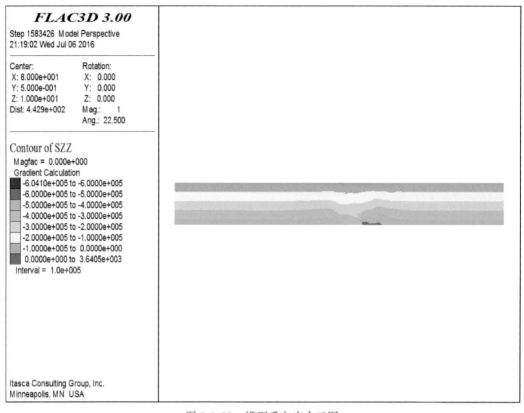

图 5-8-22　模型垂向应力云图

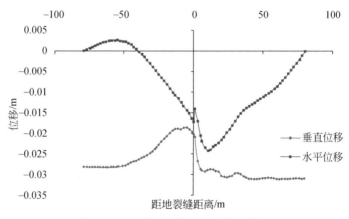

图 5-8-23　断面垂直及水平位移曲线

受到剪力作用,其从先期断裂底部开始发育,一直沿斜上方发展,由于计算时间略短并没有发育到地表,当其发育到地表后,很有可能成为下一条次级地裂缝,与石玉玲《西安城区地裂缝破裂扩展的数值模拟》所显示的 F2 断裂相类似,该文中显示 F2 断裂由剪应力形成,刚好与其受力状态相符。

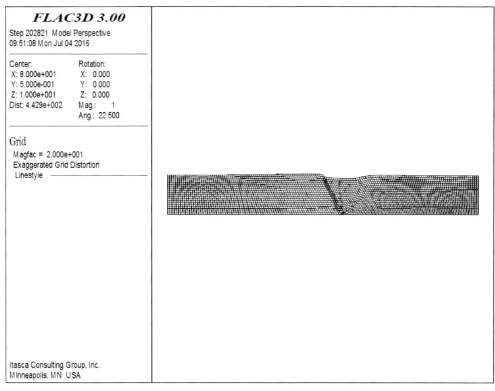

图 5-8-24　有地裂缝时模型变形图（放大 20 倍）

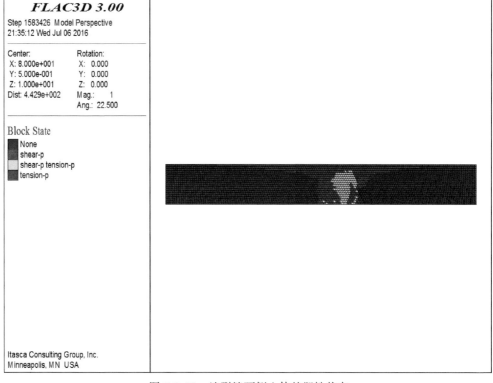

图 5-8-25　地裂缝两侧土体的塑性状态

造成这种差异沉降的原因主要在于有先期断裂的存在，其作为岩土体中的破裂面、软弱夹层虽然具有一定的强度，但比起周围的原岩土体，强度降低很多，等于或接近于残余强度。地裂缝的低强度性还表现在其极低的抗拉强度，对于破裂无充填的地裂缝，其抗拉强度直接为零；即使是有充填的裂缝，其胶结情况一般也不是太好，其抗拉强度较无裂缝土体的也要小得多。这对于接近地表面的、侧向压力很小的土体，当地层差异沉降产生一定的张应力时，容易发生拉张破坏，形成张性地裂缝。而产生差异沉降的原因在于断裂面的存在使得上下盘岩土体变形（移动）的模式及方向有了显著差异。在地层水平、断裂垂直的情况下，如果扰动也以断裂为中心，则断裂面为对称面，不会发生错动。但是一般断层面都具有一定的倾角，经过扰动后，上盘的岩土体在重力或扰动力作用下多沿断裂面发生向下滑移，而下盘岩土体则维持不动或稍微向上滑动，因此扰动作用的结果多出现上盘下降、下盘上升的正断格局。而抽取地下水所带来的影响主要在于抽水作用时，水在土体中的流动将产生渗透力，渗透力方向与水运动的方向一致，当大范围水平降落地下水时，水垂直向下流动，渗透力向下，即相当于增加了一个垂向的扰动力，而水平扰动力不变。

（五）地面沉降地裂缝风险防控

1. 基于活动性的地面沉降地裂缝危险性评价

在西安城区过量开采地下水，产生不均匀地面沉降条件下，临潼-长安断裂带（FN）西北侧（上盘）的一组 NNE 走向的隐伏破裂带出现活动，在地表形成裂缝。自 20 世纪 50 年代西安市出现地裂缝活动以来，随着地下水开采量的增大和禁采，地面沉降地裂缝灾害从出现到日趋严重，目前已趋于稳定，地裂缝的危险程度也随之发生了变化，依据野外实地调查、InSAR 地面沉降监测数据等地裂缝近期活动性资料，基于地裂缝活动性大小对西安地裂缝危险性进行了分段评价（表 5-8-16），编制了地裂缝危险性分布图（图 5-8-26）。

表 5-8-16　西安地裂缝危险性分段评价统计表

地裂缝编号	长度/km			小计
	危险性大	危险性中等	危险性小	
f1	0	5.7	3.6	9.3
f2	0	11.3	6.6	17.9
f3	0	5.2	19.6	24.8
f4	4.5	4.8	4.6	13.9
f5	0	14.9	3.8	18.7
f6	3.0	7.8	10.4	21.2
f6′	2.7	0	1.9	4.6
f7	4.6	19.3	7.6	31.5

续表

地裂缝编号	长度/km			小计
	危险性大	危险性中等	危险性小	
f8	0	10.9	20.0	30.9
f8-1	0	2.6	0	2.6
f9	0	2.6	4.8	7.4
f9′	0	0.6	5.0	5.6
f10	0	5.3	14.9	20.2
f11	2.5	0	0	2.5
f11′	0	0	3.9	3.9
f12	0	3.4	0	3.4
f13	0	4.2	5.3	9.5
f14	1.3	2.3	0	3.6
总计	18.6	100.9	112.0	231.5

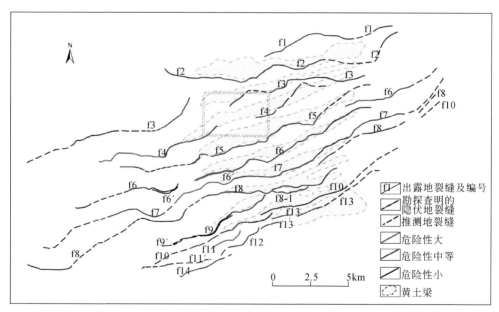

图 5-8-26 西安地裂缝危险性分布图

西安地裂缝总共有 14 条，另外还有 f6′、f8-1、f9′和 f11′等分支地裂缝或次级地裂缝，地裂缝总长度为 231.5km。评价结果显示：西安市区实施地下水禁采令以来，地面沉降逐步得到控制，地裂缝活动性明显减缓，大部分地裂缝处于活动性弱或中等水平，其中活动性弱、危险性小的地裂缝有 14 段，地段长度约为 112.0km，占西安地裂缝总长度的48.4%；活动性中等、危险性中等的地裂缝有 15 段，地段长度约为 100.9km，占西安地裂缝总长度的43.6%；活动性强、危险性大的地裂缝地段有6段，长度约为18.6km，占西安地裂缝总长度的8.0%。

2. 基于地下水位监测的地面沉降地裂缝风险防控

通过地下水流场与地面沉降地裂缝耦合关系，本次建立了地下水位变化引起的地面沉降地裂缝风险防控方法，并确定对应地下水位下降幅度阈值。

依据风险管理理论，根据不同累计地面沉降量、沉降速率确定风险级别。根据以上研究成果，确定了地下水位降幅 S，下降速率阈值 v（表5-8-17），通过地下水动态监测网的水位变化可以获取对应的风险等级。

表5-8-17　基于监测网地下水位（头）变化的地面沉降地裂缝预警阈值示意表

下降速率/（m/a）	降幅/m			
	5	10	25	50
<1	黄色	黄色	蓝色	红色
1~2	蓝色	黄色	蓝色	红色
2~5	蓝色	蓝色	红色	红色
>5	红色	红色	红色	红色

3. 基于破坏概率的地裂缝避让建议

通过测氡—地质雷达—人工地震—槽探—钻探渐进式的活动断裂、地裂缝探测技术组合，可查明地裂缝分布位置；在此基础上对探槽剖面进行裂缝破坏概率统计，建立了基于裂缝空间破坏概率统计的地裂缝影响范围（图5-8-27）。

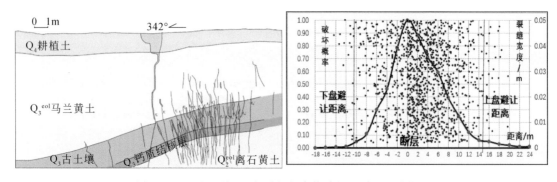

图5-8-27　基于裂缝空间破坏概率统计的地裂缝影响范围

以裂缝空间破坏概率统计的模式，提出了现状活动风险等级为高的地裂缝上下盘安全避让距离为上盘15m，下盘10m；风险等级为中等的为上盘10m，下盘5m；风险等级为低的可不避让。

4. 基于地面沉降地裂缝风险的水资源优化管理建议

地面沉降的防控是一项复杂的综合型工程，但地下水开采造成的水位下降是诱发地面沉降地裂缝最关键的因素，在同一地区引起地面沉降的因素不是单一的，一些影响因素之间又是相关的，应从区域地下水系统的角度出发，以地下水位变化为约束条件，进行地下水的优化目标管理，既保障地表水体景观，进行水体底部防渗处理，也可局部开采地下水，合理开发利用水资源。

在老城区要严控地下水开采，新建设的西咸新区应注意以下几个方面：建设初期会出现较大范围和较大规模的开采地下水问题，随着引汉济渭工程的实施及泾河东庄水库的修建，将采用引水工程解决西咸新区的供水问题。在建设初期地表引水供水工程尚未投入使用之前，地下水开采应集中在易得到激发吸夺补给的傍河地带，建立应急或临时供水水源地，严格限制其他地区地下水大量开采，控制区域地下水位，防止地面沉降和地裂缝的产生。

第九节　水位上升引起的环境地质问题

随着西安市对地下水的全面禁采以及大量水景工程的建设，西安地区地下水位开始持续上升，水位上升将带来黄土湿陷、砂土液化、地下空间浮力等一系列环境地质问题。

一、水景工程对区域地下水位的影响

西安市政府在 2012 年提出加快实施以昆明池为重点的"八水润西安"工程。"八水润

图 5-9-1　"八水润西安"工程规划布局图（据西安市水务局，2012 完善）

西安"工程以生态性、功能性、文化性及和谐性为原则，通过水系保护、利用、整治、开发及提升工程，打造西安城市"库、河、湖、池、渠"连通的水系网格体系、防洪体系、水生态修复体系、水资源保障体系和水景观文化体系，支撑建设有历史文化特色的美丽西安。"八水润西安"的城市水系新格局和有水文化特色的魅力城市正在形成，既增强了城市防洪排水功能，也美化了城市人居环境（图 5-9-1，表 5-9-1，表 5-9-2）。

表 5-9-1　　"八水润西安"已建成湖池主要指标

序号	名称	位置	水源	退水	水面面积/亩	蓄水量/10⁴m³	建设性质	投资估算/亿元
1	汉城湖	汉城湖水利风景区	沣河	漕运明渠	850	137	保护利用	—
2	护城河	明城墙周边	大峪水库	西北角退水经管道入团结水库	420	90	改造提升	13.50
3	未央湖	未央区未央湖公园	现状：地下水；改造：灞河水源	幸福渠	480	64	改造提升	—
4	丰庆湖	丰庆公园	利用再生水	市政排水管	54	5	改造提升	0.003
5	雁鸣湖	雁塔区潏河	潏河	潏河	1056	141	改造提升	0.30
6	广运潭	浐灞生态区	灞河	灞河	3178	278	保护利用	—
7	曲江南湖	曲江新区	大峪水库	芙蓉湖	700	55	保护利用	—
8	芙蓉湖	曲江新区	大峪水库	护城河	256	36	保护利用	—
9	兴庆湖	兴庆公园	大峪水库	经九路污水管	150	20	保护利用	—
10	太液池	大明宫遗址公园	大峪水库	灞河	260	16	保护利用	—
11	美陂湖	鄠邑区玉蝉乡	涝河左岸锦绣沟泉水	退入涝河	（1）现状：50（2）规划：160	（1）7（2）21	改造提升	7.50
12	樊川湖	潏河城市段	潏河	潏河	124	10	改造提升	0.10
13	阿房湖（兰池）	未央阿房宫公园	现状：地下水；改造：再生水（2污）	现状：回灌地下；规划：市政排水管	118	16	改造提升	—

表5-9-2　"八水润西安"规划湖池主要指标

序号	名称	规划位置	水源	退水	水面面积/亩	蓄水量/(10⁴m³)	建设性质	投资估算/亿元	占地类型	占地面积/亩	备注
1	昆明池	沣东新城	引汉济渭、沣惠渠	沣河、太平河	15600	4400	新建	27.80	建设用地	15600	水面面积
2	汉护城河	汉城遗址周边	再生水(1污)	皂河、漕运明渠	951	174	新建	6.70	文物保护用地	2092	水面、景观绿化
3	仪祉湖	长安区沣惠渠首	沣河	沣河	500	90	新建	0.53	堤外沙坑	1100	水面、景观绿化
4	三星湖	高新三星产业园	潏河	潏河	280	32	新建	0.92	河道	290	水面、建筑物
5	沧池	汉城遗址内	再生水(1污)	皂河	300	40	新建	2.00	文物保护用地	660	水面、景观绿化
6	航天湖	航天产业基地	大峪水库	曲江南湖	191	15	新建	3.30	城市用地	550	水面、景观绿化
7	天桥湖	鄠邑区	涝河	涝河	810	162	新建	3.50	堤外沙坑	1782	绿化
8	太平湖	太平河上游草堂基地	太平河	太平河、化羊河、黄柏河、多桑河	151	15	新建	2.04	河道、滩地	453	绿化
9	鲸鱼湖	红旗水库	红旗渠水	—	234	255	提升	0.30	水库、沟道	—	不占地
10	常宁湖	长安区	潏河漫滩	潏河	162	11	新建	0.29	河道、滩地	322	水面、绿化
11	西安湖	未央区	渭河漫滩	渭河	1663	167	新建	0.69	河道、滩地	3033	绿化道路
12	杜陵湖	曲江新区	大峪水库、再生水(9污)	退入曲江南湖/市政雨水管网	1007	101	新建	4.70	城市用地	2302	水面、绿化
13	高新湖	高新区	再生水(7污)	太平河	1026	118	新建	6.10	城市用地	1847	水面、绿化
14	幸福河	西安东郊	浐河附近雨水	市政管网至浐河	225	12	新建	0.55	城市绿地	225	水面面积
15	南三环河	南三环	大峪水库	退入皂河	108	6	新建	0.44	城市绿地	108	水面面积

值得引起重视的是，人为改造城市水环境的同时必然会引起水循环规律的变化，如若处理不妥，可能会引发一系列生态环境问题。为了解水景工程的修建引起的水循环规律的变化，避免引发水环境和生态环境等问题，本次以曲江人工湖以及浐灞河橡胶坝水景工程为研究对象，开展了人工水景工程对区域地下水位的影响研究。

（一）曲江南湖蓄水对区域地下水位的影响

1. 曲江南湖及其防渗概况

曲江南湖南启秦二世陵遗址，北抵大唐芙蓉园，是在唐曲江池遗址上修建的人工湖。湖水总面积500.5亩，由南部的大湖（上湖）和北部的小湖（下湖）组成，两湖之间修建堆石滚水堤相连。大湖水面标高为443.00m，容量约为$41.58\times10^4 m^3$，小湖水面标高为440.00m，容量约为$13.81\times10^4 m^3$，总计约$55.39\times10^4 m^3$。湖区水深1.0～3.0m。曲江南湖采用复合土工膜防渗，为两布一膜的结构，即上下两层布中间夹一层膜（图5-9-2），防渗膜以下的湖底设置盲沟排泄地下水，防止潜水水位上升顶托防渗膜。

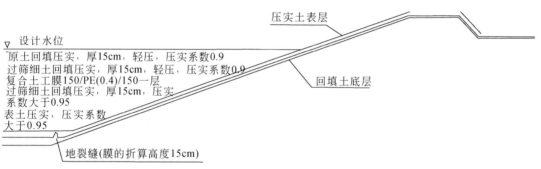

图 5-9-2　曲江南湖防渗工程图

2. 曲江南湖蓄水前地下水动态特征

图5-9-3反映了1978～1990年南湖蓄水前的地下水动态特征。1978～1980年水位出现下降趋势，下降水位为0.8m，速率为-0.27m/a；1981～1985年水位迅速上升，上升水位为5m，速率为1m/a；1986～1990年水位缓慢下降，下降水位为0.5m，速率为-0.1m/a。

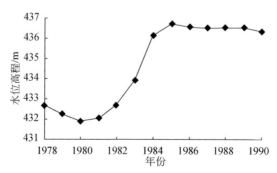

图 5-9-3　曲江南湖1978～1990年水位变化图

1970 年开始，西安市城区及近郊的自备水源井数大幅增加，到 1975 年底，已有深层承压水开采井为 259 口，井数增加了 1.7 倍，承压水开采量急剧增加，1975 年的总开采量接近 $1\times10^8 \mathrm{m}^3/\mathrm{a}$。1971 年在城区及近郊形成承压水区域降落漏斗，开采区中心的承压水位以每年 5m 的速度下降。随着承压水位的急剧下降，潜水越流补给承压水的水量增加，潜水位也随之下降。1975 年以后，西安市加强了地下水开采的管理，开采量增加速度从 $1200\times10^4 \mathrm{m}^3/\mathrm{a}$ 减少到 $350\times10^4 \mathrm{m}^3/\mathrm{a}$。地下水的开采量仍然在增加，导致深层承压水仍然继续下降，潜水位也继续下降，所以 1978～1980 年曲江附近潜水水位出现下降趋势。1981 年以后，西安市政府为保护大雁塔及其附近文物，为遏制西安城区因超采地下水而引起的地裂缝扩延和地面沉降，减少了大雁塔及其附近的地下水开采水量。所以 1981～1985 年曲江附近的潜水水位出现大幅增加。1976～1997 年西安市城郊承压集中开采区水位普遍下降 20～100m，1997 年承压水位最大埋深为 157m，达到历年最大。随着整体区域水位的急剧下降，大雁塔及其周边范围内的地下水位经历迅速回升后，整体仍然呈现下降趋势，但下降趋势大幅降低，1986～1990 年曲江附近潜水水位缓慢下降。

3. 曲江南湖蓄水后 2009 年地下水动态特征

为研究曲江南湖周边地下水位变化，2009 年围绕湖区布置了 14 眼地下水位观测孔（图 5-9-4，表 5-9-3），孔深 8～10m。

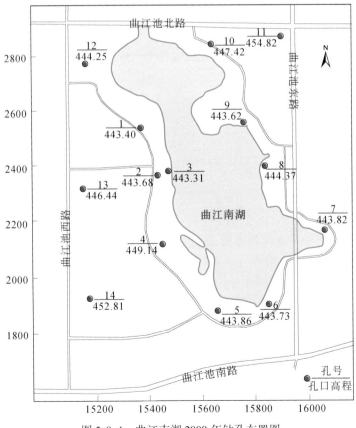

图 5-9-4　曲江南湖 2009 年钻孔布置图

表 5-9-3　观测孔坐标与高程表

孔号	坐标 Y	坐标 X	孔口高程/m	孔号	坐标 Y	坐标 X	孔口高程/m
1	2521.04	15324.05	443.40	8	2352.96	15821.62	444.37
2	2342.48	15413.6	443.68	9	2531.62	15725.1	443.62
3	2348.94	15436.5	443.31	10	2814.68	15619.69	447.42
4	2102.22	15391.78	449.14	11	2861.88	15868.86	454.82
5	1815.15	15629.19	443.86	12	2734.14	15109.03	444.25
6	1835.17	15805.06	443.73	13	2292.7	15100.03	446.44
7	2164.35	15972.88	443.82	14	1846.26	15096.68	452.81

1）南湖景区年内地下水流场分析

图 5-9-5 为曲江南湖 2009 年内观测孔水位变化图。各观测孔 1~4 月地下水位基本保持不变，5~7 月迅速上升，8~9 月迅速下降，10~12 月基本保持不变，但整体趋势表现出缓慢的持续上升。说明湖区出现了一定程度的渗漏。

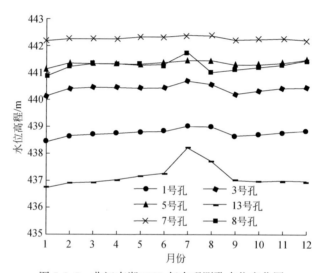

图 5-9-5　曲江南湖 2009 年内观测孔水位变化图

2）南湖景区年内地下水流场分析

对比分析南湖周边潜水 2009 年 5 月和 2010 年 4 月的流场图（图 5-9-6，图 5-9-7），随着时间推移潜水水位出现不同程度的上升。离湖水面越近，潜水水位上升幅度越小，上升幅度为 0.05~0.54m，平均上升幅度为 0.245m。距湖岸稍远的潜水水位的上升幅度较大，为 0.42~1.58m，平均上升幅度为 0.80m。

湖岸边观测井的水位变化受盲沟排水量的大小和盲沟内水位高程的影响。一个水文年的潜水观测资料显示，湖岸边潜水水位虽呈现缓慢上升趋势，但上升速度很小，调节盲沟的排水量能够控制湖岸边潜水水位的高程。

湖区潜水等水位线图显示出人工湖渗漏对地下潜水水位的影响，主要表现为高程 438m、439m 和 440m 等水位线在南湖中部密集，南湖堆石坝至半岛一线的潜水梯度明显大于南北两侧。大湖与小湖在这一线南北水面高程相差3m，地表水体的高差影响了潜水水位的形态，证明两者之间存在水力联系。

　　潜水等水位线图的潜水流向为NW，与湖区的区域潜水流向相似，人工湖渗漏还没有改变潜水的区域流向。

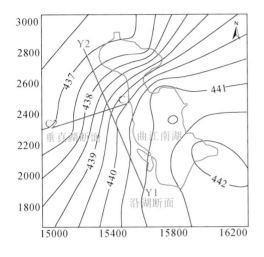

图5-9-6　2009年地下水位流场图（单位：m）　　　图5-9-7　2010年地下水位流场图（单位：m）

3）潜水水位年内变化的剖面分析

　　分别沿曲江南湖和垂直曲江南湖方向作一条地下水位剖面线，不同剖面的水位变化如图5-9-8所示。从2009年5月到2010年4月，沿湖方向上的整体水位抬升约为0.25m，垂直湖方向整体水位抬升约为0.4m。沿湖方向的水力坡度从0.004增加到0.0042，垂直湖方向的水力坡度从0.0067减小到0.0044。由达西定律可知：沿湖方向水力坡度增加，说明沿湖方向地下水径流量增加，垂直湖方向水力坡度降低，说明垂直湖方向地下水径流量降低。

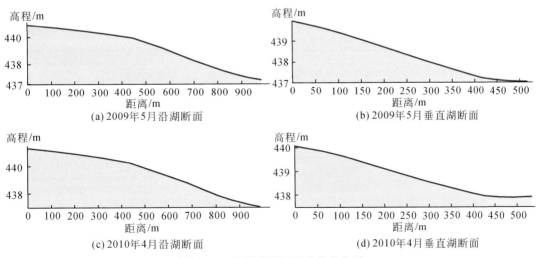

图5-9-8　不同断面地下水位变化图

4. 曲江南湖蓄水后2014年地下水动态特征

2014年以断面的形式对曲江南湖周边地下水位进行了监测,在湖的西侧一共布置了5个断面:湖的南端和北端各布置了一个断面,上湖和下湖的交界处布置了一个断面,湖的中段布置了2个断面。5个断面反映曲江南湖不同位置的地下水位变化情况(图5-9-9,表5-9-4)。

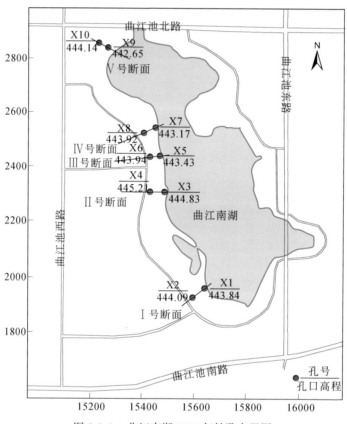

图 5-9-9　曲江南湖 2014 年钻孔布置图

表 5-9-4　2014 钻孔布置参数表

孔号	坐标 X	坐标 Y	孔口高程/m
X1	3786009.342	590175.394	443.842
X2	3785988.518	590146.830	444.088
X3	3786375.145	589996.344	444.826
X4	3786366.097	589966.891	445.208
X5	3786507.929	589998.938	443.429
X6	3786495.759	589971.081	443.943
X7	3786696.711	589930.412	443.169
X8	3786675.124	589918.854	443.918
X9	3786923.565	589808.897	442.654
X10	3786934.147	589762.962	444.136

由图 5-9-10 可知，曲江南湖 Ⅱ、Ⅲ、Ⅴ号断面水位全年基本保持不变；Ⅰ号断面（X1 号孔）水位 1~5 月逐渐下降，6~8 月逐渐上升，9~12 月逐渐下降；Ⅳ号断面（X7 号孔）1~4 月水位基本保持不变，5~7 月水位迅速上升，8~12 月水位又逐渐下降。Ⅰ号断面位于曲江南湖最南端，潜水的流向为东南向西北，所以Ⅰ号断面水位受潜水位影响较大，出现季节性变化。Ⅳ号断面位于曲江南湖大湖和小湖的交界处，其水位变幅较大可能有两方面原因：一是湖区周边夏季和秋季的灌溉，湖区夏季和秋季的灌溉比较频繁，引起局部地下水位的大幅抬升；二是上湖流入下湖水量的大小，5~10 月河流来水量较大，曲江自来水厂注入曲江南湖的余水较多，在两湖交界处交换水量增加，导致湖区渗漏量增加。Ⅱ、Ⅲ、Ⅴ号断面水位基本保持不变，说明这些区域内的地下水位受湖区的控制，湖区水位变幅较小，受湖区水位影响较大的区域内的地下水位也保持比较稳定的水平。

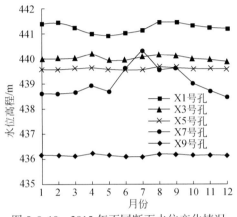

图 5-9-10　2015 年不同断面水位变化情况

5. 曲江地区区域地下水位年际变化趋势

根据曲江景区附近的地下水多年监测资料（图 5-9-11），南湖恢复蓄水后，曲江王家庄 S16 监测孔地下水位上升了 56m，大雁塔苗圃 S4 监测孔地下水位上升了 17m，曲江乡政府院内 552-1 监测孔地下水位上升了 8m。总体表现为上升的趋势，且离南湖越近，地下水位上升幅度越大（图 5-9-12）。

图 5-9-11　曲江地区地下水位监测点位图

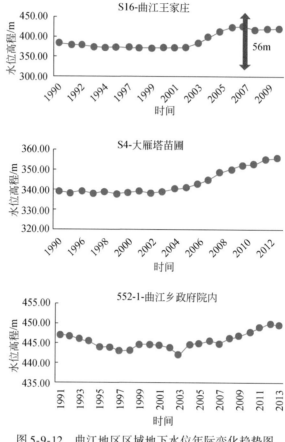

图5-9-12　曲江地区区域地下水位年际变化趋势图

综上所述，南湖恢复蓄水对区域地下水位的影响，可以得出两个基本的结论。一是无论是2009年，还是2015年南湖景区地下水动态曲线，抑或地下水流场，都反映了潜水位随季节的变化，但个别点变化明显，个别点的水位异常变化并非区域地下水位变化趋势，当属南湖渗漏引起的地下水位上升。曲江南湖目前已存在渗漏现象。在地裂缝活动下，南湖渗漏量有增大的趋势。地下水数值模拟结果显示，与天然流场相比，在完全破坏、破坏30%和破坏10%情况下三个断面水位将平均上升值分别为2.07m、1.52m和0.90m。二是南湖恢复蓄水以后，曲江地区地下水位总体表现为上升的趋势，且离南湖越近，地下水位上升幅度越大，监测到的最大上升高度已达56m。

（二）浐灞河橡胶坝水景工程对区域地下水位影响

1. 浐灞河橡胶坝水景工程概况

西安市浐灞生态区生态景观工程由浐灞河拦河造湖橡胶坝工程及广运潭三角洲水系组成，水面面积约为$1.5 \times 10^7 m^2$，最大蓄水量约为$2.0 \times 10^7 m^3$。浐灞河橡胶坝工程按百年一遇洪水设计，规划建设22座橡胶坝（其中浐河12座、灞河10座），橡胶坝工程全部建成蓄水后，可在浐灞生态区浐河平原区形成$1.521 \times 10^6 m^2$的连续水面、14.47km的回水长度和 2.361×10⁶m³ 的蓄水能力，灞河平原区形成 8.6986×10⁶m² 的连续水面、20.23km 的回水长度和 1.4686×10⁷m³ 的蓄水能力。

目前已建成运用的橡胶坝有 6 座，其中灞河 3 座（灞河 4 号坝、灞河 5 号坝、灞河 6 号坝），浐河 3 座（浐河 1 号坝、浐河 2 号坝、浐河 3 号坝），近年来这些橡胶坝的运行带来了良好的生态环境效益。图 5-9-13 为浐灞生态区灞河 4 号橡胶坝图。

图 5-9-13　灞河 4 号橡胶坝图

2. 监测点布设

1）地下水监测点

为了确切地了解区内地下水位变化情况，在浐河 1 号坝、浐河 2 号坝、浐河 3 号坝、灞河 4 号坝、灞河 5 号坝与灞河 6 号坝各坝前断面分别布设地下水监测点，共新打 6 眼观测孔，孔深 12～20m，并利用已有 3 眼观测孔，各地下水位监测点位置如图 5-9-14 所示。

2）河水位监测点

为了分析橡胶坝蓄水后河水位与地下水位的补排关系，根据地下水观测孔的布设情况，在浐河和灞河橡胶坝布设水尺，监测河水位变化情况。浐河和灞河各布设三组河水位监测点，平均每两天读取一次河水位，在橡胶坝立坝和塌坝，以及降水等条件下，加测河水位。河水位监测点布设图如图 5-9-15 所示。

3. 橡胶坝库区河水与地下水的补排关系

灞河岸边 20 世纪 90 年代平均水位为 392.49m，至 2000 年以后靠近河岸平均水位维持在 380～375m。根据 2000 年大西安地区潜水等值线图绘制浐灞河地下水流向示意图（图 5-9-16），分析可知浐灞地区地下水流向总体为西南–东北方向，在浐河左岸是地下水补给河水，而由于浐灞河交汇，存在小型三角地带，因此在此地段即灞河左岸为地下水补给河水，在灞河右岸为河水补给地下水。

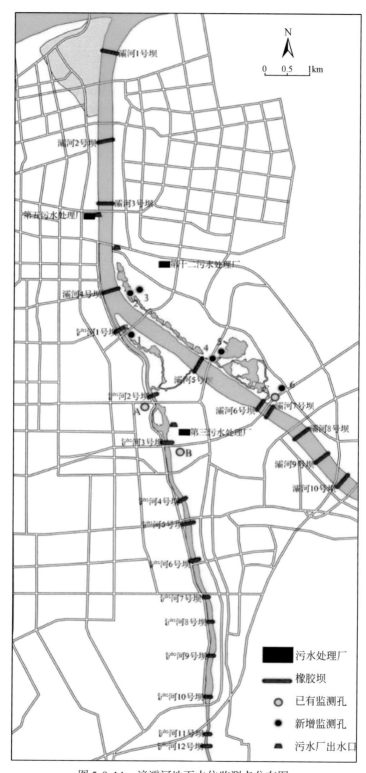

图 5-9-14　浐灞河地下水位监测点分布图

图 5-9-15　浐灞河橡胶坝河水位监测点布设图

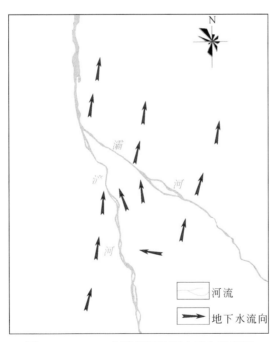

图 5-9-16　2000 年浐灞河地下水流向示意图

　　橡胶坝建设蓄水以后，河水位平均抬高 3~4m，2016 年 1~3 月河水位与地下水监测资料显示，在橡胶坝立坝蓄水与塌坝放水情况下，河水位与地下水位补排关系不明显，由图 5-9-17 分析看出，灞河 5 号坝在橡胶坝完全立坝时，河水位基本维持在 384.5m，而地下水位维持在 377.3m（远河）和 376.7m；灞河 6 号坝全年立坝，其河水位基本不变，图中出现波动主要是由降水或人为降低橡胶坝引起，其附近地下水位监测孔中的地下水位则持续下降，可能原因是附近存在抽水井，定期向橡胶坝充水。

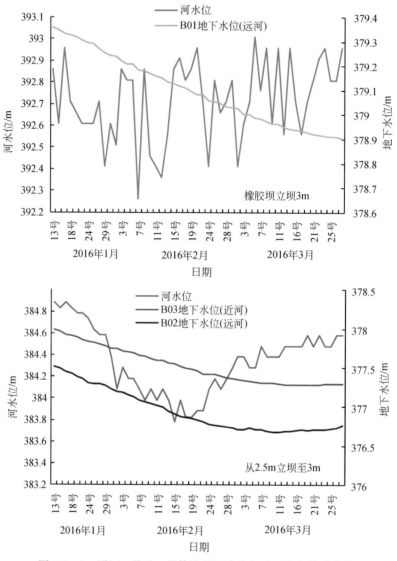

图 5-9-17　灞河 5 号及 6 号橡胶坝河水位与地下水位关系曲线

从整体上来分析，浐灞河河水与地下水补排关系与 20 世纪基本一致，地下水流向未发生较大变化，主要在灞河水源地附近，由于开采地下水，局部流向发生变化。

4. 橡胶坝水景工程对地下水位的影响分析

橡胶坝水景工程建设运行对地下水位应当包括正负两个方面的影响。

一方面，橡胶坝建设蓄水以后，蓄水使河水位抬高 3～4m。根据达西定律，河水位抬高增大了水力梯度，有利于河水补给地下水，增大了地下水补给量。

另一方面，橡胶坝建设和蓄水改变了河流的天然状态。橡胶坝未建设前的天然状态下，每年丰水季节的洪流都会不同程度地冲刷河床底部细颗粒堆积物，使河床长期保持良好的渗透性，加之灞河河床高强度的采砂活动，进一步改善了河床的渗透性；橡胶坝蓄水以后，打破了河流的天然状态，河水流速显著减慢，甚至处于近乎静止状态，河床底部堆积细颗粒堆积物，甚至淤泥质堆积物，使河床渗透性显著降低。根据达西定律，河床渗透系数降低，直接影响河水补给地下水，减小了地下水补给量。

在正负两个方面的影响下，橡胶坝水景工程现阶段对地下水的影响目前还难以定论。可以预见，随着橡胶坝水景工程的运行，河床底泥堆积将逐渐增厚，河水对地下水的补给量将会逐步下降。但是，如若采取洪水冲淤等措施，定期清理河床底泥，河水对地下水的补给量将会恢复。因此，橡胶坝水景工程运行期间河水对地下水的最终影响将取决于河床清淤措施。

二、区域地下水位上升趋势分析

1. 地下水开采历史回顾

西安市地下水开发利用始于商代，开发利用历史悠久。1949 年前主要在平原区凿井开采地下水，用于居民饮水和农田灌溉。新中国成立前夕，有各类井 3 万余眼，灌溉面积 28.62 万亩，单井灌溉面积 9.5 亩。新中国成立以后，机井建设得到了迅速发展，井深由几米发展到现在的几百米。西安市潜水开采层埋深为 30 ~ 100m，一般用于集中供水水源地和局部地区的灌溉；承压水开采层埋深为 100 ~ 300m，是集中供水水源地和城郊区自备井的主要开采层。

新中国成立以来，西安市地下水开采历史可划分为如下 4 个阶段：

（1）开采量缓慢上升期（1952 ~ 1970 年）。西安市区地下水的大量开采始于 1952 年第一水厂的建成，当时仅有深水井 3 眼，到 20 世纪的 90 年代中期，主要供水水源一直是地下水，日开采量由最初的 5000m^3，发展到最高每日大于 8×10^5m^3（含市区企事业单位自备水源井取水）。

（2）自备井开采量快速上升期（1971 ~ 1989 年）。1989 年前，西安城市居民生活、企事业单位和城市绿化用水几乎全部依赖开采地下水，其中自备井供水量占总供水量的比例最高达 38%，特别是 20 世纪七八十年代，因为城市发展极为迅速，公用设施投资有限，自来水管网的铺设不能满足城市飞速发展的需要，导致自来水供水能力有限，企事业单位为了生产和生活需要，纷纷钻凿自备井，使得自备井发展速度非常迅猛，由 1970 年的 194 眼激增到 1989 年的 706 眼，日开采量最高达 3.1×10^5m^3，是合理开采量的近 2 倍。

（3）总开采量缓慢上升期（1990 ~ 1997 年）。1990 年西安市区建成八座水厂，其中地下水厂 6 座，地表水厂 2 座，日供水能力达到 7.3×10^5m^3/d（其中地下水为 6.3×10^5m^3/d，地表水为 1.0×10^5 m^3/d），而且市政府加强了地下水开采的管理，开凿深井数量的增速显著减小，自备井的开采量和总开采量仍然呈缓慢上升趋势。

（4）总开采量下降期（1998 年至今）。1997 年黑河引水工程建成通水，2003 年底，以黑河金盆水库为主水源的黑河供水系统建成使用，西安供水模式由原来以地下水为主转变为以地表水为主。地下水总开采量已由 1998 年的 2.094371×10^8m^3 下降至 2011 年的 $5.65225 \times$

$10^7\mathrm{m}^3$，年均下降为 $1.17627\times10^7\mathrm{m}^3/\mathrm{a}$，同时 1999 年市政府开始封停企事业单位自备水源井，自备井的开采量进一步下降，近几年的年开采量约为 $1.8\times10^7\mathrm{m}^3$（图 5-9-18）。

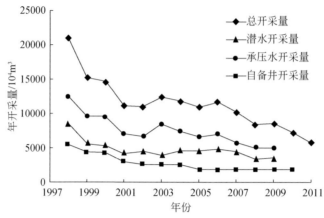

图 5-9-18　1998～2011 年西安市逐年地下水开采量

2. 地下水位埋深变化历史

伴随着西安市地下水开采量的变化，地下水位埋深也发生了相应的变化。

1）地下水位浅埋阶段

1965 年，西安市区大部分地区的地下水位埋深小于 5m，其面积占总面积的 67.2%（图 5-9-19），局部地区埋深为 10～20m，主要分布在黄土塬区。

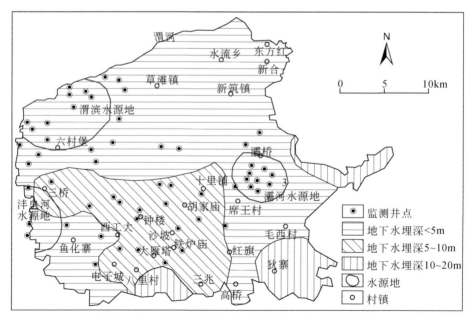

图 5-9-19　西安市主城区 1965 年地下水位埋深分布图

2）地下水位埋深增大阶段

20 世纪 70 年代起，地下水开始大规模开采，区内水位逐年下降，至 1983 年，水位埋深小于5m的分布区缩小到31.4%（表5-9-5），5~10m的埋深区面积扩大了将近一倍，占42.1%，有埋深大于30m的分布区出现。1965~1983年期间地下水位平均埋深从4.5m增加到12.51m，水位平均每年下降0.44m。

表5-9-5　西安市地下水位埋深分布区面积比例统计表　　　（单位：%）

年份	潜水位埋深/m					
	<5	5~10	10~20	20~30	30~40	>40
1965	67.2	23.9	8.9	0	0	0
1983	31.4	42.1	17.8	8.7	0.8	0
1998	11.3	20.1	45.4	13.6	9.6	0.2
2010	0	24.7	39.9	21.6	11.3	2.5

1984~1998年，随着开采量的进一步增大，地下水位下降速度随之增大，水位平均每年下降0.58m，至1998年，埋深小于10m的分布区面积缩小为31.4%，埋深10~20m的分布区面积扩大到45.4%，埋深大于20m的分布区面积占全区面积达23.4%，并在局部地区出现了埋深大于40m的分布区。

3）地下水位埋深趋于稳定阶段

1998年以后，地下水位下降速率虽然有所减缓，但仍然以0.42m/a的速度下降，到2010年，区内水位埋深小于5m的区域完全消失，地下水位埋深以10~20m为主，主要分布于渭河二、三级阶地及南部广大地区，面积为341.6km²，占总面积的39.9%；大于30m埋深的分布区将近120km²，主要分布在西郊沣河水源地、白鹿塬的狄寨镇以及灞桥以东地区；大于40m埋深的分布区进一步扩大，占总面积的2.5%（图5-9-20）。

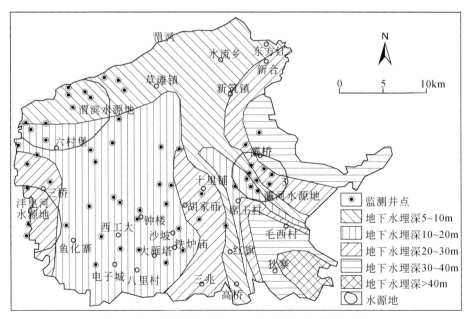

图5-9-20　西安市主城区2010年地下水位埋深分布图

3. 地下水位埋深现状

西安主城区地下水位埋深现状见本章第四节。

4. 区域地下水位变化趋势分析

如前所述，新中国成立以来，随着西安市地下水开采量由急剧增大—逐步减小—全面禁采的变化，尽管地下水的流向总体上自东南向西北，从东南部的黄土塬区到西北部的冲洪积阶地，总趋势没有发生根本性改变，但是，地下水位发生了由快速下降—缓慢下降—普遍回升的变化趋势（图 5-9-21）。

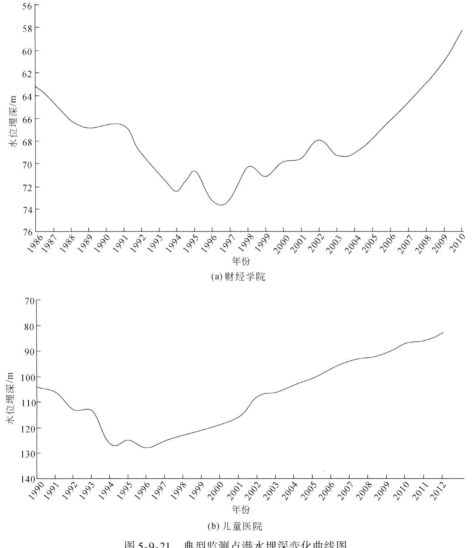

图 5-9-21　典型监测点潜水埋深变化曲线图

未来潜水位会朝着什么趋势变化？现分析如下：

（1）未来全面禁采地下水后，潜水位总体上会朝着接近天然状态的 1965 年地下水位埋深（图5-9-19）方向发展。

（2）地下水均衡将发生明显变化，并出现新的平衡。一是随着城市建设不断拓展，建成区下垫面发生了很大变化，降水入渗系数和降水对地下水的入渗补给量将大幅度减小；二是引汉济渭、大量的水景工程实施，增大了地表水对地下水的入渗补给量；三是海绵城市建设、新型路面材料使用，有利于地下水均衡，调节地下水位。

（3）部分水景工程将引起地下水位埋深呈现逐渐变浅的趋势，有可能导致黄土湿陷、砂土震时液化、地下空间浸水与浮力等问题。

三、区域地下水位上升引起环境地质问题

（一）区域地下水位上升引起的黄土湿陷问题

1. 湿陷性黄土分布

西安市区范围内除河床及漫滩地区无黄土覆盖，其余地区全部覆盖有一定厚度的黄土或黄土状土。其中，具湿陷性的土层包括上更新统黄土、全新统黄土状土和素填土（图5-9-22）。

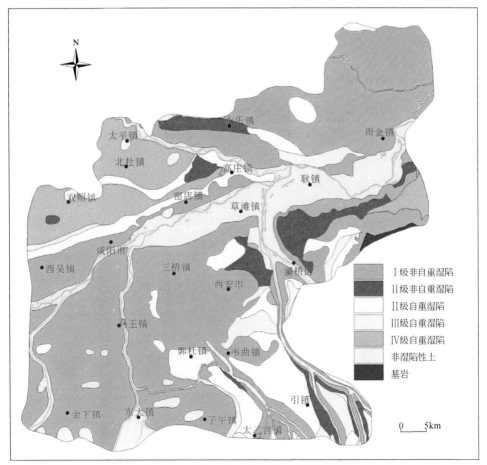

图5-9-22 大西安都市区黄土湿陷等级图

2. 地下水位与黄土湿陷的计算分析

以 2018 年水位埋深作为基准进行计算，若区内地下水位总体上升 5m，引起的黄土湿陷区将达到 458.27km² （图 5-9-23）。

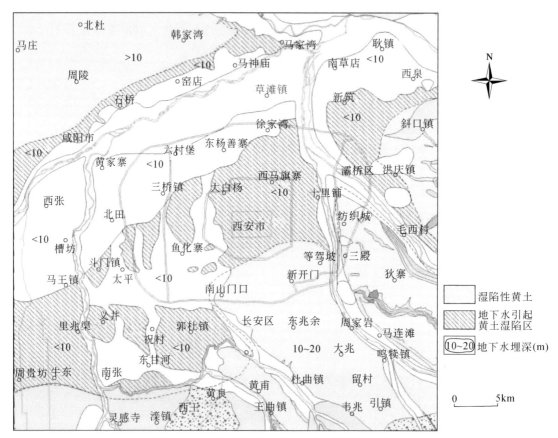

图 5-9-23　地下水位上升 5m 引起的黄土湿陷区

（二） 区域地下水位上升引起的饱和土地震液化

1. 西安地区曾发生过地震液化现象

西安地处地震危险区，历史上多次发生过地震液化灾害。史籍记载的地震液化现象，最早见于公元前 88 年西安地震（往往涌泉出）。较严重的地震液化是发生在 1568 年的灞河口 $6\frac{3}{4}$ 级地震和 1556 年华县 $8\frac{1}{4}$ 级地震，西安地震烈度均达 9 度，在潜水浅埋的低阶地上，产生地裂、喷水冒砂等液化现象。

1986 ~ 1991 年开展了西安市工程地质勘查工作，在西安北丰镐村、南槐村、侯家湾、东崔家庄、读书村等地发现了砂土地震液化遗迹 5 处，液化层岩性以中砂为主，d_{50} （平均粒径） 为 0.27 ~ 0.40mm，C_u （不均匀系数） 为 2.4 ~ 3.1。

2. 随着地下水位上升，勘察时判定为不液化的地基有可能发生砂土液化

西安市砂土液化地层主要分布于渭河河床、漫滩及渭河以南一定范围内（图5-9-24）。工程勘察中，对于地下水位埋深大于15m的地区，一般初判为不液化场地。随着地下水位上升，原来判别为不液化的场地，有可能转变为液化场地。

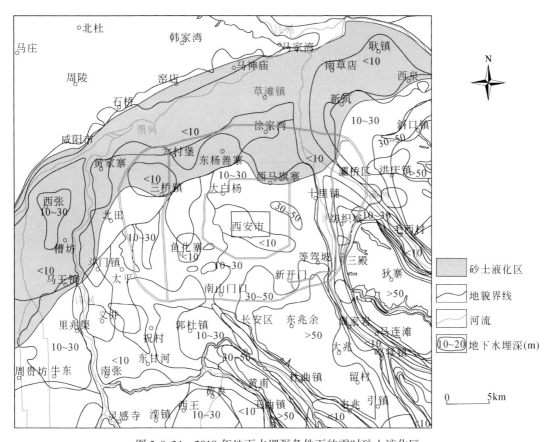

图 5-9-24　2018 年地下水埋深条件下的震时砂土液化区

假如西安地下水位总体上升5m，二级冲洪积阶地大部分地区与三级冲洪积阶地的部分地区地下水位埋深将小于10m，砂土液化区域将扩大至996.84km²（图5-9-25），在城市规划和建设中必须考虑这一因素。

（三）区域地下水位上升引起的地下空间浸水与浮力

1. 西安市地下空间开发利用已进入快速增长阶段

随着工业化、城市化进程推进，西安市地下空间开发利用进入快速增长阶段。尤其在轨道交通和地上地下综合建设带动下，城市地下空间开发规模增长迅速，地下空间开发利用类型逐渐从人防工程拓展到交通、市政、商服、仓储等多种类型，开发深度由浅层开发延伸至中深层开发，开发项目由小规模单一功能的地下工程发展为集商业、娱乐、休闲、

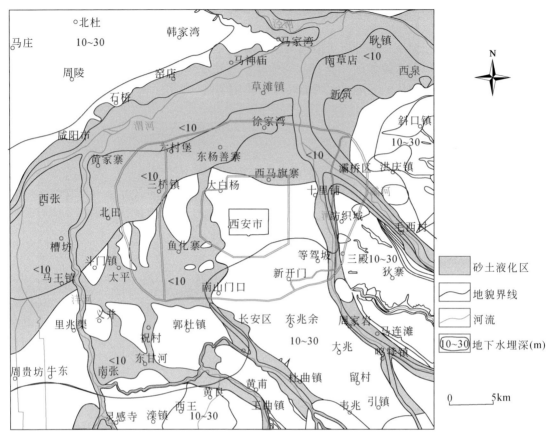

图 5-9-25　地下水位上升 5m 将引起的震时砂土液化区

交通、停车等功能于一体的地下城市空间。

　　2. 区域地下水位上升引起的地下空间浸水问题

　　西安市地铁、地下停车场、综合管廊等地下空间工程是近三十年来才快速建设的，这些地下空间工程建设期间地下水位正处于最低状态。如前所述，1984～1998 年，地下水位下降速度为 0.58m/a；1998 年以后，地下水位仍然以 0.42m/a 的速度下降。到 2010 年，区内水位埋深小于 5m 的区域完全消失，地下水位埋深 10～20m 面积为 341.6km²，占总面积的 39.9%；大于 30m 埋深的分布区将近 120km²，大于 40m 埋深的分布区进一步扩大，占总面积的 2.5%。

　　当时开展的工程地质或岩土工程勘察、设计与地下空间工程建设，都是按照地下水位最低状态进行评价并采取措施的，尤其是对地下空间工程的防渗和浸水有可能考虑不周，采取的防水措施不够。

　　据前述地下水位埋深分析预测，地下水位埋深总体上将恢复到 1965 年的状态，局部地段可能出现高于 1965 年地下水位的现象。届时西安市区大部分地区的地下水位埋深小于 5m，其面积将占总面积的 67.2%（图 5-9-19），其他地区埋深多为 5～20m。

　　可以想象，西安市区绝大部分地区地下水位埋深在小于 20m 的状态下，现有的地铁、地下停车场、综合管廊、商业、娱乐、休闲、地下道路交通等地下城市空间工程几乎都有部分处在地下水位以下，这些地下空间工程都面临着浸水问题。

3. 区域地下水位上升引起的地下空间浮力问题

与区域地下水位上升引起的地下空间浸水问题类似，区域地下水位上升同样会引起地下空间浮力问题。

根据阿基米德定律（Archimedes），浸在液体中的物体受到向上的浮力，浮力的大小等于物体排开的液体所受的重力。该定律不仅适用于液体，也适用于赋存和运移于地下空隙中的地下水。简单地说，地下水位以下 $1m^3$ 的地下空间，受到 1000kg 的向上浮力。按地下水位上升浸没地下空间 20m 估算，每立方米的地下空间将增加 20t 的浮力，$1000m^3$ 的地下空间将增加 20000t 的浮力。

区域地下水位上升引起地下空间浮力增大，导致地面拱起问题在日本东京、安徽合肥某人防工程等地已经出现。西安市钟楼、各地铁交汇处、大型地下商场等上附荷载较小的地段，目前虽未出现异常，但是，在地下水位上升的条件下，浮力会大幅度增大，会不会出现地面拱起问题是浮力与荷载的平衡问题。地下空间工程施工，掏空了空间内的岩土体，自重压力或荷载减小，一旦地下水位明显上升，对地下空间引起的浮力有很大可能大于上部荷载，导致地面拱起风险不容忽视。

四、应对措施

西安市已经全面实施地下水禁采政策，并完成了一批水景工程建设，地下水位开始持续上升，区域地下水位上升将带来区域性黄土湿陷、震时砂土液化、地下空间浮力以及沼泽化、明水等一系列不确定性的环境地质问题。建议应对措施如下：

（1）政府相关部门、规划与勘察设计单位、科研人员应高度重视，认识到西安市区域地下水位上升的事实及其重要性，并积极行动起来，防患于未然。

（2）要适度开发利用地下水资源，加大海绵城市建设力度，做好地下水位管控，有效防范区域地下水位上升引起的黄土湿陷、震时砂土液化、地下空间浸水与浮力等系列环境地质问题，避免在低洼地带形成明水（渍水），出现沼泽化现象，进而引起道路翻浆、地基失效等灾害。

（3）在工程地质、岩土工程勘察评价与设计中，充分考虑由区域地下水位上升导致的黄土湿陷、震时砂土液化、地下空间浸水与浮力等一系列环境地质问题，按照预测的地下水位埋深进行工程地质评价并采取岩土工程措施。

第十节 地下空间资源探测与评价

西安地区地下空间开发利用历史悠久。早在旧石器时代，蓝田猿人就认识到地下空间因为岩土体的热学特征和自身隐蔽性而带来的优势，蓝田锡水洞旧石器时代文化遗址就是地下空间利用的证据。进入新石器时代后，半坡人向地下挖掘营造更适合居住的住所，出现了半坡遗址中的半穴居。随着古代社会发展，对地下空间的利用方式逐渐呈现多元化趋势，地下空间的功能从最早的单纯居住逐渐扩展到水利、防御、储藏、墓穴、宗教建筑等各个方面。

随着城镇化建设推进，各类"城市病"已成为宜居城市建设中不可回避的难题，城市地下空间开发利用已成为解决城市空间不足、建设宜居城市、实现城市永续发展的重要途径。地下空间是宝贵的自然资源和战略资源，原国土资源部姜大明部长要求："要按照地下、地上两个西安的总体目标，开展西安城市地下空间调查与探测工作，使西安成为向深部要空间、根除大城市病、综合利用国土空间的典范"。城市地下空间三维结构探测，建立工程地质模型，评价地下空间资源量是城市地下空间安全利用的基础，同时也是西安城市地下空间开发利用目前面临的关键科技问题。

一、三维地质结构探测

地下空间利用已成为解决城市病的主要途径，地下空间精准探测是地下空间资源开发利用的基础。由于城市强干扰的物理场环境、复杂的地质环境条件和既有建筑物影响，城市地下空间探测的理论还不成熟，城市强干扰环境下地下空间探测的技术方法组合、采集的要素及数据应用等目前尚不规范，均落后于工程实践的需求。

本次研究面向岩土体质量评价和城市地下空间资源评价与开发利用的需要，在常规物探、钻探和实验测试基础上，引入了随钻监测技术，开展了 13 种方法的测井和井间地面物探等探测工作，初步形成一套强干扰环境下城市三维地质结构与地下空间多参数探测技术组合，积累了一批宝贵的数据，为岩土体质量评价、城市三维地质全要素建模、地下空间资源评价、岩土体质量与物性参数耦合关系建立，以及城市地质科学研究提供了数据支撑。

（一）工程地质钻探

工程地质钻探是揭示地层结构及其工程地质性质，建立三维地质结构模型最直接和比较成熟的技术手段，此处不再赘述。仅将工作部署与精度简要说明。将大西安工程地质钻探分为三个区分工实施，其中，中国地质调查局西安地质调查中心负责西咸新区工程地质钻探，按照孔距 500m，孔深 100～150m 布设和实施，在大西安沣东沣西工区完成了 104 个工程地质勘探钻孔（图 5-10-1）；陕西省地质调查院负责咸阳市工程地质钻探，以收集已有钻孔资料为主，补充工程地质钻孔；西安市勘察测绘院负责西安市老城区工程地质钻探，按照 1∶1 万比例尺要求，整理和录入已有钻孔资料。整体上大西安地区基本达到 1∶1 万工程地质勘察的要求。

（二）多参数测井

在大西安沣东沣西工区、白鹿塬及咸阳机场附近完成了 98 个钻孔测井。本次测井选用了 13 种测井方法，主要有三侧向电阻率（LL3）、深浅侧向电阻率、自然电位（SLFP）、自然伽马（NG01）、声波时差（SON2）、补偿中子（CNL）、井径测量（CAL）、井温测量（TEMP）、井斜测量（DA、AD）、磁化率、能谱测井等。测井采用 KH-2 数字测井仪，测量速度为 6～10m/min，测得 20 条测井参数，采样间隔为 0.05m。每种方法的数据采集均

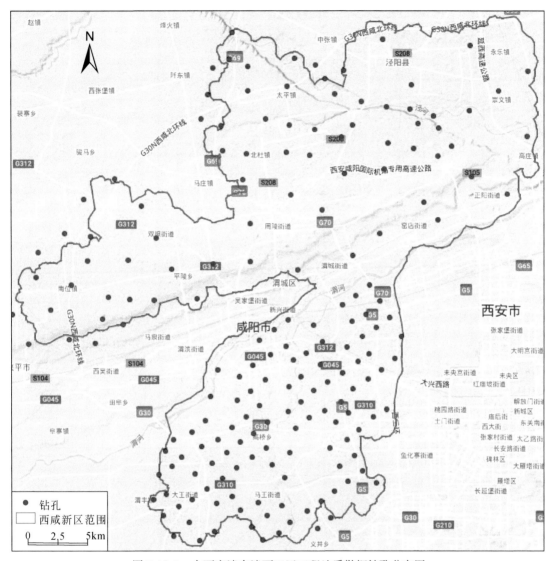

图 5-10-1　大西安沣东沣西工区工程地质勘探钻孔分布图

按照相应的技术要求执行。所测曲线均无畸变，曲线均评定为甲级曲线。多参数测井取得的主要成果如下。

（1）探索形成了一套测井优选方法组合。①应用侧向电阻率、自然伽马、补偿密度、声波时差、自然电位、中子密度、井径等曲线准确划分了钻孔剖面，确定了岩层的深度和厚度，综合了解了整个钻孔剖面及软弱夹层的物性特征（图 5-10-2）；②应用声波时差结合井径、井斜参数计算了土体的横、纵波速及杨氏模量、体积模量、切变模量、泊松比、强度指数等力学参数，从而推断地层赋存状况（表 5-10-1，图 5-10-3）；③应用声波时差、强度指数、侧向电阻率、补偿密度结合井径、井斜、中子孔隙度、渗透率等曲线推断出了砂层及土层的致密程度（图 5-10-4）；④应用双侧向电阻率、自然伽马、自然电位、声波时差、井温等曲线对钻孔的含水层做了准确划分，结合中子孔隙度、渗透率曲线判断了含水层的赋水情况（图 5-10-5）。

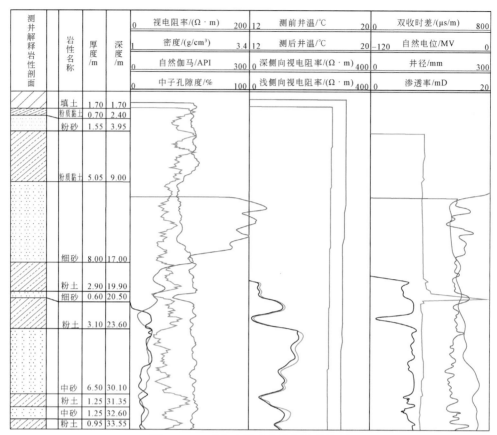

图 5-10-2　地层岩性多参数测井曲线图

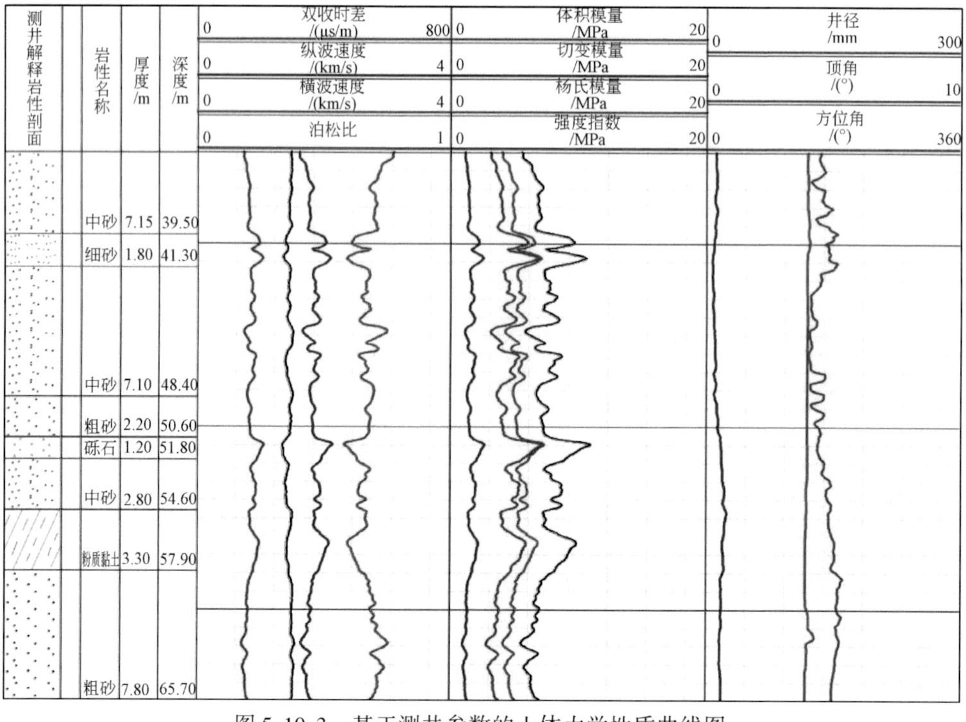

图 5-10-3　基于测井参数的土体力学性质曲线图

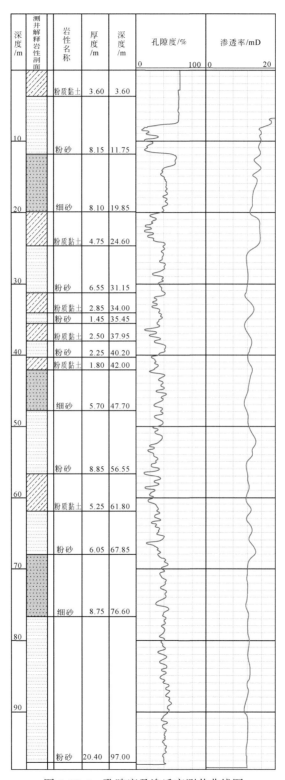

图 5-10-4　孔隙度及渗透率测井曲线图

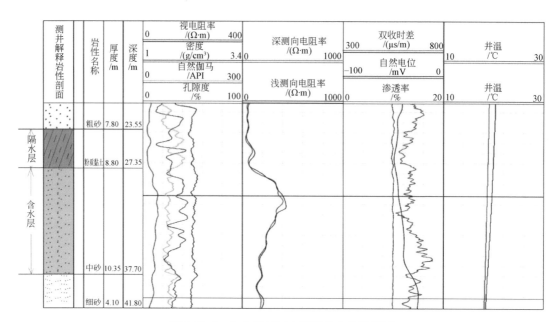

图 5-10-5　含水层与隔水层测井曲线特征图

表 5-10-1　利用测井参数计算的土体力学性质特征值

参数岩性	纵波速度/(km/s)	横波速度/(km/s)	泊松比	体积模量/MPa	切变模量/MPa	杨氏模量/MPa	强度指数/MPa
	平均	平均	平均	平均	平均	平均	平均
粉质黏土	1.77	0.85	0.36	5.15	1.61	5.5	6.62
粉土	1.64	0.79	0.36	4.23	1.37	4.13	5.51
粉砂	1.71	0.76	0.36	4.58	1.22	3.49	6.41
细砂	1.75	0.78	0.36	4.69	1.34	4.65	5.98
中砂	1.78	0.80	0.36	4.92	1.44	4.83	6.27
粗砂	1.74	0.81	0.36	5.40	1.87	4.79	6.65
砾砂	1.83	0.85	0.36	5.85	1.47	4.52	7.26
圆砾	1.77	0.83	0.35	5.45	1.85	5.35	7.10
砾石	2.33	1.16	0.34	7.90	2.90	6.45	8.90

（2）划分了钻孔测井参数与岩性剖面。二者的相对规律是侧向电阻率从粉质黏土到砂层、砾石依次变大；自然伽马从粉质黏土到砂层依次减小；密度从粉质黏土到砂层、砾石依次变大（图 5-10-6）。

（3）通过对声波时差的测量，结合侧向电阻率、补偿密度、井径、井斜、中子孔隙度、渗透率等曲线推断出了砂层及土层的致密程度及完整性；结合补偿密度、井径等曲线计算出土体层的力学参数并绘制了钻孔的土体力学强度等值线图（图 5-10-7）。

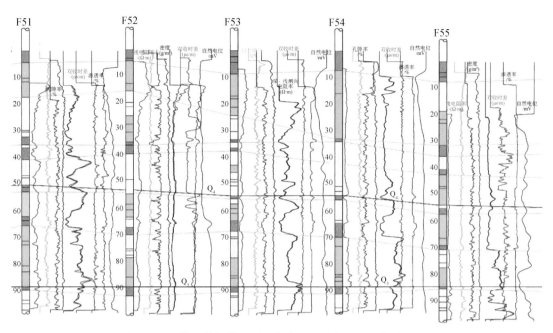

图 5-10-6　第 5 勘探线地层、含水层、隔水层测井曲线对比图

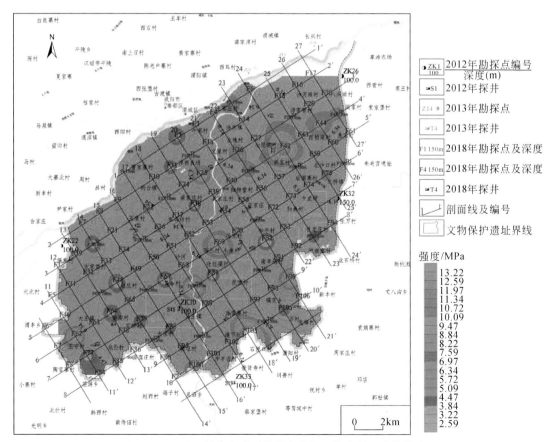

图 5-10-7　基于钻孔声波测井等参数的土体力学强度等值线图

（4）开展了钻孔的地层、含水层、隔水层对比与连线工作，编制完成了隔水层厚度等值线图（图5-10-8）。

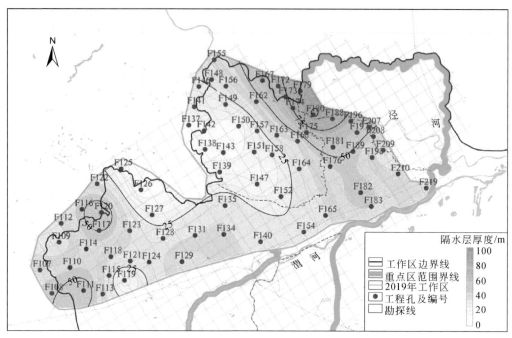

图 5-10-8　150m 钻孔隔水层厚度等值线平面图

（5）通过测前、测后钻孔井温测量曲线，掌握了地层温度变化情况，编制完成了钻孔平均井温等值线图（图5-10-9）；显示井温不在热害区，未发现有害地温层。

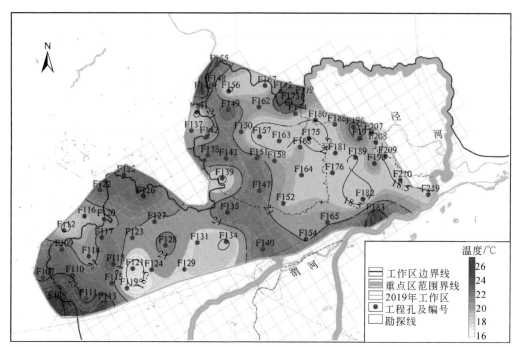

图 5-10-9　平均井温等值线平面图

（6）井斜连续测量结果表明，本区钻孔井底水平位移为0.45～3.24m，据此校正了钻孔深度。

（7）自然伽马曲线表明，区内钻孔天然伽马最高值为17.05γ，岩性为粉质黏土，经分析其中放射性钍所占含量最高；天然伽马最低值为4.21γ，天然伽马含量未达到63γ，无明显放射性异常，人均年有效剂量当量为0.594～0.700mSv（图5-10-10）。

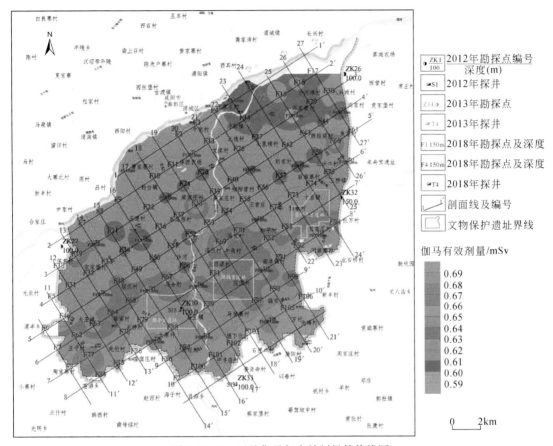

图5-10-10 天然伽马年有效剂量等值线图

（三）地面物探

城市环境干扰因素多，电磁干扰、震动干扰强烈。利用高密度电法和微动台阵的探测深度较大，探地雷达的分辨率较高的优势，将这些方法联合，在同一区域实施探测试验，分析每种方法的探测效果（图5-10-11）。

微动台阵采用WD-1智能微动勘探仪，嵌套三角形的台阵方式，最小三角形台站距离为6～10m，采样间隔为10ms。高密度电法采用EDJD-1多功能直流电法仪，温纳装置，电极间距为5m。地质雷达采用SIR-4000地质雷达，100MHz和200MHz天线，采样间距为1m。浅层地震采用SE2404NT多道分布式工程地震仪和60Hz检波器，多次覆盖单边激发反射波勘探，锤击震源，道间距为4m，覆盖次数为8次，采样间隔为0.5ms，记录长度为512ms。

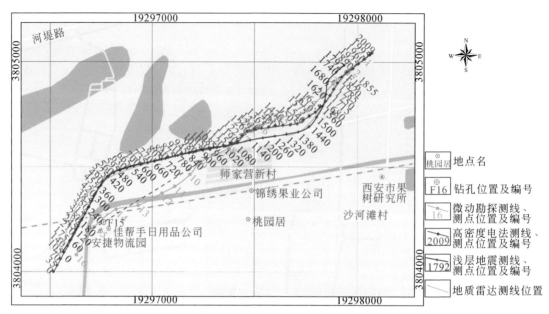

图 5-10-11　地面物探工作部署图

地面物探获取的参数主要包括视深度、电阻率、地质雷达反射记录、浅层地震反射记录、微动等记录。经过专业的软件分析,得到对应的电阻率剖面、地震反射剖面、波速剖面(图 5-10-12)。

根据多参数地球物理测井资料结合地球物理地面探测数据,本次试验剖面的地层综合解释结果如下所示:

0 ~ 17.40m 段为细砂、中砂、粉砂、粗砂互层,此段电阻率高,自然电位负异常,声波波速值较低,判断该段推断地层中密,其中 9.35 ~ 17.40m 为弱含水层段。

17.40 ~ 19.35m 段为粉质黏土,此段电阻率值呈低值,声波波速值稍高,自然电位无明显异常,推断该段地层密实。

19.35 ~ 73.10m 为中砂、细砂互层夹圆砾,此段电阻率值较高,声波波速值稍高,推断该段地层密实。

73.10 ~ 76.50m 段为粉质黏土夹中砂,此段电阻率值部分呈低值,声波波速较高,自然电位无明显异常,推断该段地层密实。

76.50 ~ 84.85m 段为中砂,此段电阻率值中低,声波波速值较高,自然电位负异常,为强含水层段,推断该段粒级统一,地层较为坚硬但孔隙度大。

84.85 ~ 87.55m 段为粉质黏土夹细砂,此段电阻率值低,声波波速值较高,推断该段地层密实。

87.55 ~ 95.00m 段为细砂、中砂互层,此段电阻率值中值,声波波速值较高,自然电位无明显异常,推断地层较密实。

95.00 ~ 124.00m 段为中砂,此段电阻率值中低,声波波速值高,自然电位无明显异常,推断地层密实。

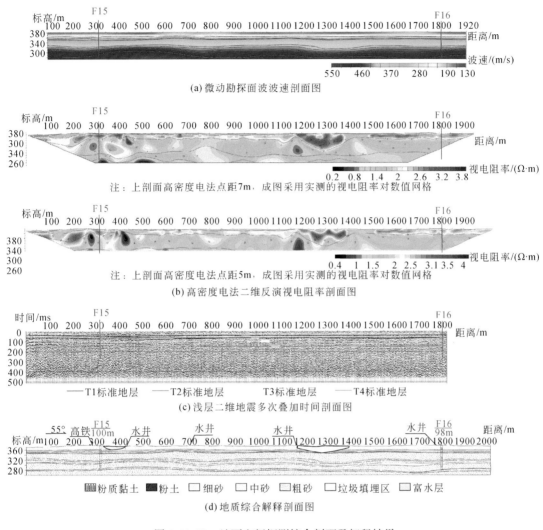

图 5-10-12　地下空间探测综合剖面及解释结果

（四）随钻监测

随钻监测（DPM）是由香港大学岳中琦教授建立并发展起来的有效测定岩体特性的试验手段，并通过实时监测钻孔全过程，发现同一岩块中钻进速度为常数，钻速之间的突变点表征岩体的结构面。随钻监测装置包括位移传感器、转速传感器、油压传感器、扭压传感器、数据采集器等（图 5-10-13），随钻监测在现场钻探过程中实时、快速、准确地监测地层变化。

地下空间盾构施工中岩土体质量评价方法目前仍不成熟，借助随钻监测与盾构施工原理相似这一特点，在西安、延安城市地质调查及山阳地质灾害勘查项目中，采用随钻监测技术开展了岩土体质量评价方法研究，旨在探索面向地下空间盾构施工的岩土质量评价的有效方法与途径。本次工作围绕随钻监测仪器改进与数据智能采集传输、随钻监测数据标

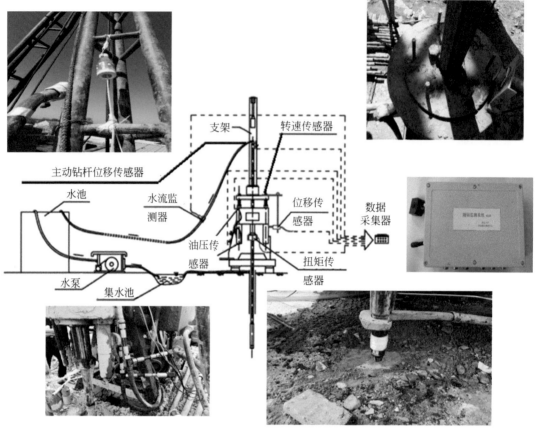

图 5-10-13　随钻监测系统示意图

准化处理、岩土体质量及其力学特性评价等科技问题开展了研究，获取了西安地区 22 个钻孔的随钻监测数据及随深度变化图（图 5-10-14），取得的主要成果如下：

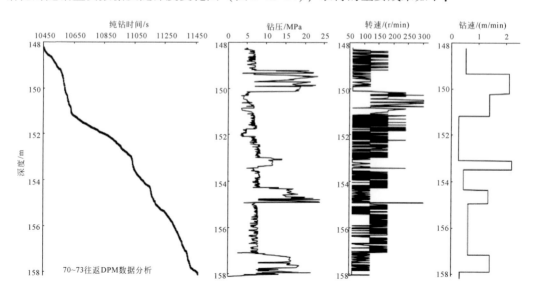

图 5-10-14　随钻监测数据及随深度变化图

（1）根据地下空间盾构施工和第四纪松散软弱地层的需求，对原随钻监测仪器设备进行了改进（图5-10-15）。新添加了扭压传感器和无线传输系统，实现了智能采集与传输随钻监测数据（图5-10-16）。改进后的随钻监测仪器能够自如地安装在现有的液压旋转冲击钻机上，实现了数据智能采集和无线传输。尤其是采用无线传输装置，规避了有线传输数据线路缠绕及其对施工的影响，降低了事故率和传输故障。

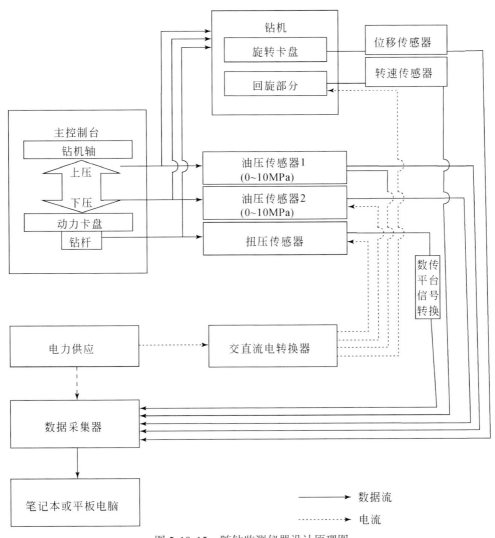

图5-10-15　随钻监测仪器设计原理图

（2）研究提出了随钻监测数据标准化处理方法。采集的原始数据辅助钻机班报表和现场岩性记录，剔除噪声数据，获得工程地质钻探过程中的纯钻时间数据。纯钻数据反映了钻探过程中去除辅助工作向下钻进的工作状态。通过分析纯钻数据，获得随钻孔位移–纯钻时间与地层岩性的对应关系（图5-10-17）。

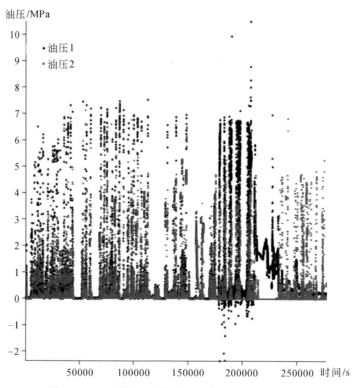

图 5-10-16　随钻监测获取的原始油压-时间关系图

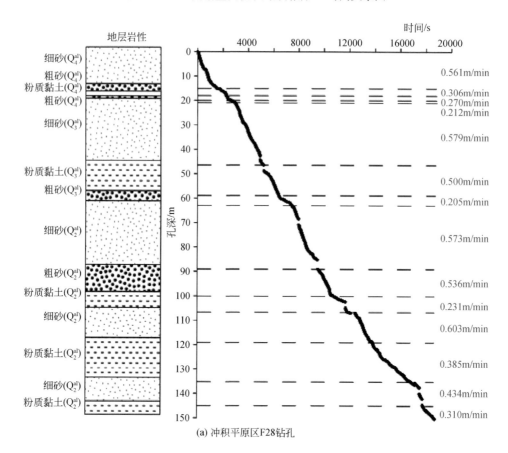

(a) 冲积平原区F28钻孔

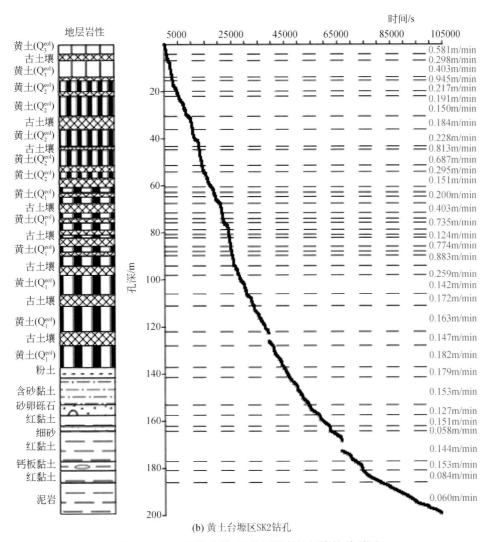

(b) 黄土台塬区SK2钻孔

图 5-10-17　钻孔位移–纯钻时间与地层岩性关系图

（3）随钻监测的标准化数据与电镜扫描试验、矿物成分分析的结果数据对比见表 5-10-2，据此建立了随钻监测参数与地层微观成分关系。不同时代黄土钻速不同，且年代越老钻速越小，导致钻速不同的主要因素是矿物成分含量的不同。

表 5-10-2　随钻监测的标准化数据与电镜扫描试验、矿物成分分析的结果数据对比表

地层	转速/(r/min)	油压1/MPa	油压2/MPa	钻速/(m/min)	矿物成分/%							
					石英	斜长石	钾长石	方解石	白云石	赤铁矿	黄铁矿	角闪石
Q_p^3黄土	97.33	0.904	0.621	0.468	40.35	13.86	8.2	3.6	0.6	0.4	0.06	—
Q_p^2黄土	72.469	1.439	0.404	0.283	42.9	11.3	6.68	0.25	0.39	0.08	0.14	0.5
Q_p^1黄土	63.591	0.858	0.245	0.198	44.5	11.9	4.96	6.83	0.43	0.43	0.34	—

（4）将测井参数与随钻监测参数结合，建立了测井参数与随钻监测参数关系对比表（表5-10-3），测井参数从侧面验证了随钻监测的准确性。

表 5-10-3　测井参数与随钻监测参数关系对比表

<table>
<tr><td rowspan="16">岩性</td><td rowspan="8">细砂</td><td rowspan="2">岩性力学参数</td><td>纵波速度/(km/s)</td><td>横波速度/(km/s)</td><td>泊松比</td><td>体积模量/MPa</td><td>切变模量/MPa</td><td>强度指数/MPa</td><td>杨氏模量/MPa</td></tr>
<tr><td>1.63</td><td>0.68</td><td>0.41</td><td>3.88</td><td>0.84</td><td>5.24</td><td>2.38</td></tr>
<tr><td rowspan="2">物性特征</td><td>视电阻率/(Ω·m)</td><td colspan="2">密度/(g/cm³)</td><td colspan="2">自然伽马/API</td><td>孔隙度/%</td><td>渗透率/mD</td></tr>
<tr><td>56.42</td><td colspan="2">2.27</td><td colspan="2">62.15</td><td>20.16</td><td>10.61</td></tr>
<tr><td rowspan="2">随钻监测参数</td><td>转速/(r/min)</td><td colspan="2">油压1/MPa</td><td colspan="2">油压2/MPa</td><td colspan="2">钻速/(m/min)</td></tr>
<tr><td>69.39</td><td colspan="2">0.69</td><td colspan="2">0.12</td><td colspan="2">0.57</td></tr>
<tr><td>综合分析解释</td><td colspan="7">此段电阻率值低，声波波速值稍高，井径曲线平滑，自然伽马值较低，深浅侧向曲线合拢，孔隙度稍大，渗透率低，推断该段粒级统一，地层密实</td></tr>
<tr><td rowspan="8">圆砾</td><td rowspan="2">岩性力学参数</td><td>纵波速度/(km/s)</td><td>横波速度/(km/s)</td><td>泊松比</td><td>体积模量/MPa</td><td>切变模量/MPa</td><td>强度指数/MPa</td><td>杨氏模量/MPa</td></tr>
<tr><td>1.6</td><td>0.7</td><td>0.38</td><td>4.29</td><td>1.04</td><td>5.24</td><td>3.08</td></tr>
<tr><td rowspan="2">物性特征</td><td>视电阻率/(Ω·m)</td><td colspan="2">密度/(g/cm³)</td><td colspan="2">自然伽马/API</td><td>孔隙度/%</td><td>渗透率/mD</td></tr>
<tr><td>44.52</td><td colspan="2">2.11</td><td colspan="2">70.05</td><td>22.81</td><td>9.89</td></tr>
<tr><td rowspan="2">随钻监测参数</td><td>转速/(r/min)</td><td colspan="2">油压1/MPa</td><td colspan="2">油压2/MPa</td><td colspan="2">钻速/(m/min)</td></tr>
<tr><td>60.4</td><td colspan="2">0.56</td><td colspan="2">0.1</td><td colspan="2">0.25</td></tr>
<tr><td>综合分析解释</td><td colspan="7">此段电阻率值高，声波波速值稍低，井径曲线平滑，自然伽马值较低，孔隙度大，渗透率大，推断该段地层密实</td></tr>
</table>

（5）西安地区随钻监测数据很好地反映了岩土体力学特性及物性参数特征（表5-10-4），初步建立了面向地下空间盾构施工的基于随钻监测参数岩土分类标准（表5-10-5），为面向地下空间盾构施工的岩土体质量划分与评价提供了科学依据。

表 5-10-4　不同地层随钻监测参数回归分析汇总表

地层	回归分析结果	平均钻进速度/(m/min)
Q_p^3黄土	$S = 0.004X + 0.175Y + 0.145$ $R = 0.8$	0.468
Q_p^2黄土	$S = -0.001X - 0.81Y + 0.127$ $R = 0.97$	0.283

续表

地层	回归分析结果	平均钻进速度/(m/min)
Q_p^1黄土	$S=0.009Y+0.168$ $R=0.3$	0.198
古土壤	$S=0.0001X-0.42Y+0.586$ $R=0.7$	0.202
粗砂岩	$S=-0.034Y+0.001X-0.027$ $R=0.99$	0.06
细砂岩	$S=0.047Y+0.004X-0.337$ $R=0.99$	0.36

表 5-10-5　基于随钻监测参数的西安地区岩土分类标准表

平均钻进速度/(m/min)	平均上油压/MPa	平均下油压/kPa	平均转速/(r/min)	岩性
0.138	1.88	1.05	66.49	砂岩
0.145	1.58	0.83	43.30	泥岩
0.246	2.14	1.12	63.26	粉砂质泥岩
0.13	2.31	1.26	44.58	细砂岩
0.57	0.68	0.12	69.39	细砂
0.3	0.63	0.21	84.12	粉土
0.32	0.56	0.1	60.4	粗砂
0.468	0.904	0.621	97.330	Q_p^3黄土
0.283	1.439	0.404	72.469	Q_p^2黄土
0.202	1.338	0.676	70.776	古土壤
0.198	0.858	0.245	63.591	Q_p^1黄土
0.130	0.651	0.420	58.257	红黏土

（五）实验测试

实验测试是地质结构探测，了解岩土体物理、力学和水理性质的重要方法之一。包括原位测试和室内试验。室内试验数据包括土样测试数据为样品编号、取样深度、含水率、天然密度、黏聚力、内摩擦角、自重湿陷系数、比表面积，岩心测试数据为样品编号、取样深度、声波速度、单轴抗压强度等。本次探测均按照相关规程规范执行，未开展创新性研究，故不再赘述。

二、三维地质模型建设

三维地质模型建设是城市地下空间资源评价、规划和开发利用的基础。城市地质数据库、信息系统和三维地质结构模型建设且留待第七章详述，这里仅就西咸新区沣东沣西新城三维工程地质结构模型和三维工程地质结构参数属性模型简述之。

（一）沣东沣西新城三维工程地质结构模型

1. 建模思路

本次建模采取了地层面模型约束生成地层体的建模思路（图 5-10-18）。在钻孔资料、地质图、地质剖面图、地表地质数据以及地表等高线等资料的支持下，达到了多种数据源的结合。以钻孔资料为主，其他资料为辅进行建模。首先用整理好的钻孔孔位数据和钻孔分层数据建立一个模型的雏形。然后使用了 DEM 数据来建地表，再配合地貌单元图，来划分出露地表的不同时代的地层界线。地表以下的地层时代界线由地质剖面图解释出来的数据进行修正。最后形成地质界面模型和体模型即确定性模型。

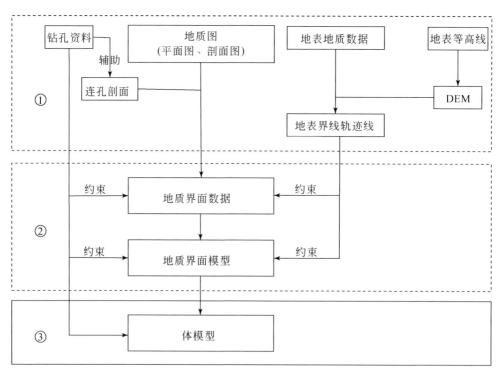

图 5-10-18　确定性模型建模技术路线图

本次建模使用网格天地公司的深探地学建模软件。该软件可采用多源数据建立任意复杂的高精度三维地质模型，并提供丰富的属性插值算法，同时支持基于所建模型的数值模型与动态更新。该软件含有以下主要模块：构造解释模块、构造建模模块、网格化模块、属性建模模块、地应力模拟计算模块和三维构造演化模块。

2. 建模数据源

按照数据类型对建模方法进行划分可归纳为 3 种类型：钻孔数据构建三维地质模型、地质图构建三维地质模型、钻孔数据与地质图联合构建三维地质模型。本次建模工作区资料较全面，采用钻孔数据与地质图联合构建模型的方法。具体的数据源如表 5-10-6 所示。

表 5-10-6　建模数据源

数据源	备注
1. 钻孔岩性及地层年代解译数据及对照表	217 个
2. 大西安地区及西咸新区地区范围	1：50000
3. 西安多要素城市地质调查地貌图	1：50000
4. 西安多要素城市地质调查（钻探）部署图	1：50000
5. 大西安地区遥感影像图	1：50000
6. 大西安地区数字高程模型	25m 大西安地区
7. 沣东沣西新城勘探线剖面	35 条

3. 工程地质结构模型

1）模型边界及地层面插值算法

沣东沣西新城工程地质结构模型北部以渭河为界，南至大王镇及马王街办南端，东接西安市的西二环，西至规划中的西咸环线。模型地层面网格剖分边长选用 200m，地层离散点差值方法采用最小曲率插值。

2）建模结果及可视化

沣东沣西新城三维地质结构模型见图 5-10-19，整个模型面积 410km²，地层厚度在 144.4m 和 186.3m 之间，地形平坦，地势西南高东北低。按地层时代模型划分了 7 个地层体，从老到新分别是中更新统早期冲湖积层 $Q_p^{2-1al+l}$、中更新统晚期冲积层 Q_p^{2-2al}、上更新统冲积层 Q_p^{3al}、上更新统风积层 Q_p^{3eol}、全新统下部冲积层 Q_h^{1al}、全新统下部冲洪积层 Q_h^{1al+pl}、全新统上部冲积层 Q_h^{2al}，其中全新统冲积洪积物、上更新统风积物在地表均有出露。

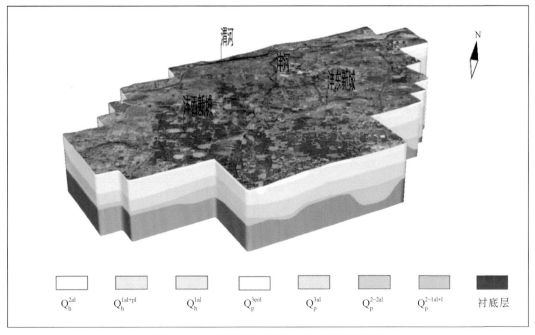

| Q_h^{2al} | Q_h^{1al+pl} | Q_h^{1al} | Q_p^{3eol} | Q_p^{3al} | Q_p^{2-2al} | $Q_p^{2-1al+l}$ | 衬底层 |

图 5-10-19　沣东沣西新城三维地质结构模型

根据沣东沣西新城勘探线布设，抽取了其中的 15 条勘探线绘制了沣东沣西新城三维地质结构模型栅栏图。图 5-10-20 可以看出全新统上段冲积层在模型北部和中部呈线性分布，对应这两部分的渭河漫滩和沣河漫滩；全新统上段的冲洪积物分布于工区的东南部，对应秦岭山前的冲洪积物；全新统下段的冲积物分布于工区的中北部，上更新统上段的风积物主要分布于工区的南部。

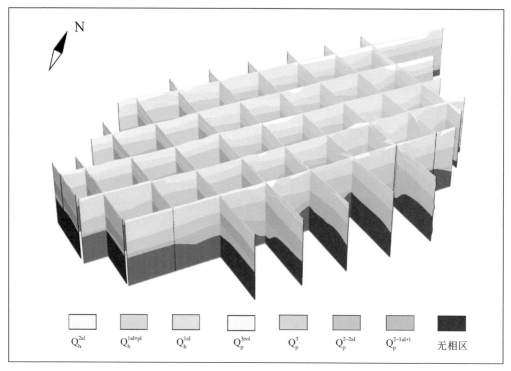

图 5-10-20　沣东沣西新城三维地质结构模型栅栏图

根据 35 条勘探线布设图，在建模区纵横交错共产生有 209 个节点。建模过程中根据钻孔资料在每个节点上都设置一个钻孔。把经过整理的钻孔资料导入软件，经过调整后形成沣东沣西新城钻孔模型图（图 5-10-21）。钻孔模型图下部灰色块体为衬底层，是介于模型工区与地层体中建的无意义块体，其中钻孔曲线一律无意义。衬底层上面地层为模型的最底层，即中更新统下段的冲湖积物。钻孔模型图中大致反映出各个地层的形态趋势。

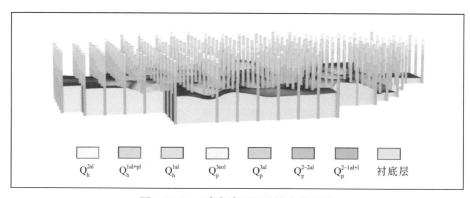

图 5-10-21　沣东沣西新城钻孔模型图

在三维地质模型建立完成后，分别选取了模型里 NS 向的 10 号工程地质剖面和 EW 向的 W 号工程地质剖面，与已有的剖面资料图进行对比，通过对比发现，模型剖面对相应的地质结构均能表现，同时在一级冲洪积平原和二级冲洪积平原的交界处两者基本吻合（图 5-10-22，图 5-10-23）。

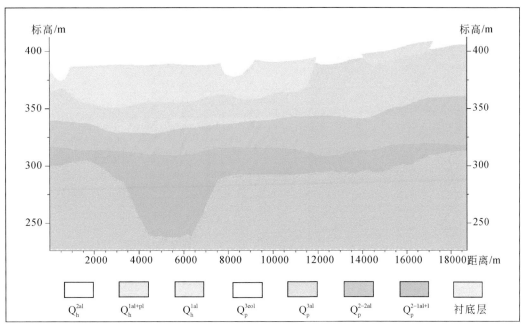

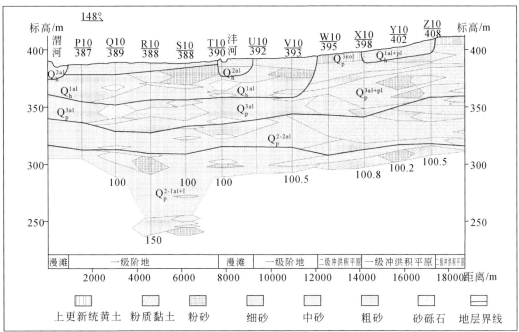

图 5-10-22 沣东沣西新城 10-10′剖面对比图

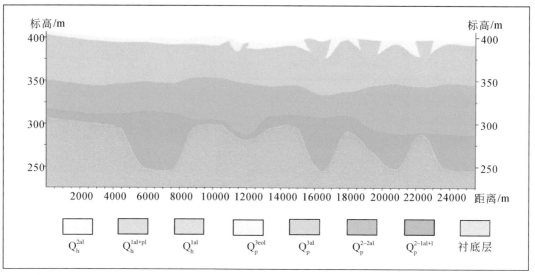

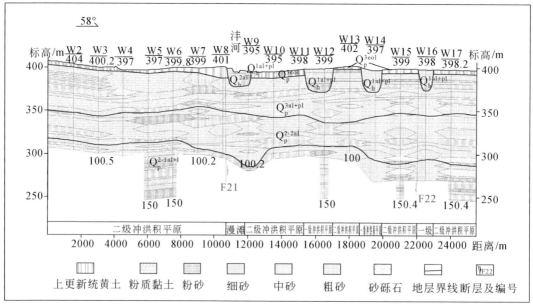

图 5-10-23　西咸新区 W-W′剖面对比图

3）飞行控制及三维可视化分析

（1）勘探线剖面栅栏图

通过 DepthInsight 软件将手绘的 35 张工程地质剖面图进行定位校准，建立立体栅栏模型，图 5-10-24 为抽取了其中的 16 张剖面显示为沣东沣西新城勘探线剖面栅栏图。为人们定量了解沣东沣西地下情况提供了较直观的模型基础，为专业的地质工作人员提供数据支撑，实现了二维剖面图向三维剖面栅栏图的跨越。

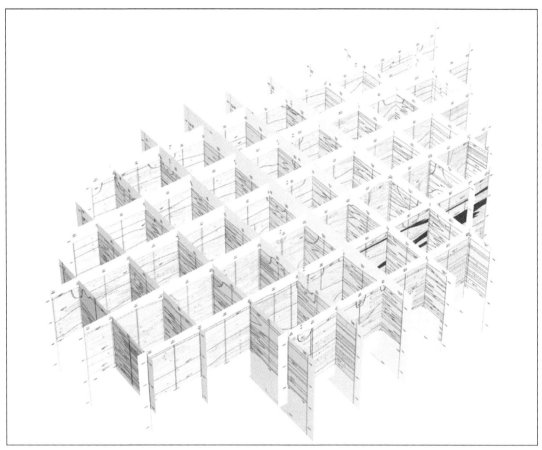

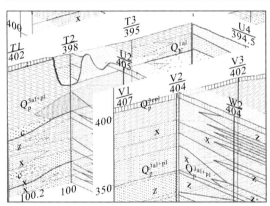
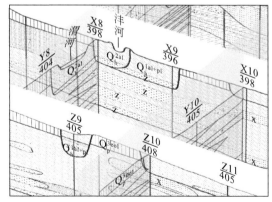

图5-10-24　沣东沣西新城勘探线剖面栅栏图

（2）地层剖切

模型建立完成后，可以在模型区域内任意位置任意方向提取地层剖面，显示地下空间的地层分布情况。按照沣东沣西新城的地铁规划路线，以及各个功能区的规划位置，在模型里剖切出了一系列地层剖面，主要包括：西安市地铁5号线和地铁7号线的地质剖面图、能源CBD地层剖面、昆明池文明生态景区地层剖面以及镐京田园城市地层剖面（图5-10-25～图5-10-28），可以为模型区域任意位置的工程勘察提供基本的资料支撑。

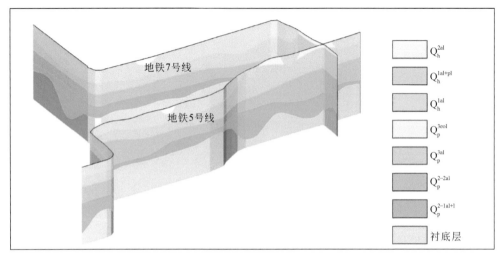

图 5-10-25　西安地铁 5 号线和地铁 7 号线地质剖面图

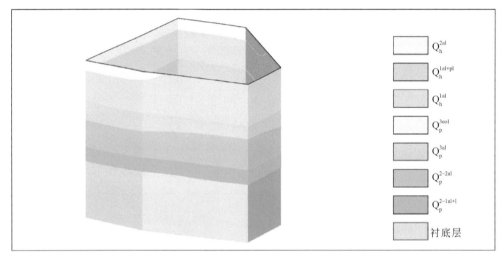

图 5-10-26　能源 CBD 地层剖面图

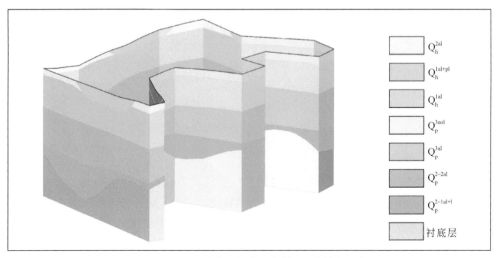

图 5-10-27　昆明池文明生态景区地层剖面图

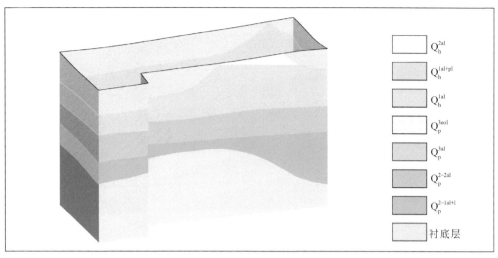

图 5-10-28　镐京田园城市地层剖面图

(二) 沣东沣西新城三维工程地质结构参数属性模型

1. 建模思路

图 5-10-29 是建立随机模型的技术路线图，主要步骤包括网格剖分、属性粗化以及属性插值。

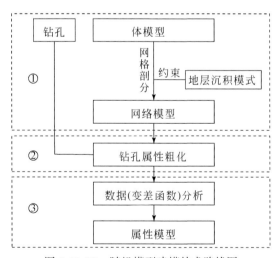

图 5-10-29　随机模型建模技术路线图

1) 网格剖分

在随机结构模型进行数据插值前，需要对结构模型进行网格剖分。在水平方向上将工作区网格剖分为 250m，其中建模区二维网格数共计 12544 个；在垂向上，剖分方式选用与顶面等距的剖分方式（即水平剖分），每个细分层厚度为 1.5m，三维网格数共计 4377856 个（图 5-10-30）。

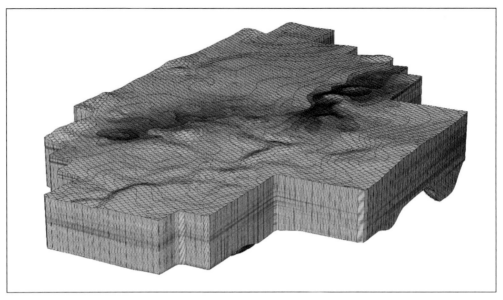

图 5-10-30　网格剖分效果图

2）属性粗化

钻孔曲线的数据精度一般与网格剖分后的网格厚度不一致，如测井曲线数据精度为 0.05m，岩性曲线精度为 0.1m，均高于 1.5m 的网格厚度，为保证每个网格中只有一个属性值，需要对钻孔曲线进行粗化处理。图 5-10-31 为钻孔 P9 和钻孔 Q10 的视电阻率的粗

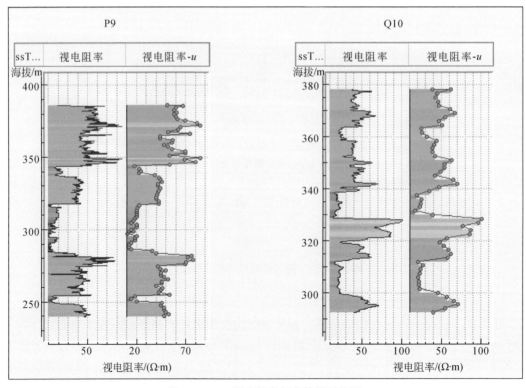

图 5-10-31　视电阻率粗化结果对比图

化结果对比图，图中左侧为原始数据，右侧为粗化后的结果。可以看出大致趋势表现较好，但细节表现一般，这也是数据粗化后的必然结果。

3）属性随机模拟

网格属性建模是指根据网格模型中已有的属性数据，采用随机插值和确定性插值算法，对每一个地质体内部的属性变化规律进行三维刻画，包括数据分析和属性插值两个步骤。

2. 建模数据源

随机建模资料主要包括 98 口钻孔测井数据，每口钻孔的测井数据有 21 类。具体包括密度、井径、自然电位、双收时差、深侧向电阻率、浅侧向电阻率、自然伽马、三侧向电阻率、渗透率、中子孔隙度、钾、铀、钍、总自然伽马、体积模量、切变模量、强度指数、泊松比、纵波速度、横波速度、杨氏模量。数据精度为 0.05m，满足建模要求。数据处理选取 7 类参数：密度、孔隙度、渗透率、视电阻率、放射性钍、总自然伽马、强度指数。

3. 工程地质结构参数属性模型

依据已有的钻孔岩性资料，在三维地质结构模型的基础上，将测井曲线的七类属性赋值到不同层位，并实现其可视化表达，建立了三维工程地质结构参数属性模型。

1）沣东沣西新城随机岩性模型

通过对钻孔的岩性概化，制作岩性曲线及数据插值，建立完成沣东沣西岩性随机模型。岩性的概化方式是按照土体的分类标准中粒径大小对 209 个钻孔岩性数据进行概化。粒径从大到小依次为碎石土、砂性土、黄土以及黏性土。各岩性对应的色标如表 5-10-7 所示。

表 5-10-7 岩性概化标准及色标

概化前岩性	概化后岩性	色标
砂砾石	碎石土	
粗砂	砂性土	
中砂		
细砂		
粉砂		
黄土	黄土	
粉质黏土	粉质黏土	

（1）岩性随机模型：经过网格剖分，属性粗化，变差函数分析得到岩性随机模型。从岩性随机模型（图 5-10-32）中可以看出，在 150m 以浅地层中岩性以砂性土和黏性土为主，其次是黄土，碎石土分布量极少；黄土主要分布于地表秦岭山前冲洪积地带，这与地貌图相吻合；砂性土与黏性土呈层状交错分布，符合第四系沉积规律；在沣河河谷及漫滩岩性大致呈现二元分布，下部为砂性土，上部为黏性土，大致与剖面图相同。

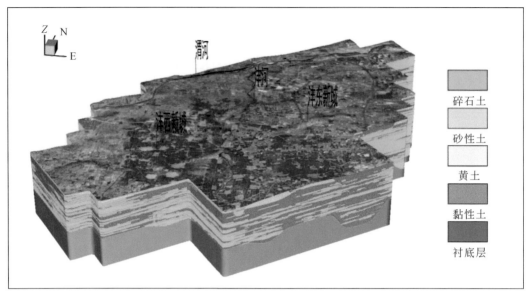

图 5-10-32　沣东沣西新城岩性随机模型

（2）随机岩性栅栏图：剖面栅栏图展示出沣东沣西新城岩性随机模型内部的岩性分布情况。从图中可以看出，最主要的两类岩性就是砂性土和黏性土，但是砂性土在这一地区占主导地位，整个建模区域均有分布，但主要分布区远离山前；而黏性土主要分布于地表以及山前，中间普遍夹杂砂性土层，厚度薄，连续性差；碎石土主要分布于模型西部，渭河上游（图 5-10-33）。

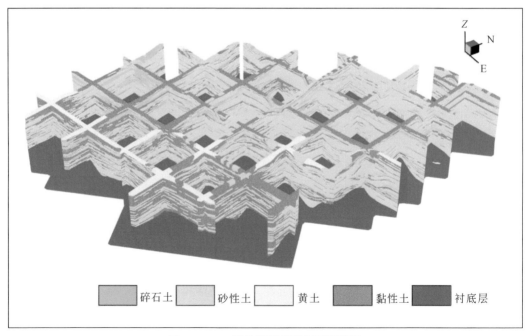

图 5-10-33　岩性随机模型剖面栅栏图

（3）模型验证：建模完成后，选取 W 勘探线提取西咸新区 W-W′线工程地质剖面进行验证（图 5-10-34）。由于软件限制，只能提取 EW 向和 NS 向剖面，暂时无法提取除此两方向外其他方向的剖面信息，故采用 MATLAB 软件对模型导出的数据进行后处理。

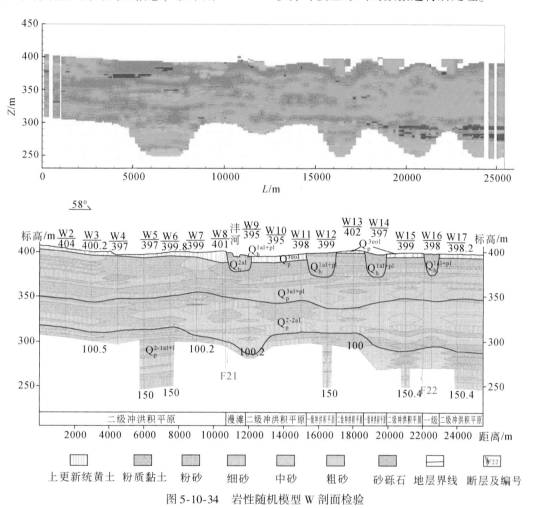

图 5-10-34　岩性随机模型 W 剖面检验

2）基于测井参数的工程地质结构属性模型

依据 21 类测井参数资料，经过深度补全、无效值设置以及剔除离群值等数据整理步骤后，得到视电阻率、密度、孔隙度、渗透率、自然伽马、放射性钍、强度指数、杨氏模量、体积模量、切变模量以及泊松比 11 类测井参数，制作完成符合软件格式的资料文件。由于 98 口钻孔中每口钻孔需单独设置一个文件，共计 11×98 个。导入模型后通过数据处理，变差函数分析确定主变程、次变程以及垂向变程等相关参数，通过序贯高斯模拟的插值算法，完成沣东沣西新城的 11 参数属性模型的构建。

在建模工作完成后，根据可视化要求对随机模型进行了可视化。综合考虑建模区边界范围和区域内的地貌形态，选取了六条剖面进行绘制并建立联合剖面图（图 5-10-35）。结合随机模型体的可视化以及联合剖面图的展示，可以清楚地从水平与垂直方向，不同角度观察建模区的参数分布情况。

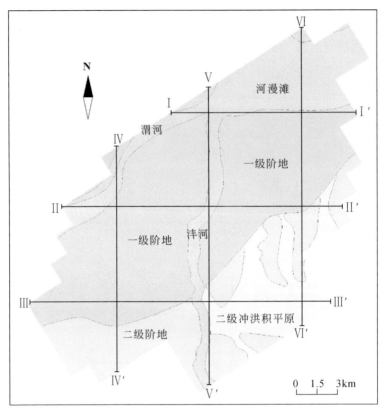

图 5-10-35　属性模型栅栏联合剖面布设图

（1）视电阻率随机模型：从视电阻率随机模型（图 5-10-36）中可以看出，某一数值范围内的地层分布较连续，这符合第四系地层中砂性土或黏性土呈连续分布的特点；同时阻值较低的地层占比较大，这突出反映了地层内部黏性土以及粉土细砂等含量较多的特

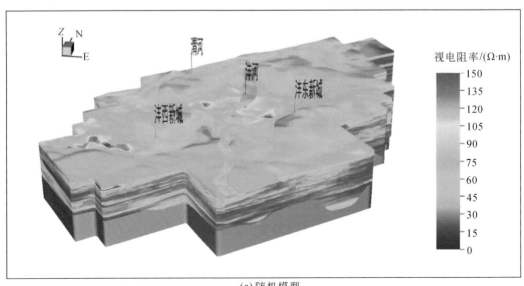

(a) 随机模型

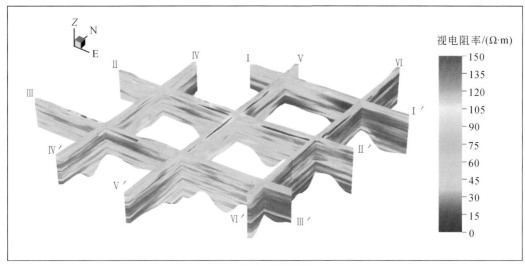

(b) 联合剖面图

图 5-10-36　沣东沣西新城视电阻率随机模型

点；在河漫滩中部东西方向带状区域内视电阻率上升明显，视电阻率为 $60.0 \sim 90.0\Omega \cdot m$ 时，局部可达 $150.0\Omega \cdot m$；上更新统黄土视电阻率分布较为均匀，稳定在 $45.0\Omega \cdot m$ 左右。

（2）密度随机模型：密度随机模型方面（图 5-10-37），整个研究区地层密度大部分为 $1.0 \sim 3.0 \text{g/cm}^3$，个别地区发现异常高值。河漫滩地区密度为 $1.9 \sim 2.2 \text{g/cm}^3$，渭河和沣河交汇处密度显著降低；一级阶地中西部密度偏低，为 1.4g/cm^3，东部密度偏高，为 $2.1 \sim 2.2 \text{g/cm}^3$，局部地区密度显著降低；内部地层密度变化呈水平层状分布，与地质结构特征吻合，数值稳定为 $2.0 \sim 2.2 \text{g/cm}^3$。

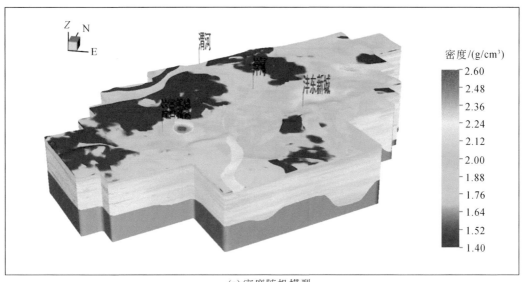

(a) 密度随机模型

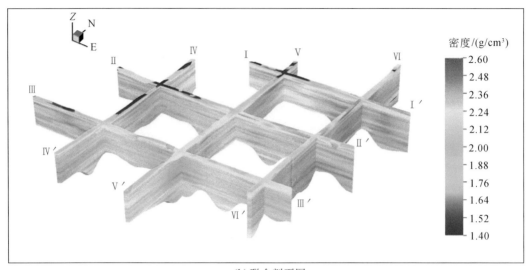

(b) 联合剖面图

图 5-10-37　沣东沣西新城密度随机模型

（3）孔隙度随机模型：孔隙度随机模型方面（图5-10-38），大部分地区孔隙度为4.0%~25.0%。沣河上游孔隙度较低，在沣河与渭河交汇处孔隙度明显升高；一级阶地西部孔隙度偏低，为2.1%，随着地势下降，孔隙度略有上升，最高处可达22.9%；上更新统地层孔隙度较为均一，与该层绝大部分分布黄土相关；地层内孔隙度数值变化较大，分布规律呈水平层状。

（4）渗透率随机模型：渗透率随机模型方面（图5-10-39），整体地区渗透率为4.0%~16.0%，上更新统黄土层渗透率普遍偏高于16.0%，为便于区分其他层渗透率分布，色标上限设置为16.0%。河漫滩及一级阶地渗透率分布十分相近，为9.0%~13.0%，河道局部渗透率偏低；一级阶地东侧渗透率略有升高；地层内渗透率变化为10.0%~13.0%，呈水平层状分布规律。

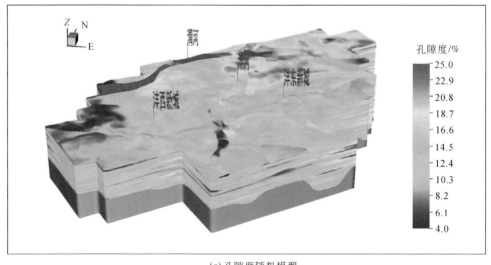

(a) 孔隙度随机模型

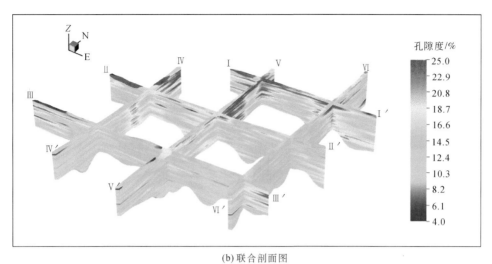

(b) 联合剖面图

图 5-10-38 沣东沣西新城孔隙度随机模型

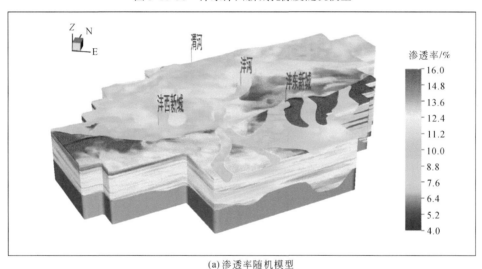

(a) 渗透率随机模型

(b) 联合剖面图

图 5-10-39 沣东沣西新城渗透率随机模型

（5）放射性钍随机模型：放射性钍随机模型（图 5-10-40）与自然伽马模型类似。在一级阶地大部分地区放射性钍数值较高，在 10.0 以上；二级冲洪积平原以及沣河渭河交汇处放射性钍数值较低，为 0～2.0；沣河中游放射性钍强度降低明显；在地层内部低值高值交错分布，亦具有很强的水平成层性。

(a) 放射性钍随机模型

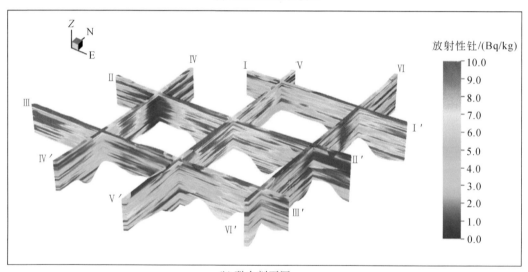

(b) 联合剖面图

图 5-10-40　沣东沣西新城放射性钍随机模型

（6）自然伽马随机模型：自然伽马测井是沿井身测量岩层的天然伽马射线强度的方法。地层沉积物一般都含有不同数量的放射性元素，并且不断地放出射线。在沉积岩中含泥质越多，其放射性越强。在上更新统上段和全新统下段的地层交界处，自然伽马强度呈带状升高，大约为 136.0～148.0；地表其他地区自然伽马强度相对较低，局部出现低值；在地层内部低值高值交错分布，具有很强的水平成层性（图 5-10-41）。

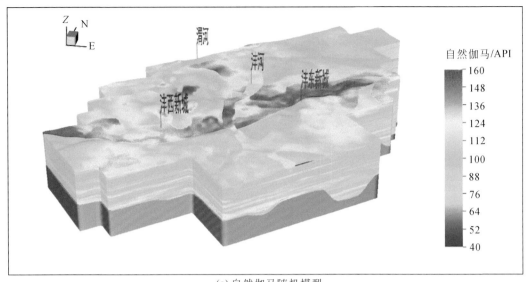

(a) 自然伽马随机模型

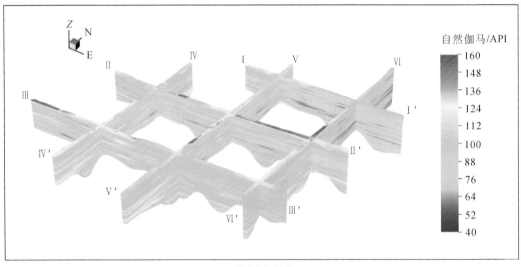

(b) 联合剖面图

图 5-10-41　沣东沣西新城自然伽马随机模型

（7）强度指数随机模型：强度指数随机模型（图 5-10-42）方面，整体强度指数小于 15.0。沣河渭河河漫滩上游强度指数略高于下游；以沣河为界，一级阶地西侧地层的强度指数略高于东侧；二级冲洪积平原黄土沉积的强度指数偏低，为 1.5 左右；地层内部，中更新统地层强度指数高于上部的上更新统地层，差值为 2.0 ~ 3.0。

（8）杨氏模量随机模型：杨氏模量随机模型如图 5-10-43 所示，整体变化为 0 ~ 7.0MPa，一级阶地整体变化明显，由南西向北东逐渐减小，东北部数值最小，在 0.7MPa 以下。在沣河下游以及渭河下游局部杨氏模量为 1.4 ~ 4.9MPa，尤其是沣河漫滩杨氏模量明显小于一级阶地。其余地方杨氏模量数值均小于 4.9MPa，其中二级冲洪积平原的西南角数值小于 0.7MPa。在垂直方向上，局部地区杨氏模量略有增大，在 10MPa 左右，个别地区大于 10MPa。

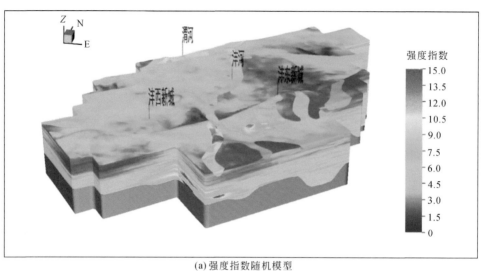

(a) 强度指数随机模型

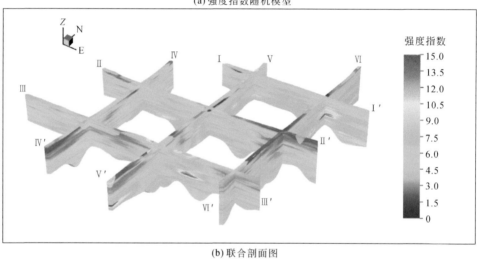

(b) 联合剖面图

图 5-10-42　沣东沣西新城强度指数随机模型

(a) 杨氏模量随机模型

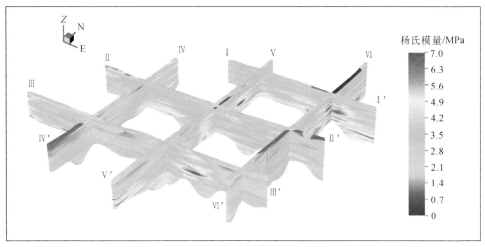

(b)联合剖面图

图 5-10-43　沣东沣西新城杨氏模量随机模型

（9）体积模量随机模型：体积模量随机模型如图 5-10-44 所示，整体变化为 0～10MPa，一级阶地整体变化不大，为 3.0～6.0MPa。在沣河上游以及渭河上游局部体积模量明显增大到 10MPa，在二级冲洪积平原的黄土分布区，数值变小，在 1.0MPa 以下。其余地方体积模量数值均小于 8MPa。在垂直方向上，局部地区体积模量略有增大，在 10MPa 左右，个别地区大于 10MPa。

（10）切变模量随机模型：切变模量随机模型如图 5-10-45 所示，数值变化为 0～4.0MPa，除河漫滩外整体变化不大，为 0～1.4MPa。在沣河中上游以及渭河中上游切变模量明显增大，在渭河上游南岸，数值略大，为 2.6MPa。其余地方切面模量数值均小于 1MPa。在垂直方向上，整体变化呈层状展布，变化明显。局部地区切变模量略有增大，为 2MPa。此外，二级冲洪积平原的切变模量普遍大于二级阶地。

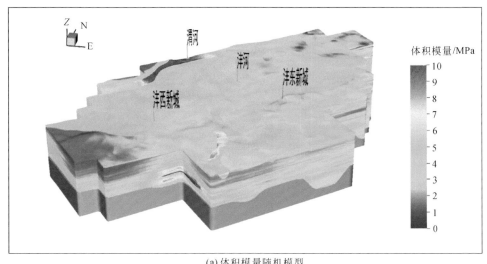

(a)体积模量随机模型

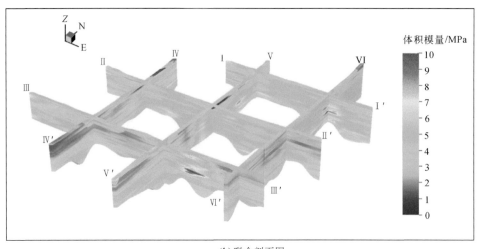

(b) 联合剖面图

图 5-10-44　沣东沣西新城体积模量随机模型

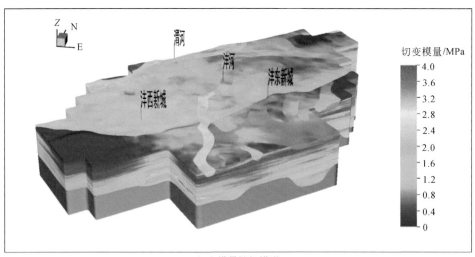

(a) 切变模量随机模型

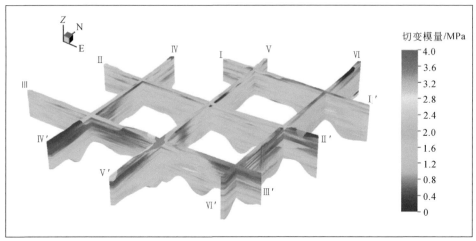

(b) 联合剖面图

图 5-10-45　沣东沣西新城切变模量随机模型

（11）泊松比随机模型：泊松比随机模型如图 5-10-46 所示，整体数值为 0.32 ~ 0.40，整体变化不大，只在沣河渭河河道交汇处上游以及二级阶地数值较小，数值在 0.34 左右。一级阶地和二级冲洪积平原数值较为接近，在 0.38 左右。垂向上整体泊松比数值分布均匀，可见局部出现数值异常，推测与透镜体的存在有关。

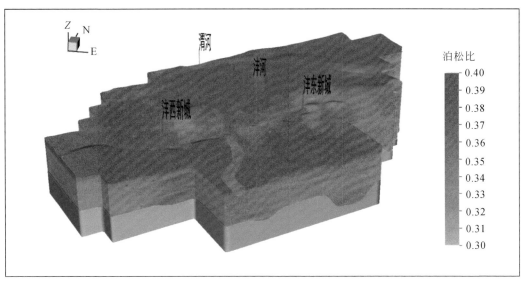

(a) 泊松比随机模型

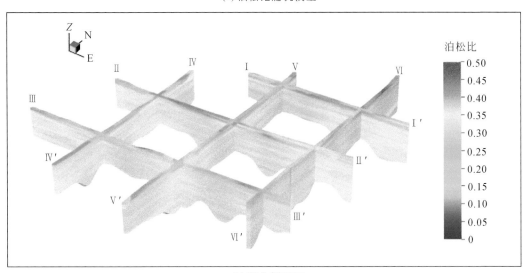

(b) 联合剖面图

图 5-10-46 沣东沣西新城泊松比随机模型

三、地下空间资源评价

城市地下空间资源评价是科学利用地下空间、服务城市规划建设的关键。在城市可持续发展的需求下，如何将各类地下空间的功能设施在时间和空间上进行安全有效的利用，相关的理论方法和技术标准均未成熟。很多学者从不同视角对地下空间资源进行了研究，研究成果为城市地下空间规划与开发利用提供了科学依据。但新时期城市发展对地下空间利用提出了更高的要求，目前仍存在三个关键问题尚待解决：

（1）缺乏系统、科学的城市地下空间资源评价理论。在理论研究方面，尚未触及地下空间资源的本质，导致对城市地下空间资源的理性认识不足，尚未建立兼顾地下空间资源自然属性和社会属性以及地上地下空间统筹考虑的评价原理与方法，评价内涵和评价对象也不统一。

（2）地下空间评价方法较多，指标选取各异，评价标准不统一，主观性强，急需在评价方法上改进创新，提出科学合理的评价方法。

（3）地下空间评价与城市发展规划对接不够透明，难以为城市规划和建设提供精准服务，迫切需要建立一种简便可行的评价方法，使得评价结果在城市规划和建设中可用、好用、必用。

城市地下空间资源评价是一个复杂的系统工程，由于地下空间本身特点各异，影响稳定性的因素多，信息不明确，难以建立一套科学的评价方法。在分析梳理已有评价方法的基础上，从地下空间资源评价概念的严谨性、评价资料是否可获取、评价方法的可操作性、评价结果的服务对象和服务阶段几个方面考虑，本次研究提出两个新的评价方法：一是服务于城市总体规划阶段基于负面因素的地下空间资源评价方法；二是服务于控制性详细规划和修建性详细规划的城市地下空间开发利用地质安全评价方法。

（一）基于负面因素的地下空间资源评价

1. 基于负面因素的地下空间资源评价原理与方法

地下空间资源评价可借用负面清单管理模式的思路，以清单的形式列出地下空间资源合理开发与安全利用的负面因素，根据负面因素对地下空间开发利用的危险性和发展趋势做出评价，提出相应的工程措施和管理对策。

负面清单管理模式不是对地下空间开发与利用的限制，而是致力于规避或消除开发利用中的不利因素及潜在的灾害风险。负面清单的确定和相应的管理措施的建立是地下空间资源利用的关键。在不限制和弱化地下空间开发利用的前提下，将"负面清单+管理措施"的管理模式通过标准规范和指标控制落实到城市行政管理中，提高地下空间利用和管理的开放性，这样可以解决评价成果不能服务于城市规划建设的问题。

该方法首先在系统分析地下空间开发利用与地质环境相互作用的基础上，构建出所有负面因素清单，按清单的影响程度划分为限制因素、约束因素和影响因素3类因素，分层评价地下空间资源量及开发利用中不同空间部位应规避或设防的负面因素，提出了地下空间安全利用的对策建议，构建一种地下空间利用的"负面清单+管理措施"的新型管理模式。

2. 负面因素分析

在地下空间开发利用中，有来自已有地下空间的限制，有地质灾害问题的约束，还有资源环境问题的影响。诸如历史遗迹及文物、已有人防工程、桩基、管井、地铁、活动断裂、地裂缝、黄土湿陷、砂土液化等等。为避免冗长和逻辑关系混乱问题,将地下空间资源开发与安全利用评价的负面因素划分为限制因素、约束因素和影响因素 3 类。

1)限制因素

文物、遗址保护及已有的地下管网、地铁、地下室、桩基、人防工程、地热井、水源井、浅层地温能地埋管、油库储罐、垃圾处理场等限制了地下空间开发利用,故将文物、遗址、已有设施等因素作为地下空间开发利用的限制性因素。

2)约束因素

尽管活动断裂、地裂缝等地质问题对地下空间开发利用具有严重的威胁,但是,随着工程技术进步,可以通过工程技术措施防控或减缓其危害,工程风险和造价均可接受,故将活动断裂和地裂缝等因素作为地下空间开发利用的约束性因素。

3)影响因素

地面沉降、湿陷性黄土、膨胀土、砂土液化等工程地质问题及地下水资源、隔水层、卵砾石都会对地下空间开发施工和安全利用产生不同程度的影响,但是,通过工程措施均能够克服,故将地面沉降、湿陷性黄土、膨胀土、砂土液化、隔水层、卵砾石等因素作为地下空间开发的影响因素。负面清单及其分类如表 5-10-8 所示。

表 5-10-8 地下空间开发利用的负面清单

因素类型	因素清单		对地下空间利用的限制和影响
限制因素	重点文物、战略储备		地下文物保护、战略储备与城市地下空间开发利用之间互为矛盾,应在城市地下空间开发利用及规划的各个方面体现对于地下文物和战略储备的保护
	已有设施	地铁、综合管廊、地热井、水源井、人防工程、浅层地温能地埋管、桩基、油库储罐、垃圾处理场等	已有设施对地下空间利用也是一种限制作用,应该在遵循已有设施的基础上进行开发利用
约束因素	活动断裂		断裂构造为地下水、有害气体提供了通道,造成了多种危害,如应力场改变、风化加剧、基础腐蚀、塌方、突涌等,另外,跨断层修建地下工程将直接影响工程的稳定性
	地裂缝		地裂缝严重威胁地面及地下建筑物的安全,因此,地裂缝对建筑物有一定的约束控制作用,必须避让和采取工程措施
影响因素	地面沉降		地面沉降对地下建筑致灾情况较为严重,它使地下工程在土体的不均匀沉降中遭遇剪切破坏,产生不可估量的损失
	采空塌陷或者岩溶塌陷		塌陷区是地下空间利用的安全隐患,易造成涌水、突气等巨大的安全隐患
	涨缩土		膨胀土地基易出现局部隆起、坍塌或地裂缝等问题,膨胀土在广西、湖北、云南等长江流域及南部地区分布相对较广,也是面临的主要岩土工程问题

因素类型	因素清单	对地下空间利用的限制和影响
影响因素	软土	淤泥黏性土、粉质黏土层、松散砂层等软弱土，具有强度较低、压缩性较高和透水性很小等特性，易产生变形和不均匀沉降，而且在基坑开挖过程中或构筑地下工程时，易出现基坑坍塌等工程地质问题
	湿陷性黄土	湿陷性黄土因受湿变形，会使地下工程基础发生大幅度的不均匀沉降，使建筑开裂、倾斜，甚至破坏
	砂土液化	在地下规划和开发过程中，地下工程穿越液化土层时，若发生震动液化，会造成严重的破坏和重大损失
	地下水腐蚀性	地下水腐蚀对钢筋和混凝土的危害非常大，腐蚀过程往往是渐变的，若不采取防腐措施，则会损害地下工程构建，使其丧失使用价值，甚至出现安全事故
	含水层	含水层位于地下工程以下，会使地基，尤其是软土地基产生固结沉降；地下水对位于水位以下的岩土体和建筑基础产生浮托作用；不合理的地下水流动会诱发土层出现流沙和机械潜蚀
	隔水层	隔水层的厚度，影响地下工程施工的难度
	湿地、河系、湖池	在基坑或者地下工程开挖过程中，由于河湖湿地区内的地下水位较高，如果水头控制不当，可能造成基底隆起、基坑突涌、不均匀上浮等事故，会影响地下工程利用的难度，是一个重要的影响因素
	卵砾石	砂卵砾石层压缩模量较低，承载力高，有利于地下空间的开发，但是会影响地下空间利用的施工难度

3. 基于负面因素的西安市地下空间资源评价

西安是十三朝古都，地上和地下有大量文物古迹，文物保护是地下空间开发中首先必须考虑的因素。西安市位于关中平原中部，地势东南高、西北低，呈缓倾斜、阶状形态，可划分为冲积平原和黄土残塬两大地貌类型。区域构造属于渭河断陷，局部构造上处于西安凹陷、临潼–蓝田隆起、固市凹陷、咸阳–礼泉凸起的交接部位，新构造活动强烈，地震、地裂缝、地面沉降、滑坡和黄土湿陷等地质灾害和不良地质问题多，特别是地面沉降和地裂缝是西安最典型的地质灾害，这些地质因素对西安城市地下空间开发都有不同程度的影响。

1) 限制因素评价

文物古迹和城市现有设施是西安城市地下空间开发中的主要限制因素。西安共有文物古迹 281 处，全国重点保护文物 27 处，省级重点保护文物 231 处，地方保护文物 23 处。通过对各级保护文物古迹及城市现有设施分布位置的确定，将其作为限制性因素进行初步评价，圈定了限制性因素的区域面积为 618km² （图 5-10-47）。对这些受限制性因素作用的区域，在地下空间开发时应采取：①在水平和垂直方向保持安全避让距离；②采取钢拱架支撑、隔离桩支撑、盾构施工等各类有效工程措施；③加强变形监测，及时掌握地下工程开发对现有工程的影响。

图 5-10-47　西安二环内地下空间利用限制区域分布

2）约束因素评价

约束性因素包括活动断裂和地裂缝两方面因素。穿过西安市的活动断裂有临潼–长安断裂和渭河北岸断裂，临潼–长安断裂南升北降活动，渭河北岸断裂北升南降活动，这两个断层控制着西安断陷，断裂之间构造下沉。采用测氡技术、高密度电法、浅层地震、重力、探槽等技术手段，探明活动断裂的位置和活动性，经过分析获得不同类别的地下工程在不同活动性的活动断裂的合理避让距离（图 5-10-48）。

西安已查明的地裂缝有 14 条，地裂缝发育于黄土梁洼接触部位。研究表明长安–临潼断裂及其分支断层控制了西安地裂缝的发育，断裂蠕滑是西安地裂缝形成的背景条件，抽水加剧了其活动。通过对已有地裂缝破坏范围的调查总结，初步确定了不同类别的地下工程对于不同活动性的地裂缝的避让距离（图 5-10-49）。

本次共圈定约束避让区域为 69km^2，如图 5-10-50 所示。

3）影响因素评价

（1）地面沉降

随着西安城市扩展，地面沉降区域范围在逐渐向南、西南、东南扩展（图 5-10-51），年沉降量大于 1cm 的区域已达 350km^2；由于地下水的限采，地面沉降速率已大为缓解，其最大年沉降量从大于 20cm/a 降到不足 10cm/a，且大部分沉降量均小于 4cm；原地面沉降中心如八里村、西工大、铁炉庙等，现今已大部分消失或大为减弱；新的沉降中心随城市建设已转移至高新区、曲江新区和浐灞生态区，鱼化寨成为现今西安最大的沉降中心。即：沉降范围随着城市的扩展进一步扩大；沉降量大大减小；沉降中心随着城市的发展向新开发区域转移。

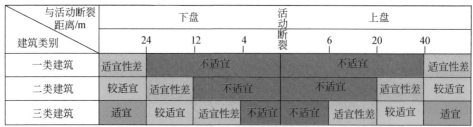

(a) 活动断裂有较强活动性

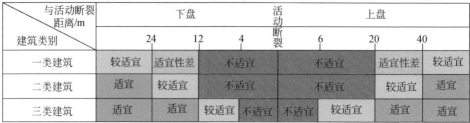

(b) 活动断裂有中等活动性

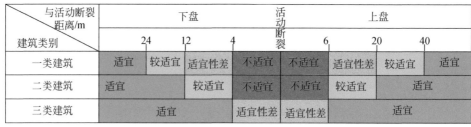

(c) 活动断裂有较弱活动性

图 5-10-48　不同活动性的活动断裂的合理避让距离

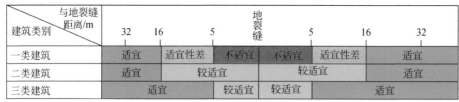

(a) 活动性较强的地裂缝的避让距离

(b) 活动性中等的地裂缝的避让距离

(c) 活动性较弱的地裂缝的避让距离

图 5-10-49　不同活动性的地裂缝的避让距离

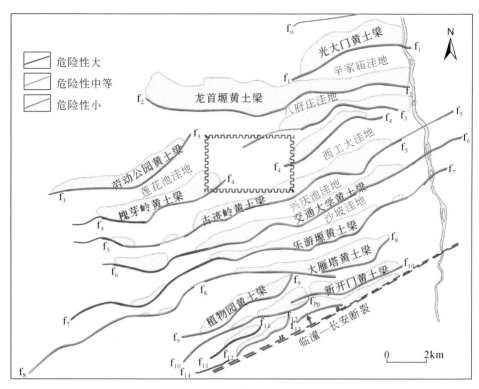

图 5-10-50　约束性因素评价图

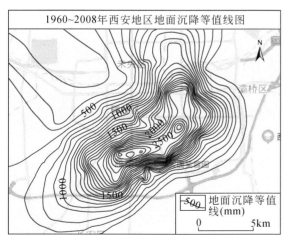

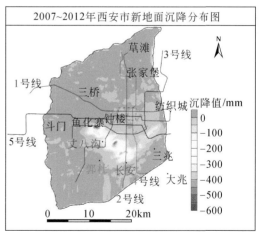

图 5-10-51　地面沉降等值线及沉降区图

在地下空间的开发中，针对地面沉降的影响提出以下对策建议：加强地面变形监测；减小开采量；地下水人工回灌；调整开采层位，浅层取水；调整开采井布局和开采时间"丰停枯采"。

（2）黄土湿陷

西安市黄土湿陷性级别以非自重性Ⅰ-Ⅱ级为主（图5-10-52）。自重湿陷性黄土主要分布于浐灞河二、三级阶地，黄土梁洼的东部、南部至白鹿塬等地势较高、黄土层厚度较大、地下水位埋藏较深的地貌单元上，渭河二、三级阶地上也有不连续的成片分布。湿陷性等级以自重Ⅱ-Ⅲ级为主，自重Ⅳ仅局部分布，面积甚小。黄土湿陷性会影响埋深30m以内的地下工程稳定。在30m以内，局部河流阶段有成片分布，以Ⅱ-Ⅲ级为主；30m以下湿陷不明显，不会影响地下工程稳定性。黄土湿陷性会对地下空间开发利用产生一定的影响，为此，提出以下建议：①防水、排水改变引起湿陷的外界条件；②提高地下工程建筑物对地基湿陷引起的不均匀沉降的适应性。

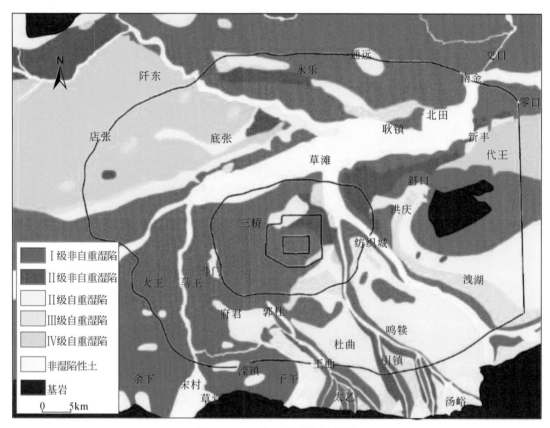

图5-10-52　黄土湿陷性评价图

（3）砂土液化

西安市区的砂土液化呈点状分布（图5-10-53），大多属轻微-中等液化。主要分布在渭河一级阶地前缘；浐灞河下游的河流阶地、皂河中下游的一级阶地，尤其是古河槽通过的地方。预计在深度15m以内，砂土液化会影响地下工程稳定性，在15m以下，上覆荷载大，砂土不易液化。为此，在地下空间开发时，应采取以下措施：①采取振冲、夯实、爆炸、挤密桩等措施，提高砂土密度；②排水降低砂土孔隙水压力；③换土、板桩围封以及采用整体性较好的筏基、深桩基等方法。

（4）河湖湿地

西安市规划增加28个天然和人工湿地工程，增加水域面积$203×10^4km^2$。新增的河湖湿地工程，有可能会引起水位上升，影响生态环境。在区域可以采用遥感检测、原位试验检测等手段，研究其环境响应。

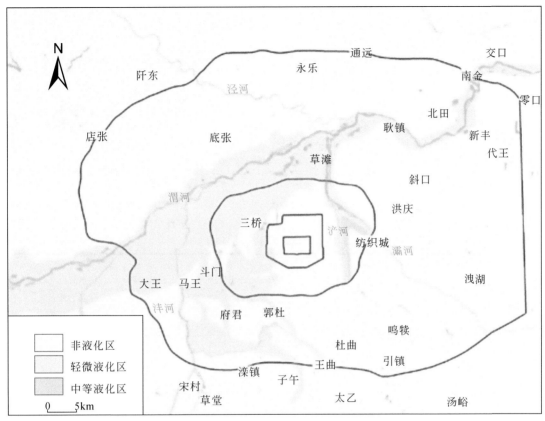

图 5-10-53　砂土液化评价图

除以上 4 个主要因素外，影响因素还包括地下水腐蚀性、含水层和隔水层的影响，及卵石层对施工难度的影响等 4 个因素，共 8 个影响因素。通过对各要素分析，确定了其现状及变化趋势，并预测其危害性，提出了地下空间开发利用的对策建议，影响因素评价结果见图 5-10-54 和表 5-10-9。

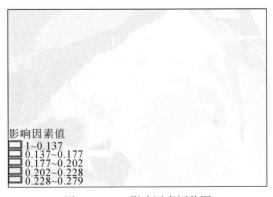

图 5-10-54　影响因素评价图

表 5-10-9　影响性因素评价表

因素清单	现状	发展趋势	危害	对策建议
地面沉降	东八里村、小寨大雁塔十字、金花南路、胡家庙、辛家庙和鱼化寨 6 个较大地下沉降槽以及滑坡崩塌地带	地面沉降在西南郊较严重	影响地基稳定性	①IN-SAR 监测；②减小开采量；③地下水人工回灌；④调整开采层位，在浅层取水；⑤调整开采井布局和开采时间，"丰停枯采"
湿陷性黄土	以非自重性 I-II 级为主。自重湿陷性黄土主要分布于浐灞河二、三级阶地，黄土梁洼的东部、南部至白鹿塬等地势较高、黄土层厚度较大、地下水位埋藏较深的地貌单元上，渭河二、三级阶地上也有不连续的成片分布。湿陷性等级以自重II-III级为主，自重IV级仅局部分布，面积甚小	在 30m 以浅，局部河流阶段有成片分布，以 II-III 级为主；30m 以下湿陷不明显，不会影响地下工程稳定性	会影响 30m 以浅的地下工程稳定性	①防水、排水改变引起湿陷的外界条件；②提高地下工程建筑物对地基湿陷引起的不均匀沉降的适应性
砂土液化	点状分布，大多属轻微–中等液化。主要分布在渭河一级阶地前缘；浐灞河下游的河流阶地、皂河中下游的一级阶地，尤其是古河槽通过的地方	30m 以下，砂土液化影响不明显	会影响 30m 以浅的地下工程稳定性	①采取振冲、夯实、爆炸、挤密桩等措施，提高砂土密度；②排水降低砂土孔隙水压力；③换土，板桩围封，以及采用整体性较好的筏基、深桩基等方法
地下水腐蚀	咸水分布	局部分布	腐蚀工程地基	改进工程措施
含水层	水量、水质	地下水循环改变	地下水污染	①3D 建模；②工程措施；③控制开发深度
隔水层	厚度、隔水性能		影响施工难度	①3D 建模；②工程措施
河湖湿地	增加 11 座湖池和 13 处大型湿地，增加生态水域面积 8km²，湿地面积 18.4km²		生态环境退化、水位上升	遥感、监测演化、人工水景渗透；三水转换研究及环境响应
卵砾石	施工难度			改进工程措施

4）综合评价

在单要素评价及限制性因素、约束性因素和影响性因素评价的基础上，最后做出地下空间资源综合评价如图 5-10-55 和表 5-10-10 所示。从不同深度（0～10m、10～30m、30～50m、50～100m、100～200m）划出地下空间利用的负面区域。其中在地下 0～30m 的地下空间，只考虑文物、已有设施、活动断裂、地裂缝、地面沉降、黄土湿陷、砂土液化、河湖湿地、含水层等因素；地下 30～50m 考虑地热井、水源井、桩基、活动断裂、地裂缝等；地下 50～100m 考虑地热井、水源井、桩基、活动断裂、地裂缝等；地下 100～200m 主要考虑地热井、水源井、活动断裂等。

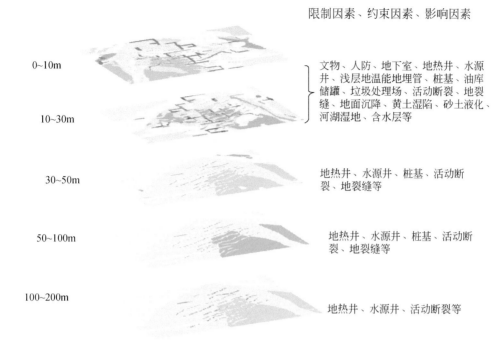

限制因素、约束因素、影响因素

0~10m

文物、人防、地下室、地热井、水源井、浅层地温能地埋管、桩基、油库储罐、垃圾处理场、活动断裂、地裂缝、地面沉降、黄土湿陷、砂土液化、河湖湿地、含水层等

10~30m

30~50m　地热井、水源井、桩基、活动断裂、地裂缝等

50~100m　地热井、水源井、桩基、活动断裂、地裂缝等

100~200m　地热井、水源井、活动断裂等

图 5-10-55　地下空间资源综合评价图

表 5-10-10　地下空间资源综合评价表

负面因素	因素清单	综合评价
限制因素	重点保护文物、战略储备	浅部一定的范围内限制开发，中、深部可开发，采取工程措施
	既有设施	大部分浅部规避，并采取工程措施；个别中、深部避让（井、桩基等）
约束因素	活动断裂	避让，在无法绕开的情况下，采取调节缓减措施
	地裂缝	
影响因素	地面沉降、湿陷性黄土、砂土液化、河湖湿地、隔水层、建材	浅部考虑其影响，中、深部可不考虑
	地下水腐蚀、含水层、砂卵砾石、地热	浅、中、深部均考虑其影响

根据地下空间资源综合评价表 5-10-10，对于重点文物等，浅部可以在一定范围内限制开发，中、深部可开发，采取工程措施；对于既有设施，大部分浅部规避，并采取工程措施；个别中、深部避让（井、桩基等）；对于活动断裂和地裂缝等约束性因素，应采取避让措施，在无法绕开的情况下，采取调节缓减措施；对于地面沉降、湿陷性黄土、砂土液化、河湖湿地、隔水层、建筑材料等影响因素，浅部应考虑其影响，中深部可以不考虑；对于地下水腐蚀、含水层、砂卵砾石、地热等影响因素，在地下空间开发利用中应考虑其影响。

4. 地下空间资源量评价

地下空间资源有狭义和广义之分。以下讨论的是狭义的地下空间资源，仅指地表以下自然形成或人工开凿的空间。城市地下空间是在城市规划区以内通过开发为城市服务的地下空间。城市地下空间资源是指在一定的科学与工程技术水平和城市发展阶段，产生的环境问题和地质灾害风险在可接受的前提下，可供开发的地下空间的总量。地下空间资源量包括地下空间天然资源量、地下空间可利用资源量和地下空间可利用资源增量。其中地下空间天然资源量为地面以下一定深度以内的天然资源量（本次评价深度为地面以下200m）；地下空间可利用资源量为扣除限制因素可利用资源量；地下空间可利用资源增量为工程技术措施实施后可以规避风险的地下空间资源量。

1) 地下空间天然资源量评价

按照西安市一环线、二环线、三环线以及大西安为界，分别对地表以下100m以内、200m以内的天然资源量进行计算，结果如表5-10-11所示。

表5-10-11　西安市地下空间天然资源量统计表　　　　　　（单位：$10^9 m^3$）

分层/m	一环	二环	三环	大西安
0 ~ 100	1.3	7.6	46	350
100 ~ 200	1.3	7.6	46	350

2) 地下空间可利用资源量评价

在天然资源量基础上，扣除限制因素和约束因素的影响范围，计算可利用资源量，按照 0 ~ 10m、10 ~ 30m、30 ~ 50m、50 ~ 100m 和 100 ~ 200m 范围计算，西安市地下空间可利用资源量如表5-10-12所示。

表5-10-12　西安市地下空间可利用资源量统计表　　　　　　（单位：$10^9 m^3$）

	分层/m	一环	二环	三环	大西安
可利用资源量	0 ~ 10	0.024	1.1	1.3	28
	10 ~ 30	0.048	2.2	2.6	28
	30 ~ 50	0.18	9.8	6.5	68
	50 ~ 100	0.64	3.7	22	170
	100 ~ 200	1.2	7.3	45	340

3) 地下空间可利用资源增量评价

最后，通过采取有效的工程技术措施，计算能够规避限制因素和约束因素风险的可利用资源增量。按照 0 ~ 10m、10 ~ 30m、30 ~ 50m、50 ~ 100m 和 100 ~ 200m 进行计算，地下空间可利用资源增量如表5-10-13所示。

表 5-10-13 西安市地下空间可利用资源增量统计表 （单位：$10^8 m^3$）

	分层/m	一环	二环	三环	大西安
	0 ~ 10	0.02	0.3	1	1.6
	10 ~ 30	0.02	0.3	1	1.6
可利用资源增量	30 ~ 50	0.04	0.6	2	3.3
	50 ~ 100	0.1	1.5	5	8.2
	100 ~ 200	0.2	3	10	16

（二）城市地下空间开发利用地质安全评价内容与方法

城市地下空间地质安全评价是地下空间资源开发和安全利用的基础，以主要服务于控制性详细规划和修建性详细规划为目标，提出城市地下空间开发利用地质安全评价应包括三方面的内容，即地下空间自身稳定性评价、地下空间开发利用引起的邻近工程稳定性评价，以及后建地面工程对地下工程稳定性的影响评价。

1. 城市地下空间自身稳定性评价

地下空间工程的自身稳定性评价旨在对地下结构和围岩综合体系的稳定性进行评价，目前隧洞、隧道工程领域的评价方法主要依赖于它们的支护结构稳定性评判理论体系。

1）浅埋隧道围岩稳定性计算方法

地下洞室处于浅埋状态时，洞室开挖后，顶部围岩一般会发生较大的沉降，甚至有的围岩会产生塌落、冒顶等现象。浅埋隧道围岩稳定性计算的理论依据主要包括全覆土理论、Terzaghi（太沙基）土压力理论和比尔鲍曼理论。其中，全覆土理论是将天然地面假设为一无限大的水平面，竖直面和水平面上均只有正应力，而无剪应力，因此对于任意埋深为 h 的土体竖向受力大小为土体容重与覆土深度的乘积。在实际工程中，当地下洞室埋深逐渐增大，由于全覆土理论没有考虑土体的侧摩阻力作用，应用该理论计算所得的围岩压力将偏大。Terzaghi1936 年基于滑动面为垂直的假定，推导出松动土压力公式，该土压力理论被广泛应用，但对于土体侧压力系数的选取有待商榷的。比尔鲍曼理论（2011 年）则考虑了两侧土体的加持作用。

2）深埋隧道围岩稳定性计算方法

深埋隧道围岩稳定性计算方法可以从以下三个方面进行评价。

（1）根据收敛变形对围岩稳定性进行评价

没有扰动的围岩在自然状态下是稳定的、挤压的，当地下洞室开挖后，原来的稳定围岩由于有了变形的空间开始向洞内发生变形。当这种变形超过了围岩本身的受力能力时，洞室围岩就发生失稳破坏。这种根据围岩收敛变形对围岩稳定性进行评价的方法主要有经验公式法、规范法、修正的芬纳公式。

经验公式法：经验公式是洞顶或侧墙的允许变形公式，就是在实际工程中洞室稳定性的评价主要依据洞顶或侧墙的允许变形量。该方法主要考虑了洞室尺寸与岩体单轴饱和抗压强度对围岩稳定性的影响，没有考虑洞室埋深 H 和围岩变形模量 E 两个因素，这两个因素对地下洞室开挖后产生的围岩变形有很大影响，这样会导致在实际应用中会出现判断失误。

规范法（2025）：暗挖隧道主要监测项目控制基准参考值，国家标准《岩土锚杆与喷射混凝土支护工程技术规范》（GB 50086—2015）给出了不同级别围岩、不同埋深条件下，高跨比为 0.8~1.2 的地下工程洞周相对收敛量（两测点间实测位移累计值与两测点间距离之比）允许值。由于规范方法必须具有普遍的适用性，从表 5-10-14 可以看出，围岩类别、洞室埋深等主要因素与允许洞周相对收敛量之间的量化关系是经验的、粗糙的、随意性很大的量化标准，这样会给现场工程人员应用造成极大的不便。

表 5-10-14　规范推荐的允许洞周相对收敛量

围岩类别	允许洞周相对收敛量		
隧洞埋深/m	<50	50~300	300~500
Ⅲ（跨度不大于20m）	0.1（脆性）~0.3（塑性）	0.2（脆性）~0.5（塑性）	0.4（脆性）~1.2（塑性）
Ⅳ（跨度不大于15m）	0.15（脆性）~0.5（塑性）	0.4（脆性）~1.2（塑性）	0.8（脆性）~2.0（塑性）
Ⅴ（围岩跨度不大于10m）	0.2（脆性）~0.8（塑性）	0.6（脆性）~1.6（塑性）	1.0（脆性）~3.0（塑性）

修正的芬纳公式：上述的两种稳定性评判方法都没有给出洞室临近失稳的变形量与围岩的变形模量 E、黏聚力 c、内摩擦角 ϕ 及洞室埋深 H 等主要影响因素的直接量化关系。基于地下洞室的最基本稳定性要求，本次研究提出以洞室围岩表面刚好达到剪切塑性极限为临界条件，当实际洞室发生失稳破坏时，洞室围岩会产生一定的塑性区，将塑性区半径与失稳临界变形联系起来，在考虑了黏聚力 c 的修正的芬纳公式基础上推出了更合理的围岩稳定性评判指标计算方法，如下所示：

$$\delta_{顶}=r\left(1-\sqrt{1-K_1K_2K_3}\right)$$

$$K_1=2-\frac{1+u}{E}\sin\phi\left(\gamma H+c\cot\phi\right)$$

$$K_2=\frac{1+u}{E}\sin\phi\left(\gamma H+c\cot\phi\right)$$

$$K_3=\left[\frac{\gamma H\left(1-\sin\phi\right)+c\cot\phi}{\left(\gamma H+c\cot\phi\right)\left(1-\sin\phi\right)}\right]^{\frac{1-\sin\phi}{\sin\phi}}\left(\frac{R}{r}\right)^2$$

式中，r 为洞径；$\delta_{顶}$ 为洞室顶部沉降量；K_1、K_2、K_3 分别为三个主应力方向影响系数；E、c、ϕ 分别为围岩的剪切模量、黏聚力和内摩擦角；R 为塑性区半径；u 为侧压力系数；γ 为天然容重；H 为洞室埋深。

（2）支护结构安全评判指标

在实际工程中，当地下洞室开挖时，现场人员会采取种种加固措施，此时，洞室围岩的稳定性问题可以认为是支护系统的安全性问题。本次研究提出的支护结构安全性的评判标准主要是从支护结构受力绝对量值和绝对量值的变化率两个方面来确定的。

锚杆安全性的评判：当采用锚杆作为支护措施时，锚杆安全与否取决于锚杆的实测拉拔力是否小于锚杆的允许拉拔力，其中锚杆的允许拉拔力是分钢筋拉断和钢筋拔出两种情况计算的。

喷射混凝土层的安全评判：实测喷射混凝土层应力应小于喷射混凝土层的强度（拉、压强度）准则。混凝土层安全性评判还可以根据其变形进行判断，也就是实测喷射混凝土层的应变应小于喷射混凝土层的允许应变准则。

钢拱架的安全评判：钢拱架与围岩多以点对点方式接触，钢拱架的稳定性主要是结构整体的稳定问题，根据钢拱架的布设情况可以通过几何非线性的屈曲分析出钢拱架失稳临界变形或荷载，从而用以判断钢拱架的整体稳定性。

（3）基于数值分析方法的围岩–支护结构体系稳定性评价方法

数值分析方法可根据实测洞周收敛参数，跟踪实际施工过程模拟，并对洞周围岩的综合地质力学参数进行数值反演分析，然后根据反演得到的实际参数进行围岩–支护结构体系的稳定性评判，评判标准可以结合上述规范方法中的总收敛量，并同时考虑支护结构的抗拉强度，从许可总变形和允许强度方面综合评判系统的稳定性。

2. 地下空间开发利用引起的邻近工程稳定性评价

1）地下空间开发对地面工程影响的稳定性评价
地下空间开发对地面工程的影响主要表现为引起地表建筑物的不均匀沉陷、开裂、倾斜，路面开裂、下陷、隆起，以及地下其他构筑物的开裂、变形等。通常地表沉降控制基准值应综合考虑地表建筑物、地下管线及地层和结构稳定等不同因素，分别确定其允许地表沉降值，并取其中最小值作为控制基准值。

2）地下工程相互影响稳定性评价
当修建地下构筑物时，必然会引起原有的围岩应力场及位移场发生改变，这将使得既有地下构筑物的稳定性受到极大的影响。面对这种现象，如何降低地下构筑物之间的相互影响，这将是地下空间未来开发必须考虑的一大问题。关于城市地下工程建设相互影响的稳定性评价内容主要有：①地铁的建设与邻近基坑开挖和桩基础施工的相互影响评价。②双线地铁建设相互影响评价，浅层地铁开挖对深层地铁建设的影响，同一高程上左右线地铁开挖相互影响研究。③邻近地下开挖与浅层地下管线施工的相互影响评价。

3. 后建地面工程对地下工程稳定性的影响评价

随着城市的扩展，新建工程对既有建筑的影响不可避免。因此，保证既有工程的安全是建设新工程的前提。如何评价地下空间结构上方工程的基坑开挖及后续的结构施工对既建地下结构的影响是目前研究的热点问题。实际工程中常用的评价方法包括：

（1）原位监测。通过监测数据来反映地下工程在后建地面工程施工过程中的变形和强度变化规律，直观评价后建地面工程施工对地下工程稳定性的影响，从而指导施工，实现信息化施工。

（2）数值分析方法。根据实际的地质勘查、水文地质条件、施工条件和设计的结构特征建立复杂的反映岩土介质体与结构相互作用模型，进行结构稳定性分析，可实现多工况、多因素敏感性分析，为工程设计施工提供参考。

（3）工程类比法。结合已有的工程实际进行工程类比分析也是一条有效的途径，然而地下结构工程往往存在其特殊性，类比时应慎重考虑相似条件和其特殊性。

第十一节　大西安国土空间规划优化建议

西安地处关中盆地中部，地理条件优越，气候温润，风调雨顺，自然资源丰富，造就了强大的周、秦、汉、唐。新中国成立以后，尤其是改革开放以来，西安市得到了翻天覆地的变化。新时期又将西安市列为国家中心城市，将西安市打造成为西部地区重要的经济中心、对外交往中心、丝路科创中心、丝路文化高地、内陆开放高地、国家综合交通枢纽等。

凡事预则立，不预则废。用国土空间规划指导经济社会发展是治国理政的一种重要方式，西安国家中心城市的国土空间规划必须尊重自然规律、规避灾害风险、发挥资源优势、着眼长远、把握大势。

一、合理避让活动断裂

西安位于关中盆地中部，南依秦岭造山带，北抵鄂尔多斯地块，中部为平坦肥沃的关中平原，总体地势西高东低，大西安城区和规划区主要分布于渭河及其支流河谷阶地和冲洪积平原地区，黄土台塬和丘陵山前洪积扇和基岩地貌单元分布有限。国土空间规划中除了考虑地形地貌条件外，应着重考虑活动断裂的影响。

大西安地区存在活动断层共计 14 条（图 5-2-3），以倾滑断层为主，即正断层为主。据相关研究成果，地震地表破裂带平均宽度大约为 30m，倾滑断层具有显著的上盘效应，即上、下盘地表破裂带或地震破坏带宽度比为 2∶1 ~ 3∶1。因此，假设正断层倾角为 50° ~ 60° 的情况下，正断层上盘避让距离应为断裂地表迹线向外 30m，而下盘为地表迹线向外 15m；走滑断裂则为地表迹线两侧各 15m。

二、切实防范地质灾害

大西安共发育崩塌滑坡灾害 443 处，其中崩塌 115 处，滑坡 272 处，主要分布在城市规划建设区外围的黄土台塬以及渭河北岸三级阶地前缘地带，具有带状分布的特征。建议：一是划定地质灾害红线，作为大西安规划建设的禁建区；二是加强地质灾害隐患早期识别和风险评价，摸清地质灾害隐患家底；三是实施以搬迁避让、监测预警和群测群防为主的风险防控措施，最大限度规避和降低地质灾害风险；四是增加地震避难场所建设。

三、保护优质土地资源

本次工作共发现富硒土壤 106.8km²，其中 91.76% 处于西安主城区建设用地中，仅有 8.24%（8.8km²）的面积分布在沣西新城的农用地中，但从西咸新区沣西新城分区规划（2015 ~ 2030 年）来看，富硒区东部已进入沣京遗址区，西部局部在兆伦铸钱遗址区，建议在以保护文物遗址的前提下，最大程度地开发利用富硒土壤区，尽可能保留现在的土地利用类型（水浇地）。

四、推进地下空间利用

合理开发利用城市地下空间，是优化城市空间结构和管理格局，缓解城市土地资源紧张的必要措施。西安市地下空间开发利用尚处于起步阶段，面临建设发展需求旺盛但系统性不足、有关立法和规划制定相对滞后、现状利用基本情况不清、管理体制和机制有待进一步完善等挑战。

西安市地下空间开发利用应遵循的原则是：先规划、后建设，科学编制城市地下空间规划；统筹开发，有序利用，提高地下空间系统性；生态优先，公共利益优先，保障公共安全；依法行政，依法实施管理，加强监管职责。西安市地下空间开发利用的主要任务是：加快城市地质调查评价工作、推进地下空间普查和地下空间信息系统建设、将地下空间开发利用规划纳入国土空间规划体系、推进西安市地下空间规划建设标准体系建设、完善地下空间开发利用法规政策。

五、加强清洁能源利用

西安市热储层厚度约为 6000m，总热量达 $1037.93×10^{15}$ kcal，地热资源十分丰富。目前主要开采地热流体，地热流体补给条件差，属不可再生资源，可采量有限，目前过量开采已经引起地下水位持续下降以及化学和热污染问题。西安市清洁能源的开发利用条件优越，开发潜力极大，建议加强浅层地温能和取热不取水的中深层地热能清洁利用技术的推广与应用，加大清洁能源开发利用力度，推进西安市雾霾治理和环境保护。

六、合理调控地下水位

过度开发利用地下水，会引起区域地下水位下降，从而导致地面沉降地裂缝；相反，区域地下水位上升将带来区域性黄土湿陷、震时砂土液化、地下空间浮力以及沼泽化、明水等一系列不确定性的环境地质问题。

建议加大海绵城市建设力度，强调地表水与地下水联合调度与优化配置，必须将地下水位控制在合理的范围之内。一是禁止或限制开采承压地下水，防止区域地下水位下降，以免地面沉降地裂缝死灰复燃；二是重视潜水水位的调控，通过开采潜水用于绿化生态用水，防止区域地下水位上升，同时缓解水景工程造成的局部地下水位上升，避免黄土湿陷、砂土液化、地下空间浮力以及沼泽化、明水等环境地质问题发生。

七、储备应急地下水源地

西安市地下水分布广泛，地下水补给条件好，地下水资源丰富，其中以渭河漫滩、一、二级阶地及秦岭山前洪积扇裙含水层厚度大、颗粒粗，富水性强，单井涌水量大，开发利用条件优越。平原区地下水可采资源量达 $10.79×10^8$ m³。建议在渭河漫滩、一、二级阶地及秦岭山前洪积扇裙有利地段，建立西安市应急备用水源地，以防极端事件发生时造成的城市水荒。

第六章 重要城市及杨凌区城市地质

除国家中心城市西安外，关中平原还有宝鸡、渭南、铜川三个地级市及杨凌区等重要节点城市。这些城市均具有悠久的建成历史并在城镇化进程中扮演了重要角色。

宝鸡是关中平原城市群副中心城市。位处渭河地震带与南北地震带的交汇复合部位，区内存在 4 条活动断层，崩滑流灾害发育，国土空间规划与城市建设应合理避让活动断裂和地质灾害，最大限度减缓地表破裂、地震和崩滑流灾害风险。属于河谷型城市，建设用地严重受限，合理开发利用垂向和侧向地下空间资源是缓解城市病的重要途径。

渭南市是关中平原城市群次核心城市，1556 年曾发生过华县 8 $\frac{1}{4}$ 级大地震，国土空间规划应合理避让活动断裂，最大限度减少地表破裂、砂土液化与地面沉陷等地震灾害，同时，防止地下水污染和北部咸水南侵，防控南部黄土塬边存在的滑坡崩塌泥石流灾害隐患。地热资源丰富，地热水开发已经引起区域地热水位大幅度下降，应推广应用取热不取水的中深层地埋管地热能利用模式。

铜川是关中平原城市群次核心城市，已成为资源枯竭城市。老城区存在采空区地面塌陷、地裂缝隐患，应加强矿山环境治理与生态恢复。新区应加强水资源、地上空间资源及地热能应用研究，合理开发利用水资源、地下空间资源和中深层热能。进一步探明高岭土（坩土）资源潜力、矿物与化学成分，提升耀州瓷工艺与品质。

杨凌区是我国第一个农业高新技术产业示范区，规划区存在 1 条活动断层，国土空间规划应合理避让活动断裂。地热资源较丰富，应推广取热不取水的中深层地埋管地热能利用模式。地下空间为农副产品储存保鲜、农业科技研究等提供了良好的场所，建议加强地下与地上空间资源协同规划研究，超前谋划，形成服务于现代化农业的地下空间开发利用模式。

第一节 宝鸡市城市地质

一、城市发展规划及地质问题

宝鸡市古称"陈仓""雍城"，历史悠久，有 2770 余年建城史，是周秦王朝发祥地。距今 8000～4000 年的先民在此休养生息。2017 年城市人口 101 万人，位居全省第二位，是陕西省两大百万人口城市之一。

宝鸡市地处关中平原西部，位于陕西、甘肃、宁夏、四川四省（区）接合部，处于西安、兰州、银川、成都四个省会（首府）城市的中心位置，是通往祖国西南、西北的重要交通枢纽，陇海、宝成、宝中、西平铁路在此交汇，是中国境内亚欧大陆桥上第三大十字枢纽。

《宝鸡市城市总体规划（2010—2020）》（2010 年 5 月），宝鸡市城市定位为关中-天水经济区副中心城市，全国重要的新材料和装备制造业基地，西部地区重要的综合交通枢纽，文化名城和生态宜居城市。

到2020年，中心城区面积为355km²，西、北至城北高速公路，东至陇海铁路货运南环线联络线和210省道，南至徐兰客运专线和自然山体边缘。城市人口规模130万人，城市建设用地规模143km²，人均城市建设用地110m²。中心城区空间结构为"一带一轴五组团"，"一带"为渭河沿线的东西向城市发展带，"一轴"为城市跨越式发展的南北拓展轴，"五组团"为福谭组团、金渭组团、代马组团、陈仓组团和蟠龙组团。

宝鸡市城市建设面临的问题有活动断裂、地质灾害、城市空间资源紧缺等。城市区分布有渭河断裂、千河断裂、金陵河断裂等活动断裂。城市区有滑坡崩塌地质灾害点100余处，分布于塬边及千河、金陵河河谷边坡，对城市建设威胁性大。宝鸡市沿渭河河谷而建，为河谷型城市，城市空间拓展受地形地貌制约。

二、地质环境条件

（一）气象与水文

宝鸡市多年平均降水量为675.7mm，最大年降水量为1032.4mm（2011年），最小年降水量为378.2mm（1995年）（图6-1-1）。年内降水量多集中在6~9月，占全年的60%~70%。暴雨多出现在8月，其中大到暴雨（≥25mm）年出现日数为21.8天，连阴雨（≤16天）平均每年出现3.3~3.8次。2011年7月降雨量为228.6mm，为历年7月降雨最高纪录；1981年8月降雨量为410.6mm，为历年8月降雨量最高纪录；2011年9月降雨量为382.9mm，为历年9月最高纪录。大暴雨及连阴雨是区内滑坡、崩塌和泥石流发生的主要诱发因素，如1955年8月18日，大雨诱发卧龙寺老滑坡滑动，将原陇海铁路向南推移110m，造成严重经济损失。1981年8月在连阴雨中出现两个暴雨日，一个大暴雨日总降雨量达169.7mm，造成多处滑坡塌方，毁坏民房农田甚多，造成宝成铁路、川陕公路停运月余，经济损失数亿元。

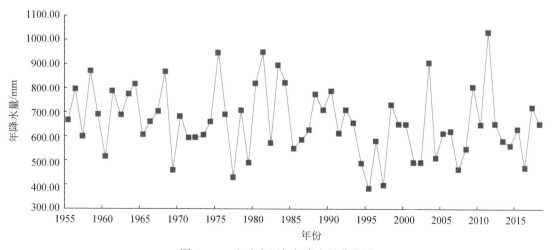

图6-1-1　宝鸡市历年年降水量曲线图

宝鸡市多年平均气温为 13.2℃，1 月平均气温为 -0.2℃，极端最低气温为 -18.4℃（1991 年 12 月 28 日）；7 月平均气温为 25.3℃，极端最高气温为 41.7℃（2006 年 6 月 17 日）。最低月均气温为 -7.8℃（1977 年 1 月），最高月均气温为 33.6℃（1991 年 7 月）。平均气温年较差为 25.5℃。

宝鸡市区内河流有渭河及其支流千河、金陵河、清姜河等。

渭河：由西向东流经市区，流长为 40km。多年平均流量为 85.8m³/s。自 1971 年宝鸡峡引渭工程建成后，河水流量锐减至 30.1m³/s。12 月至次年 3 月为枯水期，四个月的总流量仅占全年流量的 4%。

千河：为渭河一级支流，发源于甘肃省张家川回族自治县唐帽山南麓的石庙梁。区内流长约为 10km，多年平均流量为 15.4m³/s，年枯水期 80 天左右，多年平均含沙量为 10kg/m³，年输沙量为 4.39×10⁶t。1907 年洪峰流量为 3840m³/s，1954 年洪峰流量为 3200m³/s，1981 年 8 月 21 日洪峰流量为 1180m³/s。

金陵河：为渭河一级支流，发源于陇县吴山，全长 60km，于上马营西侧汇入渭河。区内流长为 1.5km，最小流量为 0.1～0.2m³/s，百年一遇洪水流量达 1600m³/s。

清姜河：为渭河一级支流，发源于秦岭阴山，自南向北于宝鸡市区西南部汇入渭河，全长 43km，区内流长为 10km。多年平均流量为 4.9m³/s，历史最大流量为 733m³/s。河道引水后，流量锐减，最小流量仅为 0.02m³/s。

(二) 地形地貌

宝鸡市地处关中平原西部，北部与鄂尔多斯高原相邻，海拔一般为 900～1500m；南部连接秦岭山地，海拔为 1000～3000m；中部有渭河自西向东横贯其间，河谷区海拔为 500～800m。总体地势南、北、西三面高，中部低（图 6-1-2）。

图 6-1-2　宝鸡市地势图

宝鸡市沿渭河而建，地貌类型有冲积平原、洪积平原、黄土台塬（图 6-1-3）。

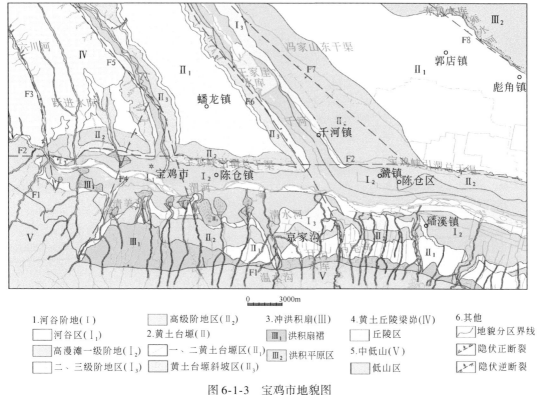

| 1.河谷阶地（Ⅰ） | 2.黄土台塬（Ⅱ） | 3.冲洪积扇（Ⅲ） | 4.黄土丘陵梁峁（Ⅳ） | 6.其他 |

1.河谷阶地（Ⅰ）　　　　高级阶地区（Ⅱ₂）　　　3.冲洪积扇（Ⅲ）　　　4.黄土丘陵梁峁（Ⅳ）　　6.其他
河谷区（Ⅰ₁）　　　2.黄土台塬（Ⅱ）　　　Ⅲ₁洪积扇裙　　　丘陵区　　　地貌分区界线
高漫滩一级阶地（Ⅰ₂）　　一、二黄土台塬区（Ⅱ₁）　Ⅲ₂洪积平原区　5.中低山（Ⅴ）　　隐伏正断裂
二、三级阶地区（Ⅰ₃）　黄土台塬斜坡区（Ⅱ₃）　　　　　　　　低山区　　　隐伏逆断裂

图 6-1-3　宝鸡市地貌图

1. 冲积平原

冲积平原指渭河及其支流千河、金陵河河谷区。微地貌有漫滩、阶地。渭河、千河发育有五级阶地，金陵河发育四级阶地。

1）漫滩

漫滩呈带状分布于河流两侧，分低漫滩和高漫滩。低漫滩宽 200~700m，高出河水面 1~3m，地面高程为 530~605m。高漫滩宽 800~1500m，高出河水面 3~10m，地面高程为 532~616m，滩面平缓，微向河流及下游倾斜，前缘与低漫滩呈陡坎相接，高差为 1~2m。由全新统上部冲积层组成。

2）一级阶地

一级阶地在渭河、金陵河、千河和清姜河东岸较发育，局部地段缺失。渭河一级阶地沿两岸断续分布，阶面高程为 540~660m，微向渭河倾斜，比降为 2.1‰。清姜河、金陵河一级阶地分布于河流右岸，阶面宽 500~800m。前缘与高漫滩呈陡坡相接，相对高差为 5~20m。由全新统下部冲积层组成。

3）二级阶地

二级阶地呈舌状、条带状分布于渭河两岸、千河东岸及金陵河西岸。阶地类型以嵌入式为主，仅在千河东岸戴家湾、太宁等地为基座阶地。阶面较平坦，坡度为 1°~4°，宽

100~2100m，高程为550~690m，高出河水面20~35m。前缘与高漫滩或一级阶地呈陡坎或缓坡相接，相对高差为15~30m。由上更新统黄土和冲积层组成。

4）三级阶地

三级阶地分布于渭河南北两岸、硖石沟口两侧及千河东岸。阶地以嵌入式为主，仅在硖石沟口两侧为基座式阶地。渭河南岸二级阶地受沟谷切割呈块状断续分布，阶面宽150~750m，冲沟较发育，总体向渭河倾斜，坡度为2°~5°。硖石沟口两侧呈不规则条带状分布，宽550~900m。千河二级阶地呈带状展布，宽3250~4100m，阶面较平坦，高程为590~740m。由中上更新黄土和上更新统冲积层组成。

5）四级阶地

四级阶地呈带状分布于渭河南岸、千河东岸，以嵌入式阶地为主。阶面宽200~1500m，海拔为640~800m。千河四级阶地后缘以陡坎形式与黄土台塬相接，相对高差为10~15m。由更新统黄土和冲积层组成。

6）五级阶地

五级阶地主要分布于渭河南岸，呈断块状分布，为基座式阶地。阶面宽200~1000m，高程为770~820m，坡度为1°~3°。由更新统黄土和冲积层组成。

2. 洪积平原

洪积平原主要分布于秦岭山前和渭河南岸各支沟沟口。秦岭山前地带发育二级至四级洪积扇，为内叠式洪积扇。渭河南岸支沟沟口洪积扇为现代洪积扇，呈单体扇形覆盖在一级阶地之上，地面坡降为1%~2%，洪积扇规模较小，单体面积为0.1~0.6km²。

3. 黄土台塬

黄土台塬分布于渭河北岸，受金陵河断裂、千河断裂及沟谷切割控制，形成独立塬块。分为一级黄土台塬、二级黄土台塬。塬边滑坡、崩塌发育。

一级黄土台塬分布于渭河以北、千河以东，属扶风塬的一部分。塬面高程为750~800m，分布碟形或槽状洼地。黄土台塬南部与渭河二级阶地相接，西部与千河四级阶地相接。

二级黄土台塬分布于渭河以北、千河以西，千河与金陵河之间为贾村塬，金陵河以西为陵塬。贾村塬塬面高程为700~800m，高出渭河河床160~210m。陵塬塬面高程为800~1000m，高出渭河河床约240m。台塬与河谷阶地呈陡坡相接。

（三）地层与构造

1. 地层

宝鸡市城区分布地层主要为新近系和第四系。新近系为上新统蓝田组、灞河组，零星出露于渭河、千河、金陵河河床，灞河组岩性为红色黏土、砂质黏土、砂、砂砾石互层；蓝田组岩性为红棕色砂质黏土、黏土，富含铁锰薄膜和钙质结核。第四系堆积物成因以冲积、洪积、风积为主（表6-1-1），塬边地段分布滑坡堆积。

表 6-1-1　宝鸡市城区第四纪地层简表

系	统	成因	分布	岩性
第四系	全新统	冲积	河床漫滩 一级阶地	砂、卵砾石、粉质黏土，厚 10 ~ 35m
		洪积	洪积	砂卵砾石、粉质黏土，厚 5 ~ 10m
		滑坡堆积	塬边	粉质黏土，厚 30 ~ 60m
	上更新统	风积	二级以上阶地 黄土台塬	浅黄色黄土，夹 1 ~ 2 层古土壤，厚 5 ~ 14m
		冲积	二级阶地	砂、卵砾石、粉土、粉质黏土，厚度小于 10m
		洪积	洪积平原	卵砾石、黄土状土，厚 10 ~ 15m
	中更新统	风积	黄土台塬 三级以上阶地	黄土，夹 5 ~ 7 条棕红色古土壤，厚 10 ~ 50m
		冲积	三、四级阶地	砂、卵砾石、粉质黏土，厚 30 ~ 40m
		洪积	洪积平原	砂、卵砾石、粉质黏土，厚 20m 左右
	下更新统	风积	黄土台塬 五级阶地	棕黄、棕红色黄土，夹 10 余层古土壤，厚度 50 ~ 70m
		冲积	五级阶地	砂、卵砾石、粉质黏土，厚 25 ~ 47m

2. 断裂与地震

宝鸡市位于关中平原西部宝鸡凸起构造单元，城区有渭河断裂、桃园-龟川寺断裂、金陵河断裂、固关-虢镇断裂（千河段）、清姜河断裂，其中前四个断裂为活动性断裂。

宝鸡市位处渭河地震带与南北地震带的交汇复合部位，历史地震以小震为主，未发生过大地震。据宝鸡县志记载，自 1328 年以来宝鸡市共发生地震 20 余次。20 世纪 60 年代以来，共发生地震 6 次，震级为 1.4 ~ 3 级。宝鸡市历史上虽未发生过强烈地震，但邻区发生的 5 次大地震对本区影响较大，公元前 780 年岐山 7 级地震，宝鸡市地震烈度 8 度；1654 年天水南 8 级地震，本区地震烈度 6 ~ 7 度；1556 年华县 $8\frac{1}{4}$ 级地震，本区地震烈度 6 ~ 7 度；1920 年海原 8.5 级地震，本区地震烈度 6 ~ 7 度；2008 年 "5·12" 汶川 8 级地震，陈仓区属于重灾区，地震烈度 6 度。

三、工程地质条件与地下空间

（一）工程地质结构

宝鸡市城区岩体以较软弱-较坚硬层状碎屑岩为主，土体包括碎石土、砂土、粉土、黏性土、黄土、黄土类土等。

1. 岩体

岩体出露于渭河、千河、金陵河等沟谷，由新近系上新统蓝田组—灞河组组成，岩性包括红色黏土岩、砂质泥岩、砂砾石，成岩差。黏土岩干燥时致密较坚硬，透水性差，构成区域隔水层，遇水饱和后即软化，抗剪强度锐减，是渭河北岸构成滑坡滑动面的主要岩体。

2. 一般土体

1）碎石土

碎石土主要分布于渭河及支流的河漫滩、一至三级阶地及山前洪积扇区。漫滩及一、二级阶地区埋藏较浅，埋深一般为 1.0 ~ 22.5m，厚度一般为 15 ~ 30m；三级阶地及山前洪积扇区埋深较大，一般为 50m 左右，厚度较薄。岩性为第四系全新统砂砾石、卵石等，粒径为 40 ~ 120mm，最大可见粒径为 160mm，成分以花岗岩、片麻岩为主，分选性差，中-粗砂充填，稍密-中密，磨圆度为次圆-圆，透水性好，强度高。承载力特征值为 260 ~ 300kPa。

2）砂土

砂土主要分布于渭河及支流的河漫滩、一至四级阶地及山前洪积扇的下部，岩性以中-粗砂、砾砂为主，细砂、粉砂次之。渭河漫滩及阶地区砂层稳定，厚度为 10 ~ 15m，级配较好，砂质纯净。河漫滩砂土多呈稍密状，阶地区砂土中密-密实，工程性质较好，是地基土的良好持力层。洪积扇区砂土层多呈透镜体状，分布较不稳定，砂层厚薄不一，砂粒分选差，磨圆差，级配良好，含粉、黏粒较高。

3）粉土

粉土主要分布于山前洪积扇区，阶地区偶有分布，灰黄-褐黄色，土质较为均一，零星含有砾卵石。单层厚度小于 5m，累计厚度小于 15m。

4）黏性土

黏性土分布于渭河及支流河谷阶地与山前洪积扇区，成分主要为粉质黏土，与砂土层、碎石土层互层，单层厚度为 1 ~ 5m，浅灰、浅灰黄及褐灰色，土质较均一。不同地貌单元埋深差别较大，漫滩及一、二级阶地区埋深较浅，一般小于 30m，高级阶地及山前洪积扇区埋深较大，一般大于 40m。洪积扇与渭河一级阶地粉质黏土一般呈可塑状；渭河高级阶地粉质黏土一般呈可塑-硬塑状。

3. 特殊土

1）黄土

黄土广泛分布于二级以上阶地、黄土塬、黄土梁峁丘陵区上部。岩性以第四系上更新统、中更新统黄土及古土壤组成。由于堆积环境不同，黄土的岩性和工程地质性质存在较大差异。

（1）上更新统黄土：分布于渭河、金陵河、千河二级以上阶地及黄土台塬区，在黄土梁峁丘陵区也有分布。厚 3 ~ 9m，硬塑-坚硬，含少量钙质结核，孔隙比为 0.6 ~ 1.1，含水率为 15% ~ 24.5%，湿陷性轻微-中等，中等压缩性。抗剪强度参数：黏聚力平均值为 33.5kPa、内摩擦角为 24.5°，承载力特征值为 120 ~ 160kPa。在黄土塬边时，土体中垂直节理发育，易崩塌，遇雨后抗剪强度降低，土体易发生崩塌、滑坡等地质灾害。

（2）中更新统黄土：分布于黄土台塬、梁峁区域，部分区域直接出露在地表、部分区域位于上更新统黄土层下部。土体含水率为15%~28%，孔隙比为0.51~1.12，湿陷性性质不一，部分区域具备湿陷性、湿陷性轻微-中等，部分区域无湿陷性、湿陷系数小于0.015，中等压缩性。抗剪强度参数：黏聚力平均值为31kPa、内摩擦角为23°，承载力特征值为120~200kPa。

（3）古土壤：古土壤层夹在中上更新黄土层、中更新黄土层之间，红褐色，具团粒结构，厚0.8~4.8m；部分古土壤层底部有0.2~0.5m厚的钙质结核层。结构致密，呈硬塑-坚硬状态，压缩系数为0.06~0.37，为中低压缩性土，黏聚力平均为38kPa，内摩擦角平均为24.8°。湿陷系数大多数小于0.015，大孔结构多已退化，仅在其上部有轻微湿陷性或在大压力下有湿陷性。

2）黄土状土

包括台塬区地表覆盖的土体及台塬塬前斜坡地带的土体。台塬区地表覆盖的全新统（Q_h）黄土状土呈灰黄-浅黄色，主要成分为粉质黏土，少量粉土，裸露地表，土质不均，常含瓦砾，底部为一层"黑垆土"，棕褐色，湿陷性强；黄土塬前斜坡地带黄土状土，为次生黄土，主要为残坡积或滑坡堆积，土质疏松不均。

4. 工程地质结构

宝鸡市城区150m以浅，工程地质层包括黄土、碎石土、砂土、粉土、黏性土、软岩层状碎屑岩6个大层。工程地质结构类型主要有黄土+碎石土、砂土、黏性土互层+层状碎屑岩，黄土+层状碎屑岩，黄土+碎石土、砂土、黏性土互层，碎石土、黏性土+层状碎屑岩等四类（表6-1-2，图6-1-4）。

表6-1-2　工程地质结构划分表

地貌单元	微地貌	地层层序	工程地质层	工程地质结构
冲积平原	河床漫滩	Q_h^{2al}-N_2	碎石土、层状碎屑岩	碎石土+层状碎屑岩
	一级阶地	Q_h^{1al}-N_2	碎石土、黏性土、层状碎屑岩	碎石土、黏性土+层状碎屑岩
	二级阶地	Q_p^{3eol}-Q_p^{3al}-N_2	黄土、碎石土、砂土、黏性土、层状碎屑岩	黄土+碎石土、砂土、黏性土互层+层状碎屑岩
	三级、四级阶地	Q_p^{3eol}-Q_p^{2eol}-Q_p^{2al}-N_2	黄土、碎石土、砂土、黏性土、层状碎屑岩	黄土+碎石土、砂土、黏性土互层+层状碎屑岩
	五级阶地	Q_p^{3eol}-Q_p^{2eol}-Q_p^{1eol}-N_2	黄土、碎石土、砂土、黏性土、层状碎屑岩	黄土+碎石土、砂土、黏性土互层+层状碎屑岩
洪积平原	现代洪积扇	Q_h^{pl}-Q_h^{al}-N_2	冲积层+基岩	碎石土、黏性土+层状碎屑岩
黄土台塬	二级黄土台塬	Q_p^{3eol}-Q_p^{2eol}-Q_p^{1eol}-N_2	黄土、层状碎屑岩	黄土+层状碎屑岩
	一级黄土台塬	Q_p^{3eol}-Q_p^{2eol}-Q_p^{1eol}-Q_p^{1al+pl}	黄土、碎石土、砂土、黏性土	黄土+碎石土、砂土、黏性土互层

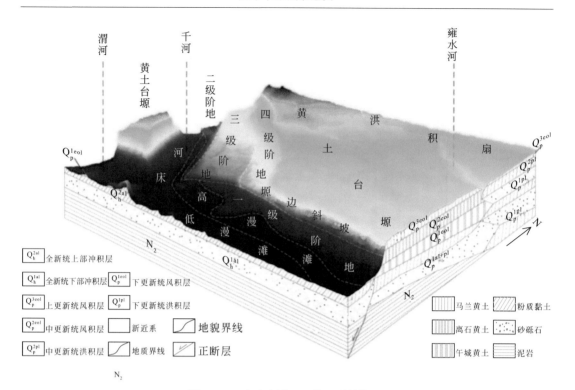

图 6-1-4　宝鸡市城区三维地质结构图

（二）工程地质分区

根据地貌、岩土体类型和工程地质结构，工程地质区分为冲积平原、洪积平原、黄土台塬三个工程地质区（表 6-1-3，图 6-1-5）。

表 6-1-3　宝鸡市区工程地质分区评价一览表

工程地质区	工程地质区	主要工程地质特征
冲积平原工程地质区	漫滩一级阶地工程地质亚区	地层层序为 Q_h^{al}-N_2，工程地质结构为碎石土、黏性土+层状碎屑岩。分布活动断裂，建筑抗震不利。漫滩区有洪水淹没及砂土液化可能。第四系厚度 1~30m。工程建设应注意砂土液化和活动断裂
	二级至五级阶地工程地质亚区	地层层序为 Q_p^{col}-Q_p^{al}-N_2，工程地质结构为黄土+碎石土、砂土、黏性土互层+层状碎屑岩。活动断裂对建筑抗震不利。地形坡度较大，场地平整较困难。滑坡发育，危险性大。湿陷性黄土层厚 5~12m，湿陷等级中等–严重。工程建设应注意活动断裂、地质灾害和黄土湿陷
洪积平原工程地质区	现代洪积扇工程地质亚区	地层层序为 Q_p^{pl}-Q_h^{al}-N_2，工程地质结构为碎石土、黏性土+层状碎屑岩。部分地段分布活动断裂。土体工程地质性质较好，适宜工程建设
黄土台塬工程地质区		地层层序为 Q_p^{3col}-Q_p^{2col}-Q_p^{1col}-N_2，工程地质结构为黄土+层状碎屑岩，黄土+碎石土、砂土、黏性土互层。地形平坦开阔，适宜工程建设。湿陷性黄土厚 8~14m，湿陷等级中等–严重。塬边滑坡崩塌发育，危险性大。工程地质条件良好，适宜工程建设

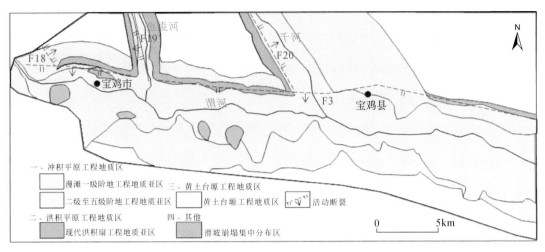

图 6-1-5　宝鸡市区工程地质简图

（三）地下空间评价

宝鸡市城市地下空间主要负面因素有活动断裂、地质灾害、卵砾石、湿陷性黄土、河流湿地等（表6-1-4）。根据工程地质结构、存在的主要问题，地下空间适宜性划分为适宜性差和适宜两个区。渭河北岸、千河西岸、金陵河河谷两侧的高陡边坡带，地形高差大，地质灾害发育，分布活动断裂，卵砾石分布不稳定，为适宜性差区；其余地区为地下空间适宜区（表6-1-5）。

表 6-1-4　宝鸡市中心城市地下空间负面因素表

负面因素	因素清单	分布	影响深度
限制因素	重点保护文物战略储备	保护范围	浅部限制开发，中、深部可开发
	既有设施	设施范围	浅部规避；中、深部避让（井、桩基等）
约束因素	活动断裂	分布范围	浅、中、深部均考虑其影响
影响因素	隔水层、地下水腐蚀、含水层、地热	区域性	浅、中、深部均考虑其影响
	湿陷性黄土	二级以上阶地、黄土台塬	浅部考虑其影响，中、深部可不考虑
	砂土液化	渭河河床漫滩	浅部考虑其影响，中、深部可不考虑
	河流湿地	渭河及其支流	浅部考虑其影响，中、深部可不考虑
	砂卵砾石	漫滩阶地洪积扇	中深部考虑其影响

表6-1-5　宝鸡市城市地下空间评价表

地貌	地下空间适宜性评价
漫滩 一级阶地 洪积扇	工程地质结构为冲积层+基岩，岩性结构为碎石土、黏性土+层状碎屑岩，第四系厚度小于30m，分布不均，地下空间层以碎屑岩层为主。主要问题为活动断裂、河流、含水层、砂土液化等。地下空间适宜区
黄土台塬、 渭河南岸及千 河东岸高阶地	工程地质结构为黄土+层状碎屑岩，黄土+碎石土、砂土、黏性土互层，黄土+碎石土、砂土、黏性土互层+层状碎屑岩。黄土层、基岩空间分布连续稳定，厚度大，岩土体工程地质性质良好。主要问题为阶地区冲积层卵砾石、活动断裂等。卵砾石层不利于施工。地下空间适宜区
渭河北岸塬边及 千河西岸、金陵 河河谷高陡边坡带	工程地质结构为黄土+碎石土、砂土+层状碎屑岩。主要问题为地形高差大，地质灾害发育，分布活动断裂，卵砾石分布不稳定。地下空间适宜性差区

四、水文地质条件及地下水资源

（一）水文地质结构

区内地下水类型有第四系松散层孔隙水和基岩裂隙水（图6-1-6）。不同的地貌单元含水层结构不同：①黄土梁峁区含水层为上覆薄层中更新统风积黄土层及下部厚层白垩系碎屑岩；②渭河以北、千河以西黄土塬区潜水含水层上部为下中更新统风积黄土层和冲积卵

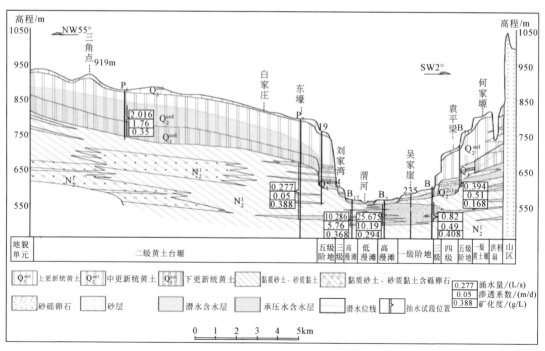

图6-1-6　宝鸡市城区水文地质剖面图

砾石层，下部为新近系碎屑岩含水层；③河谷低阶地区潜水的含水层主要是渭河河谷内河漫滩及一、二级阶地的第四系冲积的砂卵石层；④渭河北部、千河东部黄土塬区含水层主要为中下更新统风积黄土层及冲洪积砂砾卵石层，厚度小于50m，区内含水层相对稳定；⑤渭河南岸破碎的高阶地黄土梁区和黄土残塬区含水层主要位于黄土下部的冲洪积砂砾卵石层。

（二）含水层富水性

1.潜水含水岩组

潜水主要分布于区内主要河流沿岸和渭河北部的一、二级黄土台塬区。潜水含水岩层为第四系黄土及砂卵石层，可划分为全新统—上更新统冲积砂卵石含水岩组、中更新统冲积砂砾卵石层和中更新统黄土层三个含水岩组（图6-1-7）。各含水岩组根据统一降深5m的单井涌水量，划分出6个富水等级（表6-1-6）。

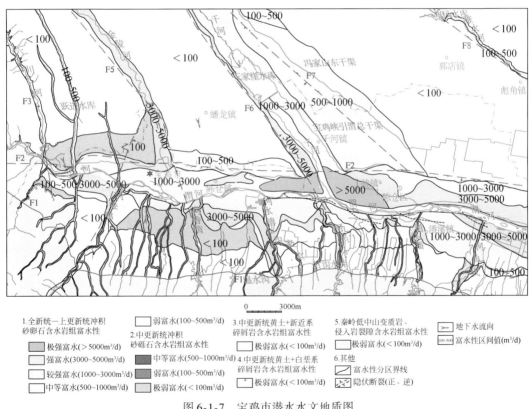

图 6-1-7　宝鸡市潜水水文地质图

表6-1-6　潜水含水岩组划分及富水性汇总表

含水岩组	富水性（降深5m的涌水量）/(m³/d)	分布范围	含水层厚度/m	水位埋深/m	降深/m	涌水量/(m³/d)	渗透系数/(m/d)
全新统—上更新统冲积砂卵石（$Q_h + Q_p^{3al}$）	极强富水区（>5000）	千河与渭河交汇的河口地带	5~18	0.6~3	0.3~3	5520~12120	53~249

含水岩组	富水性（降深5m的涌水量）/(m³/d)	分布范围	含水层厚度/m	水位埋深/m	降深/m	涌水量/(m³/d)	渗透系数/(m/d)
全新统—上更新统冲积砂卵石（$Q_h+Q_p^{3al}$）	强富水区（3000～5000）	渭河、金陵河漫滩或一级阶地部分地段，千河一、二级阶地	7～20	1～5	1～5	3000～4800	48～244
	较强富水区（1000～3000）	渭河、千河两岸漫滩及低阶地	2～15	2～36	1～3	744～1872	23～176
全新统—上更新统冲积砂卵石（$Q_h+Q_p^{3al}$）	中等富水区（500～1000）	渭河南岸塔稍河、清姜河、茵香河、马尾河、伐鱼河等支流	2～23	3～46	1～10	552～1000	17～99
	弱富水区（100～500）	硖石乡三级阶地前缘，渭河南岸塔稍河以西、清姜河以东的低阶地	2～6	5～15	1～5	120～480	
中更新统冲积砂卵石（Q_p^{2al}）	中等富水区（500～1000）	千河东岸高阶地	5～28	61～116	2～6	500～888	9～41
	弱富水区（100～500）	蟠龙山村至冯家崖村一带，六川河、硖石河等河谷区	8～19	117～137	7～18	384～500	
	极弱富水区（<100）	金陵河以西五级阶地，渭河南岸部分二至四级阶地	17～28	105～112	1～3	33.6～48	
中更新统黄土（Q_p^{2eol}）	极弱富水区（<100）	贾村塬、陵塬、慕仪塬	24～55	49～85	7～34	45～100	0.5～0.8
新近系碎屑岩（N_2^1）	极弱富水区（<100）	贾村塬、陵塬等	17～24	128～180	21～27	19.2～24	
上覆盖黄土的白垩系碎屑岩含水岩组（$K_1s+Q_p^2$）	极弱富水区（<100）	黄土梁峁区				<100	
变质岩和侵入岩裂隙水含水岩组（$Pt_2+\gamma_5$）	极弱富水区（<100）	秦岭中低山区				<100	

2. 承压水含水岩组

承压水含水岩组主要分布于河谷区和南部地区，含水岩组在300m深度内，分为中下更新统冲湖积冲洪积含水岩组、下更新统冲洪积–新近系灞河组含水岩组（图6-1-8）。

1）下上新统灞河组含水岩组（N_2^1）

下上新统灞河组含水岩组主要分布于渭河漫滩和一、二级阶地下部，含水层厚度较大，岩性为砂砾卵石，透水性和富水性均好，向南北两侧延伸，含水层变薄，含泥量增高，透水性及富水性变差。低阶地区含水岩组埋深在150m以内，高漫滩水头压力高出地面1～6m；在高阶地和二级黄土台塬，含水岩组顶板埋深为110～150m，压力水头埋深为100～130m。按统一降深10m的单井涌水量，划分出3个富水等级（表6-1-7）。

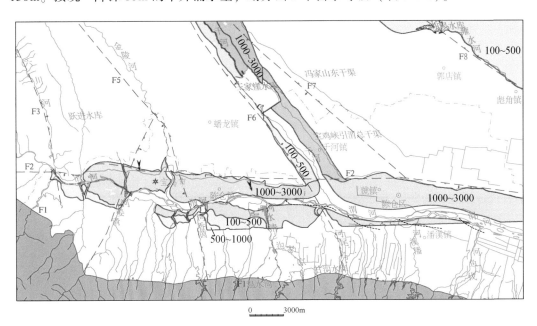

1.下上新统灞河组含水岩组　　　　2.下更新统—下上新统冲洪积砂砾卵石含水岩组　　3.其他

较强富水(1000~3000m³/d)　弱富水(100~500m³/d)　较强富水(1000~3000m³/d)　极弱富水(<100m³/d)　承压水富水性分区界线　承压水流向

中等富水(500~1000m³/d)　极弱富水(<100m³/d)　弱富水(100~500m³/d)　秦岭山区　隐伏断裂(正、逆)　100~500 富水性区间值(m³/d)

图 6-1-8　宝鸡市浅层承压水水文地质图

表 6-1-7　承压水富水性分区及水文地质特征汇总表

含水岩组	富水性（降深10m的涌水量）/(m³/d)	分布范围	含水层岩性	顶板埋深/m	承压水位埋深/m	含水层厚度/m	降深/m	涌水量/(m³/h)	渗透系数/(m/d)
下上新统灞河组含水岩组（N$_2^1$）	较强富水区（1000～3000）	硖石河–千河间的渭河漫滩、一级阶地	粗砂、砂卵石微含泥	9～17	8～44	24～75	4～7	936～1608	2.4～2.6
		千河以东渭河漫滩、一级阶地	中粗砂、砂砾石	8～31	2～35	24～87	3～7	912～2208	2～4
	中等富水区（500～1000）	渭河南岸茵香河以东冲洪积扇区	砂砾卵石微含泥	44	43.8	33	9	960	1
	弱富水区（100～500）	渭河南岸太寅河、塔稍河、清姜河之间的漫滩、冲洪积扇区	砂砾卵石含泥	17～19	27～31	32～55	16～21	552	0.3～0.4

续表

含水岩组	富水性（降深10m 的涌水量）/(m³/d)	分布范围	含水层岩性	顶板埋深/m	承压水位埋深/m	含水层厚度/m	降深/m	涌水量/(m³/h)	渗透系数/(m/d)
下更新统—下上新统冲洪积砂砾卵石含水岩组（$Q_p^{1pl+al} + N_2^1$）	强富水区（1000~3000）	千河东岸漫滩及低阶地	砂砾石及砂岩、砂砾岩		8~48	24~87			
	弱富水区（100~500）	千河西岸漫滩及一级阶地，东部洪积扇区							
	极弱富水区（<100）	渭河南岸清姜河–茵香河之间的一至三级阶地及冲洪积扇	含泥砂砾卵石	151~183	102~133	24~34	11~32	36~57.6	0.01~0.03

（1）较强富水。千河以西的渭河漫滩、一级阶地区，单井涌水量为 1000~3000m³/d，含水岩组顶板埋深为 9~17m，水头埋深为 8~44m，含水层总厚为 24~75m，岩性为粗砂、砂卵石微含泥；在上马营—石咀头一带，含水岩组顶板埋深为 8~31m，水头埋深为 2~35m，含水层总厚为 24~87m，岩性为中粗砂、砂砾石。

（2）中等富水。分布在渭河南岸茵香河以东冲洪积扇区，单井涌水量为 500~1000m³/d，含水层为砂砾卵石含泥，自河流上游往下游含水层厚度增大，透水性增强。含水层顶板埋深为 17~19m，水头埋深为 27~31m，含水层总厚为 32~55m。

（3）弱富水。分布于渭河南岸太寅河、塔稍河、清姜河之间的漫滩、冲洪积扇区和小支流间的阶地区，单井涌水量为 100~500m³/d，含水层为砂砾卵石含泥，含水层顶板埋深为 17~19m，水头埋深为 27~31m，含水层总厚为 32~55m。

2）下更新统—下上新统冲洪积砂砾卵石含水岩组（$Q_p^{1pl+al} + N_2^1$）

该组主要分布于千河漫滩、低阶地和渭河南岸黄土塬、洪积扇底部，含水层主要为砂砾石及砂岩、砂砾岩和洪积含泥砂砾卵石夹漂石、含泥砾石。按统一降深 10m 的单井涌水量，划分出 3 个富水等级（表6-1-7）。

（1）较强富水。分布在千河东岸二、三级阶地，单井涌水量为 1000~3000m³/d，含水层为砂砾石及砂岩、砂砾岩，含水层水头埋深为 8~48m，含水层总厚为 24~87m。

（2）弱富水。分布于千河西岸漫滩、一级阶地区和东部洪积扇，单井涌水量为 100~500m³/d，含水层为砂砾石及砂岩、砂砾岩，含水层水头埋深为 8~48m，含水层总厚为 24~87m。

（3）极弱富水。分布于渭河南岸清姜河–茵香河之间的一至三级阶地及冲洪积扇区，单井涌水量<100m³/d。含水层顶板埋深为 151~183m，水头埋深为 102~133m，含水层总厚为 24~34m，岩性为含泥砂砾卵石。受古水系控制，砂砾卵石层多成舌状或条带状分布，沿洪积扇轴部层厚、颗粒粗，富水性相对较好；向两侧及前缘变薄至尖灭，富水性变差。

（三）水化学特征

区内第四系潜水 pH 为 7.10~8.48，矿化度为 255~1108.6mg/L，水化学类型以 HCO_3 型为主（图6-1-9）。

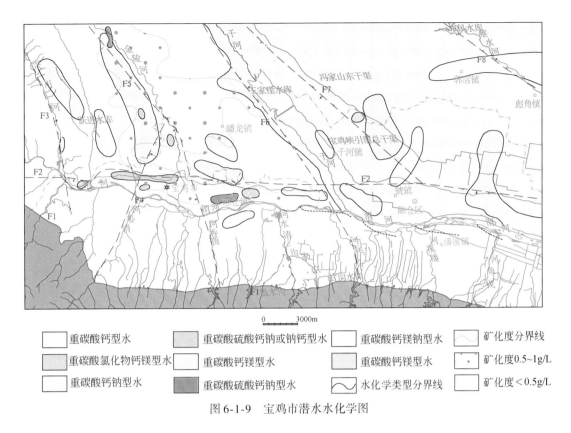

图 6-1-9　宝鸡市潜水水化学图

图例：
重碳酸钙型水　　重碳酸硫酸钙钠或钠钙型水　　重碳酸钙镁钠型水　　矿化度分界线
重碳酸氯化物钙镁型水　　重碳酸钙镁型水　　重碳酸钙镁型水　　矿化度0.5~1g/L
重碳酸钙钠型水　　重碳酸硫酸钙钠型水　　水化学类型分界线　　矿化度<0.5g/L

区内基岩裂隙承压水 pH 为 7.2~8.0，矿化度和总硬度分别为 354~782mg/L 和210.2~287.8mg/L，水化学类型为 HCO_3 型。

区内地表水 pH 为 7.0~8.0，矿化度为 272~770mg/L，总硬度为 85.96~440.1mg/L，水化学类型为 HCO_3 型。

（四）地下水资源

宝鸡市城市区已建傍河地下水水源地 9 处，地下水可采量为 23.27×10⁴m³/d，其中福临堡水源地可开采量为 0.92×10⁴m³/d、市中心水源地为 1.5×10⁴m³/d、姜谭水源地为2.6×10⁴m³/d、石坝河水源地为 2.8×10⁴m³/d、八里桥水源地为 0.45×10⁴m³/d、十里铺水源地为 5.2×10⁴m³/d、下马营水源地为 3.2×10⁴m³/d、卧龙寺水源地为 1.5×10⁴m³/d、八鱼水源地为 5.1×10⁴m³/d。宝鸡市城市用水现由地表水供给，已建的地下水水源地均已关闭，作为城市供水后备水源。

五、地热资源

（一）热储特征

宝鸡市城域热储类型有碎屑岩类孔隙裂隙型、变质岩裂隙型两类，见图 6-1-10。

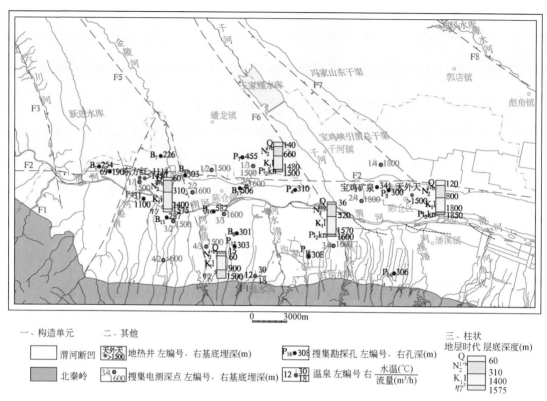

图 6-1-10　宝鸡市城域地热地质图

1. 碎屑岩类孔隙裂隙热储

沿渭河以北陇海铁路一带构造部位处隐伏 F7 深断裂带范围，热储层厚达 1500 ~ 1700m，地热流体得到上覆盖层地下水渗漏及北部侧向径流补给，受 F7 深断裂带深部热传导增温，地温梯度为 2.0 ~ 3.6℃/100m，深 1500 ~ 1700m 的热储地温为 55 ~ 65℃左右，若科学施工可获得井口 30 ~ 40℃地热流体。建议可在这一带以间距 3000 ~ 5000m 增布地热井。

2. 变质岩（印支期花岗岩）裂隙热储

该热储在渭河以南（F2 断裂）埋藏较浅，且印支期花岗岩裂隙热储分布较广。除温水沟特殊地质构造条件下赋存有地热流体且溢出地表，其余基本无或蕴藏很少热流体。建议在秦岭山前对该热储层采用深埋管换热开采地热能，孔深为 1500 ~ 2000m，热储地温为 60 ~ 70℃，可获得井口 35 ~ 45℃地热流体，用于洗浴、供暖等。

（二）地热资源

宝鸡市碎屑岩类孔隙裂隙热储地热资源量为 2.536×10¹⁵ kJ，可开采地热资源量为 6.341×10¹³ kJ；地热流体储存量为 8.81×10¹⁰ m³，可开采量为 0.25×10⁸ m³/a。变质岩类裂隙热储，地热资源量为 1.081×10¹⁵ kJ，可开采地热资源量为 5.404×10¹³ kJ。

（三）地热资源开发利用

区内广大地区 200m 以浅蕴藏浅层地温能，总热容量达 $1.62×10^{14}kJ/℃$。适宜地下水地源热泵和地埋管地源热泵技术开采利用；其中渭河四、五级阶地及黄土塬区，地下水埋藏深，适宜于地埋管地源热泵技术开采利用。开采浅层地温能，不受地热地质条件的限制，深度浅，易施工，速度快，成本低，不污染环境，且地温能为清洁新能源，应大力开发。

六、地质灾害

（一）地质灾害类型

宝鸡市是一个地质灾害多发的地区，截止到 2018 年年底，宝鸡市在册灾害点在区内总点数为 174 处，其中滑坡 162 处，崩塌 11 处，泥石流 1 处（表6-1-8，表6-1-9）。

表6-1-8　宝鸡市金台区地质灾害详细调查点及危害统计简表

地质灾害类型	在册灾害点数	滑坡现象点数	威胁人数/人	威胁资产/万元	备注
滑坡	162	54	62347	39685.6	北坡滑坡危及宝鸡市区，引渭渠、陇海铁路宝鸡段等重要设施的安全
崩塌	11				
泥石流	1				
合计	174	54	62347	39685.6	

表6-1-9　滑坡类型划分及主要类型一览表

有关因素	名称类别	特征说明	合计/个	所占比例/%
滑体厚度	浅层滑坡	<10m	31	19.14
	中层滑坡	10~25m	22	13.58
	深层滑坡	25~50m	51	31.48
	超深层滑坡	>50m	58	35.80
运动形式	推移式滑坡	上部岩层滑动，挤压下部产生变形，滑动速度较快，滑体表面波状起伏，多见于有堆积物分布的斜坡地段	41	25.31
	牵引式滑坡	下部先滑，使上部失去支撑而变形滑动。一般速度较慢，多具上小下大的塔式外貌，横向张性裂隙发育，表面多呈阶梯状或陡坎状	121	74.69
发生原因	工程滑坡	由于施工或加载等人类工程活动引起滑坡。还可细分为：①工程新滑坡：由于开挖坡体或建筑物加载所形成的滑坡；②工程复活古滑坡：原已存在的滑坡，由于工程扰动引起复活的滑坡	14	8.64
	自然滑坡	由于自然地质作用产生的滑坡。按其发生的相对时代可分为古滑坡、老滑坡、新滑坡	148	91.36

续表

有关因素	名称类别	特征说明	合计/个	所占比例/%
现今稳定程度	稳定滑坡	发生后已停止发展，一般情况下不可能重新活动，坡体上植被较盛，常有老建筑	97	59.88
	基本稳定滑坡	发生后已停止发展，一般情况下不可能重新活动，坡体上植被较盛，但局部陡峭，有新的小崩塌或滑坡	55	33.95
	不稳定滑坡	发生后仍继续活动的滑坡。后壁及两侧有新鲜擦痕，滑体内有开裂、鼓起或前缘有挤出等变形迹象	10	6.17
发生年代	新滑坡	全新世后期斜坡土体在重力、水等因素作用下的破坏。大多数滑坡形态保存完整，滑坡壁高陡清晰，常有崩塌发生。滑坡体中后部明显低于两侧未滑动部分或两侧古、老滑坡体，形成陡崖，前缘滑坡舌、鼓丘清晰。这类滑坡多处于暂时稳定或不稳定状态，规模较小，分布于受强烈侵蚀的冲沟沟脑及古、老滑坡前缘或两侧	53	32.72
	老滑坡	全新世早期形成的滑坡（高漫滩及一级阶地侵蚀期）。地貌上具明显弧状地形，坡体中后部及滑体两侧有明显陡坎，坡体中前部较平缓，已改造为梯田，小冲沟较为发育。坡体上部覆盖黄土状土，少数滑坡可见黑垆土	61	37.65
	古滑坡	晚更新世以来（二级阶地侵蚀期），河流强烈侵蚀形成的滑坡。这种滑坡上覆 Q_3 马兰黄土，后缘具弧形地形，坡体多呈缓坡状，现均被改造为梯田，大冲沟发育，滑坡规模较大，坡体前缘被一、二级阶地堆积覆盖	48	29.63
滑体体积	小型滑坡	$<10\times10^4 \text{m}^3$	29	17.90
	中型滑坡	$10\times10^4 \sim 100\times10^4 \text{m}^3$	23	14.20
	大型滑坡	$100\times10^4 \sim 1000\times10^4 \text{m}^3$	69	42.59
	特大型滑坡	$1000\times10^4 \sim 10000\times10^4 \text{m}^3$	40	24.69
	巨型滑坡	$>10000\times10^4 \text{m}^3$	1	0.62

（二）地质灾害分布规律

宝鸡市范围内的地质灾害分布有如下规律：

（1）地质灾害的分布与发育程度受地形地貌条件的制约，在空间分布具有成带和成群性，毗邻成群，新老叠置。区内的地质灾害主要分布在黄土台塬区（带状分布），其次为黄土梁峁区，黄土丘陵及中低山区较少。工作区内黄土台塬塬边高差较大，一般为 100 ~ 200m，多发育大型以上的滑坡。黄土崩塌主要发育在居民挖窑、建房、修路等切坡形成的黄土陡崖或陡坡地段，多由异常强降雨诱发，对居民的生命财产威胁相比滑坡更甚，主要分布在中部渭河平原周边的塬边和阶地斜坡带，如渭北台塬、金陵河后缘、前缘陡崖及碛石沟，包括林家村崩塌、罗家坡崩塌、蒋家庙崩塌、光明村崩塌、五七村崩塌、郑家湾崩塌等。

（2）滑坡的分布与新近系红黏土的出露位置、分布高程关系密切，同时受古地貌、冲沟的控制，尤其在碛石沟东岸的次级冲沟的沟脑，也就是冲沟近黄土台塬的源头区的滑坡分布和发育模式，不仅与新近系红黏土的出露高程和位置有关，而且该地段滑坡的形成还受古冲沟和古地形地貌的控制，典型的滑坡有金星村 4 队滑坡、白头窑滑坡、王家付托滑坡等。

（3）地质灾害分布与地质构造的展布具有一致性。地质构造与滑坡发育分布有一定的关系，主要体现在区域构造格局、新构造活动及断裂等对滑坡产生的影响。新构造活动虽不能直接形成滑坡灾害，但可以形成孕育滑坡的地形地貌环境，同时受其影响伴生的小型断层和构造节理裂隙破坏了坡体的整体性和稳定性，为水的快速下渗提供了前提，同时大量次级断层面的存在也提供了滑坡发生的软弱面，进而诱发滑坡发生。

（4）滑坡体的物质成分主要为：黄土–古土壤，阶地砾石层和三门群泥岩、砂砾岩或新近系红黏土 4 大类中的不同组合，这与宝鸡市内地层岩性的分布特征有关，其中在宝鸡市区北坡滑坡带中的滑体岩性沿滑动方向具有明显的分带性，后部以黄土–古土壤为主，且古土壤层产状内倾，一般为 $15° \sim 20°$，中部以阶地砂卵砾石层夹粉质黏土及黄土古土壤混杂堆积，前缘为砂卵砾石层夹粉质黏土和三门群硬黏土及砂砾岩为主，且具有向上翘起的和较为密集的剪切裂隙特点。

（5）河流分布及其形成发育期控制地质灾害的分布、发育程度及规模。渭河北岸黄土台塬边坡、金陵河东岸黄土台塬边坡地质灾害相对较发育，长寿沟、碛石沟、金陵河西岸冲沟等"V"形谷内地质灾害发育；渭河、金陵河、千河等"U"形河谷两侧有较宽的漫滩阶地发育，因城市建设改造、人类工程活动的改造而较少发育地质灾害，但在高阶地的陡坎地段，易发生滑坡崩塌灾害。在马尾河、潘溪河两岸及伐鱼河左岸黄土滑坡呈带状分布，在塔稍河以西、伐鱼河以东地区，黄土滑坡体呈零星分布。

（6）和人类工程影响关系密切，地质灾害沿交通线展布：由于本区铁路、高速公路、国道及其他各级公路大都沿河流展布，在交通线修建过程中开挖坡脚形成许多人工高边坡，加剧了斜坡变形，易引发地质灾害的发生。

（三）地质灾害易发性分区

由于区内地形地貌差异大，不同的地貌位置其地层岩性、岩土体组合、水文地质等也不尽相同，其对地质灾害的发育程度也有着决定性作用。依据工作区内地形地貌、地层岩性等不同地质组合关系宏观定性对工作区内的地质灾害易发程度进行区划，见表 6-1-10、表 6-1-11。将宝鸡市幅地质灾害易发程度划分为 4 个等级（图 6-1-11）。其中，高易发区面积为 103.37km²，中等易发区面积为 254.28km²，低易发区面积为 62.20km²，极低易发区面积为 532.48km²。

表 6-1-10　宝鸡市工作区内地质灾害易发程度主要影响因素特征与分布

评价因素			易发条件及分布地区			
			高易发条件（A_i）	中易发条件（B_i）	低易发条件（C_i）	极低易发条件（D_i）
地形地貌	地形起伏度	类别	18～30m	30～50m	12～18m、50～70m	其他
		特征及分布地区	主要分布在渭河北岸黄土塬边斜坡、金陵河、千河西岸塬边，东部高阶地陡坎、长寿沟、硖石沟两岸古老滑坡体的中前部阶梯状平台和次级支沟的侵蚀源头。其中，古老滑坡中前部岩性多为黄土阶地砾石和新近系红黏土的混合堆积，地形起伏，小型冲沟、地形破碎和陡崖发育，为地质灾害高易发条件	主要分布在六川河、卒落河两岸，硖石沟西岸的黄土梁峁区，渭河南岸的破碎的高阶地区及秦岭中低山区，这些区域地形起伏和变化大，易发生崩塌和滑坡灾害，属地质灾害中等易发条件	主要分布于金陵河西岸古老滑坡前缘及千河二、三级阶地区，这些区域地形起伏小，地形为低易发条件	主要分布于渭河北岸黄土台塬及渭河、金陵河、千河、六川河及渭河南部支流的冲积平原。地形相对开阔平坦，属极低易发条件
	地形坡度	类别	20°～35°	15°～20°、35°～45°	7°～15°	其他
		特征及分布地区	主要分布在渭河北岸黄土塬边斜坡、金陵河、千河西岸塬边，东部高阶地陡坎、长寿沟、硖石沟两岸古老滑坡体的中部、后部陡壁以及次级支沟两岸、黄土梁两侧的弧形侵蚀黄土陡坡、西北部中低山区。小型冲沟、地形破碎和地表侵蚀强烈，为地质灾害高易发条件	主要分布在六川河两岸及硖石沟西岸的黄土梁峁的侵蚀黄土洼地、渭河北岸、金陵河、长寿沟、硖石沟东岸，及千河东岸的二、三级阶地陡坎带，斜坡地形变化较大，属地质灾害中等易发条件	主要分布于金陵河西岸古老滑坡前缘及千河二、三级阶地区，地形坡度为缓坡，属低易发条件	主要分布于渭河北岸黄土台塬及渭河、金陵河、千河、六川河及渭河南部支流的冲积平原，千河一、二级阶地，地形相对开阔平坦，属极低易发条件
地质构造		类别	活动断裂带及两侧100m范围	活动断裂带两侧100～300m	局部断裂带两侧300～500m范围内	断裂带两侧500m以外
		特征及分布地区	受近东西和北西向隐伏活动断裂影响。主要分布在渭河北岸塬边斜坡和长寿沟、金陵河两岸斜坡	受活动断裂近东西向和北西向隐伏活动断裂影响。主要分布在渭河北岸塬边斜坡和长寿沟、金陵河两岸斜坡		
工程地质岩组		类别	滑坡堆积体、新近系红黏土	黄土类	砂岩、砾岩夹泥岩类	冲积砂砾石层
		特征及分布地区	主要出露在渭河北岸、金陵河东岸、长寿沟的滑坡堆积体、沟底出露新近系红黏土。在金陵河西岸和硖石沟两岸的次级支沟源头局部区域亦有少量的新近系红黏土零星出露。滑坡混杂堆积体中的红黏土地层为硬土软岩地层、易风化、遇水易崩解、变形，强度变化大，为区域易发灾害地层	主要分布在渭河北岸黄土塬，黄土梁峁，其中在千河以西渭河北岸、千河东岸高阶地区、金陵河、长寿沟、硖石沟两岸的斜坡后部出露离石和午城黄土。其中斜坡地带的马兰黄土顺下伏古土壤或基岩接触面形成小型滑塌，且具有一定的湿陷性，为地质灾害中等易发条件	砂岩、砾岩夹泥岩类主要集中分布于区内西北部中、低山区和硖石沟、六川河河谷和金陵河西岸局部支沟底部，且具有一定沉积韵律，地质灾害为低易发条件	冲积砂砾石层主要分布在渭河低阶地和金陵河冲积阶地，以及六川河低阶地。主要为冲积黏土、粉土和卵、砾石层，为地质灾害极低易发条件

评价因素		易发条件及分布地区			
		高易发条件（A_i）	中易发条件（B_i）	低易发条件（C_i）	极低易发条件（D_i）
斜坡结构类型	类别	黄土与下伏新近系红黏土及滑坡混杂结构	黄土披覆型梁峁及掩埋型基座阶地	层状、板片状结构斜坡	平缓风积冲积平原、块状岩体结构斜坡
	特征及分布地区	主要分布在渭河北岸黄土塬边、金陵河、千河西黄土塬边、东部高阶地陡坎地段、长寿沟塬边斜坡，主要为具有复杂结构类型的滑坡堆积体和黄土与下伏红黏土和硖石沟次级冲沟源头的黄土下伏红黏土，为区域高易发灾结构类型	主要分布在六川河和硖石沟两岸的黄土梁峁区，黄土呈披覆状覆盖基岩，局部为掩埋型基座阶地，不整合接触面与古地形基本一致。千河东岸黄土覆盖阶地在阶地前缘形成陡坎。这些区域在暴雨和冲沟向源侵蚀作用下易形成小型黄土滑塌	层状斜坡主要集中分布于低山区和硖石沟、六川河河谷，且具有一定沉积韵律，地质灾害为低易发条件	平缓风积、冲积平原主要为黄土台塬和渭河冲积平原，为地质灾害极低易发条件
斜坡水文地质条件	类别	滑坡堆积体上层滞水、潜水和局部承压水以及黄土台塬斜坡地下水排泄区	黄土梁峁区局部潜水、基岩裂隙水水文地质单元	低阶地潜水、承压水水文地质单元	黄土台塬、高阶地有上层滞水、潜水和深部承压水和中低山基岩裂隙水
	特征及分布地区	主要分布在渭河北岸塬边斜坡，以及金陵河、长寿沟两侧的古老滑坡堆积体和滑坡后壁。滑坡地下水类型复杂，不仅受后部台塬承压水体补给，而且受地表水体和降雨补给明显，局部存在承压水体。局部滑坡体地下水以湿地或泉水的形式在滑体冲沟或两侧出露	主要分布在硖石沟、六川河两岸的黄土梁峁地区，上覆黄土在局部低洼地带具有潜水地层，地下水以下伏砂砾岩、泥岩基岩裂隙水为主，在基岩冲沟底部或黄土与基岩接触面以泉水或湿地的形式出露	主要分布在渭河和金陵河低级阶地，受河流侧向补给，具有较为统一的潜水水位，季节性变化明显，受降雨补给明显。深部承压水体水头稳定，受潜水越流补给，为宝鸡市区主要地下水资源	主要集中在渭河北岸的黄土台塬和西北部的基岩山区，黄土台塬区地下水埋深大，受降雨补给的影响小。中低山区基岩裂隙水量小，多在冲沟底部以泉水的形式出露，受降雨的影响小

表 6-1-11　宝鸡市幅内地质灾害易发程度分区评述表

分区		名称	面积/km²	地质灾害易发程度分区描述
高易发区 A	Ⅰ1	长寿沟两岸、硖石沟东岸黄土台塬斜坡段、金陵河至硖石沟段渭河北岸高阶地前缘	29.28	此区内为黄土塬斜坡段，黄土梁峁区，为古老滑坡堆积体，中上部相对平缓，前缘临引渭渠为阶梯状地貌，黄土陡崖冲沟发育，新近系红黏土工程性质差，地下水条件复杂，不仅受后部承压水补给，且受引渭渠渗漏、生活排水和降水补给，坡体为滑坡混杂堆积，尤其在五级阶地前缘的滑坡具有多期次活动、多滑动面、层间剪切面和构造节理裂隙发育等结构特征，渭河北缘断裂从该区通过；黄土梁峁区黄土底部有白垩系砂砾岩，其与上部黄土不整体接触，角度不一，易形成高位滑坡。区内有在册地质灾害点 58 处，占总数的 50.43%

续表

分区		名称	面积/km²	地质灾害易发程度分区描述
高易发区 A	Ⅰ2	贾村塬西侧斜坡带、蟠龙塬渭河北岸和千河西侧黄土塬边斜坡段	36.78	此区内为黄土塬斜坡段及五级阶地前缘斜坡，多为古老滑坡堆积体，后部为滑坡陡壁、中上部相对平缓，前缘为阶梯状地貌，黄土陡崖、冲沟发育，滑坡堆积体岩性复杂，包括黄土、阶地砾石层，工程性质差，地下水条件复杂，受后部新近系潜水、滑体上居民生活用水和降水补给，坡体滑坡混杂堆积，具有多期次活动、多滑动面、层间剪切面；金陵河东岸断裂在斜坡中后部通过，构造节理裂隙发育；渭河北缘断裂从该区通过，滑坡在区内呈带状分布，崩塌在滑坡前缘和后壁发育；区内有在册地质灾害点37处，占总数的32.17%。千河西侧黄土塬边斜坡地段，多为古老滑坡堆积体，坡体为滑坡混杂堆积，具有多期次活动、多滑动面、层间剪切面和构造节理裂隙发育等结构特征，千河西岸断裂由该区通过，坡体间冲沟内泉水出露，地下水条件复杂，滑坡崩塌在区内呈带状发育，以大中型以上滑坡为主；区内有在册地质灾害点4处，占总数的3.48%
	Ⅰ3	贾村塬北侧冲沟区	2.02	本区位于黄土塬边斜坡和冲沟区，区内冲沟发育，沟谷切割深，斜坡以黄土为主，底部有新近系红黏土，工程性质差，地下水条件复杂，为黄土滑坡崩塌易发区
	Ⅰ4	千河东岸高阶地前缘陡坎及渭河北岸黄土塬边斜坡地带	35.29	地质灾害发育，地貌上属于黄土台塬塬前斜坡、河谷阶地周边地区，地质灾害以滑坡、崩塌、不稳定斜坡、泥石流为主；大部分密集分布于黄土台塬塬前斜坡区域，区内城市建设发展迅速，人为活动强，为黄土滑坡崩塌易发区
中等易发区	Ⅱ1	金陵河西侧兰家沟以北斜坡段、碤石沟北部两侧及西侧至六川沟东侧黄土梁峁区	40.05	此区内为黄土梁峁区，黄土厚度随地形起伏，黄土下伏白垩系砂岩、泥岩和砾岩地层主要为顺向、斜向岩体结构，地下水主要为黄土下伏基岩裂隙水，在冲沟底部或黄土与基岩接触面出露，在次级支沟临近黄土梁顶部的弧形侵蚀斜坡段，黄土冲沟、陡崖发育、地形破碎，易形成黄土崩塌、顺基岩接触面滑坡。区内有在册灾害点2处
	Ⅱ2	金陵河西侧黎沟村至北庵堡段黄土塬斜坡	7.65	此区为金陵河西侧陵塬黄土塬东边斜坡，整体为古老滑坡，局部有防空隧道，地下水复杂，边坡底部不受侵蚀，在暴雨季节局部易崩塌和形成顺坡泥流，地质灾害易发程度为中等。区内有在册灾害点2处
	Ⅱ3	渭河南岸高阶地区	189.96	区内为渭河南岸高阶地区，因秦岭北坡的水系冲刷使区内地形破碎，阶面和水系冲沟间高差大，陡崖发育、地形破碎，易在斜坡段形成黄土崩塌和滑坡。为地质灾害中易发区
	Ⅱ4	千河东岸三级阶地前缘陡坡段	1.77	此区内为千河东岸三级阶地前缘陡坡段，陡坡上下高差10~20m，斜坡主要组成物质为上更新统黄土及下部砂砾石层，黄土节理裂隙发育，易发生黄土崩塌
	Ⅱ5	千河东岸高级阶地前缘陡坡段	8.40	此区内为千河东岸高级阶地前缘陡坡段，陡坡上下高差20~30m，上中更新统黄土边坡陡立，黄土节理裂隙发育，易发生黄土崩塌，区内有一处黄土崩塌灾害

分区		名称	面积/km²	地质灾害易发程度分区描述
中等易发区	Ⅱ6	雍水河河谷两侧地段	6.46	地质环境条件较差，地质灾害中等发育，地貌单元为雍水河河谷，人类活动强烈活动。人类工程活动强及地貌特征是形成地质灾害的主要原因
低易发区	Ⅲ1	六川河、卒落河两侧黄土梁峁区	2.85	区内地形较陡，组成物质以底部的白垩系砂砾岩、泥岩和砂岩互层和上部覆盖中上更新统风积黄土组成，但区内基岩出露高度较高，植被覆盖率高，人类居住密度低，属地质灾害低易发区
	Ⅲ2	千河三四级阶地区	59.35	区内地形较缓，物质组成以黄土为主，滑坡崩塌低发育，现状无灾害点分布
不易发区	Ⅳ1	长坡塬	4.81	位于宝鸡市区河流阶地或黄土塬表面，地形平坦开阔，主要为冲积黏土、粉土、砂砾石层和黄土层，且大部分为人类城市已经建成区，不具备地质灾害发育的地形条件。为地质灾害不易发区
	Ⅳ2	马家塬–常家干沟塬	7.14	
	Ⅳ3	陵塬	9.64	
	Ⅳ4	宝鸡渭河平原及金陵河、千河低阶地区	206.47	
	Ⅳ5	贾村塬蟠龙塬	91.89	
	Ⅳ6	千河王家崖水库上游高漫滩及一级阶地区	10.48	
	Ⅳ7	千河上游二级阶地区	5.09	
	Ⅳ8	千河以东渭河以北慕仪塬	196.96	

七、主要环境地质问题

宝鸡市规划建设区内原生环境地质问题和不合理的人类工程活动产生的次生环境地质问题主要有砂土液化、地下水、地表水污染、黄土湿陷及土壤问题等，且以地质灾害问题为主。原生环境地质问题主要受地形地貌及构造作用的控制，而次生环境地质问题则因人类工程活动的影响而有规律地分布。其中地质灾害是原生环境地质和人类工程活动共同产生的，而地下水污染和地下水位下降则主要是人类工程活动引起的次生环境地质问题。因此，本节针对宝鸡市城市发展在此两方面的问题进行说明，总结其发育特征和分布规律，并提出相应的防治对策。

（一）砂土液化

宝鸡市渭河河漫滩及一级阶地一带，千河以西渭河两侧高低漫滩的可液化砂土结构松散，分布无规律，厚度在 4.2m 之内，潜水位埋深多为 0.8 ~ 5.0m。据判别，饱水砂土在地震烈度 7 度时，细砂有可能液化，粉砂及粉土将液化。液化层薄，分布零散，危害性小。

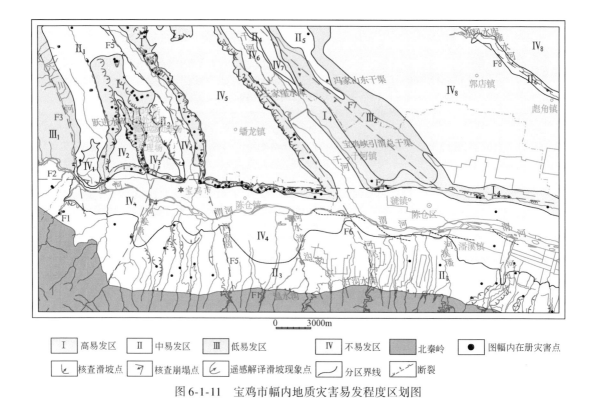

图 6-1-11　宝鸡市幅内地质灾害易发程度区划图

（二）地表水及地下水污染

1. 地表水污染

高锰酸盐指数 COD_{Mn} 值超标的有长寿沟中下游两处取样点，分别为朱家崖东侧沟内和长寿沟沟口，其污染来源应与上游宝鸡市长寿沟生活垃圾场有关，随着沟内汇流作用，向下游方向，COD_{Mn} 值逐渐降低，总体高于生活饮用水标准值；金陵河西侧支流冲沟内，超标点位于金丰村北沟内，检测值为 4.32mg/L，另有白道沟内检测值为 2.88mg/L，处于临界位置；王家崖水库检测值为 3.14mg/L，略高于饮用水标准。

同时区内的六川河河水，3 处取样点均符合饮用水标准，但距标准最高值较近，处于临界位置，流入区内位置 COD_{Mn} 值较高，这可能和上游耕植使用化肥有关，在汇水作用下，COD_{Mn} 值由上游向下游逐渐降低。

金台区渭河上游硝酸盐检测值为 19.55mg/L，超出地表水 Ⅲ 类水域功能标准，王家崖水库千河段检出 Al^{3+} 达 0.21mg/L，略超出饮用水 0.20mg/L 的限值。

2. 地下水污染

区内潜水超标项主要为 NO_3^- 和 COD_{Mn}。共有 12 个水点的 NO_3^- 含量超标，为 Ⅲ 类水，如李家新村生活用水井；有 2 个点和 1 个泉水点的 NO_3^- 含量大于 20mg/L。COD_{Mn} 超标点有 2 处，一处为陈仓区千河镇铁路家属院，一处为千河镇张家崖村泉水。

承压水有 14 处 NO_3^- 含量超标，为 Ⅲ 类水，如蟠龙塬坡头村 NO_3^- 含量超标，为 11.13mg/L（以 N 计）；陈仓区李家崖村北水井 NO_3^- 含量为 24.86mg/L，陵原村水井的 COD_{Mn} 值为 5.76mg/L。

（三）土壤质量

按照《土壤环境质量 农用地土壤污染风险管控标准（试行）》（GB 15618—2018），区内土壤偏碱性，按 pH>7.5 对土壤环境质量进行分析评价（表 6-1-12）。

表 6-1-12　农用地土壤污染风险筛选值　　（单位：mg/kg）

序号	污染物质	风险筛选值			
		pH≤5.5	5.5<pH≤6.5	6.5<pH≤7.5	pH>7.5
1	镉	0.3	0.3	0.3	0.6
2	汞	1.3	1.8	2.4	3.4
3	砷	40	40	30	25
4	铅	70	90	120	170
5	铬	150	150	200	200
6	铜	50	50	100	100
7	锌	200	200	250	300

根据表 6-1-12 中的土壤污染风险筛选值标准，对区内镉、汞、砷、铅、铬、铜、锌 7 种土壤环境质量指标进行评价（表 6-1-13）。

表 6-1-13　区内 7 种元素统计结果一览表　　（单位：mg/kg）

项目	镉 Cd	汞 Hg	砷 As	铅 Pb	铬 Cr	铜 Cu	锌 Zn
最大值	0.29	0.52	18.40	31.90	78.00	34.90	106.00
最小值	0.04	0.01	8.89	18.70	46.30	19.60	55.90
平均值	0.12	0.03	13.55	24.28	60.77	26.63	71.91
标准值	0.6	3.4	25	170	200	100	300
评价结果	小于标准	小于标准	小于标准	小于标准	小于标准	小于标准	小于标准

根据评价结果表 6-1-13，区内所有取样的 7 种元素检测值均小于碱性土壤污染风险筛选的标准值，即区内土壤中的污染元素对农产品质量安全、农作物生长和土壤生态环境的风险低，可忽略；且所有检测值均较标准值小一半以上，说明区内土壤洁净。

（四）黄土湿陷

区内具湿陷性的土有中更新统黄土的上层部分、上更新统黄土、全新统黄土状土和人工填土。上更新统黄土湿陷性强，湿陷量大，主要分布在二级至五级阶地、黄土塬、黄土梁峁等地貌单元上；全新统黄土状土、人工填土的湿陷性程度不等；中更新统黄土的上层部分黄土具有湿陷性；中更新统下部和下更新统黄土不具有湿陷性。表明黄土由新到老湿陷性由强变弱。区内的河谷漫滩区全新统黄土状粉质黏土，厚度薄，其下为砂、砂砾石，均属非湿陷性土。

区内湿陷性黄土场地以Ⅱ级自重湿陷性为主（表6-1-14），主要集中分布在高级阶地（二级以上）、渭河北岸的黄土塬以及黄土梁峁地区，占工作区黄土塬及高阶地的大部分地区。

表6-1-14　黄土类土湿陷性评价表

序号	地貌单元	钻孔编号	地下水位埋深/m	湿陷性土埋藏深度/m	自重湿陷量 Δ_{zs}/mm	地基湿陷场地类型	湿陷量 Δ_s/mm	地基湿陷等级
1	黄土塬	BJ02	>100	20	117.9	自重湿陷	223.4	Ⅱ中等
2		BJ03	>100	19	172.8	自重湿陷	347.1	Ⅱ中等
3		BJ04	>60	20	117.9	自重湿陷	272.1	Ⅱ中等
4		BJ05	>60	22	174.6	自重湿陷	207.5	Ⅱ中等
5		BJ08	>60	20	183.6	自重湿陷	413.7	Ⅱ中等
6		BJT01	>60		*			
7		BJT02	>100	>20.0	144.0	自重湿陷	243.2	Ⅱ中等
8		BJT03	>100	>20.0	162.0	自重湿陷	394.2	Ⅱ中等
9		BJT04			*			
10		BJT05	>100	10	30.6	非自重湿陷	159.6	Ⅰ轻微
11	一级阶地	BJ07			*			
12	二级阶地	BJ06			*			
13		BJ09			*			
14	黄土台塬	W01	>100	24.0	390.6	自重湿陷	446.4	Ⅲ级（严重）
15		W05	>100	23.0	189.0	自重湿陷	300.0	Ⅱ级（中等）
16		W08	>100	19.0	47.7	非自重湿陷	250.2	Ⅰ级（轻微）
17		W09	>100	26.0	117.0	自重湿陷	296.1	Ⅱ级（中等）
18		T01	>100	>20.0	67.5	非自重湿陷	321.3	Ⅱ级（中等）
19		T05	>100	>20.0	163.8	自重湿陷	419.4	Ⅱ级（中等）
20		T07	>100	>20.0	107.1	自重湿陷	252.9	Ⅱ级（中等）
21		T10	>100	>20.0	132.3	自重湿陷	223.2	Ⅱ级（中等）
22	二级阶地	W06	48.1	6.0	70.2	自重湿陷	330.5	Ⅱ级（中等）
23	三级阶地	W02	64.8	20.0	311.4	自重湿陷	659.5	Ⅲ级（严重）
24	四级阶地	T03	>60	>20.0	131.4	自重湿陷	358.2	Ⅱ级（中等）
25	山前洪积扇	W04	29.8	14.0	60.3	非自重湿陷	256.5	Ⅰ级（轻微）
26		W07	43.3	15.0	60.3	非自重湿陷	216.9	Ⅰ级（轻微）

注：湿陷性土埋藏深度>20m 的为探井，未穿透湿陷黄土层，自重湿陷量为"*"的表示该孔内自重湿陷量 $\delta < 0.015$。

Ⅲ级严重自重湿陷性场地：主要分布于千河东岸，王家崖水库至南指挥村一线西北部区域，为千河二至四级阶地及部分黄土塬区，其自重湿陷量（Δ_{zs}）为 131.4 ~ 390.6mm，总湿陷量（Δ_s）为 321.3~659.5mm。

Ⅱ级中等自重湿陷性场地：主要分布于渭河北岸二至五级阶地、黄土塬、黄土丘陵梁峁地区。自重湿陷量（Δ_{zs}）为 70.2~189.0mm，总湿陷量（Δ_s）为 207.5~419.4mm；根据钻孔资料可知湿陷性黄土深达 17.5~26m，部分探井未揭穿湿陷性黄土层（探井深度 20m，20m 位置处土样仍具备湿陷性）。根据自重湿陷量和总湿陷量的计算值确定湿陷等级为中等。

Ⅰ级轻微自重湿陷性场地：主要分布于雍水河两侧的洪积扇塬面上，自重湿陷量（Δ_{zs}）为 47.7~60.03mm，总湿陷量（Δ_s）为 201.695~255.6mm；根据钻孔资料可知湿陷性黄土最大深度约为 19m。

（五）地质环境评价与区划

根据《城乡规划工程地质勘察规范》（CJJ 57—2012），宝鸡市城市区地质环境划分为好、较好、较差和差四个级别（表 6-1-15，表 6-1-16，图 6-1-12）。

表 6-1-15　地质环境质量分区统计表

级别	分区
好区（Ⅰ）	一、二级黄土塬，渭河北岸及千河三级、四级和五级阶地区
	渭河河谷、金陵河、千河河谷
较好区（Ⅱ）	六川河河谷
较差区（Ⅲ）	长寿沟垃圾场以下河谷
	塬边地质灾害发育较弱地带
	渭河南岸高阶地
	雍水河河谷及其两岸
差区（Ⅳ）	秦岭低中山区
	黄土梁峁区
	塬边地质灾害发育区

表 6-1-16　宝鸡市区域内地质环境质量分区评价表

级别	亚区	分区范围	面积/km²	分区描述
好区Ⅰ	Ⅰ1	长坡塬、渭河北岸三级、五级阶地	4.22	无地质灾害发育，地层主要为第四系风积黄土层，适合进行城市建设，水文地质条件在河谷区较好，在高阶地及黄土塬区较差；整体上无污染或污染轻微
	Ⅰ2	紫塬、渭河北岸五级阶地	7.14	
	Ⅰ3	陵塬、渭河北岸五级阶地	9.64	
	Ⅰ4	渭河河谷、金陵河河谷、千河河谷区	227.49	
	Ⅰ5	贾村塬、渭河北岸五级阶地	81.71	
	Ⅰ6	慕仪塬	242.85	
	Ⅰ7	雍水河东北部	18.08	

续表

级别	亚区	分区范围	面积/km²	分区描述
较好区 Ⅱ	Ⅱ1	六川河河谷	2.29	无地质灾害发育，地层以第四系冲积层为主，不适宜进行城市建设，水文地质条件好，整体上无污染或污染轻微
较差区 Ⅲ	Ⅲ1	长寿沟垃圾场以下河谷	0.80	长寿沟内垃圾场下游区域地表水、地下水受垃圾场污染
	Ⅲ2~Ⅲ6	黄土塬边地质灾害发育较弱地带	15.17	地质灾害发育较弱或无地质灾害发育，表面地形坡陡，高差较大，地下水水文地质条件较差，整体城市建设适宜性差
	Ⅲ7	渭河南岸高阶地	151.11	地形破碎，高差大，建设适宜性较差
	Ⅲ8	千河东岸四级阶地陡坡地带	7.89	地形起伏大，较破碎，地层岩性为风积黄土，植被覆盖率低，水土流失严重；黄土疏松，小型崩塌较发育，属地质灾害中易发区
	Ⅲ9	雍水河河谷及其两岸	9.15	
差区 Ⅳ	Ⅳ1	黄土梁峁区	92.56	地质灾害较发育或较弱，人类工程活动相对较低，但地形高差大，坡度陡，地形破碎，水文地质条件差
	Ⅳ2~Ⅳ3	黄土塬边地质灾害发育区	33.60	地质灾害发育，大的、巨型黄土滑坡相连成带状，宝鸡市现有在册的地质灾害监测点也多分布于区内，且区内地形高差大，坡度陡，工程建设适宜性差
	Ⅳ4	千河东岸二、三级阶地前缘及渭河北部黄土塬边斜坡区	31.13	地形高差较大，坡度较陡，较破碎，植被稀少，水土流失较严重；黄土湿陷性较严重，土质疏松，黄土崩塌、滑坡发育，属地质灾害高易发；近坡脚处人口密度大，人类工程强烈
	Ⅳ5	秦岭低中山区	32.51	地质灾害较发育或较弱，人类工程活动相对较低，地形高差大，坡度陡，地形破碎

地质环境质量好区（Ⅰ）：主要分布于渭河、千河、金陵河河谷，渭河北岸三至五级阶地，一、二级黄土塬及雍水河东北部，分为 7 个亚区，总面积为 591.13km²。

地质环境质量较好（Ⅱ）：为较宽的六川河河谷区，总面积为 2.29km²。

地质环境质量较差区（Ⅲ）：黄土塬边的地质灾害发育弱区、长寿沟垃圾场下游区域、千河东岸四级阶地、雍水河河谷及其两岸和渭河南部地形破碎的高阶地区，本区共分为 9 个亚区，总面积为 184.12km²。

地质环境质量差区（Ⅳ）：主要分布于渭河北岸的黄土塬源边、西部的黄土梁峁区、千河东岸二、三级阶地陡坎发育区及西南角的秦岭低中山区，本区共分为 6 个亚区，总面积为 189.80km²。

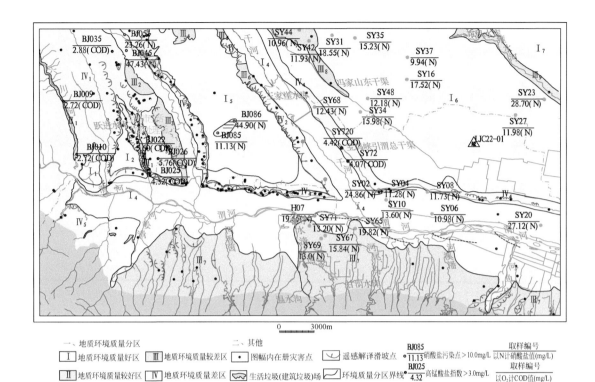

图 6-1-12 宝鸡市地质环境质量分区图

八、宝鸡市国土空间规划优化

(一) 基于活动断裂的国土空间规划优化

宝鸡市中心城区发育有渭河断裂、桃园-龟川寺断裂、金陵河断裂、固关-虢镇断裂 4 条活动断裂。宝鸡市地处渭河地震带与南北地震带的交汇复合部位, 历史地震以小震为主, 未发生过大地震, 但邻区发生的 5 次大地震对本区影响较大, 如 2008 年 "5·12" 汶川 8 级地震, 陈仓区属于重灾区, 地震烈度为 6 度。主城区为地震较活动区, 地震动峰值加速度为 0.2g, 抗震设防烈度 8 度, 反应谱特征周期为 0.40s。

宝鸡市国土空间规划必须考虑活动断裂因素, 城市规划建设应根据建筑物的类型和性质, 合理选择避让距离。断层单侧 30m 内危险性极高, 建议断层两侧 30m 范围内不宜规划建设一级和二级工程; 断层单侧 30~100m 危险性较高, 此范围内不宜规划建设一级工程。

(二) 基于地质灾害的国土空间规划优化

宝鸡市城区黄土台塬塬边相对高差为 100~200m, 坡度大于 50%。塬边地质灾害集中发育, 为地质灾害高易发区, 已有滑坡 162 处, 其中不稳定滑坡 10 处, 基本稳定滑坡 55 处, 稳定滑坡 97 处。在强降雨、地表水渗漏、人类工程活动等因素影响下, 极易诱发地质灾害发生。建议以地质灾害易发区边界为城市边界（图6-1-13）。城市规划建设时，坡下建筑物与坡脚距离、坡顶建筑物与坡边距离均不宜小于边坡坡高。

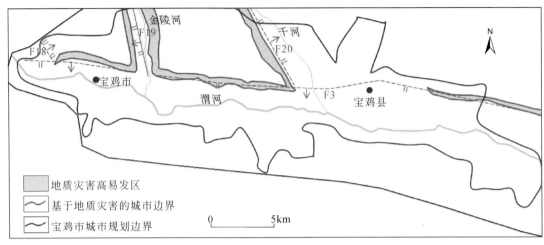

图6-1-13　宝鸡市地质灾害高危险区与国土空间规划优化建议图

（三）地下空间资源及开发利用建议

宝鸡市城市区主体坐落于渭河两岸的一级、二级阶地，城市区渭河河谷狭窄，属河谷型城市。150m以浅工程地质层包括黄土、碎石土、砂土、粉土、黏性土、层状碎屑岩6个大层，工程地质结构类型主要有黄土+碎石土、砂土、黏性土互层+层状碎屑岩，黄土+层状碎屑岩，黄土+碎石土、砂土、黏性土互层，碎石土、黏性土+层状碎屑岩四类。

宝鸡市城市地下空间资源开发利用层以黄土+层状碎屑岩为主。黄土台塬区及二级以上高阶地区，黄土层厚度大，分布稳定，适宜地下空间开发利用。层状碎屑岩以砂泥岩为主，构造裂隙不发育，含水性较弱，适宜地下空间开发利用。黄土台塬塬边地形高差大，滑坡发育，土体松散，不适宜地下空间开发利用。

宝鸡市城区地下空间资源不宜开发层为渭河漫滩和一级阶地区的砂土、碎石土，渗透性强，含水性好，地下空间开发利用中易发生涌砂、突水。

开发利用中尚应注意的地质问题主要为活动断裂、含水层等。对于活动断裂、地裂缝，应采取避让或工程减缓措施。渭河漫滩及一级阶地区建有城市后备水源地9处，其砂土层、碎石土层原则上不作为地下空间开发利用层。

第二节　渭南市城市地质

一、发展规划及地质问题

渭南市地处关中平原东部，距西安60km，距咸阳国际空港80km，有郑西、大西2条高铁，陇海、西南等6条铁路，连霍、京昆等3条高速公路和9条国道省道于渭南纵横贯穿，是中东部地区进入西北门户的交通要道，是关中–天水经济区次核心城市、关中平原城市群副中心城市之一。

据《渭南市城市总体规划（2016—2030）》，中心城区规划范围包括主城区、华州片区（图6-2-1），面积为415km²。到2020年，中心城区城市人口规模为80万人；到2030年，中心城区城市人口规模为118万人。

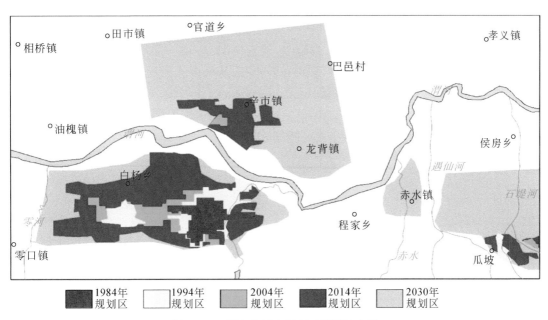

图6-2-1　渭南市城市规划区范围演变图

城市规划以建设富裕、美丽、幸福新渭南为总目标，把全市建成新型工业聚集地、现代农业示范地、华夏山河文化旅游目的地、大关中东部区域中心城市、陕西物流新高地。城市定位为关中城市群副中心城市、晋陕豫黄河金三角区域中心城市、华夏山河文化名城。

渭南市城市建设主要面临着活动断裂、地质灾害、水污染等环境地质问题。渭河断裂东西向贯穿渭南市中心城区，1556年华县大地震即发生在中心城区；主城区南部塬前黄土滑坡、崩塌等地质灾害发育，主城区内金华庄、韩马村、程家乡及树园村等地，分布东西向构造地裂缝；工业废水造成石堤河河水及局部地下水污染。这些环境地质问题对城市建设的影响不容忽视。

二、地质环境条件

（一）气象水文

渭南市多年平均气温18.82℃。1985～2017年多年平均降水量为534.2mm（图6-2-2），最大年降水量为881.0mm（2003年），最小年降水量为301.0mm（1997年），年内降水主要集中在7、8、9三个月，约占年降水量的55.7%。多年平均蒸发量为1179.23mm。

　　渭南市河流有渭河及其右岸一级支流沈河、赤水河、石堤河、遇仙河等。

　　渭河：由西向东流经主城区，华州区水文站年平均径流量为 $109.0 \times 10^8 m^3$。

　　沈河：发源于秦岭二郎山，流经主城区于赵王村汇入渭河。流长为45.1km，流域面积为269.5km²，平均流量为1.36m³/s。沈河水库为渭南市饮用水源地。

　　赤水河：发源于秦岭北坡，由箭峪河和涧峪河汇聚而成，于赤水镇三涨村注入渭河。流长为41.1km，流域面积为300.8km²，平均流量为1.621m³/s。

　　遇仙河：渭河一级支流，发源于华州区大明镇桥峪老牛山，经大明镇、赤水镇向北流至小涨村流入渭河。流域面积为158.14km²，流长为41.47km，平均流量为0.834m³/s。

　　石堤河：渭河一级支流，发源于华州区杏林镇石堤峪内五里场秦岭山地，于华州镇湾柳村入渭河。流长为36.76km，流域面积为188.68km²，平均流量为0.872m³/s。

（二）地貌

　　区内地貌类型有冲积平原、冲洪积平原、洪积平原、黄土台塬（图6-2-3，图6-2-4）。

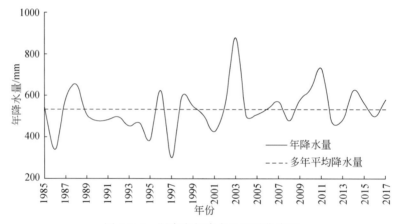

图 6-2-2　渭南市年降水量历时曲线图

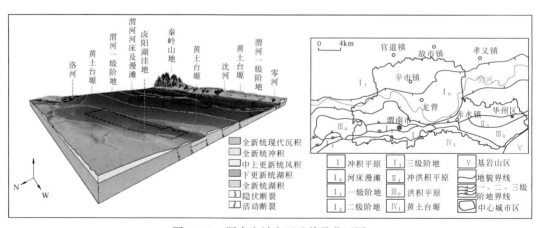

图 6-2-3　渭南市城市区地貌及分区图

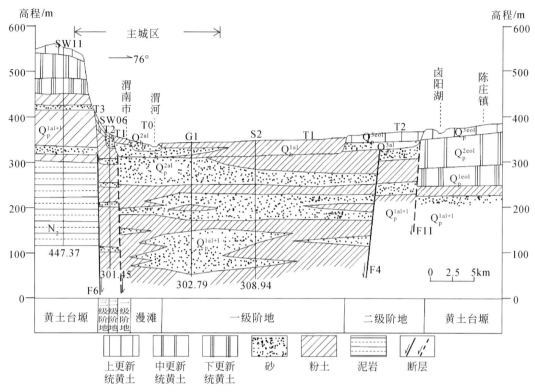

图6-2-4　渭南市主城区地质地貌剖面图

1. 冲积平原（Ⅰ）

河床漫滩（Ⅰ₀）分布于主城区中部，由第四系全新统冲积层上部（Q_h^{2al}）组成。东西向延伸，南北宽1.2～3.7km，高程为340～350m。

一级阶地（Ⅰ₁）分布于城区北部和中部，由第四系全新统冲积层下部（Q_h^{1al}）组成。阶面平缓，微向渭河倾斜。渭河南岸一级阶地宽为0.3～2.5km，渭河北岸阶地宽为10～15km，阶面高程为340～360m。

二级阶地（Ⅰ₂）呈带状不连续分布于主城区南部，由第四系上更新统冲积层（Q_p^{3al}）及风积黄土（Q_p^{3eol}）组成，阶面较平缓，主城区南部阶面微向北倾斜，宽0.5～1km。阶面高程为360～370m。

三级阶地（Ⅰ₃）呈带状分布于主城区南部，由第四系中更新统冲积层（Q_p^{2al}）、风积黄土（Q_p^{2eol}）以及上更新统风积黄土（Q_p^{3eol}）组成。阶面向北倾斜，宽0.5～1.2km。阶面高程为370～400m。

2. 冲洪积平原（Ⅱ）

冲洪积平原分布于华州片区中部，为一级冲洪积平原（Ⅱ₁）。由第四系全新统冲洪积层（Q_h^{1al+pl}）组成，地形平缓，宽0.5～1km，高程为360～370m。

3. 洪积平原（Ⅲ）

洪积平原主要分布于华州片区南部，属现代洪积扇群组成的洪积平原（Ⅲ₀），由第四系全新统洪积层（Q_h^{2pl}）组成，地形波状起伏，相对高差一般小于20m，扇面总体向北倾斜，高程为370~500m。

4. 黄土台塬（Ⅳ）

一级黄土台塬（Ⅳ₁）分布于主城区南侧，即渭南塬。沈河、赤水河、遇仙河、石堤河等河流由南向北切割塬面，形成多个河间地块，整体上塬面平缓，地势由南向北逐渐降低，塬前高出河流三级阶地50~100m，为滑坡、崩塌地质灾害高易发区。

（三）地层与构造

1. 地层

渭南市主区出露地层为第四系，成因类型有冲积、风积、洪积等（图6-2-5，表6-2-1）。

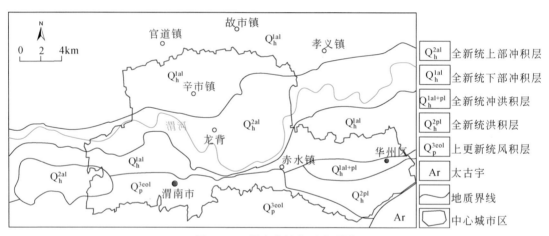

图6-2-5　渭南市城市区地质图

表6-2-1　第四系地层简表

系	统	成因	分布	岩性
第四系	全新统	冲积	上部分布于河床漫滩，下部分布于河流一级阶地	砂、砂砾石、卵砾石、粉质黏土，厚30~40m
		洪积	洪积平原	砂卵砾石、粉质黏土，厚30~50m
		风积	黄土台塬	黑垆土，厚1~2m
		人工堆积	老城区	建筑及生活垃圾，厚1~5m
	上更新统	风积	二级、三级阶地及黄土台塬	浅黄色黄土，夹1~2层古土壤，厚8~20m
		冲积	二级阶地下部	砂、砂砾石、粉土、粉质黏土，厚30~50m

续表

系	统	成因	分布	岩性
第四系	上更新统	冲洪积	冲洪积平原	砂、砂砾石、黄土状土，厚 40~50m
	中更新统	风积	三级阶地、黄土台塬，出露于沈河、赤水河等河谷两侧	黄土，夹 5~7 条棕红色古土壤，三级阶地区厚 10~20m，台塬区厚 50~70m
		冲积	三级阶地下部，渭河以北全新统之下	砂、砂砾、粉质黏土，厚度 50~80m
	下更新统	风积	黄土台塬，出露于沈河、赤水河等河谷两侧	棕黄–棕红色黄土，夹 2~10 层古土壤，厚度 35~40m，厚 30~80m
		冲湖积	全区	砂、砂砾石、粉质黏土，厚度大于 500m

2. 断裂与地震

渭南市规划区地跨固市凹陷、临蓝凸起两个构造单元。渭南市主城区、华州片区主体上位处固市凹陷构造单元，仅南部边缘属临蓝凸起构造单元。断裂主要有华山山前断裂 F2、渭南塬前断裂 F6（图 6-2-6），均为活动性断裂。历史上，关中地震活动强烈，1556 年 1 月 23 日华县大地震即发生于华州片区。

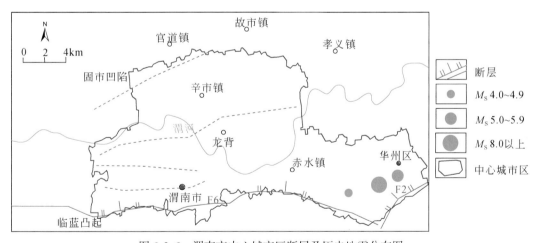

图 6-2-6　渭南市中心城市区断层及历史地震分布图

华山山前断裂 F2：为一级断裂，正断层，走向近 EW，倾向 N，倾角为 65°~80°。断裂西段位于华州片区南侧，全新世期间活动强烈。

渭南塬前断裂 F6：为二级断裂，正断层，走向近 EW，倾向 N，倾角为 60°~70°。主断裂 F6 和一系列小断层组成阶梯式断层带，构成渭河断裂束，全新世活动性较强。断裂束东西向贯穿主城区。

三、工程地质条件

渭南市城区工程地质体以土体为主。土体分为一般性土和特殊性土两大类型，岩体分布于城市区东南部外围，为坚硬块状火成岩，予以从略。

1. 土体类型及工程地质性质

土体类型分为一般性土和特殊性土，前者主要包括碎石土、砂土、粉土和黏性土，特殊土则包括黄土、黄土状土及人工填土。

1）碎石土

碎石土分布于渭河支流沋河、赤水河、遇仙河及石堤河河谷区，以及渭河南岸一级阶地下部。岩性为卵砾石，厚度一般为 3 ~ 15m，沋河河谷砾石成分以砂岩为主，赤水河、遇仙河、石堤河河谷砾石成分以花岗岩、片麻岩、石英岩为主。一般卵石粒径为 2 ~ 60mm，含量为 40% ~ 60%，次圆状，中粗砂填充，级配较差。动探 $N_{63.5}$ 击数为 6 ~ 22 击，平均 9 击。承载力特征值为 180 ~ 280kPa。

2）砂土

砂土分布于渭河漫滩和一级、二级阶地下部，厚度为 30 ~ 80m。岩性为粗中砂、砾砂、粉细砂。渭河漫滩及一级阶地区砂层稳定，水平或交错层理，厚度大，级配较好，质纯，稍密-中密，河漫滩区砂层易发生地震液化。承载力特征值中粗砂为 150 ~ 220kPa，粉细砂为 80 ~ 160kPa。二级阶地区砂土埋深为 20 ~ 25m，中密-密实，以中砂为主。承载力特征值中粗砂为 180 ~ 300kPa，粉细砂为 140 ~ 210kPa。塬前洪积扇区砂层分布不稳定，厚薄不一，砂粒分选较差，磨圆一般，级配较差，稍密-中密，承载力特征值为 130 ~ 160kPa。

3）粉土

粉土分布于渭河漫滩、一级阶地和塬前洪积扇地段。成因类型主要有冲积、洪积（不包括黄土类土）等。渭河漫滩表层粉土厚度一般为 6 ~ 8m，浅灰黄色，结构疏松，标贯击数为 3 ~ 5 击，多具高压缩性，承载力特征值为 80 ~ 120kPa。渭河一级阶地、塬前洪积扇粉土具多层性，单层厚度为 2 ~ 10m，灰黄色，稍密-密实，压缩性中等，承载力特征值为 130 ~ 210kPa。

4）黏性土

黏性土包括粉质黏土和黏土。主要分布于渭河阶地区及塬前洪积扇，与粉土层、砂层呈互层状。一般单层厚度为 1 ~ 3m，灰黄-黄褐色，可塑-硬塑，承载力特征值为 130 ~ 210kPa。

5）黄土及黄土状土

黄土分布于台塬、渭河二级、三级阶地区，以风积为主。黄土状土主要分布于渭河一级阶地、塬前洪积扇区，以洪积和冲洪积为主。全新统黄土、黄土状土具中等-高压缩性，上更新统黄土一般具中等压缩性、中等-强烈湿陷性，中、下更新统黄土具低压缩性。

黄土台塬堆积连续，包括全新统、上更新统、中更新统及下更新统风积黄土，厚120 ~ 160m，含古土壤 15 ~ 18 层，下伏下更新统三门湖冲湖积黏性土、砂砾石等。渭河二

级阶地表层堆积 Q_p^{3eol} 黄土，厚 8～20m，大多底部含一层古土壤，下伏晚更新世早期冲积粉质黏土、中粗砂等。渭河三级阶地上部堆积 Q_p^{3eol} 和 Q_p^{2eol} 黄土，厚约 40m，含 2～3 层古土壤，下伏中更新世冲积粉质黏土、中粗砂。

　　渭河一级阶地全新统黄土状土主要为冲积-洪积次生黄土，分布于阶地中后部，岩性主要为浅灰黄-灰褐色粉土，土质不均，稍密，厚 5.0～9.0m；塬前洪积扇黄土状土为洪积或冲洪积堆积，岩性以灰黄或黄褐色粉土和粉质黏土为主，厚 5.0～15.0m，均匀性稍差，可塑，稍密。承载力特征值为 130～140kPa。

　　6）人工填土

　　人工填土分布在渭南市老城区，西起李村，东至瑞泉中学，南起汉马街，北至乐天大街。厚度一般为 2.0～10.0m，其中解放路—南北塘—瑞泉一带，厚度为 4.0～8.0m；站北路的三级阶地前缘斜坡或浅沟中，局部堆积厚度大于 10m。人工填土主要成分为黄土、建筑砖瓦碎块、混凝土碎块、碎石以及少量生活垃圾，结构疏松，土质不均，具有不均匀性、高压缩性、湿陷性、欠固结及低强度特点，其物理力学性质差异较大。

　　2. 工程地质结构

　　渭南市中心城市区 150m 以浅，包括黄土、碎石土、砂土、粉土、黏性土 5 个工程地质层，工程地质结构类型主要有黄土+砂土、粉土、黏性土互层结构和砂土、粉土、黏性土互层结构两类（图 6-2-7）。前者分布于黄土台塬及河流二级、三级阶地，后者分布于渭河河床漫滩、现代洪积扇、一级阶地、一级冲洪积平原。

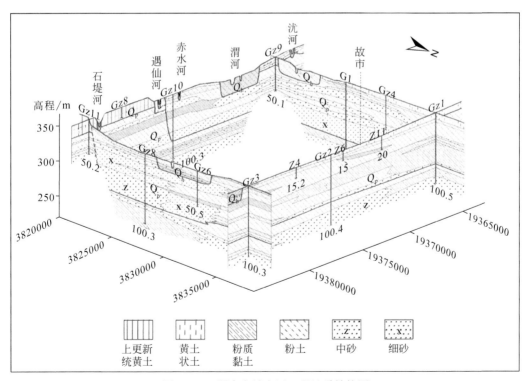

图 6-2-7　渭南市城市区工程地质结构图

四、工程地质分区

场地稳定性评价从活动断裂、抗震地段类别、不良地质作用和地质灾害三个方面进行定性评价。场地稳定性划分为不稳定和稳定两级（表6-2-2）。

表6-2-2　场地稳定性评价结果表

场地稳定性	稳定性分区		分布	活动断裂	抗震地段类别	不良地质作用和地质灾害
不稳定	A	A1	渭南塬前高陡边坡带及沈河、赤水河、遇仙河、石堤河河谷两侧	F6活动断裂	不利	滑坡、崩塌灾害高易发
		A2	活动断裂两侧200m范围内	发育	不利	
		A3	渭河漫滩	F6活动断裂	不利	砂土液化
稳定	D	D1	一级阶地，冲洪积平原及洪积扇	不发育	有利	可能砂土液化
		D2	二级、三级阶地，黄土台塬	不发育	有利	黄土具中等－强烈湿陷性

工程建设适宜性按工程地质和水文地质、场地治理难易程度划分为不适宜、适宜性差、较适宜、适宜四个等级（表6-2-3）。

表6-2-3　工程建设适宜性评价结果表

场地稳定性	稳定性分区	分布	工程地质和水文地质	场地治理难易程度
不适宜	A	渭南塬前高陡边坡带及沈河、赤水河、遇仙河、石堤河河谷两侧	场地不稳定、地面坡度大于50%	地质灾害治理难度大，场地应采取大规模工程防护措施
		沿活动断裂两侧200m	场地不稳定	场地平整较简单
适宜性差	B	渭河漫滩	场地稳定性差，有洪水淹没可能	施工条件较差
较适宜	C	二级、三级阶地，洪积扇	场地稳定、地形有一定起伏，工程地质性质较好	场地平整较简单，施工条件较好
适宜	D	一级阶地，冲洪积平原，黄土台塬	场地稳定、地形平坦，土体工程地质性质良好	场地平整简单，地基条件和施工条件优良，工程建设不会诱发次生地质灾害

渭南市城市区为松散土体工程地质区，可划分为冲积平原（Ⅰ）、冲洪积平原（Ⅱ）、洪积平原（Ⅲ）、黄土台塬（Ⅳ）等4个工程地质亚区、7个工程地质段（图6-2-8，表6-2-4）。

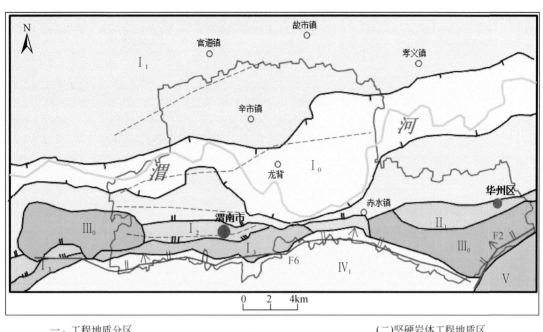

一、工程地质分区

(一)松散土体工程地质区

1.冲积平原工程地质亚区(Ⅰ)

Ⅰ₀	河床漫滩工程地质段
Ⅰ₁	一级阶地工程地质段
Ⅰ₂	二级阶地工程地质段
Ⅰ₃	三级阶地工程地质段

2.冲洪积平原工程地质亚区(Ⅱ)

Ⅱ₁ 一级冲洪积平原工程地质段

3.洪积平原工程地质亚区(Ⅲ)

Ⅲ₀ 现代洪积扇工程地质段

4.黄土台塬工程地质亚区(Ⅳ)

Ⅳ₁ 一级黄土台塬工程地质段

(二)坚硬岩体工程地质区

Ⅴ 坚硬块状火成岩建造亚区

二、界线及其他

工程地质分区界线
一、二、三级阶地界线
断层
中心城市区

图6-2-8　渭南市城市区工程地质分区图

表6-2-4　工程地质分区说明表

工程地质区	亚区及代号	地段及代号	主要工程地质特征
松散土体工程地质区	冲积平原工程地质亚区(Ⅰ)	渭河河床漫滩工程地质地段(Ⅰ₀)	地层层序为 Q_h^{2al}-Q_h^{1al}-Q_p^{2al}-Q_p^{1al+1},工程地质结构为砂土、粉土、黏性土互层结构,可能砂土液化,存在活动断裂,建筑抗震不利,有洪水淹没可能,场地稳定性差;工程地质条件较差;工程建设应注意砂土液化和活动断裂
		渭河一级阶地工程地质地段(Ⅰ₁)	地层层序为 Q_h^{1al}-Q_p^{2al}-Q_p^{1al+1},工程地质结构为砂土、粉土、黏性土互层结构,活动断裂对建筑抗震不利,可能存在砂土液化,场地稳定,地形平坦,工程地质条件良好,适宜各类建筑,工程建设应注意砂土液化和活动断裂
		渭河二级阶地工程地质地段(Ⅰ₂)	地层层序为 Q_p^{3eol}-Q_p^{3al}-Q_p^{2al}-Q_p^{1al+1},工程地质结构为黄土+砂土、黏性土互层结构,活动断裂对建筑抗震不利,黄土具中等–强烈湿陷性,湿陷性黄土厚度8~20m,Ⅲ级(严重)-Ⅳ级(很严重)自重湿陷。工程建设应采取措施消除黄土湿陷性,考虑活动断裂影响

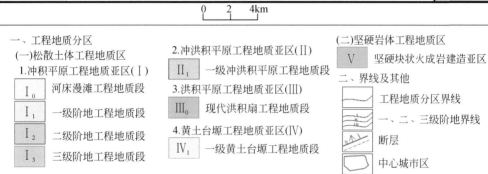

工程地质区	亚区及代号	地段及代号	主要工程地质特征
松散土体工程地质区	冲积平原工程地质亚区（Ⅰ）	渭河三级阶地工程地质地段（Ⅰ₃）	地层层序为 Q_p^{3eol}-Q_p^{2eol}-Q_p^{2al}-Q_p^{1al+l}，工程地质结构为黄土+碎石土、砂土、黏性土互层结构。活动断裂对建筑抗震不利，局部存在地裂缝。黄土具中等–强烈湿陷性，湿陷性黄土厚度 $15\sim20m$，Ⅲ级（严重）-Ⅳ级（很严重）自重湿陷。工程地质条件较好，工程建设应采取措施消除黄土湿陷性，考虑活动断裂影响
	冲洪积平原工程地质亚区（Ⅱ）	一级冲洪积平原工程地质地段（Ⅱ₁）	地层层序为 Q_h^{1al+pl}-Q_p^{2al}-Q_p^{1al+l}，工程地质结构为砂土、粉土、黏性土互层结构，可能砂土液化，局部黄土状土具Ⅰ级（轻微）非自重湿陷性，湿陷性黄土厚度 $2\sim5m$。工程地质条件良好
	洪积平原工程地质亚区（Ⅲ）	山前现代洪积锥卵砾石工程地质地段（Ⅲ₀）	地层层序为 Q_h^{2pl}-Q_p^{1al+pl}-Q_p^{2al}-Q_p^{1al+l}，工程地质结构为碎石土、砂土、粉土、黏性土互层结构。黄土状土具Ⅰ级（轻微）非自重湿陷性，湿陷性黄土深度 $2\sim5m$。工程地质条件中等。
	黄土台塬工程地质亚区（Ⅳ）	一级黄土台塬黄土工程地质地段（Ⅳ₁）	地层层序为 Q_h^{eol}-Q_p^{3eol}-Q_p^{2eol}-Q_p^{1eol}-Q_p^{1al+l}，工程地质结构为黄土+砂土、黏性土互层结构。存在活动断裂，塬前及沈河等河谷区地质灾害发育。湿陷性黄土厚 $15\sim22m$，中等–强烈湿陷，Ⅲ级（严重）-Ⅳ级（很严重）自重湿陷。塬面平缓，工程地质性质良好，适宜工程建设。工程建设应远离边坡、避让断裂

渭南市城市地下空间主要负面因素有活动断裂、含水层、湿陷性黄土、砂土液化、河湖湿地、砂卵砾石等（表6-2-5）。根据工程地质结构、存在的主要问题，地下空间适宜性划分为较适宜和适宜两个区，较适宜区为渭河漫滩及一级阶地区；适宜区为二级与三级阶地、黄土台塬区（表6-2-6）。

表6-2-5　渭南市中心城市地下空间负面因素表

负面因素	因素清单	分布	影响深度
限制因素	重点保护文物战略储备	保护范围	浅部限制开发，中、深部可开发
	既有设施	设施范围	浅部规避；中、深部避让（井、桩基等）
约束因素	活动断裂	分布范围	浅、中、深部均考虑其影响
	地裂缝		
影响因素	地面沉降、隔水层、地下水腐蚀、含水层、地热	区域性	浅、中、深部均考虑其影响
	湿陷性黄土	二级、三级阶地、黄土台塬	浅部考虑其影响，中、深部可不考虑
	砂土液化	渭河河床漫滩	浅部考虑其影响，中、深部可不考虑
	河湖湿地	渭河及其支流	浅部考虑其影响，中、深部可不考虑
	砂卵砾石	洪积扇	浅部考虑其影响

表6-2-6 渭南市城市地下空间评价表

地貌	地下空间适宜性评价
漫滩	工程地质结构为砂土、粉土、黏性土互层结构，主要问题为含水层、砂土液化、活动断裂、河流等。整体上以砂层为主，含水性好，易塌坍、涌砂、突水。地下空间较适宜区
现代洪积扇	工程地质结构为碎石土、砂土、粉土、黏性土互层结构，主要问题为浅部卵砾石、含水层、活动断裂等。0~20m含卵砾石，不利于施工。砂层含水性较强。地下空间适宜区
一级阶地、一级冲洪积平原	工程地质结构为砂土、粉土、黏性土互层结构，主要问题有活动断裂、含水层等，渭河南岸区分布有卵砾石，不利于施工；砂层含水性较强，易坍塌、涌砂、突水，可能存在砂土液化。地下空间较适宜区
二级阶地、三级阶地	工程地质结构为黄土+碎石土、砂土、黏性土互层结构，主要问题为活动断裂、地裂缝、含水层、湿陷性黄土等。二级阶地上部黄土厚8~20m，三级阶地上部黄土厚约40m，易于开发。湿陷黄土层厚度8~20m。下部砂层含水性较强，易坍塌、涌砂、突水。地下空间适宜区
黄土台塬	工程地质结构为黄土+砂土、黏性土互层结构，主要问题为湿陷性黄土、塬边滑坡崩塌灾害。黄土层厚120~160m，湿陷性黄土厚10~20m。下部砂层弱含水。地下空间适宜区

五、水文地质条件及地下水资源

（一）水文地质条件

1. 水文地质结构

渭南市位处关中平原第四系地下水子系统东部。含水介质为第四系松散岩类，地下水类型包括冲积–洪积层孔隙潜水、承压水和风积黄土裂隙孔隙潜水（图6-2-9）。渭南塬前地段，水文地质结构为上部第四系冲积、洪积层潜水含水层、下部承压含水层双层含水结构；渭南塬水文地质结构为上部黄土、下部冲湖积双重介质统一潜水含水结构（图6-2-10）。

2. 含水层富水性

第四系松散层孔隙潜水冲积、洪积层孔隙潜水含水层分布于冲积、洪积平原区。渭河河漫滩水位埋深一般小于5m，含水层为细砂、含砾细砂，厚度为30~40m，渗透系数为21~98.1m/d。隔水底板埋深为40~52m，岩性为粉质黏土，厚度一般为2~4m，分布不稳定。含水层富水性较强，单井涌水量为3000~5000m³/d。阶地区水位埋深为10~25m，含水层为中细砂、中粗砂，厚度为16.5~30m，渗透系数为3.7~25m/d。隔水底板埋深为40~65m。含水层富水性中等，单井涌水量为1000~3000m³/d。

风积黄土孔隙裂隙潜水含水层分布于黄土塬区。含水层为中、下更新统黄土及下更新统冲湖积砂组成，渭南塬水位埋深为40~70m。富水性较弱，单井涌水量为100~1000m³/d。

第四系松散层孔隙承压水分布于冲积、洪积平原。含水层由中、下更新统冲积、冲湖积组成，岩性主要为细砂、中粗砂，具多层结构，单层厚一般为2~10m。渭河漫滩区承压水头埋深为4.2~12.1m，渗透系数为10~30m/d，单井涌水量为1000~3000m³/d。阶

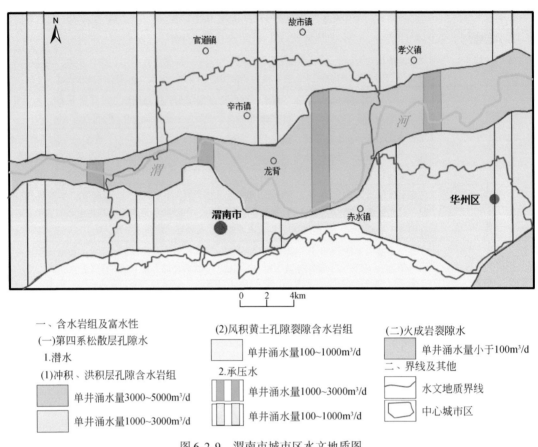

一、含水岩组及富水性

（一）第四系松散层孔隙水

1.潜水

（1）冲积、洪积层孔隙含水岩组

单井涌水量3000~5000m³/d

单井涌水量1000~3000m³/d

（2）风积黄土孔隙裂隙含水岩组

单井涌水量100~1000m³/d

2.承压水

单井涌水量1000~3000m³/d

单井涌水量100~1000m³/d

（二）火成岩裂隙水

单井涌水量小于100m³/d

二、界线及其他

水文地质界线

中心城市区

图6-2-9　渭南市城市区水文地质图

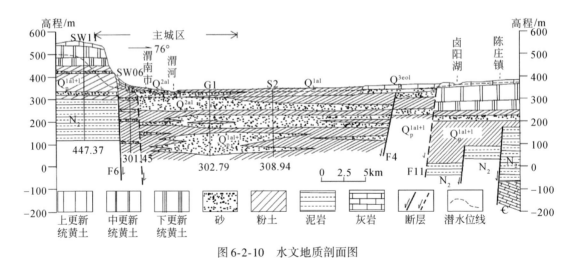

图6-2-10　水文地质剖面图

地区承压水头埋深为10~19.6m，渗透系数为5~20m/d，单井涌水量为100~1000m³/d。

（二）水化学特征

渭河漫滩及其以南地区，地下水水化学类型为 HCO_3 型，矿化度<1g/L；渭河北侧辛

市—孝义一带，水化学类型为 $HCO_3 \cdot SO_4$ 型，矿化度为 1~3g/L；辛市—孝义以北地区，水化学类型为 $SO_4 \cdot Cl$ 型，矿化度一般为 3~10g/L。石堤河流域潜水 NO_3^- 含量超标（图 6-2-11）。

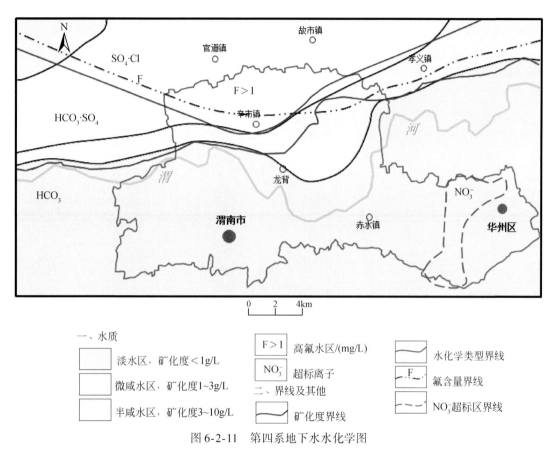

图 6-2-11　第四系地下水水化学图

（三）地下水资源

渭南市城区有水源地 5 处，地下水开采量为 76400~97800m³/d，其中白杨水源地为 21000~24000m³/d；罗刘水源地为 4000~6000m³/d；东水厂水源地为 22000~31000m³/d；龙背水源地为 14000~19000m³/d；魏三庄水源地为 15400~17800m³/d。

六、地热资源

（一）热储层特征

渭南市中心城区处于固市断凹南部，新生界厚一般为 3000~5000m，最厚可达 7000m 以上，其热储类型为碎屑岩类孔隙裂隙热储，热储结构完整，地热资源丰富，自上而下可大致分为 1 个热盖层及 5 个热储层。

热盖层：第四系下更新统三门组（Q_p^{1s}）之上的第四系沉积物，厚 359.60~675.00m，岩性为灰黄色、黄褐色粉质黏土、黏土与中细砂、粗砂、砾石不等厚互层。

第 1 热储层：第四系下更新统三门组（Q_p^{1s}），埋深为 359.60～1342.10m，厚度为 492.30～761.60m。岩性上部为灰黄色黏土层与灰黄色、灰白色中、细砂层略等厚互层；下部为灰黄色、蓝灰色黏土层与灰黄色、灰白色细砂岩互层。共有砂岩层 19～38 层，砂岩总厚度为 157.90～170.10m，砂厚比为 22.4%左右。砂岩单层最大厚度为 27.9m，最小厚度为 0.9m。热储层顶板实测温度为 33.90～41.00℃，底板实测温度为 55.54～67.00℃，平均温度为 44.72～54.00℃。砂岩渗透率为 1021.12～5136.34mD，孔隙度为 55.62%～58.42%，砂岩泥质含量为 15.8%～36.3%。

第 2 热储层：新近系上新统张家坡组（N_2^z），埋深为 984.40～2394.70m，厚度为 928.50～1278.30m。岩性以棕色、灰黄色、灰绿色泥岩为主，夹浅棕色、灰色、灰黄色粉、中、细砂岩，下部夹石膏薄层。共有砂岩层 13～88 层，砂岩总厚度为 139.00～320.00m，砂厚比为 13.21%～34.46%。砂岩单层最大厚度为 32.10m，最小厚度为 0.8m。热储层顶板实测温度为 49.68～67.00℃，底板实测温度为 83.00～89.75℃，平均温度为 69.72～75.00℃。砂岩渗透率为 99.6～6078.86mD，孔隙度为 34.21%～58.42%，砂岩泥质含量为 10.7%～38.2%。

第 3 热储层：新近系上新统蓝田组—灞河组（N_2^{1+b}），埋深为 1993.10～3025.50m，厚度为 437.60～905.50m。岩性为棕红色、灰褐色、紫褐色泥岩、砂质泥岩，夹薄层灰白色、灰黄、棕红色中、细砂岩。共有砂岩层 23～90 层，砂岩总厚度为 78.30～407.70m，砂厚比为 17.90%～45.02%，砂岩单层最大厚度为 14.9m，最薄为 0.9m。热储层中顶板实测温度为 81.54～89.75℃，底板实测温度为 101.69～104.55℃，平均温度为 92.35～96.60℃。砂岩渗透率为 2.42～848.82mD，孔隙度为 10.10%～32.50%，砂岩泥质含量为8.9%～45.59%。

第 4 热储层：新近系中新统高陵群（N_1^{gl}），埋深为 2700.30～3900.10m，厚度为 499.70～903.7m。岩性上部棕褐色泥岩与灰白色中、细砂岩略等厚互层，局部夹白色石膏薄层；下部棕褐色泥岩夹棕红色泥岩与灰白色中、细砂岩不等厚互层，局部夹石膏薄层。共有砂岩层 25～67 层，砂岩总厚度为 114.00～370.90m，砂厚比为 14.30%～41.04%。砂岩单层最大厚度为 25.3m，最小厚度为 0.9m。热储层顶板实测温度为 101.69～105.04℃，底板实测温度为 118.47～129.40℃，平均温度为 110.96～115.55℃。砂岩渗透率为0.23～73.36mD，孔隙度为 4.90%～28.00%，砂岩泥质含量为 6.4%～27.5%。

第 5 热储层：古近系白鹿塬红河组热储层段，埋深为 4500～7000m，厚度为 1000～2000m。据地球物理勘探推测，该热储层底部地温最高可达 200℃。

区内地温条件较好，埋深 1000m/地温 54℃；埋深 1500m/地温 73℃；埋深 2000m/地温 92℃；埋深 3000m/地温 122℃；埋深 5000m/地温 154℃。

据抽（放）水试验资料，地热井取水段含水层渗透系数一般为 0.145～0.167m/d，单位涌水量为 0.12～0.47 L/（s·m）。地热水 pH 为 6.30～8.68，水化学类型为 SO_4·Cl-Na 型、Cl·HCO_3-Na 型、SO_4·Cl·HCO_3-Na 型。矿化度为 3.60～6.86g/L，总硬度为27.5～187.7mg/L。

（二）地热资源

据《渭南市中心城区地热资源论证报告》（西安地质矿产研究所，2012 年），赤水河以西的中心城区，面积为 234km²，各热储层流体储存量总和为 384.37×10⁸m³，其中体积容量为 370.45×10⁸m³，弹性释水量为 13.92×10⁸m³。按储层划分，三门组流体静储量为 36.14×10⁸m³，张家坡组流体静储量为 67.14×10⁸m³，蓝田灞河组流体静储量为 62.96×10⁸m³，高陵群流体静储量为 83.95×10⁸m³，白鹿塬红河组流体静储量为 120.26×10⁸m³。区内地热流体可采资源量为 2.796×10⁸m³。

（三）地热资源开发利用建议

渭南市区地热开发深度一般为 1700~4000m，井口水温一般为 58~120℃（表6-2-7），总体上地热资源开发利用率较低。

表6-2-7　渭南市新生界孔隙水地热井统计表

井号	井位	井深/m	热储层	取水段/m	出水量/(m³/h)	井口水温/℃	矿化度/(mg/L)
WR02	渭南中医学校	3008.88	N_2^{l+b}	1500.8~2995.0	168.76	100	3514.8
WR01	139煤田地质队院内	1703.0	N_2^{l+b}	1030~1632	30.0	58	6863.2
WR03	渭南市原市招待所院内	2451.0	N_2^{l+b}	1556~2384	55.0	92	3232.4
WR59	敷水镇	2805.0	N_2^{l+b}	2049.96~2775.26	136.37	100	
WR60	华州区	1801.0	N_2^z、N_2^{l+b}	946.5~1497.5	108.03	59.8	33733.0
WR61	051基地院内	2600.0	N_2^{l+b}	2030~2600	190.92	105	30164.2
WR62	罗敷	3200.0	N_2^{l+b}、N_1^{gl}	2239~3194.2	162.29	114	35523.5
WR63	实验中学	3200.0	N_2^{l+b}、N_1^{gl}	2250.2~3184.7	85.72	110	4661.0
WR65	渭南北站广场金奥渭热2#井	3806.5	N_2^z、N_2^{l+b}、N_1^{gl}	2288.0~3786.60	278.06	123	5274.3
WR66	渭南市青青小区渭热3#井	3546	N_2^z、N_1^{gl}	2012.6~3531.4	108.36	100	3604.6
WR67	渭南市西郊职教园渭热4#井	3900.5	N_2^z、N_2^{l+b}、N_1^{gl}	2288~3786	272.52	116	6146.0
WR68	渭南市朝阳大街信达商住区	3205	N_2^z、N_2^{l+b}、N_1^{gl}	2012.6~3531.4	102.35	100	6537.8
WR69	华阴市火车北站广场	2918	N_2^z、N_2^{l+b}、N_1^{gl}	1474.3~2860.74	98.82	82.5	21812.0

地热资源开发利用存在的主要问题：

（1）地热资源勘查滞后于开发利用。区内地热资源大面积尚未勘查，地热地质条件和地热资源不清，有碍当地科学合理开发利用。

（2）地热流体集中采区开采强度大。如渭南市迎宾馆地热井成井时水头高出地面+48.50m，2010年水位已降至地表以下200m。

（3）地热资源利用率低，利用结构单一。地热采暖系统采用直抽直排，地热流体消耗量较大，地热流体没有得到梯级开发，尾水排放温度过高。地热资源仅用于洗浴、采暖，尚未涉及温室烘干、休闲理疗、现代生态观光农业及发展地热农畜禽业等方面应用。

（4）地热资源动态监测滞后。

针对地热资源开发建议：

（1）加强地热资源勘查与保护。

（2）提高地热资源开发利用效率，推广无干扰模式应用。

（3）重视地热开发引起的热污染、水质污染等环境地质问题。

（4）加强动态监测，完善地热资源开发利用信息管理系统。

七、地质灾害

（一）地质灾害类型及分布规律

渭南市城区地质灾害类型有滑坡、崩塌、泥石流、地裂缝等，共56处，其中滑坡28处、崩塌22处、泥石流1处、地裂缝5处。

1. 滑坡

分布于渭南塬前缘和零河、沋河、赤水河、遇仙河沟谷两侧，共27处，均为土质滑坡。按规模划分，小型5处，中型12处，大型2处，巨型8处。按稳定性划分，稳定的18处，较稳定的6处，不稳定的3处。

2. 崩塌

分布于渭南塬前缘及赤水河、遇仙河沟谷两侧，共23处，均为土质崩塌。规模以小型为主，其中小型21处，中型2处。稳定的6处，较稳定的13处，不稳定的4处。

3. 泥石流

区内发育泥石流1处，即康沟泥石流，位于临渭区向阳街道办事处郭壕村。其物质来源为滑坡、崩塌堆积物，规模为小型，为降水型泥石流。

4. 地裂缝

共5处，其中2处分布在黄土台塬前缘斜坡地带的良田金华庄、站南韩马村，3处分布在渭河二级阶地中前部的华山大街南貟张村、程家乡柿园村。稳定性均为不稳定。

（二）地质灾害易发性分区

依据地形地貌、地质灾害分布与发育特征、地质构造、人类工程活动程度等因素，地质灾害易发性分区划分为地质灾害高易发区、中易发区、低易发区和不易发区四个区（图6-2-12）。

（1）地质灾害高易发区（A）：分布于赤水河—瓜坡镇塬前地带及赤水河、遇仙河、石堤河沟谷两侧，人类工程活动较强烈，发育地质灾害42处，其中滑坡19处、崩塌22处、泥石流1处。

（2）地质灾害中易发区（B）：分布于赤水河沟谷及沟口塬塬前地带，发育地质灾害9处，灾害类型主要为黄土滑坡。

（3）地质灾害低易发区（C）：分布于沋河以西黄土台塬塬前斜坡地带及华州片区南部基岩山区。

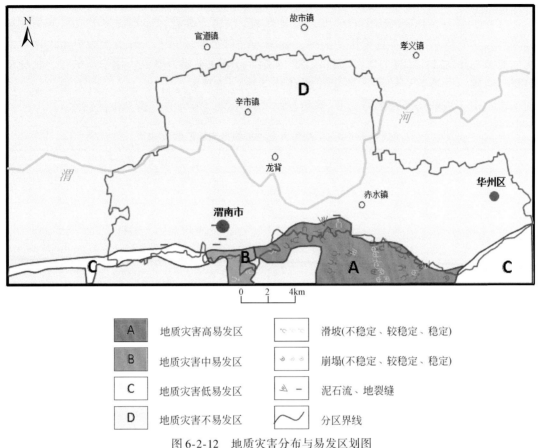

图 6-2-12　地质灾害分布与易发区划图

（4）地质灾害不易发区（D）：分布于冲积平原及黄土台塬塬面，地势平坦，地质环境较好，除主城区零星发育地裂缝外，无滑坡、崩塌、泥石流等地质灾害发育条件。

八、主要环境地质问题

渭南市城市区主要有水质咸化、水污染、地下水变异、黄土湿陷、砂土液化等环境地质问题。

（一）水质咸化与污染

水质咸化出现于渭河北侧。龙背水源地位于渭河北侧漫滩区，建成于 1989 年。持续开采地下水引起水位下降，导致渭河北侧矿化度为 1～3g/L 的微咸水向南入侵，矿化度为 1g/L 的界线向南推移了 1～2.5km，水化学类型由 HCO_3 型转化为 $HCO_3·SO_4$ 型，水质呈咸化趋势。

地下水污染仅出现在主城区华州片石堤河流域。污染源为陕煤化工基地工业污水，污水排放至石堤河后沿河道渗漏，导致石堤河两岸地下水水质变差，污染范围南起瓜坡镇，北至侯坊乡，南北长约 10km；沿石堤河两岸污染带宽度为 4～6km，面积约为 50km²。污染因子主要为硝酸盐，属中度污染。

地表水渭河、石堤河污染较严重，属Ⅴ类水。渭南市高新区白杨污水处理厂和渭北新区冯村污水处理厂的废水直接排入渭河，临渭区污水处理厂的废水排入沈河再入渭河，废水年排放总量为 2414.24×10^4 t（表6-2-8），渭河污染物主要为氨氮、化学需氧量、生化需氧量、总磷、总氮、亚硝酸、高锰酸盐以及动植物油类等；石堤河污染物为硝酸盐。沈河、赤水河、遇仙河河水水质为Ⅱ-Ⅲ类，属轻微污染，污染源主要为生活污水。

表6-2-8　渭南市入渭污染物排放量汇总表

污染物	年排放量/10^4t
COD_{Cr}	968.93
BOD_5	554.35
氨氮	87.88
总磷	3.63
总氮	781.43
动植物油	16.02
合计	2412.24

（二）地下水位变异

地下水位变异表现为降落漏斗。主城区集中开采地段已形成多个地下水降落漏斗，受龙背、白杨水源地傍河开采地下水影响，龙背以西地区潜水与渭河的补排关系发生改变（图6-2-13，图6-2-14）。渭河北岸龙背水源地中心区1987年水位埋深为3.4m，2016年水位埋深为14.2m，水位下降了10.8m，平均降速为0.4m/a。渭河南岸一级阶地2001年地下水位埋深为11.8m，比1985年降低了4.8m，平均降速为0.3m/a，2002年以后，随着沈河水库等地表供水水源建成，地下水开采量基本稳定，地下水位渐趋稳定（图6-2-15）。

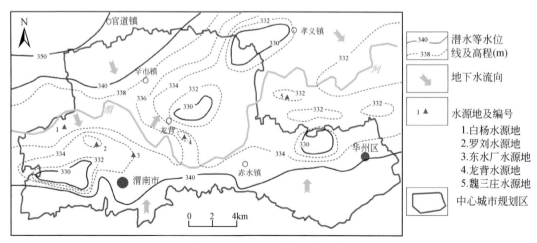

图6-2-13　主城区潜水流场图

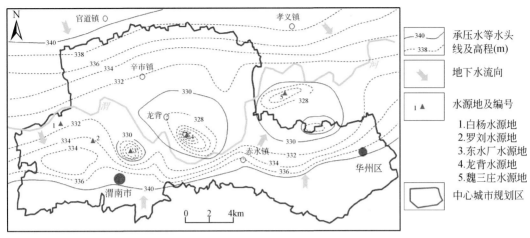

图 6-2-14　主城区承压水流场图

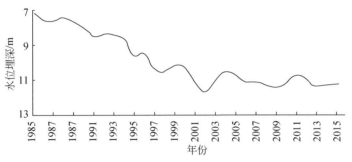

图 6-2-15　主城区一级阶地地下水位埋深变化图

（三）黄土湿陷

湿陷性黄土主要分布于渭河二级、三级阶地及黄土台塬，包括上更新统黄土及中更新统上部黄土，湿陷黄土厚度一般为 8 ～ 20m，湿陷系数 δ_s = 0.03 ～ 0.156，湿陷程度中等 - 强烈，为Ⅲ级（严重） - Ⅳ级（很严重）自重湿陷场地。另外，一级阶地后部、洪积扇局部的黄土状土具轻微湿陷性，厚度一般为 2 ～ 5m，湿陷系数 δ_s = 0.015 ～ 0.03，为Ⅰ级（轻微）非自重湿陷场地。

（四）砂土液化

按照场地地层岩性、地形地貌和活动断裂等地质条件，将场地划分有利、不利两个地段（表 6-2-9）。

区内场地覆盖层厚度大于 50m。黄土台塬、渭河北岸一级阶地、赤水河以西的渭河南岸阶地区，20m 等效剪切波速为 254.30 ～ 301m/s，为Ⅱ类场地；赤水河以东的渭河南岸一级阶地（华州片区），20m 等效剪切波速为 189.46 ～ 191.30m/s，为Ⅲ类场地。渭南市主城区地震动峰值加速度为 0.2g，抗震设防烈度为 8 度，反应谱特征周期为 0.40s；华州片区地震动峰值加速度为 0.3g，抗震设防烈度为 8 度，反应谱特征周期为 0.40s。

表 6-2-9　建筑抗震场地地段划分表

地段类别	分布	地质、地形、地貌
有利地段	黄土台塬，渭河阶地区，冲洪积平原及洪积扇	地形平坦开阔，场地土体为密实均匀的中硬土
不利地段	渭河漫滩	漫滩区可能砂土液化；南岸一级、二级阶地、冲洪积平原及洪积扇存在砂土液化遗迹
	渭南塬前高陡边坡带，华州片区南侧山前地带	渭南塬前、华州片区南侧分布有活动断裂；塬前高陡边坡地带为滑坡崩塌易发区，地震时可能发生地质灾害

1556 年，华县 8 $\frac{1}{4}$ 级大地震发生于华州片区，地震烈度达 11 度，一时"地裂泉涌"，喷水冒砂，地层中留下许多砂土液化遗迹。砂土液化遗迹在渭南市城区建筑基坑、华州区赤水镇坡头村采砂坑均有发现，呈脉状或枝状向上伸展，裂缝宽一般为 2～5cm，充填物多为细、中砂。一级阶地区砂土液化遗迹最为发育，洪积扇亦有发育。

由于地下水大量开采，地下水位整体呈下降趋势，现今规划区除渭河河床漫滩外，地下水位埋深一般大于 8m，初步判别为不液化区。渭河河床漫滩区水位埋深一般小于 5m，初步判别为液化区。需要指出，丰水期河水倒灌补给地下水，一级阶地前缘地下水位上升，属可能砂土液化区。

九、渭南市国土空间规划优化

（一）基于活动断裂地裂缝的国土空间规划优化

渭南市中心城区南部发育有活动性断裂——渭南塬前断裂和华山山前断裂，1556 年华县大地震即发生于华州片区。主城区良田金华庄、站南韩马村、华山大街南负张村、程家乡柿园村分布有 5 处地裂缝，均沿渭南塬前断裂发育。主城区为地震较活动区，地震动峰值加速度为 0.2g，抗震设防烈度为 8 度，反应谱特征周期为 0.40s；华州片区为地震强烈活动区，地震动峰值加速度为 0.3g，抗震设防烈度为 8 度，反应谱特征周期为 0.40s。

1556 年华县大地震曾造成 83 万人死亡，渭南市国土空间规划必须考虑活动断裂因素，尤其是城市规划建设应根据建筑物的类型和性质，合理选择避让距离。断层单侧 30m 内危险性极高，建议断层两侧 30m 范围内不宜规划建设一级和二级工程；断层单侧 30～100m 危险性较高，此范围内不宜规划建设一级工程（图 6-2-16）。

（二）基于地质灾害的国土空间规划优化

渭南市南部沈河河口—瓜坡镇的塬前高陡边坡地带为滑坡崩塌高危险区，地震时可能发生地质灾害，为抗震不利地段。连霍高速、陇海铁路等重要交通干线沿边坡前缘通过，城市建设应避免诱发地质灾害发生。建议以地质灾害高危险区边界为城市边界（图 6-2-17）。城市规划建设时，坡下建筑物与坡脚距离不宜小于边坡坡高。

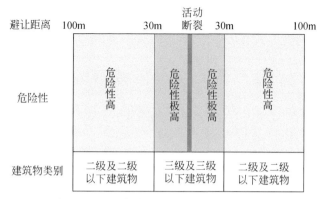

图 6-2-16 渭南市城区活动断裂安全避让图

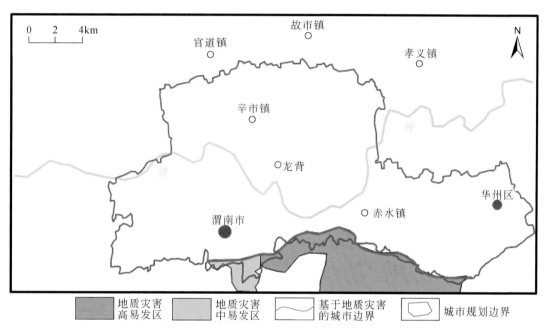

图 6-2-17 基于地质灾害高危险区的渭南市国土空间规划优化建议图

（三）地下空间资源及开发利用建议

渭南市中心城市区 150m 以浅，包括黄土、碎石土、砂土、粉土、黏性土 5 个工程地质层，工程地质结构类型主要为黄土+砂土、粉土、黏性土互层结构和砂土、粉土、黏性土互层结构两类。前者分布于黄土台塬及河流二级、三级阶地，后者分布于渭河河床漫滩、现代洪积扇、一级阶地、一级冲洪积平原。

渭南市城市地下空间资源开发利用层以黄土、黏性土等隔水层为主，主要分布于黄土台塬、二级与三级阶地；不宜开发层为砂土、碎石土组成的含水层，地下空间开发利用中易发生涌砂、突水。

开发利用中应注意的地质问题：主要为活动断裂、地裂缝、强含水层等。对于活动断裂、地裂缝，应采取避让或工程减缓措施，并进行位移实时监测。强含水层如渭河漫滩及一级阶地区，地下水位埋藏浅，含水层厚度大，渗透性高，水量丰富，并已建有供水水源地5处，原则上不作为地下空间开发利用层。

第三节　铜川市城市地质

一、发展规划及存在地质问题

铜川市地处关中平原北部，距西安68km。铜川因煤而兴，先矿后市，煤炭储量为$34.7×10^8t$，保有储量为$26.9×10^8t$；享誉古今的耀州瓷有1300多年烧造史；西北第一个山区革命根据地——陕甘边照金革命根据地诞生于此。

据《铜川市城市总体规划（2005—2020）》，城市规划区范围为北起新、旧210国道交汇处、王家河铜川矿务局华峰水泥厂和小河沟沟脑；南到耀州区、新区南界；西起坡头镇；东到药王山（图6-3-1）。包括南市区（铜川新区、耀州城区），北市区（王益区、印台区城区），黄堡镇区、董家河镇区、孝北、药王山、玉皇阁水库、坡头镇区、耀州窑遗址等，总面积为150km²。到2020年，城市人口规模55万人。

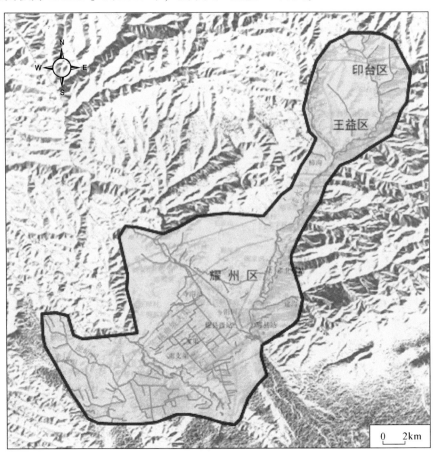

图6-3-1　铜川市城市区规划位置图

铜川市城市发展目标是将铜川建设成为绿色城市、节水型城市、新兴建材业城市、城乡一体化示范城市。城市定位为关中城市群副中心城市、陕甘宁革命老区振兴规划区成员城市，陕西省重要的以能源、现代建材业为主的工业基地，开放型的产业城市、生态城市和现代化区域中心城市。

城市布局通过"南扩北疏"，形成"一城二区一廊，三河六园多带"的山水园林带状组团城市形态。一城即铜川市区；二区即北市区和南市区；一廊即黄堡—董家河镇城市绿色走廊。三河即漆水河、沮河、赵氏河的生态环境治理和绿色通道建设；六园为玉皇阁水库休息度假娱乐园、药王山风景保健医药园、新区和耀州组团之间的沮河两侧城市生态憩园、耀州窑遗址陶瓷文化园、北市区城市综合公园、北市区翠溪城市森林公园；多带即利用城市周围的沟壑、坡塬、小溪等地带，通过山体退耕还林、植树造林，形成纵横交错的多条带状绿化系统。

铜川市城市区主体坐落于漆水河河谷及两侧的黄土台塬、黄土丘陵地，城市建设主要面临着地质灾害、黄土湿陷等环境地质问题。铜川市城市区有滑坡、崩塌、地面塌陷、地裂缝等地质灾害 330 处，严重制约着城市建设发展。城市区湿陷性黄土分布广泛，湿陷等级中等–严重，不利于城市建设。此外，水资源短缺，是制约城市发展的"瓶颈"。

二、地质环境条件

（一）气象水文

铜川市地处关中平原与陕北高原的过渡地带，属暖温带大陆季风气候，四季分明，冬长夏短，雨热同季，温度偏低。据铜川市气象资料，年降水量为 555.8 ~ 709.3mm，降水量年内分配不均，集中分布于 7 ~ 8 月，占全年降水量的 54%（图 6-3-2）。年平均气温为 10.8 ~ 13.3℃，7 月平均气温为 23℃，1 月平均气温为 –3℃。

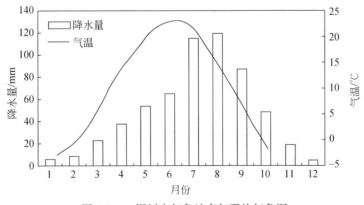

图 6-3-2　铜川市气象站多年平均气象图

铜川市境内河流均是源头或上游，具有流程短、水量少、水位低、比降大、易涨落的特点，地表水资源可利用量少。境内河流分为石川河和洛河两大水系。流经铜川市城市区的主要河流有石川河水系的漆水河、沮河、赵氏河、浊峪河、清峪河、赵老峪河等支流。

漆水河：发源于凤凰山东的嵝岘梁下，横贯铜川市南北。全长 64.2km，流域面积为

797km²，多年平均流量为1.25m³/s，土壤侵蚀模数为283lt/（km²·a）。

沮河：发源于耀州区西北的长蛇岭、老爷岭一带，由大坡沟、西川等数条小溪汇成，全河长77km，流域总面积为915km²。

赵氏河：系石川河一级支流，上游由吕村河、陈村河组成，于耀州区双岔河汇流后始称赵氏河，河流全长77.1km，流域总面积为224.1km²。

浊峪河：发源于耀州区小丘镇北安沟一带，河全长72km，流域总面积为252km²。

清峪河：发源于耀州区照金镇西北的店里附近，全长62.7km，流域总面积为395.3km²。

（二）地貌

铜川市城市区沟壑纵横，地形起伏大。地貌单元可划分为冲积平原（Ⅰ）、黄土台塬与黄土丘陵（Ⅳ）、中低山区（Ⅴ）三类（图6-3-3）。

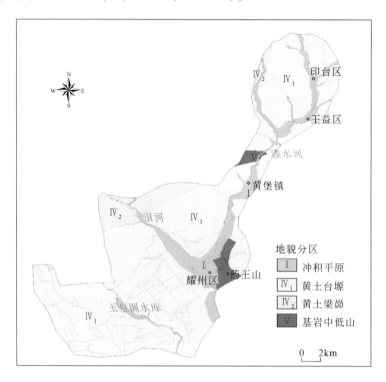

图6-3-3　铜川市城市区地貌图

1. 冲积平原（Ⅰ）

冲积平原由漆水河、沮河等河谷组成，呈条带状展布，面积为56km²。河谷狭窄，宽度一般几十米至几百米。发育有三级阶地，一级、二级阶地较发育，为上叠阶地；三级阶地局部残存，为基座阶地。河谷谷坡上部为黄土，下伏基岩。铜川市的耀州城区、王益区城区、印台区城区、黄堡镇区、董家河镇区、孝北、药王山等，规划于河谷冲积平原区。

2. 黄土台塬与黄土丘陵（Ⅳ）

黄土台塬是铜川市城市区主要地貌类型。南市区的铜川新区、坡头镇区规划于此地貌区。受沟谷切割控制，黄土台塬夹持于沟谷之间，构成河间地块。塬体由第四系黄土、冲洪积层和基岩组成。塬面较大、较完整的黄土台塬有铜川新区黄土塬、坡头黄土塬、野狐坡–稠桑黄土塬和小丘–原党黄土塬等。

铜川新区黄土塬位于野狐坡断裂上盘，北以野狐坡断裂为界，其余边界由赵氏河、沮河、漆水河、石川河组成，包括铜川新区的大部分，东西向最宽为8km，南北向最长约11km，面积为50km²，塬面高程为640~760m。

坡头黄土塬北以野狐坡断裂为界，其余边界由赵氏河、浊峪河组成，东西向最宽为7km，南北向最长约5km，面积约为20km²，塬面高程为670~770m。

野狐坡–稠桑黄土塬处于野狐坡断裂下盘，南以野狐坡断裂为界，北以关庄断裂为界。东西宽5~7km，南北长4~7km，面积约为43km²。塬面坡度为8°~10°，高程为770~970m。

小丘–原党黄土塬处于野狐坡断裂下盘，东以浊峪河为界，西以清峪河为界，北界至南独石村，南到原党，东西宽2~7km，南北长约12km，面积约为54km²，塬面高程为800~1000m。

其他黄土塬如凤凰–张郝黄土塬、豹村–牛村黄土塬、固贤黄土塬等，塬面狭窄、破碎，面积为10~20km²。

黄土丘陵主要分布于铜川市南市区西北部。沟谷深切，地形破碎，相对高差为100~200m，地貌形态以梁、峁为主，海拔为1000~1223m。黄土丘陵上部为黄土，下部为二叠系、三叠系基岩。

3. 中低山区（Ⅴ）

中低山区（Ⅴ）主要分布于城市区东南侧陈炉镇、西北侧照金镇等地，主要由古生界基岩组成，沟谷发育，多呈"Ⅴ"形，切割深度为150~200m，海拔为1200~1573m。

（三）地层

铜川市城市区出露地层有奥陶系、石炭系、二叠系、三叠系、新近系和第四系。

奥陶系（O）主要出露于倾盆峪、西罗山、潘家河、石板房、佛爷山一带，以及药王山、桃曲坡水库一带，总厚度达1000m以上，岩性以块状、厚层状灰岩和白云岩为主，夹少量薄层泥灰岩。

石炭系（C_{2+3}）分布于桃曲坡一带，露头较少，虽是陕西渭北地区主要含煤地层，但该区主要为碳质泥岩，岩性以砂岩、泥岩为主，地层总厚为10~25m。

二叠系（P）分布于桃曲坡一带，为山西组和下石盒子组，岩性为中厚层砂岩与砂质泥岩互层，地层总厚约为527m。

三叠系（T）出露于城市区中部沟谷底部，大多为黄土所覆盖，主要为纸坊群和延长群，岩性主要为中厚层砂岩和泥岩，总厚度大于1000m。

新近系（N）零星出露于红土镇一带，以棕红色红黏土堆积为主，内含钙质、锰质结核，厚度为几米至十多米不等。

第四系（Q）包括午城组、离石组、萨拉乌苏组、马兰组、全新统冲积层。

午城组（$Q_p^1 w$）主要分布于庞家河一带。为风积相浅褐色、浅肉红色石质黄土，夹褐红色古土壤层和较密集的钙质结核层及十几层钙质板层，厚21~37m。

离石组（$Q_p^2 l$）出露于沟谷边坡。风积层为浅黄色、棕黄色黄土，结构较致密，孔隙较差，厚约45m。洪积层分布在沮河、漆水河下游两岸黄土塬区，岩性为浅黄褐色砂卵石层夹亚黏土，卵石成分以灰岩为主，砂岩、石英岩少量，磨圆度、分选性好，卵石直径为4~7cm，大者达11cm，厚度为20m左右。

马兰组（Q_p^3m）风积层广泛分布于黄土台塬、黄土丘陵区，岩性为浅黄色黄土，结构疏松、孔隙发育，含一层古土壤层，厚度一般<10m。冲洪积层出露于漆水河与支流庞家河等河谷阶地上，上部为黄灰、黄褐色亚黏土、亚砂土夹粉砂层；下部为粉砂、细砂、砂砾卵石层，组成二级阶地，厚度一般为几米至十多米。

全新统冲积层（Q_h）分布于各河谷，组成河床、漫滩及一级阶地。河床漫滩区岩性主要为砂砾石。一级阶地区，具二元结构，岩性上部为灰黄色、黄褐色亚砂土、亚黏土互层；下部为砂砾卵石层，磨圆度好，松散。卵石成分主要为白云质灰岩及白云岩、砂岩及少量石英岩，直径一般为5~10cm，大者达60cm。厚度一般为数米至十余米，个别地段可达30m以上。

（四）断层与地震

铜川市城市区有断层12条，均为非活动性断层，以正断层为主，断层走向有近EW向、NE向、NW向（表6-3-1，图6-3-4）。城市区未发现活动断裂。

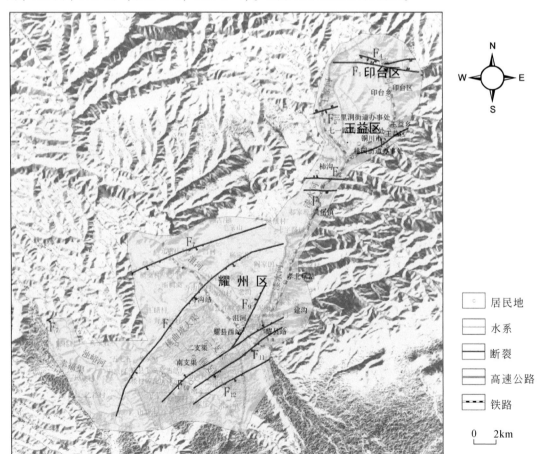

图 6-3-4　铜川市城市区断层分布图

铜川市属于少震、弱震区，震级通常在 4 级以下。自 1958 年 11 月至 1989 年，铜川市共发生地震 69 次，其中 1976 年地震频次达 7 次，最大震级为 3.3 级。

表 6-3-1　铜川市城市区断层一览表

编号	名称	性质	产状	描述
F1	枣庙断层组	逆断层	断层面呈舒缓波状，倾向 S，倾角 70°以上	位于杨湾—枣庙一带，由一系列近于平行分布的逆断层组成，与爱卜-柳湾背、向斜构成一个东西向挤压构造带，长度约 10km。断层在平面上呈燕行状分布，在剖面上呈由南向北逆冲的叠瓦状构造。常形成紧闭的断裂带，带内见有透镜状岩块及挤、压片理
F2	狼窝里-下圢村断层	逆断层	断层倾向 N，倾角 75°	位于铜川市南 4km 狼窝里—下圢村一带，在马家沟组灰岩中发育。向东到四矿沟因覆盖而不清，可见长度约 8km。在三道桥沟口可见宽 20m 以上的断层挤压破碎带，带内见透镜状灰岩块及糜棱岩。断层面滑动面多见，糜棱岩和断层泥绕透镜体状灰岩呈挤压片理。为北盘上冲的逆断层，断距 100m 左右
F3	七家山-罗寨村断层	正断层	断层倾向 S，倾角不清	位于狼窝里-下圢村断层南 1.5km，七家山—杜家塬—下圢村一带，西至图边，东在罗寨村与史家塬-任家湾断层合并，长约 8.5km。为黄堡向斜之北界，使南北两侧马家沟组与上部不同时代地层直接接触。为南盘下降的正断层，断距 100m 左右
F4	柳湾-麦章河断层	正断层	断层倾向 S，倾角 70°左右，走向近东西向	西起杨湾，经武家河南、东至南古寨北，断距 100m 左右。为隐伏断层，被黄土层覆盖，通过物探的方法查明
F5	王家河断层	逆断层	断层倾向 SSE，约 70°，走向 70°	断层位于赵家塬背斜西北侧，为隐伏断层，被黄土层覆盖，通过物探的方法查明，推断该断层为区主构造的次一级构造，受挤压性质影响，裂隙发育程度及贯通性一般，断距 100m 左右
F8	史家河断层	正断层	走向 60°，倾向 NE，倾角 75°	展布于史家河以南，为桃园矿的北部边界，延展长度达 10.5km，上盘地层为山西组、太原组，下盘为上石盒子组。断距 40m，为张性断层
F13	关庄正断裂	正断层	断裂走向 NE65°，倾向 SE	位于关庄以北，桃曲坡背斜南翼全长 15km；其断距东部最大约为 220m，中部约为 100m，西部减小至 70m 左右。野外调查期间，未发现断裂出露
F14	野狐坡正断裂	正断层	断裂 NE50°，倾向 SE，倾角 70°～80°	早阳村、张家堡、野狐坡、后申河、李家咀一线通过，在李家咀、后申河、阿姑社地表出露。北盘上升、南盘下降。上升盘在沮河、赵氏河均为上石盒子组地层，下降盘被第四系覆盖，断裂倾角 70°～80°
F15	冯家桥正断裂	正断层	走向 NE66°，倾向 NW，倾角 80°左右，断距 100m 左右，总长约 14km	该断裂 NE 向延伸至孝西村，SW 向延伸至儒柳村。上盘为奥陶系背锅山组薄层灰岩，下盘为桃曲坡组中-厚层状灰岩。野外调查期间，未发现断裂出露

续表

编号	名称	性质	产状	描述
F16	文家堡断裂	正断层	走向　NE64°，倾向SE	该断裂穿过铜川新区，北盘上升、南盘下降，上覆第四系黄土。野外调查期间，未见到断裂出露
F17	张家沟断裂	正断层	走向　NE65°，倾向SE	该断裂向东北方向延伸，穿过漆水河，中间穿过铜川新区，西南方向断裂到达坡头镇，野外调查期间，未见到断裂出露
F18	惠家堡断裂	正断层	走向　NE63°，倾向SE	该断裂向东北方向延伸至梅家坪镇，穿过西干渠、石川河，中间穿过铜川新区，西南方向断裂到达坡头镇，野外调查期间，未见到断裂出露

三、工程地质条件

（一）工程地质结构

铜川市城区工程地质体包括岩体和土体。岩体可分为软岩层状碎屑岩、中硬夹软弱层状碎屑岩、坚硬块状碳酸盐岩。土体主要为黄土、碎石土、黏性土。

1. 岩土体类型及工程地质性质

1）岩体

软岩层状碎屑岩：分布于城区东北角庞家河一带。岩性为新近系棕红色红黏土、粉质黏土，内含钙质结核、铁锰质包裹体，为不良工程地质层。

中硬夹软弱层状碎屑岩：由石炭系（C）、二叠系（P）、三叠系（T）岩层组成，出露于沟谷边坡下部，岩性为砂岩、泥岩及砂泥岩互层，夹可采煤层，易风化，强度较低。

坚硬块状碳酸盐岩：由奥陶系中上统组成，主要分布于城区东南部中低山区，岩性以石灰岩和白云岩为主，夹少量薄层泥灰岩。致密坚硬，饱和抗压强度一般为 28 ~ 86MPa，软化系数为 0.75，抗风化抗侵蚀能力较强。

2）土体

黄土：由马兰组、午城组、离石组黄土组成，分布广泛，厚度几十到上百米不等，垂直节理发育。马兰组及午城组上部具湿陷性，其余不具湿陷性。

碎石土：由中更新统、上更新统及全新统冲积砂砾卵石组成，分布于河漫滩、阶地下部。分选差，磨圆度较好。承载力特征值为 180 ~ 300kPa。

黏性土：主要由更新统洪积层组成，分布于黄土台塬区风积黄土之下。

2. 工程地质结构

铜川市城市区 150m 以浅，工程地质层主要包括黄土、碎石土、黏性土、层状碎屑岩、块状碳酸盐岩 5 个大层，工程地质结构类型主要为黄土+黏性土、碎石土+层状碎屑岩、黄土+层状碎屑岩、黄土+碳酸盐岩四类（图 6-3-5，图 6-3-6）。黄土+黏性土、碎石土+层状碎屑岩结构分布于黄土台塬及河流二级、三级阶地；碎石土+层状碎屑岩结构分布于漫滩及一级阶地；黄土+层状碎屑岩结构、黄土+碳酸盐岩结构分布于黄土丘陵区。

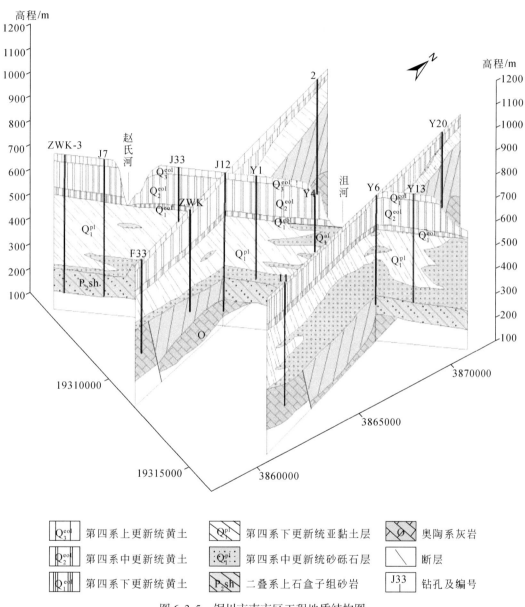

图 6-3-5 铜川市南市区工程地质结构图

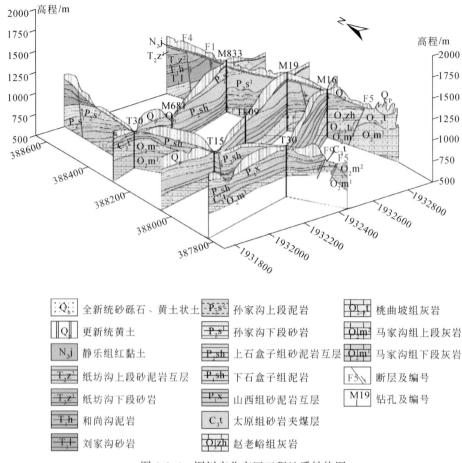

图例说明：

:Q:ₕ: 全新统砂砾石、黄土状土　　P₂s² 孙家沟上段泥岩　　O₂t 桃曲坡组灰岩

Q 更新统黄土　　P₂s³ 孙家沟下段砂岩　　O₂m² 马家沟组上段灰岩

N₂j 静乐组红黏土　　P₂sh 上石盒子组砂泥岩互层　　O₂m¹ 马家沟组下段灰岩

T₂z² 纸坊沟上段砂泥岩互层　　P₁sh 下石盒子组泥岩　　F5 断层及编号

T₂z¹ 纸坊沟下段砂岩　　Px 山西组砂泥岩互层　　M19 钻孔及编号

T₁h 和尚沟泥岩　　C₃t 太原组砂岩夹煤层

T₁l 刘家沟砂岩　　O₂zh 赵老峪组灰岩

图 6-3-6　铜川市北市区工程地质结构图

（二）工程地质分区

1. 工程地质分区

本次分区主要考虑的分区依据为地形地貌、地层岩性、岩土体性质。全区共分为 7 个工程地质亚区（表 6-3-2，图 6-3-7）。

表 6-3-2　工程地质分区表

工程地质区	工程地质亚区	主要工程地质特征
河谷区 I	河谷阶地工程地质亚区 I₁	本区位于铜川市沮河、漆水河、赵氏河、王家河、浊峪河流域，地形低平，为铜川市主要城市建设区，按地貌单元和工程地质结构可分为一级阶地亚区（I₁），土体结构为黄土状土–卵石型，上部黄土状土，以粉质黏土、粉土夹粉细砂等组成，非自重湿陷性，湿陷等级为 I 级，局部为非湿陷性，中部砂卵石层，下部基岩，有些地区基岩出露，工程地质条件良好，若无边坡、采空区影响适于城市建设。工程适宜性评价为适合建筑

续表

工程地质区	工程地质亚区	主要工程地质特征
黄土台塬区Ⅳ1	完整黄土塬工程地质亚区Ⅳ1-1	主要地层为风积相浅黄色黄土、亚黏土、亚砂土，结构疏松、孔隙发育，湿陷层厚度20～30m。自重湿陷性，湿陷等级为Ⅳ级。该区黄土湿陷性强烈，工程建设适宜性评价为适宜建筑，需采取换填、强夯等方法进行地基处理
	破碎黄土塬工程地质亚区Ⅳ1-2	主要地层为风积相浅黄色黄土、亚黏土、亚砂土，结构疏松、孔隙发育，湿陷厚度受剥蚀而减少，一般为20～25m。自重湿陷性，湿陷等级为Ⅲ级。该区黄土具有一定的湿陷性，工程建设适宜性评价为适宜建筑，需采取一定的地基处理措施
	黄土冲沟工程地质亚区Ⅳ1-3	主要地层为风积相浅黄色、棕黄色黄土，结构较致密，孔隙较差，含数层至十几层棕红色古土壤层及大量钙质结核。斜坡和采空区发育处不适宜城市建设，如果要进行建设，对边坡进行处理，例如放坡治理、格构护坡、土钉墙、锚杆等方法，并做好排水措施，防止开挖黄土边坡形成滑坡、崩塌等地质灾害
黄土梁峁区Ⅳ2	破碎黄土梁峁工程地质亚区Ⅳ2-1	该区地形较起伏，破碎，黄土结构较为致密，地势平坦的地区较适于建设地层建筑或民房，靠近边坡和采空区形变区不适于建设。工程适宜性评价为适合建设
	黄土沟壑工程地质亚区Ⅳ2-2	该区为沟壑，地形陡峭、起伏，冲沟发育，土体为黄土–粉质黏土，结构较为致密，湿陷等级为Ⅲ级。一般斜坡或采空区发育不适于工程建设，该区受人类活动影响，地质灾害频发，但由于人口较少且分散，因此危害较轻。工程适宜性评价为不适宜建设
中低山区Ⅴ	中低山工程地质亚区	该区为两部分，一部分位于南市区东边，属于富平县与铜川市交界区，分布于药王山区域；另一部分位于北市区黄堡镇，分布于七家山、狼窝里等地，适宜性评价为不适宜建设

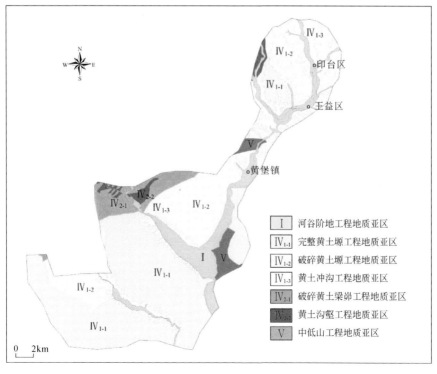

图6-3-7　铜川市规划区工程地质图

2. 工程建设适宜性评价

铜川市城市区工程建设适宜性按工程地质和水文地质、场地治理难易程度划分为适宜性差、基本适宜、适宜三个等级（表6-3-3，图6-3-8）。

表6-3-3 工程建设地质适宜性分区

分区	亚区	分布范围	地基特征	场地稳定性	施工工艺
I 适宜区	I 1	黄土塬坡脚地带	黄土+卵石+基岩，卵石工程地质条件简单。承载力170～220kPa	稳定性较差	地表避免湿陷；采用明挖或暗挖、盾构等施工工艺，基坑支护可采用土钉墙、桩锚支护等
	I 2	一级阶地	黄土状土+卵石+基岩，下部卵石和基岩承载力高，承载力200～250kPa	稳定性较差	明挖或暗挖等施工工艺，基坑支护可采用土钉墙、桩锚支护等
II 基本适宜区	II 1	基岩工程出露区	黄土+砂岩或砂质泥岩+砂岩，黄土承载力160kPa；砂岩单轴抗压强度28.2～86.2MPa	稳定	注意斜坡，在平地上进行空间建设
	II 2	黄土梁峁区域	黄土+粉质黏土+卵石+基岩，土体中密-密实，承载力较高。承载力150～200kPa	稳定性较差	梁峁斜坡区宜评估边坡稳定性，做好边坡支护
III 适宜性差区	III 1	黄土沟壑出露区	黄土+红黏土+基岩，黄土结构致密，黄土承载力150～170kPa	稳定性差	做好斜坡支护措施，远离煤矿采空区
	III 2	黄土塬出露区	黄土+粉质黏土+砂+砂卵石+岩层，黄土结构较为致密，粉土承载力180～200kPa	稳定性差	地表避免湿陷，可采用盾构等施工工艺，基坑支护可采用桩板或地下连续墙
	III 3	黄土冲沟区域	黄土+红黏土+岩层，黄土结构较为致密，粉土承载力160～180kPa	稳定性较差	明挖或暗挖、盾构等施工工艺，基坑支护土钉墙、桩锚支护或地下连续墙等

(三) 地下空间评价

1. 铜川市地下空间利用现状

根据《陕西省城市地下空间开发利用"十三五"规划》，铜川市地下空间开发利用重点是公共地下停车场，在城区重点地段开展综合管廊和地下商业设施建设，结合人防建设、地形特征和城市跨河、跨路、穿山联系的要求，合理开发交通涵道、地下商业设施或仓储设施。到2020年，完成人均3.5m²的地下空间开发量。

目前，铜川市城市区地下空间开发深度一般小于15m，主要应用于高层建筑地下室

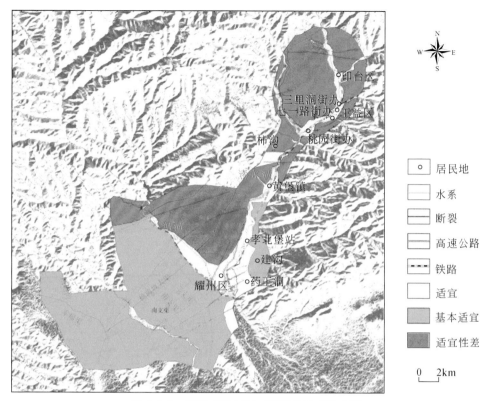

图 6-3-8　铜川市规划区工程建设适宜性分区

（地下商场、车库、仓库为主）、地下车库、人防工程等。地下管网铺设深度一般在 8m 以内。高层建筑深基础、线路桩基一般占用地下岩土体深度在 30~70m 左右。

2. 铜川市地下空间评价

铜川市城市地下空间主要负面因素有地面塌陷（采空区）、砂卵砾石、湿陷性黄土等（表 6-3-4）。根据工程地质结构、存在的主要问题，地下空间适宜性划分为适宜区和适宜性差区两个区。铜川新区黄土塬为地下空间适宜区，其他地区包括北市区为地下空间适宜性差区。

地下空间适宜区：铜川新区黄土塬。区内工程地质结构为黄土+黏性土、碎石土+层状碎屑岩结构，黄土层、黏性土层、碎屑岩层厚度大，分布稳定，工程地质性质良好，为地下空间有利开发利用层。碎石土含水性较弱，但施工难度大，不宜地下空间开发利用。区内为无活动断裂分布。主要问题是浅部黄土湿陷。整体评价为地下空间适宜区。

地下空间适宜性差区：除铜川新区黄土塬外的其他地区。主要问题有采空区、地面塌陷、地质灾害等。北市区分布采空区和地面塌陷，不适宜地下空间开发利用。其他地段，多为沟谷深切的黄土塬、黄土丘陵，地形起伏大，塬面狭窄，可利用地下空间资源较少，在沟谷边坡地带滑坡崩塌灾害发育，不适宜于地下空间开发利用。整体评价为地下空间适宜性差区。

表 6-3-4　铜川市地下空间负面因素影响深度评价表

负面因素	负面清单	影响深度				
		0 ~ 10m	10 ~ 30m	30 ~ 50m	50 ~ 100m	100 ~ 150m
限制因素	文物	√	√			
	既有设施	√	√	√		
约束因素	活动断裂					/
	地裂缝	√	√			
	采空塌陷	√	√	√	√	√
	湿陷性黄土	√	√			
	地下水腐蚀性	√	√	√	√	√
约束因素	含水层	√	√	√	√	√
	河流湿地	√	√			
	卵砾石	√	√	√	√	√

四、水文地质条件及地下水资源

（一）水文地质条件

1. 水文地质结构

铜川市城市区含水岩组有第四系松散岩类孔隙含水岩组、奥陶系碳酸盐岩岩溶含水岩组、石炭系—三叠系碎屑岩裂隙含水岩组三大类。地下水类型包括第四系松散岩类孔隙水、碳酸盐岩岩溶水、基岩裂隙水三大类。

区内水文地质结构主要有四类。一是新区黄土塬上部黄土潜水含水层、中部第四系洪积层承压含水层、下部碎屑岩裂隙含水层双层结构；二是河谷区上部第四系冲积层潜水含水层、下部碎屑岩裂隙含水层双层结构；三是黄土丘陵区上部黄土层透水不含水、下部碎屑岩裂隙含水层单层结构；四是奥陶系分布区碳酸盐岩岩溶含水层单层结构（图 6-3-9）。

2. 含水层富水性

第四系松散岩类孔隙水分为潜水和承压水。潜水包括冲积、洪积砂卵砾石潜水含水岩组和风积黄土孔隙裂隙潜水含水层。冲积、洪积砂卵砾石潜水含水岩组岩性为细砂、中粗砂及砂砾石。沮河下游段富水性较强，单井涌水量大于 1000m³/d；漆水河黄堡—耀州区段、沮河上游段，中等富水，单井涌水量为 100 ~ 1000m³/d；其他河谷段，富水性差，单井涌水量小于 100m³/d。

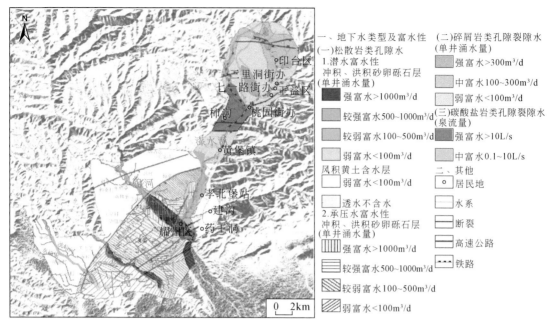

图6-3-9　铜川市规划区水文地质图

风积黄土孔隙裂隙潜水含水层：主要分布在野狐坡断层以北及赵氏河以西坡头黄土塬区。富水性差，单井涌水量小于100m³/d。

承压水含水岩组由下更新统洪积砂卵石组成，厚度分布不稳定。沮河河谷区含水层顶板埋深为40~60m，单井涌水量大于1000m³/d。黄土塬区含水层顶板埋深为50~100m，铜川新区塬单井涌水量为100~1000m³/d；其他地段单井涌水量一般小于100m³/d。

碎屑岩裂隙水含水岩组由石炭系—三叠系砂岩、泥岩组成，裂隙不发育，含水性弱，单井涌水量小于500m³/d。

碳酸盐岩岩溶水位于渭北岩溶水系统的西部，岩溶水以潜水为主。神沟一带碳酸盐岩裸露，其他地区含水岩组埋藏于碎屑岩之下。神沟一带，水量较丰富，单泉流量大于10L/s；药王山一带，水量中等，单泉流量为0.1~10L/s。

3. 水化学特征

第四系地下水补给来源主要为大气降水和灌溉水入渗，地下水径流途程短，水循环较快，水化学类型为单一的HCO_3型，矿化度小于1g/L。

碎屑岩裂隙水潜水水化学类型多为HCO_3型，矿化度为0.18~0.877g/L。承压水受煤系地层影响，水化学类型为$SO_4 \cdot Cl$型、SO_4型，矿化度为1.12~2.397g/L。

本区为岩溶水补给区，受上覆煤系地层影响，水化学类型为$HCO_3 \cdot SO_4$型、$HCO_3 \cdot SO_4 \cdot Cl$型。矿化度为0.5~0.9g/L。

(二) 地下水资源

铜川市城市区内地下水天然资源量为$5656.66 \times 10^4 m^3/a$，可开采资源量为$2727.48 \times$

$10^4 \mathrm{m}^3/\mathrm{a}$ （表6-3-5）。其中南市区河谷区地下水可开采资源量为 $450.27 \times 10^4 \mathrm{m}^3/\mathrm{a}$，黄土塬区地下水可开采资源量为 $105.11 \times 10^4 \mathrm{m}^3/\mathrm{a}$，黄土丘陵区地下水可开采资源量为 $566.36 \times 10^4 \mathrm{m}^3/\mathrm{a}$。北市区碎屑裂隙水可开采量为 $466.12 \times 10^4 \mathrm{m}^3/\mathrm{a}$，岩溶水可开采量为 $1129.62 \times 10^4 \mathrm{m}^3/\mathrm{a}$。

表6-3-5　铜川市城区地下水开采资源量汇总表

开采地区	开采系数	天然资源量/($10^4 \mathrm{m}^3/\mathrm{a}$)	可开采资源量/($10^4 \mathrm{m}^3/\mathrm{a}$)
南市区宽大河谷区	0.8	562.84	450.27
南市区黄土塬区	0.5	210.21	105.11
南市区黄土丘陵区	0.3	1887.85	566.36
合计		2660.9	1121.74
北市区岩溶裂隙水强富水区	0.8	1034.30	827.44
北市区岩溶裂隙水中等富水区	0.5	508.28	254.14
北市区岩溶裂隙水弱富水区	0.3	160.14	48.04
北市区碎屑岩裂隙水1	0.5	170.35	85.18
北市区碎屑岩裂隙水2	0.8	476.17	380.94
合计		2995.76	1605.74
总合计		5656.66	2727.48

五、地质灾害

（一）地质灾害类型及分布规律

铜川市城市区地质灾害类型有滑坡、崩塌、地面塌陷、地裂缝等，共223处，其中滑坡120处、崩塌53处、不稳定斜坡23处、地面塌陷18处、地裂缝9处（图6-3-10，表6-3-6）。

（1）滑坡：分布于黄土塬边及沟谷两侧，共120处。其中基岩滑坡1处，土质滑坡119处；按规模划分，小型39处，中型42处，大型39处；按稳定性划分，稳定的15处，较稳定的82处，不稳定的23处。

（2）崩塌：分布于黄土塬边及沟谷两侧，共53处，均为土质崩塌。规模以小型为主，其中小型45处，中型6处，大型2处。

（3）地面塌陷与地裂缝：采煤引起的地面塌陷共18处，其中北市区17处，南市区1处。地裂缝是采煤塌陷产生的，共9条。

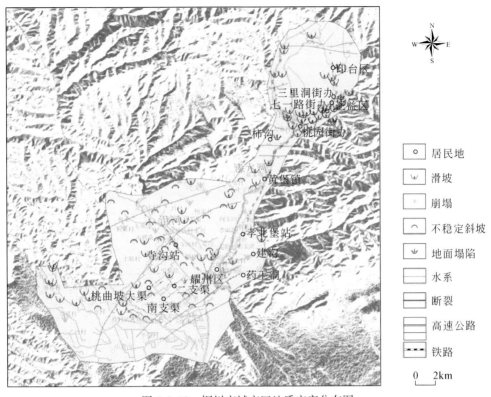

图 6-3-10　铜川市城市区地质灾害分布图

表 6-3-6　调查区地质灾害统计表

灾害类型	数量/处	百分比/%
滑坡	120	53.8
崩塌	53	23.8
不稳定斜坡	23	10.3
地面塌陷	18	8.1
地裂缝	9	4.0
合计	223	100

(二) 地质灾害易发性与危险性分区

依据地形地貌、地质灾害分布与发育特征、人类工程活动程度等因素，地质灾害易发性划分为地质灾害高易发区、中易发区、低易发区和不易发区四个区 (图 6-3-11)。地质灾害危险性划分为高危险区、中危险区和低危险区 (图 6-3-12)。

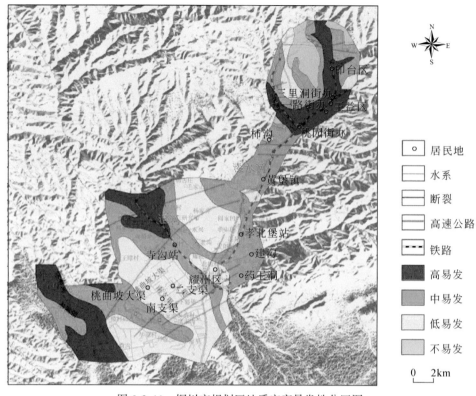

图 6-3-11 铜川市规划区地质灾害易发性分区图

图例：
居民地
水系
断裂
高速公路
铁路
高易发
中易发
低易发
不易发
0 2km

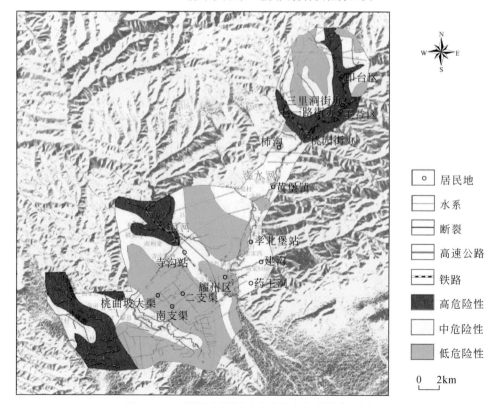

图 6-3-12 铜川市规划区地质灾害危险性分区图

图例：
居民地
水系
断裂
高速公路
铁路
高危险性
中危险性
低危险性
0 2km

六、主要环境地质问题

（一）水污染

区内水污染主要分布于老城市区（河谷区）。污染源为工业污水及生活废水，污染物主要为硝酸盐。漆水河、赵老峪等地表水污染严重。河谷区第四系潜水硝酸盐含量平均为30.70mg/L，污染较严重。

（二）土壤污染

区内土壤污染主要分布于煤矿区，污染源为煤矸石，污染元素主要为 Cu、Zn、Cd、Pb，污染程度轻度–重度。土壤 Cu 全量超过国家二级标准，但未超过国家三级标准；土壤 Zn、Pb 超过国家一级标准，但未超过国家二级标准；土壤 Cd 全量超过国家三级标准上限1.0mg/kg。非矿区土壤 Cu、Zn、Cd、Pb 均未超过国家一级标准。

（三）采空区地面变形

铜川市北市区采空区面积共68.34km²，占矿区面积的35.43%。根据45个煤炭钻孔资料，按照各钻孔有效煤层深厚比（即煤层上覆基岩厚度与煤层厚度的比值），将矿区采空塌陷发育程度分为五个级别（图6-3-13），Ⅰ区深厚比<100，地面变形发育程度强；Ⅱ区深厚比为100～200，发育程度较强；Ⅲ区深厚比为200～300，发育程度中等；Ⅳ区深

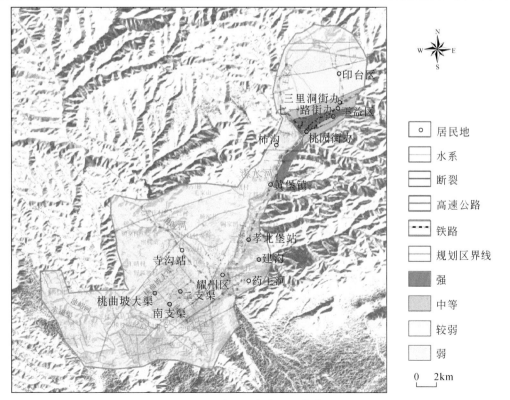

图6-3-13　矿区地表变形程度分区图

厚比为 300~400，发育程度较弱；Ⅴ区深厚比>400，发育程度弱。

七、铜川市国土空间规划优化

（一）基于地质灾害的国土空间规划优化

铜川市城市区漆水河、沮河、赵氏河、浊峪河等河谷边坡地带以及北市区，为滑坡崩塌地面塌陷灾害的中易发–高易发区。铜川新区为地质灾害低易发区。北市区、耀州区城区应加强地质灾害监测预警，对不稳定滑坡进行整治，防止灾害发生。建议铜川新区以地质灾害易发区边界为城市边界，城市规划建设时，城市边界与塬边之间保留一定安全距离，坡上建筑物与坡边距离、坡下建筑物与坡脚距离均不宜小于边坡高度。

（二）地下空间资源及开发利用建议

铜川市城市区 150m 以浅，工程地质层主要包括黄土、碎石土、黏性土、层状碎屑岩、块状碳酸盐岩 5 个大层，工程地质结构类型主要有黄土+黏性土、碎石土+层状碎屑岩、黄土+层状碎屑岩、黄土+碳酸盐岩四类。黄土台塬及河流二级、三级阶地分布黄土+黏性土和碎石土+层状碎屑岩结构；漫滩及一级阶地分布碎石土+层状碎屑岩结构；黄土丘陵区为黄土+层状碎屑岩结构、黄土+碳酸盐岩结构。

铜川市城市地下空间资源开发利用层有黄土、黏性土、中硬层状碎屑岩、碳酸盐岩。黄土、黏性土开发层主要分布于铜川新区；中硬层状碎屑岩有利开发层分布于南市区的非采空区。碳酸盐岩开发层一般埋藏较深，暂不作为城市地下空间开发层。总体上，铜川新区黄土塬为地下空间适宜区，其他地段尤其是北市区，地下空间适宜性差。

开发利用中应注意的地质问题主要为地面塌陷、含水层、黄土湿陷等。地面塌陷尚未稳定，建议不考虑地下空间开发。铜川新区黄土塬及沮河河谷的砂砾卵石层，是主要含水层，也是城市供水主要目的层，建议不作为开发层。铜川新区分布有湿陷性黄土，厚度一般小于 10m，浅部地下空间开发中应重视黄土湿陷问题。

第四节　杨凌区城市地质

一、发展规划及存在地质问题

陕西杨凌农业高新技术产业示范区，简称"杨凌示范区"，位于关中平原中部，面积为 135km²。1997 年 7 月 29 日，国家批准建立并纳入国家高新技术产业开发区序列管理，由科技部等 22 个部委和陕西省人民政府共同建设，是我国第一个国家级农业高新技术产业示范区，是中国自由贸易试验区中唯一的农业特色自贸片区，也是中国政府重点支持的四大科技展会之一"农高会"的举办地。杨凌区距西安市 82km，距咸阳国际机场 70km，陇海铁路、西（安）宝（鸡）高速公路、西宝中线等主要干线贯通全境，交通便利，地理位置优越。

杨凌示范区是我国农耕文明的重要发祥地、著名农科城，肩负着引领干旱半干旱地区现代农业发展的国家使命，是"一带一路"现代农业国际合作中心。按照"核心示范、带动旱区、服务全国"的定位，未来杨凌示范区要建设成为干旱半干旱地区农业科技创新推广核心区，新时代乡村振兴、特色现代农业发展引领区，成为具有国际影响力的现代农业创新高地、人才高地和产业高地。中心城区规划面积为 56.27km²，规划到 2020 年，中心城区城市人口规模 25 万人；到 2030 年，中心城区城市人口规模 42 万人。

根据先前完成的城乡规划，杨凌区将要形成"一心、两轴、两带、多组团"空间结构。"一心"为以自贸区为核心的农业国际商务中心；"两轴"为南北方向的城市综合发展轴、产城融合服务轴；"两带"为东西方向的缤纷活力休闲带和教育研发创新带（图 6-4-1）。

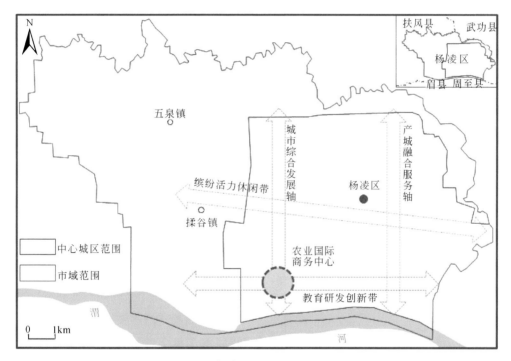

图 6-4-1　杨凌区中心城区规划位置图

区内主要面临着活动断裂、黄土湿陷、砂土液化等环境地质问题。渭河断裂为全新世活动断裂，由西向东贯穿杨凌区；中心城区规划于渭河二级、三级阶地和黄土台塬区，湿陷性黄土广泛分布；中心城区南部为渭河漫滩，有洪水淹没和砂土液化可能。此外，水资源短缺是城市建设发展较突出的问题。

二、地质环境条件

（一）气象水文

据武功气象站资料，区内多年平均气温为 12.9℃，多年平均降水量为 618mm，最大降水量为 934mm，最小降水量为 418mm（图 6-4-2）。年内 7、8、9 三个月降水量占全年的 50% 以上。多年平均蒸发量为 1068.3mm。

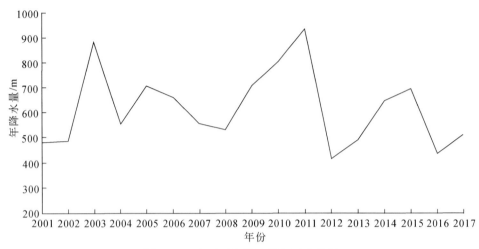

图 6-4-2　杨凌区年降水量历时曲线图

杨凌区河流有渭河、漆水河、漳河。

渭河：由西向东流经杨凌区南侧，于揉谷镇姜塬村入境，境内流长为 11.9km，多年平均流量为 136.5m³/s。

漆水河：渭河左岸一级支流，发源于麟游县招贤镇宁里沟，全长 250km。由北向南流经杨凌区东侧，境内流长为 12.51km。多年平均流量为 4.32m³/s，最大流量为 265m³/s，最小流量为 0.03m³/s。

漳河：又称后河，为漆水河右岸一级支流，发源于凤翔县北老爷岭，全长 100km。由西向东流经杨凌区北侧，境内流长为 24.6km，多年平均流量为 0.46m³/s，最大洪流量为 413m³/s（1954 年）。

此外，宝鸡峡主干渠、二支渠、渭惠渠等人工灌溉渠系流经本区；其中宝鸡峡主干渠年入水量为 230×10⁴m³，渭惠渠年入水量为 359.5×10⁴m³，宝鸡峡二支渠年入水量为 917.1×10⁴m³，渭河滩民堰年入水量为 61.3×10⁴m³。

（二）地貌

杨凌区地势北高南低，呈台阶状降低，海拔为 430～560m，相对高差约 130m。地貌单元有冲积平原和黄土台塬（图 6-4-3），面积分别为 76.28km² 和 58.72km²。

冲积平原系渭河、漆水河、漳河河谷，微地貌有漫滩及一级、二级、三级阶地。

河床漫滩：主要分布于中心城区南部，由第四系全新统冲积层上部（Q_h^{2al}）组成。东西向展布，南北宽 1～1.5km，高程为 430～440m。

一级阶地：分布于中心城区南部、东部，由第四系全新统冲积层下部（Q_h^{1al}）组成。阶面平缓，阶地宽 0.5～1.5km，阶面高程为 440～450m。

二级阶地：分布于中心城区中部，由第四系上更新统冲积层（Q_p^{3al}）及风积黄土（Q_p^{3eol}）组成，阶面较平缓，阶面微向南倾斜，宽 1.5～2.4km，阶面高程为 450～460m。

三级阶地：分于中心城区中部，由第四系中更新统冲积层（Q_p^{2al}）、风积黄土（Q_p^{2eol}）

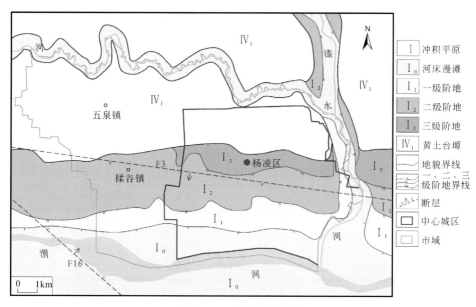

图 6-4-3　杨凌区地貌图

以及上更新统风积黄土（Q_p^{3eol}）组成。阶面向南倾斜，宽 0.5 ~ 1.5km。阶面高程为 470 ~ 490m。

黄土台塬分布于中心城区北部，为一级黄土台塬（IV_1），属扶风–咸阳塬的一部分，塬面平缓，微向南倾斜，塬前高出河流三级阶地 20 ~ 30m。漆水河、漳河等河流切割塬面，切深为 50 ~ 80m，形成高陡边坡。

（三）地层与构造

杨凌区中心城区出露地层为第四系中更新统风积层、上更新统风积层、全新统冲积层（表 6-4-1，图 6-4-4）。

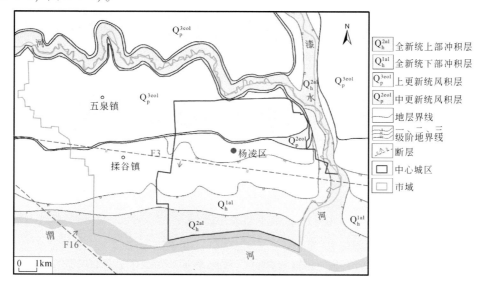

图 6-4-4　杨凌区地质图

表 6-4-1　第四系地层简表

统	成因	分布	岩性
全新统	冲积	上部分布于河床漫滩，下部分布于河流一级阶地	砂、砂砾石、卵砾石、粉质黏土，厚 30～40m
上更新统	风积	二级、三级阶地及黄土台塬	浅黄色黄土，夹 1～2 层古土壤，厚 8～20m
	冲积	二级阶地下部	砂、砂砾石、粉土、粉质黏土，厚 30～50m
中更新统	风积	三级阶地、黄土台塬，出露于台塬前缘及漳河河谷两侧	黄土，夹 5～7 条棕红色古土壤，三级阶地区厚 10～20m，台塬区厚 50～70m
	冲积	三级阶地下部	砂、砂砾、粉质黏土，厚度 30～50m
	冲湖积	全区	砂、砂砾、粉质黏土，厚度大于 100m
下更新统	冲湖积	全区	砂、砂砾石、粉质黏土，厚度大于 500m

杨凌区跨咸阳礼泉凸起、西安凹陷两大构造单元。断裂有渭河断裂 F3，该断裂以北为咸阳礼泉凸起，以南为西安凹陷。渭河断裂 F3 为一级断裂，正断层，区内走向 NWW，倾向 SSW，倾角 65°～70°，为全新世活动断裂。

三、工程地质条件与地下空间

杨凌区工程地质体全部为土体，分为一般性土和特殊性土两大类。一般性土包括碎石土、砂土、粉土及黏性土；特殊性土为黄土。

(一) 一般性土

1. 碎石土

碎石土分布于渭河、漆水河漫滩、阶地及黄土台塬底部。单层厚 3～35m，成分以花岗岩、砂岩、片麻岩、石英岩为主。渭河与漆水河河床漫滩区卵石粒径一般为 100～200mm，次圆状，中粗砂充填，承载力特征值为 200～300kPa；阶地区卵石粒径一般为 50～80mm，砾石粒径为 10～20mm，次圆状，中粗砂、细砂充填，承载力特征值为 250～500kPa；黄土台塬底部卵砾石粒径为 20～60mm，次圆状，砂土充填，承载力特征值为 350～500kPa。

2. 砂土

砂土主要分布于渭河漫滩及阶地区，单层厚 5～20m，岩性以中粗砂为主，标贯击数为 23～49 击，中密-密实，承载力特征值为 180～300kPa。

3. 粉土

粉土主要分布于渭河漫滩、一级阶地区，成因类型为冲积。渭河漫滩粉土分布不均，厚 1.5～6.0m，浅灰黄，土质疏松，标贯击数为 5～10 击，压缩系数 $a_{1-2} = 0.16 \sim$

0.34MPa^{-1}，黏聚力为 20.8 ~ 29.2kPa，摩擦角为 14.3° ~ 29°，承载力特征值为 80 ~ 120kPa；渭河一级阶地粉土厚度为 3.0 ~ 8.0m，褐黄色–黄褐色，分布连续，标贯击数为 5 ~ 40 击，压缩系数 a_{1-2}=0.09 ~ 0.32MPa^{-1}，黏聚力为 14.6 ~ 49.2kPa，摩擦角为 14.3° ~ 27°，承载力特征值为 80 ~ 250kPa。

4. 粉质黏土

粉质黏土分布于渭河阶地区，与砂层、卵砾石呈互层状，单层厚 2 ~ 15m，黄褐色及棕褐色，土质较均匀。Q_h^{1al} 粉质黏土黏聚力为 27 ~ 34.7kPa，摩擦角为 17.3° ~ 18.5°，承载力特征值为 120 ~ 160kPa；Q_p^{3al}、Q_p^{2al} 粉质黏土黏聚力为 38.5 ~ 66.2kPa，摩擦角为 13.6° ~ 28°，承载力特征值为 190 ~ 260kPa。

（二）特殊性土

区内特殊性土为风积黄土。上更新统黄土分布于黄土台塬及渭河二级、三阶地上部，厚 8 ~ 20m，其中底部古土壤厚 2 ~ 4m。压缩系数 a_{1-2}=0.16 ~ 1.17MPa^{-1}，具中等压缩性。湿陷系数 δ_s=0.018 ~ 0.116，中等–强烈湿陷，黏聚力 4.6 ~ 50.1kPa，摩擦角为 14.9° ~ 36.9°。中更新统黄土分布于黄土台塬及三级阶地中部，黄土台塬区厚 60 ~ 80m，含古土壤 5 ~ 7 层；三级阶地厚 20m 左右，含古土壤 2 ~ 3 层，压缩系数 a_{1-2}=0.07 ~ 0.31MPa^{-1}，黏聚力 18.5 ~ 54.7kPa，摩擦角为 7.2° ~ 28°。黄土承载力特征值为 130 ~ 140kPa。

（三）工程地质结构

杨凌区中心城区 150m 以浅，工程地质层包括黄土、碎石土、砂土、粉土、黏性土 5 个大层，工程地质结构类型为黄土+碎石土、砂土、粉土、黏性土互层结构和碎石土、砂土、粉土、黏性土互层结构两类。前者分布于渭河二级、三级阶地及黄土台塬，后者分布于渭河河床漫滩、一级阶地（表 6-4-2，图 6-4-5）。

表 6-4-2　工程地质结构划分表

地貌	微地貌	地层层序		工程地质结构	岩性结构
冲积平原	河床漫滩	Q_h^{2al} - Q_p^{2al+1} - Q_p^{1al+1}		碎石土、砂土、黏性土	碎石土、砂土、黏性土互层结构
	一级阶地	Q_h^{1al} - Q_p^{2al+1} - Q_p^{1al+1}		碎石土、砂土、黏性土	碎石土、砂土、黏性土互层结构
	二级阶地	断裂以南	Q_p^{3eol} - Q_p^{3al} - Q_p^{2al+1} - Q_p^{1al+1}	黄土、碎石土、砂土、黏性土	黄土+碎石土、砂土、黏性土互层结构
		断裂以北	Q_p^{3eol} - Q_p^{3al} - Q_p^{1al+1}		
	渭河三级阶地	Q_p^{3eol} - Q_p^{2eol} - Q_p^{2al} - Q_p^{1al+1}		黄土、碎石土、砂土、黏性土	黄土+碎石土、砂土、黏性土互层结构
黄土台塬	一级黄土台塬	Q_p^{3eol} - Q_p^{2eol} - Q_p^{1al+1}		黄土、碎石土、砂土、黏性土	黄土+碎石土、砂土、黏性土互层结构

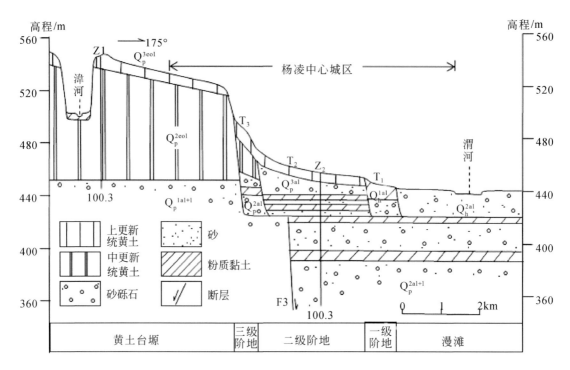

图 6-4-5　杨凌区城区地质剖面图

（四）场地稳定性与工程建设适宜性

杨凌区中心城区有 F3 渭河断裂通过，南部渭河漫滩区存在砂土液化可能，沿活动断裂带及渭河漫滩区为抗震不利地段，其他地段属抗震有利地段；二级、三级阶地及黄土台塬区分布中等–强烈湿陷性黄土；全区不良地质作用不发育，地质灾害低易发。据此，场地稳定性划分为不稳定和稳定两级。场地不稳定区包括 F3 渭河断裂两侧 200m 范围及渭河漫滩；场地稳定区包括一级、二级、三级阶地及黄土台塬区。

工程建设适宜性划分为适宜性差、适宜两个等级。工程建设适宜性差区包括渭河断裂两侧 200m 范围及渭河漫滩；除黄土台塬边缘及漳河、漆水河河谷边坡带地面坡度 10%～50% 外，总体地形平坦，施工条件良好，为工程建设适宜区。

（五）工程地质分区

杨凌区中心城区为松散土体工程地质区，可划分为冲积平原（Ⅰ）、黄土台塬（Ⅳ）2 个工程地质亚区、5 个工程地质段（图 6-4-6，表 6-4-3）。

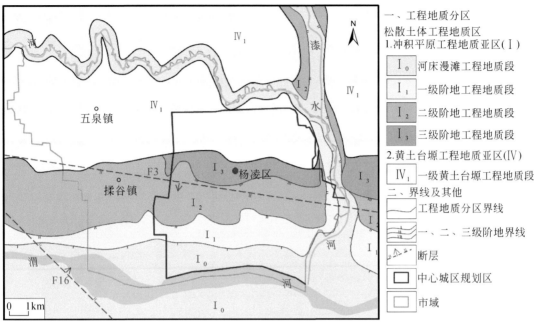

图 6-4-6 杨凌区工程地质分区图

表 6-4-3 工程地质分区说明表

工程地质区	亚区及代号	地段及代号	主要工程地质特征
松散土体工程地质区	冲积平原工程地质亚区（Ⅰ）	渭河河床漫滩工程地质地段（I_0）	地层层序 Q_h^{2al}-Q_p^{2al+1}-Q_p^{1al+1}，工程地质结构为碎石土、砂土、黏性土互层结构，可能砂土液化，建筑抗震不利，有洪水淹没可能。工程地质条件较差。工程建设应注意砂土液化
		渭河一级阶地工程地质地段（I_1）	地层层序 Q_h^{1al}-Q_p^{2al+1}-Q_p^{1al+1}，工程地质结构为碎石土、砂土、黏性土互层结构，场地稳定，地形平坦，工程地质条件良好，适宜各类建筑
		渭河二级阶地工程地质地段（I_2）	地层层序为 Q_p^{3eol}-Q_p^{3al}-Q_p^{2al+1}-Q_p^{1al+1}，工程地质结构为黄土+碎石土、砂土、黏性土互层结构，活动断裂对建筑抗震不利，黄土具中等-强烈湿陷性，湿陷性黄土最大深度16m，Ⅲ级（严重）-Ⅳ级（很严重）自重湿陷。工程建设应采取措施消除黄土湿陷性，考虑活动断裂影响
		渭河三级阶地工程地质地段（I_3）	地层层序为 Q_p^{3eol}-Q_p^{2eol}-Q_p^{2al}-Q_p^{1al+1}，工程地质结构为黄土+碎石土、砂土、黏性土互层结构。黄土具中等-强烈湿陷性，湿陷性黄土最大深度22m，Ⅲ级（严重）-Ⅳ级（很严重）自重湿陷。工程地质条件较好，工程建设应采取措施消除黄土湿陷性
	黄土台塬工程地质亚区（Ⅳ）	一级黄土台塬黄土工程地质地段（IV_1）	地层层序为 Q_p^{3eol}-Q_p^{2eol}-Q_p^{1al+1}，工程地质结构为黄土+碎石土、砂土、黏性土互层结构。湿陷性黄土最大深度30m，湿陷等级中等-强烈，Ⅲ级（严重）-Ⅳ级（很严重）自重湿陷。塬面平缓，工程地质性质良好，适宜工程建设。工程建设应远离边坡

（六）地下空间评价

杨凌区城市地下空间主要负面因素有活动断裂、含水层、湿陷性黄土、砂土液化、河湖湿地、砂卵砾石等（表6-4-4）。根据工程地质结构、存在的主要问题，地下空间适宜性划分为较适宜和适宜两个区，较适宜区分布于城区南部的渭河漫滩和一级阶地区；适宜区分布于城市北部的二级与三级阶地区、黄土台塬区（表6-4-5）。

表6-4-4　杨凌区中心城区地下空间负面因素表

负面因素	因素清单	分布	影响深度
限制因素	重点保护文物战略储备	保护范围	浅部限制开发，中、深部可开发
	既有设施	设施范围	浅部规避；中、深部避让（井、桩基等）
约束因素	活动断裂	二级阶地	浅、中、深部均考虑其影响
影响因素	地面沉降、隔水层、地下水腐蚀、含水层、地热	区域性	浅、中、深部均考虑其影响
	湿陷性黄土	二级、三级阶地、黄土台塬	浅部考虑其影响，中、深部可不考虑
	砂土液化	渭河河床漫滩	浅部考虑其影响，中、深部可不考虑
	河流湿地	渭河	浅部考虑其影响，中、深部可不考虑
	砂卵砾石	区域性	冲积平原浅、中、深部均应考虑；黄土台塬区深度100m以下考虑

表6-4-5　杨凌区城市地下空间评价表

地貌类型	地下空间适宜性评价
漫滩	工程地质结构为碎石土、砂土、黏性土互层结构，主要问题为含水层、砂土液化、河流等。整体上以砂层为主，含水性好，易坍塌、涌砂、突水。地下空间较适宜区
一级阶地	工程地质结构为碎石土、砂土、黏性土互层结构，主要问题为强含水层、砂砾石等。砂层、卵砾石层含水性较强，易坍塌、涌砂、突水；卵砾石不利于施工。地下空间较适宜区
二、三级阶地	工程地质结构为黄土+碎石土、砂土、黏性土互层结构，主要问题为活动断裂、含水层、湿陷性黄土等。活动断裂分布于二级阶地后部；二级阶地上部黄土厚8~20m，三级阶地上部黄土厚10~20m，易于开发。湿陷黄土层厚度10~20m。下部砂层含水性较强，易坍塌、涌砂、突水。地下空间适宜区
黄土台塬	工程地质结构为黄土+碎石土、砂土、黏性土互层结构，主要问题为湿陷性黄土、塬边滑坡崩塌灾害。黄土层厚50~70m，湿陷性黄土厚10~20m。下部砂层弱含水。地下空间适宜区

四、水文地质条件及地下水资源

（一）水文地质条件

1. 水文地质结构

杨凌区位处关中平原地下水系统中部，仅涉及第四系地下水子系统。含水介质为第四系松散岩类，地下水类型为第四系松散岩类孔隙水，包括冲积层孔隙潜水、承压水和风积黄土裂隙孔隙潜水（图6-4-7）。冲积平原区水文地质结构为上部第四系冲积层潜水含水层、下部承压含水层双层含水结构；黄土台塬区水文地质结构为上部黄土、下部冲湖积双重介质统一潜水含水结构（图6-4-8）。

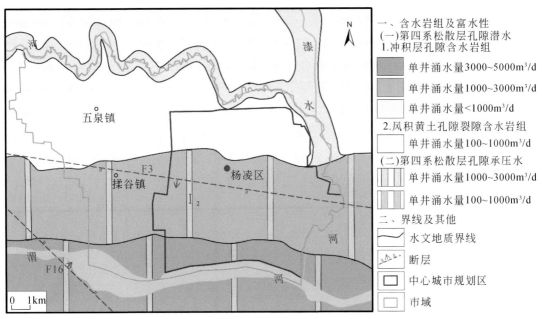

图6-4-7　杨凌区中心城区水文地质图

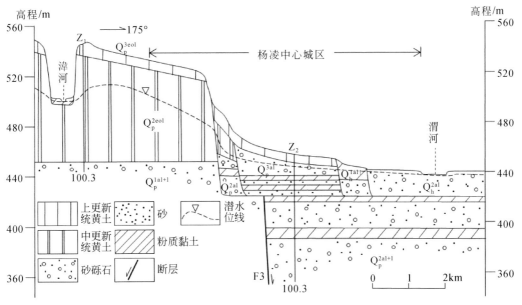

图6-4-8　水文地质剖面图

2. 含水层富水性

第四系松散层孔隙潜水主要包括冲积孔隙潜水层和风积黄土孔隙潜水含水层。

冲积孔隙潜水含水层在渭河河漫滩水位埋深一般小于 5m，含水层岩性为砂砾石、细砂，厚度为 40～50m，渗透系数为 10～35m/d。隔水底板埋深 40～50m，岩性为粉质黏土，厚度一般为 2～4m，分布较稳定。富水性较强，单井涌水量为 3000～5000m³/d。渭河一级阶地水位埋深为 5～10m，二级阶地水位埋深为 10～20m，三级阶地水位埋深为 20～40m。含水层岩性为砂砾石、中粗砂，厚度为 20～35m，渗透系数为 3～15m/d。隔水底板埋深为 60～70m。富水性中等，单井涌水量为 1000～3000m³/d。

风积黄土孔隙裂隙潜水含水层分布于黄土塬区。含水层岩性为中更新统黄土及下更新统冲湖积砂砾石、砂组成，水位埋深为 40～80m。渗透系数为 0.5～5m/d。富水性较弱，单井涌水量为 100～1000m³/d。

第四系松散层孔隙承压水分布于冲积平原。含水层由中、下更新统冲湖积组成，岩性为砂砾石、粗砂、细砂，具多层结构，单层厚 2～10m。渭河漫滩区承压水头略高于潜水位，渗透系数为 3～15m/d，单井涌水量为 1000～3000m³/d；阶地区承压水头略低于潜水位，渗透系数为 1～5m/d，单井涌水量为 100～1000m³/d。

3. 水化学特征

区内第四系地下水水化学类型单一，为 HCO_3-Ca·Mg 型、HCO_3-Na·Ca·Mg 型，矿化度为 0.297～0.752g/L。地下水中氯化物含量为 8～74.2mg/L，硫酸盐含量为 9～178mg/L，氟化物含量为 0.2～0.42mg/L，仅杨凌区李台村一带硝酸盐含量为 104～150mg/L，总硬度为 489～708mg/L。地下水水质良好，适宜生活饮用。

（二）地下水资源

杨凌区市域面积仅为 135km²，地下水资源较少。区内第四系地下水天然资源量为 1592.91×10⁴m³/a，开采资源量为 637.15×10⁴m³/a。在渭河漫滩地段可拟建傍河水源地 1 处，开采量为 730×10⁴m³/a。

五、地热资源

（一）热储层特征

杨凌区中心城区热储类型为古近系—新近系碎屑岩类孔隙裂隙热储。热储层为古近系红河组、白鹿塬组，新近系冷水沟组—寇家村组、蓝田灞河组、沈河组。区域上，杨凌区位处关中平原中部，沉积相以河湖相为主。热储层顶板埋深为 500～700m，渭河断裂以北，厚 2500～3000m，以南厚度大于 4000m。

新近系冷水沟组—寇家村组、蓝田灞河组、沈河组，砂层厚度较大，单位降深单位砂层出水量为 $5×10^{-3}～10×10^{-3}$ m³/(h·m²)。目前开采层段主要为蓝田灞河组。井深 1499.98～3505.8m，开采段为 754.7～3466.4m，砂层厚度为 74～488.3m，砂厚比为 14%～

52%，孔隙度为 3.7%~36.2%，水温为 70~94℃，水化学类型主要为 SO_4-Na 型，矿化度为 4.04~7.76g/L，出水量为 29~280.68m³/h，单位降深单位砂层出水量为 1.2×10^{-3}~29.7×10^{-3}m³/(h·m²)。

古近系红河组、白鹿塬组，岩性为泥岩与中细砂岩、含砾粗砂岩互层，埋藏较深，总体上，泥岩含量大，砂层少，含水层薄，单位降深单位砂层出水量一般小于 1.0×10^{-3}m³/(h·m²)，出水能力较差。

（二）地热资源储量

杨凌区各热储层流体储存量总和为 53.67×10^8m³，其中体积容量为 53.49×10^8m³，弹性释水量为 0.18×10^8m³。按储层划分，沈河组流体静储量为 11.92×10^8m³，蓝田灞河组流体静储量为 25.78×10^8m³，冷水沟组—寇家村组流体静储量为 11.52×10^8m³，白鹿塬红河组流体静储量为 4.45×10^8m³。区内地热流体可采资源量为 0.15×10^8m³。

六、主要环境地质问题

杨凌区主要环境地质问题有黄土湿陷、砂土液化等，地质灾害不发育，为地质灾害低易发区。

（一）黄土湿陷

湿陷性黄土主要分布于渭河二级、三级阶地及黄土台塬，包括上更新统黄土及中更新统上部黄土，湿陷黄土最大深度为 16~30m，湿陷系数 δ_s=0.018~0.116，湿陷程度中等-强烈，为Ⅲ级（严重）-Ⅳ级（很严重）自重湿陷场地（表6-4-6）。

表 6-4-6 黄土湿陷性特征表

地貌	地层时代及岩性	最大深度/m	湿陷系数	湿陷程度	湿陷类型
二级阶地	Q_p^{3eol}，黄土	16			
三级阶地	Q_p^{3eol}、Q_p^{2-2eol}，黄土	22	0.018~0.116	中等-强烈	Ⅲ级（严重）-Ⅳ级（很严重），自重
黄土台塬	Q_p^{3eol}、Q_p^{2-2eol}，黄土	30			

（二）砂土液化

1. 建筑抗震地段类别划分

按照场地地层岩性、地形地貌和活动断裂等地质条件，将场地划分为有利、不利两个地段（表6-4-7）。

表 6-4-7 建筑抗震场地地段划分表

地段类别	分布	地质、地形、地貌
有利地段	一级、二级、三级阶地及黄土台塬	地形平坦开阔，场地土体为密实均匀的中硬土

续表

地段类别	分布	地质、地形、地貌
不利地段	渭河漫滩	漫滩区可能砂土液化
	渭河断裂两侧200m	活动断裂

2. 地震动参数

区内覆盖层厚度为 68~76m，20m 等效剪切波速 $V_{se}=255.7~261.6m/s$，为 Ⅱ 类场地。根据《中国地震动参数区划图》（GB 18306—2015），地震动峰值加速度为 0.2g，抗震设防烈度 8 度，反应谱特征周期为 0.40s。

3. 砂土液化判别

区内渭河河床区地下水位埋深小于 5m，漫滩区地下水位埋深 5~10m，一级阶地、二级阶地、三级阶地及黄土台塬地下水位埋深大于 10m。初步判别渭河河床、漫滩为可能液化区。

七、杨凌区国土空间规划优化

（一）基于活动断裂的国土空间规划

杨凌区中心城区中部发育有东西向活动性断裂——渭河断裂。主城区为地震较活动区，地震动峰值加速度为 0.2g，抗震设防烈度 8 度，反应谱特征周期为 0.40s。城市规划建设应根据建筑物的类型和性质，合理选择避让距离。断层单侧 30m 内危险性极高，此范围内不宜规划建设一级和二级工程。断层单侧 30~100m 危险性较高，此范围内不宜规划建设二级工程。

（二）基于地质灾害的国土空间规划

杨凌区城市规划区地形较平缓，除人类工程活动诱发的个别次生地质灾害外，地质灾害不发育，为地质灾害不易发区，适宜于城市规划建设。但城市规划建设中仍可能存在地质灾害风险。一是中心城区北侧及东侧邻近漆河、漆水河河谷，河谷边坡高度为 60~70m，坡度大于 50%，为地质灾害中易发区，工程建设可能诱发滑坡发生，建议城市边界与边坡边缘之间保留一定的安全距离（图 6-4-9），建议安全距离不小于 100m；二是城区北部黄土台塬与南部渭河河谷之间以陡坡相接，坡度为 25%~30%，工程建设时局部可能形成人工高陡边坡，应重视次生地质灾害的发生。

（三）地下空间资源及开发利用建议

杨凌区中心城区 150m 以浅，有黄土、碎石土、砂土、粉土、黏性土 5 个大层，工程地质结构类型为黄土+碎石土、砂土、粉土、黏性土互层结构和碎石土、砂土、粉土、黏性土互层结构两类。前者分布于渭河二级、三级阶地及黄土台塬，后者分布于渭河河床漫滩、一级阶地。

杨凌区城市地下空间资源开发利用层以黄土、黏性土等隔水层为主，主要分布于黄土台塬、二级与三级阶地。黄土台塬区黄土厚度 50~70m，适宜地下空间开发利用。二级、三级阶地区 0~10m 岩性为黄土、黏性土，适宜地下空间开发利用，浅部存在黄土湿陷性问题；10m 以下岩性为砂、卵砾石、粉质黏土互层，卵砾石层分布较广且不稳定，粒径一般为 20~100mm，最大粒径大于 200mm，地下空间开发施工难度较大。

杨凌区城市地下空间资源不宜开发层为砂土、碎石土，地下空间开发利用中易发生涌砂、突水。强含水层主要分布于渭河漫滩及一级阶地区，地下水位埋藏浅，含水层厚度大，渗透性高，水量丰富，建有供水水源地 1 处。

开发利用中应注意的地质问题主要为活动断裂、卵砾石、强含水层、黄土湿陷等。对于活动断裂，应采取避让或工程减缓措施，并进行位移实时监测。卵砾石层对施工不利，应采取合理的施工工艺。漫滩区强含水层建议不作为地下空间开发利用层。湿陷性黄土分布区，0~10m 地下空间层应考虑黄土湿陷性的影响。

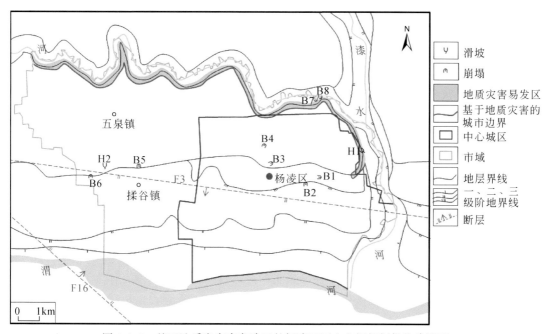

图 6-4-9　基于地质灾害高危险区的杨凌区国土空间规划优化建议图

第七章 国土空间规划优化

《关中平原城市群发展规划》要求，进一步优化关中平原城市群规模等级和结构，促进大中小城市优势互补与协同发展，加快培育发展轴带和增长极点，形成"单核带多极"的发展格局，提高各类空间发展效能。多规合一的国土空间规划要求，统筹划定落实生态保护红线、永久基本农田、城镇开发边界三条控制线，要以资源环境承载能力和国土空间开发适宜性评价为基础，科学有序统筹布局生态、农业、城镇等功能空间，按照统一底图、统一标准、统一规划、统一平台的要求，建立健全分类管控机制。

资源环境承载能力和国土空间开发适宜性评价（简称"双评价"）指南在项目成果评审后才发布，而且评价指标繁多，关中平原城市地质调查项目未按这些指标进行部署和调查，所以，难以按照指南的要求循规蹈矩开展"双评价"工作。从抓住关键因素、科学定量评价、阈值标准有据、结果可信适用的思路出发，本次提出了基于木桶理论、风险理论和边际理论的"双评价"理论框架与技术方法。"双评价"的技术路线是：基于木桶理论，识别区域重大资源环境问题，遴选几个关键因素；基于边际理论，以资源开发利用利润最大化或无利润，作为资源承载能力评价标准，开展资源承载能力评价；基于风险理论，以国土空间开发带来的环境问题或灾害引发的生命和财产风险的容许标准作为评价标准，开展地质环境承载能力、国土空间适宜性和地质安全评价；在单因素评价的基础上开展综合评价；将综合承载能力评价结果与区域国土空间开发现状或规划结果做叠加分析，调整和优化区域发展"三区三线"。

识别的重大资源环境问题有活动断裂、崩滑流地质灾害、水资源和稀缺土地资源 4 个关键因素；通过"双评价""一评估"，将关中平原国土空间开发保护区划分为适宜开发区、优化开发区、限制开发区和禁止开发区。关中平原自然条件优越，87% 的土地属于适宜农业生产和城镇化建设，尤其是引汉济渭工程使关中平原成为承接东部人口和 GDP 发展的最佳地区。国土空间开发保护中要珍惜集中连片分布的富硒土地，作为永久农田予以保护，禁止在活动断裂和地质灾害高危险区分布范围进行工程建设，以国土空间规划和用途管制为抓手，从源头防控地震与地质灾害风险。

第一节 双评价方法与关键因素识别

一、国内外发展现状与趋势

（一）国外发展历史与现状

承载力的思想萌芽于史前畜牧部落的放牧实践。美国农业部 1906 年年鉴就已经采用"承载力"这一概念，意指草地的最大载畜量，用于畜牧管理。1921 年人类生态学者

Hawden 和 Paimer 首次明确提出了"承载力"（carrying capacity）这一概念，即在某一特定环境条件下，某种个体存在数量的最高极限。把承载力应用到人类种群始于马尔萨斯的人口论。随后相继产生了不同的承载力概念与理论，尤其是 20 世纪 70 年代以来，人口、经济、资源与环境等全球性问题日益突出，人口承载力、土地资源承载力、环境承载力、水资源承载力、生态承载力（Willem，1996；FAO，1982；Khanna et al.，1999）等研究应运而生，Gary W. Barrett 和 Eugene P. Odumuch 还提出了最佳承载力（optimum carrying capacity）和安全承载力（safe carrying capacity）概念，综合考虑资源数量限制和社会经济系统反馈作用。国外关于承载力的研究从对承载力概念的不断探讨，到逐步将承载力运用到管理实践和环境规划领域（United States Environmental Protection Agency，2002；Lane，2010），从单一要素评价转向多要素乃至水-土-生态环境-社会经济复合系统评价，对承载力问题的多元性、动态性、非线性和多重反馈等特征进行阐释（Rees，1992；Arrow et al.，1995；Wackernagel and Rees，1997）。但在 20 世纪 90 年代之后，国外对承载力进行的专门研究甚少。

（二）国内发展历史与现状

20 世纪 40 年代，任美锷最早注意到承载力研究的重要性，我国学者 20 世纪 90 年代开始在总结吸收国外经验教训的基础上，对承载力理论和方法进行了广泛的研究，取得了一些重要成果。承载力被广泛应用于人类发展与自然环境之间的关系研究，被赋予了不同的内涵（王俭等，2005）。人类承载力评价的核心在于测度人类活动是否处于环境可承载能力的范围之内，陈劭锋（2003）先后提出了承载率的概念，即人类活动的压力与环境承载能力的比值，用以评价区域环境所处的承载状态（洪阳和叶文虎，1998）。生态承载力研究包括资源承载力和环境承载力两类。然而，生态系统中资源与环境的区分并不是绝对的，单独基于资源供给或环境纳污的生态承载力研究均是不完整的。生态足迹（ecological footprint）在一定程度上弥补了这种缺陷。生态足迹方法便吸引了众多学者的广泛关注与实践，已成为重要的生态承载力需求模型之一（Rees，1992；Wackernagel and Rees，1997），并为衡量生态承载力供需平衡状况提供了方法依据。张志强等（2000）较早阐述了生态足迹的理论、方法及计算模型，并测算了西部 10 省（云南、西藏除外）的生态足迹。随着地球生态系统的交互性、复杂性与整体性特征日益显现，综合分析和比较各类人为环境影响及其最大安全阈值，对于从整体上判断人类活动的可持续性、揭示承载力的超载程度具有重要意义。张茂省和王尧（2018）针对资源环境承载力研究方面存在的理论不够深入、评价方法以建立指标体系为主、指标难以量化、缺乏科学判断标准以及评价结果难以应用的实际，按照抓住关键因素、科学定量评价、阈值标准有据、结果可信适用的思路，提出了基于木桶理论、风险理论和边际理论的资源环境承载能力评价理论框架与技术方法。

（三）发展趋势

《地球生命力报告 2014》中除了以前主要使用的地球生命力指数（living planet index，LPI）、生态足迹（ecological footprint，EF）、水足迹（water footprint）等指标外，首次使用"地球边界"揭示地球面临的严峻挑战。"地球边界"框架基于 9 个环境过程（9 个边

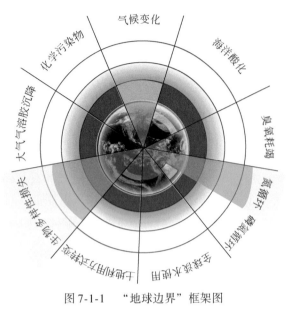

图 7-1-1　　"地球边界"框架图

界），并试图为每个环境过程界定出安全边界（图7-1-1）。即人类的经济、社会和生态活动都有各自的界限，一旦超过这个界限，人类生存的环境很难朝着可持续的方向发展。人类世与"地球边界"的最终目的都是引导人类行为走向可持续发展，"地球边界临界点"的合理性突出表明，需要通过检测全球和当地关键转变的预警标志以及促进这种转换的因素，我们从全新世期间了解并获益的世界能否存续，依赖于现在作为地球管理员的我们所采取的行动（Barnosky et al.，2012）。

人类世的概念近年来被广泛关注，是研究大约10000年以来人类活动和自然环境构成的地球系统的变化及适应的可持续发展性（刘东生，2004），它反映了人类对地球系统的过去和现在的性质，其真正意义在于如何用它来指导和影响未来发展方向。人类世已经成为一个综合概念（图7-1-2），能够融入人与环境的相互作用和影响，这使得它可以帮助人类将重点放在更有创新和有效的方式上，从而向可持续发展转变（Bai et al.，2016）。

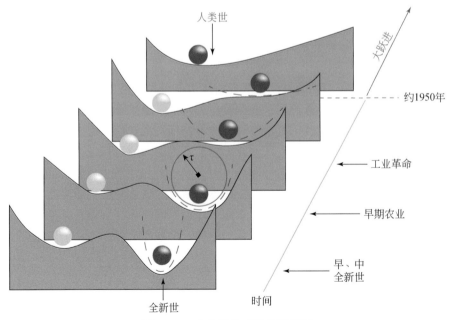

图 7-1-2　人类世生态系统转型图

在制订生态系统管理策略和原则时，临界点和意外事件很难预见。生态系统在动态的历史演变过程中，其空间异质性或差异有明显的临界值特征（图7-1-3）。用临界值效应管理生态系统是预警原则的基础，是适应性管理策略的立足点，更是持续监控生态系统和改进管理策略的信息源（陶锋和邢会歌，2009）。不管是承载力还是临界值，实际上都是要求人类行为要在一个安全空间范围内，才能保证生态安全，地球才能有序可持续运转。

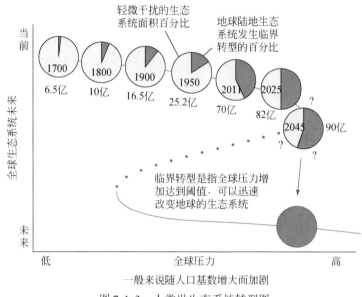

图7-1-3　人类世生态系统转型图

中国是世界四大文明古国之一，在人类文明的进程中，中国毫无疑问地引领了世界从原始文明进入农耕文明。近代以来，引领世界经济与社会发展新潮流和新方向的历次技术革命和经济革命都发生在西方，西方发达国家无可否认地引领和带动了全球工业文明。21世纪世界进入生态文明时代，中国不仅会与西方发达国家同步进入生态文明建设的浪潮中，而且会改变近代以来作为看客和跟随者的角色，逐步成为引领新文明的主角，从跟随者转变为引领生态文明时代的开创者。

2012年党的十八大提出了建设生态文明的战略思想和战略任务，把生态文明建设纳入到"五位一体"整体布局，要求着力推进绿色发展、循环发展、低碳发展，形成节约资源和保护环境的空间格局、产业结构、生产方式、生活方式，从源头扭转生态环境恶化的趋势，努力建设美丽中国。

2017年中共中央办公厅、国务院办公厅印发的《关于建立资源环境承载能力监测预警长效机制的若干意见》中指出，对从临界超载恶化为超载的地区，参照红色预警区综合配套措施进行处理。对土地资源超载地区，严格控制各类新城新区和开发区设立。对生态超载地区，制定限期生态修复方案，实行更严格的定期精准巡查制度，必要时实施生态移民搬迁；对生态系统严重退化地区实行封禁管理，促进生态系统自然修复；对临界超载地区，加密监测生态功能退化风险区域，遏制生态系统退化趋势；除了对土地和生态承载力相关的管控措施，对水资源、环境和海域等都有相应的管控措施。其中种种措施都体现了国家对资源环境承载能力的重视。

建设生态文明最迫切和重要的任务之一就是加快经济发展方式转变，绿色转型是转变经济发展方式的关键环节。需要从规划层面推进国土空间优化开发。规划是中国经济社会发展的宏观性、政策性行动纲领，抓好规划前期的"双评价"就能够在决策层面促进开发理念、思路和重点的优化调整。"双评价"向上与区域发展战略衔接，推进构建科学合理的城市化格局、农业发展格局和生态安全格局；向下指导具体的产业园区、重大项目布局和准入，避免长期性、累积性环境问题对生态系统和人群健康产生重大不利影响，促进人口资源环境的均衡和经济社会生态效益的统一。

把生态文明建设纳入到"五位一体"整体布局，《关于建立资源环境承载能力监测预警长效机制的若干意见》和多规合一的国土空间规划要求，已经掀起了我国"双评价"研究与应用实践的高潮，必将引领国际研究方向，促进和带动全球生态文明建设。

二、新时代国土空间规划理念

（一）顺应新时代发展要求的多规合一

生态文明建设是关系中华民族永续发展的根本大计，国土空间是生态文明建设的载体。2018 年 3 月，中华人民共和国第十三届全国人民代表大会第一次会议表决通过了关于国务院机构改革方案的决定，批准成立中华人民共和国自然资源部。成立的背景也在机构改革方案中点明，包括自然资源所有者不到位、空间规划重叠等问题。尤其是国土空间规划重叠方面，将扭转国家发展和改革委员会主体功能区规划，原国土资源部的土地规划职责和住房和城乡建设部的城乡规划之间的"打架"问题。

关于新时期国土空间规划，自然资源部总规划师庄少勤博士讲得非常透彻，他认为多规合一之后的国土空间规划优化要从三个方面谈起。一是从中国古代起，对空间的布局安排讲求"天时、地利、人和"，但现代规划往往对土地等物质条件和技术因素比较重视，对人的感受不够重视，对时间维度和运行问题也考虑不多；二是每一个时代都需要相应的时空秩序支撑，经历过原始文明、农耕文明和工业文明后，空间发展进入了"生态文明的新时代"——空间 V4.0，时代（天）、空间（地）、社会（人）这些因素有了重大改变，规划的理论、方法和实践也要随之优化；三是国土是生态文明建设的空间载体。中央将空间规划改革纳入生态文明改革总体方案，国土空间规划进入了生态文明的新时代。因此，国土空间规划的理论、方法和实践，不是因为行政主管部门的变化而"优化"，而是顺应新时代发展要求而优化。

（二）"双评价"是国土空间规划的前提和基础

按照《中共中央国务院关于建立国土空间规划体系并监督实施的若干意见》要求，资源环境承载能力和国土空间开发适宜性评价（简称"双评价"）是编制国土空间规划的前提和基础。2020 年 1 月自然资源部印发了《资源环境承载能力和国土空间开发适宜性评价指南（试行）》（简称《指南》）。

《指南》对资源环境承载能力的定义是基于特定发展阶段、经济技术水平、生产生活方式和生态保护目标，一定地域范围内资源环境要素能够支撑农业生产、城镇建设等人类活动的最大规模。对国土空间开发适宜性的定义是在维系生态系统健康前提下，综合考虑资源环境等要素条件，特定国土空间进行农业生产、城镇建设等人类活动的适宜程度。

"双评价"的目标是分析区域资源环境禀赋条件，研判国土空间开发利用问题和风险，识别生态系统服务功能极重要和生态极敏感空间，明确农业生产、城镇建设的最大合理规模和适宜空间，为编制国土空间规划，优化国土空间开发保护格局，完善主体功能定位，划定生态保护红线、永久基本农田、城镇开发边界，实施国土空间用途管制和生态保护修复提供科学依据，倒逼形成以生态优先、绿色发展为导向的高质量发展新路子。

"双评价"的原则包括底线约束、问题导向、因地制宜、简便实用。强调在保证科学性的基础上，抓住本质和关键，精选最有代表性的指标，选择合理方法工具，精简结果表达。紧密结合国土空间规划编制，强化操作导向，确保评价成果科学、权威、好用、适用。

工作流程是编制县级以上国土空间总体规划，应先行开展资源环境承载能力和国土空间开发适宜性评价，形成专题成果，随同级国土空间总体规划一并论证报批入库。县级国土空间总体规划可直接使用市级评价运算结果，强化分析形成评价报告；有条件或有必要的，可开展有针对性的补充评价（图7-1-4）。

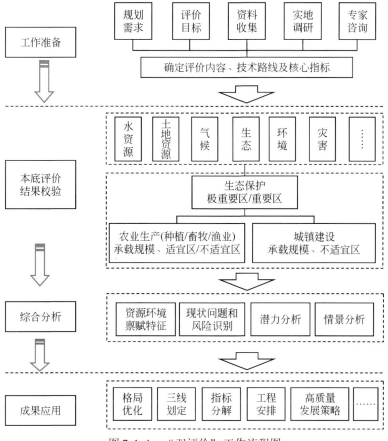

图7-1-4 "双评价"工作流程图

"双评价"内容包括本底评价和综合分析。本底评价包括生态保护重要性评价、农业生产适宜性评价、城镇建设适宜性评价和承载规模评价，评价层次分为省级和市县级。综合分析包括资源环境禀赋分析、现状问题和风险识别、潜力分析和情景分析。

"双评价"成果包括报告、图件、数据集等。报告应重点说明评价区域资源环境本底优势及短板、突出问题风险和未来潜力，并对国土空间格局、主体功能定位、三线划定、主要指标等提出明确建议。图件主要包括生态保护重要性、农业生产适宜性、城镇建设适宜性评价结果图，耕地空间潜力、城镇建设空间潜力分析图等。

成果应用于支撑国土空间规划编制，主要包括：支撑国土空间格局优化；支撑优化主体功能定位；支撑划定生态保护红线、永久基本农田、城镇开发边界；支撑确定和分解规划目标指标；支撑高质量发展策略；支撑编制专项规划。

"双评价"工作是一项探索工作，通过多年的理论与技术方法研究和2019年一年的实践，"双评价"的技术方法日趋成熟。与2019年5月《指南》送审稿相比，2020年1月发行的《指南》由原来的110页大幅度减少到30页。主要在以下5个方面做了明显改进：

一是指标减少了，仅保留了最必要最关键的20个一级指标。"双评价"并非事无巨细，面面俱到，而是抓重点要素，反映主要矛盾。

二是与技术方法相关的公式大幅度减少了。公式的减少还意味着硬性的计算评价方法减少，约束性的条条框框减少，提升了自由探索空间。这也与资源环境承载能力评价方法众说纷纭的现状相符。据不完全统计，仅资源环境承载能力评价的方法就达40种之多，而且不同评价方法的指标设置和阈值范围差别明显。

三是评价结果等级简化，适宜性等级减少为3级，避免了在定性问题上人为追求精度，钻牛角尖。

四是明确了省级与市县级"双评价"工作的差别，省级"双评价"重视底线约束，摆问题，市县级注重挖掘各项功能的潜力。省级生态保护重要性评价从区域安全底线出发，评价生态系统服务功能重要性和生态敏感性，形成生态保护极重要区和重要区，市县级则根据更高精度数据和地方实际进行边界校核，补充调查。

五是强调因地制宜，给地方以发挥的空间，容易突出地方特色和个性特点，避免了因为统一方法导致局部地区不切实际的评价结果。同时，畜牧业适宜性评价也被正式纳入评价范畴。总的来说，双评价体系变得更加开放，操作性更强。

值得思考的是，"双评价"的技术方法日趋成熟，《指南》的发布对于指导全国各地开展"双评价"工作，保证评价成果的规范性、科学性和有效性将起到很大的积极作用。但是，"双评价"工作仍是一项探索工作，如何更好地体现底线约束、问题导向、因地制宜、简便实用的原则，在保证科学性的基础上，既能抓住本质和关键，精选最有代表性的指标，选择合理方法工具，精简结果表达，又能紧密结合国土空间规划编制，强化操作导向，确保评价成果科学、权威、好用、适用，还有很多理论与技术方法问题亟待深入细致研究。通过这一思考本次提出基于木桶（长短板）理论、边际理论和风险理论的资源环境承载能力和国土空间开发适宜性评价理论与技术方法，并用于关中平原"双评价"实践。

三、基于木桶–边际–风险的"双评价"原理与方法

（一）基于木桶理论的制约因素识别

木桶理论的核心内容是一只木桶盛水的多少，并不取决于桶壁上最长的那块木块，而恰恰取决于桶壁上最短的那块，即木桶储水的最大容量受最短的一块桶壁板限制［图7-1-5（a）］，故又称短板理论、木桶原理、木桶定律等。后来有人发散思维，既然制作木桶的板子长短不一，如果侧放就能发挥长板的效能，盛更多的水，所以，在短板理论的基础上补充完善了长板理论［图7-1-5（b）］。

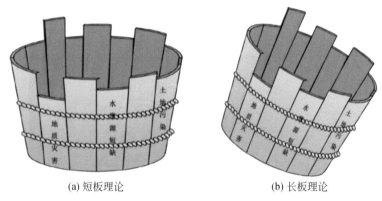

(a) 短板理论　　　　　　　　　　　(b) 长板理论

图7-1-5　木桶理论示意图

一个地区往往既存在制约经济社会发展的众多环境地质问题，又赋存支撑经济社会发展的丰富自然资源。应用木桶理论就是在保证科学性的基础上，抓住制约和支撑一个地区的本质和关键因素，精选最有代表性的指标。即应用短板理论，采用综合性与主导因素相结合的原则和方法，寻找限制一个地区经济社会发展的1～3个限制性因素"短板"（图7-1-5）；同理，通过侧向放置木桶，可以发挥长板的最大作用，选择一个地区的优势自然资源。

另外，我们不能忽略的是，当这个"桶"的规模很大，或者不同的"桶"放在一起评价时，比较优势也是一种非常有效的方法。比如城市群和流域尺度内，不同行政单元发挥各自的比较优势，有利于高效配置资源和避免风险。

（二）基于边际理论的地质环境承载力评价

边际理论是经济学中的一个概念，其核心是假设在其他条件不变的情况下，每增加或减少一个单位的数量可能产生的效应及其对人们决策的影响。可以理解为一个市场中的经济实体为追求最大的利润，多次进行扩大生产，每一次投资所产生的效益都会与上一次投资产生的效益之间有一个差，这个差就是边际效益。

资源对经济增长具有约束力，在促进经济增长的同时，必须考虑一个地区的资源承载力（图7-1-6）。双评价中引入边际理论，针对面临的不同情景，可以发挥三个方面的作

用。一是针对自然资源禀赋高，更新能力强，可持续开发利用限制少的地区，可直接运用边际理论，分析评价区优势资源或比较优势资源，评价利用自然资源可能产生的边际成本和边际效益，进而得出该区优势资源的承载能力。二是针对当地自然资源贫乏或不足，依靠引进外来资源满足当地经济社会发展的地区，如跨流域调水、外来矿产品冶炼与加工，可运用边际理论，分析引进优势资源产生边际成本和边际效益，进而得出该区引进资源的承载能力。三是针对资源禀赋较高，更新能力较强，可持续开发利用受到限制的地区，自然资源开发利用有可能产生环境恶化、地质灾害等问题，可采用风险评价方法，计算由地质灾害和环境问题引起的财产损失，或治理地质灾害和修复环境问题所需要的经费，从而得出该区资源开发补偿的承载能力。具体评价方法可参照基于风险的地质环境承载力评价方法。

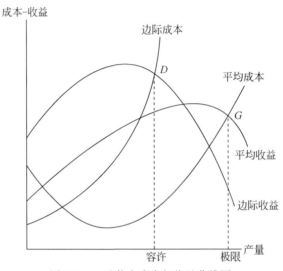

图 7-1-6　承载力成本与收益曲线图

安全承载状态：边际收益大于边际成本。边际成本与边际收益相等交叉点 D 代表容许承载力，此时承载力利润最大化。当增加产量消耗资源的边际成本低于边际收益时，达到利润最大化前，为安全承载状态。

容许超载状态：边际收益小于边际成本，但平均收益大于平均成本。D 点和 G 点之间的区域为承载力容许超载状态，利润不是最大化，但还有利可图。

不可接受超载状态：平均收益小于平均成本。平均成本与平均收益相等交叉点 G 代表极限承载力。承载力超出 G 点，继续扩大，增加产量所耗资源平均成本的支出远大于平均收益，将无利可图，为不可接受超载状态。

（三）基于风险的地质环境承载力评价方法

资源环境承载能力既涉及地学、环境学，同时具有动态性和不确定性，也涉及风险管理学。从风险管理的视角，以环境地质问题产生的风险是否可以接受作为地质环境承载力的判别标准。依据风险是否可以接受及接受的程度，提出容许承载力和极限承载力的概念，以及安全承载、容许超载和不可接受超载三种状态的概念（图 7-1-7）：风险在可接受风险范围内，定义为地质环境安全承载状态，最大可接受风险对应的承载力定义为容许承载力，在容许承载力范围内，不需要采取进一步的减缓措施，或措施简便，所花费的金钱、时间和努力较少；风险在可容忍风险范围内，定义为容许超载状态，在一定范围内为保护某些净利益社会可以忍受的环境地质问题承载力，需要持续监测，采取风险减缓措施，需要投入最大合理成本；风险在不可接受风险范围内则定义为不可接受超载状态，最小承载力临界值定义为极限承载力，需要禁止重大工程建设活动，可作为城镇规划的禁建区和"红线"划定的依据，在必须建设的情况下，则需要投入大量的防治经费、时间和努力。

图 7-1-7　基于风险的地质环境承载力评价原理图

风险主要包括生命风险和财产风险。生命风险主要由突发型地质灾害引发的，生命风险估算按下列公式进行，生命风险阈值标准可参照香港土木工程办公室 1998 年发布的社会风险容许标准（图 7-1-8）。评估结果点落在普遍可接受区则为安全承载状态，落在不可接受区则为不可接受超载，落在警报区或严格详细审查区则为容许超载状态。

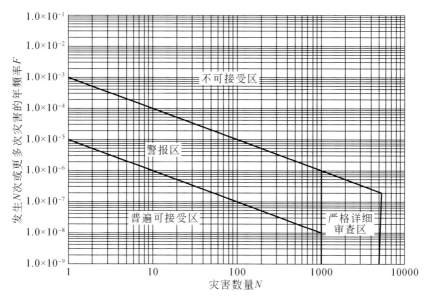

图 7-1-8　社会风险容许标准（ERM-Hong Kong Ltd., 1998）

生命年风险计算公式：

$$P_{(\mathrm{LOL})} = \sum_{1}^{n} \left(P_{(L)} \times P_{(T:L)} \times P_{(S:T)} \times V_{(D:T)} \right)$$

式中，$P_{(\mathrm{LOL})}$ 为人员年死亡概率；$V_{(D:T)}$ 为人员的易损性；$P_{(L)}$ 为危害频次；$P_{(T:L)}$ 为危害

到达受险对象的概率；$P_{(S:T)}$为受险对象的时空概率；n为危害发生次数。

财产损失由地质灾害和环境地质问题引起，基于财产风险的地质环境承载力评价可按下列财产风险公式计算，估算环境地质问题造成的财产风险损失与人类生产、生活和生态活动产生的收益，进行损益分析（图7-1-6），作为判别承载力状态的标准。

财产年风险计算公式：

$$R_{(\text{prop})} = \sum_{1}^{n} \left(P_{(L)} \times P_{(T:L)} \times P_{(S:T)} \times V_{(\text{prop}:T)} \times E \right)$$

式中，$R_{(\text{prop})}$为年财产估算损失率；$P_{(L)}$为危害频次；$P_{(T:L)}$为危害到达受险对象的概率；$P_{(S:T)}$为受险对象的时空概率；$V_{(\text{prop}:T)}$为对于危害受险对象的易损性；E为财产价值；n为危害发生次数。

四、双评价理论框架和技术路线

（一）双评价理论框架

基于木桶–边际–风险的"双评价"理论框架包括基于关键因素识别、边际分析/风险评价、承载能力与适宜性评价、成果应用四个相互重叠而又递进的循环过程（图7-1-9）。

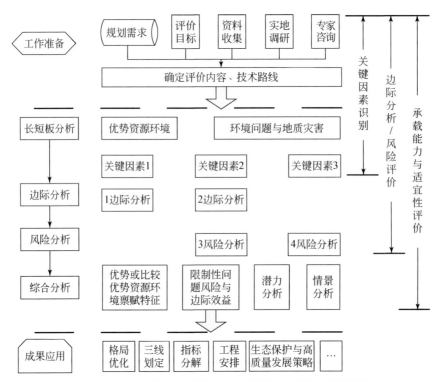

图7-1-9　基于木桶–边际–风险分析的"双评价"框架图

关键因素识别是基于木桶理论识别评价区资源环境因素中最关键的几个的制约因素和支撑因素，既要找准评价区的短板，又要分析和发现评价区的长板或比较优势资源环境。

并服务于《指南》中的综合分析，为实现优势或比较优势资源环境禀赋分析、限制性环境问题和灾害风险与边际效应分析、潜力分析和情景分析提供依据。

边际分析/风险评价是基于边际分析理论/风险评价理论，估算资源环境关键因素在开发利用和经济社会发展中可能带来的边际效应/风险大小，与容许标准比较，从而判断和评价承载状态。可与《指南》中的本底评价接轨，开展生态保护重要性评价、农业生产适宜性评价、城镇建设适宜性评价和承载规模评价，评价层次分为省级和市县级。

"双评价"是在边际分析/风险评价基础上的综合评价和分析。与《指南》中的综合分析接轨，完成优势或比较优势资源环境禀赋分析、限制性环境问题和灾害风险与边际效应分析、潜力分析和情景分析。

成果应用是在"双评价"的基础上，依据边际分析/风险评价结果和综合分析，重点找出以下空间冲突：生态保护极重要区中现状耕地、园地、人工商业林、建设用地以及现状用海活动的规模和空间分布；种植业生产不适宜区中现状耕地、永久基本农田的规模和空间分布；城镇建设不适宜区中现状城镇用地的规模和空间分布；地质灾害高风险区内农村居民点的规模和空间分布，提出国土空间规划优化意见，主要包括格局优化、三线划定、指标分解、工程安排、生态保护与高质量发展策略等。

（二）双评价技术流程

基于木桶理论、风险理论和边际理论的"双评价"技术流程如图 7-1-10 所示。主要包括：①确定研究范围。根据需要可选择省、市、县等行政单元，或经济区、自然单元。②关键因素识别。应用木桶理论，综合分析自然资源特征和环境问题，识别出 1~4 个制约或支撑地区经济社会发展的资源类或环境类关键因素。③单因素评价。对于资源类制约因素，应用边际理论，开展边际效益和平均效益分析，根据利用最大化原则和零利润分析，找出容许承载力和极限承载力，判别三种承载力状态。对于环境类/地质安全类制约因素，应用风险理论，开展危险性分析、危害性分析和风险分析，基于风险容许标准，进行单因素承载力评价。时间维度包括现状承载力评价和规划承载力评价。④综合评价。基于单因素评价结果，进行综合评价，重点找出以下空间冲突：生态保护极重要区中现状耕地、园地、人工商业林、建设用地以及现状用海活动的规模和空间分布；种植业生产不适宜区中现状耕地、永久基本农田的规模和空间分布；城镇建设不适宜区中现状城镇用地的规模和空间分布；地质灾害高风险区内农村居民点的规模和空间分布。⑤成果应用。在综合评价的基础上，从格局优化、三线划定、指标分解、工程安排、生态保护与高质量发展策略等方面提出国土空间规划优化意见。

五、关键因素识别

在充分收集已有资料的基础上，主要依靠本次综合地质调查资料与研究成果，依据关中平原城市群总体规划要求，在与地方政府主管部门充分交流的前提下，运用木桶理论，分析和识别支撑关中平原城市群建设和发展的优势资源环境或比较优势资源环境，甄别和遴选制约关中平原城市群建设和发展的重大环境问题与灾害风险。

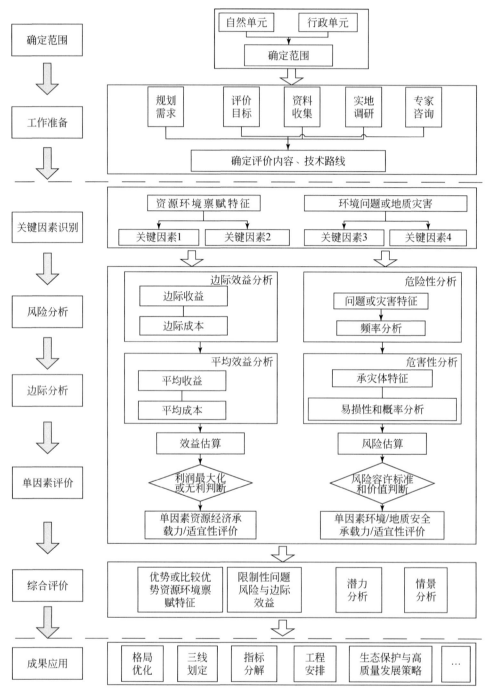

图 7-1-10　基于木桶–边际–风险分析的双评价技术路线图

（一）优势资源环境识别

优势资源环境禀赋分析的因素包括：水、地热、土地、森林、草原、湿地、地质遗迹、天然建材、能源矿产等自然资源。分析的内容包括自然资源的数量、质量、结构、分布等特征及变化趋势。分析认为，关中平原城市群地理条件优越，气候温润，风调雨顺，自然资源丰富，优势资源环境总体明显，识别出最为突出的关键因素有两项，即在以往规划中尚未得到足够重视的水资源和珍稀的富硒土地资源，这两项指标控制和影响着关中平原城市群发展的规模和特色。

(二) 环境问题和灾害风险识别

重大环境问题和灾害风险分析的因素包括：地震、活动断层、地裂缝、地面沉降、滑坡、崩塌、泥石流、地面塌陷、水土污染、湿陷性黄土、区域地下水位下降或上升、水土流失、干旱、洪水、冰雹等。分析的内容包括环境问题与自然灾害的数量、规模、发育分布、成因机制、危害大小等特征及变化趋势。分析认为，关中平原属断陷盆地，地质构造复杂，活动断裂发育，关中平原城市群建设和发展面临众多环境问题及自然灾害的挑战，识别出最为突出的关键因素有两项，也是在以往规划中尚未得到足够重视的活动断层和崩滑流地质灾害，这两项指标关乎着关中平原城市群人民的生命财产安全。

第二节　基于活动断裂的国土空间规划优化

前已述及，关中平原属于断陷平原，活动断裂发育，已命名的就有25条，还有大量尚未命名的次级断裂。除平原西部的岐山–马召断裂以左行走滑为主外，其他活动断裂均以正断层为主。

一、活动断裂地表破裂

由于活动断裂地表破坏不易保留，关中平原已有研究描述断层地表破裂带的宽度的文献资料较少，且一般限于讨论活动断裂破碎带或多条平行破裂面。例如，据彭建兵等（2010）描述，长安–临潼断裂"主干断裂由若干次级断裂斜列构成，全长160km，宽3～5km"；韩城断裂"由数条相互平行的断层构成，其宽度达0.5～2km"；口镇–关山断裂下盘破碎带达100m以上。但是，断层破碎带一般并不一定代表一次地震的破裂带宽度，而是可能经过多次地震破坏的结果。

本项目2016～2018年对关中平原活动断裂，尤其是一些隐伏断裂进行氡气测量，初步获得了大西安和宝鸡市一些活动断裂氡异常显示，其中渭河断层西安段氡异常揭示断层破裂带宽度约为300m，泾河断裂地表破裂约为200m，宝鸡市城市规划建设区内桃园–龟川寺断层地表破裂宽度约为350m，固关–虢镇断层千河段地表破裂宽度为300～400m。

构造地裂缝一般认为是次级断层，其地表破裂带研究对于关中平原活动断裂避让距离的设定具有重要参考意义。根据对构造地裂缝探槽数据描述（彭建兵等，2010）和统计（图7-2-1～图7-2-3），上盘0～2.6m活动性大，危险性大；2.6～4.6m活动性中等，危险性中等；4.6～10m活动性小，危险性小。下盘0～1.6m活动性大，危险性大；1.6～3m活动性中等，危险性中等；3～6m活动性小，危险性小。概括来说，影响范围大致上盘为10m，下盘为6m，破裂带上盘最小为2.6m，下盘为1.56m。

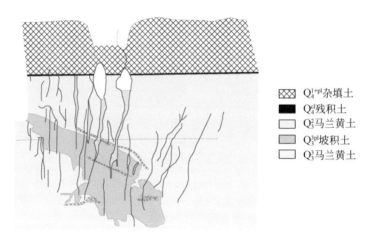

图 7-2-1　陕西泾阳口镇地震台地裂缝探槽剖面图（地裂缝带宽度 13m，据彭建兵等，2010，有修改）

图例：
- Q$_4^{1ml}$杂填土
- Q$_4^{el}$残积土
- Q$_4^2$马兰黄土
- Q$_3^{pl}$坡积土
- Q$_3^3$马兰黄土

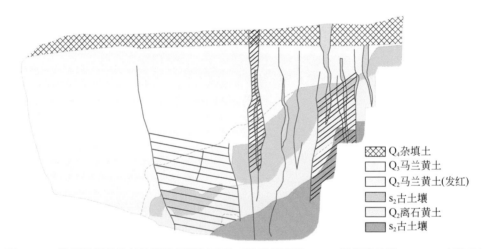

图 7-2-2　陕西泾阳沙沟村地裂缝探槽剖面图（地裂缝宽度 14m，据彭建兵等，2010，有修改）

图例：
- Q$_4$杂填土
- Q$_3$马兰黄土
- Q$_3$马兰黄土(发红)
- s$_2$古土壤
- Q$_2$离石黄土
- s$_2$古土壤

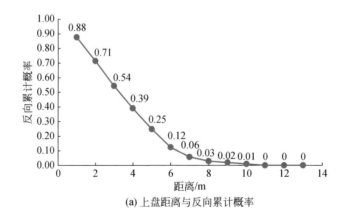

(a) 上盘距离与反向累计概率

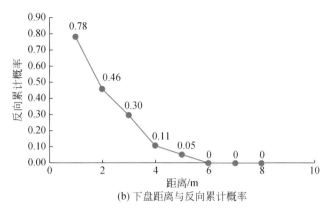

图 7-2-3　关中平原构造地裂缝上下盘距离与反向累计概率
反向累计概率表示地裂缝的活动性，而活动性表示地裂缝的危险性

　　需要说明的是，地裂缝往往由 1 条主干裂缝和 2～12 条伴生或次级地裂缝组成宽 5～40m 的裂缝带，地裂缝带最宽可达 110m（有的文献认为可达到 140m），成带定向延伸。

　　彭建兵等人所做的地裂缝破裂扩展的大型物理模拟试验研究显示，地裂缝带的影响宽度随深度变浅和沉降量的增加而增大，近地表处的强烈变形带宽度可达 5m，而整个影响带（包括强烈变形带和弱变形带）宽度达到了 10m 以上，这一结论通过散体极限平衡理论也可以得到证实。因此，在地裂缝带的设防宽度的选取上，可以以此作为依据，对一般单体建筑物，其设防宽度应自地裂缝向上盘扩展距离不小于 6m，向下盘扩展距离不小于 4m，且从基础边缘向外延伸的距离不小于 2m。对于地铁隧道，其处理宽度应自地裂缝向上盘扩展距离不小于 8m，向下盘扩展距离不小于 6m，对于地下管道的设防宽度，可参考地下铁道的取值。

　　综合上述调查结果，初步确定关中平原活动断裂的影响范围。依据构造地裂缝确定活动断裂影响的最小范围为 10m，而根据氡气剖面测量确定的关中平原活动断裂影响范围一般宽度不超过 400m。

二、活动断裂安全避让距离

　　张永双等（2010）系统调查了龙门山中央断裂带（映秀-北川断裂）地震地表破裂影响带宽度，表明汶川地震地表破裂影响带宽度 90% 以上集中在 16～60m 的范围内；逆冲性质为主的地震地表破裂情况下，上盘影响带宽度为下盘影响带宽度的 2～3 倍。徐锡伟等（2016）也得出上、下盘影响带宽度之间的这一比例关系。"双评价"指南初稿将活动断层危险性分为四级（表 7-2-1），安全避让距离为 100～400m。

表 7-2-1　活动断层安全避让距离分级表

等级	稳定	次稳定	次不稳定	不稳定
距断裂距离	单侧 400m 以外	单侧 200～400m	单侧 100～200m	单侧 100m 以内
危险性等级	低	中	较高	高

综合国内外调查研究和现行政策，结合关中平原城市群实际，提出国土空间规划两种工况避让距离。第一种工况是建成区旧城改造项目，活动断裂避让距离针对正断层为上盘15m，下盘10m。正断层具有显著的上盘效应，即上、下盘地表破裂带或地震破坏带宽度比为2：1至3：1。由于关中平原地表几乎全部由松散沉积分布，松散沉积对地震加速度具有显著的放大效应，建议正断层上盘避让距离设定为30m，下盘设定为15m，走滑断裂地表迹线两侧各15m。第二种工况是规划建设区的新建项目，建议活动断层避让距离不小于150m。

三、基于活动断裂的国土空间规划优化

大量的历史表明，地震是突发性的断层错动结果，活动断层沿线往往产生严重的地震灾害带，往往离断层线越近，灾害程度越重，目前的抗震设施在不断提高其抗震能力，但仍然无法避免地震所造成的损害。因此，如果能探明具有地震发生可能性的活动断裂的空间位置，使建筑物和重大工程避开一定距离，将有效降低损失。

关中平原广大区域新建项目对活动断层的避让距离建议不小于150m；建成区内，改造项目对各断层的建议避让距离见表7-2-2。建议各类建筑物达到《中国地震烈度区划图》的防震要求外，地表破裂带之内宜作为绿化带或广场、街道，一般不宜作为建设用地，且明确禁止兴建学校、医院、高级宾馆、广播电视大楼、电力调度楼、100万册以上藏书的图书馆等一类建筑，禁止建设高铁、重要生命线保障工程等。

表 7-2-2　关中平原主要活动断层的性质及其建议避让距离表

断层走向	断层编号	断层名称	断层性质	长度/km	倾向	活动期	建议避让距离
东西向断层	F1	秦岭北缘断层	正断层	210	N	全新世	北侧30m，南侧15m
	F2	华山山前断层	正断层	104	N	全新世	北侧30m，南侧15m
	F3	渭河断层	正断层（多为隐伏）	170	S	全新世	地表出露位置，南北两侧各30m
	F4	口镇-关山断层	正断层	60	S	全新世	2km范围内地裂缝频发；南侧30m，北侧15m
	F5	骊山山前断层	正断层	41	N	全新世	北侧30m，南侧15m
	F6	渭南塬前断层	正断层	40	NE	全新世	东北侧30m，西南侧15m
	F7	泾阳-渭南断层	正断层（隐伏断层）	61	N	全新世	需进一步探测断层位置
	F8	余下-铁炉子断层	正断层（隐伏断层，含走滑分量）	200	N	中-晚更新世	需进一步探测断层位置
	F9	凤州-桃川断层	正断层（隐伏断层）	140	N	早-中更新世	

断层走向	断层编号	断层名称	断层性质	长度/km	倾向	活动期	建议避让距离
北东向断层	F10	渭河北缘断层带	正断层	240	SE	晚更新世	东南侧 30m，北西侧 15m
	F11	韩城断层	正断层（隐伏断层）	145	S	全新世	需进一步探测断层位置
	F12	临潼-长安断层	正断层	47	NW	晚更新世	北西侧 30m，南东侧 15m
	F13	三原-富平-蒲城断层束	正断层（隐伏断层）	200	NW	晚更新世	需进一步探测断层位置
	F14	双泉-临猗断层	正断层（多为隐伏）	170	SE	晚更新世	
	F15	大荔北东向断层束	正断层	8~25	不明	活动不明	避让距离建议
北西向断层	F16	岐山-马召断层	正断层，含左行走滑分量（多为隐伏）	138	NE	晚更新世—全新世	断层两侧各 15m，但由于为隐伏断层，大部分位置不适宜提出避让距离
	F17	泾河断层	正断层（隐伏断层）	60	NE	晚更新世	需进一步探测断层位置
	F18	桃园-龟川寺断层	正断层	48	NE	早-中更新世	断层北东侧避让距离 30m，南西侧 15m
	F19	固关-虢镇断层千河段	正断层（隐伏断层）	98	NW	晚更新世	需进一步探测断层位置
	F20	千阳-彪角断层	正断层（隐伏断层）	57	NW	活动不明	需进一步探测断层位置
	F21	沣河断层	正断层（隐伏断层）	25	NEE	活动不明	
	F22	皂河断层	正断层（隐伏断层）	50	SW	晚更新世	
	F23	浐河断层	正断层（隐伏断层）	55	SW	晚更新世	断层南西侧 30m，北东侧 15m
	F24	灞河断层	正断层（隐伏断层）	40	SW	晚更新世	南西侧 30m，北东侧 15m

值得说明的是，关中平原一些隐伏活动断层具体位置尚未探明，只有部分隐伏断层开展了氢气剖面测量，确定了百米尺度的断层破裂带，也应该列入避让范围。如果穿越，则需开展进一步探测工作。

第三节　基于地质灾害的国土空间规划优化

关中平原滑坡、崩塌、泥石流灾害呈带状集中分布，主要集中于关中平原周边的秦岭和北山山前、宝鸡—常兴段黄土塬边、蓝田横岭地区、铜川黄土丘陵区等地区。地质灾害危险性评价为四级：高危险区、中危险区、低危险区和不危险区（图4-3-15）。

关中平原地质灾害不危险区面积为17685km²，低危险区面积为874km²，占关中平原总面积的90%。据基于风险理论的地质环境承载力评价方法，低、中危险区风险在可接受风险范围内，是地质环境安全承载状态，几乎不需要采取进一步的减缓措施，因此是农业生产和城镇建设的优化开发区（图7-3-1）。

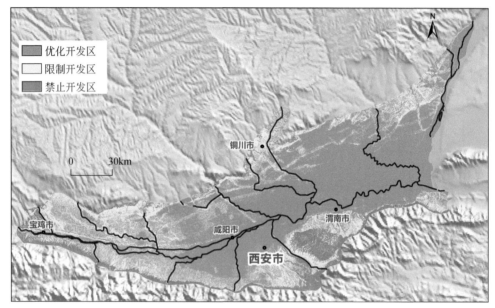

图7-3-1   基于风险理论的关中平原地质安全承载力评价分区图

关中平原地质灾害中危险区面积为1597km²，占平原总面积的8%。风险在可容忍风险范围内，为容许超载状态，需要持续监测，是农业生产和城镇建设的限制开发区。

关中平原地质灾害高危险区面积为478km²，占平原总面积的2%，处于不可接受风险范围内，即不可接受超载状态，是农业生产和城镇建设的禁止开发区。建议禁止重大工程建设活动，作为城镇规划的禁建区和"红线"划定的依据；必须建设的情况下，则需要投入专项地质灾害勘查和防治工程。

第四节   基于有益元素调查结果的国土空间规划优化

一、土地质量地球化学调查概况

报告采用的数据来源于中国地质调查局实施的"全国土壤现状调查及污染防治专项实施方案"国家专项，主要有"西安市多目标区域地球化学调查"（2010年）和"陕西省多目标区域地球化学调查（宝鸡地区）"（2010年）和"陕西省多目标区域地球化学调查（铜川地区）"（2012年）的1∶25万多目标区域地球化学土壤测量调查成果，项目实施单位为陕西省地质调查院。数据覆盖面积为19510km²，采集表层土壤样品20323件（含重复样 356 件），组合分析样 4923 件；采集深层土壤样品 5155 件（含重复样 84 件），组合分析样品 1268 件。

二、富硒等稀缺土地资源及土地资源等级划分

硒元素是新近崛起的健康明星元素，被称为"抗癌之王"，并具有抗氧化、增强人体免疫力、预防心脑血管疾病、克山病、大骨节病、关节炎和防治肝病、保护肝脏等多种功能。富硒土壤是稀缺耕地资源，用于种植富硒农作物，富硒产业已在国内广泛发展。

关中平原依据硒含量 ≥ 0.50mg/kg、0.30 ~ 0.50mg/kg、0.15 ~ 0.30mg/kg 和 ≤ 0.15mg/kg 分别分为一级、二级、三级和四级，其中硒含量二级以上土地面积合计为 847.9km²。

三原县及以东富硒区面积最大，约为 270km²，次为华州区—华阴市，富硒面积为 123km²，富硒区土壤地质地理环境良好，受外界人为污染少，属于纯净绿色土地；西安周边尽管分布有大片富硒土壤，但大多已被作为建设用地；宝鸡市和杨凌—兴平一带，小块的富硒土地空间上散布，且被作为建设用地或处于中度–重度污染区。

三、基于富硒等稀缺优质土地资源的国土空间规划优化

耕地对于关中平原而言是非常宝贵的资源，尤其是在城市规模不断扩张的今天，保护耕地是不影响下一代发展权利的重要举措。由于调查落后，导致富硒土地被城市建设占据，还有一些处于中度–重度污染区域，污染和城市建设分别成为稀缺土地资源开发的制约因素。提出农业生产条件良好和城市周边区域的富硒土地应该作为永久基本农田边界和城市建设边界，严格控制城市扩展，保护富硒等稀缺优质土地资源（图 7-4-1，表 7-4-1）。

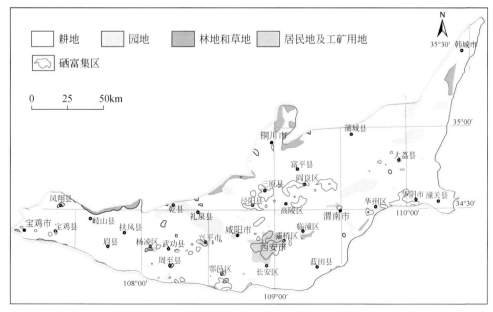

图 7-4-1 关中平原城市群有益元素富集区分布图

表 7-4-1　基于有益元素调查结果的国土空间规划优化建议表

编号	面积/km²	地理位置	开发保护条件和风险因素	国土空间规划优化建议
1	95.8	华阴—华州区一线秦岭山前	平原区，农业生产条件良好	建议根据硒富集区边界划定永久基本农田边界
2	10.1			
3	17.5			
4	2.2	大荔县西部	平原区，农业生产条件良好	建议根据硒富集区边界划定永久基本农田边界
5	3.7			
6	7.6	渭南市渭滨区	渭南市中心城区东南，部分已作为建设用地	建议根据硒富集区边界划定永久基本农田边界"红线"，严格控制城市边界扩张
7	73	阎良区—高陵区—三原县—泾阳县一带	除三原县城部分已被作为建设用地之外，大部分为耕地，农业生产条件好	建议根据硒富集区边界划定永久基本农田边界"红线"，严格控制城市边界扩张
8	1.5			
9	44			
10	0.8			
11	67.4			
12	4.6			
13	1.4			
14	2.2			
15	67.6			
16	12.8			
17	34.8			
18	7.1	西安市区及周边	西安市区周边	建议进一步调查，明确城市边界"红线"，保护优质耕地资源
19	205.0		位于西安市区，几乎全部已作为建设用地	
20	5.1			
21	1.2		西安市区周边	
22	1.7			
23	1.5	兴平—周至一带	大部分被作为兴平市区建设用地	明确城市边界，保护优质耕地资源
24	17.4		农业生产条件好	优化开发，并以富硒土地边界作为永久基本农田边界
25	7.0			
26	1.1			
27	5.4			
28	5.1			
29	5.1		土壤污染	禁止开发
30	6.3	鄠邑区—周至县秦岭山前地区	部分富硒土地已被作为建设用地	建议进一步调查，明确城市边界"红线"，保护优质耕地资源
31	8.1			
32	55.5		农业生产条件好	优化开发，并以富硒土地边界作为永久基本农田边界
33	7.0			
34	4.6			

续表

编号	面积/km²	地理位置	开发保护条件和风险因素	国土空间规划优化建议
35	6.4	杨凌区	部分富硒土地已被作为建设用地	建议进一步调查，明确城市边界"红线"，保护优质耕地资源
36	4.3			
37	17.3	眉县	富硒土地内存在中度污染区域	污染区禁止开发；其他区域在排除污染可能性的情况下，优化开发，并划定永久基本农田边界
38	3.8	陈仓区—金台区平原区	富硒土地内存在中度污染区域	污染区禁止开发；其他区域在排除污染可能性的情况下，优化开发，并划定永久基本农田边界
39	5.7		农业生产条件好	优化开发，并以富硒土地边界作为永久基本农田边界
40	2.1			
41	1.1		富硒土地内存在中度-重度污染区域	污染区禁止开发；其他区域在排除污染可能性的情况下，优化开发，并划定永久基本农田边界
42	2.4		部分富硒土地已被作为建设用地	建议进一步调查，明确城市边界"红线"，保护优质耕地资源
43	9.0		富硒土地内存在中度-重度污染区域	污染区禁止开发；其他区域在排除污染可能性的情况下，优化开发，并划定永久基本农田边界
44	4.6	耀州区	农业生产条件良好，但位于污染土地附近	在排除污染可能性的情况下，优化开发，并划定永久基本农田边界

第五节　引汉济渭工程的资源承载能力评价

引汉济渭工程又称陕西省南水北调工程项目，地跨黄河、长江两大流域，穿越秦岭屏障，是解决关中缺水的战略性水资源配置工程。引汉济渭输配水工程，从总配水节点黄池沟起，输水干线西到杨凌区，东到华州区，北到富平，南到鄠邑区，受水区域东西长约为163km，南北宽约为84km，总面积约为13692km²，主要供水对象包括渭河两岸的西安市、咸阳市、渭南市、杨凌区4个重点城市和所辖的兴平、武功、三原、周至、鄠邑区、长安、灞桥、临潼、高陵、阎良、富平、华州区12个县级城市，1个工业园区（渭北工业园高陵、临潼、阎良三个组团）以及西咸新区5个新城，受益1411万人。

从表7-5-1中可看出，关中平原水资源的边界效益在不断增长，从2011年的21.4元/m³增长到2017年的35.9元/m³。不考虑通货膨胀的情况下，增长幅度达67%。说明水资源的稀缺性在显著增强，资源价值在不断提高，水资源在高效利用。

据《陕西省水资源统计公报（2018年）》，关中地区水资源总量为73.36×10⁸m³，用水总量（54.89×10⁸m³）处于容许超载状态，但仍然在持续增长。2017年居民生活用水总量为9.07×10⁸m³，总人口为2419.64万人，人均日用水量为102.7L。根据国家《城市居民生活用水量标准》（GB/T 50331—2002），陕西省位于第二区，居民生活用水量下限为 85L/（人·d），上限为140L/（人·d），人均生活用水量处于容许超载状态。2017年关中地区单位 GDP 用水量为 38.95m³/万元，低于 2017 年陕西省全省单位 GDP 用水量 42.66m³/万元，单位 GDP 用水量处于安全承载状态。

表 7-5-1　2004～2017 年关中平原用水边际效益表

（数据自陕西省水资源统计公报和陕西省统计年鉴）

年份	总用水量 $Q/10^8 m^3$	总产值 GDP/亿元	边界收益 X_w/（元/m³）
2010	49.08	6356.54	—
2011	50.68	7733.56	21.36342541
2012	51.71	8847.28	23.95318507
2013	52.17	10061.86	27.00134943
2014	53.25	11066.91	29.09610141
2015	54.18	11585.17	29.93583979
2016	53.58	12525.19	32.72726017
2017	54.89	14092.03	35.94250683

忽略关中平原一些地区无法直接使用引汉济渭水资源的情况，我们以关中平原整体考虑承载能力情况。根据《陕西省水利发展"十三五"规划》，引汉济渭 2020 年调水量为 $5×10^8 m^3$，2025 年调水量为 $10×10^8 m^3$，2030 年调水量为 $15×10^8 m^3$。根据计算，引汉济渭工程能够确保关中盆地用水总量处于容许超载状态，不会突破资源量（表 7-5-2）。同时，我们根据 2017 年生活用水比例和人均日用水量下限 85L/（人·d）计算，即使实施引汉济渭工程，关中平原 2020 年、2025 年和 2035 年可容纳人口规模分别为 4170 万人、4440 万人和 4710 万人；若以人均日用水量为 140L/（人·d）计算，分别可容纳人口规划为 2530 万人、2700 万人和 2860 万人。考虑到陕西省和西北其他地区人口持续迁入关中平原的客观事实，预计关中平原人均日用水量将处于容许承载状态。

表 7-5-2　实施引汉济渭工程后关中平原水资源量与预测用水总量表

年份	预测用水总量/$10^8 m^3$	引汉济渭工程实施后水资源量/$10^8 m^3$
2020	57.60	78.36
2025	62.42	83.36
2035	73.30	88.36

进入新时代，发展不平衡和不充分已经成为我国社会主要矛盾，东西部之间发展不平衡又是这一主要矛盾的主要方面。中央明确提出：紧扣我国社会主要矛盾变化，建立发达地区与欠发达地区联动机制，先富带后富，促进共同发展。核增西部地区承接产业所需要的土地、能耗等指标。对于承接东部产业转移的西部地区尤其是重点开发区域，凡符合绿色发展理念的，合理增加相应的工业用地、能源消耗、污染控制等指标。激励和引导西部地区实现集约化发展、清洁化生产，彻底解决转移产业的节能减排、环境治理等问题，杜绝污染的"自东向西"转移。

关中平原地处亚欧大陆桥中心，处于承东启西、连接南北的战略要地，是我国西部地区经济基础好、自然条件优越、人文历史深厚、发展潜力较大的地区。尤其是引汉济渭引水工程实施后，关中平原由水资源短缺变为水资源充裕，水资源承载能力大幅度提升，关中平原已成为承接东部人口和 GDP 发展的最佳地区。

第六节　综合评价与成果应用

综上，基于木桶理论，识别出关中平原活动断裂、地质灾害、富硒土地、引汉济渭水资源等四项重大资源与环境问题；基于风险理论，以人类国土空间开发活动带来的环境问题或灾害引发的生命和财产风险的容许标准作为环境承载能力评价标准，开展了活动断裂、地质灾害和稀缺土地资源承载能力评价，划定了活动断裂的安全避让距离，地质灾害高危险区及安全红线，富硒等稀缺土地资源保护范围；基于边际理论，以水资源开发利用利润最大化或无利润作为资源承载能力评价标准，开展了引汉济渭工程水资源承载能力评价。

在活动断层、地质灾害、稀缺土地资源及引汉济渭工程等单因素承载能力评价的基础上，开展资源环境承载能力综合评价，将关中平原国土空间开发保护区划分为：适宜开发区、优化开发区、限制开发区和禁止开发区（图 7-6-1）。

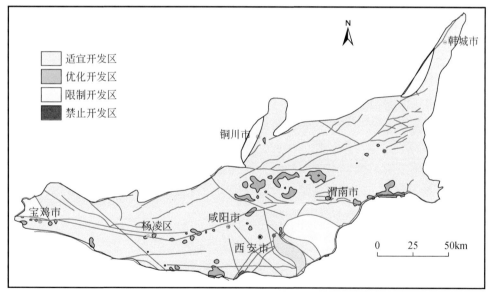

图 7-6-1　关中平原国土空间开发保护区划建议图

（1）适宜开发区：关中平原自然条件优越，资源丰富，绝大多数地区为适宜开发区，占关中平原总面积的 87%。适宜开发区地形平坦，活动断裂与地质灾害不发育，工程地质条件良好，资源丰富，适宜农业生产和城镇化建设。尤其是引汉济渭工程大幅度提升了关中平原水资源保障能力，使关中平原成为承接东部人口和 GDP 发展的最佳地区。

（2）优化开发区：富硒土地是稀缺资源，关中平原硒含量二级以上土地面积为 847.9km²，除去城市建设占用土地，仅占关中平原总面积的 3%。对于集中连片分布的富硒土地既要划定永久农田边界加以保护，又要优化开发利用，推进产业化发展，提升富硒土地价值。

（3）限制开发区：依据关中平原地质灾害危险性评价与区划结果，将地质灾害中等危险区划归为限制开发区，占关中平原总面积的8%。在限制开发区内进行工程建设，应进行地质灾害危险性评估，采取必要的地质灾害防范措施，确保工程建设安全。

（4）禁止开发区：依据关中平原活动断裂与地质灾害危险性评价与区划结果，将活动断裂带、地质灾害高危险区划归为禁止开发区，占关中平原总面积的2%。在禁止开发区内严禁工程建设，活动断层避让范围：正断层上盘30m，下盘15m；走滑断层两侧各15m。

需要讨论的是，按照《指南》要求，通过"双评价"重点找出以下空间冲突：生态保护极重要区中现状耕地、园地、人工商业林、建设用地以及现状用海活动的规模和空间分布；种植业生产不适宜区中现状耕地、永久基本农田的规模和空间分布；城镇建设不适宜区中现状城镇用地的规模和空间分布；地质灾害高风险区内农村居民点的规模和空间分布，提出国土空间规划优化意见，主要包括格局优化、三线划定、指标分解、工程安排、生态保护与高质量发展策略等。受资料和比例尺精度限制，某些指标分析和评价未能实现，但是，本次评价采用木桶理论识别关键因素，抓住了活动断层、崩滑流灾害、富硒土地、水资源四个最关键的因素，引入边际分析和风险评价理论，提高评价的科学性，评价结果基本实现了科学、权威、好用、适用。

与《指南》相比，基于木桶理论、风险理论和边际理论的"双评价"原理和方法，体现了抓住关键因素、科学定量评价、阈值标准有据、结果可信适用的思路，具有概念清晰、逻辑严谨、系统性强、抓住关键、判别有据、操作简单、成果实用的优点。其中，木桶理论突出评价重点和主攻方向，城市群如关中平原城市群，流域如黄河流域和长江流域，范围广阔，资源禀赋和环境条件多样，"双评价"需要在不同尺度之间切换长短板和比较优势的方法。边际理论从经济学的角度衡量了不同情境下的收益问题，为人类活动所产生的可能结果划定约束界限，比如水利工程的承载规模、土地改良的潜在收益等提供决策依据。风险理论则是评价承载规模和潜力的有效途径，是设定假想情景的依据，比如活动断裂的避让距离问题，这与可承受损失或者防震烈度直接相关，是行政思维与科学思维的有效链接。

第八章　城市地质信息系统与三维地质模型

关中平原三维城市地质信息系统建设的目标是通过关中盆地城市地质调查，全面调查区域内地质情况，搭建地质数据库和信息管理与服务系统，建立关中平原地下三维地质结构模型，可视化展现地下的地质构造，为工程技术人员提供数字化、智能化、可视化的城市地质信息平台，为城市规划、建设与管理以及企事业单位用户对地质信息的需求提供信息共享与服务平台。

按照中国地质调查局水环部统一部署，采用中国地质调查局水环所和中国地质大学（武汉）中地数码科技有限公司合作开发的"城市群地质环境信息平台"建立了关中盆地城市地质数据库与地质环境信息平台，包含城市群地质环境数据录入子系统、城市群地质环境数据管理与维护子系统、城市群地质环境数据分析评价子系统、城市群地质环境三维建模工具子系统、城市群地质环境三维可视化服务子系统五个子系统，实现地质数据综合分析评价与地质灾害预警预测、地下空间利用评价等，为城市规划、城市建设等提供决策咨询。

信息系统充分利用数据融合、集成及管理技术、空间分析技术以及空间搜索查询技术，有效地整合城市群地质调查工作中最新的地质相关成果资料，实现分布式、跨平台等先进数据管理模式。集成了关中盆地大量基础地理、基础地质、工程地质、水文地质、地质环境以及地质灾害等多专题基础和成果资料，已成为关中盆地城市地质调查的业务工作平台，具有巨大的经济和社会效益。

信息系统提供三维模型分析应用功能，本次建模选用基于 Windows 7 软件平台的 GOCAD 2.1.2 版本进行。GOCAD 地质建模软件以工作流程为核心，达到了半智能化建模水平，能够大大提高地质建模的效率和精度，可以满足对复杂地质区域的建模要求，由于其强大的三维模型构建和分析功能，该软件在石油、地质、物探、采矿等行业得到广泛应用。本次建模实现了地表数字城市三维模型与地下三维地质模型无缝集成，提高了复杂地质体自动建模程度；集成了关中盆地基底构造模型、第四系结构模型、水文地质结构模型、工程地质结构模型，不但给城市建设和管理提供了数据上的支撑，还能给人们提供可视化界面，帮助人们直观地了解环境地质概况，并做出正确的决策。

第一节　系统架构

一、系统架构

"城市群地质环境信息平台"根据需求分析，按照多层体系结构建立 GIS 支持下的城市三维地质数据管理与服务系统的总体架构（图8-1-1），系统总体上划分为5层，即基础层、数据层、通用数据管理层、专题数据管理层、用户层。实际应用部署时某个 Web 服务器可以调用多个应用服务器提供的功能；应用服务器可以是针对某个专题的专用服务器，也可以是针对主题或领域的集成服务器；应用服务器与不同的专题数据库服务器连接，根据应用逻辑获取、更新专题数据库中的数据并完成相应的功能。在客户层，不同的用户采用不同的体系结构，对系统设计、实施、管理、维护等技术人员（专业用户）采用 C/S 结构，而对其他一般用户采用 B/S 结构。

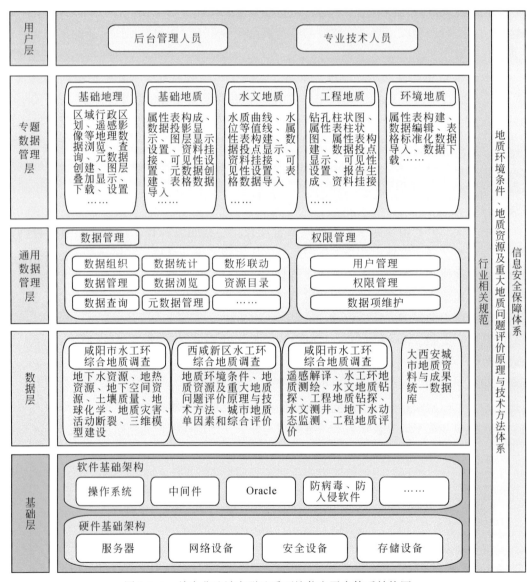

图 8-1-1　关中盆地城市群地质环境信息平台体系结构图

二、系统运行环境

立足关中城市群城市地质调查项目的资料特点和今后资料应用的需求，要求存储和管理二维矢量数据（如地理底图、专业图件）、遥感影像数据、DEM 栅格数据、属性数据（如钻孔数据、物化探数据）、三维模型数据（三维地质结构模型、三维地质属性模型）以及多媒体数据（如文档资料、普通图片、动画）等多种类型的数据。待管理的数据量巨大，对服务器的性能有较高的要求。

（一）服务端环境

系统采用 C/S 结构，服务器端为数据的提供方。服务器端的压力主要在数据获取、网络传输及数据检索时对运算速度的要求。

数据服务器：安装有 Oracle 数据库，负责管理空间地理数据。如果处理量很大，可以考虑采用服务器集群方式，使不同的服务器处理不同辖区的数据。数据库服务器采用大容量硬盘存储数据，双机热备份；采用光盘作为非在线备份介质保存数据。

备份服务器：安装有 Oracle 数据库，负责备份空间地理数据。

考虑到数据处理任务较为繁重，所以数据服务器选用计算能力强悍、扩展能力强、安全稳定的 IBM3850X5 系列服务器，此服务器完全能够满足本平台的现时要求及今后的任务扩展。

备份服务器对于计算能力要求较低，但对于安全无故障运行要求较高，所以选用了 IBM3250M4 作为备份服务器，主要考虑到其稳定性较好，且能耗和功率较低，外接 UPS 电源，即便断电，也能较长时间维持运行。

目前网络服务器一般为千兆网卡，实际传输速度为 80MB/s，在多用户情况下每用户实际速度更低，如果有 5 个用户同时申请数据，则每个用户只有 16MB/s 的传输速度，因此数据获取的主要瓶颈还在网络传输部分。为此我们采用多网卡负载均衡技术，使用 2 块网卡共用 1 个 IP 地址，最高可达 160MB/s 的实际传输速度，与磁盘阵列的数据读取速度相当。

（二）软件环境

关中城市群地质资料信息平台软件选型按照实现较高的运行效率、较高的系统稳定性、较高计算性能及良好的系统兼容性的设计原则，选用 Windows Server 数据中心版操作系统、Oracle11GR2 数据库系统以便完成本项目海量的数据管理工作。

在空间数据库（Oracle11GR2）架构上，充分利用数据融合、集成管理技术，空间搜索查询以及网络共享技术，专门针对海量异构地质资料数据集成应用难题，提出对包括综合成果、中间研究成果、图件、档案等多种非结构化资料实施分布式统一管理，跨部门、跨地域透明检索的专业解决方案。

GIS 应用系统：采用 MapGIS K9 作为地质数据存储、分析及评价的地理信息系统平台。可对海量地质数据进行管理，并利用其集成开发平台提供扩展性的集成平台开发应用功能。

第二节　系统功能

一、软件结构

地质环境信息平台软件（图8-2-1）包括五个子系统，分别是数据录入子系统、数据管理与维护子系统、空间数据库建设与辅助编图子系统、三维地质建模子系统、三维可视化信息服务子系统。

图 8-2-1　关中城市群地质环境信息平台软件主界面

（一）数据录入子系统

城市群地质环境数据录入子系统的主界面如图8-2-2所示，是一个 Windows 多文档风格的界面，主要由标题条、菜单条、工具条、状态栏、数据信息的目录管理区、数据编辑浏览区等部分组成。其中，数据信息的目录管理区、数据编辑浏览区两区域的大小可通过鼠标拖拽区域边界改变。系统所提供的主要功能，均可在该界面下完成。数据信息的目录管理区管理全国城市群地质环境及其环境问题调查评价技术要求、地下水污染调查评价规范（1∶250000～1∶50000）、全国主要城市环境地质调查评价规范中给出的数据表格。数据编辑浏览区则实现各种表格数据的浏览、编辑。数据编辑浏览区以卡片方式显示数据信息，数据类型不同，卡片结构也不同，如果当前打开的数据表有向下关联的从属表时，在数据编辑浏览区以分视的方式显示，上部为主表，下部则以活页卡片方式显示从表。

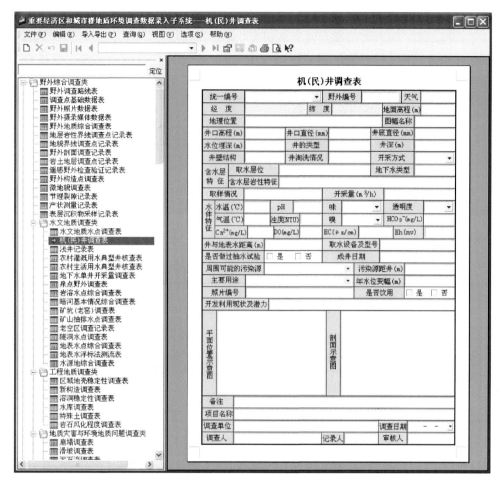

图 8-2-2　数据录入子系统的主界面

（二）数据管理与维护子系统

数据管理与维护子系统主要完成对地质数据的目录树层次管理，包括基础数据与专业树管理，并且基础数据窗口与基础数据视图进行联动，专业树管理窗口与专业数据管理窗口进行联动，主要包括的功能有字典管理、提取合并子库、地质数据导入导出、地质资料管理、标准地层管理以及权限管理等，它是数据管理员提供数据更新维护的工具。

（三）空间数据库建设与辅助编图子系统

空间数据库建设与辅助编图子系统主要是基于城市群环境地质数据库实现数据图层管理、二维的表现、查询统计、图表生成专业分析评价等功能。其中基础数据窗口与基础数据视图窗口联动，成果编辑窗口与成果编辑模型视图窗口联动，主要有数据图层管理与显示、数据查询检索与统计、标准地层工具、地质成图等功能模块。

（四）三维地质建模子系统

三维地质建模子系统基于城市群环境地质多源专业数据，提供了简单化、流程化及自动化的三维地质模型构建工具。主要包括工具面板、目录树和视图三个主要部分，工具面板包括了三维建模、可视化分析以及其他相关功能，目录树与视图通过联动方式完成数据组织、管理、可视化，同时展示建模的过程和结果。三维地质建模子系统包含三套视图：基础数据视图、成果视图和三维视图，分别管理三维建模相关的空间数据。

（五）三维可视化信息服务子系统

三维可视化信息服务子系统，系统主界面如图 8-2-3 所示，对 MapGIS TDE 平台成熟的三维可视化技术进行了整合集成，实现了各类数据的快速三维可视化，直观展现隐含在各类数据中的地质对象的空间分布与动态演变过程。系统定位为面向地质专业工作人员及决策人员的地质调查工作的前端三维可视化辅助工具系统。

图 8-2-3　三维可视化信息服务子系统界面

二、主要功能

（一）多专业地质资料查询检索

针对多专业地质数据，提供多种查询方式，按空间位置查询包括点查询、线路查询、多边形查询、矩形查询、圆形查询、行政区域查询等，按照用户自定义区域查询、按照属性条件查询、对成果图件数据、相关资料的关联查询等，还包括对钻孔专业、地球物理、地球化学等专题的高级查询。

（二）多要素复杂地质专题图的生成与编辑

系统可对各类基础数据进行统计出图或者出表，如平面布置图、土层物理力学参数表、地层特性表、各种形式的统计图以及等值线图等，生成的各种专业图表都可以进行灵活的编辑、设置和输出。可以将系统生成的各种类型的图件添加其他已有的图件进行排版形成多要素综合图，制作出用户需要的各种综合性图件。

1. 柱状图的生成与编辑

根据用户选择的钻孔和预先制作好的模板（系统可以根据数据库快速创建模板），自动生成各专业钻孔柱状图，系统可根据钻孔柱状图模板自动生成基础地质钻孔、工程地质钻孔和水文地质钻孔等多专业钻孔数据的柱状图。

钻孔柱状图的编辑包括：图面编辑、添加、删除、合并图道、添加、删除表头表尾、修改图面、图道、图元信息、修改图的显示样式。

2. 剖面图的生成与编辑

剖面图出图功能以钻孔数据为基础，同时支持包括剖面线、地表地形线、地层底板等高线、区域地质图等 MapGIS 矢量数据，还支持断层、褶皱、综合柱状图等表格数据。该功能提供的手动连接和自动连接功能能帮助用户很快地生成剖面图。为了提高用户的连接效率，该功能支持分层点、地层分界点的智能捕捉，使得连接出来的剖面图不存在拓扑错误。

关中地质条件较复杂，由于地裂缝、地面沉降时空活动速率的不均匀性，给横穿不同地段的线性工程（地铁）建设施工造成极大困难，系统将研究多尺度、无缝拼接技术、多种专业的数据的融合表达技术等，在二维剖面图生成时，能够反映出地裂缝信息。

剖面图生成之后，可修改成图参数，查询钻孔信息，进行地层属性统计，可添加或删除钻孔重新生成剖面图，还支持手动添加断层、拖动地层线调整断距，或调整地层线，删除地层线等辅助编辑功能。支持使用 MapGIS 的所有图形编辑绘制功能和打印输出，生成的剖面图支持导入三维建模，使得三维和二维功能保持统一，完善系统的统一流程。

3. 统计图的生成与编辑

统计图包括各类地质专题统计图，如静力触探曲线图、十字板强度曲线图、孢粉图谱图、孢粉浓度图、地下水位历时曲线图、地下水开采量直方图等，可以是多坐标轴的图，也可以生成多曲线的统计图，表现形式有曲线图、直方图、散点图、饼图、三维直方图、三维饼图等，生成的统计图可以任意修改显示方式，包括修改图面信息、曲线、直方柱颜色、图例信息、坐标轴显示方式、注记显示方式和开关坐标网格等。

4. 等值线图的生成与编辑

系统提供等值线图生成的综合模块，通过插件式的管理加载不同的原始数据，按照用户需求得到不同类型的等值线，对生成的等值线可进行编辑与保存，以满足出图的需要。

（1）钻孔地层等值线图生成：根据钻孔数据自动生成指定范围内的地层等值线图。包括：层顶埋深等值线图、层底埋深等值线图和层厚等值线图。

（2）地球化学等值线图生成：根据地球化学元素的观测数据，生成地球化学元素异常等值线图。

包括其他专业，如地下水位等值线的生成等，等值线生成后，可以进行修改、编辑和保存。

5. 平面图的生成与编辑

平面图包括钻孔（井）平面布置图、地球化学平面图、地质灾害专业平面图、地质矿产资源平面图、地热资源平面图、地球物理平面图的生成。生成的平面图均可叠加于地理底图之上进行显示，还可将生成结果保存为工程文件。

（三）三维地质建模

三维地质建模子系统针对目前三维地质建模工作的特点和数据情况，在钻孔数据的基础上，将地质（地貌）图及地层分区图等多源数据引入三维地质建模的工作，梳理出了一套基于钻孔数据的自动建模流程，建模效果如图8-2-4所示。

图 8-2-4　钻孔自动建模效果图

采用"钻孔–剖面/等值线–地层实体"构模的整体建模思路，采用所有地层界面共用的网格模板来构建各个地层面，再根据建模范围和精度（网格间距）要求生成地形网格，从基础数据库中可提取钻孔点位和分层信息叠加等值线数据生成地层面强约束点，从剖面中提取有关地层边界线信息，基于地形网格并应用这两类数据进行插值计算构造各地层面模型，最后根据地层之间的叠覆关系等地质信息生成地层实体模型，同时，对于地表模型可添加地形约束，构建出真实地形地貌单元的地质模型。对多种高精度约束数据，先采用区域插值方法，建立粗糙的大体形态，然后用高精度数据加以重构。

第三节　三维地质建模

随着计算机图形技术的不断发展和硬件运算能力的不断提高，三维地质模型已经越来越多地被应用到城市地质环境评价中。三维地质模型中包含大量城市地质环境信息，不但能给城市建设和管理提供数据上的支撑，还能给人们提供可视化界面，帮助人们直观地了解环境地质概况，并做出正确的决策。关中城市群城市地质三维可视化建模涉及"四模"，具体指基底构造模型、第四系结构模型、水文地质结构模型和工程地质结构模型。因此，不同类别模型的建立其具体要求也不同。由于地质问题的高度复杂性和多解性，地质建模应是一个数据反复迭代的过程，任何建模方法都应该允许并且需要用户进行必要的人工干预，期待采用一种建模方法完全自动地解决所有地质建模问题是不切实际的。

一、三维地质建模方法

（一）建模平台选择

GOCAD 软件作为新一代地质建模软件的代表，以工作流程为核心，达到了半智能化建模的世界最高水平，在国外受到众多用户青睐。GOCAD 软件作为石油、地质、物探、采矿等行业的标准三维地学模型软件，自 1989 年 GOCAD 软件研究计划提出，经历 10 年发展，GOCAD 软件正式发行，由于其强大的三维模型构建和分析功能，该软件被广泛应用。与其他软件比较，GOCAD 软件具有如下特点。

1. 实现了通用地球模型所设想的功能

GOCAD 软件能够直接导入各种专业软件数据，实现交叉学科团队统一协作。通过GOCAD 软件提供的流程自动化工具，使用者能够利用系统提供的向导，渐次实现地下构造的快速重建，而无须经过烦琐的软件和数据转换。

2. 全三维、全拓扑

与现有通用的 GIS 软件不同，GOCAD 软件从数据结构、工作模式和功能设置都实现了真三维化，提供了非常全面的三维空间分析支持；它采用的三维矢量拓扑数据模型，能够分析三维空间对象的拓扑关系，进行复杂曲面的交叉和切割等空间关系计算。

3. 使用了离散光滑插值算法（DSI）

空间数据的内插是通用 CAD 软件和 GIS 软件的基本功能，但这两类软件使用的数据内插算法并不适用于地质构造的数据内插。针对以上插值算法的不足，GOCAD 软件开发了针对地质建模特点的插值算法，即离散光滑插值算法 DSI（discrete smooth interpolation）。DSI 类似于解微分方程的有限元方法，用一系列具有空间实体几何和物理特性、相互连接的空间坐标点来模拟地质体，已知节点的空间信息和属性信息被转化为线形约束，引入到模型生成的全过程，因而 DSI 插值适用于自然物体的模拟。

4. 拥有完善的地质统计分析功能

在 GOCAD 软件中提供了多种地质统计分析模块：空间数据分析、克里格估计、序贯高斯模拟等。

GOCAD 软件作为一种建模工具，能够大大提高地质建模的效率和精度，可以满足对复杂地质区域的建模要求，本次建模选用基于 Windows 7 软件平台的 GOCAD 2.1.2 版本进行。

（二）建模方法与流程

地质现象的复杂性和多解性，使地质体及其空间关系变得异常复杂，在计算机中表达三维地质现象存在较大难度，国内外学者在三维地质空间数据模型方面做了许多研究，先后提出了几十种三维数据模型，这些模型适用的地质现象、数据来源、拓扑关系、空间分析与应用等条件各不相同，所采用的建模方法及技巧也各不相同，但总体来说，多数模型往往通过大量简化地质条件来降低建模复杂度，仅适用于岩层结构单一、地质构造简单的区域，而无法精确描述诸如断层、微构造、透镜体、隔夹层等复杂特殊地质现象。而地质条件复杂地区，构造作用不但破坏了地质体的连续性，还改变了地层数据的空间分布格局，最初呈连续分布的层状地质体往往会被纵横交错的构造面切割得支离破碎，从而增加了三维地质建模过程中数据结构、拓扑关系以及相应算法的复杂程度，至今仍然缺乏成熟的通用建模方案。

近年来，随着三维可视化技术及计算机硬件的发展，三维建模软件不断成熟，针对复杂三维地质空间建模方法和三维地质模型的精细化表达，取得了不少新的进展。如焦养泉（2006）将建模单元按照信息种类不同分解为地表模型、地下模型和勘探信息模型，每类建模单元采用不同的三维数据模型表达，可采用不同的建模数据源和建模方法，以达到精细刻画每类单元的目的，但同时也割裂了不同种类建模单元的固有联系；花卫华（2010）基于交叉剖面数据将建模区域划分为一系列田字状单元网格，采用分而治之的方法，将复杂大范围的区域地质建模简化为若干个小区域的地质体建模，但其单元划分方法随意性较大，虽然采用比较密集的交叉剖面可提高三维建模的精度，但同时也大大增加了建模的工作量，另外其建模过程完全割裂了性质相近甚至相同单元的同步处理过程，人为造成了建模过程的复杂化。

以构造条件复杂、断裂较为发育的沉积盆地为研究对象，对复杂断裂构造条件下城市地质三维建模中的关键技术和建模方法进行了探索性研究，形成了一套"构造镶嵌"模式的三维城市地质建模技术方法流程。实践证明，该方法可以有效地提高复杂地质条件下三维地质建模的效率与准确性。

　　复杂断裂条件下三维地质建模技术的重点在构造的分析、模拟和表达上。首先应在工作区开展地质构造框架模型研究，以框架模型为基础划分构造单元，在单一构造单元限定的区块内部，将岩层地表出露线和岩层产状作为地层面的形态要素，以钻孔和剖面数据作为层面的控制要素，建立区块地层展布模型，最后以地层面和构造面为边界，由面成体构建研究区三维地质实体模型。具体建模流程如图 8-3-1 所示。

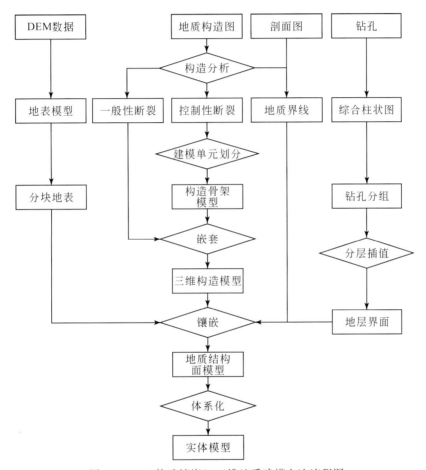

图 8-3-1　"构造镶嵌"三维地质建模方法流程图

　　相对于其他同类地质体三维建模方法，具有以下优势：

　　（1）从总体上来讲，通过划分建模单元，将区域三维建模工作分而治之，在同一建模单元内部，地质构造条件相对简化，降低了建模难度；

　　（2）以构造区划单元作为建模单元，具有明确的地质意义，同一单元因具有相同或相近地质属性，能够大大减轻建模工作量；

　　（3）三维建模过程中数据源选择处理、构造及地层建模都被限定在单一建模单元内部，因而三维模型能够支持局部更新与细化；

　　（4）通过合理的建模单元划分，本方法还能够支持不同精度三维模型无缝融合，实现多精度三维地质模型的平滑过渡。

(三) 建模注意事项

1. 充分收集和利用建模数据

这些三维地质建模数据包括：钻孔、剖面、等值线、断层、地质图等。从实际情况看，由于钻孔在横向上难于进行层面对比，利用钻孔开展三维地质建模工作难度较大，各种剖面将形成三维地质建模的主题数据，并利用各种其他数据源作为辅助。

充分收集各种剖面资料，包括本次调查工作完成的各种地质剖面、物探剖面，无论长短均可利用，在具体工作中打破各种数据源的分割性，将所有的数据剖面汇聚到一起，实现充分的共享和有效使用。同时收集各种地质界面的等值线数据和不同深度的地质图资料，作为三维地质建模的有效辅助数据。

2. 数据检查与处理

在实际建模过程中，不同数据源之间总会存在矛盾和冲突，建模时还需要进行空间数据一致性的检查和处理。处理的原则是以高可靠性数据为基准、以高精度数据为标杆、以解释性数据为依据。

3. 地质专业技术人员是三维地质建模的主体

三维地质建模归根到底是一个地质问题，不是简单的计算机运算所能直接完成的，需要地质专业技术人员的智慧和经验。在建模过程中地质专业技术人员是工作的主体，并将地质专业人员的经验知识和总结出来的地质规则添加到建模工具中去，提高建模的效率。

4. 建模技术人员和软件开发人员需要加强合作

三维地质建模是一个复杂的地质综合过程，目前还没有完全成熟的软件来解决这一问题，这就需要建模技术人员和软件开发人员加强合作。一方面，建模技术人员需要充分领会软件解决地质问题的操作过程，实现三维地质建模；另一方面，软件开发人员也要随时解决建模过程中遇到的技术问题，增强软件解决地质问题的能力。

二、三维建模过程

(一) 建模单元划分

首先开展研究区地质构造条件研究，进行区域构造层序、界面构造形态分析，根据不同深度的地震反射、钻孔勘探等探测成果，结合重力、磁法等地质地球物理资料，确定区内控制性构造的三维空间分布及其特征，据此进行构造区划，以构造区划为基本的建模单元。

单元划分过程，以各个构造单元为三维地质建模的边界条件，将建模区域划分为多个封闭的区域，每一封闭区域即为一个单元格，单元格内部具有相近或相同的地质特征，因而利用相同的数据源和相同的建模过程，能够大大提高建模效率。对于不封闭的建模区域，将边界进行延伸，形成封闭网格，按照封闭网格规则进行处理。

（二）数据源选择

断裂构造发育地区，由于构造活动已破坏了区域地层的连续性，不能简单地使用单一数据源进行三维建模，而需要综合使用研究区各类建模数据源，包括地质构造平面图、钻孔、地层顶底板等值线图、剖面图和地球物理解释成果资料等。

各个来源的基础数据存在精度不一、尺度不一、参考标准不一、数据格式不一等特点，在进行正式的建模之前，必须针对不同建模单元或建模精度对数据进行分类整理，尽量采用统一的比例尺和相近的数据精度。例如，当钻孔数据量巨大，不仅会大大降低建模效率，也不利于对模型的分析研究，实际应用时可考虑将钻孔按照一定的网度进行分级，当进行建模时按照建模范围的面积大小计算所使用的钻孔级别，然后再提取相应级别的钻孔数据用于建模。

在实际建模过程中，不同数据源之间总会存在矛盾和冲突，建模时还需要进行空间数据一致性检查和处理。

（三）分区地层建模

地层是最常见的地质实体，是其他地质实体和地质构造赋存的物质基础。由于地下岩土体空间分布的不连续、不均匀和不确定性，地层之间相互交叉侵蚀，地质实体之间关系错综复杂。地层建模需要首先建立研究区区域的地层层序，然后以钻孔、剖面、顶底面等值线等为主要数据来源进行模型构建。地层建模一般采用多层三角网模型，对各个地层进行插值和拟合；然后引入构造模型进行约束，形成三维地层骨架结构。建模数据源的不均匀分布，造成同一单元内建立的地层面疏密程度差别较大，因此需要根据建模精度要求进行细分或简化。

根据现有资料和建模的精度要求，为了提高建模效率、减小存储空间，需要首先对地层进行筛选，即根据工程建设所涉及的地层深度、部位以及地层、构造的分布情况，选定建模必须模拟的地层对象。

（四）界面镶嵌

由于建模单元是在构造分区基础上划分的，客观上将研究区断裂构造分为了两大类：边界断裂和单元内断裂。边界断裂一般是由研究区控制性断裂组成，属于"再造型"断裂，对原有地层系统影响甚大，割裂了原有地层连续性。在三维建模过程中，单独处理，保证主断层完整性、连续性，暂不考虑与地层系统的关联性。

单元内断裂属"改造型"断裂，对单元内原有地层系统影响较小，往往无法完全切断原有地层系统的整体性，在控制断裂骨架模型基础上，分析建模单元内地层和断裂构造的空间分布特征，根据断裂构造的发育期次和断层间的主辅错切关系，分级嵌入次级或分支断裂，其建模过程需要考虑与地层建模关联性，往往与主断裂和地层系统相交，无法保证其连续完整。

然后，追踪地层面外边界形成地层边界闭合多边形，根据相邻地层层面边界，采用轮廓线拼接方法对地层侧面进行缝合处理。对于受断层控制的地层边界，需要按照断裂面形态进行缝合处理。

（五）实体建模

地质体实质上是三维的密闭空间，因此需要在研究区三维地质层面模型基础上，根据地质体的空间关系，进行三维拓扑分析，搜索每个地质体的边界地质面，并进行闭合处理，形成含有完整外轮廓的复杂地质体模型，最后将每一地质体附加属性就形成了最终的实体三维模型。

（六）修正与更新

三维建模过程中数据源选择处理、构造及地层建模都被限定在单一建模单元内部，待更新地层选用带特征约束的三角剖分法来表达，约束条件即为建模单元边界，因而三维模型能够支持局部更新与细化。边界构造的更新也被限定在相连的建模单元中，无须全域重建。

三、三维地质结构模型

本次研究针对关中盆地断裂发育、构造条件复杂的特点，采用"构造镶嵌"建模方法，建立了关中盆地基底结构三维模型、新生界地质结构三维模型、水文地质结构三维模型，同时在盆地尺度的模型基础上，耦合嵌套了西咸新区的精细化三维工程地质结构模型（图 8-3-2，图 8-3-3）。

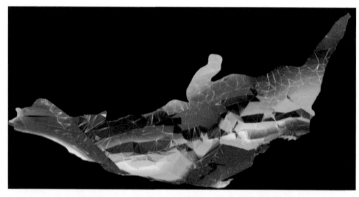

图 8-3-2　关中盆地基底三维形态效果图

图 8-3-3　关中盆地断裂三维空间展布效果图

(一) 关中盆地基底结构三维模型

基底建模主要是利用基岩地质图来控制，GIS 格式的基岩地质图可以直接导入到系统中，地质图中的矢量线经过修改就可以作为地层的边界线，控制基岩地层面建模的范围。而关中盆地新生界巨厚，最深处超过 7000m，常规手段难以获取区域上盆地基底结构，本次建模主要基于物探手段获取的资料来进行。

本次建模共考虑 18 条断层，其中控盆断层 3 条，控单元断层 5 条，一般断层 10 条。

(二) 关中盆地新生界三维地质结构模型

应用"分块镶嵌"方法建立的关中盆地新生界三维地质结构模型如图 8-3-4 和图 8-3-5 所示。模型直观表达了构造控制下新生代地层的沉积特点。蒲城凸起仅有新近系沉积，新生界厚度一般小于 1000m。固市凹陷自古近纪以来均有沉积，在固市一带为沉降中心，厚度大于 6000m，向西北部逐渐变浅。临蓝凸起除 F2 断裂以南，区内古近系、新近系均有沉积，在骊山–渭南沟谷有出露，沉积厚度变化较大，浅部厚度为 500m，深部为 2500m。西安凹陷古近系、新近系均有沉积，鄠邑—兴平一带为沉积中心，新生界最厚达 6000m 以上，一般厚达 3000m。咸礼凸起新近系以来全区分布古近系，以 F4 为界，地层厚度由北向南逐渐增厚，新生界厚度小于 3000m，最北端厚度仅为 100～200m。宝鸡凸起区内仅有新近系上新统沉积，厚度总体不大，新生界厚度小于 500m。

图 8-3-4 关中盆地新生界三维地质结构模型

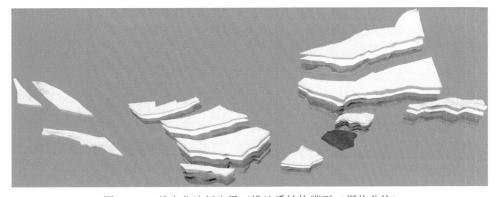

图 8-3-5 关中盆地新生界三维地质结构模型（爆炸分块）

（三）关中盆地水文地质结构模型

关中盆地为新生代断陷盆地，为地下水的存储和运移提供了良好的空间，发育第四系松散岩类孔隙含水岩组、寒武系—奥陶系碳酸盐岩岩溶含水岩组、基岩裂隙含水岩组三大类含水岩组。依据地下水含水介质的结构组合与分布特征以及水循环特征，关中盆地地下水系统分为 3 个含水亚系统和 26 个含水子系统，各子系统又包括潜水子系统和承压水子系统。因此，在岩性模型基础上，分别构建了关中平原潜水（图 8-3-6）和承压水水文地质结构分布模型（图 8-3-7）。

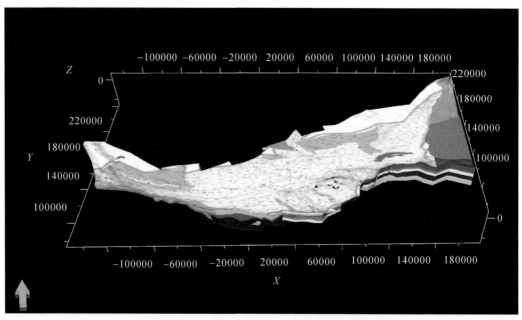

图 8-3-6　关中盆地潜水水文地质结构分布模型

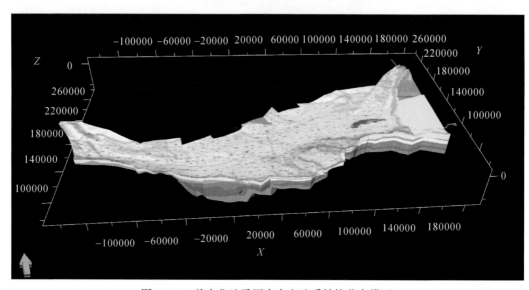

图 8-3-7　关中盆地承压水水文地质结构分布模型

（四）西咸新区工程地质结构模型

选择西咸新区作为研究对象，对区域内200m以浅第四纪地层进行三维地质建模方法验证。根据区域内控制性断裂将研究区划分为I、II、III、IV四个建模单元区，利用研究区内32口工程地质钻孔资料分别进行地层插值，形成各个建模单元内的工程地质层面模型。对层面进行编辑镶嵌，再由面成体，建立研究区最终三维工程地质结构模型和地质剖面模型（图8-3-8，图8-3-9）。该模型直观、形象地展示了研究区地层与构造展布情况，精确地界定了活动断裂的空间位置，为西咸新区城市布局以及重大工程规划提供地质支撑。

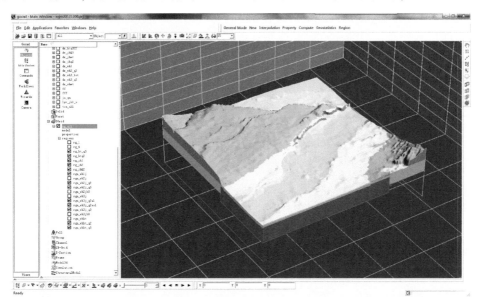

图 8-3-8　西咸新区三维工程地质结构模型

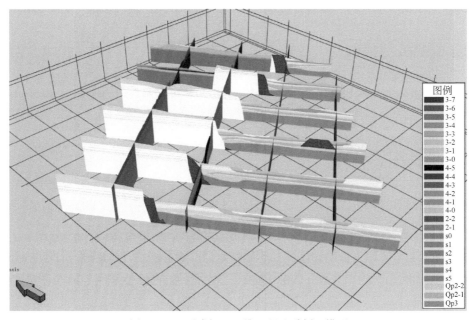

图 8-3-9　西咸新区三维工程地质剖面模型

第四节　数据库建设与集成

经过前人多年的工作，基本查明了关中盆地的地形地貌、地层结构、地质构造和水文地质条件，为关中城市群城市规划与发展起到了积极和重要的作用。但是，原有城市地质资料多是不同年代、不同行业所获取，多是面向某一专业或某一区域所完成，局限性较强；一方面因采用专业标准不同，资料格式不统一、无法有效共享、查询使用困难等；另一方面因资料分布零散，未对不同部门、不同研究目的、不同比例尺、不同时期和不同区段资料进行过系统整理与整合。因而，采用地质信息多参数及三维可视化等新技术新方法，围绕城市地质条件与地质资源、地质环境问题与地质灾害对以往地质资料开展系统整理与综合集成是本次工作的重点之一。

一、数据库建库标准

（1）《中华人民共和国行政区划代码》（GB/T 2260—2007）
（2）《地质矿产术语分类代码》（GB/T 9649—2009）
（3）《水文基本术语和符号标准》（GB/T 50095—2014）
（4）《水文地质术语》（GB/T 14157—1993）
（5）《地质信息元数据标准》（DD 2006—05）
（6）《综合工程地质图图例及色标》（GB/T 12328—1990）
（7）《国土基础信息数据分类与代码》（GB/T 13923—1992）
（8）《综合水文地质图图例及色标》（GB/T 14538—1993）
（9）《地下水质量标准》（GB/T 14848—2017）
（10）中国地质调查局《城市群地质环境调查评价数据库建设指南》（Ver3.0）

二、建库方法与流程

信息系统的建立主要包括空间图层的建立和环境地质调查外挂数据库建设。前者在MapGIS 软件中进行，后者在重要经济区和城市群地质环境调查数据录入子系统中进行，如图 8-4-1 所示。

（一）空间图形库

1. 资料收集

收集长安县幅（I48E012004）、户县幅（I49E012003）、高塘镇幅（I49E010007）、固市幅（I49E009007）、富平县幅（I49E008005）、鲁桥镇幅（I49E008004）、底店幅（I49E007005）、宝鸡市幅（I48E010021）、宝鸡县幅（I48E010022）、武功县幅（I49E011001）10 个图幅的综合地质调查相关图件。

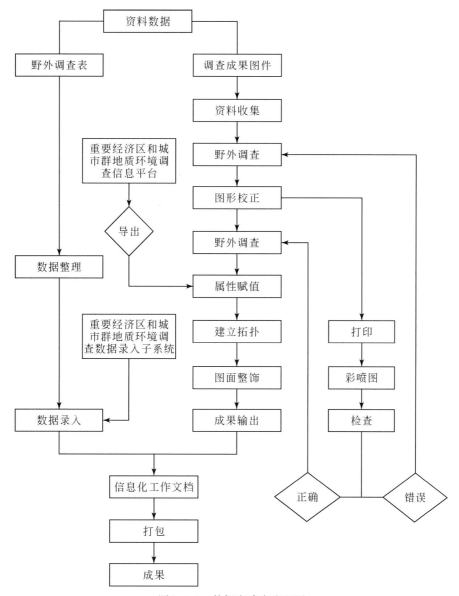

图 8-4-1　数据库建库流程图

2. 野外调查

通过对以上 10 个图幅进行的 1∶50000 野外实地调查，得到关于工作区内各类水文地质、工程地质、环境地质调查点（包括野外地质综合调查点、地层岩性界线调查点记录表、地貌界线调查点记录表、机（民）井调查点、泉点野外调查点、水源地综合调查点、崩塌调查点等）以及钻孔、探井基本信息。

3. 图形编辑

根据以上野外调查点的情况，以"综合地质调查系统图例"规定的图式图例对相应图件进行点、线、面等的修改编辑，使其符合相关要求。

4. 图形校正

利用 MapGIS 软件中已经有的数字化底图中的图形框生成一个标准框，通过采集校正控制点，利用误差校正模块进行校正，形成校正后的图形数据。

5. 建立拓扑

对综合图层进行整体拓扑处理，并进行拓扑错误检查，如果发现拓扑错误，则返回进行修补。

6. 图面整饰

图面整饰原则上分两个图层，即图内整饰图层和图外整饰图层。图面整饰要根据原图内容，按有关出版格式和要求进行整饰。

7. 输出检查

成果图件按全要素彩图喷出。并进行错误检查，检查是否有拓扑错误等，并返回修改，直到没有错误。

（二）外挂属性数据库

在"重要经济区和城市群地质环境调查数据录入子系统"软件中，进行数据的录入，录入完成后，打印输出检查错误，校核数据的逻辑、录入错误等内容，建立城市环境地质调查外挂数据库。

三、数据汇总集成

关中盆地城市地质调查综合数据库数据组织分为四个层次：基础地理数据库、调查成果数据库、项目成果数据库和网络发布数据库，如图 8-4-2 所示。

在收集基础资料的基础上，分别建立基础地理、遥感影像、土地利用和气象水文数据集。根据野外调查、综合施工、分析测试、动态监测等数据汇总成为项目调查成果数据库。通过对各种调查数据的系统分析，从实际应用需求出发，应用各种数学方法建立成果图件、水文地质模型数据库、工程地质模型数据库、评价模型数据库。通过对调查成果数据库中的相关数据和所需的模型库的联合调用，即可得出所需的决策支持信息以及用于对外发布的部分数据。

（一）地图参数

本次建库的原始资料的地图参数是以 2000 国家大地坐标系为参照系，采用经纬度坐标系，平面投影参数为高斯–克吕格 6 度带投影，跨越 18 和 19 两个带号，中央经线分别为 105°和 111°；空间数据库地图参数统一采用 2000 国家大地坐标系下高斯–克吕格投影，第一标准纬度为 34°00′00″，中央子午线经度为 105°和 111°。

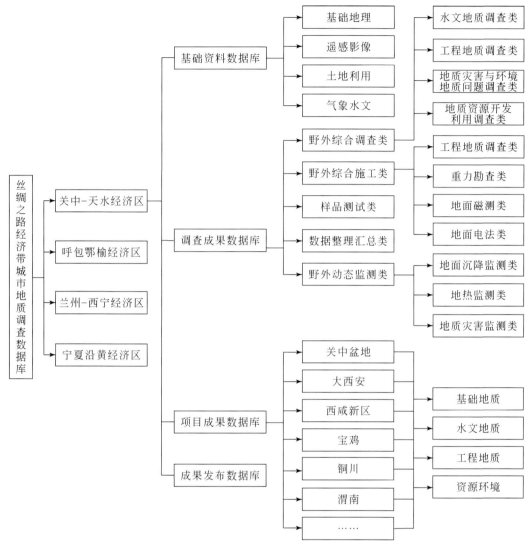

图 8-4-2　关中盆地城市地质数据库组织结构图

（二）MapGIS 系统库

本次空间数据库的系统库统一采用计划项目组提供的系统库"slib 水工环 2016"，所有图例符号都选自此系统库，未添加其他图例符号。

（三）图形分层

根据地质专业的特点，结合关中-天水经济区综合地质调查成果内容，对图件进行图层划分。

根据综合地质调查的特点，结合关中-天水经济区综合地质调查长安县幅、户县幅、高塘镇幅、固市幅、富平县幅、鲁桥镇幅、底店幅、宝鸡市幅、宝鸡县幅、武功县幅 1∶5 万综合地质调查项目调查成果内容，图形分层首先主要依据表 8-4-1 的内容来进行数据分类，然后在此基础上进行图层划分。

表 8-4-1　图形分层划分表

数据分类	图件名称
基础地理	长安县幅、户县幅、高塘镇幅、固市幅、富平县幅、鲁桥镇幅、底店幅、宝鸡市幅、宝鸡县幅、武功县幅地形图
实际材料图	长安县幅、户县幅、高塘镇幅、固市幅、富平县幅、鲁桥镇幅、底店幅、宝鸡市幅、宝鸡县幅、武功县幅工作区调查点
水文地质图	长安县幅、户县幅、高塘镇幅、固市幅、富平县幅、鲁桥镇幅、底店幅、宝鸡市幅、宝鸡县幅、武功县幅水文地质图
工程地质图	长安县幅、户县幅、高塘镇幅、固市幅、富平县幅、鲁桥镇幅、底店幅、宝鸡市幅、宝鸡县幅、武功县幅工程地质图
环境地质图	长安县幅、户县幅、高塘镇幅、固市幅、富平县幅、鲁桥镇幅、底店幅、宝鸡市幅、宝鸡县幅、武功县幅环境地质图

图形分层的主要原则是：

（1）具有同样的特性，即数据有相同的属性信息；

（2）该层数据会有同样的使用目的和方式；

（3）即使是同一类型的数据，有时其属性特征也不相同（如具有外挂属性），也应该分层存储；

（4）规范要求的每一图层只有一种要素。

在实际操作中不考虑地理信息的图层划分。

图层是根据此原则将本项目成果图系进行图层划分的，其中的每项内容即一个图层类别，据此关中–天水经济区综合地质调查长安县幅、户县幅、高塘镇幅、固市幅、富平县幅、鲁桥镇幅、底店幅、宝鸡市幅、宝鸡县幅、武功县幅 1∶5 万综合地质调查项目调查空间数据库可划分为如表 8-4-2 所示的图层文件。

表 8-4-2　图层文件列表

数据分类	图件名称
实际材料图	野外地质综合调查点.WT、地层岩性界线调查点记录表.WT、地貌界线、调查点记录表.WT、机（民）井调查点.WT、泉点野外调查点.WT、水源地、综合调查点.WT、崩塌调查点.WT
水文地质图	潜水富水性分区.WP、承压水富水性分区.WP、水化学类型分区.WP、潜水埋深等值线.WL、承压水埋深等值线.WL
工程地质图	工程地质图工程分区.WP、岩土体结构.WP、适宜性分区.WP
环境地质图	环境地质问题程度.WP、地质灾害易发性分区.WP、湿陷性分区.WP

（四）属性数据库

完成的属性数据库实物工作量见表 8-4-3。主要完成数据库表格类型 4 类，共 58 个表，记录累计 31364 条。

表8-4-3　10幅1：5万综合地质调查属性数据库实物工作量一览表

序号	数据库一级表名	数据库二级表名	入库条数
1		野外调查路线表	124
2		调查点基础数据表	4259
3		野外照片数据表	1621
4		野外地质综合调查表	217
5		地层岩性界线调查点记录表	47
6		地貌界线调查点记录表	406
7		野外剖面调查记录表	2
8		岩土地层调查点记录表	7
9		微地貌调查表	3
10		水文地质点调查表	1
11		机（民）井调查表	1049
12		浅井记录表	6
13		浅井地层描述表	14
14		泉点野外调查表	32
15		地表水点综合调查表	47
16		地表水浮标法测流表	9
17	野外综合调查类	1>浮标法测流记录表	17
18		水库调查表	11
19		崩塌调查表	52
20		2>崩塌变形迹象子表	6
21		滑坡调查表	66
22		1>滑坡控制结构面子表	2
23		2>滑坡变形迹象子表	5
24		泥石流调查表	4
25		不稳定斜坡调查表	2
26		地面塌陷调查表	2
27		污水处理厂调查表	1
28		垃圾场调查表	9
29		固体废弃物堆放场调查表	2
30		入河排污口情况调查表	1
31		土壤污染现状调查表	22
32		地表水污染野外调查表	10
33		水土流失野外调查表	3
34		天然建筑材料调查表	26

序号	数据库一级表名	数据库二级表名	入库条数
35	野外综合施工类	水文地质钻孔基本情况表	8
36		工程地质钻孔基本情况表	104
37		钻孔地层描述表	1766
38		钻孔孔径变化表	84
39		4>钻孔井管结构表	367
40		5>钻孔填砾止水结构表	12
41		探井野外施工记录表	71
42		1>探井野外施工地层岩性描述表	209
43		抽水试验综合成果表	16
44		抽水水位观测记录表	1364
45		恢复水位观测记录表	786
46		工程地质动力触探试验记录表	377
47		工程地质波速测试记录表	4276
48		工程地质标贯试验记录表	2258
49	野外动态监测类	地下水位统测记录表	88
50		地下水位统测汇总表	97
51	样品测试类	野外水样采集记录表	998
52		1>水质分析综合成果表	998
53		岩土样品采集记录表	4020
54		1>土工实验综合成果表	3939
55		5>土壤易溶盐分析成果表	22
56		7>工程地质钻孔岩样试验数据记录表	59
57		土壤地球化学样品采集记录表	680
58		1>土壤地球化学测试综合成果表	680
合计			31364

四、数据质量

本项目使用了多种新技术新方法，如何对这些勘查资料的准确性和完整性进行验证是一项极为烦琐的工作。本次工作中，采取了机检、自检等多种手段保证数据的准确性和完整性。

（一）属性卡片及属性数据质量

收集整理的资料所建立的各类属性卡片结构及代码完整，内容准确。属性卡片包括的属性项有：地层、河流水文站、河流水文站观测数据、气象观测站及其大气降水观测、地表蒸发观测、水文地质钻孔（点）、成井结构、钻孔地层、钻孔含水层划分、钻孔抽水试验数据、地下水位监测及其水位观测数据、样品采集点参数及其水质测试、泉点属性。数据卡片错误率均小于1%。

属性数据包括内部属性及外挂属性，对58个表中数据项的结构、代码、数据类型、数据长度的检查结果表明，属性数据错误率小于1%。

（二）空间数据库质量

通过对数据的空间精度、属性精度、逻辑一致性、数据的正确性与完备性、图形质量、文档资料的检查，水文地质空间数据库精度完全满足空间数据库精度要求。空间数据质量具体检查内容见表8-4-4。

表8-4-4　空间数据质量检查内容一览表

数据类型	数据特征	检查内容
空间精度	数字基础精度	图廓点、公里网、经纬网交点、控制点坐标值正确
	平面与综合精度	与原图套合、成果图件精度
	数据采集精度（扫描）	TIF图框、对角线与标准图框误差、扫描线数=400
	TIC点精度	TIC点精度
	校正精度	校正后精度参数
属性精度	属性与图元对应	各图层属性与图元对应（各图层抽查10%~30%）
	代码一致性	属性代码一致性（各图层抽查10%~30%）
	图层名称	各图层命名标准化
	属性结构	各属性字段命名标准化、字段类型和长度一致性
	属性数据完整性	属性记录的内容正确、不缺项
逻辑一致性	拓扑一致性	不同图层共用图元（界线）一致性、空间实体的点线面类型定义正确、多边形封闭
	结点关系正确	线状要素相交处都建立结点
	实体相关位置	不同水文地质体的拓扑关系
数据的正确性与完备性	数据分层	图层完整
	注记完整、正确性	注释正确、可读
	数据文件齐全性	图层文件（MapGIS、ArcInfo）、栅格文件、Access文件、文档文件
图形质量	线划质量	线划圆滑、线型表示正确
	图饰质量	符号图形完整、设色合理、压盖合理、图廓整饰符合规定
文档资料	工作日志自互检表	工作日志、自互检表等记载内容完整、实时
	属性卡片	属性编辑填写卡片完整、准确
	元数据	元数据记载内容完整
	精度控制文件	精度控制文件完整（栅格文件、校正前后控制点文件）
	说明书	内容完整
	图件	图件喷绘质量、图面质量符合要求

五、决策支持与服务

关中盆地城市群城市地质调查信息管理和服务系统集成了关中盆地大量基础地理、基础地质、工程地质、水文地质、地质环境以及地质灾害等多专题基础和成果资料，具有巨大的经济和社会效益。

（1）关中盆地城市群城市地质调查信息管理和服务系统，集多源数据源输入、管理、可视化及其分析评价为一体，资料集中、功能全面、性能稳定，已成为关中盆地城市地质调查的业务工作平台，日常野外调查、测试分析、图件编制等工作都已在此系统上开展。

（2）系统初步集成了关中盆地大量基础地理、基础地质、工程地质、水文地质、地质环境以及地质灾害等多专题基础和成果资料，为"关中盆地城市群城市地质调查"计划项目，"关中盆地重点地区1∶5万水文地质工程地质调查"、"丝绸之路经济带境内段综合地质调查"和"黄河中上游重要城市群综合地质调查"等项目工作部署、设计提供了资料支撑。

（3）利用系统基础资料，组织力量编制《丝绸之路经济带境内段国土资源与环境地质图集》，为丝绸之路沿线经济区发展规划提供基础图件，及时地服务于政府决策及规划需求。

（4）项目实施过程中，配合国家级开发区西咸新区建设需求，为西咸新区管委会提供了初步地质资料服务，并在西咸新区示范建立了精细的地质结构模型，为工程规划、建设提供了有力支撑，使国家地质战略和地方经济社会发展需求得到了很好的结合。

结　束　语

　　中国是世界四大文明的发祥地之一，关中平原是华夏文明的发祥地。发源于两河流域的美索不达米亚文明（两河文明），发源于尼罗河流域的古埃及文明，发源于恒河流域的古印度文明，这三大文明古国的辉煌都已随岁月流逝而消失，其中有社会经济因素，也不乏自然因素。

　　关中平原城市群地理条件优越，气候温润，风调雨顺，自然资源丰富，是中华民族的重要发祥地之一，从黄帝时代到今天，生生不息，绵延5000余年，造就了强大的周、秦、汉、唐盛世。但是，有历史记载以来，气候变化和自然灾害曾多次给社会经济带来重创。诸如汉朝末期延续60年之久的干旱，魏、蜀、吴三国争霸与干旱和大规模蝗灾，导致中国人口减少至3000万；唐朝总体上气候温润，有"八水绕长安"之说，但中期天下大旱，爆发"安史之乱"，导致唐朝衰败并逐渐走向灭亡，西安也随之没落；1556年1月23日发生在关中平原东部华县的 $8\frac{1}{4}$ 级地震造成83万人死亡，是世界上有记载的死亡人数最多的一次灾难；1929年关中平原发生大饥荒，又名"民国十八年年馑"，1928年始露旱情，1929年旱象更加严重，井泉枯竭，泾、渭、汉、褒诸水断流，多年老树大半枯萎，饥荒大作。直到今天，西安地区的八水美景不全了，遮天蔽日的雾霾时常代替了唐代"悠悠见南山"的碧水蓝天；关中平原活动断裂发育，地震、地面沉降、地裂缝灾害需要警钟长鸣；城市应急后备水源地储备不足，极端条件下水荒风险不容小觑。

　　无论是由于社会经济因素，还是自然灾害因素，关中平原，抑或古长安，都经历了多次重创。尤其是自唐朝以后，这个曾经的国际化大都市、政治经济文化中心逐渐从繁荣演化为败落。新中国成立以后，尤其是改革开放以来，关中平原发生了翻天覆地的变化。通过关中平原城市地质调查得出五项基本结论与建议，认为关中平原地理条件优越，自然资源丰富，引汉济渭工程缓解了关中平原城市群用水紧缺的矛盾，随着国家治理体系建设和不断完善，地质灾害与环境地质问题可防可控，彰显华夏文明历史文化的关中平原城市群和西安国际化大都市将以其独特的魅力永远屹立于世界东方。

（一）关中平原地理条件优越，自然资源丰富，为关中平原城市群以及西安国家级中心城市绿色高质量发展提供了优越的自然条件和富足的资源保障

　　（1）关中平原属暖温带半干旱半湿润气候区，气候宜人，河流众多，水资源丰沛，曾经是我国政治与经济社会的中心，目前是我国西部地区经济基础好、自然条件优越、人文历史深厚、发展潜力较大的地区。

　　（2）关中平原处于中国大陆东西向与南北向两大构造带交汇区的华北-东北构造区块的西南缘，秦岭造山带与鄂尔多斯地块交接带上，是区域复合构造动力学背景下，秦岭北缘山前断陷带和汾渭地堑系西部的复合构造产物，主体为新生代复合伸展性断陷平原，为经济区与城市群建设提供了平坦的建设用地。

（3）关中平原位处我国第二阶梯中部，夹持于秦岭与黄土高原之间，发育有冲积平原、洪积平原、黄土台塬、山地等地貌单元，主要地层为第四系、新近系、古近系、奥陶系、寒武系、太古宇和震旦系仅局部出露。关中平原地形平坦，第四纪松散堆积物广布；土质疏松，耕地集中连片，N、P、K_2O 含量总体上较高，土地肥沃；Hg、As、Pb、Cd 总体较低，属清洁无污染土地；富硒土地集中分布在杨凌区—兴平市、鄠邑区余下镇、西安市区、泾阳县—三原县—阎良区、华州区等 30 余处，总面积为 872.96km^2，为经济区与城市群建设提供了肥沃的耕地。

（4）关中平原是一个水文地质结构完整、含水系统与水流系统相对独立、水循环开放的地下水系统，可进一步划分为 5 个含水亚系统和 26 个子系统，各子系统均又包括无压水和承压水两个更次一级的子系统。关中平原水资源总量为 70.44×10^{8}m^3/a，水资源现状利用总量为 52.81×10^{8}m^3/a，其中地表水现状利用量为 27.97×10^{8}m^3/a，地下水现状利用量为 24.84×10^{8}m^3/a。配套引汉济渭工程，水资源充沛，完全可以支撑城市群发展。

（5）关中平原岩土工程地质条件良好。岩土介质包括岩体和土体 2 类、10 个工程地质层、19 个工程地质结构类型。其中岩体包括较软–较坚硬层状碎屑岩、坚硬层状碳酸盐岩、坚硬块状岩浆岩及浅变质岩，土体包括黄土、碎石土、砂土、粉土和一般黏性土。工程地质结构类型主要有碎石土、砂土、粉土、黏性土互层，黄土+碎石土、砂土、黏性土互层，黄土+层状碎屑岩、碎石土、砂土、黏性土互层+层状碎屑岩，黄土+碳酸盐岩 5 类。

（6）关中平原中部新生界孔隙裂隙热储层地热流体可采资源量为 44.14×10^{8}m^3/a；渭北下古生界碳酸盐岩岩溶裂隙型地热流体可采资源量为 1.85×10^{8}m^3/a；秦岭山前构造裂隙型地热流体可采资源量为 0.01×10^{8}m^3/a。取热不取水的中深层地热地埋管开发利用方式是关中平原地热资源绿色清洁利用的发展方向。

（7）关中平原共有地质遗迹点 429 处。具有价值的地质遗迹 146 处，可划分为 3 个大类、10 个类、22 个亚类。其中，基础地质大类 39 个，地貌景观大类 103 个，地质灾害大类 4 个。

（8）关中平原林地资源量为 618km^2，其中人工林面积为 263km^2，以阔叶林为主。草地面积为 623km^2。湿地包括河流湿地、湖泊湿地、沼泽湿地和人工湿地（水库）等 4 个类型。区内重要湿地 13 处，以河流湿地为主，卤阳湖湿地为沼泽湿地。

（9）氦气资源主要分布于秦岭山前断裂带和渭河断裂附近的西安、固市等凹陷和咸渭凸起边缘等部位，资源潜力大。煤炭主要分布于渭北地区，探明资源储量为 252×10^{8}t，保有资源储量为 237×10^{8}t。天然建筑材料广泛分布于各区县，资源量丰富，其中石材 320×10^{4}m^3、石料 24.35×10^{8}m^3、制砖黏土 3×10^{12}m^3、砂石 7780×10^{4}m^3。

（二）关中平原地质构造复杂，活动断裂发育，新型城镇化和生态文明建设尚面临环境地质问题及地质灾害的挑战，必须全面提升自然灾害防治能力

（1）关中平原发育 25 条活动断裂，其中全新世活动断裂 10 条，晚更新世活动断裂 10 条，早–中更新世活动及活动性不明断裂 5 条。历史上发生过 8 级大地震，区域工程地质稳定性问题应警钟长鸣。

（2）关中平原地面发育 212 条地裂缝，仅西安市区就形成了 8 个地面沉降中心，发育 14 条地裂缝。按地裂缝形成的主控因素，划分为构造地裂缝、地面沉降地裂缝、黄土湿陷地裂缝和地震地裂缝4种主要类型。构造地裂缝破坏以拉张和剪切形变为主，危害严重。地面沉降地裂缝破坏形式以垂直位移为主，拉张和剪切形变较小，随着地下水限采措施的实施，总体趋于减缓。黄土湿陷地裂缝平面形状多呈弧形，延伸较短，多为小型地裂缝。地震地裂缝多呈直线型、延伸性好、倾角大，目前多处于稳定状态。

（3）关中平原已有滑坡、崩塌、泥石流1126处，多集中发育在宝鸡—常兴塬边、泾阳蒋刘—太平塬边、白鹿塬—横岭—高塘、秦岭山前、黄河右岸塬边等地带，泥石流主要集中在华县—潼关秦岭北坡一带。

（4）关中平原宝鸡、西安、渭南等城市区地下水污染以硝酸盐类为主，污染程度轻微–中等。宝鸡、西安、渭南、铜川等城市（区）及潼关等地分布砷、镉、铬、汞、铅等重金属污染土壤，其中含砷、镉、汞、铅三级土壤面积分别为3.71km^2、144.69km^2、50.17km^2、26.03km^2，含铬二级土壤面积为224.31km^2。

（5）关中平原湿陷性黄土分布于黄土台塬、二级以上阶地等地区，厚度为8～20m，湿陷等级中等–强烈。砂土液化主要分布于渭河中下游、黄河、泾河等河漫滩区及部分一级阶地区，液化等级轻微–中等。

（6）关中平原地下水开采已形成14处超采区，面积为1227.4km^2，其中西安市超采区5处，面积为601.3km^2；宝鸡市2处，面积为224.9km^2；咸阳市4处，面积为304km^2；渭南市3处，面积为264.8km^2。

（三）通过关键因素识别和"双评价""一评估"，将关中平原国土空间开发保护区划分为适宜开发区、优化开发区、限制开发区和禁止开发区

（1）提出了基于木桶理论、风险理论和边际理论的"双评价""一评估"的理论框架与技术方法。即基于木桶理论，识别区域重大资源环境问题，遴选关键因素；基于边际理论，以资源开发利用利润最大化或无利润，作为资源承载能力评价标准，开展资源承载能力评价；基于风险理论，以国土空间开发带来的环境问题或灾害引发的生命和财产风险的容许标准作为评价标准，开展地质环境承载能力、国土空间适宜性和地质安全评价；在单因素评价的基础上开展综合评价；将综合承载能力评价结果与区域国土空间开发现状或规划结果做叠加分析，划定区域发展"三区三线"。

（2）基于木桶理论，识别出关中平原活动断裂、地质灾害、富硒土地、引汉济渭水资源4项重大资源与环境问题；在"双评价""一评估"的基础上，将关中平原国土空间开发保护区划分为：适宜开发区、优化开发区、限制开发区和禁止开发区。

（3）适宜开发区占关中平原总面积的87%，适宜农业生产和城镇化建设。尤其是引汉济渭工程大幅度提升了关中平原水资源保障能力，使关中平原成为承接东部人口和GDP发展的最佳地区。

（4）优化开发区主要指集中连片分布的富硒土地，仅占关中平原总面积的3%。应划定永久农田边界加以保护并优化开发利用，提升富硒土地价值。

（5）限制开发区为地质灾害中等危险区，占关中平原总面积的8%，区内原则上限制工程建设。

（6）禁止开发区属于活动断裂和地质灾害高危险区分布范围，占关中平原总面积的2%。在禁止开发区内严禁工程建设，活动断层避让范围为：正断层上盘为30m，下盘为

15m；走滑断层两侧各为 15m。

（四）西安、宝鸡、渭南、铜川等城市地质环境条件良好，地下空间资源禀赋高，但都不同程度面临着环境地质问题与地质灾害的威胁

1. 西安

西安被定位为国家级中心城市，规划面积为 2400km²，规划建设应注意防范以下环境地质问题与地质灾害：

（1）西安位处关中断陷平原中部，涉及咸阳礼泉凸起、西安凹陷、临潼蓝田凸起、固市凹陷、秦岭基岩山区等 5 个地质构造单元，存在 13 条活动断层，国土空间规划应合理避让活动断裂，最大限度减缓地表破裂和地震灾害风险。

（2）地下水既是宝贵的资源，也是地质环境中最积极的因素。一方面，西安曾因过量开采地下水形成 8 个地面沉降中心，产生 14 条地裂缝；另一方面，引水与水景工程已在曲江、浐灞等地引起地下水位上升，区域地下水位上升将会导致区域性大面积的黄土湿陷和震时非液化砂土变为液化砂土问题，给地下空间带来浸水和浮力风险，应加强地下水动态监测，运用基于环境地质问题约束的地下水管理模型，实时开展环境地质问题时空强预警与风险防控。

（3）西安地热资源丰富，地热流体开发已经引起区域地热水位大幅度下降，热水资源衰竭，回灌点少效率低，取热不取水的中深层地热能地埋管开发利用模式是清洁型能源利用的方向，应深化研究并大力推广应用。

（4）城市地下空间资源是宝贵的自然资源，目前缺乏地下与地上空间协同规划和地下空间权、籍、价、用管理办法，造成开发利用不合理和资源浪费问题，建议深化城市地质调查和城市地下空间探测评价成果，形成西安地下空间规划与管理办法。

（5）西安周边神禾塬、少陵塬、泾河南岸、咸阳塬等塬边存在滑坡、崩塌、泥石流灾害隐患，建议依据地质灾害危险区划，划定了国土空间禁建区红线，从规划源头规避地质灾害风险。

（6）西安目前及以后主要依靠黑河引水工程和引汉济渭工程解决城市供水问题，但仍需保护已有水源地，并适时建设新的水源地，一是作为应急备用水源地，以防不测；二是科学调控地下水位，防止环境地质问题，推进海绵城市建设。

（7）汉武帝茂陵遗址无损探测为揭示西安众多地下重大遗址之谜，虚拟再现了地下重大遗址辉煌景观，彰显城市文化张力提供了技术方法示范，建议对大西安分布的重要地下遗址进行全面无损普查，摸清重要地下遗址家底，提升旅游产品品质，推进国际化旅游大都市建设。

2. 宝鸡市

宝鸡市为关中平原城市群副中心城市，是陕西省两大百万人口城市之一，规划面积为 355km²，规划建设应注意防范以下环境地质问题与地质灾害：

（1）宝鸡市位处关中平原西部的宝鸡凸起构造单元，属于渭河地震带与南北地震带的交汇复合部位，存在 4 条活动断层，国土空间规划应合理避让活动断裂，最大限度减缓地表破裂和地震灾害风险。

（2）宝鸡市为河谷型城市，建设用地严重受限，开发利用地下空间资源是缓解城市病的重要途径。目前开发利用滞缓，且缺乏地下与地上空间协同规划，建议深化城市地质调查和城市地下空间探测评价成果，形成宝鸡市地下空间规划与管理办法。

（3）加强城市生活与工业废污水处理和排放监管，防止地下水污染，加强地下水动态实时监测，开展水环境预警与风险防控。

（4）宝鸡市区黄土台塬边、金陵河及千河河谷边坡是黄土滑坡灾害集中发育地带，水和人类活动是诱发滑坡最主要的两个因素，建议依据地质灾害危险区划，划定禁建区红线，从规划源头遏制水的渗入和不合理的工程活动。

3. 渭南市

渭南市为关中平原城市群次核心城市，规划面积为 415km^2，规划建设应注意防范以下环境地质问题与地质灾害：

（1）渭南市地处关中断陷平原东部，规划区存在 2 条活动断层，1556 年曾发生过华县 $8\frac{1}{4}$ 级大地震，国土空间规划应合理避让活动断裂，最大限度减缓地表破裂和地震灾害风险。

（2）加强城市与工业废污水处理和排放监管，防止地下水污染。适度控制渭河北岸地下水开采，防止北部咸水南侵。加强地下水动态监测，开展水环境预警与风险防控。

（3）渭南市地热资源丰富，地热水开发已经引起区域地热水位大幅度下降，应推广应用取热不取水的中深层地热能地埋管开发利用模式。

（4）渭南市目前在不断地向东、向北扩展，在生态文明建设和节约集约利用土地资源的背景下，建议超前谋划，研究并形成渭南市地下空间资源开发利用规划与管理办法。

（5）渭南市城区南部黄土塬边存在滑坡、崩塌、泥石流灾害隐患，建议依据地质灾害危险区划，划定国土空间禁建区红线，从规划源头规避地质灾害风险。

4. 铜川市

铜川市为关中平原城市群次核心城市，规划面积为 2400km^2，规划建设应注意防范以下环境地质问题与地质灾害：

（1）铜川市地处关中断陷平原北部的蒲城凸起构造单元，无活动性断裂分布。老城区存在滑坡、崩塌灾害隐患，建议依据地质灾害危险区划，划定禁建区红线，从规划源头规避重大地质灾害风险。

（2）铜川市老城区存在采空区地面塌陷、地裂缝隐患，应加强矿山环境恢复治理，对于有威胁对象的隐患点应采取搬迁避让措施，或工程治理措施，防止人员伤亡和财产损失。

（3）铜川市新区建设用地十分宝贵，合理开发利用地下空间资源已成为解决铜川市建设用地不足问题的重要途径，建议加强地下与地上空间资源协同规划研究，超前谋划，形成铜川市地下空间规划与管理办法。

（4）铜川市地热资源缺乏，应深化研究和推广浅层地温能清洁型能源利用，探索取热不取水的中深层地热能地埋管开发利用模式。

（5）耀州瓷是北方青瓷的代表，耀州窑沿漆水河两岸密集布陈，绵延百里。建议进一步探明高岭土（坩土）资源潜力、矿物与化学成分，提升耀州瓷工艺与品质。

5. 杨凌示范区

杨凌示范区是著名的农科城，规划面积为 56.27km²，规划建设应注意防范以下环境地质问题：

（1）杨凌示范区位处关中断陷平原中部，规划区存在 1 条活动断层，国土空间规划应合理避让活动断裂。

（2）杨凌示范区地热资源较丰富，应推广取热不取水的中深层地热能地埋管开发利用模式。

（3）杨凌区城区北侧及东侧的漳河、漆水河河谷边坡存在滑坡、崩塌灾害隐患，建议依据地质灾害相关要求进行防范。

（4）加强土地与地下水动态监测，实时掌握土地质量与污染、地下水位与水质状况，支撑干旱半干旱地区农业科技发展。

（5）地下空间为农副产品储存保鲜、农业科技研究等提供了良好的场所，建议加强地下与地上空间资源协同规划研究，超前谋划，形成服务于现代化农业的地下空间开发利用模式。

（五）建议进一步加强城市地质工作，重视地下与地上空间协同利用，推进国家治理体系建设，不断提升灾害防控能力，使自然灾害与环境问题可防可控

（1）关中平原城市群国土空间规划必须充分考虑活动断裂、地质灾害、水资源和土地资源等关键因素，合理避让活动断裂与地质灾害，从规划源头防控自然灾害风险，发挥资源优势，量水土资源而行，实现人地和谐、绿色高质量发展。

（2）正确处理自然资源开发利用与生态环境保护之间的关系。在坚守生态底线的前提下，既要认识到自然资源为人类提供生存、发展和享受的物质与空间，充分发挥自然资源的效益，更好地满足经济社会高质量发展和人民生活水平提高对自然资源的需求，杜绝以坚持生态优先、绿色发展理念为由，实行一刀切，禁止一切自然资源合理开发利用，影响经济社会高质量发展和人民生活水平。又要节约集约利用资源，进行科学合理的绿色开发，实现自然资源永续利用和人与自然和谐发展。

（3）加强地质环境保护和地质灾害防治，在滑坡崩塌集中发育的宝鸡—常兴、泾阳蒋刘—太平、白鹿塬—横岭—高塘、秦岭山前、黄河右岸塬边等地带，严禁大规模开发，杜绝开挖坡脚以及在斜坡上堆载、灌溉等不合理工程活动，保护地质环境。华州—潼关秦岭北坡地带是泥石流高发区，华州区莲花寺曾发生长度超过 5km 的高速远程基岩滑坡，秦岭北坡地带除做好泥石流灾害防范外，高速远程滑坡风险亦不容忽视。

（4）充分认识城市地下空间资源的稀缺性、宝贵性及其在解决城市病中的重要作用，亟待加强城市地下空间资源探测与评价、地下与地上空间协同规划以及地下空间权、籍、价、用管理办法制定。

（5）新时期城市地质工作一是要建立中央引领、城市主导、企业跟进的多方联动机制，实现数据共享与成果社会化服务；二是要做强顶层设计，打破技术壁垒，统筹部署，协同创新，分工协作，共同实施；三是要地调与科研深度融合，破解重大地质问题；四是强化资源环境承载能力评价，支撑服务国土空间规划。

（6）在黄河流域生态保护与高质量发展国家战略的大背景下，加大经费投入，全面推进关中平原城市群地质环境条件和自然资源综合调查，实施重要城镇环境地质调查，为关中平原城市群规划建设和绿色高质量发展提供科技支撑。

主要参考文献

曹照垣，邢历生，于清河．1985．三门峡东坡沟剖面磁性地层的初步研究．中国地质科学院地质力学研究所所刊，（5）：65-73.

陈劭锋．2003．承载力：从静态到动态的转变．中国人口·资源与环境，13（1）：13-17.

邓成龙，郝青振，郭正堂，等．2018．中国第四纪综合地层和时间框架．中国科学：地球科学，49（1）：330-352.

董英，张茂省，刘洁，等．2019．西安地区含水系统释水压密效应及微结构变化．西北地质，52（2）：63-71.

国家地震局地质研究所．1991．"宝鸡市第二电厂工程场地地震安全性评价"成果报告．

何培元，刘兰锁，于清河．1984．从三门峡东坡沟剖面探讨"三门系"的时代及其环境演变．地质论评，30（20）：161-169.

洪阳，叶文虎．1998．可持续环境承载力的度量及其应用．中国人口·资源与环境，8（3）：3-5.

花卫华．2010．多约束下复杂地质模型快速构建与定量分析．北京：中国地质大学．

黄万波，孙翠玉．1959．三门峡水库第四纪地质会议野外旅行指南//中国第四纪研究委员会．三门峡第四纪地质会议文集．北京：科学出版社：141-146.

贾福海．1959．对黄河三门峡水库三门系的初步认识//中国第四纪研究委员会．三门峡第四纪地质会议文集．北京：科学出版社：21-46.

贾兰坡．1965．蓝田猿人头骨发现经过及地层概况．科学通报，16（6）：477-481.

焦养泉．2006．地学空间信息三维建模与可视化：鄂尔多斯盆地及相关领域的实践．北京：科学出版社．

雷祥义．2001．黄土高原地质灾害与人类活动．北京：地质出版社．

雷祥义，屈红军，岳乐平．1992．灞河阶地黄土–古土壤系列及其年代意义．西北大学学报，22（2）：219-226.

李永善，等．1992．西安地裂及渭河盆地活断层研究．北京：地震出版社．

李玉宏，等．2018．渭河盆地氦气成藏条件及资源前景．北京：地质出版社．

刘传正．1995．环境工程地质学导论．北京：地质出版社．

刘东生．2004．人与自然协调发展——来自环境演化研究的启示//中国科协2004年学术年会大会特邀报告汇编：13-21.

刘东生，黄万波，王挺梅．1957．三门系地层的新构造运动//中国科学院地学部．中国科学院第一次新构造运动座谈会发言记录．北京：科学出版社：164-169.

刘东生，丁梦麟，高福清．1960．西安蓝田间新生界地层剖面．地质科学，3（4）：199-208.

卢积堂．1995．河南省地裂缝减灾与发展．北京：地震出版社．

卢积堂．1997．河南地裂缝发生发展及其防治初探．河南地质，15（1）：71-77.

穆根胥，李锋，闫文中，等．2016．关中盆地地热资源赋存规律及开发利用关键技术．北京：地质出版社．

裴文中，黄万波．1957．对于三门系的一些意见//中国第四纪研究委员会．三门峡第四纪地质会议文集．北京：科学出版社：3-20.

彭建兵．1992．渭河断裂带的构造演化与地震活动．地震地质，14（2）：113-120.

彭建兵．2012．西安地裂缝灾害．北京：科学出版社．

彭建兵，张勤，闫文中，等．2010．西部地区地裂缝地面沉降调查成果报告．

彭建兵，范文，李喜安，等．2011．汾渭盆地地裂缝成因研究中的若干关键问题．工程地质学报，15（4）：433-440.

彭建兵，张勤，黄强兵，等．2012．西安地裂缝灾害．北京：科学出版社．

彭建兵，朱合华，李晓昭．2019．新时期城市地下空间的中国解决方案．地学前缘，26（3）：1-2.

任保平.2007.以西安为中心的关中城市群的结构优化及其方略.人文地理,22（5）：38-42.

陕西省地震局.2020.关中地区大震危险性评价技术报告.

陕西省地震局.2015."关中盆地活断层分布图编制"成果报告.

陕西省地质调查院.2017.中国地质志·陕西志.北京：地质出版社.

陕西省地质环境监测总站.2009.陕西省关中平原地热资源调查评价报告.

陕西省地质矿产局.1989.陕西区域地质志.北京：地质出版社.

陕西省统计局,国家统计局陕西调查总队.2018.陕西统计年鉴2018.北京：中国统计出版社.

孙建中.1986.关于"黄三门"与"绿三门".西安地质学院学报,8（4）：42-45.

孙建中,赵景波,魏明建,等.1988.武家堡剖面古地磁新资料.水文地质工程地质,（5）：44-48.

孙萍萍,余常华,田中英,等.2019.关中盆地城市群地下文物遗迹精准探测——以茂陵为例.西北地质,52（2）：72-82.

陶峰,邢会歌.2009.基于临界值效应的生态系统管理原则探析.生态经济,3：77-79.

童国榜,张俊牌,刘明建,等.1989.渭河盆地距今200—300万年古植被及第四纪下限的讨论.海洋地质与第四纪地质,（4）：86-96.

王俭,孙铁珩,李培军,等.2005.环境承载力研究进展.应用生态学报,16（4）：768-772.

王景明,李昌存,王春梅.2000.中国地裂缝的分布与成因研究,工程地质学报,（S1）：11-16.

王书兵,蒋复初,吴锡浩,等.2004.三门组的内涵及其意义.第四纪研究,24（1）：116-123.

王文科.2006.关中盆地地下水环境演化与可再生维持途径.郑州：黄河水利出版社.

王毅才.2006.隧道工程.北京：人民交通出版社.

西安地质矿产研究所.2006.鄂尔多斯平原地下水勘查报告.

西安地质矿产研究所.2012.渭南市中心城区地热资源论证报告.

西安市水务局.2012.实施"571028"工程打造八水润西安胜景.（2012-08-31）[2020-12-30].http://swj.xa.gov.cn/xxgk/gzdt/tzgg/5d777ab5de69b605ecfdaf79.html.

谢广林.1988.地裂缝.北京：地震出版社.

徐锡伟,郭婷婷,刘少卓,等.2016.活动断层避让相关问题的讨论.地震地质,38（3）：77-502.

徐张建,林在贯,张茂省.2007.中国黄土与黄土滑坡.岩石力学与工程学报,26（7）：1297-1312.

薛祥煦.1981.陕西渭南一早更新世哺乳动物群及其层位.古脊椎动物与古人类,19（1）：35-44.

杨青,李小强.2015.黄土高原地区粟、黍碳同位素特征及其影响因素研究.中国科学：地球科学,45（11）：1683-1697.

殷淑燕,黄春长.2006.论关中盆地古代城市选址与渭河水文和河道变迁的关系.陕西师范大学学报（哲学社会科学版）,35（1）：58-65.

袁复礼.1984.三十年代中瑞合作的西北科学考察团（三）.中国科技史料,5（1）：67-72.

岳乐平.1996.黄土高原黄土、红色粘土与古湖盆沉积物关系.沉积学报（4）：148-153.

张安良,种瑾,米丰收.1992.渭河断陷南缘断裂带新活动特征与古地震.华北地震科学,10（4）：55-62.

张家明.1990.西安地裂缝研究.西安：西北工业大学出版社.

张茂省.2016.大西安城市地质调查与地下空间应用实施方案.西安：中国地质调查局西安地质调查中心.

张茂省,王尧.2018.基于风险的地质环境承载力评价.地质通报,37（2）：467-475.

张茂省,朱立峰,王小勇.2005.关中盆地地下水系统分析与地下水资源可持续开发利用对策.第四纪研究,25（1）：15-22.

张茂省,董英,刘洁.2014.论新型城镇化中的城市地质工作.兰州大学学报（自然科学版）,50（5）：581-587.

张茂省,王化齐,王尧,等.2018.中国城市地质调查进展与展望.西北地质,51（4）：1-9.

张茂省, 王益民, 张戈, 等. 2019a. 干扰环境下城市地下空间组合探测与全要素数据集. 中国地质, 46 (S2): 30-49.

张茂省, 贾俊, 王毅, 等. 2019b. 基于人工智能（AI）的地质灾害防控体系建设. 西北地质, 52 (2): 103-116.

张茂省, 刘江, 董英, 等. 2020. 国土空间优化中的关键地质要素分析与"双评价"方法. 地学前缘, 27 (4): 311-321.

张永双, 孙萍, 石菊松, 等. 2010. 汶川地震地表破裂影响带调查与建筑场地避让宽度探讨. 工程地质学报, 18 (3): 312-319.

张玉萍, 黄万波, 汤英俊, 等. 1964. 陕西蓝田新生界的初步观察. 古脊椎动物与古人类, (2): 134-151.

张志强, 徐中民, 程国栋. 2000. 生态足迹的概念及计算模型. 生态经济, (10): 8-10.

张宗祜. 1991. 中国第四纪地质发展史. 海洋地质与第四纪地质, 11 (2): 1-6.

赵景波, 罗小庆, 黄小刚, 等. 2017. 西安周至渭河漫滩沉积特征与洪水变化. 灾害学, 32 (3): 23-28.

赵景波, 郁耀闯, 周旗. 2009. 渭河渭南段高漫滩沉积记录的洪水研究. 地质论评, 55 (2): 231-241.

中国地质科学院地质力学研究所. 2016. 关中-天水经济区主要断裂活动性及灾害效应调查成果报告.

An Z S, Ho C K. 1989. New magnetostratigraphic dates of Lantian Homo erectus. Quaternary Research, 32 (2): 213-221.

Arrow K, Bolin B, Costanza R, et al. 1995. Economic growth, carrying capacity, and the environment. Science, 268 (5210): 520-521.

Bai X M, Van der Leeuw S, O'Brien K, et al. 2016. Plausible and desirable futures in the Anthropocene: a new research agenda. Global Environmental Change, 39 (3): 351-362.

Barnosky A D, Hadly E A, Bascompte J, et al. 2012. Approaching a state shift in Earth's biosphere. Nature, 486 (7401): 52-58.

ERM-Hong Kong, Ltd. 1998. GEO report No. 75. Landslides and boulder falls from nature terrain: interim risk guidelines. Hong Kong: Geotechnical Engineering Office, Civil Engineering Department: 1-183.

FAO. 1982. Potential population supporting capacities of lands in the developing world. Rome: FAO, 23-27.

Khanna P, Babu P R, Georgej M S. 1999. Carrying-capacity as a basis for sustainable development a case study of National Capital Region in India. Progress in Planning, 52 (2): 101-166.

Lane M. 2010. The carrying capacity imperative: assessing regional carrying capacity methodologies for sustainable land-use planning. Land Use Policy, 27 (4): 1038-1045.

Lin A M, Rao G, Yan B. 2015. Flexural fold structures and active faults in the northern-western Weihe Graben, central China. Journal of Asian Earth Sciences, 114: 226-241.

Rao G, Cheng Y L, Yu Y L, et al. 2017. Tectonic characteristics of the Lishan Piedmont Fault in the SE Weihe Graben (central China), as revealed by the geomorphological and structural analyses. Geomorphology, 282: 52-63.

Rees W E. 1992. Ecological footprints and appropriated carrying capacity: what urban economics leaves out. Environment & Urbanization, 4 (2): 121-130.

Terzaghi K. 1943. Theoretical soil mechanics. New York: John Wiley & Sons.

United States Environmental Protection Agency. 2002. Four Townships Environmental Carrying Capacity Study.

Wackernagel M, Rees W E. 1997. Perceptual and structural barriers to investing in natural capital: economics from an ecological footprint perspective. Ecological Economics, 20 (1): 3-24.

Willem V V. 1996. Sustainable development, global restructuring and immigrant housing. Habitat International, 20 (3): 349-358.

Yu B M，Cheng P. 2002. A fractal permeability model for bi-dispersed porous media. International Journal of Heat and Mass Transfer，45（14）：2983-2993.

Zhu Z Y，Robin D，Huang W，et al. 2018. Hominin occupation of the Chinese Loess Plateau since about 2. 1 million years ago. Nature，559（7715）：608-612.